U0161513

万川
reflections

一
步
万
里
阔

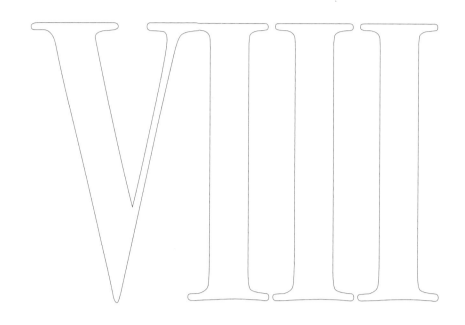

技术史

A HISTORY OF TECHNOLOGY

主 编　【英】查尔斯·辛格　E. J. 霍姆亚德　A. R. 霍尔　特雷弗·I. 威廉斯

编 纂　【英】理查德·雷珀　主 译　技术史编辑团队

第 VIII 卷
综合索引

中国工人出版社

著作权合同登记号：图字01-2018-3846

ISBN 978-7-5008-7163-7

《技术史》编译委员会

出版人
王娇萍

策　划
董　宽

特约策划
潘　涛　姜文良

统　筹
董　虹

版　权
邢　璐

责任编辑
左　鹏　邢　璐　董　虹　罗荣波
李　丹　习艳群　宋　杨　金　伟

审　校
安　静　王学良　李素素　葛忠雨　黄冰凌
李思妍　王子杰　王晨轩　李　骁　陈晓辰

特约审订
潘　涛

第VIII卷序

我开始准备写《技术史》已经过去了三十年，而1978年第VII卷，也就是最后一卷《技术史》出版，也过去了五年。本书写作的初衷是汇集广泛的概念，为那些希望了解技术史大略的人们提供基本的信息，并通过列出大量的书目，给他们提供更专业的著作作为参考。本书并非一本下定论的书，因为学术研究正在逐步发现新的内容，而这些内容将会改变过去对于科技的分析与阐释。特别是李约瑟（Joseph Needham）的巨著《中国科学技术史》（*Science and Civilisation in China*）出版，极大地拓展了中国技术发展的相关知识。

近年来，《技术史》已经逐渐确定为该领域的标准参考书，它为在特定主题寻求各方面信息的人们提供了一个良好的开端。本书在这方面的价值很大程度上取决于其清晰而全面的索引，同时我们有幸选到了合适的索引编纂者为这套书的各卷编纂索引。然而，诸如建筑、农业、纺织、制陶、采矿、造船等诸多主题的重要性会持续很长一段时间，因此对于大部分乃至全部六个原索引来说，这些主题的资料都是必要的。同样，事先确认在某卷书里讨论更专业的话题并非易事。因此，我对牛津大学出版社的建议表示赞同，即将整本书的综合索引单独做成一卷。这项工作在理查德·雷珀（Richard Raper）先生的指导下进行，我对索引卷的完成向他表示祝贺。以这本索引卷来对这部拓展到近三百万字的作品进行收尾，我认为非常合适。

特雷弗·I. 威廉斯（Trevor I. Williams）
1983年3月于牛津

第Ⅷ卷前言

使用诸索引的提示

在这套书的Ⅰ到Ⅴ卷以及第Ⅶ卷的末尾已经有索引的情况下，再单独为这部著作编纂一整套索引系统，看起来似乎很奇怪。然而，将这些索引整合起来，才有可能为现代技术的演变提供一条连贯的时间线索。不仅如此，索引的修订让编辑们有机会对风格和布局进行完善，而这些风格和布局在各卷的索引中并无大用。

必须承认，我的前任们在编纂各卷的索引时都非常辛苦，但正是依靠他们编纂的索引，合并的索引系统才得以搭建。这些贡献者们分别是：编纂第Ⅰ和第Ⅱ卷索引的 P. G. 伯比奇（P. G. Burbidge）先生，编纂第Ⅲ、第Ⅳ和第Ⅴ卷索引的 M. A. 亨宁斯（M. A. Hennings）女士，以及编纂第Ⅵ和第Ⅶ卷索引的 J. 塔奇（J. Tudge）先生。

我还要对帮助我实现这一大工程的人们表示感谢。他们是：D. 布拉格（D. Bragg）女士，尼娜·柯克吉安（Nina Kurkjian）夫人，凯·史密斯（Kay Smith）夫人，以及玛丽·西蒙斯（Mary Symons）夫人。我还要向留任的《技术史》主编特雷弗·I. 威廉斯博士以及牛津大学出版社的伊冯·阿斯奎斯（Ivon Asquith）先生表达我的感激之情，感谢他们在成书前这段漫长时间里付出的耐心。一开始，我以为这项任务是小菜一碟，而当合辑的一长串页码呈现在眼前时，我意识到了重新进行大规模索引编纂的必要性。然而，在这项工作完成后，我希望读者能在这本综合性的《技术史》中获得快乐的查阅体

验，也希望读者们能收获满满的解答。

给读者的提示

对于《技术史》的潜在读者来说，在索引使用上给予他们建议似乎不太寻常，毕竟我们大多数有足够知识背景的人都可以将《技术史》的内容变成有意义的学习资料，也因此不会对索引陌生。但是，仍然有一些方法可以让人更好地利用索引，而这里给出的一些建议可以激发读者去制定属于自己的检索策略。这些提示会涉及有关本索引卷四个部分更进一步的细节，而后面则是一些检索策略的简要提示。

第一部分：汇总了七卷内容的"总目"，有利于读者根据时代来追踪主要主题领域的发展。

第二部分："人名索引"列出了书中提及的发明家、发现者以及实现者的姓名。有关他们的特定日期不包含在本索引里，在七卷书末的索引里可以找到相关信息。为了简化检索，很多单独提及个人的内容都按照主题来细分。在文献信息方面，本书在各章末的参考文献中适当列出了相关条目，读者可自行查阅。尽管第二部分索引中列出的名字可以作为检索的开端，但其可能会指向参考文献中的某篇文献。

第三部分："地名索引"列出了书中提到的乡镇、城市和国家。和第二部分一样，针对不只在一处提到的地名，本索引根据主题对它们进行了进一步细分。一些乡镇和城市也会在第四部分的城镇规划中列出。虽然一些国家只在第三部分中简要列出，但第四部分会提供以它们为主题的详细信息。

第四部分：提供了包括国家在内的"主题索引"，为读者提供了查阅书中主题内容的渠道。这里还提供了许多的互见方式，以帮助读者进行检索。

注：大部分读者都会轻松找到正确的参考，但有时候，读者并不

会马上找到想要的信息，因此他们有必要使用一些替代策略来完成最终的信息定位。

读者可以根据信息的类型以及检索的目的来采用多种方式检索信息。比如说，"人名索引"可以满足对莱昂纳多·达·芬奇（Leonardo da Vinci）作品的检索需求；同理，"地名索引"可以用于检索马赛（Marseilles）地区的事件报道。研究者有了一个相当明确的检索目标后，上述两个索引就可以迅速提供卷数、页码的参考。

然而，一些探究者可能不知道自己想检索的具体信息，但他们有一个模糊的概念，希望在某个大的主题领域内进行检索，以此获得灵感并完成剩下的检索工作。例如，检索可能从"机械化的效果"开始，然后导向"大批量生产"方面（可能是某个主题的标题），最终指向"机动车的演变"。在这类情况下，用户可能会通过收集五六个看上去相关联的主题来加快检索过程，而使用选定的主题作为起点来对其他主题索引进行浏览，有助于读者进一步明确自己的目标。互见系统可以在这里发挥建设性作用，它能够将先前未考虑的主题素材联系在一起。最后，探究者不能忽视那些主题子项，理由在于：这些主题子项通常会作为主要主题再次编入索引。例如，在"排水系统"这个主题下，"泵"这一项只有三页的参考；但以"泵"为主标题的参考有 63 条，它们分别被 31 个带子项的主题引用。

理查德·雷珀（Richard Raper）
1983 年 2 月于霍夫

第Ⅷ卷目录

第一部分
　　Ⅰ—Ⅶ卷总目　　　　　　　　　　　　　　001

第二部分
　　人名索引　　　　　　　　　　　　　　　017

第三部分
　　地名索引　　　　　　　　　　　　　　　233

第四部分
　　主题索引　　　　　　　　　　　　　　　435

第一部分

Ⅰ—Ⅶ卷总目

第 I 卷
远古至古代帝国衰落
史前至约公元前 500 年

第 10 章 取火、燃料和照明　　　　　　　　　252

第 11 章 化学技术，烹调技术，化妆技术　　277

第 12 章 用枝条、木材和草皮建造房屋　　　352

第 4 编　专门化的产业

第 13 章 动物驯化　　　　　　　　　　　　387

第 14 章 植物栽培　　　　　　　　　　　　417

第 15 章 陶器　　　　　　　　　　　　　　446

第 16 章 纺织品、篮子和席子　　　　　　　489

第 17 章 砖石建筑　　　　　　　　　　　　542

第 18 章 非金属工具的分化　　　　　　　　587

第 19 章 供水、灌溉和农业　　　　　　　　617

第 5 编　金属的利用

第 20 章 采矿与采石　　　　　　　　　　　663

第 21 章 提炼、熔炼、合金化　　　　　　　679

第 22 章 金属工具和金属武器　　　　　　　709

第 23 章 精细金属加工　　　　　　　　　　736

第 24 章 精美的象牙制品　　　　　　　　　783

第 25 章 精致的木制品　　　　　　　　　　808

第 6 编　交　通

第 26 章 无轮陆路运输　　　　　　　　　　835

第 27 章 有轮交通工具　　　　　　　　　　851

第 28 章 舟与船　　　　　　　　　　　　　867

第 7 编　为科学作准备

第 29 章　记录和文字　　　　　　　　　　　885

第 30 章　度量衡　　　　　　　　　　　　　919

第 31 章　古代的数学与天文学　　　　　　　932

第 I 卷期刊名称缩写　　　　　　　　　　　955

第 I 卷人名索引　　　　　　　　　　　　　963

第 I 卷译后记　　　　　　　　　　　　　　969

第 II 卷
地中海文明与中世纪
约公元前 700 年至约公元 1500 年

第 1 编　基本生产

第 1 章　17 世纪前的采矿与采石　　　　　　003

第 2 章　冶金　　　　　　　　　　　　　　051

第 3 章　农具　　　　　　　　　　　　　　095

第 2 编　制造业

第 4 章　食物和饮料　　　　　　　　　　　121

第 5 章　皮革　　　　　　　　　　　　　　169

第 6 章　纺纱和织布　　　　　　　　　　　218

第 7 章　家具　　　　　　　　　　　　　　252

　　　　第 1 篇　至罗马帝国末期　　　　　　252

　　　　第 2 篇　后罗马时期　　　　　　　　271

第 8 章　陶瓷　　　　　　　　　　　　　　291

　　　　第 1 篇　从约公元前 700 年到罗马帝国崩溃　291

　　　　第 2 篇　中世纪　　　　　　　　　　318

第Ⅲ卷
文艺复兴至工业革命
约 1500 年至约 1750 年

第 1 编　基本生产

第 1 章　食物和饮料　　　　　　　　　　　　　003

第 2 章　冶金和检验　　　　　　　　　　　　　034

第 3 章　煤的开采与利用　　　　　　　　　　　089

第 4 章　风车　　　　　　　　　　　　　　　　108

第 2 编　制造业

第 5 章　工匠的工具（约 1500—1850）　　　　　135

第 6 章　农具、交通工具和马具（1500—1900）　167

第 7 章　纺纱与织布　　　　　　　　　　　　　185

第 8 章　显花织物　　　　　　　　　　　　　　228

第 9 章　玻璃　　　　　　　　　　　　　　　　251

第 3 编　物质文明

第 10 章　建筑构造　　　　　　　　　　　　　　297

第 11 章　从古代到文艺复兴时期的城市规划　　324

第 12 章　土地排水和改造　　　　　　　　　　　360

第 13 章　机器和机械　　　　　　　　　　　　　387

第 14 章　军事技术　　　　　　　　　　　　　　412

第 15 章　印刷术　　　　　　　　　　　　　　　445

第 4 编　交　通

第 16 章　桥梁　　　　　　　　　　　　　　　　　　493

第 17 章　1750 年前的运河与河道航运　　　　　　　515

第 18 章　船舶与造船　　　　　　　　　　　　　　　552

第 19 章　1400 年前的制图学、测量学和航海学　　　585

第 20 章　制图学、测量学和航海学（1400—1750）　618

第 5 编　通向科学的途径

第 21 章　历法　　　　　　　　　　　　　　　　　　655

第 22 章　1500 年以前的精密仪器　　　　　　　　　681

第 23 章　约 1500 年至约 1700 年的科学仪器制造　　723

第 24 章　机械计时器　　　　　　　　　　　　　　　751

第 25 章　化学工业中的发明　　　　　　　　　　　　782

第 26 章　结语：西方的兴起　　　　　　　　　　　　819

第Ⅲ卷期刊名称缩写　　　　　　　　　　　　　　　　835

第Ⅲ卷人名索引　　　　　　　　　　　　　　　　　　839

第Ⅲ卷译后记　Ⅰ　　　　　　　　　　　　　　　　　871

第Ⅲ卷译后记　Ⅱ　　　　　　　　　　　　　　　　　873

第Ⅳ卷

工业革命

约 1750 年至约 1850 年

第 1 编　基本生产

第 1 章　农业　　　　　　　　　　　　　　　　　　003

第 1 篇　农机具　　　　　　　　　　　　　　　003

第 2 篇　耕作技术　　　　　　　　　　　　　　017

第 2 章　鱼的保藏　　　　　　　　　　　　　　　　052

第 3 章　金属和煤的开采（1750—1875）　　　　　　077

第 4 章　金属的提炼和生产　　　　　　　　　　　　115

　　　第 1 篇　铁与钢　　　　　　　　　　　　　　115

　　　第 2 篇　有色金属　　　　　　　　　　　　　136

第 2 编　能的形式

第 5 章　1850 年以前的动力　　　　　　　　　　　　171

第 6 章　1830 年以前的蒸汽机　　　　　　　　　　　192

第 7 章　约 1500 年至 1850 年的水车　　　　　　　　227

第 8 章　化学工业　　　　　　　　　　　　　　　　244

　　　第 1 篇　化学理论与实践的发展　　　　　　　244

　　　第 2 篇　与工业革命的相互影响　　　　　　　263

第 3 编　制造业

第 9 章　照明和供暖用气体　　　　　　　　　　　　299

第 10 章　纺织工业　　　　　　　　　　　　　　　　322

　　　第 1 篇　棉纺、麻纺和毛纺机械（1760—1850）　322

　　　第 2 篇　丝的生产与制造（1750—1900）　　　358

第 11 章　陶瓷器：15 世纪至斯塔福德郡陶器业的兴起　379

第 12 章　玻璃　　　　　　　　　　　　　　　　　　415

第 13 章　精密机械　　　　　　　　　　　　　　　　439

第 14 章　机床　　　　　　　　　　　　　　　　　　482

第 4 编　静力工程

第 15 章　建筑和土木工程结构　　　　　　　　　　　513

第 16 章　卫生工程　　　　　　　　　　　　　　　　567

第Ⅴ卷

19 世纪下半叶

约 1850 年至约 1900 年

第 1 编　基本生产

第 21 章 桥梁与隧道 618

第 22 章 水利工程 643

第 23 章 供水 679

第 7 编 制造业

第 24 章 纺织工业 701

第 1 篇 纺织品 701

第 2 篇 针织品与花边 731

第 25 章 金属加工 743

第 26 章 机床 778

第 27 章 陶瓷工业 803

第 28 章 玻璃工艺 819

第 29 章 印刷及其相关行业 833

第 30 章 摄影术 872

第 1 篇 摄影 872

第 2 篇 电影摄影 894

第 31 章 橡胶的生产和利用 914

第 8 编 20 世纪的门槛

第 32 章 技术时代的教育 943

第 33 章 技术和行业组织 970

第 34 章 技术及其社会后果 988

第 V 卷期刊名称缩写 1019

第 V 卷人名索引 1025

第 V 卷译后记 1065

第Ⅵ卷
20 世纪　上
约 1900 年至约 1950 年

第 1 章　世界历史背景　001

第 2 章　创新的源泉　031

第 3 章　技术发展的经济学　055

第 4 章　管理　091

第 5 章　工会　103

第 6 章　政府的作用　123

第 7 章　工业化社会的教育　147

第 8 章　矿物燃料　181

第 9 章　自然动力资源　203

　　第 1 篇　水力　203

　　第 2 篇　其他自然动力资源　224

第 10 章　原子能　234

　　第 1 篇　早期历史　234

　　第 2 篇　铀的浓缩　241

　　第 3 篇　核反应堆的发展　250

　　第 4 篇　原子能的化学工艺　271

第 11 章　核武器的发展　283

第 12 章　电　299

第 13 章　农业　315

　　第 1 篇　畜产品　315

　　第 2 篇　食品与工业用农作物　335

第 14 章　捕鱼和捕鲸　357

第 15 章　采煤　　　　　　　　　　　　　　　　375

第 16 章　石油和天然气生产　　　　　　　　　　391

第 17 章　金属的开采　　　　　　　　　　　　　425

第 18 章　金属的利用　　　　　　　　　　　　　441

第 19 章　钢和铁　　　　　　　　　　　　　　　473

第 20 章　化学工业：概况　　　　　　　　　　　509

第 21 章　化学工业　　　　　　　　　　　　　　525

　　　　第 1 篇　无机重化工　　　　　　　　　525

　　　　第 2 篇　有机化工原料 (包括炸药)　　544

　　　　第 3 篇　聚合物、染料和颜料　　　　　563

第 22 章　玻璃制造业　　　　　　　　　　　　　583

第 23 章　油漆　　　　　　　　　　　　　　　　605

第 24 章　造纸　　　　　　　　　　　　　　　　625

第 25 章　陶瓷　　　　　　　　　　　　　　　　640

第 26 章　纺织工业：概况　　　　　　　　　　　657

第 27 章　纺织业　　　　　　　　　　　　　　　667

第 28 章　服装业　　　　　　　　　　　　　　　694

第 VI 卷人名索引　　　　　　　　　　　　　　　709

第 VI 卷译后记　　　　　　　　　　　　　　　　725

第 VII 卷

20 世纪　下

约 1900 年至约 1950 年

第 29 章　世界运输市场的发展　　　　　　　　001

第 30 章　道路车辆　　　　　　　　　　　　　023

第 31 章　船舶和船舶制造　　　　　　　　　　052

第二部分

人名索引

注：1. 本索引合并了第 I—Ⅶ卷末尾的分卷人名索引。

2. 大多数日期、职业在此已忽略，此类信息可通过第 I—Ⅴ卷末尾的索引查得。

3. 以下卷后数字为各卷原著页码，即本版各卷边码。

A

Abbe, Ernst	阿贝 Ⅴ 673，682；Ⅶ 1216，1354
Abbott, Edwin	阿博特，埃德温 Ⅴ 790
—W.	阿博特，W. Ⅴ 769
Abel, Sir Frederick A.	阿贝耳爵士 Ⅴ 290，292，295
Abercrombie, P.	阿伯克龙比 Ⅶ 968
Abo, C. von	阿博 Ⅴ 502
Abū Bakr Muḥammad ibn Zakariyya al-Rāzī	艾卜·贝克尔·穆罕默德·伊本·扎卡里亚·阿拉齐 Ⅱ 736 – 738
Abu Manṣūr Ḥaidar	阿布曼苏尔海达；参见 Haidar
Abū Manṣūr Muwaffak	阿布曼苏尔 Ⅱ 737
Abulcacim Abnacahm	阿布纳卡姆 Ⅲ 616 及注释
Abu'l-Qāsim of Kashan	卡尚的阿布卡西姆 Ⅱ 302
Accum, Friedrich Christian	阿库姆，化学家
foods, adulteration treatise	食物掺假的论述 Ⅲ 22；Ⅴ 834；Ⅶ 1402
gas-lighting	煤气照明 Ⅳ 268 – 270，272
Achard, Franz	阿沙尔 Ⅳ 28
Acheson, E. G.	艾奇逊 Ⅶ 1042
Ackerman, A. S. E.	阿克曼，A. S. E. Ⅵ 221
—Rudolf	阿克曼，鲁道夫 Ⅳ 268

Adād al-Daula, Caliph 阿达多拉，哈里发 Ⅲ 612

Adadnirari Ⅱ 阿达德尼拉里二世 Ⅰ 534

Adalhard 亚达尔海德 Ⅱ 140

Adam, Robert 亚当，罗伯特 Ⅳ 474 – 475

—W. 亚当，W.（主要活动于 1880 年）Ⅴ 584

Adams, George 亚当斯，乔治 Ⅲ 556, 645 – 646；Ⅳ 390, 603；Ⅴ 457

—L. H. 亚当斯，L. H. Ⅵ 588

—Robert 亚当斯，罗伯特 Ⅲ 481

—William 亚当斯，威廉（1823—1904 年）Ⅴ 334 – 335

—Bridges 亚当斯，布里奇斯 Ⅴ 331, 335

Adamson, Robert 亚当森 Ⅴ 723

Addison, Joseph 艾迪生 Ⅳ 668

Ader, C. 阿代尔 Ⅴ 409

Aerial Transit Company 空中运输公司 Ⅴ 408

Aeschylus 埃斯库罗斯 Ⅱ 168, 233

Æthelwulf 埃特尔伍尔夫 Ⅱ 481

Agas, Ralfe 阿高什 Ⅲ 317

Agatharchides 阿伽撒尔基德斯 Ⅰ 581

Agnes, St 圣阿格尼斯 Ⅱ 461

Agricola, Georgius（Georg Bauer） 阿格里科拉，格奥尔格（乔格·鲍尔）

assaying 检验 Ⅲ 59, 62 – 63, 65

balances, metallurgical 冶金天平 Ⅱ 746

bearing-metals 轴承合金 Ⅲ 41

bitumen 沥青 Ⅰ 252；Ⅴ 103

chain-dredgers 链斗式挖泥船 Ⅳ 638

chalk as fertilizer 把白垩用于肥田 Ⅱ 34 – 35

chemical processes 化学工艺 Ⅲ 677

De re metallica 《论冶金》Ⅱ 13 – 15；Ⅲ 27 – 28, 324；Ⅳ 233

fire-setting, mining	火力采掘法 II 8 注释
glass-furnaces	玻璃熔炉 III 209，214，217，700
glass-making	玻璃制造 II 315；III 206，208－209，225
iron smelting	冶铁 II 68
lead purity	铅纯度 II 44－45
machines	机器 III 324－330
metals, description	关于金属的描述 III 29－30，691
mining practices	采矿作业 II 13－23，655；III 82
ore-furnaces	冶金熔炉 III 49－52
potter's kick-wheel	踏式陶轮 II 290
publications	出版物 III 27－28
railways	铁路 V 322
succinnic acid, description	关于琥珀酸的描述 II 741
sulphur manufacture	硫磺提取 II 379－380
sulphuric acid	硫酸 IV 242
treadmills	踏车 IV 671
ventilation, mines	通风，矿井 IV 93
water-wheel	水车 IV 181
—Gnaeus Julius	阿格里科拉，格涅乌斯·尤利乌斯 II 404
Agrippa, Cornelius, of Nettesheim	内特斯海姆的科尔内留斯·阿格里帕 III 676－677
—Marcus Vipsanius	阿格里帕，马库斯·维普珊尼乌斯 II 671；III 504
Ahiram	阿希拉姆 I 763
Ahmad ibn Mu'tasim	艾哈迈德·伊本·穆塔西姆 II 635
Aiken, H. H.	艾肯，工程师
computer designs	计算机设计 VII 1154，1184－1187，1189
drum information storage	磁鼓存储器 VII 1195
Airy, Sir George	艾里 IV 399；V 442－443
Akers, E.	埃克斯 VII 1324
Akhenaten	奥克亨那坦 I 690

A

Alan of Walsingham 沃尔辛厄姆的艾伦 Ⅱ 442

Al-Battānī 巴塔尼 Ⅲ 590

Albers, H. C. 阿伯斯 Ⅳ 624

Albert, K. 阿尔贝特 Ⅵ 596

Albert, Prince Consort 阿尔伯特, 亲王 Ⅴ 782, 785, 828

— Ⅰ, Prince of Monaco 阿尔伯特一世, 摩纳哥亲王 Ⅶ 1447 – 1448

—the Great 大阿尔伯特 Ⅴ 394

—of Saxony 阿尔伯特 Ⅴ 394

Alberti, L. B. 阿尔贝蒂 Ⅲ 250, 446 – 447

Albertus the Great 大阿尔伯图斯 Ⅱ 64

Al-Bīrūnī 阿勒比鲁尼 Ⅱ 737

Albright, Arthur 奥尔布赖特, 阿瑟 Ⅴ 252 – 253

—W. F. 奥尔布赖特, W. F. Ⅰ 762, 766

Albright & Wilson 奥尔布赖特和威尔逊公司 Ⅴ 253

Albucasis of the Latins 拉丁语的阿尔布卡西斯; 参见 Khalaf

Alcock, J. 阿尔科克 Ⅶ 806, 1219

Aldhelm, St 圣奥尔德海姆 Ⅱ 32

Al-Dimashqī 阿勒迪马西奇 Ⅱ 616

Alembert, Jean le Rond d' 达朗贝尔 Ⅳ 417, 674

Alessio Piemontese 亚历克西斯·皮埃蒙特; 参见 Alexis

Alexander Ⅵ 亚历山大六世 Ⅲ 288

—Ⅶ 亚历山大七世 Ⅲ 289

—the Great, Macedonian King 亚历山大大帝, 马其顿国王

    cavalry, use 骑兵, 使用 Ⅱ 697 – 698

    chronology 年表 Ⅰ 表 E, F; Ⅱ 772

    cotton imports 棉花进口 Ⅱ 199

    machinery, military 军事机械 Ⅱ 700 – 701, 716

    roads 道路 Ⅰ 713

    steel from India 印度的坩埚钢 Ⅱ 57

    sugar-cane, India 印度甘蔗 Ⅰ 371

    town-planning 城市规划 Ⅲ 275

world map   世界地图 Ⅲ 509

Alexanderson, E. F. W.   亚历山德森 Ⅶ 1235

Alexis（Alessio Piemontese）   亚历克西斯（亚历克西斯·皮埃蒙特）
                                       Ⅲ 43，679，703

Al-Farghānī（Alfraganus）   费尔加尼 Ⅲ 522

Al-Fazārī   法扎里 Ⅲ 609

Alfonso Ⅹ, the Wise   阿方索十世，智者 Ⅱ 12；Ⅲ 648 – 649

Alfort, d'   阿尔福德 Ⅳ 32

Alfraganus of the Latins   拉丁语的阿尔法甘尼；参见 Al-Farhgānī

Alfred, English king   阿尔弗烈德大王，英格兰国王 Ⅱ 580 – 581；
                                       Ⅲ 518

Al-Hākim   哈基姆 Ⅲ 584

Al-Hasan al-Rammāh.   哈桑 Ⅱ 379

Alhazen（Ibn al-Haitham）   海赛木 Ⅲ 230；Ⅴ 716，735

Al-Jazarī, Muhammad ibn   阿勒贾扎里 Ⅱ 614
    Ibrahīm

Al-Kāshī   卡什 Ⅲ 617

Al-Khwarīzmī   赫瓦里兹米 Ⅲ 608

Allan, Alexander   阿伦 Ⅴ 324

Allen, B. T.   艾伦，B. T. Ⅵ 38

—Elias   艾伦，伊莱亚斯 Ⅲ 630 – 631

—J.   艾伦，J. Ⅴ 522；Ⅵ 195

—（Alleyn）, John   艾林（阿莱恩），约翰 Ⅲ 687

Alley & MacLellan   阿利 – 麦克莱伦有限公司 Ⅴ 134

Allgood, Edward   奥尔古德，爱德华 Ⅲ 689

—Thomas   奥尔古德，托马斯 Ⅲ 688

Allgoods, the   奥尔古德家族 Ⅲ 697

Allsopp & Sons   奥尔索普父子公司 Ⅴ 273

Al-Ma'mūn   马蒙 Ⅱ 735；Ⅲ 521，584

Al-Mas'ūdī   麦斯欧迪 Ⅱ 616

Aloysius Lilius   阿洛伊修斯·利留斯 Ⅲ 579

A

Alpini, Prospero of Padua　　　　　帕多瓦的阿尔皮尼 Ⅲ 5

Al-Qazwīnī　　　　　　　　　　　阿尔皮尼 Ⅱ 597, 614

Alstroemer　　　　　　　　　　　阿尔斯特罗默 Ⅳ 26

Aluminium Company　　　　　　　制铝有限公司 Ⅴ 249-250

Aluminium Crown Metal Company　铝花冠金属公司 Ⅴ 91

Al-' Urdī　　　　　　　　　　　　乌尔迪 Ⅲ 584

Al-Zarqālī　　　　　　　　　　　扎尔加利 Ⅲ 584-585, 616

Amant　　　　　　　　　　　　　阿芒 Ⅲ 674

Amasis Ⅱ　　　　　　　　　　　阿玛西斯二世 Ⅰ 262

Ambler, G. H.　　　　　　　　　安布勒 Ⅵ 656

Ambrose, St　　　　　　　　　　圣安布罗斯 Ⅲ 202

Amenemhet Ⅰ　　　　　　　　　阿蒙涅姆赫特一世 Ⅰ 537, 表 F

　— Ⅱ　　　　　　　　　　　　阿蒙涅姆赫特二世 Ⅰ 657

Amenhetep Ⅰ　　　　　　　　　阿蒙霍特普一世 Ⅰ 776, 表 F

　— Ⅱ, Egyptian king　　　　　阿蒙霍特普二世, 埃及国王

　　copper, casting method　　　　型芯铸造方法 Ⅰ 627

　　robe design　　　　　　　　外衣设计 Ⅰ 440

　　toilet-casket, veneered　　　　镶嵌梳妆盒 Ⅰ 686-687, 693

　— Ⅲ, Egyptian king　　　　　阿蒙霍特普三世, 埃及国王

　　architecture　　　　　　　　建筑 Ⅰ 483

　　capacity measure　　　　　　容量测量 Ⅰ 782, 784

　　chronology　　　　　　　　年表 Ⅰ 表 F

　　ointments, use of　　　　　　油膏的使用 Ⅰ 286

　　timber trade　　　　　　　　木材贸易 Ⅰ 685 及注释

　　vineyard gift　　　　　　　葡萄园馈赠 Ⅰ 283

　　water clock　　　　　　　　水钟 Ⅲ 601

Amenhotep　　　　　　　　　　阿蒙霍特普; 参见 Amenhetep

Amenophis　　　　　　　　　　阿门诺菲斯 Ⅰ 540

Amman, Jost　　　　　　　　　安曼, 木刻师

　　engraving-wheel　　　　　　刻轮 Ⅲ 223

　　printing press　　　　　　　印刷机 Ⅲ 389-390

Trades	行业（16 世纪）Ⅲ 116
typefounder at work	工作中的铸字工人 Ⅲ 391 – 392
type-metal	活字合金 Ⅲ 43 – 44
type-storage	活字存放 Ⅲ 388 – 389，394
wheelwright's shop (woodcut)	车轮工匠作坊（木刻）Ⅱ 552
Ammannati，Bartolomeo	阿曼纳提 Ⅲ 430
Ammianus Marcellinus	阿米阿努斯·马尔切利努斯 Ⅱ 713，723
Amos (Easton and)	阿莫斯 （和伊斯顿）Ⅳ 196
Ampère，André Marie	安培，物理学家
commutator suggestion	关于整流子的建议 Ⅴ 180
electricity，discoveries	电的发现 Ⅳ 649，653
electromagnetism	电磁 Ⅴ 178
Anderson，John	安德森，约翰 Ⅳ 445；Ⅴ 780
—William	安德森，威廉 Ⅴ 566 – 567
Andersson，A. G.	安德森 Ⅵ 474
Andrade，E. N. da C.	安德雷德 Ⅶ 984
Andrée，S. A.	安德烈 Ⅴ 400
Andreolis of Gubbio	古比奥的安德烈奥里斯 Ⅲ 678
Andreossy，François	安德烈奥西 Ⅲ 464 – 466
Andrews，E. B.	安德鲁斯 Ⅴ 112
Androuin，J.	安德鲁安 Ⅶ 1052
Angelus，Jacobus	安吉勒斯 Ⅲ 530
Anglicus，Robertus	安格利库斯 Ⅲ 537
Anglo-American Brush Electric Light Corporation	英美布拉什电灯公司 Ⅴ 194，198，216 – 217
Anglo-Swiss Condensed Milk	英瑞炼乳公司 Ⅴ 35
Anisson-Duperron，E. A. J.	阿尼松·迪佩龙 Ⅴ 691
Anna Comnena	安娜·康内娜 Ⅱ 30，376
Anschütz，Ottomar	安许茨 Ⅴ 743；Ⅶ 1285
Anschütz-Kaempfe，H.	安许茨 – 肯普费 Ⅶ 842
Anson，George	安森，乔治 Ⅳ 579

—Lord	安森勋爵 Ⅳ 269
Antigonus Ⅱ	安提柯二世 Ⅱ 566
Antipater of Thessalonica	塞萨洛尼基的安提帕特 Ⅱ 593
Antoninus Pius	安东尼·庇护 Ⅱ 30
Antony, Mark	安东尼 Ⅱ 572 – 573
Anville, J. B. Bourguignon d'	安维尔 Ⅳ 597
Apollodorus	阿波罗多罗斯 Ⅱ 510, 636
Appert, François	阿佩尔，弗朗索瓦 Ⅴ 38 – 39, 42
—N.	阿佩尔，N. Ⅶ 1399, 1421
—Raymond Chevallier	阿佩尔，雷蒙·舍瓦利耶 Ⅴ 39
Appian	阿庇安 Ⅱ 516
Appius Claudius	阿匹乌斯·克劳狄 Ⅱ 28, 500, 512, 670
Applegath, Augustus	阿普尔加思 Ⅴ 696, 698
Appold, John George	阿波尔德 Ⅴ 525, 545, 560
Arago, Dominique François Jean	阿拉戈，科学家
copper disc experiment	铜盘实验 Ⅴ 179
daguerreotype process	达盖尔银版法 Ⅴ 720
electromagnet	电磁铁 Ⅳ 653, 655；Ⅴ 178
Arban, F.	阿尔班 Ⅴ 400
Arbuthnot, John	阿巴思诺特 Ⅳ 2
Arcadius	阿卡迪乌斯 Ⅱ 601
Arcet, d'	达尔塞 Ⅳ 253
Archer, Frederick Scott	阿彻 Ⅴ 725
Archimedes of Syracuse	叙拉古的阿基米德，数学家
density concept	密度概念 Ⅲ 22, 58, 66；Ⅴ 394
hydraulics	水力学 Ⅲ 313
mechanics exponent	机械倡导者 Ⅱ 604, 632 – 634
military machines	军事机械 Ⅱ 633, 698 – 699；Ⅳ 665, 667
pulley inventions	滑轮组的发明 Ⅱ 633, 658
screw principle	螺杆原理 Ⅱ 116, 631, 633, 676 – 677

toothed-wheel invention	齿轮的发明	Ⅱ 676
water-lifting devices	汲水装置	Ⅱ 676 – 677
Archytas of Tarentum	塔伦特姆的阿奇塔斯	Ⅱ 631 – 633，677； Ⅳ 666
Arden，E.	阿登	Ⅶ 1389，1391
Argand，Pierre Ami	阿尔甘	Ⅳ 263；Ⅴ 104
Aristarchus of Samos	萨摩斯的阿里斯塔克	Ⅲ 503
Aristobulus	阿里斯托布卢斯	Ⅱ 199
Aristophanes	阿里斯托芬	Ⅲ 569
Aristotle	亚里士多德，希腊哲学家	Ⅰ 14
alchemy，influence on	对炼金术的影响	Ⅱ 731
chronology	年表	Ⅰ 表 F
Earth，spherical form	地球，球状的	Ⅲ 504
Greek cities，report	希腊的城市，报告	Ⅱ 528
machinery and society	机械与社会	Ⅱ 638
motion	运动	Ⅲ 374
plant-nutrition	植物营养	Ⅳ 37
post-mill figure	单柱风车图	Ⅱ 625
pulley，origins	滑轮的起源	Ⅱ 630，658
tin extraction	锡的提炼	Ⅰ 590
town-planning	城市规划	Ⅲ 372
Arkwright，Sir Richard	理查德·阿克赖特爵士，发明家	Ⅴ 786
cotton industry，partnership	棉纺业，合伙	Ⅴ 597
'hydraulick machine'	"水压机"	Ⅳ 154
silk-spinning	丝织	Ⅳ 311，314
spinning-machine	纺纱机	Ⅳ 277 – 278，287，295
steam power	蒸汽动力	Ⅳ 154，283
textile-machinery	纺织机	Ⅲ 151
water-frame invention	水力纺纱机的发明	Ⅴ 840
Arlandes，Marquis d'	达尔朗德	Ⅴ 395
Armsby，H. P.	阿姆斯比	Ⅵ 309 – 310

A

Armstrong	阿姆斯特朗（约1839年）Ⅳ 5
—E. H.	阿姆斯特朗，E. H. Ⅶ 1091，1097 – 1098，1237
—Neil A.	阿姆斯特朗，N. A. Ⅶ 857
—Sir（Lord）William George	威廉·乔治·阿姆斯特朗爵士（男爵）Ⅴ 217，534 – 535
Armstrong Whitworth	阿姆斯特朗·惠特沃思公司 Ⅴ 121
Arnald de Villanova	阿纳尔德的维拉诺瓦 Ⅱ 138，142
Arnemann，J.	阿尔曼 Ⅶ 1317 – 1318
Arnold，Asa	阿诺德，艾萨 Ⅳ 286
—J. O.	阿诺德，J. O.（约18世纪90年代）Ⅵ 492
—John	阿诺德，约翰（1736—1799年）Ⅳ 415
—M.	阿诺德，M. Ⅶ 1470
—Thomas	阿诺德，托马斯 Ⅴ 821
Arphe，Juan	阿尔普 Ⅲ 64 – 65
Arrol，Sir William	威廉·阿罗尔爵士 Ⅴ 535
Arsenius，Walter	阿西尼厄斯 Ⅲ 540，586，621
Artingstall，F. D.	阿廷斯托 Ⅴ 403 注释1
Ascham，Roger	阿斯卡姆 Ⅲ 351
Ashby，A.	阿什比，A. Ⅴ 566
—Lord	阿什比勋爵 Ⅵ 146
Ashur-bani-pal，Assyrian king	亚述巴尼拔，亚述国王
bed design	床的设计 Ⅰ 676 – 677
boats，coracle type	船筏的种类 Ⅰ 736 – 737
chronology	年表 Ⅰ 表F
irrigation record	灌溉记录 Ⅰ 552
water wells，importance	水井的重要性 Ⅰ 527
wine list evidence	葡萄酒目录证明 Ⅰ 282
Ashur-nasir-pal Ⅰ	亚述纳西拔一世 Ⅰ 282；Ⅱ 495
Ashur-nasir-pal Ⅱ，Assyrian king	亚述纳西拔二世，亚述国王
boats，coracle type	船筏的种类 Ⅰ 736 – 737

chariots	战车 I 718，727
chronology	年表 I 表F
date-palm cultivation	枣椰树的种植 I 552
dyes，use of	染料的使用 I 247
furniture，metal	金属家具 II 235
horse-bit design	马衔设计 I 723
irrigation，gardens	灌溉花园 I 553
metal engraving	金属雕刻 I 646，649
water wells，design	水井设计 I 527
Ashworth，G. & E.	阿什沃思兄弟 V 573
Asoka	阿育王 I 772
Aspdin，Joseph	阿斯普丁，约瑟夫 IV 448，497；V 483
—William	阿斯普丁，威廉 IV 448 – 449
Asphalt Mining & Kerosene Gas Co.	沥青矿业和煤油煤气公司 V 105
Aspinall，Sir John	约翰·阿斯皮诺尔爵士 V 340
Astbury，John	阿斯特伯里 IV 346 – 347，349，353
Aston，F. W.	阿斯顿，F. W. VI 230
—John	阿斯顿，约翰 V 826
Atha，B.	阿萨 VI 497
Athenaeus of Attalia	阿塔里亚的阿特纳奥斯 II 674
—of Naucratis	瑙克拉提斯的阿特纳奥斯 I 266；II 133
Athénas	阿泰纳 IV 239
Atherton，J. B.	阿瑟顿 VII 1074
Atholl，Duke of	阿索尔公爵 IV 269
Atlantic Cable Company	大西洋电缆公司 V 225
Atwood，George	阿特伍德，乔治 III 644
—Luther	阿特伍德，卢瑟 V 105
Aubuisson，d'	奥比松 IV 159
Auer，J.	奥尔 VII 1334
Augustine，St，of Hippo	希波的圣奥古斯丁 III 519

Augustus, Roman emperor	奥古斯都，罗马皇帝 Ⅲ 507
aqueduct system, Rome	罗马渡槽系统 Ⅱ 670
building techniques	建筑技术 Ⅱ 410－411
chronology	年表 Ⅱ 表 2 lvi
Empire, survey	帝国的测量 Ⅲ 504
height limit, buildings	建筑物高度限制 Ⅱ 530
quarrying	采石 Ⅱ 28
road works	道路工程 Ⅱ 508，512－513
Roman calendar	罗马历 Ⅲ 577－578
war-galleys	战船 Ⅱ 571－572
Augustus Ⅱ, Elector of Saxony	奥古斯都二世，萨克森的选帝候 Ⅳ 338
Aurelius, Marcus	奥勒留 Ⅱ 530
Ausonius	奥索尼厄斯 Ⅱ 31，597，600
Austen, John H. & George W.	J. H. 奥斯汀和 G. W. 奥斯汀 Ⅴ 105
Austin, Herbert（Baron Longbridge）	奥斯汀（长桥男爵）Ⅴ 432
Aveling & Porter, of Rochester	罗切斯特的埃夫林－波特 Ⅳ 538
Avogardro, A.	阿伏伽德罗 Ⅳ 225
Axon	阿克索 Ⅳ 314
Ayrton, William Edward	艾尔顿 Ⅴ 418；Ⅵ 140；Ⅶ 1257

B

Baatz, G.	巴茨 Ⅶ 810
Babbage, C.	巴比奇，C.，发明家和思想家
analytical engine	分析机 Ⅶ 1175－1179
calculating machines	计算机器 Ⅶ 1151，1153－1154，1159
computers	计算机 Ⅶ 1151，1183－1184，1192，1194，1196
difference engine	差分机 Ⅶ 1173－1175

management theories	管理理论 VI 78 – 80, 86
—H. P.	巴比奇, H. P. VII 1176 – 1177
Babbitt, I.	巴比特 VI 436
Babcock, G. H.	巴布科克, G. H. V 138
—S. M.	巴布科克, S. M. V 33 – 35；VI 303
Babcock & Wilcox	巴布科克和威尔科克斯 V 138, 图版 8A
Bachelier, Nicolas	巴舍利耶 III 459, 464
Backus, J.	巴克斯 VII 1200
Bacon, Anthony	培根, 安东尼 V 815
—Francis	培根, 弗朗西斯 II 604；III 679 – 680, 718 – 719
—John	培根, 约翰 IV 446
—Richard M.	培根, 理查德·M. V 698；VI 617
Bacon, Roger	培根, 罗吉尔, 哲学家
human flight	人类飞行 V 394
lenses	透镜 III 230
magnetic compass	磁力指南针 III 524
maps	地图 III 521 – 522
scientific progress	科学成就 III 719 – 720
Bacqueville, Marquis de	巴克维尔侯爵 V 394
Baddeley, John, of Shelton	谢尔顿的约翰·巴德利 IV 349
—Ralph, of Shelton	谢尔顿的拉尔夫·巴德利 IV 349
Baden-Powell, B. F. S.	巴登 – 鲍威尔 V 398
Badeslade, T.	巴德斯拉德 III 316
Badische Anilin-und-Soda Fabrik	巴登苯胺纯碱厂 V 248, 276 – 278
Badius Ascensius, Jodocus	巴迪乌斯 III 397 – 399
Baedeker	贝德克尔 V 714
Baekeland, L. H.	贝克兰 VI 554
Baeyer, Adolf von	拜耳 V 278, 788；VI 554
Bailey, R. W.	贝利 VII 985

Bailey and Culley   贝利和卡利 Ⅳ 10

Baillie, Charles William   贝利 Ⅴ 453, 463

Bain, Alexander   贝恩, 亚历山大 Ⅳ 654; Ⅴ 224; Ⅶ 1213

—J. S.   贝恩, J. S. Ⅵ 50, 54 – 55, 57 – 59, 75

Baines, Edward   贝恩斯 Ⅳ 249

Baird, J. L.   贝尔德 Ⅶ 1259 – 1260

Baker, D.   贝克, D. Ⅵ 477

—Sir Benjamin   本杰明·贝克爵士, 土木工程师

     Aswan dam   阿斯旺水坝 Ⅴ 543

     bridges   桥梁 Ⅳ 459; Ⅴ 501, 506

     wind pressures, measurement   风压测量 Ⅴ 503

     tunnelling, Hudson River   哈得孙河隧道 Ⅴ 519 – 520

—J. C.   贝克, J. C. Ⅶ 1434

—M. N.   贝克, M. N. Ⅶ 1377

—Matthew   贝克, 马修 Ⅲ 480, 488, 490

Bakewell, F. C.   贝克韦尔, F. C. Ⅶ 1257

—Robert   贝克韦尔, 罗伯特 Ⅲ 15; Ⅳ 21, 40

Balard, A. J.   巴拉尔 Ⅴ 319

Balchen, B.   巴尔肯 Ⅶ 806

Baldewin, Eberhardt   巴尔德温 Ⅲ 658, 660

Baldwin, F. S.   鲍德温 Ⅶ 1164

Ballaison   巴莱森 Ⅳ 538

Ballou, E. H.   巴卢 Ⅵ 665

Balme, de la   巴尔姆 Ⅳ 633, 637

Balzer, S. M.   鲍尔泽 Ⅶ 1009

Bancroft, E.   班克罗夫特 Ⅳ 248

Banks, Sir Joseph   约瑟夫·班克斯爵士 Ⅳ 28, 206, 262, 575;
     Ⅴ 177

Barattieri, Giovanni Battista   巴拉蒂耶里 Ⅲ 315

Barba, Alvaro Alonzo   巴尔巴 Ⅲ 28 – 29, 63

Barbaro, Daniele   巴尔巴罗 Ⅴ 716

Barbarossa	巴巴罗萨；参见 Frederick I
Barclay, R.	巴克利 Ⅶ 1269
Bardeen, J.	巴丁 Ⅶ 1118
Bardin, I. P.	巴丁 Ⅵ 498
Barisino, Tommaso of Modena	摩德纳的巴里辛诺 Ⅲ 230
Barker, S. W.	巴克 Ⅵ 649
Barlow, A.	巴洛，A. Ⅴ 579
—Edward	巴洛，爱德华 Ⅲ 669 – 670
—Peter William	巴洛，彼得·威廉 Ⅴ 347
—W. H.	巴洛，W. H. Ⅴ 474，492
Barman, Christian	巴曼 Ⅲ 114
Barnaby, Nathaniel	巴纳比 Ⅴ 373
Barnack, Oskar	巴纳克 Ⅴ 732；Ⅶ 1288
Barnes, D. E.	巴恩斯 Ⅶ 1332
Barnwell, F.	巴恩韦尔 Ⅶ 794
Barron, S. L.	巴伦 Ⅶ 1341
Barth, C.	巴思 Ⅵ 84
Bartholomew the Englishman	英国人巴塞洛缪 Ⅲ 676
Bartlett	巴特利特 Ⅳ 71
Bartolotti	巴尔托洛蒂 Ⅲ 314
Barton, Luke	巴顿 Ⅴ 598
Basch, S. S. K. R. von	巴施 Ⅶ 1344
'Basil Valentine'	巴希尔·瓦伦丁；参见 'Valentine, Basil'
Bass, George	巴斯 Ⅳ 358
Bateman, J. F.	贝特曼 Ⅳ 490，497
Bates, of Kirklevington	柯克莱文顿的贝茨 Ⅳ 21
Bath, B. H. S. Van	巴斯，B. H. S.；参见 Van Bath
Batho, W. E., of Birmingham	伯明翰的巴索 Ⅳ 538
Batly, of Leeds	利兹的巴特利 Ⅳ 323
Bauer, Andrew	鲍尔，安德鲁 Ⅴ 695
—Georg	鲍尔，乔治；参见 Agricola

—W.　　　　　　　　　　　　　鲍尔，W. Ⅵ 558

Baumann，E.　　　　　　　　　鲍曼，E. Ⅵ 556

—K.　　　　　　　　　　　　　鲍曼，K. Ⅶ 1030

Baumé，Antoine　　　　　　　　鲍姆 Ⅲ 22

Baur，Julius　　　　　　　　　　鲍尔 Ⅴ 65

Bauschinger，J.　　　　　　　　鲍申格尔 Ⅴ 495

Bauwens，Liéven　　　　　　　　鲍文斯 Ⅳ 324－325，560

Baxter，G.　　　　　　　　　　巴克斯特，G. Ⅴ 705

—J. P.　　　　　　　　　　　　巴克斯特，J. P. Ⅵ 263，265

Bayer，Karl Josef　　　　　　　拜尔，卡尔·约瑟夫 Ⅴ 92

—O.　　　　　　　　　　　　　拜尔，O. Ⅵ 561－562

Baylis，J. R.　　　　　　　　　贝利斯 Ⅶ 1375

Bazalgette，Sir Joseph W.　　　巴泽尔杰特爵士，土木工程师

　　drainage，London　　　　　　伦敦的下水道系统 Ⅳ 510－511；Ⅶ
　　　　　　　　　　　　　　　　1383，1386

　　sewers，materials　　　　　　下水道的材料 Ⅳ 449，514－515

Bazin　　　　　　　　　　　　巴赞（约 1867 年）Ⅳ 631

—Henri Émile　　　　　　　　贝津，亨利·埃米尔（1829—1917 年）
　　　　　　　　　　　　　　　　Ⅴ 540，546

Beacham，T. E.　　　　　　　　比彻姆 Ⅶ 1061

Bealy，of Radcliffe，Manchester　曼彻斯特拉德克利夫地区的比利 Ⅳ 245

Beard，Richard　　　　　　　　比尔德 Ⅴ 721－722

Beart，Robert　　　　　　　　　贝亚尔 Ⅵ 381

Beattie，Joseph　　　　　　　　贝蒂 Ⅴ 326－328

Beau de Rochas，Alphonse　　　博·德·罗夏 Ⅴ 158

Beaufort，Rear-Admiral Sir　　　蒲福 Ⅴ 449，452
　　Francis

Beaumont，Henry　　　　　　　博蒙特，亨利 Ⅴ 633

—J. B. A. L. L. Élie de　　　　博蒙特，J. B. A. L. L. Ⅳ 622

Beautemps-Beaupré，C. F.　　　博唐－博普雷 Ⅳ 618－619

Becher，Johann Joachim　　　　贝歇尔 Ⅲ 682；Ⅳ 258

Béchereau，L.　　　　　　　　　贝舍罗 Ⅶ 794，808

Beck, C.	贝克 Ⅶ 1356
Bede, the Venerable	尊者比德，历史学家
calendar, Christian	基督教的历法 Ⅲ 578
cast-iron figures	铸铁雕像 Ⅱ 7
lead roofing	铅皮屋顶 Ⅱ 429
stone-cutting skill	石头切割技术 Ⅱ 32
time measurement	时间测定 Ⅲ 595 – 596
window-glazing skill	窗玻璃安装技巧 Ⅱ 425
Bedford, Duke of	贝德福德公爵（1765—1880 年） Ⅲ 15；Ⅳ 21, 39
—Francis Russell	贝德福德，弗朗西斯·罗素 Ⅲ 319
—L. H.	贝德福德，L. H. Ⅶ 1105, 1261
Bedson, George	贝德森 Ⅴ 63, 621, 624 – 625
—J. P.	贝德森，J. P. Ⅵ 495
Beecher, C.	比彻 Ⅶ 1135
Béguin, Jean	贝甘 Ⅱ 741
Behaim, Martin	贝海姆 Ⅲ 591, 614
Behrens, Peter	贝伦斯 Ⅴ 837
Beighton, Henry	拜格顿 Ⅳ 176 – 177
Beilby, George	贝耳俾 Ⅴ 250
Belevitch, V.	别列维奇 Ⅶ 1112
Belgrand, Eugène	贝尔格朗 Ⅳ 498
Bélidor, Bernard Forest de	贝利多尔，作家
architectural theory	建筑理论 Ⅳ 443 – 445
bridges, design	桥梁设计 Ⅴ 492
canal flash-lock	运河闸门 Ⅲ 440 – 441
dredging process	挖掘过程 Ⅲ 425
machines	机器 Ⅲ 324, 333 – 334, 344
pile-driving methods	打桩方法 Ⅲ 422
water-power	水动力 Ⅱ 608
Belknap	贝尔克纳普 Ⅲ 117

Bell	贝尔（约 1785 年）Ⅳ 246
—Alexander Graham	贝尔，亚历山大·格雷厄姆，发明家
aeroplane designs	飞机设计 Ⅴ 409
space frames pioneer	空间构架的先驱 Ⅶ 952
telephony	电话通讯 Ⅴ 226 – 227；Ⅶ 1220 – 1223,
	1231 注释
—Henry	贝尔，亨利 Ⅴ 143
—Sir Isaac Lowthian	艾萨克·洛西恩·贝尔爵士 Ⅴ 801 – 802,
	804, 810
—Patrick	贝尔，帕特里克 Ⅳ 7 – 8；Ⅴ 11
—Sir Lowthian	洛西恩·贝尔爵士 Ⅵ 465
Bell Brothers	贝尔兄弟 Ⅴ 801, 812
Bella	贝拉 Ⅳ 41
Bellairs, Henry	贝莱尔斯 Ⅴ 826
Bellin, J. N.	贝林 Ⅳ 615
Belliss, G. E.	贝利斯 Ⅴ 136
Belliss & Morcom	贝利斯 – 莫科姆有限公司 Ⅴ 136, 图版 8B
Belpaire, Alfred	贝尔佩尔 Ⅴ 328
Ben-David, J.	本 – 戴维 Ⅵ 151
Benedict ⅪⅤ, Pope	本笃十四世，教皇 Ⅳ 478
—Biscop	本尼狄克 Ⅱ 32, 326
Bennett, C. E.	贝内特，C. E. Ⅶ 1077
—Charles	贝内特，查尔斯 Ⅴ 728
—F.	贝内特，F. Ⅶ 806
Bensley, Thomas	本斯利 Ⅴ 694 – 696
Benson, Thomas	本森 Ⅳ 347
Bentham, Sir Samuel	塞缪尔·边沁爵士
machine tools	机床 Ⅳ 418, 426, 437, 581 – 582；Ⅴ 636
ships	船只 Ⅳ 579, 581
Bentley & Co.	本特利公司 Ⅳ 422
Benton, Linn Boyd	本顿 Ⅴ 688
Benz, Karl	本茨 Ⅴ 167, 170, 427 – 428

Berek, M.   拜赖克 Ⅶ 1289

Berger, H.   伯杰 Ⅶ 1358

Berghaus, H. C. W.   伯格豪斯 Ⅳ 614, 622, 626

Bergheim & MacGarvey   贝格海姆－麦加维公司 Ⅴ 110

Bergier, Nicolas   伯杰尔 Ⅳ 521, 527

Bergius, F.   柏基乌斯 Ⅵ 541

Bergmann, T. O.   伯格曼 Ⅳ 108, 374

Berliner, E.   伯利纳, E.（主要活动于 1887 年）Ⅶ 1262

—Emil.   伯利纳, 埃米尔（1851—1929 年）Ⅴ 404
                                                      注释

Bernard, Claude   贝尔纳, 克劳德 Ⅴ 17

—St   圣伯纳德 Ⅲ 198

—Sir Thomas   托马斯·伯纳德爵士 Ⅴ 830

Bernini, Lorenzo   贝尔尼尼 Ⅲ 289

Bernoulli, Daniel   伯努利, 丹尼尔 Ⅴ 146, 537

—Jakob   伯努利, 雅各布 Ⅴ 491

—Johann   伯努利, 约翰 Ⅴ 407

Berry, A.   贝里 Ⅴ 399

Bert, Paul   贝尔 Ⅴ 516

Berthelot, P. E. M.   贝特洛 Ⅴ 111; Ⅵ 541

Berthelsen, S.   贝特尔森 Ⅵ 657

Berthollet, Claude L.   贝托莱, 化学家

    chemical discoveries   化学发现 Ⅳ 221 - 222, 253

    chlorine, bleaching property 氯气, 漂白性能 Ⅳ 247

    dyestuffs   染料 Ⅳ 249; Ⅴ 257

    explosives   火药 Ⅴ 285

Berthoud, Ferdinand   贝尔图, 费迪南 Ⅳ 396, 410, 413 - 414;
                                                      Ⅴ 458 注释

—Pierre-Louis   贝尔图, 皮埃尔－路易 Ⅳ 414

Bertin   贝尔坦 Ⅳ 31

Bertrand, J.   贝特朗 Ⅴ 387 - 388

Bertsch, A.   伯奇 Ⅶ 1289

Berzelius, J. J.	柏齐力乌斯 Ⅳ 225－227, 405；Ⅴ 268－269
Besnard, Philip	贝纳尔 Ⅳ 369
Bessel, F. W.	贝塞尔 Ⅳ 601；Ⅴ 442
Bessemer, Henry	贝塞麦，实业家
casting method, steel	铸钢技术 Ⅵ 497
copper smelting	炼铜 Ⅴ 81
glass-making	玻璃制造 Ⅴ 679
industrial revolution	工业革命 Ⅴ 804, 809－810, 818
oil drilling bits	石油的钻探 Ⅴ 107－108
oxygen enriched air patents	富氧空气的专利权 Ⅵ 489
rail manufacture	轨道的制造 Ⅴ 331
refractories, furnace	耐火炼钢炉 Ⅴ 664
steel converter	炼钢转炉 Ⅴ 54－61, 70, 606
structural steel	结构钢 Ⅴ 477
type-composing machine	排字机 Ⅴ 685
Besserdich, W.	贝瑟迪什 Ⅶ 726
Besson, Jacques	贝松，工程师
crane grab mechanism	起重机抓斗装置 Ⅳ 636
screw-cutting lathe	螺纹车床 Ⅲ 334－335, 337；Ⅳ 425
water-mill	水磨 Ⅲ 328－329
windmill	风车 Ⅱ 626－627
Betz, A.	贝茨 Ⅶ 793
Beukelszoon, William	伯克尔松 Ⅱ 124；Ⅲ 22
Bevan, E. J.	贝文 Ⅵ 554, 649
Bezinghen, Abot de	德贝赞冈 Ⅲ 340
Biard	比亚尔 Ⅳ 302
Bickford, William	比克福德 Ⅳ 80；Ⅴ 284, 832
Biddle, Edward John	比德尔 Ⅴ 117
Bidoni, Giorgio	比多内 Ⅴ 546
Bidwell, S.	比德韦尔 Ⅶ 1257

Bier, A.   比尔 Ⅶ 1336

Biffen, R. H.   比芬 Ⅵ 328

Bigelow, Erastus B.   比奇洛 Ⅴ 581 – 583

Biggs, J. B.   比格斯 Ⅶ 1346

Bilham, E. G.   比尔海姆 Ⅶ 1386

Binnie, Alexander   宾尼 Ⅴ 558

Biondo, Flavio   比翁多 Ⅲ 288

Birch   伯奇 Ⅳ 319

Bird, John   伯德 Ⅳ 382, 390, 399, 603

Birdseye, C.   伯宰 Ⅶ 1423

Biringuccio, Vanoccio   比林古乔, 冶金家

    assaying   检验 Ⅲ 59, 62, 65

    author, *Pirotechnia*   《火术》的作者 Ⅲ 27 – 28; Ⅳ 233

    boring-mills   钻膛 Ⅲ 367; Ⅳ 422

    cannon   火炮 Ⅲ 364 – 365, 367 – 368 注释

    copper alloys   铜合金 Ⅲ 37 – 42

    furnaces, metallurgical   冶金熔炉 Ⅲ 50, 52 – 55

    gilding   镀金 Ⅲ 48 – 49

    glass-making   玻璃制造 Ⅲ 40, 210, 212, 214

    iron industry   炼铁工业 Ⅲ 30, 34

    metal-casting   金属铸造 Ⅱ 475

    minting   铸币 Ⅲ 47

    steel   钢 Ⅲ 34, 36

    tin alloys   锡合金 Ⅲ 43 – 44

    type-founding   铸字 Ⅲ 391 – 392

Birkbeck, George   伯克贝克 Ⅳ 445

Birkeland, C.   伯克兰 Ⅵ 522 – 523

Birkigt, M.   伯基特 Ⅶ 1012

Bishop, R. E.   毕晓普 Ⅶ 828

Bismarck, Prince   俾斯麦亲王 Ⅵ 145 – 146

Bissell, George H.   比斯尔 Ⅴ 109 – 110

Biswas, A. K.   比斯瓦斯，A. K. Ⅵ 196
—M. R.   比斯瓦斯，M. R. Ⅵ 196
Blache   布拉什 Ⅲ 165
Black, H. S.   布莱克，H. S. Ⅶ 1240
—Joseph   布莱克，约瑟夫，化学家 Ⅳ 444
    alkalis, discoveries   碱的发现 Ⅲ 25；Ⅳ 217, 237
    'fixed' air discovery   "固定"空气的发现 Ⅳ 38
    hydrogen balloon proposal   关于氢气球的建议 Ⅴ 395
    latent heat, discovery   潜热的发现 Ⅳ 182, 673
    paper bleaching process   纸张漂白工艺 Ⅳ 255
    quantitative chemistry   定量化学 Ⅱ 744 – 745；Ⅳ 217 – 218
    scientific contribution   科学贡献 Ⅳ 673 – 674, 680；Ⅴ 267,
                                    780

Blackett, P. M. S.   布莱克特，P. M. S. Ⅵ 161
—W. C.   布莱克特，W. C. Ⅳ 85；Ⅵ 361
Bladen, V. W.   布莱登 Ⅳ 351
Blaeuw, P. and J.   P. 布劳和 J. 布劳 Ⅲ 402
—Willem Janszoon   布劳，威廉·扬松 Ⅲ 400
Blagden, Sir Charles   布莱格登 Ⅳ 619
Blake, Eli Whitney   布莱克，伊莱·惠特尼 Ⅳ 538
—John   布莱克，约翰 Ⅳ 499
—John, & Company   约翰·布莱克公司 Ⅴ 526
Blanc, M.   勃朗 Ⅶ 808
Blanchard, François   布朗夏尔，弗朗索瓦 Ⅴ 398, 400, 403
                                注释，411
—Thomas   布兰查得，托马斯 Ⅳ 436, 440
Blancourt, H. de   德布朗库特 Ⅲ 678, 683, 698
Blériot, Louis   布莱里奥，飞机先驱
    aeroplane designs   飞机设计 Ⅴ 392, 407, 409 – 410；Ⅶ
                                791, 808
    channel crossing   横渡（英吉利）海峡 Ⅶ 699, 1469
    glider tests   滑翔试飞 Ⅴ 407

motivation	动机 Ⅵ 32
Bligh, William	布莱 Ⅴ 23
Blith, Walter	布里斯 Ⅲ 134 – 136，321 – 322
Bloch, J.	布洛克 Ⅵ 677
Blon, J. C. Le	勒布隆 Ⅲ 408
Blondeau, Peter	布隆多 Ⅲ 341
Blondel, A.	布隆代尔，A. Ⅶ 1243 – 1244
—François	布隆代尔，弗朗索瓦 Ⅲ 256
Blood, W. Bindon	布拉德 Ⅳ 486
Blumenthal, Cellier	布卢门撒尔 Ⅴ 112
Blumlein, A. D.	布卢姆莱因 Ⅶ 1263
Böckler, C. A.	伯克勒尔 Ⅲ 16 – 17
Brockway, F. J.	布罗克韦 Ⅶ 1321
Bodmer, J. G.	博德默尔 Ⅳ 287
Bodyington, Stevyn	博丁顿 Ⅱ 248
Boelcke, O.	伯尔克 Ⅶ 794
Böemus, Johannes	约翰内斯 Ⅱ 126
Boerhaave, Hermann	布尔哈维 Ⅳ 233
Böethius	伯蒂乌斯 Ⅲ 502
Bogaerden, Adrien van	范博哈尔登 Ⅲ 452
Bogardus, James	博加德斯 Ⅴ 470
Boggs, M. S.	博格斯 Ⅶ 817
Bohn, René	博恩 Ⅴ 279；Ⅵ 566
Bohr, N.	玻尔 Ⅵ 225
Boileau, Louis Auguste	布瓦洛 Ⅴ 471
Boizard, Jean	布瓦扎尔 Ⅲ 47 – 48，59，65
Bolas, Thomas	博拉斯 Ⅴ 732
Bölckow, Vaughan	伯尔科 - 沃恩公司 Ⅴ 801，812
Bollée, Amedée	博莱，阿梅代 Ⅴ 423
—Leon	博莱，莱昂（主要活动于 1887 年）Ⅶ 1166，1188 – 1189

—Léon 博莱，莱昂（主要活动于1895年）V 435

Boller 博勒（约1502年）Ⅲ 18

Bologna, Fioravante da 博洛尼亚 Ⅲ 445

Bolsover, Thomas 博尔索弗 Ⅳ 130；V 633

Bolton, J. 博尔顿，J. Ⅶ 1390

—W. B. 博尔顿，W. B. V 728

Bonde, Carl 邦德 Ⅲ 455

Boneuil, Anthony Bourboulon de 博纳尔 Ⅳ 238

Bong, R. 邦格 Ⅶ 813

Bonne, Rigobert 邦内 Ⅳ 625

Bontekoe, Cornelius 邦特库 Ⅲ 5

Bontemps, Georges 邦当 Ⅳ 360, 367, 375；V 678

Boole, G. 布尔 Ⅶ 1192

Boot, H. A. 布特 Ⅶ 1107

Booth, A. D. 布思，A. D. Ⅶ 1195, 1202

—Enoch 布思，伊诺克 Ⅳ 348–351

—H. C. 布思，H. C. Ⅵ 294；Ⅶ 1129

—James 布思，詹姆斯 V 779

Borda, J. C. , de 博尔达 Ⅳ 397, 401, 601, 604；V 528

Borton, S. 博顿 Ⅵ 682

Bosch, C. 博施 Ⅶ 1210

Boscovitch, Roger Joseph 博斯科维奇 Ⅳ 478

Bose, G. M. 博斯 Ⅳ 648

Bottezat, G. de 德博特扎 Ⅶ 822

Böttger 伯特格尔 Ⅳ 255

—Johann Friedrich 伯特格尔，约翰·弗里德里希 Ⅳ 338–340

—Rudolf 伯特格尔，鲁道夫 V 86, 284

Böttiger, Paul 伯蒂格 V 279

Bouchier 布希耶 Ⅳ 318

Bouchon, Basile 布雄 Ⅲ 166

Bougainville, Louis de 布干维尔 Ⅳ 598

Bouguer, Pierre   布格 Ⅳ 478, 577; Ⅴ 353, 386

Boulé, M.   布莱 Ⅴ 543

Boulton, Matthew, manufacturer   博尔顿, 马修, 制造商

  commercial talents   经商才能 Ⅴ 799 – 800

  'Lunar Society' membership   "月光社"成员 Ⅳ 673

  machine-tools   机床 Ⅳ 419, 422

  porcelain   瓷器 Ⅳ 339

  'Sheffield plate'   "设菲尔德板" Ⅳ 130

  steam-engines   蒸汽机 Ⅳ 162, 164, 183, 185, 352

—M. P. W.   博尔顿, M. P. W. Ⅴ 411

—& Watt, engineering firm   博尔顿 – 瓦特工程公司 Ⅳ 183, 673

  coal-gas   煤气 Ⅳ 265 – 269

  cotton-mill   棉纺厂 Ⅴ 837

  engine improvements   蒸汽机的进步 Ⅳ 183 – 187, 190 – 191

  engines, navy use   蒸汽机在海军军船中的运用 Ⅳ 581 – 582

  gas-lighting   燃气照明 Ⅳ 252, 262 – 263

  glass industry, engines   玻璃工业, 蒸汽机 Ⅳ 372

  machine-tools   机床 Ⅳ 433; Ⅴ 649

  paddle-steamers, machinery   桨轮蒸汽船, 装置 Ⅴ 143, 145

  pottery industry, engines   陶器制造业, 蒸汽机 Ⅳ 352

  steam engines   蒸汽机 Ⅳ 162, 164, 368

  steam-dredger   蒸汽挖泥船 Ⅳ 641

  steam-driven factory   蒸汽驱动的工厂 Ⅳ 283

  water-pumping engines   水泵机 Ⅳ 77 – 78

Bourbouze, J. P.   布尔布泽 Ⅴ 737

Bourdon, Eugène   波登 Ⅴ 538

Bourgelat, C.   布尔热拉 Ⅳ 32

Bourn, Daniel   博恩 Ⅲ 154 – 155; Ⅳ 277, 280, 298

Bourne, William   伯恩 Ⅴ 142

Boussingault, J. B. J. D.   布森戈 Ⅳ 42; Ⅴ 106

Boutheroue, François 布特勒，弗朗索瓦 Ⅲ 463

—Guillaume 布特勒，纪尧姆 Ⅲ 463

—Hector 布特勒，赫克特 Ⅲ 465

Bouton, George B. 布顿 Ⅴ 169

Bouvier 布维尔 Ⅳ 638

Bow, R. H. 鲍，R. H. Ⅴ 492－493，501

—W. H. 鲍，W. H. Ⅳ 486

Bowen, N. L. 鲍恩 Ⅵ 632

Bowen Cooke, C. J. 鲍恩·库克 Ⅶ 762－763

Bowles, R. C. M. 鲍尔斯 Ⅶ 1347

Bowman 鲍曼 Ⅳ 303

Boxer, E. M. 博克瑟 Ⅴ 630

Boyce, Joseph 博伊斯 Ⅳ 7

Boyd, T. A. 博伊德 Ⅶ 989

Boyden, Uriah A. 博伊登 Ⅴ 528－529，531，537－538

Boyle, C. P. 博伊尔，C. P. Ⅶ 869

—H. E. G. 博伊尔，H. E. G. Ⅶ 1334－1335

—Richard 博伊尔，理查德 Ⅳ 470

—Robert 玻意耳，罗伯特，化学家 Ⅱ 738；Ⅲ 681－683，718，720

  blowpipe furnace 吹管炉 Ⅲ 55

  Dalton's atomic theory 道尔顿原子理论 Ⅳ 223

  dyeing experiments 染色实验 Ⅳ 248

  electricity 电 Ⅳ 648

  elements, definition 元素的定义 Ⅳ 215

  gases 气体 Ⅳ 216

  hydrometer inventions 液体比重计的发明 Ⅲ 22，68

  laboratory 实验室 Ⅱ 749－750

  metallurgy 冶金学 Ⅲ 56－57

  phlogiston problem 燃素问题 Ⅳ 218－219

  quenching experiments 淬火实验 Ⅲ 37

shellac lacquers	虫胶漆 Ⅲ 696 – 697
vacuum pump	真空泵 Ⅲ 637
vision, discussion	关于视觉的讨论 Ⅴ 735
—S. E.	博伊尔, S. E. Ⅵ 58
Bozolus	博佐鲁什 Ⅳ 650
Brackelsberg, C. A.	布拉克尔斯伯格 Ⅵ 475
Braconnot, H.	布拉科诺 Ⅴ 284
Bradley, C. S.	布拉德利, C. S. Ⅵ 522
—Humphrey	布拉德利, 汉弗雷 Ⅲ 316 – 320, 459, 462
—James	布拉德利, 詹姆斯 Ⅲ 554
Bragg, W. H.	布拉格 Ⅵ 623
Brahe, Tycho	第谷·布拉赫, 丹麦天文学家
accuracy of instruments	仪器的精度 Ⅲ 621, 640; Ⅳ 380, 388
clocks, astronomical	用于天文观测的时钟 Ⅲ 658 – 660
instruments, general	仪器概述 Ⅲ 400, 582 – 583
observatory instruments	观测仪器 Ⅲ 588 – 589
planetary models	行星模型 Ⅰ 799
Braithwaite, J.	布雷思韦特 Ⅶ 985
Bramah, Joseph	布拉默, 发明家和制造商
machinery, lock-making	生产防盗锁的机床 Ⅴ 636, 800
machine-tools	机床 Ⅳ 418, 423 – 425, 434 – 435
press, hydraulic	水压机 Ⅴ 535
tubes, extrusion method	管子, 挤压法 Ⅴ 627
water closets	抽水马桶 Ⅳ 423, 507; Ⅶ 1127
wood-planing machine	刨木机 Ⅳ 423, 437
Bramante	布拉曼特 Ⅲ 288, 338
Brambilla, G. A.	布兰比拉 Ⅶ 1317
Bramer, Benjamin	布拉默 Ⅲ 626 – 627
Bramwell, W. C.	布拉姆韦尔 Ⅴ 571
Branca, Giovanni	布兰卡, 建筑师

chimney-wheel, design	热气叶轮机的设计 Ⅳ 161
rolling-mills, description	滚轧机的描述 Ⅲ 342
steam, power source	蒸汽，动力来源 Ⅳ 672；Ⅴ 149 – 150
turbine designs	涡轮机的设计 Ⅳ 161, 168；Ⅴ 149 – 150
Brancas, L. F. de	布朗卡 Ⅳ 339
Brand, Hennig	布兰德 Ⅴ 252
Brande, W. T.	布兰德 Ⅳ 256
Brandenburg, Margrave of	勃兰登堡 Ⅲ 285
Brandt, Georg	布兰特 Ⅳ 145, 374
Branly, E.	布朗利 Ⅶ 1232 – 1233
Brattain, W. H.	布拉顿 Ⅶ 1118
Braun, F.	布劳恩，F. Ⅶ 1106
—W. von	冯·布劳恩，W. Ⅶ 816, 848, 863
Brearley, H.	布里尔利 Ⅵ 492 – 493
Brederode, Hendrik Van	范布雷德罗德 Ⅲ 302
Bredon, Simon	布雷顿 Ⅲ 617
Bredsdorff, J. H.	布雷斯多夫 Ⅳ 614
Bregandyne, Robert	布雷冈 Ⅲ 487
Bréguet, A. L.	布雷盖，A. L. Ⅳ 414
—Louis François C.	布雷盖，路易·弗朗索瓦 Ⅴ 219
—brothers	布雷盖兄弟 Ⅵ 32；Ⅶ 792, 821 – 822
Bremoutier	布雷蒙捷 Ⅳ 33
Brendan, St	圣布伦丹 Ⅱ 581
Brennan, L.	布伦南 Ⅶ 822
Bretonnière, L.	布勒托尼埃 Ⅴ 279
Bretschneider, O.	布雷施奈德 Ⅵ 562
Brett, Jacob	布雷特，雅各布 Ⅳ 660
— —and John Watkins	雅各布·布雷特和约翰·布雷特 Ⅴ 224
—John W.	布雷特，约翰·W. Ⅳ 660
Breuil, Abbé	布雷伊尔 Ⅰ 152
Brewster, Sir David	布儒斯特爵士 Ⅳ 376；Ⅴ 727, 780 – 781

Bridge, E.	布里奇 Ⅶ 904
Bridges, David, & Company	戴维·布里奇公司 Ⅴ 768
Bridgwater, Duke of	布里奇沃特公爵 Ⅳ 348
Briggs, H.	布里格斯 Ⅶ 1153
Bright, Sir Charles Tilston	布莱特爵士 Ⅴ 225
Brindley, James	布林德利，詹姆斯 Ⅳ 348，462，571
—John	布林德利，约翰 Ⅳ 348
Briot, Nicholas	布里奥 Ⅲ 341
British Aluminium Company	英国铝业公司 Ⅴ 93
Brockhaus, F. A.	布罗克豪斯 Ⅴ 683
Broglie, L. de	德布罗意 Ⅶ 1216
Brooke, Charles	布鲁克，查尔斯 Ⅴ 186
—Homer	布鲁克，霍默 Ⅴ 676
—J. M.	布鲁克，J. M. Ⅳ 619
Brooks, J. C.	布鲁克斯，J. C. Ⅵ 665
—John	布鲁克斯，约翰 Ⅳ 354
Brotherhood, Peter	布拉泽胡德 Ⅴ 134，137
Broughton Copper Company	布劳顿铜公司 Ⅴ 628
Browett Lindley	布劳伊特 Ⅴ 137
Brown, A. E.	布朗，A. E. Ⅵ 472
—Andrew	布朗，安德鲁 Ⅳ 243
—C.	布朗，C. Ⅶ 1071
—C. E. L.	布朗，C. E. L. Ⅴ 232
—H. P.	布朗，H. P. Ⅴ 201
—Sir John	约翰·布朗爵士 Ⅴ 612，805
—John, & Sons	布朗·约翰父子公司 Ⅴ 614
—Joseph R.	布朗，J. R. Ⅴ 653；Ⅶ 1041
—Robert	布朗，罗伯特 Ⅴ 780
—Sir Samuel	塞缪尔·布朗爵士 Ⅳ 459 – 460，585
—William	布朗，威廉 Ⅳ 178 – 179
Brown & Sharpe Company	布朗-夏普公司 Ⅴ 653 – 654，656

Browne, Edward　　　　　　　布朗，爱德华 Ⅱ 22 – 24

—Henry　　　　　　　　　　布朗，亨利 Ⅲ 159

Brownrigg, William　　　　　布朗里格 Ⅳ 259

Bruce, David　　　　　　　　布鲁斯 Ⅴ 683 – 684

Brueghel, Pieter, the elder　　勃鲁盖尔，艺术家 Ⅳ 639

　alchemical laboratory　　　炼金实验室 Ⅱ 749，图版 42A

　garments, leather　　　　　皮革制的衣服 Ⅱ 175

　medieval cart　　　　　　中世纪的马车 Ⅱ 546，548

　scythe (painting)　　　　长柄大镰刀（绘画）Ⅱ 96

　shaduf figure　　　　　　桔槔雕刻 Ⅱ 680 – 681

Bruff, Peter　　　　　　　　布拉夫 Ⅴ 331

Bruges, Pierre Théodore de　　布吕热 Ⅳ 237

Brunel, Isambard Kingdom　　布律内尔，伊桑巴德·金德姆，工程师

　arches, structural theory　　拱，结构理论 Ⅴ 492

　biographical note　　　　生平事略 Ⅳ 427

　brickwork, iron-reinforced　在砖砌结构上使用铁箍 Ⅴ 488

　bridges　　　　　　　　桥梁 Ⅳ 461 – 462；Ⅶ 887 – 888，898

　Bristol Station roof　　　布里斯托尔车站屋顶 Ⅴ 468

　caissons　　　　　　　气压沉箱 Ⅳ 462；Ⅴ 514

　Clifton suspension-bridge　克利夫顿吊桥 Ⅴ 507 及注释

　hydraulic appliances　　水力设备 Ⅴ 534

　hydrodynamics　　　　流体动力学 Ⅴ 386

　Paddington station　　　帕丁顿车站 Ⅴ 332

　steam-boat pioneer　　蒸汽船的先驱 Ⅴ 361 – 365，372，375

　tunnel, Thames river　　泰晤士河隧道 Ⅳ 463

—Sir Marc Isambard　　　　布律内尔爵士，马克·伊桑巴德，工程师

　building materials　　　建筑材料 Ⅳ 449，451

　hosiery machine　　　　编针织机 Ⅴ 598

　machine-tools　　　　机床 Ⅳ 418，426 – 427，430，435；
　　　　　　　　　　　　Ⅴ 636

　marine engine　　　　船用蒸汽机 Ⅴ 146

saw-mills, water-powered	水力锯木机 Ⅳ 202
tunnel, Thames river	泰晤士河隧道 Ⅳ 449, 463 – 464, 图版 32; Ⅴ 361 注释
tunnel-shield patent	隧道盾构技术专利 Ⅴ 516
Brunelleschi, Philippo	布鲁内莱斯基 Ⅲ 245 – 246, 248
Brunner	布伦纳（约1850年）Ⅳ 398
—John	布伦纳，约翰（1842—1919年）Ⅴ 243
Brunner Mond & Company	布伦纳 – 蒙德公司 Ⅴ 803, 806, 833
Brunton	布伦顿 Ⅳ 123
Bruyère, Jean B. F. Giraux de la	布吕耶尔 Ⅳ 369
Brush, C. F.	布拉什 Ⅴ 213, 215
Buache, Philippe	布歇 Ⅳ 611 – 613, 621; Ⅴ 439 注释 2
Buchan, Alexander	巴肯 Ⅳ 620
Buchanan, R.	布坎南 Ⅳ 425
Buck, J.	巴克 Ⅴ 656
Buckingham, Duke of	白金汉公爵 Ⅲ 238; Ⅳ 362
Budd, James Palmer	巴德，詹姆斯·帕尔默 Ⅳ 113
—William	巴德，威廉 Ⅴ 561 – 562
Buddle, John	巴德 Ⅳ 84, 93, 97
Buffalo Bill	水牛比尔；参见 Cody, S. F.
Buffon, Nadoud de	布丰 Ⅴ 664
Bull, Edward	布尔 Ⅳ 190; Ⅴ 129
Bullard, E. P. jun.	布拉德 Ⅶ 1036
Bullet, Pierre	比莱 Ⅲ 293
Bullock, William	布洛克 Ⅴ 700
Bullough	布洛 Ⅳ 302 – 303
Bulmer, William	布尔默 Ⅴ 691
Bunch, C. C.	邦奇 Ⅶ 1349
Bunning, James Bunsten	詹邦宁 Ⅴ 471
Bunsen, R. W.	本生，化学家

C

Cabral, Pedro Alvarez	卡布拉尔 Ⅴ 264
Cadbury, G.	卡德伯里, G. Ⅶ 962
—R.	卡德伯里, R. Ⅶ 962
Cadburys, Messrs	卡德伯里家族 Ⅴ 830
Cadeby, John	卡德拜 Ⅱ 248
Caesar, Caius Julius, Roman emperor	恺撒, 罗马皇帝
cavalry	骑兵 Ⅱ 705
Empire, survey	帝国测量 Ⅲ 504
leather, use by Britons	不列颠人使用的皮革 Ⅱ 168
metals	金属 Ⅰ 589; Ⅱ 10, 52
pottery, Britain	英国陶器 Ⅰ 378, 410 (6)
roads	道路 Ⅰ 712
Roman calendar	罗马历 Ⅲ 576－577
siege technique	围攻战术 Ⅱ 716
travel permits	自由出行许可 Ⅱ 514, 530
water-supply, Rome	供水, 罗马 Ⅱ 672
wines	葡萄酒 Ⅱ 134
Cahours, A.	卡乌尔 Ⅴ 106
Calabrais, Jean le	卡拉布雷斯 Ⅲ 190
Caldecott, Randolph	考尔德科特 Ⅴ 705
Caligula, Roman emperor	卡利古拉, 罗马皇帝
bread famine, Rome	面包短缺, 罗马 Ⅱ 600
lighthouses	灯塔 Ⅱ 518, 522－523
shipbuilding	造船 Ⅱ 569, 572－573
vessel (ship)	船 Ⅱ 518
Callender, W.	卡伦德, W. Ⅶ 1073
—W. O.	卡伦德, W. O. Ⅶ 1073
Calley	卡利 Ⅳ 174
Callippus	卡利普 Ⅲ 571
Callon, Charles	卡隆 Ⅴ 531

Calvisius Sabinus	卡尔维修斯·萨比努斯 II 513
Cambridge Electric Lighting Company	剑桥电灯公司 V 139
Camelford, Lord	卡姆尔福德勋爵 IV 340
Cameron, D.	卡梅伦 VII 1394
Camm, Sir S.	卡姆爵士 VII 812, 834
Camman, G.	卡曼 VII 1347
Campano da Novara	诺瓦拉的坎帕努斯 III 522, 616
Campbell (Gibson and)	坎贝尔（和吉布森）IV 315, 321
—Colin	坎贝尔，科林 IV 470
—G. A.	坎贝尔，G. A. VII 1114
—H. H.	坎贝尔，H. H. VI 479
—Hector	坎贝尔，赫克托 IV 255
—J. R.	坎贝尔，J. R. V 34；VII 1401
Campbell Gas Engine Company	坎贝尔燃气发动机公司 V 161
Campin, Robert	康平 II 653
Camus, Charles étienne Louis	加缪 III 345
Canadian Niagara Power Company	加拿大尼亚加拉动力公司 V 533 – 534
Candolle, A. P. de	德堪多 I 355
Cannizzaro, S.	坎尼扎罗 IV 225
Cannon, W.	坎农 VII 1328
Cantelupe, Walter de	德坎蒂卢普 III 201
Capitaine, Émile	卡皮泰纳 V 162
Caracalla	卡拉卡拉 II 418, 673
Caradosso	卡拉多索 III 338
Cardalucius, J. H.	卡得卢修斯 III 41
Cardan, Jerome	卡丹 III 17, 30, 658
Cardano, Girolamo	卡达诺 V 716
Carew, Richard	卡鲁 II 12
Carey	凯里（约1840年）IV 545
—G.	凯里，G.（约1880年）VII 1257

Carl Theodore 卡尔·西奥多 Ⅳ 25

Carlberg, C. W. 卡尔伯格 Ⅲ 222

Carlisle, Sir Anthony 卡莱尔爵士 Ⅳ 227, 653

Carlsund, O. 卡尔松德 Ⅴ 63

Carnay 卡内 Ⅳ 239

Carnegie, Andrew 卡内基 Ⅴ 68

Carnot, Lazare Nicolas Marguerite 卡诺，拉扎尔·尼古拉·玛格丽特 Ⅳ 644

—Sadi 卡诺，萨迪 Ⅳ 163, 166; Ⅶ 1003

Caro, Heinrich 卡罗，海因里希 Ⅴ 274, 276 – 277, 279, 281

—N. 卡罗，N. Ⅵ 523 – 524

Carochez 卡罗舍兹 Ⅳ 399

Carothers, W. H. 卡罗瑟斯 Ⅵ 349, 560 – 561, 650

Carrel, A. 卡雷尔 Ⅶ 1354

Carrett, Marshall & Company 卡雷特 – 马歇尔公司 Ⅴ 421

Carson, J. A. 卡森 Ⅶ 1115

Carter, H. 卡特 Ⅰ 695

Cartier 卡蒂埃 Ⅲ 22

Cartwright, Edmund 卡特莱特 Ⅳ 151, 295 – 297, 299 – 300, 314

Cartwright & Warner 卡特赖特 – 沃纳公司 Ⅴ 598

Carvilius Pollio 波利奥 Ⅱ 227

Casablancas, F. 卡萨布兰卡 Ⅵ 655

Casal, Gaspar 卡萨尔 Ⅲ 4

Case, T. W. 凯斯 Ⅶ 1312

Caslon, William 卡斯隆 Ⅳ 272

Cassel Gold Extraction Company 卡斯尔黄金提炼公司 Ⅴ 250

Cassini, Jacques 卡西尼，雅克 Ⅳ 596, 605, 615

—Dominique, Comte de 卡西尼，雅克·多米尼克伯爵 Ⅳ 604

—Jean Dominique 卡西尼，J. D. Ⅲ 544, 553 – 554; Ⅳ 596 – 597, 605

—de Thury, C. F. de 卡西尼·德·蒂里，制图者

France, national survey   法国国家测量 Ⅳ 605 – 606；Ⅴ 440

map, France   法国地图 Ⅲ 554；Ⅳ 606, 609, 611,
                                 614

  survey instruments   测量仪器 Ⅳ 601, 603

Cassius, Andreas   卡修斯 Ⅲ 225

Cassivellaunus   卡西维劳努斯 Ⅱ 544

Castelli, Benedetto   卡斯泰利 Ⅲ 313 – 315；Ⅳ 520 – 521

Castigliano, Alberto   卡斯蒂利亚诺 Ⅴ 495

Castner, Hamilton Young   卡斯特纳 Ⅴ 248 – 251；Ⅵ 518 – 519, 523

Castner-Kellner Alkali Company   卡斯特纳 – 克尔纳制碱公司 Ⅴ 251

Caswell, John   卡斯韦尔 Ⅲ 58, 544

Catchpole   卡奇普尔 Ⅲ 101

Catherine de Medicis   凯瑟琳·德梅迪西王后 Ⅲ 10

Catley & Ayres   卡特利 – 艾尔斯公司 Ⅴ 422

Catnach, James   卡特纳赫 Ⅴ 702

Cato, Marcus Porcius   加图, 作家

  flour-mills   面粉磨 Ⅱ 110

  copper-mines, Spain   西班牙的铜矿 Ⅱ 52

  iron plough-shares   铁制犁铧 Ⅱ 86

  oxen, feeding practices   役牛喂养实践 Ⅱ 95

  press-beam drawing   板式压力机 Ⅱ 114

  viticulture   葡萄栽培 Ⅱ 134 – 135

Caton-Thompson, G.   卡顿 – 汤普森 Ⅰ 511

Catullus   卡图鲁斯 Ⅱ 201, 561

Caus, Salomon de   科斯 Ⅲ 45, 342；Ⅳ 168

Cautley, Sir Proby Thomas   考特利爵士 Ⅳ 555；Ⅴ 542

Cavalier, Jean   卡瓦利耶 Ⅲ 465

Cavendish, Henry   卡文迪什, 科学家

  balance, laboratory   实验室天平 Ⅳ 404

  gases, explosion experiment   气体爆炸实验 Ⅳ 220 – 221

  hydrogen   氢气 Ⅳ 259, 674；Ⅴ 395

water, synthesis	水的合成 IV 220 – 221；V 177
Caventou, J. B.	卡文图 V 318
Cauer, W.	考厄 Ⅶ 1114
Cayley, Sir George	凯利爵士，航天器设计师
aerodynamic theory	空气动力学理论 V 407 – 408，410 – 411
airship designs	飞行器设计 V 401 注释 2
gliders	滑翔机 V 405，413；Ⅶ 789
helicopter designs	直升机设计 V 404 注释
Céard, Nicolas	塞亚尔 IV 530
Cellini, Benvenuto	塞利尼，金匠 Ⅲ 358，712
coinage process	铸币工序 Ⅲ 341
foils, gem	宝石的衬底 Ⅲ 49
furnaces	熔炉 Ⅲ 53 – 54
screw-press, description	螺旋压力机的描述 Ⅲ 338 – 339
soldering method	焊接技术 Ⅲ 48
Celsius, O.	摄尔西乌斯 I 450 – 451
Celsus, Aulus Cornelius	塞尔苏斯 II 121
Cennino Cennini	琴尼尼 II 352 – 353
Censorinus	琴索里努斯 Ⅲ 564，575，578
Cessart, Louis Alexandre de	塞萨特 IV 465，538
Chadwick, Sir Edwin	埃德温·查德威克爵士 IV 513；V 824，828 – 829
—J.	查德威克，J. Ⅵ 224，269
—R.	查德威克，R. Ⅶ 814
Chaffee, E. M.	查菲，E. M. V 763 – 765
—R.	查菲，R. Ⅶ 857
Chailey, Joseph	沙莱 IV 459
Chain, E. D.	钱恩 Ⅶ 1355
Chambers, Ephraim	钱伯斯 IV 314，674
Chambéry, Perret de	尚贝里 Ⅲ 290
Chambrelent	尚布勒朗 IV 33

Chambrier, de	尚布里耶 V 111
Champion, John	钱皮恩，约翰 IV 130, 261
—Richard	钱皮恩，理查德 IV 340 – 341, 352
—William	钱皮恩，威廉 IV 130
Chang Ch'ien	张骞 II 131
Chance, Alexander	钱斯，亚历山大 V 238 – 239, 830
—Sir James	詹姆斯·钱斯爵士 IV 368
—Lucas	钱斯，卢卡斯 IV 360, 367
—Robert Lucas	钱斯，罗伯特·卢卡斯 V 677
Chance Brothers	钱斯兄弟公司 IV 360；V 677, 679, 681
—& Hartley	钱斯与哈特利（的斯梅西克）公司 IV 373
Chancel	钱塞尔 IV 254
Chandler, A. D.	钱德勒 VI 86
Chanute, Octave	夏尼特 V 406, 410
Chapelon, A.	沙普隆 VII 766
Chapman, F.	查普曼 V 387
Chappe, Claude	沙普 IV 645 – 646, 651 – 652；V 329
Chaptal, J. A. C.	沙普塔尔（1756—1832 年）IV 255
Charlemagne, emperor	查理大帝（768—814 年），法兰克皇帝、国王
brewing practices	酿制技术 II 139
Byzantine silk weave	拜占庭丝织技术 II 761
chronology	年表 II 表 3 lviii
crown	王冠 II 459
dyestuffs, textile	纺织品染色 V 260
metal-mining	金属开采 II 65
silk fabric	丝织物 III 196, 图版 11A, B
stone-masonry	砌石 II 386 – 387
water-mills	水磨 II 608 – 609
weight standards	重量标准 I 779
—	沙勒迈恩（约 1793 年）III 18

Charles, J. A. C.	查理	IV 216, 255；V 395 – 396, 401
Charles Ⅰ, English king	查理一世，英格兰国王	Ⅲ 186, 320, 486, 494
Charles Ⅱ, English king	查理二世，英格兰国王	Ⅲ 297, 494, 497；IV 667
—Ⅳ, emperor	查理四世，皇帝	Ⅲ 205
—Ⅴ, emperor	查理五世，皇帝	Ⅲ 16, 290, 449
—Ⅵ, emperor	查理六世（1711—1740 年在位），皇帝	IV 528
—Ⅵ, French king	查理六世（1380—1422 年在位），法国国王	Ⅱ 691
—Ⅶ, French king	查理七世，法国国王	Ⅲ 384
—Ⅷ, French king	查理八世，法国国王	Ⅲ 349
—Ⅺ, Swedish king	查理十一世，瑞典国王	Ⅲ 682
—of Anjou	安茹的查理	Ⅱ 489, 491
—the Bold	勇敢者查理	Ⅲ 74
—Emanuel Ⅰ	查理·伊曼纽尔一世	IV 529
—the Great	查理大帝；参见 Charlemagne	
—the Hammer	锤头查理	Ⅱ 720, 735
Charlevoix	沙勒瓦	IV 33
Charlton, E. E.	查尔顿	Ⅶ 1332
Chaucer, Geoffrey	乔叟	Ⅲ 596, 609, 617；V 260
Chaulnes, Duc de	肖尔纳公爵	Ⅲ 641；IV 391 – 394
Chaussier, François	肖西耶	IV 259
Cheape, William	奇普	IV 317
Cheetham, D.	奇特姆	V 574
Cheops	基奥普斯	Ⅰ 356, 668, 714
Cherwell, Lord	彻韦尔勋爵	Ⅵ 270
Cheshire, E.	切希尔	Ⅶ 1277
Chevalier, Charles	舍瓦利耶	V 720
Cheverton, Benjamin	谢弗顿	IV 436
Chevreul, M. E.	谢弗勒尔	IV 253

Chézy, Antoine de   谢齐 Ⅲ 464

Ch'iao Wei-Yo   乔维岳 Ⅲ 439

Chiese, Philippe de   基耶塞 Ⅲ 454

Childe, V. Gordon   柴尔德，历史学家

  battle-axes   战斧 Ⅰ 513

  cultivation, effects of   栽培及其影响 Ⅰ 80, 374

  dwellings at Kostenki   科斯廷的住宅 Ⅰ 302

  fort at Finavon   位于费纳翁的堡垒 Ⅰ 322

  pot-throwing   陶罐拉坯 Ⅰ 378

Childeric, king of the Franks   希尔德里克（458—481 年），法兰克国王
                                         Ⅱ 451, 453

Chodowiecki, D.   霍多维茨基 Ⅲ 156

Chosroes Ⅱ   考斯罗二世 Ⅱ 451

Christian Ⅶ   克里斯蒂安七世 Ⅳ 560

Chubb & Sons   查布父子公司 Ⅴ 图版 41 B

Church, A. H.   丘奇，A. H. Ⅳ 342, 345

—William   丘奇，威廉 Ⅴ 685

Churchill, C.   丘吉尔，C. Ⅶ 1050

—Sir Winston   温斯顿·丘吉尔爵士，英国政治家

  atomic energy, development   原子能的发展 Ⅵ 227

  MAUD Committee   MAUD 委员会 Ⅵ 270 – 271

  metals, corrosion   金属的腐蚀 Ⅵ 451

  post-war Britain   战后的英国 Ⅵ 281

  second world war   第二次世界大战 Ⅵ 19, 21

Churchward, G. J.   丘奇沃德 Ⅶ 763 – 765, 774

Cicero, Marcus Tullius   西塞罗 Ⅱ 514；Ⅲ 501 – 502, 504, 578

Cierva, J. de la   谢尔瓦 Ⅴ 405；Ⅶ 822

Citroen, A.   雪铁龙 Ⅶ 718

Clanny, W. R.   克兰尼 Ⅳ 96 – 97

Clapeyron, B. P. E.   克拉佩龙 Ⅴ 501

Clapham, Sir John   克拉彭爵士 Ⅴ 803, 812 – 813, 833

Clarendon, Lord	克拉伦登勋爵 V 784
Clark, D. K.	克拉克，D. K. Ⅳ 441；V 637，639，652，654 – 655
—J. G. D.	克拉克，J. G. D. Ⅰ 516
—Thomas	克拉克，托马斯 Ⅳ 503；V 566
—William	克拉克，威廉（1821—1880 年）Ⅳ 538
—William	克拉克，威廉（主要活动于 1857 年）V 678；Ⅵ 578
Clarke, A. C.	克拉克，A. C. Ⅶ 869
—A. R.	克拉克，A. R. V 442
—Chapman & Company	克拉克 – 查普曼公司 V 138 – 139
—E. M.	克拉克，E. M. V 180 – 181
—Roger	克拉克，罗杰 Ⅲ 22
Claudius, Roman emperor	克劳狄，罗马皇帝
chronology	年表 Ⅱ 表 2 lvi
drainage, Lake Fucinus	排水系统，富奇努斯湖 Ⅱ 679
port construction, Rome	港口建设，罗马 Ⅱ 518
road transport control	道路交通管制 Ⅱ 530
stone quarries	采石场 Ⅱ 29
water-supply	供水 Ⅱ 670 – 671
—Clavus (Claudius Claussøn Swart)	克劳狄，克拉武斯 Ⅲ 532 – 533
—Ptolemaeus of Alexandria	亚历山大的克劳迪亚斯；参见 Ptolemy
Claus, C. F.	克劳斯 V 239
Clausius, R. J. E.	克劳修斯 Ⅳ 163，680
Clayton	克莱顿（约 1738 年）Ⅳ 252
—John	克莱顿，约翰（1657—1725 年）Ⅳ 259
Clegg, Samuel, the elder	大克莱格 Ⅳ 267 – 270
— —junior	小克莱格 Ⅳ 272
Clement, Joseph	克莱门特，约瑟夫 Ⅳ 418，431，434
—William	克莱门特，威廉 Ⅲ 658，664 – 665
Clement Ⅳ, Pope	克雷芒四世，教皇 Ⅲ 522

—Ⅶ, Pope 克雷芒七世，教皇 Ⅲ 311，338 – 339

Cleostratus 克雷斯特立托斯 Ⅲ 570

Clephane, James O. 克莱芬 Ⅴ 687

Clerk Maxwell, James 克拉克·麦克斯韦，物理学家

　Cavendish laboratories 　卡文迪什实验室 Ⅴ 793

　electro-magnetic waves 　电磁波 Ⅴ 227，737

　mechanics, bridge trusses 　力学，桥梁桁架 Ⅴ 492，501

　waves' prediction 　波的预测 Ⅴ 227

　zoetrope, improvements 　活动画片，发展 Ⅴ 737

Clerville, L. -N. de 德克莱维尔 Ⅲ 466

Clifton, R. B. 克利夫顿 Ⅵ 141

Clinton, de Witt 克林顿 Ⅳ 555

Clive, Sir Robert（Baron 罗伯特·克莱夫爵士 Ⅴ 440
　Plassey）

Clover, J. T. 克洛弗 Ⅶ 1337

Clulow 克卢洛 Ⅳ 319

Clymer, George 克莱默 Ⅴ 692，694

Coade and Sealy of Lambeth 兰贝斯的科德和西利 Ⅳ 446 – 447

Coates, J. & P. 科茨兄弟公司 Ⅴ 806，812

Cobden-Sanderson, T. J. 科布登–桑德森 Ⅴ 694

Cochrane, Archibald 科克伦，阿希巴尔德 Ⅳ 238，252，260，
　　　　　　　　　587

—Sir Thomas, tenth Earl of 托马斯·科克伦爵士，邓唐纳德第十代
　Dundonald 伯爵

　asphalt-paving 　沥青铺面路 Ⅳ 540

　bituminous products 　沥青产品 Ⅴ 105，223

　caissons, compressed-air 　气压沉箱 Ⅳ 462

　marine boiler 　船用锅炉 Ⅴ 153

　tunnelling, under-water 　水下隧道的开凿 Ⅴ 516

Cock, Christopher 科克 Ⅲ 234，636

Cocker & Higgins 科克尔和希金斯公司 Ⅳ 285

Cockerill, John 科克里尔 Ⅳ 105

Cockrell, Sir C. 克里斯托弗·科克雷尔爵士 Ⅶ 744

Cody, S. F. 科迪 Ⅴ 398, 409

Coehoorn, M. 库霍恩 Ⅲ 372

Coffey, Aeneas 科菲 Ⅴ 303, 306 – 307

Cohn, A. S. 科恩 Ⅶ 1341

Coignet, Edmond 夸涅, 埃德蒙 Ⅴ 489 – 490, 496, 502

—François 夸涅, 弗朗索瓦 Ⅴ 488 – 489

—et Cie 夸涅公司 Ⅴ 253

Coke, Thomas William 科克 Ⅲ 15; Ⅳ 20 – 21, 39

Coker, E. G. 科克尔 Ⅶ 992

Colaeus of Samos 萨摩斯的克劳斯 Ⅱ 568

Colbert, Jean Baptiste 柯尔贝尔, 法国政治家

  building industry 建筑工业 Ⅳ 442

  canals 运河 Ⅲ 464 – 466

  cloth calender 织物砑光机 Ⅲ 178

  glass-making, Normandy 玻璃制造业, 诺曼底 Ⅲ 238

  roads 道路 Ⅳ 525

  textile factory 纺织工厂 Ⅲ 152, 712

  tinplate manufacture 马口铁制造 Ⅲ 689

Colburn, Irving W. 科尔伯恩 Ⅴ 679

Colby, Thomas 科尔比 Ⅳ 601, 608, 610; Ⅴ 452

Cole, Humfray 科尔 Ⅲ 586

Coleman 科尔曼 Ⅳ 4

Coles, Captain Cowper 科尔斯船长 Ⅳ 590

Collier(of Platt and) 科利尔 (和普拉特) Ⅳ 297, 302, 305

—G. 科利尔, G. Ⅴ 582, 583

Colling, Charles 科林, 查尔斯 Ⅳ 21

—Robert 科林, 罗伯特 Ⅳ 21

Collingwood, Cuthbert 科林伍德 Ⅳ 582

Collins, Greenvile 柯林斯, 格林维尔 Ⅳ 616

—John 柯林斯，约翰 Ⅳ 209

Collison, John 科利森 Ⅳ 238

Collot 科洛 Ⅳ 405

Colmar, C. X. T. de 科尔马 Ⅶ 1153, 1163, 1173

Colorado Smelting and Mining 科罗拉多冶炼采矿公司 Ⅴ 79
　Company

Colt, Samuel 科尔特 Ⅳ 438 – 439; Ⅴ 638 – 639

Columbus, Christopher 哥伦布 Ⅲ 3, 8, 477, 548 – 549; Ⅶ 869

Columella 科卢梅拉 Ⅱ 111, 134

Colvin, F. H. 科尔文 Ⅶ 1049

Common, John 康芒 Ⅳ 7

Compagnie de l'Alliance 联盟公司 Ⅴ 181 – 183

Compton, A. 康普顿 Ⅵ 236, 271

Comrie, L. J. 科姆里 Ⅶ 1154

Conant, J. 科南特 Ⅵ 236

Condamine, Ch. M. de la 孔达米纳 Ⅳ 253

Condie, John 孔迪 Ⅳ 109 – 110, 116

Condy, Henry B. 康迪 Ⅴ 310, 315

Congreve, Sir William 威廉·康格里夫爵士 Ⅴ 412; Ⅶ 859

Conrad Ⅱ 康拉德二世 Ⅱ 455

Conradis, H. 康拉迪茨 Ⅳ 629, 636, 642

Considère, A. G. 孔西代尔 Ⅴ 496

Constantine I the Great, Roman 君士坦丁大帝，罗马皇帝
　emperor
　chronology 年表 Ⅱ 表2 lvi
　cities, town planning 城镇规划 Ⅲ 279
　flour-mills 面粉磨坊 Ⅱ 599 – 601, 639
　porphyry, use 斑岩的使用 Ⅱ 29
　road-system 道路系统 Ⅱ 515
　Roman culture 罗马文化 Ⅱ 761
—Monomachos 君士坦丁·莫诺马库斯 Ⅱ 462

Constantinesco, G.	康斯坦丁内斯科 Ⅶ 988，1063
Contarini, G. M.	康塔里尼 Ⅲ 535
Cook, H.	库克，H.（主要活动于 1865 年）Ⅴ 737
—H. W.	库克，H. W.（主要活动于 1903 年）Ⅶ 1346
—Captain James	库克船长（1728—1779 年），探险家 Ⅶ 1446
maps	地图 Ⅳ 598
navigational aids	航海设备 Ⅴ 455
ships, design	船，设计 Ⅳ 574 – 575，579
survey methods	勘测法 Ⅲ 557；Ⅳ 616 – 619；Ⅶ 1446
—Sir William	威廉·库克爵士（主要活动于 1957 年）Ⅵ 282
Cooke, James	库克，詹姆斯（主要活动于 1782—1794 年），Ⅳ 5，11
—M. L.	库克，M. L. Ⅵ 84
—Sir William F.	威廉·F. 库克爵士（1806—1879 年）Ⅳ 654，656 – 659；Ⅴ 218 – 220，223
Cookson, of Jarrow	贾罗的库克森 Ⅳ 238
Cookworthy, William	库克沃西 Ⅳ 340，343
Coolidge, W. D.	库利吉 Ⅶ 1082，1331
Cooper, C. M.	库珀，C. M. Ⅵ 260
—Ronald	库珀，罗纳德 Ⅳ 346 注释
—Thomas	库珀，托马斯 Ⅳ 105
Cope, R. W.	科普 Ⅴ 692 – 694
Copernicus	哥白尼 Ⅲ 589
Copland, Patrick	科普兰 Ⅳ 247
Corbulo, Gnaeus Domitius	科尔布洛 Ⅱ 680
Cord, E. L.	科德 Ⅶ 719
Cordner, E. J.	科德纳 Ⅴ 398
Córdoba, Francisco Hermández de	科尔多瓦 Ⅴ 263
Corliss, George H.	科利斯 Ⅴ 131
Corneille, T.	科尔内耶 Ⅲ 682

Cornelisz, Cornelis   科内利斯 II 625

Corneliszoon, Cornelis, of
     Uitgeest   科内利松的风动锯木机 III 106, 307 – 308

Cornu, P.   科尔尼 VII 821

Cornwallis, Sir William   威廉·康沃利斯爵士 IV 582 – 583

Corobus   克罗巴斯 III 572

Corsini, Ottavio   科尔西尼 III 314 – 315

Cort, Henry   科特, 铁厂厂长

    coal, puddling process   煤搅炼法 III 81

    grooved rollers invention   槽辊的发明 IV 99, 106 – 107

    industrial organization   工业组织结构 V 804, 810

    wire manufacture   线材 V 620

    wrought iron process   锻铁法 IV 106 – 107, 114 – 115

Cortes, Martin   科尔特斯 III 548

Cortez, Hernando   科尔特斯 III 6, 695

Cosimo de' Medici I   科西莫一世 III 707

———— II   科西莫二世 IV 168 – 169

———— III   科西莫三世 IV 170

Cosmas Indicopleustes   英迪科普兰斯泰 II 55

Cosnier, Hugues   科尼耶 III 460 – 463

Coster, Laurens of Haarlem   哈姆勒的劳伦斯·科斯特 III 377, 383

—Salomon da   萨落蒙·达·科斯特 III 663

Cotes, Roger   科茨 V 353

Cotton, Sir Arthur   亚瑟·科顿爵士 V 542

—Williams   科顿, 威廉 V 598 – 599

Cottrell, F. G.   科特雷尔 VI 471

Coulaine, de   库莱恩 IV 540

Coulomb, Charles Augustin de   库仑, 科学家

    applied mechanics   应用力学 IV 163, 479 – 480, 482 – 483

    friction, laws of   摩擦定律 V 118

    structural theory   结构理论 V 491 – 492, 496

Cournaud, A.	库尔诺 Ⅶ 1357
Courtois, B.	库尔图瓦 Ⅳ 255
Cowles, A. H.	考尔斯，A. H. Ⅵ 489
—E. H.	考尔斯，E. H. Ⅵ 489
Cowper, Edward	考珀，爱德华（1790—1852 年）Ⅴ 696
—Edward A.	考珀，爱德华·A.（主要活动于 1857 年）Ⅴ 58，67
Cox, P.	考克斯 Ⅶ 1278
Coxe	考克斯 Ⅳ 654
Coxhead, R. C.	考克希德 Ⅶ 1270
Cragg, John	克拉格 Ⅴ 470
Cramer, J. A.	克拉默 Ⅲ 60
Crampton, Thomas Russell	克兰普顿，铁路工程师 Ⅴ 484
locomotive designs	机动车设计 Ⅴ 325，328，334，341
rotary cement kiln	水泥回转窑 Ⅴ 484 – 485
Cranage, the brothers	克拉尼奇兄弟 Ⅳ 106
Crane, George	克兰，乔治 Ⅳ 111
—Walter	克兰，沃尔特 Ⅴ 705
Crapponne, Adam de	德克拉波纳 Ⅲ 459
Craske, Charles	克拉斯克 Ⅴ 700
Crassus	克拉苏 Ⅱ 706
Crates the Grammarian	语法学家克拉泰斯 Ⅲ 518，614
Crawford, J. W. C.	克劳福德 Ⅵ 558
Cremona, Luigi	克里摩拿 Ⅴ 493，501
Cresques, Abraham	克雷斯格 Ⅲ 544
Cresy, Edward	克雷西 Ⅲ 428 注释 2
Crewdson, E.	克鲁森 Ⅵ 206
Crighton	克赖顿 Ⅳ 284
Cripps, Sir S.	克里普斯爵士 Ⅵ 169
Crisp, Sir Nicholas	尼古拉斯·克里斯普爵士 Ⅲ 680，686
Crocco, G. A.	克罗克 Ⅶ 822

Croissant, E. 克鲁瓦桑 V 279

Crome, A. F. W. 克罗姆 IV 622

Crompton, R. E. 克朗普顿, R. E. VII 871

—R. E. B. 克朗普顿, R. E. B., 电子工程师 VII
1132 – 1133

　arc-lamps, lighting system 弧灯, 照明系统 V 211 – 212, 214

　current battle, A. C. /D. C. 电流之争, 交流电还是直流电 V 200

　dynamo, development 动力发展 V 191

　electricity, industrial use 电力工业使用 VI 296

　heaters, electric 电加热器 VII 1132 – 1133

Crompton, Samuel 克朗普顿, 塞缪尔 IV 279, 314; V 786

—William 克朗普顿, 威廉 V 579

Crompton & Company 克朗普顿公司 V 191, 203

Cromquist, A. W. 克罗姆奎斯特 V 660

Cromwell, Oliver 克伦威尔 III 46, 349

Cronstedt, A. F. 克龙斯泰特 IV 145, 374

Crookes, Sir William 威廉·克鲁克斯爵士 V 214; VI 325; VII
1300, 1327

Croone, William 克鲁恩 III 59

Cropper & Company 克罗珀公司 V 710 – 711

Cros, C. 克罗 VII 1262

Cross, C. F. 克罗斯, C. F. VI 553, 649

—H. 克罗斯, H. VII 945

—Viscount 克罗斯子爵 VI 286

Crosskill 克罗斯基尔 IV 4 – 5

Crossley Brothers 克罗斯利兄弟公司 V 160

Crowther, C. 克劳瑟 VI 311

Cruikshank, G. 克鲁克香克, G. VII 963

—William 克鲁克香克, 威廉 V 177

Crum, W. 克拉姆 V 290

Cruquius, N. S. 克罗奎斯 IV 612

Ctesias 克特西亚斯 I 246

Ctesibius of Alexandria 亚历山大的克特西比斯，机械学家
  biographical note 生平事略 Ⅱ 708 注释
  catapult, improvements 石弩，改进 Ⅱ 712 - 713
  hydraulic organ 水力风琴 Ⅱ 633 - 634
  pump inventions 活塞泵发明 Ⅱ 633
  water clock 水钟 Ⅲ 601 - 602
Cubitt, Sir William 威廉·丘比特爵士 Ⅲ 101；Ⅴ 514
— —and Wright 丘比特和赖特 Ⅳ 462
Culley (Bailey and) 卡利（和贝利）Ⅳ 10
Culmann, Carl 库尔曼 Ⅳ 486；Ⅴ 493, 501
Culpeper, Edmund 卡尔佩珀 Ⅲ 635
Cumberland, Duke of 坎伯兰公爵 Ⅳ 342
Cummings 卡明斯 Ⅳ 507
Cunningham, Henry 坎宁安 Ⅳ 593
Curie, I. 居里 Ⅵ 224；Ⅶ 1333
Curtis, C. G. 柯蒂斯 Ⅴ 140；Ⅶ 1025, 1028
Curtiss, G. H. 柯蒂斯，飞机设计师
  aeroplane designs 飞机设计 Ⅴ 409；Ⅶ 791, 1010
  engines, aeroplane 发动机，飞机 Ⅶ 1012
  flying boats 飞船 Ⅶ 796
Curtius, T. 柯歇斯 Ⅵ 548
Curutchet, P. 丘鲁切特 Ⅶ 1318
Cuthbert, abbot 卡思伯特（主要活动于758年），修道院
  Ⅱ 326
—St, Bishop of Lindisfarne 圣库思伯特（卒于687年），林迪斯法恩
  主教
  leathercraft 皮革工艺 Ⅱ 169
  metalwork, inlaid cross 金属制品，镶嵌十字架 Ⅱ 451 - 452, 457
  tomb fabrics 墓穴的丝织品 Ⅱ 756, 763；Ⅲ 197
Cyrus the Great 居鲁士大帝 Ⅱ 495, 表1；Ⅲ 567
—the Younger 小居鲁士 Ⅱ 496 - 497, 697
Czapski, S. 恰普斯基 Ⅶ 1354

D

Dadfords, the　　　　　　　　　达德福兹 Ⅳ 572

Daelen, R. M.　　　　　　　　　德伦 Ⅵ 497

Daga　　　　　　　　　　　　　达加 Ⅰ 437 - 438

Dagan（Dagon）, fishgod　　　　达甘，鱼神 Ⅰ 253

Daguerre, L. J. M.　　　　　　　达盖尔 Ⅴ 720, 725, 736

Dahl, C. F.　　　　　　　　　　达尔 Ⅵ 346, 610

Daimler, Gottlieb　　　　　　　戴姆勒，戈特利布，机械工程师

　　motor cycle　　　　　　　　　摩托车 Ⅴ 427, 434, 436

　　petrol-engine　　　　　　　　汽油发动机 Ⅴ 164 - 165, 167, 169

Daimler Company　　　　　　　戴姆勒公司 Ⅴ 170 - 171, 428

Daisenberger, J. M.　　　　　　代森伯格 Ⅳ 263

Dakin, H. D.　　　　　　　　　达金 Ⅶ 1354

Dalby, W. E.　　　　　　　　　多尔比 Ⅶ 762

Dalen, G.　　　　　　　　　　　达伦 Ⅶ 1139

Dallin, John　　　　　　　　　　达林 Ⅳ 95

Dalrymple, Alexander　　　　　达尔林普尔 Ⅳ 617 - 618；Ⅴ 449

Dalton, John　　　　　　　　　道尔顿，化学家

　　atomic theory　　　　　　　　原子理论 Ⅳ 223 - 226；Ⅵ 223

　　biographical notes　　　　　　生平事略 Ⅳ 267；Ⅴ 780

　　dyestuffs, discussion　　　　　染料，讨论 Ⅴ 267

　　molecular structures　　　　　分子结构 Ⅳ 225 - 226

Damian, John　　　　　　　　　达米安 Ⅱ 746；Ⅴ 394

Dampier, William　　　　　　　丹皮尔 Ⅲ 499

Dance, George, the younger　　　小乔治·丹斯 Ⅳ 449

Dancer, J. B.　　　　　　　　　丹瑟 Ⅴ 727

Dandolo, Count Vincenzio　　　丹多洛 Ⅳ 308

Danforth, Charles　　　　　　　丹福斯，查尔斯 Ⅳ 286 - 287, 290 - 291

Dangon, Claude 当贡 Ⅲ 165，189

Daniel, Ralph 丹尼尔 Ⅳ 353

Daniell, J. F. 丹尼尔 Ⅴ 204 – 205

Danisy 丹尼斯 Ⅲ 434

Danner of Nuremberg 纽伦堡的丹纳 Ⅲ 337

Danti, Giovanni B. 丹蒂，乔瓦尼·B. Ⅴ 394

—Ignatio 丹蒂，伊格纳蒂奥 Ⅴ 716

Darby Ⅰ, Abraham 亚伯拉罕·达比一世（1677—1717 年），
铁厂厂主

    air supply, blast-furnace 气体供应，高炉 Ⅳ 104

    coke smelting-process 焦炭熔融法 Ⅳ 99 – 100，101，165，235；
Ⅴ 810

    zinc 锌 Ⅳ 130

—Ⅱ, Abraham 亚伯拉罕·达比二世（1711—1763 年）Ⅳ 106

—Ⅲ, Abraham 亚伯拉罕·达比三世（1750—1791 年）Ⅳ 117，
455 – 456

—family 达比家族 Ⅲ 689；Ⅴ 830

Darcy, Edmund 达西，埃德蒙德 Ⅱ 155

—H. P. G. 达西，H. P. G. Ⅴ 539，546，563

Darius Ⅰ the Great, Persian king 大流士一世，波斯国王

    brass, use of 铜，使用 Ⅱ 54

    canals 运河 Ⅲ 439

    cubit measure, Persian 肘尺测量，波斯 Ⅰ 779

    cuneiform script 楔形文字 Ⅰ 752，图版 28，29 A

    messenger-service, Persian 传令勤务，波斯 Ⅱ 496

    qanaat construction, Egypt 暗渠的建造，埃及 Ⅱ 666

Darlington, S. 达林顿 Ⅶ 1115

Darrius, G. 达里厄 Ⅶ 1033

Darwin, Charles 达尔文，查尔斯 Ⅵ 329；Ⅶ 1340

—Erasmus 达尔文，伊拉斯莫斯 Ⅳ 673

—H. 达尔文，H. Ⅶ 1340

D'Ascanio, C. 达斯卡尼奥 Ⅶ 822

Daubenton, L. J. M.	多邦东 Ⅳ 27
Davey, N.	戴维 Ⅵ 217
Davis, A.	戴维斯，A. Ⅶ 1280
—E. W.	戴维斯，E. W. Ⅵ 475
—G.	戴维斯，G. Ⅶ 1340
—John	戴维斯，约翰 Ⅲ 552，625
Davy, Edward	戴维，爱德华 Ⅳ 654；Ⅴ 223 - 224
—Sir Humphry	汉弗莱·戴维爵士，科学家 Ⅳ 676
Agricultural Chemistry lectures	“农业化学” 讲座 Ⅳ 41
alkalis, isolation	碱，分离 Ⅳ 227，678 - 679
computers, Babbage's letter	计算机，巴比奇的差分机 Ⅶ 1173
electric arc	电弧 Ⅴ 178
electricity	电力 Ⅳ 227，655，678 - 679
metals, electrolytic process	金属，电解法 Ⅴ 72 - 73；Ⅵ 518
nitrous oxide, discovery	氧化亚氮的发现 Ⅴ 312
photography, experiments	摄影术，实验 Ⅴ 718 - 719
safety-lamp, coal mines	安全灯，煤矿 Ⅳ 95 - 97；Ⅴ 832；Ⅵ 373
sodium, isolation	钠，分离 Ⅴ 248；Ⅵ 518
sugar-beet industry	甜菜工业 Ⅳ 28
Dawson, Sir P.	道森爵士 Ⅶ 771
Day & Son	戴父子公司 Ⅴ 706
Deacon, G. F.	迪肯，G. F. Ⅳ 501；Ⅴ 536 - 537，557，560
—Henry	迪肯，亨利 Ⅴ 237，242
Dean, L. W.	迪安 Ⅶ 1349
Deane, Sir Anthony	安东尼·迪恩爵士 Ⅲ 482，488
Debaufe, Jacob	德博弗，雅各布 Ⅲ 671
—Peter	德博弗，彼得 Ⅲ 671
Debray, Henry Jules	德布雷，亨利·朱尔斯 Ⅴ 608
de Candolle, A. P.	德堪多；参见 Candolle, A. P. de
Dechen, H. von	冯·德兴，H. Ⅳ 626

Deck, J. T.	德克 Ⅴ 661
Deckel, F.	德克尔 Ⅶ 1285
Decoster	德科斯泰 Ⅳ 294
De Dion-Bouton	德迪翁－布顿 Ⅴ 435
Dee, John	迪伊 Ⅲ 231, 586
Deeley, Richard, M.	迪利 Ⅴ 339
Deere, John	迪尔 Ⅴ 4
Defoe, Daniel	笛福 Ⅴ 829
Dehn, W. M.	德恩 Ⅵ 548
Dehne, A. L. G.	德内 Ⅴ 301
Deighton, William	戴顿 Ⅴ 69
Deinocrates	狄诺克莱特斯 Ⅲ 275
De la Beche, H. T.	德拉·贝什 Ⅳ 622
Delambre, J. B. J.	德朗布尔 Ⅳ 402；Ⅴ 441
Delaroche, of Amiens	亚眠的德拉罗什 Ⅳ 304
—Paul	德拉罗什，保罗 Ⅴ 716
Delcambre, A.	德尔康布尔 Ⅴ 685－686
DeLeeuw, A. L.	德莱乌 Ⅶ 1038, 1050
Delisle, Guillaume	德利尔 Ⅳ 597, 599
Dellagana, James	代拉加纳 Ⅴ 700
Delocre, François-Xavier, P. E.	德洛克尔 Ⅴ 522, 556
Deloney, Thomas	德洛尼 Ⅲ 151
Delprat, G. O.	德尔普拉 Ⅴ 75
Deluc, J. A.	德吕克 Ⅳ 605
Demachy, J. F.	德马希 Ⅲ 22
Demeny, M. G.	德梅尼，M. G. Ⅶ 1310, 1315
—Georges	德梅尼，乔治 Ⅴ 742－743
Demetrius Ⅰ	德米特里一世 Ⅱ 567, 700, 702, 716
Demokritos	德谟克里托斯，炼金术家 Ⅱ 732－733
—of Abdera	阿夫季拉的德谟克里特 Ⅱ 733

De Morgan, Augustus　　　　　　　德·摩根　Ⅴ 781

Demosthenes　　　　　　　　　　　狄摩西尼　Ⅱ 4 – 5, 58

Denison, E. F.　　　　　　　　　　丹尼森　Ⅵ 116

Densmore, James　　　　　　　　　登斯莫尔　Ⅴ 687, 690

Dent & Priestman　　　　　　　　登特和普里斯特曼　Ⅴ 161

Dereham, Richard　　　　　　　　德里翰　Ⅲ 162

Deriaz, P.　　　　　　　　　　　　德里亚　Ⅵ 206

Derry, T. K.　　　　　　　　　　　德里　Ⅵ 48, 57

Desaguliers, J. T.　　　　　　　　德萨居利耶　Ⅲ 687；Ⅳ 158, 173, 176,
　　　　　　　　　　　　　　　　　　444

Des Barres, J. F. W.　　　　　　　德巴尔　Ⅳ 616

Descartes, René　　　　　　　　　笛卡儿　Ⅲ 5, 232, 234；Ⅳ 671

Désormes, C. B.　　　　　　　　　德索尔姆, C. B.　Ⅴ 239

—Nicolas Clément　　　　　　　　德索尔姆, 尼古拉斯·克莱芒　Ⅴ 239

Deutsche Gold-und-Silber-　　　　德意志金银提炼公司　Ⅴ 250
　　Scheide Anstalt

Deveral　　　　　　　　　　　　　德弗罗尔　Ⅳ 116

Deverill, Hooton　　　　　　　　　德夫里尔　Ⅴ 603

Dewar, Sir James　　　　　　　　詹姆斯·杜瓦爵士　Ⅴ 295

Diades　　　　　　　　　　　　　戴亚迪　Ⅱ 698

Dibdin, W. J.　　　　　　　　　　迪布丁　Ⅶ 1388

Dicaearchus　　　　　　　　　　　狄凯阿科斯　Ⅲ 505

Dicas, John　　　　　　　　　　　迪卡　Ⅲ 22

Dick, Alexander　　　　　　　　　迪克　Ⅴ 628

Dickinson, H. W.　　　　　　　　迪金森, H. W.　Ⅳ 207

—J.　　　　　　　　　　　　　　迪金森, J.　Ⅵ 618, 650

—William　　　　　　　　　　　　迪金森, 威廉　Ⅳ 302

Dickson, J. T.　　　　　　　　　　迪克森　Ⅵ 561

Didelot　　　　　　　　　　　　　迪德洛　Ⅳ 324 – 325

Diderot, Denis　　　　　　　　　狄德罗,《百科全书》编纂者　Ⅳ 674 – 675
　　cannons, boring　　　　　　　　　火炮, 钻孔　Ⅲ 367

guns, rifling explanation	枪，膛线 Ⅲ 360
leather processing	皮革加工 Ⅱ 152 – 153
machine-tools	机床 Ⅳ 417, 图版 28
road-roller	压路机 Ⅳ 537 – 538
tools, home-made	自制工具 Ⅲ 113
trades, description	贸易类型 Ⅲ 116
windmills, description	风车类型 Ⅲ 89
Didot, Firmin	迪多 Ⅴ 691
Diesbach	迪斯巴赫（约1704 年）Ⅳ 249
—H. de	狄斯巴赫，H. de（主要活动于 1927 年）Ⅵ 568
Diesel, Rudolf	狄塞尔，工程师
engine, invention	发动机，发明 Ⅴ 120, 163；Ⅶ 1003 – 1006
marine engines	船用发动机 Ⅶ 760
railway locomotives	铁路机车 Ⅶ 1008 – 1009
Digges, Leonard	迪格斯，伦纳德，数学家
optical instruments	光学仪器 Ⅲ 231, 586
surveying instruments	测量仪器 Ⅲ 543；Ⅳ 402
tele-lens combination	远距离透镜组合 Ⅴ 717
—Thomas	迪格斯，托马斯 Ⅲ 541 – 542
Diggle, Squire of Bury	贝里的迪格尔 Ⅳ 303
Dijkstra, E. W.	迪日克斯特雷 Ⅶ 1200
Diller, James	迪勒 Ⅳ 260
Dio Cassius	狄奥西索斯 Ⅲ 565
Diocletian	戴克里先 Ⅱ 55, 639, 表 2 lvi
Diodorus Siculus	狄奥多罗斯，希腊历史学家
beer, Egyptian	啤酒，埃及人 Ⅰ 280
gold extraction, Egypt	金属提炼，埃及 Ⅰ 580 – 581
houses of reeds, Egypt	芦苇房子，埃及 Ⅰ 473
mummification	木乃伊制作 Ⅰ 266 – 267
screw, water-lifting	螺旋，汲水 Ⅱ 677

vegetable oils 植物油 I 288 – 289

Diogenes Laertius 第欧根尼 II 632

Dion, Comte de 德迪翁 V 169, 423, 435

Dionysius I 狄奥尼西奥斯 II 699

—Exiguus 狄奥尼西 III 578

Diophantus 丢番图 I 803

Dioscorides Pedanius 迪奥斯科里斯, 希腊医生

  antimony, chemistry 锑, 化学元素 I 588

  indigo, origins 靛蓝, 来源 I 247

  medicines, preparation 医药, 配制 II 370 – 371

  vermilion 朱砂 II 5 – 6

Dircxz, William 德塞克斯 III 167

Diringer, D. 迪林格 I 761 – 763, 769

Disney, W. 迪斯尼 VII 1308

Divini, Eustachio 迪维尼 III 234

Dixon, George 狄克森 IV 259

Dizé 迪兹 IV 239

Dobbs, Edgar 多布斯 IV 497

Döbereiner, J. W. 德贝赖纳 V 247; VI 524

Doble, A. 多布勒 VI 206

Dobo 多博 IV 295

Dobrovolsky, G. T. 多布罗沃尔斯基 VII 857

Dodds, Sir C. C. 多兹爵士 VII 1406

—Ralph 多兹, 拉尔夫 V 512; VII 879

Dodson 多德森 (约 1750 年) III 555

—William 多德森, 威廉 (主要活动于 1665 年)
    III 321

Dolivo-Dobrowolsky, M. von 多利沃 – 多布罗沃尔斯基 V 232

Dollond, G. 多隆德, G. IV 361

—John 多隆德, 约翰 III 233, 555; IV 358, 603;
    V 717

Dollonds 多隆德, 光学仪器制造商 IV 390

Domagk, G.	多马克 Ⅶ 1326，1355
Dombasle, Mathieu	东巴勒 Ⅳ 38，41
Domenico da Viterbo	多梅尼科·达·韦泰尔博 Ⅲ 446，451 注释
Domitian	图密善 Ⅱ 134
Donald, David	唐纳德 Ⅲ 157
Donati, G.	多纳蒂 Ⅴ 662
Donato d'Agnolo	多纳托，德阿格诺罗；参见 Bramante
Dondi, Giovanni de	唐迪 Ⅲ 653 – 655，658
Donis	多尼斯；参见 Nicholaus Germanus, Dominus
Donisthorpe, G. E.	多尼索普，G. E. Ⅳ 296 – 298
—Wordsworth	多尼索普，沃兹沃斯 Ⅴ 743
Donkin, Bryan	唐金，布莱恩，工程师
computers, mechanical	机械计算机 Ⅶ 1174 – 1175
paper-making machine	造纸机 Ⅲ 415 – 416；Ⅵ 614 – 615，618
printing-press, rotary	印刷机，旋转式 Ⅴ 690，698
Donkin and Hall	唐金和霍尔，罐头制造商 Ⅴ 39
Doolittle, J. H.	杜利特尔 Ⅶ 817
Dorman Long & Company	多尔曼·朗公司 Ⅴ 477，499，806，812
Dorn, Gerard	多恩，杰拉德 Ⅳ 242
—Johann F.	多恩，约翰·F. Ⅴ 305
Dornberger, W. R.	多恩贝格尔 Ⅶ 865
Dornier, C.	道尼尔 Ⅶ 810
Dorothea Slate Quarry Company Limited	多罗西页岩采石有限公司 Ⅴ 129
Dorr, Samuel	多尔 Ⅳ 305
Dossie, R.	朵思 Ⅲ 227，229
Doubleday, Thomas	道布尔迪，托马斯 Ⅳ 238
—& Easterby	道布尔迪和伊斯特贝 Ⅳ 238
Douglas, James	道格拉斯 Ⅳ 458，484
Douhet, G.	杜黑 Ⅶ 811

Doulton 道尔顿 V 480

Dowai, Walter de 多瓦伊 IV 209

Dowen, Jr, Samuel 小唐纳 V 105

Downs, J. C. 唐斯 VI 520

Dowsing, H. J. 道辛 VII 1133

Dowty, G. 道蒂 VII 1064

Doyne, W. T. 多因 IV 486

Drais von Sauerbronn, 德赖斯男爵 V 414
    Freiherr Karl

Drake, Sir Francis 弗朗西斯·德雷克爵士 III 679

—E. L. 德雷克, E. L. V 105, 107 – 108, 110, 116

Draper Company 德雷珀公司 V 586

Drebbel, Cornelius 德雷贝尔 II 366; III 679 – 680, 695;
    IV 242

Dreyfus, C. 德雷富斯, C. VI 554, 650

—H. 德雷富斯, H. VI 554, 650

Driffield, V. C. 德里菲尔德 VII 1283

Dritzehn, Andreas 德里岑 III 384

Driver, G. R. 德赖弗 I 768

Drummond, Dugald 德拉蒙德, 杜格尔 V 324 – 325, 345

—R. J. 德拉蒙德, R. J. V 34; VII 1401

—Thomas 德拉蒙德, 托马斯 IV 608

Drusus 德鲁苏斯（公元前 38 年—公元前 9 年）
    I 778

—Marcus Livius 德鲁苏斯, 利维乌斯（主要活动于公元
    前 91 年）II 46

—Nero Claudius 德鲁苏斯, 尼罗克劳狄（公元前 38 年—
    公元 19 年）II 680

Duarte（Edward） 杜阿尔特（爱德华）III 533

Dubie, Maître 迪比耶 III 454

Dubrunfaut A. P. and Leplay 迪布兰福 V 304

Duchosal, P. 迪肖萨尔 VII 1342

Duckwall, E.	达克沃尔 Ⅴ 43
Duddell, W.	达德尔 Ⅶ 1235
Dudley, Dud	达德利，杜德 Ⅳ 99
—Sir Robert	罗伯特·达德利爵士 Ⅲ 640
Duesbury, William	迪斯伯里 Ⅳ 342
Dufay, L. D.	迪费 Ⅶ 1297
Duff	达夫 Ⅳ 319
Dufrénoy, O. P. A. P.	迪弗勒努瓦 Ⅳ 622
Duhamel du Monceau, Henri Louis	迪蒙索 Ⅳ 38，577
Dukas, Paul	杜卡 Ⅳ 633
Dumas	杜马，钟表匠 Ⅳ 414
—J. B. A.	杜马，J. B. A.，化学家 Ⅴ 106，237，672
Dummer, Edmund	达默 Ⅲ 484
Dumont, F. M. A.	杜蒙，F. M. A. Ⅴ 223－224
—Thomas H.	杜蒙，托马斯·H. Ⅴ 737
Dumoulin	迪穆兰 Ⅳ 409
Duncan, O. E.	邓肯，O. E. Ⅵ 254
—& Wilson	邓肯－威尔逊公司 Ⅴ 701
Dundas, Henry (Viscount Melville)	邓达斯，亨利（梅尔维尔子爵）Ⅴ 143
—Lord	邓达斯公爵 Ⅳ 238
Dundonald, Earls of	邓唐纳德伯爵；参见 Cochrane
Dunlop	邓洛普（18 世纪）Ⅳ 21
—J. B.	邓洛普，J. B. （1840—1921 年）Ⅳ 523；Ⅴ 772，822
—Rubber Company	邓洛普公司 Ⅴ 773
Dunmore, F. W.	邓莫尔 Ⅶ 818
Dunne, J. W.	邓恩 Ⅴ 409
Dunning, J. H.	邓宁 Ⅵ 61
Dunwoody, H. H. C.	邓伍迪 Ⅶ 1236

Dupain-Triel, J. L.　　　　　　　　迪潘 – 特里尔 Ⅳ 613

duPont de Nemours, E. I.　　　　　杜邦 Ⅴ 821，833

Durand, W. F.　　　　　　　　　　杜兰德 Ⅶ 1021

Durant, F. C.　　　　　　　　　　杜兰特 Ⅶ 863，869

Dürer, Albrecht　　　　　　　　　丢勒 Ⅲ 370，407

Durr, L.　　　　　　　　　　　　　杜尔 Ⅶ 799

Durrer, R.　　　　　　　　　　　　杜雷尔 Ⅵ 489

Dwight, John　　　　　　　　　　　德怀特 Ⅳ 331，347

Dyar, H. G.　　　　　　　　　　　戴尔 Ⅴ 241 – 242

Dye, W. D.　　　　　　　　　　　　戴伊 Ⅶ 1213

Dyer, J.　　　　　　　　　　　　　戴尔，J.（主要活动于 1833 年）Ⅴ 587

—J. G.　　　　　　　　　　　　　戴尔，J. G.（主要活动于 1829 年）Ⅳ
　　　　　　　　　　　　　　　　　　286 – 287

E

Eads, James B.　　　　　　　　　　伊兹 Ⅴ 510

Eannatum　　　　　　　　　　　　　恩纳图姆 Ⅰ 749

Earle, G. & T.　　　　　　　　　　厄尔 Ⅴ 486

Earnshaw, Thomas　　　　　　　　厄恩肖 Ⅳ 415

East London Waterworks　　　　　东伦敦自来水公司 Ⅴ 127，129，524
　　Company

Easterby (Doubleday and)　　　　伊斯特贝（和道布尔迪）Ⅳ 238

Eastman, G. P.　　　　　　　　　　伊斯门，G. P. Ⅵ 677 – 678；Ⅶ 1328

—George　　　　　　　　　　　　伊斯门，乔治 Ⅴ 730 – 731，741，747

Eastman Dry Plate & Film Co.　　伊斯曼公司 Ⅴ 729，731

Easton, Alexander　　　　　　　　伊斯顿，亚历山大 Ⅴ 526

—and Amos　　　　　　　　　　　伊斯顿和阿莫斯 Ⅳ 195

Eberth, K. J.　　　　　　　　　　埃贝特 Ⅴ 561

Eccles, W. H.　　　　　　　　　　埃克尔斯，W. H. Ⅶ 1188

—S. & J.   埃克尔斯，S. & J. Ⅴ 579

Eck, B.   埃克 Ⅶ 1134

Eckener, H.   埃克纳 Ⅶ 799

Eckert, J. P.   埃克特 Ⅶ 1188，1190，1200

Edgeworth, D. R.   埃奇沃思，D. R. Ⅴ 445－446

—Richard L.   埃奇沃思，理查德·L. Ⅳ 535

Edison, Thomas Alva   爱迪生，发明家

   arc-lamps   弧光灯 Ⅴ 209

   cinematography   电影摄影术 Ⅴ 742，743－747

   direct current systems   直流电路 Ⅴ 200－201，207，229

   electric power   电站 Ⅳ 166；Ⅴ 133－134

   electronic emission   电子发射 Ⅶ 1092

   incandescent lamps   白炽灯泡 Ⅴ 214－218，220；Ⅵ 285

   microphone invention   话筒的发明 Ⅴ 227

   phonograph   留声机 Ⅶ 1262－1263，1309

   research centre   研究中心 Ⅵ 146－147

   sound, cinema   有声电影 Ⅶ 1309－1310，1312

   steel tube, comments   钢管，评论 Ⅴ 64

   telephones, development   电话，发展 Ⅶ 1222－1223

—& Swan United Electric
    Light Company   爱迪生－斯旺联合电灯有限公司 Ⅴ 216

Edward, the Black Prince   爱德华，黑太子 Ⅱ 177－178

—Ⅰ   爱德华一世 Ⅱ 532；Ⅲ 283－284

—Ⅲ   爱德华三世 Ⅱ 525，726

—Ⅵ   爱德华六世 Ⅱ 141；Ⅲ 46

—Ⅶ   爱德华七世 Ⅶ 1129

—the Confessor   爱德华，忏悔者 Ⅱ 426；Ⅲ 198

Edwards, G.   爱德华兹，G. Ⅶ 828

—Humphrey   爱德华兹，汉弗莱 Ⅳ 191

—William   爱德华兹，威廉 Ⅲ 435－436

Eele, Martin   伊勒 Ⅲ 688

Egmond, Count Van	范埃格蒙德伯爵	Ⅲ 302
Egmont, Count Lamoral	埃格蒙特伯爵拉莫雷尔	Ⅱ 684
Ehrlich, Paul	埃利希	Ⅴ 282；Ⅶ 1326
Ehrmann, F. L.	埃尔曼	Ⅳ 260
Eichengrün, A.	艾肯格林	Ⅵ 554
Eiffel, Gustave	埃菲尔	Ⅴ 62，476
Eijkman, C.	艾克曼	Ⅵ 301
Einhorn, Alfred	艾因霍恩	Ⅴ 315；Ⅶ 1336
Einstein, A.	爱因斯坦，A.	Ⅵ 118，164，268
—S.	爱因斯坦，S.	Ⅶ 1038
Einthoven, W.	艾因特霍芬	Ⅶ 1340
Eisenhower, D. D.	艾森豪威尔	Ⅵ 124；Ⅶ 917，1201
Ekman, C. D.	埃克曼	Ⅵ 611
Elder, John, & Company	约翰·埃尔德公司	Ⅴ 149
Eleanor of Aquitaine	娅亚奎丹的埃莉诺	Ⅱ 624
—of Castile	卡斯蒂利亚的埃莉诺	Ⅱ 478
Electric Telegraph Company	电动电报公司	Ⅴ 221－224
Electrical Company of Sweden	瑞典电气公司	Ⅴ 191
Elers, David	埃勒斯，戴维	Ⅳ 345，347
—John Philip	埃勒斯，约翰·菲利普	Ⅳ 345，347
Eliot, Edward James	埃利奥特	Ⅴ 830
Elizabeth Ⅰ, English queen	伊丽莎白一世，英国女王	
coinage	铸币	Ⅲ 46
cross-bows, hunting	弩，狩猎	Ⅱ 723
furniture, painted style	涂漆家具	Ⅱ 247－248
London, planning	伦敦，规划	Ⅲ 295
mining, Cumberland copper	开采，坎伯兰铜矿	Ⅱ 13
state coach	御用大马车	Ⅳ 522
woad-mills	菘蓝作坊	Ⅴ 263
—Ⅱ, reigning queen	伊丽莎白二世，女王陛下	Ⅶ 905，917
Elkington, George Richard,	埃尔金顿，乔治·理查德和亨利	Ⅴ 633

and Henry

—James Balleny 埃尔金顿，詹姆斯·巴雷尼 V 84 – 86

Ellet, Charles 埃利特 Ⅳ 459

Ellicott, John 埃利科特 Ⅳ 350

Elliot, George 埃利奥特，乔治 V 240

—Obadiah 埃利奥特，奥巴代亚 Ⅳ 523

Elliotts Metal Company 埃利奥兹金属公司 V 85

Ellis, E. B. 埃利斯 Ⅶ 1356

Ellman, John, of Glynde 格林德的埃尔曼 Ⅳ 21，40

Ellyott, William 艾里奥特 Ⅲ 79

Elmen, G. W. 埃尔门 Ⅶ 1123

Elmer, P. 埃尔默 Ⅶ 1207

Eloi, St 圣埃洛伊 Ⅱ 77

Elsberg, J. 埃尔斯贝格 Ⅶ 1334

Elster, J. 埃尔斯特 Ⅶ 1092，1105

Emanueli, L. 埃马努埃利 Ⅶ 1076

Emerson, H. 埃默森，H. Ⅵ 84

—William 埃默森，威廉 Ⅳ 444 – 445

Emme, E. M. 埃姆 Ⅶ 865

Emmert, H. D. 埃默特 Ⅶ 1033

Empedocles 恩培多克勒 Ⅱ 678

Emperger, Fritz von 恩佩格 V 495

Enderby Brothers 恩德比兄弟 V 219

Engelbach, R. 恩格尔巴赫 Ⅰ 570

Engels, Friedrich 恩格斯，弗里德里希 V 828

—Jakob 恩格斯，雅各布 V 287

England, William 英格兰 V 732；Ⅶ 1285

Engler, C. 恩格勒 V 111，115

English and Irish Magnetic 英格兰和爱尔兰磁力电报公司 V 218，225
　　Telegraph Company

Engues, M. 昂盖 V 707

E

Ennion	恩尼 Ⅱ 322，325，337
Enos，J. L.	伊诺斯，经济学家
financing innovation	创新的资金 Ⅵ 55 – 56，70 – 71
industrial innovation	工业创新 Ⅵ 32，51 – 52
Entemena	恩铁美纳 Ⅰ 653
Enten，Pieter Pietersz	恩腾 Ⅳ 632
Entrecolles，Père d'	德恩特科利斯 Ⅳ 339
Épernon，Duc d'	埃佩尔农公爵 Ⅲ 319
Équem	埃克姆 Ⅳ 539
Eratosthenes	埃拉托色尼 Ⅲ 505 – 507，509 注释 1， 522，547
Ercker，Lazarus	埃克，冶金学家 Ⅲ 28
assaying	检验 Ⅲ 59，60，62 – 63
balances，assay	天平，检验 Ⅲ 61，67 – 68
brass-founding	铜的发现 Ⅲ 37
furnaces	熔炉 Ⅲ 50，53
speculum-metal	镜用合金 Ⅲ 41
steel production	钢铁生产 Ⅲ 34
Ericsson，John	埃里克森 Ⅳ 589；Ⅴ 147，461 – 462，819
Erlach，J. E. T. von，of Vienna	维也纳的埃拉克 Ⅳ 178
Erlinger，Georg	厄林格 Ⅲ 535
Erxleben，Christian Polykarp Friedrich	埃克斯莱本 Ⅳ 261
Esarhaddon	以撒哈顿 Ⅰ 554，713；Ⅱ 495
Esnault-Pelterie，Robert	埃斯诺 – 佩尔特里 Ⅴ 392，409 – 411
Essen，L.	埃森 Ⅶ 1213
Estienne，Charles	艾蒂安，查尔斯 Ⅲ 13
—Robert	艾蒂安，罗伯特 Ⅳ 523 – 525
Ethelbert Ⅱ，king of Kent	埃塞尔伯特二世（卒于 762 年），肯特国王 Ⅳ 199
—of Kent	肯特郡埃塞尔伯特二世 Ⅱ 610

Etzlaub, Erhard, of Nuremberg	纽伦堡的埃茨劳布 Ⅲ 534 – 536
Eucratides	欧克拉提德斯 Ⅱ 487
Eudoxus	欧多克斯 Ⅲ 504；Ⅳ 666
Euler, Leonhard	欧拉，瑞士数学家
crushing factor, materials	压碎因素，梁材 Ⅳ 485 – 486；Ⅴ 491
elasticity, materials	弹性材料 Ⅳ 479，483
hydrodynamic theory	流体动力学理论 Ⅴ 407
ship-design	船舶设计 Ⅳ 577
Eupalinus of Megara	迈加拉的尤帕里诺斯 Ⅱ 668
Eupatrids, family of Attica	欧帕特利德斯，阿提卡的世袭贵族 Ⅱ 129
Euripides	欧里庇得斯 Ⅱ 630
Eurysaces	欧律萨斯 Ⅱ 118
Eutropius	欧特罗庇厄斯 Ⅲ 575
Evans, Sir Arthur	亚瑟·埃文斯爵士 Ⅰ 758
—Edmund	埃文斯，埃德蒙 Ⅴ 705
—Sir Frederick	弗里德里克·埃文斯爵士 Ⅴ 453
—Mortimer	埃文斯，莫蒂默 Ⅴ 743
—Oliver	奥利弗·埃文斯，美国工程师
aeolipile experiment	汽转球试验 Ⅴ 149 – 150
boiler invention	锅炉发明 Ⅴ 137
milling	磨坊 Ⅲ 16 – 18
steam-dredger	蒸汽挖泥船 Ⅳ 641
steam-engines	蒸汽机 Ⅳ 165 – 166，188 – 189，195 – 196；Ⅴ 126
—T. M.	埃文斯，T. M. Ⅳ 294
Evely, R.	伊夫利 Ⅵ 53 – 54
Evelyn, John	伊夫林，日记作者 Ⅲ 681；Ⅳ 671
London replanning proposals	伦敦重建规划提议 Ⅲ 296 – 298
London smoke	伦敦烟雾 Ⅲ 77，686
Richelieu（Indre-et-Loire），description	黎塞留，描述 Ⅲ 291

roads, Dutch cities 道路，荷兰城市 IV 529

shipbuilding 造船 III 491 – 492

varnish, 'English' "英国漆" III 696

Everest, Sir George 乔治·埃弗里斯特爵士 V 442

Everett of Heytesbury 黑茨兹伯里的埃夫里特 IV 304

Ewing, Sir Alfred 阿尔弗雷德·尤因爵士 V 139

Exmouth, Viscount 埃克斯茅斯子爵；参见 Pellew, Edward

Eyde, S. 艾德 VI 522 – 523

Eyrinis, Eyrinis d' 戴朗尼斯 IV 539

Eytelwein, Johann A. 艾特魏因 V 545

F

Faber du Faur, A. C. W. F. 福尔 IV 113

Fabre, H. 法布雷 VII 816

Fabrizio, Geronimo 法布里奇奥 III 231

Fabry 法布里 IV 93

Faccio de Duillier, Nicholas 法乔 III 670 – 671

Fageol, F. 法乔尔，F. VII 728 – 729

—W. 法乔尔，W. VII 728 – 729

Fairbairn 费尔贝恩（约 1846 年）IV 293, 323

—P., & Company 费尔贝恩公司 V 651

—Sir William 威廉·费尔贝恩爵士（1789—1874 年），
造船工程师

boilers, ships 锅炉，船 V 137, 366

bridge tube structures 桥管结构 IV 460；V 504

iron beams, strength 铁梁，强度 IV 485 – 486

iron ships 铁船 V 351, 355, 361

machine tools 机床 V 636, 650

riveting-machines 铆钉机 V 366, 504

structure, ships	结构，船 V 360，364
weight distribution, ships	重力分布，船 V 353 – 354
wrought iron	锻铁 V 472
—William, & Company	威廉·费尔贝恩公司 V 133
Fairlie, Robert F.	费尔利 V 345
Falcon	福尔肯 Ⅲ 166；Ⅳ 318
Falda, Giovanni Battista	法尔达 Ⅲ 311 – 312
Fantoni	凡托尼 Ⅲ 314
Faraday, Michael	法拉第，科学家
benzene, discovery	苯，发现 V 269；Ⅵ 536
biographical notes	生平事略 Ⅳ 674，676；V 780，795
'coal oil'	"煤之油" V 104
electric motor	电动机 V 231
electricity discoveries	电的发现 Ⅵ 118，444；Ⅶ 991
electrolytic phenomena	电解现象 Ⅳ 227
electromagetism	电磁作用 Ⅳ 655，679；V 178 – 179
electroplating, factory tour	电镀，工厂参观 V 633
galvanising effect	电镀效应 V 624
gas-light hazards	煤气灯公害 Ⅳ 272 – 273
generators, electricity	发电机，电力 V 182 – 183，187
glass-making experiments	玻璃制造实验 V 673
insulation, electrical	电绝缘体 V 221
optical glass	光学玻璃 Ⅳ 360 – 361
relay action, electrical	电的中继作用 V 223
research, discussion	研究，讨论 Ⅵ 65
steels and alloys	钢和合金 V 64 – 66
transformers, electrical	变压器 V 198 及注释
Fardoïl	费尔多儿 Ⅳ 384
Farey, John	法里，约翰（1760—1826 年）Ⅳ 206
—— ——	法里，约翰（1790—1851 年）Ⅳ 165，206，423

Farkashagy-Fisher, Moritz 福尔考什哈齐 – 费舍尔 V 662

Farman, H. 法尔芒 VI 32; VII 792

Farmer, Moses G. 法默 V 187

Farr, W. 法尔 VII 1174

Farrer, W. 法勒 VI 327

Faure, C. A. 福尔, C. A. VI 489

—Camille 福尔, 卡米尔 V 206, 344, 418

Fawcett, Benjamin 福西特, 本杰明 V 705

—E. W. 福西特, E. W. VI 558

Fay, J. A. 费伊 IV 437

Fayol, Amédée 法约尔 IV 275

—H. 法约尔, H. VI 77

Fefel, H. H. 费菲尔 VI 682

Fell, John 费尔 III 402

Fellows, E. R. 费洛斯 V 656

Felt, D. E. 费尔特 VII 1168

Fenizi, Ascania 费尼奇 III 311

Fenner, C. N. 芬纳 VI 623

Ferber, F. 费伯 VII 792

Ferdinand, Grand Duke of 费迪南德, 托斯卡纳大公 III 314
 Tuscany

Ferguson, H. 弗格森 VII 1065

Fermi, E. 费米 VI 224, 236, 239 – 240

Féron of Paris 巴黎费龙 III 115

Ferranti, Sebastian Ziani de 费朗蒂, 电气工程师
 alternators 交流发电机 V 193 – 195, 200
 current battle, A. C. /D. C. 电流之争, 交流电还是直流电 V 200, 230
 Deptford power station 德特福德电站 V 199 – 200
 transformers, design 变压器, 设计 V 198 – 199

Ferrier, Claude M. 费里尔 V 725

Fessenden, R. A. 费森登 VII 1236 – 1237, 1239

Festus	费斯特斯 Ⅱ 212
Fibonacci of Pisa	比萨的斐波那契；参见 Leonardo da Pisa
Fick, A.	菲克 Ⅶ 1321
Field, Cyrus W.	菲尔德，塞勒斯·W. Ⅳ 661
—Joshua	菲尔德，乔舒亚 Ⅳ 424，429；Ⅴ 145
Filastre, Cardinal Guillaume	菲拉斯特勒 Ⅲ 532 – 533
Filenes, T.	法林 Ⅵ 84
Finiguerra, Maso	菲尼圭拉 Ⅲ 406
Fink, A.	芬克 Ⅵ 79，82
Finlay, C. L.	芬利 Ⅶ 1297
Finley, Judge James	芬莱 Ⅳ 458
Finson, N.	芬森 Ⅶ 1329 – 1330
Fischer, E.	费希尔，E. Ⅵ 301
—F.	费希尔，F. Ⅵ 540
—G.	菲舍尔，G. Ⅶ 1054
—Johann Conrad	费希尔，约翰·康拉德 Ⅳ 108；Ⅴ 66，608
—Otto Philip	菲舍尔，奥托·菲利普 Ⅴ 279
—R.	菲舍尔，R. Ⅶ 1297
Fisher, Edna	费希尔，埃德那 Ⅰ 5
—J. W.	菲舍尔，J. W. Ⅶ 1346
—R. A.	费希尔，R. A. Ⅵ 330 – 331
Fison, J. P.	法伊森 Ⅳ 9
Fitch, John	菲奇 Ⅴ 142，147，152
Fittig, R.	菲蒂希 Ⅵ 558
Fitz, Henry	菲茨 Ⅴ 721
Fitzherbert, John	菲茨赫伯特 Ⅳ 201
Flabianus, Petrus	弗拉比亚努斯 Ⅲ 209
Flaminius, Gaius	弗拉米尼乌斯 Ⅱ 500，512
Flamsteed, John	弗拉姆斯蒂德 Ⅲ 552，667
Fleming, A.	弗莱明，A. Ⅶ 1355
—J. A.	弗莱明，J. A. Ⅵ 448；Ⅶ 1093

Fletcher, H. 弗莱彻, H. Ⅶ 1349

—Thomas 弗莱彻, 托马斯 Ⅴ 632

Flexner, A. 弗莱克斯纳 Ⅵ 161

Flinders, Matthew 弗林德斯 Ⅳ 598；Ⅴ 449, 455

Flitcroft, Henry 弗利克罗夫特 Ⅳ 470

Florey, H. W. 弗洛里 Ⅶ 1355

Floris Ⅴ 费洛里斯五世 Ⅱ 619

Focke, H. K. J. 福克 Ⅶ 823

Fokker, A. H. G. 福克 Ⅵ 32；Ⅶ 808

Folland, H. P. 福兰德 Ⅶ 794

Fonck, R. 方克 Ⅶ 795

Fontaine, Jean 方丹 Ⅲ 460

Fontana, Carlo 丰塔纳, 卡洛 Ⅲ 248

—Domenico 丰塔纳, 多梅尼科 Ⅲ 289

—Giovanni 丰塔纳, 乔瓦尼 Ⅳ 642

Fonvielle, Louis C. H. 丰维埃尔 Ⅴ 563

Ford, Henry 福特, 制造商

    cars（automobiles）, early designs 汽车, 早期设计 Ⅴ 433

    machine-tools 机床 Ⅶ 1042

    mass-production methods 大批量生产法 Ⅴ 640, 818；Ⅶ 714 – 715, 986, 1056

    time-study, application 时间分析, 应用 Ⅶ 1057

—Motor Company 福特汽车公司 Ⅴ 433

Fordyce, Alexander 福代斯, 亚历山大 Ⅳ 237

—George 福代斯, 乔治 Ⅳ 237

Forest, L. de 德福雷斯特 Ⅶ 1091, 1095

Forrest, R. 福里斯特, R. Ⅵ 424

—W. 福里斯特, W. Ⅵ 424

Forrester, J. W. 福里斯特 Ⅶ 1195, 1197

Forshaw, J. H. 福肖 Ⅶ 968

Forssman, W.   福斯曼 Ⅶ 1357

Fortin, Jean   福廷，法国仪器制造商

    balances   天平 Ⅳ 404 – 405，407

    comparators   比较仪 Ⅳ 397

    dividing-engine   刻线机 Ⅳ 394

    screw-cutting method   螺旋切削法 Ⅳ 388

    triangulation instruments   三角测量学仪器 Ⅳ 402

Fossier, A. E.   福西耶 Ⅶ 1319

Foster, Sir Michael   迈克尔·福斯特爵士 Ⅴ 796

Foucault, J. B. L.   傅科，J. B. L. Ⅴ 210 – 211

—Léon   傅科，利昂 Ⅳ 399，408 – 409；Ⅴ 737

Foulis, Andrew   福利斯 Ⅴ 699

Foullon, Abel   富隆 Ⅲ 540

Fourché   福尔谢 Ⅳ 405

Fourcroy, A. F. de   富克鲁瓦 Ⅳ 222

Fourdrinier, Henry   富德里尼耶，亨利 Ⅲ 416；Ⅴ 700；Ⅵ
                                       614 – 615，618

—S.   富德里尼耶，S. Ⅵ 614 – 615，618

Fournel   富尔内尔 Ⅳ 539

Fourneyron, Benoit   富尔内隆，工程师

    friction principles, rejection   摩擦原理，拒绝 Ⅴ 119

    Niagara Falls turbines   尼亚加拉瀑布水轮机 Ⅴ 533

    water turbine   水轮机 Ⅴ 528 – 529，531

Fowle   福尔 Ⅳ 71

Fowler, E. P.   福勒，E. P. Ⅶ 1349

—G.   福勒，G. Ⅶ 1389

—Sir John   约翰·福勒爵士 Ⅴ 503，519

—Sir Ralph   拉尔夫·福勒爵士 Ⅵ 161

—Robert   福勒，罗伯特 Ⅳ 40

Fox, Sir Charles   查尔斯·福克斯爵士 Ⅴ 610

—Henderson & Company   福克斯亨德森公司 Ⅳ 477

—James, of Derby 德比郡的福克斯，詹姆斯 Ⅳ 433

—W. 福克斯，W. Ⅶ 1312 – 1313

Fox & Company 福克斯公司 Ⅴ 624

—Talbot, W. H. 福克斯·塔尔博特，W. H.，摄影师

　　paper process 　　相纸照相法，照相制版 Ⅴ 702, 722 –
　　　　725, 736

　　photographic plate 　　感光板 Ⅴ 836

　　photogravure process 　　凹版印刷法 Ⅴ 708

Foyn, Svend 弗因 Ⅳ 60 – 61

Francesco Ⅰ de' Medici 弗朗西斯科一世 Ⅲ 217, 707

Franchet, L. 弗朗歇 Ⅰ 409

Francini 弗兰奇尼 Ⅲ 462

Francis, James B. 弗朗西斯 Ⅴ 529 – 530, 534；Ⅵ 203 – 204

Franciscus Paduanius of Forli 弗利的帕杜阿纽斯 Ⅲ 621

Francke, Meister 弗兰克 Ⅱ 652

François Ⅰ 法兰西斯一世 Ⅲ 290, 449, 459

Frank, A. 弗兰克，A. Ⅵ 523 – 524

—B. 弗兰克，B. Ⅵ 681

Fränkl, M. 弗伦克尔 Ⅵ 489

Frankland, E. 弗兰克兰，E. Ⅶ 1388

—Percy F. 弗兰克兰，珀西·F. Ⅴ 562

Franklin, Benjamin 富兰克林，本杰明 Ⅳ 619, 678；Ⅶ 1127

—C. S. 富兰克林，C. S. Ⅶ 1244

—Sir John 约翰·富兰克林爵士 Ⅴ 41

Franz Ⅱ 弗兰茨二世 Ⅳ 553

Frasch, H. 弗拉施 Ⅵ 516

Fratta et Montalbano, 弗拉塔 – 蒙塔尔巴诺侯爵 Ⅲ 50
　　Marchése della

Fraunhofer, Joseph von 夫琅禾费 Ⅳ 360 – 361, 399；Ⅴ 673

Frazer, Sir James 詹姆斯·弗雷泽爵士 Ⅱ 25

Frederick, archbishop of 弗雷德里克，不来梅大教主 Ⅱ 683

Bremen

—C. 弗雷德里克，C. Ⅶ 1135

— Ⅰ Barbarossa 腓特烈一世，巴尔巴罗萨（1152—1190 年在位）Ⅱ 75

— Ⅱ , the Great 腓特烈二世，即腓特烈大帝（1740—1786 年在位）Ⅲ 2；Ⅳ 23，25 – 27

—William 腓特烈，威廉（1640—1688 年在位）Ⅲ 454，682

— — Ⅲ 腓特烈，威廉三世（1797—1840 年在位）Ⅳ 28

Freeman , C. 弗里曼，经济学家

    innovation , discussions 创新，讨论 Ⅵ 52 – 53，66 – 67，72，114

    petrochemical industry 石油化学工业 Ⅵ 55 – 56

    research , discussion 研究，商讨 Ⅵ 62 – 64

Freemantle , William 弗里曼特尔 Ⅳ 195；Ⅴ 125

Frescobaldi 弗雷斯科巴尔迪 Ⅱ 65

Fresnel , A. J. 菲涅耳 Ⅴ 241

Freudenberg , H. 弗罗伊登伯格 Ⅵ 523

Freyssinet , E. 弗雷西内 Ⅶ 879，892，936

Friedman , B. 弗里德曼 Ⅶ 1142

Friese-Greene , William 弗里斯 – 格林 Ⅴ 743

Frisch , O. R. 弗里施，物理学家

    atomic bomb 原子弹 Ⅵ 226 – 227，269

    atomic fission 原子核裂变 Ⅵ 225

    uranium isotopes 铀同位素 Ⅵ 232

Frisi , Paolo 弗里西 Ⅲ 315

Fritz , John 弗里茨 Ⅴ 612

Fromanteel family 弗罗曼蒂尔家族 Ⅲ 663

Froment , Gustave 弗罗门特 Ⅳ 409

Frontinus 弗朗蒂努斯（主要活动于公元 300 年）Ⅱ 338

—Sextus Julius 弗朗蒂努斯，萨克图斯·朱利叶斯（约公

元 30 年—104 年） Ⅱ 671 – 674

Froude，William 弗劳德 Ⅴ 386 – 390，546 – 547，549

Fry，Elizabeth 弗里，伊丽莎白 Ⅴ 824

—Peter W. 弗赖伊，彼得·W. Ⅴ 725

Frye，Thomas 弗赖伊 Ⅳ 341 – 342

Fuchs，K. 富克斯，K. Ⅵ 243

—Leonhart 富克斯，伦哈特 Ⅲ 4

—W. C. 富克斯，W. C. Ⅶ 1331

Fuggers of Augsburg 奥格斯堡的富格 Ⅳ 665

Fulcher，G. S. 富尔彻 Ⅵ 575 – 576

Fuller，G. and J. C. 富勒兄弟 Ⅴ 205

Fulton，Robert 富尔顿，发明家

    canals 运河 Ⅳ 570 – 571

    paddle-steamer 桨轮蒸汽船 Ⅴ 143

    steam-boat 蒸汽船 Ⅴ 152

    steam-power 蒸汽动力 Ⅳ 165 – 166，548

Furnival & Company 弗尼瓦公司 Ⅴ 708

Fust，Johann 富斯特 Ⅲ 377，383 – 386

G

Gabriel（Voisin and） 加布里埃尔（和沃伊津）Ⅴ 392，406，409

—Jacques（Ⅳ，Ⅴ and Ⅵ） 加布里埃尔，雅克（四世、五世和六世），
法国建筑师 Ⅲ 425 及注释

Gaddi，Taddeo 加迪 Ⅲ 428

Gaffky，G. T. A. 加夫基 Ⅴ 562

Gagarin，Y. A. 加加林 Ⅶ 832，857，865

Gahn，J. G. 加恩 Ⅳ 147；Ⅴ 252

Gaillait，John 盖莱特 Ⅳ 508

Galantier 加朗捷 Ⅲ 165

Galaup，J. F. de 加劳普；参见 La Pérouse

Galbraith, J. K.	加尔布雷思 Ⅵ 40, 50
Gale, L. D.	盖尔 Ⅳ 660
Galen	盖伦 Ⅱ 121, 674; Ⅲ 24
Galileo, Galilei	伽利略，天文学家和工程师
atmospheric pressure	大气压力 Ⅳ 169
balances, assay	天平，检验 Ⅲ 67
catenary curve	悬链线 Ⅲ 258
hydraulic engineering	水力工程 Ⅲ 303, 313 – 315
lens-grinding	抛光透镜 Ⅲ 234
mechanics	力学 Ⅲ 252; Ⅳ 149
microscopes and telescopes	显微镜和望远镜 Ⅲ 231 – 232, 552, 631, 634
motion, laws	运动定律 Ⅲ 374
pendulum-escapement	摆式擒纵机构 Ⅲ 662 – 663
sector invention	函数尺的发明 Ⅲ 627 – 628
strength, material	材料强度 Ⅲ 58 – 59, 252, 432; Ⅳ 471, 478
structural theory	结构理论 Ⅲ 432
vacuum, analysis	真空，分析 Ⅲ 332, 344
—Vincenzio	伽利略，文森齐奥 Ⅲ 662
Gall, H.	加尔 Ⅵ 521
Gallatin, Albert	加勒廷 Ⅳ 537
Gallonde	加隆迪 Ⅳ 404
Galton, Samuel	高尔顿 Ⅳ 673
Galvani, Luigi	伽伐尼 Ⅳ 649, 652 – 653
Gama, Vasco da	达·伽马 Ⅴ 259
Gambey, Henry	冈贝，仪器制造家
astronomical instruments	天文仪器 Ⅳ 399
balances	天平 Ⅳ 405
comparators	比较仪 Ⅳ 397
dividing-engine	刻线机 Ⅳ 390, 394 – 395
lathe, improvement	车床，改良 Ⅳ 385

triangulation instruments	三角测量仪器 Ⅳ 402
Gamble, J. H.	甘布尔，J. H.（约 1851 年）Ⅴ 39 – 40
—John	甘布尔，约翰（约 1795 年）Ⅳ 646
— —	甘布尔，约翰（主要活动于 1801 年）Ⅲ 416；Ⅵ 614
—Josiah C.	甘布尔，乔西亚·C. Ⅳ 239，241；Ⅴ 802
—W.	甘布尔，W. Ⅶ 1280
Gannery	甘内莱 Ⅳ 414
Gans, Robert	甘斯 Ⅴ 566；Ⅶ 1380
Gantt, H. L.	甘特 Ⅵ 84
Garbett, Samuel	加伯特 Ⅳ 243 – 244
Gardiner, Sir Alan	艾伦·加德纳爵士 Ⅰ 747，754 – 755，762
Garnerin, A. – J.	加尔纳里安 Ⅴ 397 – 398，图版 23 A
Garnier, Jules	加尼尔 Ⅴ 86
Garrett	加勒特（约 1850 年）Ⅳ 6，10
—William	加勒特，威廉（1844—1903 年）Ⅴ 621
Garros, R.	加罗斯 Ⅶ 794
Gascoigne, William	加斯科因 Ⅲ 640；Ⅴ 445
Gauchet, P.	戈谢 Ⅶ 808
Gaudry, Charles	戈德里 Ⅳ 275
Gaulard, Lucien	戈拉尔 Ⅴ 198 – 200
Gaumont, L.	戈蒙 Ⅶ 1310
Gauthey, Emiland Marie	戈泰 Ⅳ 480 – 481，556
Gauthier, A.	戈捷 Ⅶ 1285
Gautier, Henri	戈蒂埃 Ⅲ 429，436；Ⅳ 443，521，527
Gayley, J.	盖利 Ⅵ 477
Gay-Lussac, Joseph-Louis	盖－吕萨克 Ⅳ 163，217，221；Ⅴ 245
Gear, Andrew	吉尔 Ⅳ 437
Geber	盖博；参见 Jābir ibn Hayyān
Ged, William	格德 Ⅴ 699
Geddes, P.	格迪斯 Ⅶ 962

Geitel, H. 盖特尔 Ⅶ 1092, 1105

Geissenheimer, W. 盖森海默 Ⅳ 110 – 111

Gellerat et Cie of Paris 巴黎的盖勒拉特公司 Ⅳ 538

Gemini, Thomas 吉米尼 Ⅲ 586

Geminus 盖米诺斯 Ⅲ 570

Gemma, Reiner Frisius 杰玛, 数学家

  astrolabes 星盘 Ⅲ 586

  camera obscura 暗箱 Ⅴ 717

  Gerard Mercator, pupil 墨卡托, 学生 Ⅲ 550

  Jacob's staff (dioptra) 十字测天仪, 独脚罗盘支杆 (角度仪)
    Ⅲ 591

  longitude, measurement method 经度, 测量法 Ⅲ 503

  triangulation principle 三角测量原理 Ⅲ 539

Gemmell, R. C. 格默尔 Ⅵ 413

General Oceanic Telegraph 通用海洋电报公司 Ⅴ 224 – 225
  Company

Gennes, M. de 德热纳 Ⅲ 168 – 169

Gensanne, de 让萨纳 Ⅳ 260

George Ⅲ 乔治三世 Ⅲ 645; Ⅳ 28

—Ⅴ 乔治五世 Ⅶ 905, 922

Gerard, James 杰勒德, 詹姆斯 Ⅳ 238

—John 杰勒德, 约翰 Ⅲ 1, 3

—of Cremona 克雷莫纳的杰勒德 Ⅲ 521, 585

Gerber, H. 格伯, H. Ⅴ 502

—N. 格伯, N. Ⅴ 33

Gerbert (Sylvester Ⅱ) 格伯特 (教皇西尔维斯特二世) Ⅲ
  594 – 595, 608 – 609

Gerritszoon, Jan 赫里茨松 Ⅲ 318

Gerson, Levi ben 热尔松 Ⅲ 528, 546, 591

Gesner, Abraham 格斯纳 Ⅴ 104 – 105, 115 – 116

Gibbons, John 吉本斯, 约翰 Ⅳ 112 – 113

—M. 吉本斯, M. Ⅵ 52

Gibbs, James E. A.	吉布斯，詹姆斯·E. A. Ⅴ 589；Ⅵ 682
—John Dixon	吉布斯，约翰·狄克逊 Ⅴ 198 – 200
—Josiah Willard	吉布斯，乔赛亚·威拉德 Ⅴ 660
Gibson, R. O.	吉布森 Ⅵ 558
Gibson and Campbell	吉布森和坎贝尔 Ⅳ 315，321
Giddy (or Gilbert), Davies	吉迪（即吉尔伯特）Ⅳ 189 及注释
Giedion, S.	基提恩 Ⅶ 1128
Giesen, W.	吉森 Ⅵ 493
Giffard, Henri	吉法尔 Ⅴ 325 – 326，401 – 402
Gigli, L.	吉利 Ⅶ 1358
Gilbert, Davies	吉尔伯特，戴维斯；参见 Giddy
—Sir Joseph Henry	约瑟夫·亨利·吉尔伯特爵士 Ⅳ 42；Ⅴ 10，17
—William	吉尔伯特，威廉 Ⅳ 648
Gilbreth, F.	吉尔布雷思，F. Ⅵ 84；Ⅶ 1056
—L.	吉尔布雷思，L. Ⅵ 84
Gilchrist, Percy Carlyle	吉尔克里斯特，冶金学家
industrial change, discussions	产业变化，讨论 Ⅴ 804，810，820
steel-making process	钢铁制造加工法 Ⅴ 60，802，809；Ⅵ 633
Gill, Sir David	戴维·吉尔爵士 Ⅴ 441
Gillespie, W. M.	吉莱斯皮 Ⅳ 537
Gilman, A. D.	吉尔曼 Ⅴ 481
Gillmore, Q. A.	吉尔摩 Ⅳ 537
Gilpin, George	吉尔平 Ⅲ 22
Gimingham, C. H.	吉明汉姆 Ⅴ 218
Ginns, D. W.	金斯 Ⅵ 241
Giordano of Pisa	比萨的乔达诺 Ⅲ 230
Giovanni da Fontana	乔瓦尼的丰塔那 Ⅱ 692
Girard, Philippe de	吉拉德，菲利普·德 Ⅳ 292 – 294
—Pierre Simon	吉拉尔，皮埃尔·西蒙 Ⅴ 531 – 532
Giroux, Alphonse	吉鲁 Ⅴ 720

Glaisher, James　　　　　　　　　格莱舍 Ⅳ 490；Ⅴ 400，558

Glaser, Christoph　　　　　　　　格拉泽 Ⅲ 682

Glass Sellers' Company　　　　　玻璃销售公司 Ⅴ 672

Glasser, O.　　　　　　　　　　　格拉瑟 Ⅶ 1321

Glassford, John　　　　　　　　　格拉斯福德 Ⅴ 815

Glauber, Johann Rudolph　　　　　格劳贝尔，执业化学家 Ⅲ 720

　　acids　　　　　　　　　　　　酸 Ⅳ 231，233，243

　　assay methods　　　　　　　检验方法 Ⅲ 68

　　copper alloys　　　　　　　　铜合金 Ⅲ 37，40

　　density, metals　　　　　　　密度，金属 Ⅲ 58

　　furnaces　　　　　　　　　　熔炉 Ⅱ 743 – 744；Ⅲ 52，55，685；
　　　　　　　　　　　　　　　　Ⅳ 231

　　medicinal research　　　　　医药研究 Ⅱ 745 – 746；Ⅲ 682；Ⅳ 231，
　　　　　　　　　　　　　　　　243

　　metallurgy　　　　　　　　　冶金术 Ⅲ 56

　　tin alloys　　　　　　　　　　锡合金 Ⅲ 43 – 44

Glaukos of Chios　　　　　　　　希俄斯岛的格劳考斯 Ⅱ 58

Glazebrook, R. T.　　　　　　　格雷兹布鲁克 Ⅶ 1214

Glehn, A. G. de　　　　　　　　德格伦 Ⅴ 340；Ⅶ 762 – 763，766

Glover, John　　　　　　　　　　格洛弗 Ⅴ 245

Gluck, Jean　　　　　　　　　　格卢克 Ⅲ 695

Glynn, Joseph　　　　　　　　　格林 Ⅳ 205

Gmelin, J. F.　　　　　　　　　格梅林 Ⅳ 375

Godard, of Amiens　　　　　　　亚眠的戈达尔 Ⅳ 297

Goddard, E. C.　　　　　　　　戈达德，E. C. Ⅶ 862

—Robert H.　　　　　　　　　戈达德，罗伯特·H.，物理学家

　　rockets, liquid fuel　　　　火箭，液体燃料 Ⅶ 857，861 – 863，865

　　space-flight, principles　　太空航行，原理 Ⅶ 859

Godfrey, Ambrose　　　　　　　戈费雷 Ⅱ 750

Godowsky, L.　　　　　　　　　戈多夫斯基 Ⅶ 1297

Goerz, Carl P.　　　　　　　　格茨 Ⅴ 732；Ⅶ 1284 – 1285

Gohory, Jacques　　　　　　　　戈奥里 Ⅲ 8

Goldenberg & Cie	戈尔登博格和西埃公司 Ⅲ 117
Goldner, Stephen	戈德纳 Ⅴ 39, 41 – 42 及注释
Goldschmidt, B. L.	戈尔德施密特, B. L. Ⅵ 260, 262
—Hans	戈尔德施密特, 汉斯 Ⅴ 97
Goldstine, H. H.	戈德斯坦 Ⅶ 1190
Gölsdorf, K.	格尔斯多夫 Ⅶ 762
Goltz, T. von der	戈尔茨 Ⅳ 19
Gonelin	戈内林 Ⅳ 256
Gonzaga, Charles of	贡扎加的查理 Ⅲ 290
Gooch, Sir Daniel	丹尼尔·古奇爵士 Ⅴ 324 – 325
—John	古奇, 约翰 Ⅴ 324
Goodwin, Hannibal	古德温 Ⅴ 729, 747
Goodyear, Charles	古德伊尔 Ⅴ 766 – 768
Göransson, Goran Fredrik	约兰松 Ⅴ 55, 70
Gordon, Andrew	戈登, 安德鲁 Ⅳ 648
—Cuthbert	戈登, 卡思伯特 Ⅳ 249
—George Phineas	戈登, 乔治·菲尼亚斯 Ⅴ 710
—J. E. H.	戈登, J. E. H. Ⅴ 194, 197, 200, 202 – 203
—L. D. B.	戈登, L. D. B. Ⅴ 781
—Lewis	戈登, 刘易斯 Ⅳ 486
Gorrie, John	戈里 Ⅴ 46
Goss, N.	戈斯 Ⅵ 446
Gossage, William	戈西奇 Ⅳ 241; Ⅴ 236, 238 – 239, 242
Gosset, W. S.	戈塞特 Ⅵ 330
Goulding, John	古尔丁 Ⅳ 298 – 299; Ⅴ 571
Goupy, A.	古皮 Ⅶ 792
Gourief	古里耶夫 Ⅳ 545
Gouyn, Charles	古伊 Ⅳ 342
Goward, F. K.	高厄德 Ⅶ 1332
Gower, John	高尔, 约翰 Ⅱ 126

—Richard 高尔，理查德 Ⅳ 579

Gracchus, Gaius 格拉古 Ⅱ 505，507

Graebe, Karl 格雷贝 Ⅴ 261，276

Graseff, Michel I, Auguste de 格雷夫 Ⅴ 556

Graham, George 格雷厄姆，仪器工程师

    dilatometer 膨胀仪 Ⅳ 396

    escapements 擒纵机构 Ⅲ 665，671，673 – 674

    horology, improvements 钟表，改进 Ⅲ 557；Ⅳ 410 – 411

    observatory clock 天文台用钟 Ⅲ 553

    precision mechanics 精密机械 Ⅳ 382，389 – 390

    quadrant 象限仪 Ⅲ 641

    telescope 望远镜 Ⅲ 553 – 554

—Thomas 格雷厄姆，托马斯 Ⅴ 660，796；Ⅵ 557

Gram, Hans Christian Joachim 革兰 Ⅴ 282

Gramme, Zénobe Théophile 格拉姆，电子工程师

    alternators 交流发电机 Ⅴ 193，195，212

    dynamos 发电机 Ⅴ 188 – 192，196，210

    electric motors, D. C. 电动机，直流电 Ⅴ 231

    machine-tools, electrification 机床，电气化 Ⅴ 641

    rotary transformer 旋转式变压器 Ⅴ 230

—& Cie 格拉姆公司 Ⅴ 189

Grant, G. B. 格兰特，G. B. Ⅴ 656

—John 格兰特，约翰 Ⅴ 486

Gratiot 格拉蒂奥，将军 Ⅳ 537

Gravatt, William 格拉瓦特 Ⅴ 444

Gray, E. 格雷，E. Ⅶ 1220 – 1221

—Stephen 格雷，史蒂芬 Ⅳ 648 – 649；Ⅴ 177

Greatbach, John 格雷特巴奇 Ⅳ 350

Greathead, J. H. 格雷特黑德 Ⅴ 347，520

Green, Charles 格林，查尔斯（1785—1870 年）Ⅳ 260；
    Ⅴ 400

— —　　　　　　　　　　格林，查尔斯（主要活动于 1838 年）
　　　　　　　　　　　　Ⅴ 625 – 629

—Guy　　　　　　　　　格林，盖 Ⅳ 354

—James　　　　　　　　格林，詹姆斯 Ⅳ 570，572

—Mansfield　　　　　　格林，曼斯菲尔德，锡匠 Ⅳ 286

—W.　　　　　　　　　　格林，W.（主要活动于 1778 年）Ⅴ 445

—William　　　　　　　格林，威廉（1725—1811 年）Ⅳ 602

—William　　　　　　　格林，威廉（主要活动于 1929 年）Ⅵ 103

Green & Pellatt　　　　格林和佩莱特 Ⅳ 361

—& Sons　　　　　　　格林父子公司 Ⅳ 538

—& Wigram of Blackwall　布莱克韦尔的格林 – 威格拉姆公司 Ⅳ 590

Greenaway, Kate　　　格里纳韦 Ⅴ 705

Greenewalt, C. H.　　　格林沃尔特 Ⅵ 239

Greenhough, H. S.　　　格里诺 Ⅶ 1354

Greenway　　　　　　　格林韦 Ⅳ 268

Greenwood, Frans　　　格林伍德 Ⅲ 229

Greenwood, of Leeds　利兹的格林伍德 Ⅳ 322 – 325

—& Batley　　　　　　格林伍德 – 巴特利公司 Ⅳ 323；Ⅴ 131，647

Greg, R. H.　　　　　　格雷格 Ⅴ 829

Gregory, David　　　　格雷戈里 Ⅳ 358

—Hutton　　　　　　　格雷戈里，哈顿 Ⅴ 329

—James　　　　　　　格雷戈里，詹姆斯 Ⅲ 552 注释，667

Gregory Ⅷ, Pope　　　格列高利十三世，教皇 Ⅲ 577 – 579

—of Flax Bourton　　弗拉克斯伯顿的格雷戈里 Ⅳ 210

—of Tours　　　　　　图尔的格列高利 Ⅱ 608

Greig, J. W.　　　　　格雷格 Ⅵ 632

Grenet, Eugène　　　　格勒内 Ⅴ 203 – 204

Gresley, Sir N.　　　　奈杰尔·格雷斯利爵士 Ⅶ 766

Grew, Nehemiah　　　格鲁 Ⅳ 37

Griess, Peter　　　　　格里斯 Ⅴ 273 及注释 1，281

Griessman, B.　　　　格里斯曼 Ⅶ 1349

Griffin, A. E.   格里芬，A. E. Ⅶ 1378

—J.   格里芬，J. Ⅶ 1204

Griffith, A. A.   格里菲思 Ⅶ 1018 – 1019

Griffiths, D. W.   格里菲思，D. W. Ⅶ 1302

—Hannah, of Norwich   诺里奇的汉娜·格利菲斯 Ⅲ 115

Grignon, P. C.   格里尼翁 Ⅳ 112

Grissom, V.   格里索姆 Ⅶ 857

Gritzner, Max   格里茨纳 Ⅴ 589

Grondahl, L, O.   格朗达尔 Ⅶ 1116

Grönwall, E. A. A.   格伦瓦尔 Ⅵ 490

Gropius, Walter   格罗皮厄斯 Ⅴ 837

Grose, Captain Samuel   船长格罗斯 Ⅴ 129

Grossart, C.   格罗萨特 Ⅴ 755 – 756

Grosseteste, Robert   格罗斯泰斯特 Ⅲ 230

Grouse   格劳斯 Ⅳ 249

Grout, Jonathan   格劳特 Ⅳ 647

Grove, Sir William   威廉·格罗夫爵士 Ⅴ 208

Grover, W. O.   格罗弗 Ⅴ 589；Ⅵ 682

Groves, General   格罗夫斯将军 Ⅵ 227，238 – 239，252

Grubenmann, Hans Ulrich   格鲁本曼 Ⅲ 427 – 428

Grundy   格伦迪 Ⅳ 640

Gruschke, G.   格鲁施克 Ⅶ 1349

Guarini, Guarino   瓜里尼 Ⅲ 254

Gudea, king of Lagash   古第亚，拉加什的国王

  bitumen   沥青 Ⅰ 252

  chronology   年表 Ⅰ 表 F

  cubit, Sumerian measure   苏美尔肘尺测量 Ⅰ 778

  door-socket, stone   门的凹窝石 Ⅰ 194

  silver and lead   银和铅 Ⅰ 583

  statue, inscribed   雕像雕刻 Ⅰ 780

  viticulture   葡萄栽培 Ⅰ 282

Guénolé, St, of Brittany	布列塔尼的圣格诺莱 Ⅱ 139
Guericke, Otto von	居里克 Ⅲ 637；Ⅳ 169 – 170, 648
Guest, J. J.	格斯特 Ⅶ 1042
Guettard, Jean-Étienne	盖塔尔 Ⅳ 340, 621
Guggenheim, H. F.	古根海姆 Ⅶ 863
Guglielminetti	古列尔米内蒂 Ⅳ 542
Guglielmini, Domenico	古列尔米尼 Ⅲ 315
Guibal	吉巴尔 Ⅳ 93
Guido da Vigevano	吉多的维拉齐奥 Ⅱ 620, 725 – 726
Guillaume, Ch. -E.	纪尧姆 Ⅳ 415
Guillemin, E. A.	吉耶曼 Ⅶ 1115
Guillotte of Spitalfields	斯皮特尔菲尔德的吉约特 Ⅳ 318
Guimet	吉美 Ⅳ 256
Guinand, Henri	吉南，亨利 Ⅳ 360
—Pierre Louis	吉南，皮埃尔·路易斯 Ⅳ 359 – 361
Guise, Duc de	德吉斯公爵 Ⅲ 353
Guisan	吉桑 Ⅳ 529
Gullstrand, A.	古尔斯特兰德 Ⅶ 1354
Gunter, Edmund	冈特 Ⅲ 542
Gusmão, Bartholomeu Lourenço de	德古斯芒 Ⅴ 395, 401 注释 1, 405
Gustavus Adolphus	古斯塔夫斯·阿道弗斯 Ⅲ 349
—Vasa	古斯塔夫一世 Ⅲ 31, 455
Gutenberg, John	古登堡 Ⅲ 44, 377, 381, 383 – 385
Guthrie, F.	古思里 Ⅶ 1092
Gutta-percha Company of London (later Telegraph Construction and Maintenance Company)	伦敦古塔波胶公司（后来的电报机建造和维修有限公司）Ⅴ 221
Gutzkow	古茨科 Ⅳ 143
Guyldforde, Sir Richard	理查德·盖尔德福德爵士 Ⅲ 473

Guyon, Jacques	居永 Ⅲ 463
Guyton de Morveau, Louis Bernard	吉东·德·莫尔沃 Ⅳ 108，222 – 223，238 – 239
Gwathney, J. T.	华特迈 Ⅶ 1334
Gwynne, James Stuart	格温，詹姆斯·斯图尔特 Ⅴ 525
—John	格温，约翰 Ⅴ 525，560
Gyllenborg, Gustavus Adolphus	于伦堡 Ⅳ 39

H

Haber, L. F.	哈伯，化学家
innovation, discussion	创新，讨论 Ⅵ 61
instruments	仪器 Ⅶ 1210
nitrogen fixation	固氮 Ⅵ 522 – 528
Habermel, Erasmus, of Prague	布拉格的哈伯梅尔 Ⅲ 621
Habrecht, Isaac	哈勃雷特 Ⅲ 656
Hackworth, Timothy	哈克沃思 Ⅴ 322
Hadfield, Sir R.	罗伯特·哈德菲尔德爵士，冶金学家
manganese steels	锰钢 Ⅴ 65；Ⅵ 428，455
silicon steel	硅钢 Ⅵ 492；Ⅶ 1081，1123
Hadley	哈德利（约1864年）Ⅳ 325
—John	哈德利，约翰（1682—1744年），数学家
engineering works, rivers	河流工程 Ⅲ 458
octant	八分仪 Ⅲ 556；Ⅳ 400；Ⅴ 457
quadrant	象限仪 Ⅲ 555 – 556；Ⅳ 400，604；Ⅴ 457；Ⅶ 837
Hadrian, Roman emperor	哈德良，罗马皇帝 Ⅱ 598
aqueducts	渡槽 Ⅱ 670
hot baths, mines	矿区提供的热水 Ⅱ 9
road-construction	道路建设 Ⅱ 499，507

ship model, bronze 青铜材制商船模型 Ⅱ 575

Haeff, A. V. 黑夫 Ⅶ 1195

Haen, E. 黑恩 Ⅵ 518

Hagedoorn, A. L. 哈格多恩 Ⅵ 304

Hahn, O. 哈恩 Ⅵ 118, 224, 268

Haidar, Abu Manstūr 海德尔 Ⅱ 762

Haigh, B. P. 黑格 Ⅶ 985

Haines, Richard 海恩斯 Ⅲ 162

Hajek, Václav (Wenceslaus 哈耶克 (温瑟斯劳斯) Ⅱ 611
    Hagecius)

Hakluyt, Richard 哈克卢特 Ⅲ 477; Ⅴ 266

Halban, H. von 哈尔班 Ⅵ 226, 241

Haldane, J. B. S. 霍尔丹 Ⅶ 1337

Hales, Stephen 黑尔斯, 史蒂芬 (1677—1761 年) Ⅳ
    37 – 38, 216 – 217, 258

— 黑尔斯 (主要活动于 1733 年) Ⅶ 1344

Haley of Houghton Tower 霍顿陶尔的哈利 Ⅳ 279

Halfpenny, William 哈夫彭尼; 参见 Hoare, Michael

Hall 霍尔 (约 1876 年) Ⅳ 173 注释

—Charles Martin 霍尔, 查尔斯·马丁 Ⅴ 91 – 92, 249;
    Ⅵ 518

—Chester Moor 霍尔, 切斯特·穆尔 Ⅲ 233, 633; Ⅳ 358

—Horace 霍尔, 霍勒斯 Ⅳ 292

—John, & Sons 约翰·霍尔父子公司 Ⅴ 284, 292

—Joseph 霍尔, 约瑟夫 (主要活动于 1839 年) Ⅳ
    114, Ⅴ 472

— — 霍尔, 约瑟夫 (主要活动于 1870 年) Ⅴ
    328, 341

—Samuel 霍尔, 萨缪尔 Ⅴ 152 – 153

Halley, Edmond 哈雷, 皇家天文学家 Ⅲ 499, 544

  charts 表 Ⅲ 555; Ⅳ 612, 620 – 621

  magnetic measurements, sea 海上磁性测量 Ⅶ 1462

Hanson, Timothy   汉森 Ⅴ 5 注释

Hansson, N.   汉松 Ⅵ 310

Hansteen, C.   汉斯廷 Ⅳ 621

Harcourt, William Vernon   哈考特 Ⅳ 361；Ⅴ 673

Harding, Joseph   哈丁 Ⅴ 34

Hardwick, Thomas   哈德威克 Ⅳ 472

Hardy, Sir W.   W. 哈迪爵士 Ⅶ 1403

Hargrave, Laurence   哈格雷夫, 航空领域开拓者

     aeroplanes, flying models   飞行的模型飞机 Ⅴ 408

     biplane structure   双翼飞机结构 Ⅴ 409 – 410

     box-kite invention   盒形风筝式发明 Ⅴ 398 – 399, 406；Ⅶ 789

Hargreaves, James   哈格里夫斯 Ⅳ 278 – 279, 281；Ⅴ 577

Harington, Sir John   约翰·哈林顿爵士 Ⅳ 507 注释

Harmer, J., of Sheffield   设菲尔德的 J. 哈默 Ⅳ 304

Harmisch, F. C.   哈米施 Ⅶ 1331

Harness, H. D.   哈尼斯 Ⅳ 623 – 624, 626

Harper, J.   哈珀 Ⅵ 618

Harries, C. D.   哈里斯 Ⅵ 557

Harrington, Sir J.   J. 哈林顿爵士 Ⅶ 1127

Harriot, Thomas   哈里奥特 Ⅲ 9, 551

Harris, John   哈里斯, 约翰 Ⅲ 682

—Walter   哈里斯, 沃尔特 Ⅲ 24

Harrison, J.   哈里森, J. （主要活动于 1859 年）Ⅴ 137

—James   哈里森, 詹姆斯 (1697? —1767?) Ⅲ 670, 672

——   哈里森, 詹姆斯 （主要活动于 1856 年）Ⅴ 45 – 48

—John   哈里森, 约翰, 钟表制造者

     balances   天平 Ⅳ 404

     chronometers   计时器 Ⅲ 503, 557, 672 – 673；Ⅳ 410 – 414, 598；Ⅴ 458 及注释

     grasshopper escapement   蚱蜢擒纵装置 Ⅲ 670, 672 – 673；Ⅳ

  gridiron pendulum　　　　　　　栅形补偿摆 Ⅳ 395，411

  timepiece，invention　　　　　　计时器的发明 Ⅲ 672；Ⅴ 458；Ⅶ 838

—Thomas　　　　　　　　　　　哈里森，托马斯 Ⅳ 82

—William　　　　　　　　　　　哈里森，威廉 Ⅱ 244；Ⅲ 43

Hart，C. A.　　　　　　　　　　哈特 Ⅶ 1385

Hartley（Chance &）　　　　　　哈特利（和钱斯）Ⅳ 373

—R. V. L.　　　　　　　　　　哈特利，R. V. L. Ⅶ 1248

Hartlib，Samuel　　　　　　　　哈特立伯 Ⅲ 677 – 678，680 – 681

Hartmann，E.　　　　　　　　　哈特曼，E. Ⅶ 812

—Georg　　　　　　　　　　　哈特曼，乔治 Ⅲ 615

Hartness，James　　　　　　　　哈特内斯 Ⅴ 646

Hartree，D.　　　　　　　　　　哈特里 Ⅶ 1191，1194

Hārūn al-Rashīd　　　　　　　　诃伦 Ⅱ 735，表 3 lix

Harvey，John　　　　　　　　　哈维，约翰 Ⅳ 319

—& Company　　　　　　　　哈维公司 Ⅴ 128 – 129

Hassall，Arthur　　　　　　　　哈索尔，亚瑟 Ⅴ 51，834

—John　　　　　　　　　　　哈索尔，约翰 Ⅶ 1131 – 1132

—Joseph　　　　　　　　　　哈索尔，约瑟夫 Ⅳ 209

Hassler，Ferdinand　　　　　　　哈斯勒 Ⅴ 440

Hathaway，H. K.　　　　　　　　哈撒韦 Ⅵ 84

Hatshepsut，Egyptian queen　　　哈特谢普苏特，埃及王后

  basketry collection　　　　　　提篮收集 Ⅰ 422

  myrrh-trees　　　　　　　　　没药树 Ⅰ 544

  ships　　　　　　　　　　　　船 Ⅰ 55，735 – 736

  wood craftsmanship　　　　　　木材工艺 Ⅰ 701

Hattersley　　　　　　　　　　哈特斯利 Ⅴ 579

Hatton，Sir Christopher　　　　　克里斯托弗·哈顿爵士 Ⅲ 494

Hattušiliš Ⅲ　　　　　　　　　哈图西利斯三世 Ⅰ 595

Hauksbee，Francis　　　　　　　霍克斯比 Ⅲ 637 – 638

Haupt，Herman　　　　　　　　豪普特 Ⅳ 486

Hausbrand, E.   豪斯布兰德 V 113

Haussmann, Baron   豪斯曼男爵 Ⅶ 966

—Jean-Michel   豪斯曼，让·米歇尔 V 257, 296

Hautefeuille, P. G.   奥特弗耶 V 660

Hawke, Lord   霍克勋爵 Ⅲ 499

Hawkshaw, Sir John   约翰·霍克肖爵士 V 332

Hawksley, Thomas   霍克斯利 V 523, 557–558

Hawthorn, R. & W.   霍索恩兄弟 V 340

Hawthorne, W. R.   霍索恩 Ⅶ 992

Hayford, J. F.   海福德 V 443–444

Haynes, E.   海恩斯 Ⅶ 1037

Haywood, William   海伍德 Ⅶ 1386

Hazeldine, William   哈策尔迪内 V 63

Hazeltine, L. A.   黑兹尔坦 Ⅶ 1101

Heald, J. H.   希尔德 Ⅶ 1042, 1044

Heath, Thomas of Lane Delph   莱恩德尔富的托马斯·希思 Ⅳ 347

Heathcoat, John   希思科特 Ⅳ 310; V 600–603, 图版 34B

Heaviside, Oliver   亥维赛，物理学家

    circuits, design theory   电路设计理论 Ⅶ 1113

    electromagnetic theory   电磁理论 Ⅶ 1247

    pendulum observations   摆观测 V 444

    telephony, theory   电话通讯理论 Ⅶ 1221, 1242

Hedge, Lemuel   赫奇 Ⅳ 437

Heeren, Friedrich   黑伦 V 242

Hefner-Alteneck, F. von   阿尔特涅克 V 189, 191–192

Heilmann, Ducommun, &   海尔曼、迪科曼和施泰因莱茵公司 V 210
    Steinlein

—Josué   海尔曼 Ⅳ 296–298

Heim, L. R.   海姆 Ⅶ 1042, 1044

Heister, L.   海斯特尔 Ⅶ 1317

Helena   海伦娜 Ⅱ 29

Hellbrügge,H.　　　　　　　　　黑尔布吕格 Ⅵ 489

Hellot,Jean　　　　　　　　　　埃洛 Ⅳ 340

Helmholtz,H. L. F. von　　　　　亥姆霍兹 Ⅳ 163；Ⅴ 226, 788

—Richard von　　　　　　　　亥姆霍兹, 理查 Ⅴ 335

Helmont,J. B. Van　　　　　　赫尔蒙特；参见 Van Helmont

Helvetia Milk Condensing　　　　海尔维第亚炼乳公司 Ⅴ 36

　Company

Hemaka　　　　　　　　　　　赫曼卡 Ⅰ 696, 701

Hemming,John　　　　　　　　亨明 Ⅴ 241 - 242

Henckel,Johann Friedrich　　　　亨克尔 Ⅲ 30

Henderson,L. J.　　　　　　　　亨德森, L. J. Ⅳ 165

—V. E.　　　　　　　　　　亨德森, V. E. Ⅶ 1338

—Y.　　　　　　　　　　　亨德森, Y. Ⅶ 1337

Henley,W. T.　　　　　　　　　亨利 Ⅴ 223

Hennebique,François　　　　　　埃内比克 Ⅴ 490, 512

Hennell,T.　　　　　　　　　　赫内尔 Ⅲ 111

Henri Ⅱ,French king　　　　　　亨利二世（1547—1559 年在位）, 法国国王
　　　　　　　　　　　　　　　　　Ⅲ 341

—Ⅳ,French king　　　　　　亨利四世, 法国国王

　canals　　　　　　　　　　运河 Ⅲ 459 - 461, 464

　indigo dye　　　　　　　　靛蓝染料 Ⅴ 261

　landreclamation　　　　　　土地改造 Ⅲ 318

　machine-knitting industry　　机械针织工业 Ⅲ 185

　roads　　　　　　　　　　道路 Ⅳ 525

　town-planning　　　　　　城市规划 Ⅲ 293

Henry,Joseph　　　　　　　　亨利, 乔瑟夫 Ⅳ 660

—William　　　　　　　　　亨利, 威廉 Ⅳ 265

Henry Ⅰ,English king　　　　　亨利一世, 英格兰国王 Ⅱ 611

—Ⅱ,emperor　　　　　　　亨利二世（1002—1024 年在位）, 皇帝 Ⅱ 468；
　　　　　　　　　　　　　　　　　Ⅲ 198

—Ⅱ,English king　　　　　亨利二世（1154—1189 年在位）, 英格兰国王
　　　　　　　　　　　　　　　　　Ⅴ 260

—Ⅲ, English king 亨利三世，英格兰国王 Ⅱ 37，478；Ⅳ 449

—Ⅴ, English king 亨利五世，英格兰国王 Ⅱ 588；Ⅲ 203

—Ⅵ, emperor 亨利六世，皇帝 Ⅲ 198

—Ⅶ, English king 亨利七世，英格兰国王 Ⅱ 306；Ⅲ 477

—Ⅷ, English king 亨利八世，英格兰国王

   archery, Artillery Company 弓箭，火炮公司 Ⅲ 351

   coinage 铸币 Ⅲ 46

   furniture style 家具风格 Ⅱ 248

   gloves 手套 Ⅱ 178

   hops, brewing ban 啤酒花，酿造禁令 Ⅱ 141

   ships 船 Ⅲ 471，478，480

   sporting-guns 猎枪 Ⅲ 358

Henry the Lion 狮子亨利 Ⅱ 491

—the Navigator 航海家亨利 Ⅲ 477，544

—de Yevele 亨利·德伊夫利 Ⅱ 385

Henshaw, D. E. 亨肖 Ⅵ 658

Henson, William S. 亨森 Ⅴ 408，410 – 411

Henut-tawi 赫努特瓦伊 Ⅰ 670

Henz 亨茨 Ⅳ 641

Heraclius, emperor of the East 希拉克略（610—641 年在位），东罗马
帝国皇帝

   craftsman's handbook 工匠的工作手册 Ⅱ 351

   glass-making 玻璃制造 Ⅱ 315，329，332

   lead-glazes 铅釉 Ⅱ 300

— 希拉克略（10 世纪？）Ⅲ 207

Hercules, mythical Greek hero 赫拉克勒斯，希腊神话中的英雄 Ⅲ 572

Hergt, F. D. 赫格特 Ⅶ 808

Herissant, L. A. P. 埃里桑特 Ⅴ 755

Hermannus Contractus（'the
Lame'）孔特拉特斯 Ⅲ 609

Hero of Alexandria 亚历山大的希罗，机械师

aeolipile, heat-engine	汽转球，热机 Ⅳ 168，193，672；Ⅴ 149 - 150	
'Antikythera' machine	"安迪基提腊"机 Ⅲ 618	
automata	自动装置 Ⅱ 635，638	
biographical notes	生平事略 Ⅱ 634 - 636	
cam-shaft principle	凸轮轴原理 Ⅱ 635，643	
cranes	起重机 Ⅱ 660 - 662	
dioptra invention	角度仪的发明 Ⅲ 610 - 612，641	
gravity, mechanics	重力，机械 Ⅱ 634	
hydraulic turbine	水力涡轮机 Ⅱ 648	
mechanical advantage, theory	机械效益理论 Ⅱ 633，635	
military machines	军事机械 Ⅱ 636，708 - 711	
press designs	压力机设计 Ⅱ 114 - 117	
screws and screw-cutting	螺丝和螺杆的加工 Ⅱ 631 - 632，635；Ⅲ 334	
siphons, explanation	虹吸管，解释 Ⅱ 668 - 669	
surveying-instruments	测量工具 Ⅲ 512	
wind-organ	风琴 Ⅱ 614 - 615，618	
Herodotus	希罗多德，希腊历史学家	
alum, Egypt	埃及明矾 Ⅰ 262	
aqueduct of Samos	萨摩斯岛的渡槽 Ⅱ 667 - 668	
Babylon city	巴比伦城 Ⅲ 270 - 271	
boat-bridge, construction	船桥建筑 Ⅰ 715	
brass-manufacture	黄铜制造业 Ⅱ 55	
building materials	建筑材料 Ⅰ 468；Ⅲ 270 - 271	
capacity measure	容量测量 Ⅰ 783	
cargo from Tarshish	泰尔希什的货物 Ⅱ 568	
cotton from India	印度的棉花 Ⅰ 449	
dyke, Memphis region	孟菲斯地区的堤坝 Ⅰ 529	
Euphrates, canal network	幼发拉底河运河网 Ⅰ 555	
fertility, Babylonia	巴比伦土地肥沃 Ⅰ 550	
food preservation	食物保存 Ⅰ 263 - 264	

Greek learning	希腊学问 Ⅰ 105
hemp for garments	麻衣 Ⅰ 373；Ⅱ 197
houses, Crete	克里特房屋 Ⅰ 484 注释
mummification	木乃伊制作 Ⅰ 266 – 268
pyramid construction	金字塔建筑 Ⅰ 482
roads, Egypt	埃及道路 Ⅰ 714
salt deposits	盐矿 Ⅰ 257
Tyrian purple (dye)	泰尔紫（染料）Ⅰ 247
vegetable oils	植物油 Ⅰ 288
water purity	水纯度 Ⅱ 674
water supply, Persian army	供水，波斯军队 Ⅰ 527
weaving loom	织布机 Ⅱ 212
Herold, J. G.	赫罗尔德 Ⅳ 339
Heron of Alexandria	亚历山大的希罗 Ⅰ 803
Héroult, P.	埃鲁，P.（主要活动于 1880—1900 年）Ⅵ 490
—P. L. T.	埃鲁，P. L. T.（1863—1914 年）Ⅴ 91 – 93, 249, 608；Ⅵ 518
Herrad of Landsperg	兰茨佩格的埃拉达 Ⅱ 89, 115
Herschel, Clemens	赫歇尔，克莱门丝 Ⅳ 501；Ⅴ 537, 560
—Sir John	约翰·赫歇尔爵士 Ⅳ 361；Ⅴ 723；Ⅶ 1151
—Sir William	威廉·赫歇尔爵士，天文学家
optical glasses	光学玻璃 Ⅳ 361
reflecting telescope	反射望远镜 Ⅲ 233, 237；Ⅳ 398 – 399
silver salts, photosensitivity	银盐，感光性 Ⅴ 718
Hertz, Heinrich R.	赫兹，物理学家
electromagnetic radiation	电磁辐射 Ⅴ 227 – 278；Ⅶ 838, 1113, 1231, 1233
electronic effects	电子学效应 Ⅶ 1092, 1247
innovation, discussion	创新，探讨 Ⅵ 65
Hesiod	赫西俄德 Ⅰ 116；Ⅱ 85, 549 – 550

Hesi-Re	赫西拉 Ⅰ 697－698，图版 26B
Hesse，Esban	赫西 Ⅲ 342
Hetep-heres，Egyptian queen	赫泰菲勒斯，埃及女王
joinery techniques	木工技术 Ⅰ 692，695，699
mummification	木乃伊制作 Ⅰ 268
soldering，example	焊接，例子 Ⅰ 653
tomb furniture	墓葬家具 Ⅰ 653，698－700
Heumann，K.	霍伊曼 Ⅴ 278
Hevelius，Johann	赫维留斯 Ⅲ 236，625，640
Hevesey，G.	赫维西 Ⅶ 1333
Hewett，Samuel，of Barking	巴金的塞缪尔·休伊特 Ⅳ 53
Hewlett，R. G.	休利特 Ⅵ 254
Hexham，John	赫克斯汉姆 Ⅲ 317
Heycock，Charles T.	海科克 Ⅴ 607
Heyden，Jan，Van de	凡·德·海顿；参见 Van der Heyden
Heylyn，Edward	黑林 Ⅳ 341
Heywood，Sir Benjamin	班杰明·海伍德爵士 Ⅴ 777
—R.	海伍德，R. Ⅵ 681
Hezekiah	希西家 Ⅰ 530－531，764－765；Ⅲ 510
Hibbard，H. L.	希巴德 Ⅶ 813，825
Hick，Hargreaves	希克 Ⅴ 131
Hickman，Henry Hill	希克曼 Ⅴ 312
Hiero Ⅱ，of Syracuse	叙拉古的耶罗二世 Ⅱ 27；Ⅳ 666
Higgins（Cocker &）	希金斯（和科克尔）Ⅳ 285
—Bryan	希金斯，布莱恩 Ⅳ 238
Higgs，J. W. Y.	希格斯 Ⅲ 149
Hildegard of Bingen	宾吉的希尔德加德 Ⅱ 141
Hilderbrand & Wolfmiiller	希尔德布兰德－沃尔夫米勒公司 Ⅴ 434
Hildernisse，W.	希尔德尼瑟 Ⅳ 636
Hill（Roberts，& Company）	希尔（罗伯茨·希尔公司）Ⅳ 301
—A. V.	希尔，A. V. Ⅶ 1473

—Abraham 希尔，亚伯拉罕 Ⅲ 157

—David Octavius 希尔，戴维·奥克塔维厄斯 V 723

—G. H. 希尔，G. H. Ⅳ 497

—J. 希尔，J. V 579

—Sir Leonard 伦纳德·希尔爵士 V 516

—Sir Rowland 罗兰·希尔德爵士（1795—1879 年）V 700，816

—Rowland 希尔，罗兰（主要活动于 1931 年）Ⅵ 558，561

—William, of Liverpool 利物浦的威廉·希尔 Ⅳ 238

Hillier, J. 希利尔 Ⅶ 1352

Hilpert, S. 希尔珀特 Ⅶ 1123

Himilco 希米尔科 Ⅱ 568

Hindle, C. F. 欣德尔 Ⅶ 1341

Hindley, Henry 欣德利 Ⅳ 391

Hine & Mundella 海因－芒代拉公司 V 598

Hinton, C. 欣顿 Ⅵ 160，250，263，265

Hipp, M. 希普 Ⅶ 1213

Hipparchus 喜帕恰斯，天文学家 Ⅰ 264，802

    astrolabe 星盘 Ⅲ 603

    calendar studies 历法研究 Ⅲ 559，564，571

    celestial globe 天球仪 Ⅲ 612

    distance and direction 距离和方向 Ⅲ 517

    Eratosthenes' globe 埃拉托色尼构想世界 Ⅲ 506 – 507

    instruments used 使用的仪器 Ⅲ 583，586 – 587，591

Hippocrates 希波克拉底 Ⅲ 569

Hippodamus of Miletos 米利都的希波丹姆 Ⅱ 528；Ⅲ 272 – 273

Hiram 希兰 Ⅰ 633，664

Hirn, Gustave-Adolphe 伊恩 V 114 – 115，118 – 119

Hitler, A. 希特勒 Ⅵ 16 – 23，164；Ⅶ 863

Hjärne, Urban 耶内 Ⅲ 682

Hjorth, Sóren 约尔特 V 183 – 184

Hoare,Michael（William   霍尔（威廉·哈夫彭尼）Ⅳ 470
　　Halfpenny）

Hobson,William   霍布森 Ⅳ 538 – 539

Hochstadter,M.   霍赫施泰特 Ⅶ 1076

Hochstetter,Daniel   豪克斯特尔 Ⅲ 63

Hock,J.   霍克 Ⅴ 160

Hodgkin,D.   霍奇金 Ⅶ 1217

Hodgkinson,Eaton   霍奇金森 Ⅳ 460，485 – 486；Ⅴ 491，504

Hodgson,John   霍奇森 Ⅳ 95

Hoe,Robert   霍，罗伯特 Ⅴ 697

—— & Company   霍氏公司 Ⅴ 701

Hoffman,A. J.   霍夫曼，A. J. Ⅵ 684

—Friedrich   霍夫曼，弗里德里克 Ⅴ 667

Hofmann,A. W.   霍夫曼，化学家

　　benzene,tar extract   　苯，焦油提取物 Ⅵ 536

　　biographical notes   　生平事略 Ⅴ 269 – 270，782 注释，821

　　coal-tar ingredients   　煤焦油成分 Ⅴ 270

　　dyes   　染料 Ⅴ 270，272 – 273，281

—J. J.   霍夫曼，J. J. Ⅲ 682

Hogarth,William   贺加斯 Ⅲ 11，120

Hohenheim,T. B. von   霍恩海姆；参见 Paracelsus

Hoke,Major   霍克 Ⅶ 1041

Hokusai   葛饰北斋 Ⅱ 107

Holbein,Hans   霍尔拜因 Ⅲ 586

Holden,Major   霍尔登，梅杰 Ⅴ 436

—Richard   霍尔登，理查德 Ⅲ 176

Holdsworth,S. D.   霍尔兹沃思 Ⅶ 1414

Hole,I.   霍尔，I. Ⅵ 490

—James   霍尔，詹姆斯 Ⅴ 778

Hele-Shaw,H. S.   海尔 – 肖 Ⅶ 1061

Holker,Jean Louis   霍尔克 Ⅳ 245

Holland, Samuel	霍兰 Ⅳ 616
Hollerith, H.	霍尔瑞斯 Ⅶ 1179 – 1182, 1200
Holley, A. L.	霍利 Ⅵ 480
Hollway, J.	霍尔韦 Ⅴ 80
Holman Brothers	霍尔曼弟兄 Ⅴ 129
Holmes, Frederick Hale	霍姆斯, 弗雷德里克·黑尔 Ⅴ 181 – 183, 191 – 193, 210
—Randle	霍姆斯, 兰德尔 Ⅱ 254
Holmgren, L.	霍姆格伦 Ⅶ 1353
Holst, G.	霍尔斯特 Ⅶ 1102
Holt (Ramsbottom and)	霍尔特 (和拉姆斯博顿) Ⅳ 302
Holtz, F.	霍尔茨 Ⅶ 1038
Holtzapffel	霍尔特察普费尔 Ⅳ 431
Holwerda, K.	霍尔维达 Ⅶ 1378
Homberg, Wilhelm	翁贝格 Ⅲ 683
Home, Francis	霍姆 Ⅲ 176; Ⅳ 39, 244, 246
Homer	荷马, 希腊诗人
brass manufacture	黄铜制造业 Ⅱ 55
iron, a valued metal	铁, 有价值的金属 Ⅱ 58
ivories, decoration	象牙, 装饰 Ⅰ 677
leather	皮革 Ⅱ 148 – 149, 166 – 167
metal-work, Hellenic	希腊金属制品 Ⅰ 660
road haulage	道路运输 Ⅱ 545
shipbuilding	造船 Ⅱ 563 – 567
wool, processing	羊毛加工 Ⅱ 193 – 194
Homolka, B.	霍穆尔卡 Ⅶ 1282
Honnecourt, Villard de	德翁内科尔特 Ⅲ 648 – 649
Honorius	洪诺留 Ⅱ 601
Hood, Thomas	胡德 Ⅴ 831
Hooke, Robert	胡克, 科学家
architecture	建筑 Ⅲ 252, 256 – 257, 297 – 298

aeronautics 航空学 V 394，405

balance-wheel system 平衡轮系统 Ⅲ 669；Ⅳ 409

bearings 轴承 Ⅲ 41 - 42

construction theory 建筑理论 Ⅳ 482 - 483

dyeing experiments 印染实验 Ⅳ 248

furnaces 熔炉 Ⅲ 55

instrument-makers 仪器制造商 Ⅲ 631，635

lead shot, manufacture 铅制子弹，制造业 Ⅲ 45

metallurgy 冶金 Ⅲ 56 - 57

optical instruments 光学仪器 Ⅲ 635，640 - 641

quadrant principle 象限仪的原理 Ⅲ 555

research and Royal Society 研究和皇家学会 Ⅲ 681

sound, transmission 声音传播 V 226

steel-making 钢的制造 Ⅲ 35

structural theory 结构理论 Ⅳ 472；V 494，496

telescope 望远镜 Ⅳ 645

tools 工具 Ⅳ 382，420

Hooker, Sir Joseph Dalton 约瑟夫·多尔顿·胡克爵士 V 774

Hooper, Stephen 胡珀，史蒂芬 Ⅲ 100 - 101

Hoover, W. 胡佛 Ⅵ 295

Hopetoun, Lord 霍普顿勋爵 Ⅳ 674

Hopkins, F. G. 霍普金斯 Ⅵ 301

Hopkinson, B. 霍普金森，B. Ⅶ 989

—John 霍普金森，约翰 V 200，202 - 203，229

Hopper, G. 霍珀 Ⅶ 1157，1199

Hor 奥尔 Ⅰ 686，699

Hordry, E. J. 霍德里 Ⅵ 55

Hore, John 霍尔 Ⅲ 457

Hornblower, Jonathan Carter 霍恩布洛尔 Ⅳ 166；V 133

Hornby and Kenworthy 霍恩比和肯沃西 Ⅳ 300

Horner, William G. 霍纳 V 736

Hornsby 霍恩斯比 Ⅳ 6

—Company 霍恩斯比公司 Ⅴ 131

Horrocks, William, of Stockport 斯托克波特的威廉·霍罗克斯 Ⅳ 300

Horsford, E. N. 霍斯福德 Ⅴ 35

Houghton, John 霍顿，约翰 Ⅲ 43，682

Houldsworth, Henry, of Glasgow 格拉斯哥的亨利·霍兹沃思 Ⅳ 285－286

Houlière, M. de la 乌利耶 Ⅳ 101

Houston, Sir Alexander 亚历山大·休斯敦爵士 Ⅴ 567；Ⅶ 1375

Howard, Charles, of Effingham 埃芬加姆的查尔斯·霍华德 Ⅲ 481

—Ebenezer 霍华德，埃比尼泽 Ⅶ 962，964，971

—Edward 霍华德，爱德华 Ⅴ 285，296

—J. & F. 霍华德父子 Ⅴ 137

Howe, Elias 豪，伊莱亚斯 Ⅴ 588－589，819

—Frederick Webster 豪，弗雷德里克·韦伯斯特 Ⅳ 435，439；
Ⅴ 646，653

Howells, G. R. 豪厄尔斯 Ⅵ 263

Hoxie, C. A. 霍克西 Ⅶ 1312

Huddart, Joseph 赫达特 Ⅴ 462

Hudig, D., & Company, 鹿特丹的 D. 胡迪格公司 Ⅳ 639
of Rotterdam

Hudson, George 赫德森 Ⅴ 804

Hufnagel, C. 胡夫纳格尔 Ⅶ 1358

Hughes 休斯（约 1820 年）Ⅳ 319

— 休斯（约 1849 年）Ⅳ 409

—Howard 休斯，霍华德 Ⅶ 722

—Thomas 休斯，托马斯（约 1838 年）Ⅳ 536

Hugill, H. R. 赫吉尔 Ⅵ 631

Hulett, G. H. 休利特 Ⅵ 464

Hull, A. W. 赫尔 Ⅶ 1106

Hulls, Jonathan 赫尔斯 Ⅴ 141

Hulot 于洛 Ⅳ 436

Hulsbos, Symon, of Leiden　　　　　莱顿的西蒙·许尔斯 Ⅲ 305

Humboldt, Baron Alexander von　　洪堡，制图家 Ⅴ 821

　altitude measurements　　　　　海拔测量 Ⅳ 612

　barometric observations, S.　　气压计观测，南美洲 Ⅳ 605
　　America

　isodynamic zones, S. America　等磁力线区域，南美洲 Ⅳ 621

　isotherms, use　　　　　　　等温线的使用 Ⅳ 620

　plant maps　　　　　　　　植物地形图 Ⅳ 614, 620

Hummel, Hans, of Basel　　　　巴塞尔的汉斯·赫梅 Ⅲ 168

Hunt, Sterry　　　　　　　　亨特，斯特里 Ⅴ 111–112

—William, & Son　　　　　　威廉·亨特父子公司 Ⅲ 116

Huntsman, B.　　　　　　　　亨茨曼，科学仪器制造者

　carbon steels　　　　　　　碳钢 Ⅴ 606, 608

　steel, crucible process　　　钢，坩埚冶炼法 Ⅲ 35；Ⅳ 99, 107–108

Hurd, Thomas　　　　　　　赫德 Ⅴ 449

Hurry, E. H.　　　　　　　　赫里 Ⅴ 485–486

Hurter, Ferdinand　　　　　　胡尔特 Ⅴ 821；Ⅶ 1283

Husband, H. C.　　　　　　　赫斯本德 Ⅶ 990

Hüssener, A.　　　　　　　　许泽内 Ⅵ 537

Hussey　　　　　　　　　　赫西 Ⅳ 7

Hutchinson, of Felling　　　　费灵的哈钦森（约 1810 年）Ⅳ 238

—J.　　　　　　　　　　　哈钦森，J.（约 1829 年）Ⅳ 291

—John　　　　　　　　　　哈钦森，约翰（1825—1865 年）Ⅴ 238

Hutin, M.　　　　　　　　　于坦 Ⅶ 1239

Hutt, F.　　　　　　　　　胡特 Ⅶ 808

Hutton, Charles　　　　　　赫顿，查尔斯 Ⅳ 445, 613

—James　　　　　　　　　赫顿，詹姆斯 Ⅳ 491

Huxley, A.　　　　　　　　赫胥黎，A. Ⅵ 163

—T. H.　　　　　　　　　赫胥黎，T. H. Ⅴ 783, 790

Huygens, Christiaan　　　　惠更斯，科学家 Ⅳ 382, 671

　ballistics, calculations　　弹道学，计算 Ⅲ 374–375

clocks and pendulums	摆钟 Ⅲ 344 – 345，551，662 – 666，668 – 669；Ⅳ 409
Earth shape, deductions	地球形状推论 Ⅴ 442
engine, pressure principle	发动机，压力原理 Ⅴ 159
gunpowder-engine	火药蒸汽机（发动机）Ⅳ 171，672；Ⅴ 119，157
lenses, preparation	透镜，制备 Ⅲ 232，234，236，637
level design	水平设计 Ⅲ 543
Hyatt, Isaiah.	海厄特，以塞亚 Ⅵ 552
—John Wesley	海厄特，约翰·卫斯理 Ⅴ 729，737，747；Ⅵ 552
—Thaddeus	海厄特，撒迪厄斯 Ⅴ 490
Hyde, J. F.	海德 Ⅵ 563
Hylacomylus	瓦尔德塞米勒；参见 Waldseemüller

I

Ibn al-Baitūr	伊本·拜塔尔 Ⅱ 370，372
Ibn al-Haitham（Alhazen）	海赛木 Ⅲ 230；Ⅴ 716，735
Ibn al-Khatīb	哈提卜 Ⅱ 139
Ibn al-Nabdī	纳布蒂 Ⅲ 613
Ibn al-Zarqālī	扎尔加利 Ⅲ 521
Ibn Khurdādhbih	伊本·赫达兹比 Ⅱ 524
Iddesleigh, Lord	伊兹利 Ⅶ 1388
Ideler, C. L.	伊德勒 Ⅲ 564
Illingworth, J.	伊林沃斯 Ⅵ 497
Im-Dugud	伊姆杜古德 Ⅰ 640，653
Imhof, K.	伊姆霍夫 Ⅶ 1394
Imhotep	伊姆霍特普 Ⅰ 537
Inbau, F. E.	英博 Ⅶ 1343
Ingenhousz, Jan	英根豪斯 Ⅳ 38

Inman, James   英曼 Ⅳ 584

Innocent Ⅺ, Pope   英诺森十一世，教皇 Ⅲ 312

—Ⅻ, Pope   英诺森十二世，教皇 Ⅲ 313

Irwin, J.   欧文 Ⅶ 868

Isherwood, Sir Joseph   约瑟夫·伊舍伍德爵士 Ⅶ 741

Isidore, St   伊西多尔 Ⅲ 519, 522

Isimkheb   伊斯米克赫伯 Ⅱ 164

Isocrates   伊索克拉底 Ⅰ 408

Ivanov, I. J.   伊万诺夫 Ⅵ 306

Ives, F. E.   艾夫斯，F. E. Ⅶ 1295 – 1296

—H.   艾夫斯，H. Ⅶ 1259

Iveson   艾维森 Ⅳ 315

J

Jābir ibn Hayyān   贾比尔·伊本·哈 Ⅱ 356, 736, 738 – 739

Jablochkoff, Paul   雅布洛奇科夫 Ⅴ 196, 212 – 213, 215

Jackling, D. C.   杰克林 Ⅵ 413

Jackson, C.   杰克逊 Ⅶ 1334

—H. B.   杰克逊 Ⅶ 1232 – 1233, 1252

Jacob   雅各布（约 1820 年）Ⅳ 414

—Emil   雅各布，埃米尔（主要活动于 1870 年）

                             Ⅴ 248

Jacobs, C. B.   雅各布斯 Ⅶ 1042

Jacobson, A. C.   雅各布森 Ⅶ 1358

Jacobssen, Jacob   雅各布森 Ⅳ 639

Jacquard, J. M.   贾卡 Ⅳ 317 – 319

Jacques Gabriel   盖伯利尔；参见 Gabriel, Jacques

Jacquier   雅基耶 Ⅳ 478

Jäderin, Edward   耶德林 Ⅴ 447

Jaffé, Max and Moritz   维也纳的雅费 Ⅴ 704

James, C. C.   詹姆斯, C. C. Ⅶ 1394

—Duke of York   约克的詹姆斯公爵 Ⅲ 297

—J.   詹姆斯, J. Ⅳ 295

James Ⅰ, English king   詹姆斯一世, 英国国王 Ⅲ 9, 295

—Ⅱ, Scottish king   詹姆斯二世, 苏格兰国王 Ⅱ 727

—Ⅳ, Scottish king   詹姆斯四世, 苏格兰国王 Ⅱ 746

Janssen (or Jansen), Johannes   詹森, 约翰尼斯 Ⅲ 231

—P. J. C.   詹森, P. J. C. Ⅴ 737 – 739, 741

Jansz, Joost   扬斯 Ⅳ 639

Jantzen, P., of Elbing   埃尔宾的詹特森 Ⅳ 539

Jars, Gabriel   雅尔 Ⅲ 86; Ⅳ 101, 178 – 179

Jaspers, K.   雅斯贝斯 Ⅵ 163

Jecker   杰克尔 Ⅳ 394

Jedlik, Anyos   耶德利克 Ⅴ 187

Jefferson, Thomas   杰斐逊 Ⅱ 90; Ⅳ 437; Ⅴ 4, 440

Jeffrey of Paisley   佩斯利的杰弗里 Ⅳ 300

Jenatzy, Camille   热纳齐 Ⅴ 420

Jenkin, H. C. Fleeming   詹金 Ⅴ 536

Jenkins, C. F.   詹金斯 Ⅴ 742; Ⅶ 1259

Jenner, Edward   詹纳 Ⅱ 254

Jenney, William Le Baron   珍妮 Ⅴ 478

Jennings, W.   詹宁斯 Ⅳ 319

Jenson, Nicolas   詹森 Ⅲ 384

Jerome, St   圣哲罗姆 Ⅱ 97, 106, 表2 lvii

Jessop, William   杰索普 Ⅳ 467 – 468, 484, 641

Jessops, the   吉索普斯 Ⅳ 572

Jevons, F. R.   杰文斯, F. R. Ⅵ 69

—W. S.   杰文斯, W. S. Ⅲ 87

Jewell, W. M.   朱厄尔 Ⅶ 1376 – 1377

Jewkes, J.   朱克斯 Ⅵ 34, 66

Joachim Ⅱ   约阿希姆二世 Ⅲ 454

Johann Thölde   图尔源；参见'Valentine, Basil'

Johansen, K. W.   约翰森 Ⅶ 946

Johansson, C. E.   约翰逊 Ⅶ 1041

John, Prince of Portugal   约翰，葡萄牙王子 Ⅲ 547

John Ⅴ Palaeologus   约翰五世帕里奥洛加斯 Ⅱ 585

—the Calabrian   卡拉布里亚人约翰 Ⅱ 656

—Campanus of Novara   约翰·坎帕努斯；参见 Campano da Novara

—of Garland   加兰的约翰 Ⅱ 641, 653

—of Linières   利尼埃尔的约翰 Ⅲ 585, 616

—of Northampton   北安普敦的约翰 Ⅲ 614

Johnson, C. E.   约翰逊，C. E. Ⅵ 682

—I. C.   约翰逊，I. C. Ⅴ 484

—J.   约翰逊，J. Ⅶ 813

—J. B.   约翰逊，J. B. Ⅶ 1248

—L. C.   约翰逊，L. C. Ⅳ 448

—Matthey & Company   约翰逊·马泰公司 Ⅳ 143

—Samuel   约翰逊，塞缪尔（1709—1784 年）Ⅴ 776

— —Waite   约翰逊，塞缪尔·韦特（1831—1912 年）
                                                     Ⅴ 339

—Thomas   约翰逊，托马斯 Ⅳ 299 – 300

Johnson & Brothers   约翰逊兄弟 Ⅴ 621

Johnston, R. D.   约翰斯顿 Ⅵ 52

Joliot, F.   约里奥 Ⅵ 224；Ⅶ 1333

Jones   琼斯（约 1825 年）Ⅳ 319

—H.   琼斯，H. Ⅶ 1336

—Inigo   琼斯，伊尼戈，建筑师

    Renaissance, architecture   文艺复兴的建筑 Ⅲ 256 – 257

    roofs, low-pitched   缓坡顶 Ⅲ 256, 265；Ⅳ 472

    town-planning   城市规划 Ⅲ 295 – 296

    windows, mullioned style   竖框窗户 Ⅲ 267

—P. M. 琼斯，P. M. Ⅶ 1329

—Wood 琼斯，伍德 Ⅰ 10，12

Jones & Lamson 琼斯 - 拉姆森机器公司 Ⅴ 646

Jongh，de，of Alsace 阿尔萨斯的德容 Ⅳ 322

Jordan，F. W. 乔丹，F. W. Ⅶ 1188

—Johann 乔丹，约翰 Ⅴ 524

—T. B. 乔丹，T. B. Ⅳ 436

Joseph Ⅱ 约瑟夫二世 Ⅳ 528 – 529

Josephus 约瑟夫斯 Ⅱ 715

Josse，St 圣约瑟 Ⅱ 762；Ⅲ 191

Jouffroy d'Abbans，Marquis 茹弗鲁瓦侯爵 Ⅴ 142
    Claude de

Joule，James Prescott 焦耳 Ⅳ 163，680

Jousse，Mathurin 茹斯，冶金家

  ferrous metals 铁金属 Ⅲ 33，36，57

  windmill specifications 风车规格 Ⅲ 89，92，106

Joy，David 大卫·乔伊 Ⅴ 337 – 338

Julian the Apostate 尤里安 Ⅱ 140，515，表 2 lvii

Julius Ⅱ，Pope 尤里乌二世，教皇 Ⅲ 288，338

Julius Africanus 朱利叶斯·阿弗里卡纳斯 Ⅱ 376

Julliot，H. 朱里奥 Ⅶ 796

Junghans，S. 容汉斯 Ⅵ 497

Junkers，H. 容克 Ⅵ 32；Ⅶ 808

Jürgen，Master 于尔根 Ⅲ 160

Justin Ⅱ 查士丁二世 Ⅱ 452，765

Justinian Ⅰ，Emperor of the East 查士丁尼一世，东罗马帝国皇帝

  aqueducts 渡槽 Ⅱ 670

  chronology 年表 Ⅱ 表 3 lviii

  silk production 蚕丝产量 Ⅱ 197，763

  water storage cisterns 蓄水池 Ⅱ 664，666

K

Kachkaroff, P.	卡克卡洛夫 Ⅵ 516
Kahlbaum, G. W. A.	克尔鲍姆 Ⅵ 558
Kalthoff, Caspar	卡尔特霍夫 Ⅲ 680
Kaltoff, Caspar	卡尔塔夫 Ⅳ 672
Kammerer, Jacob F.	卡默勒 Ⅴ 252
Kapitza, P.	卡皮查 Ⅵ 243
Kaplan, V.	卡普兰 Ⅵ 205
Kapp, Gisbert	卡普 Ⅴ 203
Kartveli, A.	卡特维利 Ⅶ 814
Kater, Czn, S. T.	凯恩 Ⅳ 642
Kawit	卡维特 Ⅰ 698
Kay, James	凯, 詹姆斯 Ⅳ 293
—John	凯, 约翰 Ⅲ 153, 161, 168 – 170; Ⅳ 277
Keeler, L.	基勒 Ⅶ 1343
Keir, James	基尔 Ⅳ 237, 673; Ⅴ 607
Keith, P. C.	基思 Ⅵ 233
Kekulé, Friedrich August	凯库勒 Ⅴ 274 – 275, 283, 788, 821
Keller, C.	凯勒, C. Ⅵ 490
—Helen	凯勒, 海伦 Ⅰ 18
Kellerman, K. F.	凯勒曼 Ⅶ 1377
Kellner, Carl	克尔纳, 卡尔 Ⅴ 251; Ⅵ 519
—O.	克尔纳, O. Ⅵ 309 – 310
Kellogg, W. K.	凯洛格 Ⅶ 1333
Kells. C. E.	凯尔斯 Ⅶ 1325
Kelly William	凯利, 威廉 (约1790 年) Ⅳ 279, 287 – 288
——	凯利, 威廉 (1811—1888 年) Ⅴ 53 – 54, 57, 70
Kelso, J. L.	凯尔索 Ⅰ 409

Keltridge, William	凯尔特里奇 Ⅲ 491
Kelvin, Lord	凯尔文勋爵；参见 Thomson, William
Kempelen, Wolfgang yon	冯·肯佩伦 Ⅴ 138
Kendall, Larcum	肯德尔 Ⅲ 557；Ⅳ 411
Kendon, A.	肯登 Ⅶ 865
Kendrew, J. and Porthouse, A.	肯德鲁和波特豪斯 Ⅳ 291 - 292
Kennedy, Sir A. B. W.	A. B. W. 肯尼迪公爵 Ⅴ 200, 796
—G.	肯尼迪, G. Ⅶ 1377
—John	肯尼迪, 约翰 Ⅳ 280, 288
—Julian	肯尼迪, 朱利安 Ⅵ 476
—T.	肯尼迪, T. Ⅶ 1377
—Thomas	肯尼迪, 托马斯 Ⅳ 501 - 502
Kent, William	肯特 Ⅳ 470
Kenworthy (Hornby and)	肯沃西（和霍恩比）Ⅳ 300
—and Bullough	肯沃西和布洛 Ⅳ 302
Kenyon, Kathleen	凯尼恩 Ⅰ 372
Kepler, Johann	开普勒, 天文学家
accuracy, discussions	精度讨论 Ⅲ 640, 658
camera obscura, use	暗箱使用 Ⅴ 717
compound microscopes	复合显微镜 Ⅲ 232
planetary models, discussion	行星模型讨论 Ⅰ 799
Kerr, W. J.	克尔 Ⅶ 1348
Kerst, D. W.	克斯特 Ⅶ 1332
Kettering, C. F.	凯特林 Ⅶ 719, 1001
Keynes, J. M.	凯恩斯 Ⅵ 116
Kha	卡 Ⅰ 440
Khalaf ibn 'Abbās al-Zahrāwī	哈拉夫·伊本·阿巴斯·扎赫拉维 Ⅱ 371
Khnumet	克努迈特 Ⅰ 657
Kidinnu (or Kidenas)	西丹努斯 Ⅲ 568, 574
Kier, Samuel M.	基尔 Ⅴ 109, 113
Kierkegaard, S.	克尔恺郭尔 Ⅵ 163

Kilburn, T.　　　　　　　　　　　基尔伯恩 Ⅶ 1193，1196

Killeen, M.　　　　　　　　　　　基利恩 Ⅵ 478

Kingsbury, A.　　　　　　　　　　金斯伯里 Ⅶ 988

Kingsford-Smith, C.　　　　　　　金斯福德－史密斯 Ⅶ 806

Kipping, F. S.　　　　　　　　　　基平 Ⅵ 563

Kircher, Athanasius　　　　　　　基歇尔 Ⅴ 717，736

Kirchhoff, G. R.　　　　　　　　　基尔霍夫 Ⅶ 1113

Kirk, A. C.　　　　　　　　　　　柯克 Ⅴ 149

Kirkham, C. B.　　　　　　　　　柯卡姆 Ⅶ 1012

Kirkwood, James P.　　　　　　　柯克伍德 Ⅴ 564

Kirtley, Matthew　　　　　　　　柯特利 Ⅴ 327，345

Kitsons　　　　　　　　　　　　基特森斯 Ⅴ 801

Kjellin, F. A.　　　　　　　　　　谢林 Ⅵ 489

Klaproth, Martin H.　　　　　　　克拉普罗特 Ⅳ 221，375；Ⅴ 257

Klatte, F.　　　　　　　　　　　克拉特 Ⅵ 556

Klemm, H.　　　　　　　　　　　克莱姆 Ⅶ 804

Klie, K.　　　　　　　　　　　　克利克 Ⅶ 1271

Klingenstierna, Samuel, of　　　　乌普萨拉的克林根谢纳 Ⅳ 358
　　Uppsala

Knibb, Joseph　　　　　　　　　尼勃 Ⅲ 667

Knietch, R.　　　　　　　　　　尼奇 Ⅵ 517

Knight, Charles　　　　　　　　　奈特，查尔斯 Ⅴ 702

—Gowin　　　　　　　　　　　奈特，科维 Ⅲ 555；Ⅴ 454

—John H.　　　　　　　　　　　奈特，约翰·H. Ⅴ 422，430

Knocker, G. M.　　　　　　　　克诺克 Ⅱ 294 注释

Knowles, J.　　　　　　　　　　诺尔斯 Ⅴ 579

Knox（Macintosh）, & Company　诺克斯（麦金托什）公司 Ⅳ 251，256

Koch, C.　　　　　　　　　　　科克，C. Ⅶ 1293

—Robert　　　　　　　　　　　科赫，罗伯特 Ⅴ 281，561 – 562

Koenen, Mathias　　　　　　　　克嫩 Ⅴ 489，495，502

Koenig, E.　　　　　　　　　　凯尼格，E. Ⅶ 1282，1297

—Frederick 凯尼格，弗雷德里克 V 694 – 696，715

Köhler, W. 科勒 I 14

Kohts, Mme 科茨 I 14

Kolbe, Hermann 科尔比 V 316，788，821

Kolff, W. 科尔夫 VII 1359

Koller, Carl 科勒 V 315

Köller, Franz 克勒尔 V 65

Komarov, V. 科马罗夫 VII 857

Konsortium für electrochemische 电化学工业联合企业 V 251
    Industrie

Koops, Matthias 库普斯 III 415；VI 613

Kopp, H. F. M. 柯普 V 286

Koppy, Freiherr von 科皮 IV 28

Korotkoff, N. S. 柯洛特柯夫 VII 1345

Kotter (or Kutter) 科特 III 358

Kowarski, L. 科瓦尔斯基 VI 226，241

Kozhedub, I. 科热杜布 VII 813

Kratzer, Nicolas 克拉策 III 586

Kress, W. 克雷斯 V 404 注释 1，409

Krische, W. 克里舍 VI 553

Kritz, N. 克里茨 VII 1171

Krupp, Alfred 克虏伯，艾尔弗雷德 IV 108；V 57，615，
    822

—Friedrich 克虏伯，弗里德里克 V 764

Ktesibios of Alexandria 克特西比乌斯 I 113

Kublai Khan 忽必烈 III 379 – 380

Kuffler family 库夫勒家族 III 695

Kühn, H. 屈恩 VII 1293

Kuichling, E. 柯伊克林 VII 1385

Kunckel, Johann 孔克尔（勒文斯谢恩男爵）
    (Baron Löwenstjern)

biographical comment	生平事略 Ⅲ 682 – 683
blast-lamp description	喷灯描述 Ⅲ 55
cobalt, glass-colouring	钴，玻璃的着色 Ⅲ 218
glass-making	玻璃制造 Ⅲ 222，224 – 225，229，698
japans, lacquering	日本漆器，上漆 Ⅲ 696 – 697
mercury fulminate	雷酸汞 Ⅴ 296 注释 3
Kutter	库特尔；参见 Kotter
Kyeser, Konrad	基耶塞 Ⅱ 691 – 692
Kynoch, George	基纳克 Ⅴ 630 – 631

L

Labelye，Charles Dangeau de	拉贝尔雅 Ⅲ 425；Ⅳ 467
Labouchere, Henry	拉布谢尔；参见 Taunton, Lord
La Condamine, Charles de	孔达米纳 Ⅴ 754 – 755
Laddon, I. M.	拉登 Ⅶ 828
Laennec, R.	拉埃内克 Ⅶ 1346
La Hire, Philippe de	拉伊尔
applied mechanics	应用力学 Ⅳ 163，444 – 445，478
arches, mechanics	拱，力学 Ⅲ 433 – 434；Ⅴ 492
astronomical fixes	天文定位 Ⅳ 605
map of France	法国地图 Ⅳ 606
survey-instruments	测量仪器 Ⅲ 543
Laing, J.	莱恩 Ⅴ 737
Laird, John and William	莱尔德，约翰和威廉 Ⅴ 351
Laithwaite, E. R.	莱思韦特 Ⅶ 1088
Lambert, J. H.	兰伯特 Ⅳ 621，624 – 625
Lamberville, C.	兰姆勃维尔 Ⅲ 86
Lambot, J. L.	朗博 Ⅴ 488
Lambton, William	兰布顿 Ⅳ 610；Ⅴ 440，442

Lamé, G.   拉梅 V 494

Lamoral, Count of Egmont   拉莫尔，格蒙公爵；参见 Egmont

Lampadius, Wilhelm August   兰帕迪乌斯 IV 261

Lampitt, L. H.   兰皮特 VII 1403

Lana-Terzi, Francesco de   德拉纳 V 394

Lanchester, F. W.   兰彻斯特，工程师

    aerodynamic theory   空气动力学理论 V 407；VII 793

    engine, 1897 design   1897 年设计的发动机 V 175 – 176，431

    hobbing machine   滚齿机 V 656

    road-vehicles   道路车辆 V 430 – 432，图版 19 A

    tension roof patents   拉应力屋顶专利 VII 952 – 953

    vibration dampers   减振器 VII 987

Lanchester Engine Company   兰彻斯特发动机公司 V 432

Land, E. H.   兰德 VII 1294

Landore Siemens Steel Company   兰多尔·西门子钢铁公司 V 373，629

Landsteiner, K.   兰德施泰纳 VII 1356

Lane-Fox, St George   莱恩 – 福克斯 V 215，218 – 219

Langenheim, F. and W.   兰根海姆 V 725，737

Langer, Carl   兰格 V 88

Langland, William   朗格兰 II 126 注释，214，541

Langley, Batty   兰利，巴蒂 IV 470

—S. P.   兰利，S. P. V 409，411；VII 789，1009 –
                                  1010

Langmuir, I.   朗缪尔 VII 1083，1093，1097，1331

Lankester, Sir R.   兰克斯特爵士 VI 154

Lanoix, J. B., of Lyons   里昂的 J. B. 拉努瓦 IV 261

La Pérouse, (J. F. de Galaup)   拉彼鲁兹 IV 598
    Comte de

Laplace, Pierre Simon,   拉普拉斯 IV 396 – 397
    Marquis de

Lapostolle, of Amiens   亚眠的拉波斯托勒 IV 260

Lardner, D. 拉德纳 Ⅶ 1159

Larsen, C. A. 拉森, C. A. Ⅳ 60；Ⅵ 357

—J. A. 拉森, J. A. Ⅶ 1343

—R. 拉森, R. Ⅵ 348

Lash, H. W. 拉希 Ⅵ 497

Laurentius Vitrearius 维特里略 Ⅱ 326

Lauritsen, C. C. 劳里森 Ⅶ 1332

Laussedat, Aimé 洛斯达 Ⅴ 448 – 449

Lauste, E. 劳斯特 Ⅶ 1311 – 1312

Laval, Carl Gustav de 拉瓦尔 Ⅴ 33, 140, 150

Lavoisier, Antoine Laurent 拉瓦锡, 化学家

  balances 天平 Ⅳ 404 – 408

  biographical notes 生平事略 Ⅲ 25；Ⅳ 674；Ⅴ 821

  carbonic acid 碳酸 Ⅳ 38

  caustic alkalis 苛性碱 Ⅳ 227

  combustion experiments 燃烧实验 Ⅱ 736；Ⅳ 218 – 221

  dilatometer, use 膨胀计的使用 Ⅳ 396 – 397

  dyestuffs, discussion 染料, 讨论 Ⅴ 267 – 268

  elements, nomenclature 元素, 命名法 Ⅱ 745；Ⅳ 215, 220 – 222

  measuring rules 测量规则 Ⅳ 397

  metals, postulate 金属, 假定 Ⅴ 72

Law, R. R. 劳 Ⅶ 1119

Lawes, Sir John Bennet 约翰·贝内特·劳斯爵士, 化学家

  animal nutrition 动物营养素 Ⅴ 17

  Rothamsted Experimental Station 罗滕斯坦德实验站 Ⅳ 42

  superphosphate fertilizer 过磷酸钙肥料 Ⅳ 20, 254；Ⅴ 10, 254；
    Ⅵ 529

Lawrence, B. 劳伦斯, B. Ⅵ 657

—Richard S. 劳伦斯, 理查德·S. Ⅳ 439 – 440

Lawson, Harry John 劳森, 哈里·约翰 Ⅴ 416 – 417

—and Westly 劳森和韦斯特利 Ⅳ 293, 315

Leach, B.   利奇，B. Ⅰ 409

—G.   利奇，G. Ⅴ 570

Leared, A.   李尔德 Ⅶ 1346

Leatham, A.   利瑟姆 Ⅶ 1348

Leavers, John   约翰·利弗斯 Ⅴ 602 – 604

Lebaudy brothers   勒博迪兄弟 Ⅶ 796

Le Bel, J. A.   勒·贝尔 Ⅴ 111，113，118

Le Blanc   勒布朗（约 1785 年）Ⅳ 437 – 438

Leblanc, M.   勒布朗，M.（主要活动于 1886 年）Ⅶ 1236，
                                             1238 – 1239

—Nicolas   吕布兰，尼古拉斯（1742—1806 年），Ⅳ
                                             238 – 239；Ⅴ 257，671，802

Lebon, Philippe   勒邦 Ⅳ 258，261 – 265，275

Le Châtelier, Henry Lewis   勒夏特利埃 Ⅴ 660

Leclanché, G.   勒克朗谢 Ⅴ 204

Ledwinka, J.   莱德温卡 Ⅶ 717

Lee, Edmund   李，埃德蒙 Ⅲ 98

—George   李，乔治 Ⅳ 265 – 266，268

—John Bridges   李，约翰·布里奇斯 Ⅴ 448

—William   李，威廉 Ⅲ 185 – 186；Ⅴ 596 – 597

Leeghwater, Jan Adriaanszoon   利格沃特，工程师

    drainage, Lesparre marshes   排水工程，莱斯帕尔沼泽 Ⅲ 319

    drainage-mills   排水机 Ⅲ 303，305 – 307

    scoop-wheels   铲轮 Ⅱ 689；Ⅳ 157

Leeuwenhoek, A. van   列文虎克 Ⅲ 232 – 234，631，633

Lefêbvre, L. J. P. B.   勒菲布尔（主要活动于 1859 年）Ⅵ 522

Lefebvre-Gineau   勒菲弗 – 吉诺 Ⅳ 408

Lefèvre   勒菲弗（约 1600 年），化学家 Ⅳ 242

Legendre, A. -M.   勒让德 Ⅶ 1150

Le Gray, Gustave   格雷 Ⅴ 724

Lehmann, J. G.   莱曼 Ⅳ 611 – 612

Leibniz, Gottfried Wilhelm   莱布尼茨，数学家

binary scale	二进制 Ⅶ 1192
calculator	计算器 Ⅶ 1151, 1160, 1161 – 1163, 1171
scientific discoveries	科学发现 Ⅳ 671
Leicester, 1st Earl of	莱斯特伯爵 (1532—1588 年) Ⅲ 304
—Earl of	莱斯特伯爵 (约 1631 年) Ⅲ 296
Leigh, E.	利, E. (主要活动于 1858 年) Ⅴ 573
—Evan	利, 埃文 (1811—1876 年) Ⅳ 290
—John	利, 约翰 Ⅴ 269
Leipmann, W.	雷普曼 Ⅶ 1358
Leland, H. M.	利兰 Ⅶ 1039
Lelièvre	勒列夫尔 Ⅳ 253
Lely, Cornelius	莱利 Ⅴ 545
Lemercier, Jacques	勒梅西埃 Ⅲ 291
Lémery, N.	莱默里 Ⅲ 682, 696; Ⅳ 242
Lemoine	勒莫因 Ⅳ 538
Lenel	勒内尔 Ⅳ 397
Lenigre, J.	朗伊热 Ⅶ 1342
Lenin, K.	列宁 Ⅵ 10, 12, 14
Lenk, Baron Wilhelm von	伦克 Ⅴ 284, 290, 294
Lenoir, Étienne	勒努瓦, 艾蒂安 (1744—1832 年) Ⅴ 157 – 158
— —	勒努瓦, 艾蒂安 (1822—1900 年) Ⅳ 394, 397, 401 – 402, 604
Lenormand, L. S.	勒诺尔芒 Ⅴ 398
Leo Ⅰ, Pope	利奥一世, 教皇 Ⅱ 599
—Ⅵ, Pope	利奥六世, 教皇 Ⅱ 376
—Ⅹ, Pope	利奥十世, 教皇 Ⅲ 288, 311
Leonardo (Fibonacci) da Pisa	比萨的莱昂纳多 (又名斐波那契) Ⅱ 766 – 767; Ⅲ 599, 608
—da Vinci	莱昂纳多·达·芬奇 Ⅲ 250 – 251
alchemical furnace	炼金炉 Ⅱ 744 – 745

arches	拱 Ⅲ 432 – 433
biographical notes	生平事略 Ⅱ 651 – 652；Ⅳ 442, 667, 669
buildings	建筑 Ⅲ 250 – 252
canals	运河 Ⅲ 286, 447 – 448, 450, 459
clocks	钟表 Ⅲ 657
coinage machinery	造币机 Ⅲ 47, 340 – 341
dredger designs	疏浚机设计 Ⅳ 637 – 638
dynamics, analysis of problems	动力学，问题分析 Ⅲ 344
file-maker, automatic	自动文件制造程序 Ⅱ 395
flying machine	航空器 Ⅴ 394, 398, 403 注释, 404 注释
furnaces	熔炉 Ⅲ 54
gear-teeth studies	齿轮研究 Ⅱ 648, 654
gig-mills	拉绒机 Ⅲ 172
hodometer	计距器 Ⅲ 512
hot-air turbine	热气涡轮机 Ⅳ 160 – 161
hydraulic engineering	水利工程 Ⅲ 286, 311
lock mitre-gates	闸门 Ⅲ 447 – 448, 450
machines, illustrations	机械说明 Ⅱ 654 – 657
metallurgy	冶金 Ⅲ 39 – 41
military engineering	军事工程 Ⅲ 285, 370
paddle-wheel propulsion	桨轮推进机 Ⅴ 141 – 142
roasting (cooking) devices	烧烤装置 Ⅲ 20
roller-bearings	滚柱轴承 Ⅲ 41, 327
rolling-mill, metals	轧钢机，金属 Ⅴ 611
screws	螺杆 Ⅲ 335, 657；Ⅳ 425
shearing-machine, designs	剪切机床，设计 Ⅲ 174
spinning-machinery	纺纱机 Ⅱ 205；Ⅲ 161 – 162
strength, materials	材料强度 Ⅲ 250 – 252, 432 – 433
town planning	城市规划 Ⅲ 285 – 286
turret windmill	塔式风车 Ⅲ 330
vision	视觉 Ⅴ 735

war-machines 军械设备 Ⅱ 699，726

weaving-loom 织机 Ⅲ 167

Lepaute，Jean André 勒波特 Ⅲ 674

Leplay（Dubrunfaut，A. P. and） 迪布兰福 Ⅴ 304

Lerebours，J. N. 勒尔布尔 Ⅳ 360，399

Leroy，Julian 勒罗伊，朱利安 Ⅲ 557

—Pierre 勒罗伊，皮埃尔，钟表匠

  balance wheel escapement 平衡轮擒纵机构 Ⅳ 410

  chronometers 精密计时器 Ⅳ 410，598；Ⅴ 458 注释

  duplex-escapement 双联擒纵机构 Ⅲ 674

  horology，improvements 钟表的改进 Ⅲ 557；Ⅳ 413

Le Sage 勒萨热 Ⅳ 650

Lescallier，Daniel 莱斯卡利耶 Ⅳ 580

Leschot，Rudolf 莱肖 Ⅴ 108；Ⅵ 381

Lescot，P. 莱斯科 Ⅲ 253

Le Seur 勒苏尔（约1742 年）Ⅳ 478

Lesseps，Ferdinand de 莱塞普斯 Ⅳ 561－562

LeSueur，Ernest 勒叙厄尔（主要活动于 1892 年）Ⅵ 519

Lethaby，W. R. 莱撒比 Ⅲ 240

Leupold，Jacob 利奥波特 Ⅳ 188，537

Levavasseur，L. 勒瓦瓦瑟尔 Ⅴ 409；Ⅶ 808

Lever，William Hesketh（Lord 利弗，威廉·赫斯基思（利弗休姆公爵）
  Leverhulme） Ⅴ 806

—Brothers 利华兄弟 Ⅴ 806

Levinstein，Ivan 莱文斯坦 Ⅴ 274

Levy，Maurice 莱维，莫里斯 Ⅴ 493

—Max 利维，马克斯 Ⅴ 704

Lewis，J.，of Brinscombe 布里姆斯库姆的 J. 刘易斯 Ⅳ 305

—John L. 刘易斯，约翰·L. Ⅵ 108

—Sir Thomas. 托马斯·刘易斯爵士 Ⅶ 1340

Ley，W. 利 Ⅶ 863

Li Yueh	李奥鲁赤 Ⅲ 440
Libavius, Andreas	利巴菲乌斯 Ⅱ 748－749；Ⅲ 30，Ⅳ 233
Liebermann, Karl	利伯曼 Ⅴ 261，276
Liebig, Justus von	李比希，化学家 Ⅴ 821
bleaching-powder, comments	漂白粉，评论 Ⅳ 248
education, contributions	教育，贡献 Ⅴ 785，788
farming, continental	大陆的农场经营 Ⅴ 14，17
organic compounds, analysis	有机化合物，分析 Ⅴ 268
plant nutrition	植物养分 Ⅳ 39
soda, comments	苏打，评论 Ⅳ 237
superphosphates proposal	过磷酸盐方案 Ⅳ 254；Ⅴ 254
tar, constituents	焦油成分 Ⅴ 106，115
Liernur, C.	利尔纳 Ⅶ 1384
Lightfoot, John	莱特富特 Ⅴ 273
Lilienthal, Otto	李林达尔 Ⅴ 405－407，410－411；Ⅶ 789
Liljendahl, J.	利延塔尔 Ⅶ 1384
Lillienfeld, J.	利连费尔德 Ⅶ 1118
Lindbeck, A.	林德贝克 Ⅵ 60
Lindbergh, C. A.	林白 Ⅶ 806，862
Lindblad, A. R.	林德布拉德 Ⅵ 490
Linde, C. von	林德 Ⅵ 489
Lindelof, Andrew	林德勒夫 Ⅳ 538
Lindemann, F. A.	林德曼 Ⅵ 230
Lindsay, Sir Coutts	库茨·林赛爵士 Ⅴ 198
Linnaeus（Carl von Linné）	林奈 Ⅲ 6，159
Linotype Printing Company	莱诺印刷公司 Ⅴ 688
Linperch, P.	林佩克 Ⅲ 89
Linschoten, Van	林斯霍滕；参见 Van Linschoten
Linstead, R. P.	林斯特德 Ⅵ 568，591
Lippisch A.	利皮施 Ⅵ 32；Ⅶ 829
Lippmann, E. O. von	李普曼，E. O. von Ⅲ 44

—G. 李普曼，G. Ⅶ 1340

Lister, Joseph（Lord Lister） 利斯特，约瑟夫（利斯特勋爵）Ⅴ 300，
315；Ⅵ 540；Ⅶ 1355

—Martin 利斯特，马丁 Ⅲ 703；Ⅳ 544

—S. C.（Lord Masham） 利斯特，S. C.（马沙姆勋爵）Ⅳ 296 -
298，321 - 323，325；Ⅴ 574 - 575

Liston, Robert 利斯顿 Ⅴ 312

Litterer, J. 利特雷尔 Ⅵ 81

Little, I. M. D. 利特尔 Ⅵ 53 - 54

Littledale, H. A. P. 利特代尔 Ⅰ 658 注释

Littlepage, J. D. 利特尔佩奇 Ⅵ 416

Littler, William 利特勒 Ⅳ 342 - 343，349

Liverpool Dry Plate & 利物浦干板摄影公司 Ⅴ 728
Photographic Company

Livesey, John 利夫西 Ⅴ 603

Livy 李维 Ⅱ 27

Ljunström, F 永斯特伦 Ⅶ 1030

Lloyd, R. 劳埃德 Ⅵ 474

Lloyd & Summerfield 劳埃德 & 萨默菲尔德公司 Ⅴ 681

Lloyd-Davies, D. E. 劳埃德 - 戴维斯公司 Ⅶ 1385

Lloyd-George, D. 劳埃德 - 乔治公司 Ⅵ 285

Lloyd's, Edward, Coffee House 爱德华·劳埃德咖啡屋 Ⅴ 805，815

Lloyds, Fosters & Company 福斯特·劳埃德公司 Ⅳ 113

Lobsinger, Hans, of Nuremburg 纽伦堡的汉斯·洛辛格尔 Ⅲ 32

Locke, Joseph 洛克 Ⅴ 323

Lockett, W. T. 洛基特 Ⅶ 1389，1391

Lockyer, Sir N. 洛克耶爵士 Ⅵ 147 - 148

Locomobile Company of America 美国自动机车公司 Ⅴ 425

Locquenghien, Jean de 洛康吉安 Ⅲ 452

Lodge, Henry 洛奇，亨利 Ⅳ 268

—Sir O. 洛奇爵士，物理学家
electrostatic cleaning system 静电清洗系统 Ⅵ 471

radio pioneer 无线电广播开拓者 V 227；Ⅶ 1232 – 1233

syntony 谐振 Ⅶ 1113, 1234 – 1235

Löhneiss, Georg Engelhard von 劳尼斯 Ⅲ 28, 51

Lohrke, J. L. 勒尔克 Ⅵ 659

Lombe, John 洛姆，约翰 Ⅳ 311

—Sir Thomas 托马斯·洛姆爵士 Ⅳ 311, 313

Lomond, M. 洛蒙德 Ⅳ 650

Lomonossoff, Professor 罗蒙诺索夫教授 Ⅶ 767

Lonce, de 隆瑟 Ⅳ 641

London Electric Cab Company 伦敦电动出租马车公司 V 419

London Electricity Supply 伦敦电力供应公司 V 199
  Corporation

Long, Crawford W. 朗 V 312

Longbridge, Baron 长桥男爵；参见 Austin, Herbert

Loomis, Elias 卢米斯 Ⅳ 620

L'Orange, P. 洛朗热 Ⅶ 1008

Lorini 洛里尼（生于 1540 年）Ⅳ 635 – 638

—Buonaiuto 洛里尼，博纳尤托（约 1592 年）Ⅲ 286

Losh, William 罗什 Ⅳ 238

Lou Shou 楼璹 Ⅱ 220

Louis Ⅶ 路易七世 Ⅱ 608

—Ⅸ (St Louis), French king 路易九世，法国国王

  bastides, fortress towns 城堡，堡垒城 Ⅲ 283

  crusade-ships 十字船 Ⅱ 585

  farm-lands, France 法国农用土地 Ⅱ 681

  metal craftsmanship 金属工艺 Ⅱ 453, 457

  pyrotechnics, military 军事烟火制造术 Ⅱ 377

—ⅩⅢ 路易十三 Ⅲ 293, 463；Ⅳ 525

—ⅩⅣ 路易十四 Ⅲ 290, 293, 465 – 466；Ⅳ 442, 525

—ⅩⅤ 路易十五 Ⅲ 553；Ⅳ 525

—XVI	路易十六 IV 27，645
—Philippe	路易·菲利普 V 260
Lovejoy，R.	洛夫乔伊 VI 522
Lovelace，A. A.，Countess	洛夫莱斯，伯爵夫人 VII 1178，1194，1199，1201
Lovell，Sir B.	洛弗尔爵士 VII 990
Low	洛 IV 72
Lowenstein，F.	洛温斯坦 VII 1097
Lowenstjern，Baron	洛温斯捷恩；参见 Kunchel
Lowitz，Theodor	洛维茨 V 116
Lowther，James	劳瑟 IV 258
Lu Ch'ih	李奥鲁赤 III 440
Lubbers，John H.	柳伯斯 V 678
Lübeck，Petter von	吕贝克 III 455
Lucas，A.	卢卡斯，A. I 373
—G. H. W.	卢卡斯，G. H. W. VII 1338
Lucian of Samosata	萨莫萨塔的卢西恩 II 630；VII 858
Lucretius	卢克莱修 I 216；II 9，596
Lud，Walter	路德 III 538
Ludlum，A.	卢德拉姆 VI 497
Luft，A.	勒夫特 VI 555
Luke，St	圣路加 II 188
Lull，Ramón	卢尔 II 142，356；III 526
Lumière，A. L.	吕米埃，A. L. VII 1296
—A. M. L. N. and L. J.	吕米埃兄弟 V 282，742，745–748，750
Lundström Brothers	伦德斯特伦兄弟 V 253
Lunge，George	隆格 V 241，247
Lupicini，Antonio	卢皮奇尼 III 310–311
Lürmann，Fritz W.	吕尔曼 V 68
Luscombe，D. A.	勒斯科姆 VII 805
Luthi，R.	吕蒂 VII 1342

Lutwyche, Thomas   拉特维奇 Ⅳ 238；Ⅴ 236

Lycurgus   来库古 Ⅱ 3

M

McAdam, John L.   麦克亚当，道路工程师

     books   书籍 Ⅳ 535

     camber, roads   弧形道路 Ⅳ 531

     macadam system   柏油碎石路面系统 Ⅳ 534 – 537

     road, cross-section   道路剖面图 Ⅳ 527 – 528

     roads, construction principles   道路建设原理 Ⅳ 532 – 535；Ⅶ 873

     stones, road-making   石板路 Ⅳ 534, 538, 544

McCallum, D. C.   麦卡勒姆 Ⅵ 79, 82, 89

MacArthur, John S.   麦克阿瑟 Ⅴ 95；Ⅵ 424

Macarthy, J. F.   麦卡锡 Ⅶ 1359

Macary, Antoine   马卡里 Ⅳ 635

McConnell, James E.   麦康奈尔 Ⅴ 327 – 328, 334, 341

McCormick, Cyrus Hall   麦考密克 Ⅳ 7 – 8；Ⅴ 4, 11, 817

McCowan, J.   麦科恩 Ⅴ 546

MacCulloch, John   麦卡洛克（1773—1835 年）Ⅳ 622

McCulloch, John R.   麦卡洛克（1789—1864 年）Ⅴ 674

McCullum, N. E.   麦卡勒姆 Ⅵ 488

McDowall, John   麦克道尔 Ⅳ 437

Macfarlane Gray, J.   格雷 Ⅴ 384 – 385

McGee, J. D.   麦吉 Ⅶ 1260

McGowan, H.   麦高恩 Ⅵ 59 – 60, 288

Mach, E.   马赫 Ⅶ 853

Machiavelli, Niccolò   马基雅维利 Ⅲ 370

Macintosh, Charles   麦金托什，化学制造商

     alum manufacture   明矾制造 Ⅳ 250 – 251

rubber, shoe material　　　　　　橡胶，鞋子原料 V 765

rubber-proofing processes　　　　防胶法 IV 253；V 761 – 762, 769

—George　　　　　　　　　　　麦金托什，乔治 IV 249；V 824 注释

—Knox & Company　　　　　　　麦金托什诺克斯公司 IV 251, 256

Macintosh & Company　　　　　　麦金托什公司 V 762, 766 – 770

McIntyre, John　　　　　　　　　麦金太尔 V 371, 375

Macirone, Colonel　　　　　　　　马锡隆 IV 544

MacKenzie, J.　　　　　　　　　　麦肯齐 VII 1344

Mackenzie, Murdoch　　　　　　　麦肯齐 IV 616 – 618；V 450

McKesson, E. I.　　　　　　　　　麦克森 VII 1334

Mackie, Alexander　　　　　　　　麦凯，亚历山大 V 685

—W.　　　　　　　　　　　　　麦凯，W. VII 1330

Maclaurin, W. R.　　　　　　　　　麦克劳林 VI 38

Maclure, William　　　　　　　　　麦克卢尔 IV 622

McMillan, E. M.　　　　　　　　　麦克米伦 VII 1332

Macmillan, Kirkpatrick　　　　　　麦克米伦 V 414

McNaught, John　　　　　　　　　麦克诺特 IV 186 – 187, 194 – 195

MacNaught, William　　　　　　　威廉·麦克诺特 V 133

MacNeill　　　　　　　　　　　　麦克尼尔 IV 539

McPhee, H. C.　　　　　　　　　　麦克菲 VI 305

Macquer, P. J.　　　　　　　　　　马凯，化学家

　dyes　　　　　　　　　　　　染料 IV 248 – 249

　porcelain　　　　　　　　　　陶瓷 IV 340, 342

　rubber, solvents　　　　　　　橡胶溶剂 V 755

　stoneware, comments　　　　　石陶，评论 IV 346

Macrobius　　　　　　　　　　　马科洛布斯 III 575

Maddox, Richard Leach　　　　　　马多克斯 V 728

Maertense, Willem　　　　　　　　梅尔滕斯 III 453

Magellan　　　　　　　　　　　　麦哲伦（约1780年）III 12

—Ferdinand　　　　　　　　　　麦哲伦，费迪南德（1480? —1521年）III
　　　　　　　　　　　　　　　　4, 477

M

Magill, I. 玛吉尔 Ⅶ 1334

Magnus, H. G. 马格努斯 Ⅴ 247

Mahan, A. T. 马汉 Ⅳ 582

Maiben, John 迈本 Ⅳ 274

Maillart, R. 马亚尔 Ⅶ 934

Mainz, John of 美因茨的约翰 Ⅲ 393

Maire 梅尔 Ⅳ 553

Malam, John 马拉姆 Ⅳ 270

Malaspina 马拉斯皮纳 Ⅳ 598

Malherbe 马勒布 Ⅳ 238 – 239

Malhère, Eugene 马赫 Ⅴ 604

Mallet, Anatole 马莱 Ⅴ 345

Malo 马洛 Ⅳ 540

Malpighi, Marcello 马尔皮吉 Ⅳ 37 – 38

Malthus, T. 马尔萨斯 Ⅵ 26

Mandeville, Bernard 曼德维尔 Ⅲ 706

Manhès, Pierre 马内斯 Ⅴ 82

Manly, C. 曼利 Ⅶ 1010

Mannes, L. 曼内斯 Ⅶ 1297

Mannesmann, Max 曼内斯曼, 马克斯 Ⅴ 629

—Reinhard 曼内斯曼, 莱因哈特 Ⅴ 63 – 64, 629

Mannock, E. 曼诺克 Ⅶ 795

Mansart (or Mansard), 芒萨尔 Ⅲ 253, 255
　François

—J. Hardouin- 阿杜安 – 芒萨尔 Ⅲ 254 – 255, 425

Mansell, Sir Robert 罗伯特·曼塞尔爵士 Ⅳ 362

Mansfield, Charles 曼斯菲尔德, 查尔斯 Ⅴ 270

—E. 曼斯菲尔德, E., 经济学家

　change, dynamics 动力学变化 Ⅵ 73

　expenditure, R and D 研发费 Ⅵ 62 – 64

　industrial research 工业研究 Ⅵ 36

innovations, output	创新，产量 Ⅵ 41，51 – 52
Månsson, Peder	蒙松，瑞典冶金学家
glass-making	玻璃制作 Ⅲ 209 – 210，212，214，220
publications	出版物 Ⅲ 28，209
speculum-metal	铜锡合金 Ⅲ 40
Mantoux, Paul	芒图 Ⅲ 85
Manzoni, W. T.	曼佐尼 Ⅳ 461
Marais, Eugene	马拉斯 Ⅰ 5
Maraldi, G. D.	马拉尔迪 Ⅳ 605
Marcaire	马凯尔 Ⅳ 631
Marcellus	马塞卢斯 Ⅱ 714；Ⅳ 665 – 666
March	马奇 Ⅳ 433
Marco Polo	马可·波罗 Ⅱ 156；Ⅲ 73，379，524；Ⅴ 102
Marconi, Guglielmo	马可尼，发明家
aerials, radio	航空无线电 Ⅶ 1243 – 1244
finance, research	金融研究 Ⅵ 45
innovation, discussion	创新，讨论 Ⅵ 65
marine radio	海上无线电 Ⅶ 1252
radio pioneer	无线电开拓者 Ⅴ 227 – 228；Ⅶ 838，1231 – 1235，1248 – 1250
Marcus, Siegfried	马库斯 Ⅴ 426
Marcus Graecus	拜占庭的马库斯 Ⅱ 351，379
Marey, E. J.	马雷 Ⅴ 737，739 – 743
Marggraf, Andreas Sigismund	马格拉夫 Ⅲ 30；Ⅳ 28
Maria Theresa, Empress	玛丽亚·特蕾西亚，皇后 Ⅳ 27，528
Mariano, Jacopo	马里亚诺 Ⅱ 610
Marindin, F. A.	马林丁 Ⅵ 285
Marino, Ieronomo	马里诺 Ⅲ 290
Marinus of Tyre	泰尔的马里纳斯 Ⅲ 507 – 509
Marion & Company	玛丽昂公司 Ⅴ 730
Mariotte, Edmé	马略特 Ⅲ 464；Ⅳ 37，163

Marius, Gaius　　　　　　　　　马略 Ⅱ 703, 705

Markham, Sir Clements　　　　　克莱门茨·马卡姆爵士 Ⅴ 773

—Gervase　　　　　　　　　　马卡姆, 杰维斯 Ⅲ 134 – 135

Marlborough, John Churchill　　马尔伯勒 Ⅲ 347, 350

Marsaut　　　　　　　　　　　马尔索 Ⅳ 98

Marseille, H. J.　　　　　　　　马赛 Ⅶ 813

Marsh, A. L.　　　　　　　　　马什 Ⅶ 1133

Marshall, Alfred　　　　　　　　马歇尔, 阿尔弗雷德 Ⅴ 807

—C.　　　　　　　　　　　　　马歇尔, C. Ⅳ 649 – 650

—John　　　　　　　　　　　　马歇尔, 约翰 (1663—1725 年) Ⅲ 633 –
　　　　　　　　　　　　　　　634

— —　　　　　　　　　　　　马歇尔, 约翰 (约1790 年) Ⅳ 292 – 293

—William　　　　　　　　　　马歇尔, 威廉 Ⅲ 15; Ⅳ 21, 40

Marston, A.　　　　　　　　　马斯顿, A. Ⅶ 1386 – 1387

—W. M.　　　　　　　　　　　马斯顿, W. M. Ⅶ 1343

Martial　　　　　　　　　　　　马提雅尔, 罗马诗人 Ⅰ 284

Martin, A. J. P.　　　　　　　　马丁, A. J. P. Ⅶ 1210

—C., of Verviers　　　　　　　韦尔维耶的 C. 马丁 Ⅴ 572

—C. H.　　　　　　　　　　　马丁, C. H. Ⅶ 723

—Émile and Pierre　　　　　　埃米尔·马丁和皮埃尔·马丁 Ⅴ 59, 70,
　　　　　　　　　　　　　　　499

—G.　　　　　　　　　　　　　马丁, G. Ⅶ 829

—H. E.　　　　　　　　　　　马丁, H. E. Ⅶ 1356

—John　　　　　　　　　　　　马丁, 约翰 Ⅳ 272

Martineau (Taylor and)　　　　马蒂诺 (和泰勒) Ⅳ 197; Ⅴ 130

Martini, Francesco di Giorgio　马丁尼 Ⅲ 286

Marton, L. L.　　　　　　　　　马顿 Ⅶ 1351 – 1353

Marum, Van　　　　　　　　　马鲁姆; 参见 Van Marum

Mary Ⅰ　　　　　　　　　　　玛丽一世 Ⅳ 522, 524

—the Jewess　　　　　　　　　犹太人马雷 Ⅱ 733 – 734

Māshāllāh of Basra　　　　　　巴士拉的迈萨哈拉; 参见 Messahala

Masham, Lord　　　　　　　　马萨姆公爵; 参见 Lister, S. C.

Maskelyne, Nevil 马斯基林 Ⅲ 557；Ⅶ 1150 – 1151

Mason, A. 梅森 Ⅵ 552

—Joseph 梅森，乔瑟夫 Ⅲ 165；Ⅳ 317

—Sir Josiah 乔西亚·梅森爵士 Ⅴ 799

Mason & Elkington 梅森和埃尔金顿公司 Ⅴ 85

Maspero, H. 马斯伯乐 Ⅰ 597 注释

Massanez, J. 马萨内茨 Ⅵ 479

Massey, Edward 马西 Ⅴ 459 – 461

Matsuzaki, K. 松崎清 Ⅶ 1158

Mather & Platt 马瑟和普拉特公司 Ⅴ 203

Mathesius, Johannes 马西修斯 Ⅲ 28

Mathieson Alkali Company 马西森制碱公司 Ⅴ 252

Matignon, Mareschal de 德马提翁 Ⅲ 318

Matthes, A. 马瑟斯 Ⅵ 497

Matthiesen, A. 马西森 Ⅴ 86

Mauchly, J. W. 毛希利 Ⅶ 1188, 1200

Maudslay, Henry 莫兹利，亨利，工程师 Ⅳ 288

    block-making machinery 滑轮机械加工 Ⅳ 427 – 428

    engineers employed 雇佣工程师 Ⅳ 428, 429 – 431, 434；Ⅴ 800 – 801

    lathes, improvement 车床，改进 Ⅴ 644, 800；Ⅶ 1041

    machine-tools 机床 Ⅳ 162, 418, 423 – 426, 图版 26；Ⅴ 636

    micrometer screw 测微螺旋仪 Ⅶ 1050

    screw-cutting lathe 螺纹切削车床 Ⅳ 388, 424, 图版 25A

    table engine 台式发动机 Ⅳ 196, 426；Ⅴ 125

—Joseph 莫兹利，乔瑟夫 Ⅴ 145 – 146

—Sons & Field 莫兹利父子 – 菲尔德公司 Ⅳ 424；Ⅴ 133, 146 – 147

Maughan, Benjamin Waddy 莫恩 Ⅳ 273；Ⅶ 1142

Maupertuis, P. L. Moreau de 莫佩尔蒂 Ⅲ 553

Maurer, E. 莫勒 Ⅵ 492

M

Maurice, P.	莫里斯，P. Ⅶ 1342
—Prince of Nassau	拿骚王子莫里斯 Ⅲ 304, 306, 349
Mauro, Fra	莫罗 Ⅲ 530
Maurolico, Francesco	毛罗利科 Ⅲ 231
Maury, Lieutenant F.	莫里上尉 Ⅳ 619 – 620; Ⅶ 1446
Maxim, Sir Hiram	海勒姆·马克沁爵士 Ⅴ 409 – 410; Ⅶ 1129 – 1130
Maximilian Ⅰ, Elector	马克西米连一世，选帝侯 Ⅲ 358; Ⅶ 1127
—Ⅰ, Emperor	马克西米连一世，帝王 Ⅱ 389, 491; Ⅲ 352 – 353
Maximus	马克西穆斯 Ⅱ 136
Maxwell, J. C.	麦克斯韦 Ⅶ 1112 – 1113, 1231, 1247
May (Ransome and)	梅（和兰塞姆）Ⅳ 11
Maybach, Wilhelm	迈巴赫 Ⅴ 169, 171; Ⅶ 999 – 1000
Maydwell and Windle	梅德威尔和温德尔 Ⅲ 225
Mayer, J. T.	梅耶，J. T. Ⅳ 401; Ⅴ 458
—Julius Robert von	梅耶，朱利叶斯·罗伯特·冯 Ⅳ 163
—K.	梅耶，K. Ⅵ 668
—Tobias	梅耶，托拜厄斯 Ⅳ 604
Mayhew, Henry	梅休 Ⅳ 516
Mayo, E.	梅奥 Ⅵ 85
Mayow, John	梅奥 Ⅳ 216
Mazzoleni, Marcantonio	马佐莱尼 Ⅲ 627
Méchain, P. F. A.	梅尚 Ⅳ 402
Meda, Giuseppe	梅达 Ⅲ 449
Medici, Giuliano de'	美第奇 Ⅲ 311
Medina, Bartolomeo	梅迪纳 Ⅳ 138
Medina Sidonia, Duke of	梅迪纳·西多尼亚公爵 Ⅲ 480
Megasthenes	麦加斯梯尼 Ⅱ 666
Mège-Mouriés, Hippolyte	梅热 – 穆列斯 Ⅴ 13 注释; Ⅶ 1400
Mégnié	梅格尼 Ⅳ 394, 404, 407

Meijer, Cornelis Janszoon 梅热尔 Ⅲ 312 – 314

Meikle, Andrew 米克尔 Ⅲ 98, 100 – 101；Ⅳ 10

Meinesz, F. A. V. 梅因纳斯 Ⅶ 1463

Meisenbach, Georg 迈森巴赫 Ⅴ 704

Meister Lucius & Brüning 卢修斯 – 布吕宁 Ⅴ 247

Meitner L. 迈特纳 Ⅵ 224

Melckenbeke, Dominicus van 范梅尔肯贝克 Ⅲ 305

Meldolla, Andrea 梅尔多拉 Ⅲ 407

Melen, E. 梅伦 Ⅴ 570

Méliès, Georges 梅里爱 Ⅴ 749 – 750

Mellen, G. 梅林 Ⅵ 497

Mellet 梅利特 Ⅳ 548

Mellor, J. W. 梅勒 Ⅴ 660；Ⅵ 623 – 624

Meltzer, S. J. 梅尔策 Ⅶ 1334

Melville, Viscount 梅尔维尔子爵；参见 Dundas, Henry

Mendel, G. 孟德尔 Ⅵ 304, 327 – 328

Mendeleev, D. I. 门捷列夫 Ⅴ 111

Menes 美尼斯 Ⅰ 267, 529, 536

Menzies, Michael 孟席斯 Ⅳ 9

Mercator, Gerard 墨卡托 Ⅲ 536, 550, 586

Mercer, John 默塞尔 Ⅴ 587

Mercier, Le 勒梅西耶 Ⅲ 462

Mergenthaler, Ottmar 默根特勒 Ⅴ 687

Mérian 梅里安 Ⅳ 540

Meritens, Baron, A. de 梅里唐 Ⅴ 192 – 194, 206, 210

Merklein 梅克兰 Ⅳ 384

Merret（or Merrett）, Christopher 梅里特，冶金学家

    copper alloys 铜合金 Ⅳ 37, 41

    glass-making 玻璃制造 Ⅲ 218 – 221, 682, 698

    lead flux, glass-making 铅助溶剂，玻璃制造 Ⅴ 672

    research proposals 调查建议 Ⅲ 681

Merrill, Joshua　　　　　　　　梅里尔 V 115

Merrow, J.　　　　　　　　　　梅罗 VI 682

Mersenne, Marin　　　　　　　梅森 III 49 注释 1，58

Mersey, Mattias　　　　　　　默西 III 79

Merz, C.　　　　　　　　　　　默茨 VI 285；VII 1068，1086

Meryet-Amen　　　　　　　　阿蒙 - 梅耶特 I 422，690，701

Mesha　　　　　　　　　　　　米沙 I 764 - 765

Mes-kalam-dug　　　　　　　麦斯卡拉姆杜格 I 644 - 645

Messahala（Mesahallah,　　　巴士拉的迈萨哈拉 III 529，609
　　Māshāllāh）of Basra

Messel, Rudolf　　　　　　　梅塞尔 V 247

Messerschmitt, W.　　　　　梅塞施米特 VII 810

Mestrell, Eleye　　　　　　　梅斯雷尔 III 341

Metagenes　　　　　　　　　梅塔吉恩 II 660

Metcalf, A. W.　　　　　　　梅特卡夫，A. W. VI 657

—John　　　　　　　　　　梅特卡夫，约翰 IV 531，535

—H.　　　　　　　　　　　梅特卡夫，H. VI 80

Métherie, de la　　　　　　梅特里 IV 239

Meton　　　　　　　　　　默冬 I 795；III 568，570

Metrodorus　　　　　　　　梅特德鲁斯 II 600

Metropolitan Water Board　大都市供水局 V 129

Meuseler　　　　　　　　　莫泽勒 IV 97

Meusnier, J. B. M.　　　　默尼耶 IV 406 - 407

Meuvret, J.　　　　　　　默弗脱 IV 31

Meyenberg, J. B.　　　　迈恩博格 V 35

Meyer, W.　　　　　　　　迈尔 IV 642 注释

Miall, Stephen　　　　　迈阿尔 IV 242

Michel, A. G. M.　　　　米歇尔，A. G. M. VII 988

—de Nostradame　　　米歇尔，诺斯特拉德 II 741

Michelangelo　　　　　米开朗琪罗 II 28；III 246，248 - 289

Michelin, Edouard　　　米其兰 V 773

Michels, A. M. J. F.   米歇尔斯 Ⅵ 558

Michelson, A. A.   迈克耳孙 Ⅵ 150

Midgly, T.   米奇利 Ⅶ 989

Miethe, A.   米特 Ⅶ 1282

Mihály, D. von   冯米哈伊 Ⅶ 1259

Miles, G. W.   迈尔斯, G. W. Ⅵ 554, 650

—Thomas   迈尔斯, 托马斯 Ⅳ 345

Mill, Henry   米尔 Ⅴ 689

Miller, Patrick   米勒, 帕特里克 Ⅴ 142 – 143

—Robert   米勒, 罗伯特 Ⅳ 300

—Samuel   米勒, 塞缪尔 Ⅴ 147

Miller & Richard   米勒 – 理查公司 Ⅴ 683

Mills, E. W.   米尔斯, E. W. Ⅵ 252

—F. W.   米尔斯, F. W. Ⅶ 1285

—J.   米尔斯, J. Ⅶ 1336

—Peter   米尔斯, 彼特 Ⅲ 297

Milne, Thomas   米尔恩 Ⅳ 615

Milton, John   弥尔顿 Ⅴ 776

Miner, W. M.   迈纳 Ⅶ 1240

Minkelers, J. P.   闵凯勒尔 Ⅳ 252, 260

Miseroni, Dionisio   米塞罗尼 Ⅲ 223

Missaglia, Benedetto da   米萨利亚 Ⅲ 448 – 450

Mitchell, R. J.   米切尔, R. J. Ⅶ 812

—W.   米切尔, W. Ⅶ 811

Mithridates Ⅵ the Great   米特拉达梯六世 Ⅱ 593

Moberly, George   莫伯利 Ⅴ 785

Modena, Filippo da   摩德纳 Ⅲ 445

Moede, W.   默德 Ⅶ 1058

Mohr, Otto   莫尔 Ⅴ 493, 495, 501

Moissant, Charles   穆瓦桑特 Ⅴ 745

Moisson, H.   穆瓦桑 Ⅵ 523, 541

Molineaux	莫里诺 Ⅳ 324
Moll，Tilleman de	德莫尔 Ⅲ 455
Möller，Anton	默勒 Ⅲ 167
Mollweide，K. B.	莫尔魏德 Ⅳ 625
Moncke	蒙克 Ⅳ 656
Monconys	蒙科尼 Ⅲ 680
Mond，A.	蒙德，A. Ⅵ 59
—Ludwig	蒙德，路德维格，化学工业家
carbonic acid，production	碳酸，生产 Ⅴ 239
industrial skill	工业技艺 Ⅴ 239，802，807
nickel refining process	镍精加工法 Ⅴ 88 – 89
Solvay process，improvements	苏尔未法，改进 Ⅴ 243
sulphur，reclamation process	硫，回收法 Ⅴ 238
Monge，Gaspard	蒙日 Ⅳ 482；Ⅴ 493
Monier，Joseph	莫尼耶 Ⅴ 488 –489，502
Monnartz，P.	蒙纳扎 Ⅵ 493
Monotype Corporation	莫诺公司 Ⅴ 712
Monte Corvino，Archbishop John of	蒙特科维诺的约翰大主教 Ⅲ 380
Monteith，Henry	蒙蒂斯 Ⅳ 249
Montgolfier，Jacques Étienne	蒙戈尔费埃 Ⅴ 395
—Joseph Michael	蒙戈尔费埃，约瑟夫·米歇尔 Ⅳ 499；Ⅴ 395，398，526
Montgomerie，William	蒙哥马利 Ⅴ 221
Montlaur，A. de	德蒙洛尔 Ⅵ 521
Moore，Charles T.	穆尔，查尔斯·T. Ⅴ 687
—G. T.	穆尔，G. T. Ⅶ 1377
—Sir John	约翰·穆尔爵士 Ⅴ 824 及注释，831
Morant，R. L.	莫兰特 Ⅵ 143 – 144
Morat，F.	莫拉特 Ⅵ 668
Mordey，W. M.	莫迪 Ⅴ 194 – 195，198，200

Moreton, Charles	莫尔顿 Ⅲ 157
Morgan of Battersea	巴特西的摩根 Ⅳ 143
Morgenthaler, O.	默根特勒 Ⅶ 1272
Moritz, Carl Philipp	莫里茨 Ⅳ 530
Morland, Sir Samuel	塞缪尔·莫兰爵士 Ⅳ 672；Ⅶ 1161
Morley, Thomas	莫利 Ⅲ 409
Morphy, D. W.	莫菲 Ⅵ 295
Morrice (or Morris), Peter	莫里斯 Ⅲ 317；Ⅳ 207
Morris, William	莫里斯 Ⅴ 694；Ⅶ 1274
Morrison, Charles (possibly 'C. M.')	莫里森 Ⅳ 649
Morse, Samuel F. B.	莫尔斯 Ⅳ 659；Ⅴ 218, 220
Mort, Thomas Sutcliffe	莫特 Ⅴ 47－48
Mortimer, John	莫蒂默 Ⅲ 134
Morton, G. A.	莫顿，G. A. Ⅶ 1105
—James	莫顿，詹姆斯 Ⅵ 566－567
—John	莫顿，约翰 Ⅳ 5
—W. T. G.	莫顿，W. T. G. Ⅴ 312
Morveau, Guyton, de	莫尔沃；参见 Guyton de Morveau
Moseley, Henry	莫斯利 Ⅴ 492
Moserr, E.	莫泽 Ⅴ 587
Moss, S. H.	莫斯 Ⅶ 1020－1021
Motel	莫特尔 Ⅳ 414
Mouchel, Louis Gustav	穆谢尔 Ⅴ 490
Moulton, Lord	莫尔顿勋爵 Ⅶ 1179
—Stephen	莫尔顿，史蒂芬 Ⅴ 764, 766－767, 769
Mountaine	芒坦 Ⅲ 555
Mouras, L.	穆拉 Ⅶ 1394
Moxon, Joseph	莫克森，冶金家和作家
carpentry methods	木工法 Ⅱ 242, 250－253
printing presses	印刷机 Ⅲ 401

M

steel quality	钢铁质量 Ⅲ 35
strength of materials	材料强度 Ⅳ 471 – 473
tool-kit, carpenter's	工具箱, 木匠的 Ⅲ 116
type-casting	铸字技术 Ⅲ 44
type-founding	铸字 Ⅲ 381, 391 – 396
Mudge, Thomas	马奇, 汤马斯 Ⅲ 673 – 674; Ⅳ 415
—William	马奇, 威廉 Ⅳ 607
Mueller, M.	米勒 Ⅶ 819
Muhammad, Prophet of Islam	穆罕默德, 伊斯兰教先知 Ⅲ 580
Muhammad Ali	穆罕默德·阿里 (1805—1849 年) Ⅴ 542 – 543
Muhammad ibn Qala'un	穆罕默德·伊本·格勒努 Ⅲ 203
Muir, Malcolm	缪尔 Ⅳ 437
Mulgrave, Baron	马尔格雷夫男爵; 参见 Phipps, C. J.
Mullen, B. F.	马伦 Ⅵ 471
Muller, Johann	米勒, 约翰; 参见 Regiomontanus
—John	米勒, 约翰 Ⅳ 444
—P.	米勒, P. Ⅵ 324
—W.	米勒, W. Ⅶ 717
Mulot, H. M. J.	缪洛 Ⅴ 555
Mumfort & Moodie	芒福德 – 穆迪 Ⅴ 670
Munro, J. M. H.	芒罗 Ⅶ 1391
Munsing, G.	芒辛 Ⅵ 682
Münster, Sebastian	明斯特 Ⅲ 540
Munsterberg, H.	闵斯特贝尔格 Ⅵ 85
Munters, C.	蒙特斯 Ⅶ 1146
Muntz, A.	蒙茨, A. Ⅶ 1387
—G. F.	芒茨, G. F. Ⅳ 130; Ⅴ 607
Murdock, William	默多克, 工程师
coal-gas	煤气 Ⅳ 165, 262 – 263, 265 – 268
crankshaft invention	曲柄臂发明 Ⅳ 185 – 186

gas-lighting 煤气照明 Ⅳ 246，252，261－263，265－
266

oscillating engine 摆缸式发动机 Ⅴ 146
rust cement，invention 铁屑水泥，发明 Ⅴ 476
slide-valve invention 滑阀的发明 Ⅳ 186
Murray，James 默里，詹姆斯 Ⅴ 254
—Lord George 乔治·默里勋爵 Ⅳ 646
—Matthew 默里，马修 Ⅳ 186，292，433；Ⅴ 322
Mushet，Robert Forester 马希特 Ⅴ 55，65，70，640
Mushin，W. W. 穆辛 Ⅶ 1348
Muspratt，James 马斯普拉特，詹姆斯（1793—1886 年），
化学制造家 Ⅳ 239

ammonia-soda process 氨碱法 Ⅴ 241－242
Leblanc soda processes 吕布兰碱加工法 Ⅳ 239，241；Ⅴ 236，
238－239，802

sulphuric acid process 硫酸加工法 Ⅴ 245
—James Sheridan 马斯普拉特，詹姆斯·谢里丹（1821—
1871 年）Ⅴ 241－242，245

Musschenbroek，Pieter van 范米森布鲁克 Ⅲ 59；Ⅳ 479；Ⅴ736
Mussolini，B. 墨索里尼 Ⅵ 12，17，20
Muybridge，E. 迈布里奇 Ⅴ 737，739－740
Muys，Cornelis Dircksz 穆伊斯 Ⅳ 156，638－640
Mycerinus 迈锡尼努斯 Ⅰ 668
Myddleton，Sir Hugh 休·米德尔顿爵士 Ⅳ 492
Mylius，J. D. 米利乌斯 Ⅱ 740
Mylne，Robert 米尔恩 Ⅳ 453－455

N

Nabonassar 那波纳萨 Ⅲ 564－566
Nabonidus 纳波尼德斯 Ⅰ 282

Nabopalassar   尼布甲尼撒 Ⅰ 256

Napier, Sir Charles   查尔斯·内皮尔爵士 Ⅳ 587

—David   内皮尔，戴维 Ⅴ 145, 696–697

—James   内皮尔，詹姆斯 Ⅳ 128

—John, Baron of Merchiston   约翰·内皮尔，梅奇斯顿的男爵 Ⅲ 58; Ⅶ 1151–1153

—Robert & Sons   内皮尔–罗伯特父子公司 Ⅳ 587

Napir-asu   纳皮尔女王 Ⅰ 631

Napoleon Bonaparte   拿破仑一世 Ⅵ 1

    afforestation   人工造林 Ⅳ 32

    canals and waterways   运河和河道 Ⅳ 555–556

    electric battery   电池 Ⅳ 226–227

    farming   农业 Ⅳ 27–28

    roads   道路 Ⅳ 526, 529, 536

    textile machinery   纺织机械 Ⅳ 292

    visual telegraphy   可视电报 Ⅳ 647

—Ⅲ   拿破仑三世 Ⅴ 91, 248, 809; Ⅶ 1400

Narmer   那尔迈 Ⅰ 754–745, 表 F

Nash, Isaac   纳什，艾萨克 Ⅲ 116

—John   纳什，约翰 Ⅳ 447, 474; Ⅴ 837

Nāsir al-Dīn al-Ṭūsī   图西 Ⅲ 584

Nasmyth, James   内史密斯，工程师

    biographical notes   生平事略 Ⅳ 418; Ⅴ 801, 838

    industrial change, discussion   产业变化，讨论 Ⅴ 801, 804

    inverted steam engine   倒蒸汽引擎 Ⅴ 133–134

    machine tools   机床 Ⅳ 428–431, 435

    plane surfaces, importance   平整表面，重要性 Ⅳ 424–425

    safety machinery   机械安全 Ⅴ 832

    slot-drilling machine   开槽机 Ⅴ 643

    sluice-valve invention   闸阀发明 Ⅳ 501

    small arms industry   小型武器工业 Ⅳ 440; Ⅴ 639

    steam hammer   蒸汽锤 Ⅳ 116, 430–431, 图版 24 A,

		B；V 610，636
valve design, hydraulic	阀门设计，水力	V 536
Nassau, Prince of	拿骚王子	IV 260
Natta, G.	纳塔	VI 559－560
Naugle, H. M.	诺格尔	VI 496
Navier, C. L. M.	纳维	IV 444，480；V 491，496，502
	注释	
Nearchos	奈阿尔科斯	I 371
Neb-Hepet-Re	奈布·赫佩雷	I 435
Nebuchadrezzar, Assyrian king	尼布甲尼撒，亚述王	
Babylon, sketch-plan	巴比伦，城市规划	III 270
bridge construction	桥梁建筑	I 715
cast-bronze fittings	铸铜装置	I 634
chronology	年表	I 表F
defences, Babylon	防御，巴比伦	I 555
'hanging gardens'	"空中花园"	I 551
mastic, building	胶泥，建筑	I 256
script discovery	文字发现	I 766
wine imports	葡萄酒进口	I 282
Neckam, Alexander	内克姆	II 124，532；III 523
Neddermayer, S. H.	内德迈耶	VI 274
Needham, Joseph	李约瑟，历史学家	
China, historical dates	中国，古代日历	II 768－771
iron ore, smelting process	铁矿，熔融法	III 73－74
rockets, gunpowder	火箭，火药	VII 859
stirrups, use in China	马镫，在中国的使用	II 556 注释 2
Nef, J. U.	内夫	IV 233
Nehou, Lucas de	德内乌	III 238
Neilson, James Beaumont	尼尔森，工程师	V 804
gas jets, lighting system	煤气头，照明系统	IV 272
Glasgow Gas Workmen's Institution	格拉斯哥天然气工人技校	V 777

N

iron, hot-blast furnace	铁, 热鼓风炉 IV 109 – 110, 253; V 67
Nelson, Horatio	纳尔逊, 霍雷肖 IV 575, 582 – 583
—J.	纳尔逊, J. VI 649
Neri, A.	内里, 作家 IV 234
flux, lead constituent	溶剂, 铅成分 V 672
glass-making	玻璃制造 III 217, 219, 221, 229, 681
speculum-metal	镜用合金 III 41
Nernst, W.	能斯特 VI 522, 526
Nervi, P. L.	内尔维 VII 935, 951
Nesfield, V.	内斯菲尔德 VII 1377
Neugebauer, O.	诺伊格鲍尔 III 564, 603
Neumann, J. von	冯·诺伊曼, 电力工程师
computers	计算机 VII 1190 – 1194
'parallel' computer design	"并行" 计算机设计 VII 1196 – 1198
programming techniques	编程技术 VII 1199
—Caspar	诺伊曼, 卡斯伯 III 692
—Paul	诺伊曼, 保罗 V 495, 502
Neuville	纳维尔 IV 461
Neville, Francis H.	内维尔 V 607
New York Kerosene Oil Company	纽约煤油公司 V 105
Newall, J. W.	纽沃尔 VII 1053
Newberry, William	纽伯里 IV 437
Newcastle & District Electric Lighting Company	纽卡斯尔 – 地区电力照明公司 V 139
Newcomen, Thomas	纽科门, 工程师
atmospheric engine	大气引擎 IV 79; V 141
chronology, steam-power	年表, 蒸汽动力 IV 165, 672 – 673; VI 52
cotton-mill engines	纱厂发动机 IV 283
engines, Cornish mines	发动机, 康沃尔矿 IV 78 – 79; V 124

pumping engine	蒸汽泵 Ⅳ 171，173 – 176，178 – 182，186；Ⅴ 124	
pumps，beam use	水泵，游梁使用 Ⅵ 398	
water-wheel，steam-power	水轮，蒸汽动力 Ⅳ 199	
Newell，R. E.	纽厄尔 Ⅵ 241	
Newnes	纽恩斯 Ⅴ 835	
Newton	纽顿（约 1856 年）Ⅳ 323	
—Sir Isaac	艾萨克·牛顿爵士（1642—1727 年），数学家	
atomic concept，physics	原子概念，物理学 Ⅳ 223	
ballistics	弹道 Ⅲ 375	
dynamics	动力学 Ⅲ 344	
Earth，shape	地球，形状 Ⅲ 553；Ⅴ 441	
frictional machine	摩擦起电机 Ⅳ 648	
'fusible metal'	"易熔金属" Ⅳ 120	
hydrodynamical theory	流体动力学理论 Ⅴ 407	
instrument mechanics	机械设备 Ⅲ 642，644 – 645	
lenses	透镜 Ⅲ 232 – 234；Ⅳ 358	
mechanics，third law	力学，第三定律 Ⅶ 859	
photographic arts	摄影艺术 Ⅴ 735，738	
quadrant principle	象限仪原理 Ⅲ 555	
ships	船 Ⅴ 353，387	
speculum-metal	镜用合金 Ⅲ 41，634	
telescopes	望远镜 Ⅲ 41，551 注释，632 – 634	
vision，persistence	视觉，滞留 Ⅴ 735	
Niagara Falls Paper Company	尼亚加拉大瀑布纸业公司 Ⅴ 533	
Niagara Power Company	尼亚加拉动力公司 Ⅴ 533	
Nicholas，Ⅰ.	尼古拉一世 Ⅳ 656	
Nicholas of Cusa	库萨的尼古拉 Ⅲ 231，533	
Nicholaus Germanus（Donis），Dominus	格尔马努斯（多尼斯）Ⅲ 531 –532	
Nicolle，Eugene D.	尼科尔 Ⅴ 47	

Nicholson, Edward C.　　　　　尼科尔森，爱德华·C. Ⅴ 272

—Peter　　　　　　　　　　　尼科尔森，彼得 Ⅳ 472

—William　　　　　　　　　　尼科尔森，威廉 Ⅳ 227, 653; Ⅴ 695,
　　　　　　　　　　　　　　　　698

Nicot, Jean　　　　　　　　　　尼科 Ⅲ 8, 10

Niépce, Joseph, Nicéphore　　　涅普斯 Ⅴ 702, 719 – 720, 725, 图版 42
　　　　　　　　　　　　　　　　A, 图版 43

Nightingale, Florence　　　　　南丁格尔 Ⅴ 824

Nipkow, P.　　　　　　　　　　尼普科 Ⅶ 1258

Niquet, Antoine　　　　　　　　尼凯 Ⅲ 467, 468 注释

Nishizawa, H.　　　　　　　　　西泽 Ⅶ 813

Nixon　　　　　　　　　　　　　尼克松 Ⅳ 93

Nobel, Alfred　　　　　　　　　诺贝尔，阿尔弗雷德，化学家 Ⅴ 821

　explosives　　　　　　　　　炸药 Ⅴ 285, 292 – 293, 295

　petroleum, refining stills　　汽油，精炼技术 Ⅴ 114

　pipe-line pioneer　　　　　　输油管先驱 Ⅴ 122

—brothers　　　　　　　　　　诺贝尔兄弟 Ⅵ 408

Nobile, U.　　　　　　　　　　诺比莱 Ⅶ 797

Noble　　　　　　　　　　　　　诺布尔 Ⅳ 297

Noël, Dom　　　　　　　　　　　诺埃尔 Ⅳ 398

Nolf, A. L.　　　　　　　　　　诺尔夫 Ⅴ 251

Nollet, A.　　　　　　　　　　　诺莱，A. Ⅳ 649; Ⅴ 207

—F.　　　　　　　　　　　　　诺莱，F. Ⅴ 181, 183

Norfolk Estuary Company　　　诺福克大河口公司 Ⅴ 545

Normand, Benjamin　　　　　　诺尔芒 Ⅴ 149

Norris, Richard Hill　　　　　　诺里斯 Ⅴ 728

North, Simeon　　　　　　　　　诺思 Ⅳ 438

North American Kerosene Gas　北美煤油煤气灯具公司（后称纽约煤油
　Light Company（later New　公司）Ⅴ 105
　York Kerosene Oil Company）

Northrop, J. H.　　　　　　　　诺思罗普，J. H. Ⅴ 584 – 587; Ⅵ 661

—J. K.　　　　　　　　　　　诺思罗普，J. K. Ⅵ 32; Ⅶ 810

Northrup, E. 诺思罗普，Ⅵ 489

Norton, C. H. 诺顿，C. H. Ⅶ 1035，1041 – 1044，1048，
1050

—Thomas 诺顿，托马斯 Ⅱ 741，743 – 745，747

—W. P. 诺顿，W. P. Ⅶ 1036

Norway, N. S. 诺韦 Ⅶ 1064

Norwood, Richard 诺伍德 Ⅲ 544，550

Nostradamus 诺斯特拉德；参见 Michel de Nostradame

Nouaille 努瓦耶 Ⅳ 312

Novate, Bertola da 诺瓦特 Ⅲ 445 – 446

Nowotry, W. 诺沃特尼 Ⅶ 813

Numa 努马 Ⅲ 575

Nuñez, Pedro 努涅斯 Ⅲ 548

Nūr al-Dīn 努尔丁 Ⅲ 596

Nyquist, H. 奈奎斯特 Ⅶ 1248

O

Oakes, T. 奥克斯 Ⅳ 112

Oberg, J. E. 奥伯格 Ⅶ 865

Oberth, H. 奥伯特 Ⅶ 859 – 860

Octavian 奥克塔维安；参见 Augustus

Odier 奥迪耶 Ⅳ 650

Odling, W. 奥德林 Ⅵ 141

Oeglin, Erhard, of Augsburg 奥格斯堡的厄格林 Ⅲ 406

Oemichen, E. 厄米肯 Ⅶ 822

Oersted, Hans Christian 奥斯特，物理学家
  aluminium, isolation 铝，分离 Ⅴ 72，90，248
  electrolytic preparations 电解制备 Ⅴ 73
  electromagnetism, discovery 电磁学，发现 Ⅳ 653 – 654；Ⅴ178

Ogilby, John	奥格尔比 Ⅳ 525
Ohain, H. von	奥海恩 Ⅶ 819, 1019
Ohdner, W. T.	奥德纳 Ⅶ 1164
Olaf Geirstad-Alv	奥拉夫·格尔斯塔德-阿尔弗 Ⅱ 580
Olaf Trygvisson	特里格夫松 Ⅱ 583
Olaus Magnus	马格努斯 Ⅳ 56-57, 154
Oldenbarnevelt, Johann Van	范奥尔登巴内费尔特 Ⅲ 302
Olds, R. C.	奥尔兹 Ⅶ 714
Olsen, O. N.	奥尔森 Ⅳ 614
Olympiodorus	奥林匹德罗斯 Ⅱ 733
Omar Ⅰ	奥马尔一世 Ⅱ 615
Onions, Peter	奥尼恩斯 Ⅳ 106
Oordt, G. von	德奥尔托 Ⅵ 524
Opel, F. von	奥佩尔 Ⅶ 821, 859
Opnaim, Mayer	奥普奈姆 Ⅲ 229
Oppenheimer, J. R.	奥本海默 Ⅵ 271-272, 277; Ⅶ 858
Oppert, J.	奥佩特 Ⅰ 779
Orford Copper Company	奥福德铜业公司 Ⅴ 88
Orleans, Duke of	奥林斯公爵 Ⅳ 239
Orme, Philibert de l'	德洛姆 Ⅲ 253-254, 266; Ⅴ 469
Ormsby, M. T M.	奥姆斯比 Ⅶ 1385
Orosius	奥罗修斯 Ⅲ 518
Ortell, Joachim	奥特尔 Ⅲ 317
Osorkon Ⅱ	奥索尔康二世 Ⅰ 537
Ostromislensky, I.	奥斯特洛米斯仑斯基 Ⅵ 556
Ostwald, W.	奥斯特瓦尔德 Ⅵ 527
Otis, Elisha Graves	奥蒂斯 Ⅴ 478, 498
Otis Company	奥蒂斯公司 Ⅴ 664
Otto, N. A.	奥托 Ⅴ 120, 158-160
Otto the Great	奥托大帝 Ⅱ 455
—& Langen	奥托和兰根公司 Ⅴ 159

Otzen, R.　　　　　　　　　奥岑 Ⅶ 872

Oughtred, William　　　　　奥特雷德 Ⅲ 631

Ountash-gal　　　　　　　温塔什·盖尔 Ⅰ 631

Outram　　　　　　　　　乌特勒姆 Ⅳ 572

Ovid　　　　　　　　　　奥维德 Ⅲ 575

Oviedo　　　　　　　　　奥维多 Ⅴ 102

Owen, Robert　　　　　　欧文 Ⅴ 830

Owens, M. J.　　　　　　欧文斯 Ⅴ 675 – 676；Ⅵ 580，582

Oxford Electrical Company　牛津电气公司 Ⅴ 230

Oxland　　　　　　　　　奥克斯兰德 Ⅳ 124

P

Paabo, M.　　　　　　　　帕博 Ⅵ 665

Pace, Girolamo di　　　　　佩斯 Ⅲ 310

Pacinotti, Antonio　　　　　帕奇诺蒂 Ⅴ 188

Pacioli, Luea　　　　　　　帕乔利 Ⅲ 250

Packe, Christopher　　　　帕克 Ⅳ 611 – 612，614，621

Paeonius　　　　　　　　帕埃奥纽斯 Ⅲ 603

Paine, Thomas　　　　　　潘恩 Ⅳ 457

Paixhans, H. J.　　　　　佩克桑 Ⅳ 588

Palissy, Bernard　　　　　帕利西，陶艺家和作家
　ceramic industry, France　　陶瓷工业，法国 Ⅲ 678；Ⅳ 329
　plant-nutrition　　　　　　植物营养学 Ⅳ 37
　experimental method　　　实验法 Ⅳ 234
　town-planning　　　　　　城镇规划 Ⅲ 290

Palladio, Andrea　　　　　帕拉第奥，建筑师
　bridge structures　　　　桥梁结构 Ⅲ 417，426 – 427，429
　building style　　　　　　建筑风格 Ⅳ 469 – 471
　road-plan　　　　　　　道路规划 Ⅳ 520 – 521

Palladius 帕拉第乌斯 Ⅱ 97，601

Palmer，William 帕尔默 Ⅲ 458

Panciroli，Guido 潘奇罗利 Ⅲ 677

Panhard & Levassor 庞阿尔和勒瓦索尔商行 Ⅴ 429－430

Pantheus，J. A. 庞特 Ⅲ 27，29，40－41，47－48

Papanicolaou，G. N. 帕帕尼科拉乌 Ⅶ 1356

Papin，Denis 帕潘，法国物理学家

  digesters（'pressure-cookers'） 蒸煮锅（"压力锅"）Ⅴ 39 注释

  gunpowder engine，experiments 火药引擎，实验 Ⅴ 157

  paddle-steamer proposal 桨轮船提议 Ⅴ 141

  steam inventions 蒸汽发明 Ⅲ 687；Ⅳ 165，171，173

  steam-power 蒸汽动力 Ⅳ 171，173，672；Ⅴ 124

  vacuum pump 真空泵 Ⅱ 634；Ⅲ 637

Pappus 帕普斯 Ⅲ 586，590－592

Pappus of Alexandria 亚历山大的帕普斯 Ⅱ 603，636，645

Paracelsus（T. B. von Hohenheim） 帕拉切尔苏斯（霍恩海姆）Ⅳ 665

  alcohol 酒精 Ⅰ 293

  drugs，medical 药物，医疗 Ⅴ 318 注释 1

  metals 金属 Ⅲ 29，30 及注释 1，690

  mineral remedies 矿物药 Ⅱ 372

  purity，substances 净化，物质 Ⅱ 744－745；Ⅴ 318 注释 1

  sulphuric acid 硫酸 Ⅳ 242

Paré，Ambroise 帕雷 Ⅲ 374

Parent 帕伦特 Ⅳ 405

Paris 帕里斯（约 1750 年）Ⅳ 398

—J. A. 帕里斯，J. A.（主要活动于 1826 年）Ⅴ 735，751

Parker，C. W. 帕克，C. W. Ⅴ 647

—James 帕克，詹姆斯 Ⅳ 448

—John 帕克，约翰 Ⅶ 1038

—R. A. 帕克，R. A. Ⅲ 561 – 565

—W. 帕克，W. Ⅵ 49

Parkes, Alexander 帕克斯，发明家

  celluloid 胶片 Ⅴ 729，747 注释 1

  furnaces 熔炉 Ⅴ 80 – 81

  nitrocellulose lacquer 硝基清漆 Ⅵ 600

  'Parkesine' plastic "硝化纤维"塑料 Ⅵ 552

  rubber 橡胶 Ⅴ 768

Parma, Duke of 帕尔马公爵 Ⅲ 315

Parmelee, J. M. 帕米利 Ⅶ 1168

Parnell, Henry 帕内尔 Ⅳ 543

Parry, George 帕里，乔治 Ⅳ 113；Ⅵ 475

—Sir William Edward 威廉·爱德华·帕里爵士 Ⅴ 39，图版 4 B

Parsons, Sir Charles A. 查尔斯·A. 帕森斯爵士，工程师

  gear pump 齿轮泵 Ⅶ 987

  industrial change, discussion 产业变化，讨论 Ⅴ 822

  marine turbines 船用涡轮机 Ⅴ 150 – 152；Ⅶ 1025, 1027,
    1033

  steam-turbines 蒸汽涡轮机 Ⅴ 138 – 139

  turbines, general 涡轮机，概述 Ⅶ 1025, 1028, 1030,
    1069

  Turbinia, demonstration 特比尼亚号，演示 Ⅴ 150 – 152, 156；
    Ⅶ 1033

Parsons Marine Steam Turbine 帕森斯船用蒸汽轮机公司 Ⅴ 152
Company

Pascal, Blaise 帕斯卡，哲学家和数学家

  barometric pressure experiments 气压实验 Ⅲ 543；Ⅳ169

  calculating-machine 计算机 Ⅲ 627；Ⅶ 1151, 1159 – 1160,
    1161

  hydrostatic law 流体静力学定律 Ⅴ 535

  vacuum, analysis 真空，分析 Ⅲ 332

Pasley, Sir Charles　　　　　　　查尔斯·帕斯利爵士 Ⅳ 448

Passemant　　　　　　　　　　　帕锡曼 Ⅳ 398

Pasteur, Louis　　　　　　　　　巴斯德，化学家和细菌学家

　agriculture　　　　　　　　　农业 Ⅴ 17

　bacteriology　　　　　　　　　细菌学 Ⅴ 315，561，825

　canning process　　　　　　　罐头加工 Ⅴ 42

　fermentation process　　　　　发酵过程 Ⅴ 302 – 303

　food preservation　　　　　　食物保藏 Ⅶ 1401

　sewage treatment　　　　　　污水处理 Ⅶ 1387

　silkworms, diseases　　　　　蚕，疾病 Ⅳ 309，319 – 320

　sterilizers, discussion　　　　杀菌器，讨论 Ⅶ 1355

Pastor C.　　　　　　　　　　　帕斯特 Ⅵ 664

Paterson W.　　　　　　　　　　佩特森 Ⅶ 1375

Patron J. G.　　　　　　　　　　佩顿 Ⅵ 558

Patsayev V. I.　　　　　　　　　帕采耶夫 Ⅶ 857

Patterson A.　　　　　　　　　　帕特森，A. Ⅴ 421

—J. H.　　　　　　　　　　　　帕特森，J. H. Ⅵ 84

Pattinson, H. L.　　　　　　　　帕廷森 Ⅳ 137 – 138

Pattison, M.　　　　　　　　　　珀蒂森 Ⅵ 162

Pattle, St J.　　　　　　　　　　帕特利 Ⅶ 813

Paul, Lewis　　　　　　　　　　保罗，路易斯 Ⅲ 153 – 154，162 – 163；
　　　　　　　　　　　　　　　　Ⅳ 151，277，280

—R. W.　　　　　　　　　　　保罗，R. W. Ⅴ 746

Paul Ⅲ, Pope　　　　　　　　　保罗三世，教皇 Ⅲ 288

—Ⅳ, Pope　　　　　　　　　　保罗四世，教皇 Ⅲ 288

—Ⅴ, Pope　　　　　　　　　　保罗五世，教皇 Ⅲ 289

Paulus Alemannus　　　　　　　阿勒门诺斯 Ⅲ 657

Pausanias　　　　　　　　　　　保萨尼阿斯 Ⅱ 6，25，30，498

Paxton, Sir Joseph　　　　　　　约瑟夫·帕克斯顿爵士 Ⅳ 476；Ⅴ 837

Payen, of Paris　　　　　　　　巴黎的帕扬 Ⅳ 143

Peacock, James　　　　　　　　皮科克 Ⅳ 501

Peal, Samuel	皮尔 V 756
Pearsall, H. D.	皮尔索尔 V 527
Pearson, K.	皮尔逊 Ⅶ 1368
Peckston, T. S.	佩克斯顿 Ⅳ 270
Peierls, R. E.	派尔斯 Ⅵ 226 – 227，232，235，269
Pekelharing, C. A.	佩克尔哈林 Ⅵ 301
Péligot, E. M.	佩利戈 Ⅵ 257
Pellatt（Green &）	佩莱特（和格林）Ⅳ 361
Pelletier	佩尔蒂埃（约1797 年）Ⅳ 253
—P. J.	佩尔蒂埃，P. J.（1788—1842 年）V 318
Pellew, Edward（Viscount Exmouth）	珀柳（埃克斯茅斯子爵）Ⅳ 582，585
Pelling	佩林 Ⅲ 5
Pelouze, T. J.	珀卢兹 Ⅳ 376；V 106，114，284
Peltier, Martin	佩尔蒂埃 Ⅳ 638，641
Pelton, Lester Allen	佩尔顿 V 532 – 533；Ⅵ 206 – 207
Pénaud, Alphonse	佩诺 V 397，404 注释，408 – 410
Peneau, A.	佩诺 Ⅶ 808
Penn, J., & Son of Greenwich	格林尼治的 J. 佩恩父子公司 Ⅳ 589
—John	佩恩，约翰 V 146，148，154
—William	佩恩，威廉 V 829
Pennant, Thomas	彭南特 Ⅳ 580
Penney, W. G.	彭尼 Ⅵ 281 – 282
Pennsylvania Rock Oil Company	宾夕法尼亚岩油公司 V 109
Pepi Ⅰ, Egyptian king	佩皮一世，埃及国王
chronology	年表 Ⅰ 表 F
copper statues	铜制雕像 Ⅰ 639 – 642
sheet metal-work	板金加工 Ⅰ 637
Pepys, Samuel	佩皮斯，日记家
beverages	饮料 Ⅲ 5 – 6
guns	枪 Ⅲ 358

leather, gilding-process　　　　　　　皮革，镀金工艺 Ⅱ 174

London, Great Fire　　　　　　　　　伦敦，大火 Ⅲ 297

multiplication, difficulties　　　　　　乘法，困难 Ⅶ 1151

ships, hull design　　　　　　　　　　船，船体设计 Ⅲ 488，490

Perabsen　　　　　　　　　　　　　　伯里布森 Ⅰ 283

Percy, Lord E.　　　　　　　　　　　　E. 珀西勋爵 Ⅵ 152，167

—Henry　　　　　　　　　　　　　　　珀西，亨利 Ⅱ 749

—John　　　　　　　　　　　　　　　　珀西，约翰 Ⅳ 135；Ⅴ 617 注释 2，633

Peregrinus, Peter, of Maricourt　　　　马里库尔的彼得·佩雷格里纳斯 Ⅲ 524

Péreire, Isaac　　　　　　　　　　　　佩雷尔 Ⅴ 820

Pericles　　　　　　　　　　　　　　　伯里克利 Ⅲ 272

Périer, J. C.　　　　　　　　　　　　　佩里耶 Ⅴ 142

Perin　　　　　　　　　　　　　　　　佩林 Ⅳ 437

Perkin, A. G.　　　　　　　　　　　　珀金，A. G. Ⅵ 673

—Sir William Henry　　　　　　　　　威廉·亨利·珀金爵士，化学家

　　alizarin process　　　　　　　　　茜素工艺 Ⅴ 276 – 277

　　aniline dyes　　　　　　　　　　　苯胺染料 Ⅴ 235，270 – 272，274

　　biographical notes　　　　　　　　生平事略 Ⅴ 790

　　coumarin, synthesis　　　　　　　香豆素，合成 Ⅴ 317

　　dyestuffs industry　　　　　　　　染料工业 Ⅴ 281，300，795

　　mauveine, discovery　　　　　　　苯胺紫，发现 Ⅵ 117

—Thomas Dix　　　　　　　　　　　　珀金，托马斯·迪克斯 Ⅴ 271

Perkins, Jacob　　　　　　　　　　　　珀金斯 Ⅴ 45 – 46，133

Perrault, Claude　　　　　　　　　　　贝洛 Ⅲ 58，256；Ⅳ 474

Perret, J. J.　　　　　　　　　　　　　佩雷 Ⅶ 1317

Perrin, M. W.　　　　　　　　　　　　佩林 Ⅵ 558

Perritt, R.　　　　　　　　　　　　　　佩里特 Ⅶ 1353

Perronet, Jean Rodolphe　　　　　　　佩罗内特，工程师

　　arch-ring principle　　　　　　　　拱形大桁梁 Ⅲ 436

　　bridges　　　　　　　　　　　　　桥梁 Ⅳ 451 – 454

　　bridges, pier thickness　　　　　　桥梁，桥墩厚度 Ⅲ 428 – 429

training-school 培训学校 Ⅳ 442，444，526

Perrot，Bernard，of Orleans 奥尔良的伯纳德·佩罗 Ⅲ 225

—Humphrey，of Bristol 布里斯托尔的汉弗莱·佩罗特 Ⅲ 226

Perry 佩里（约1791年）Ⅳ 580

—J. 佩里，J.（主要活动于1880年）Ⅶ 1257

—Captain John 海军上校约翰·佩里（约1715年）Ⅲ 422

Perthes，Justus 佩尔特斯 Ⅳ 622

Peruzzi，B. 佩鲁齐 Ⅲ 288

Pescara，R. de Pateras 佩斯卡拉侯爵 Ⅶ 822，991

Peter，abbot of Gloucester 彼得，格洛斯特的修道院院长 Ⅱ 480

—B. H. 彼得，B. H. Ⅶ 779

Peter Ⅰ，the Great，Czar of
　　Russia 彼得一世，大帝 Ⅲ 453；Ⅳ 553；Ⅶ 1322

Petermann，August 彼得曼 Ⅳ 624

Petrie，W. 皮特里，W. Ⅴ 209

—Sir W. M. Flinders W. M. 弗林德斯·皮特里爵士，古物学家

　　Egyptian hieroglyphic 埃及象形文字 Ⅰ 752－753

　　glass-making，evidence 玻璃制造，迹象 Ⅱ 332，336，341

　　houses，ancient Egypt 房屋，古埃及 Ⅰ 305

　　iron，ancient Egypt 铁，古埃及 Ⅰ 597 注释

　　measures 测量 Ⅰ 779，783

　　pottery kilns 陶窑 Ⅰ 411

　　stools，wooden 木凳 Ⅰ 687

　　tools，Assyrian 工具，亚述人的 Ⅱ 228－230

Petrucci，of Venice 威尼斯的彼得鲁奇 Ⅲ 406

Pett，Peter 佩特，彼得 Ⅲ 485

—Phineas 佩特，菲尼亚斯 Ⅲ 485

Pettus，Sir John 约翰·佩特斯爵士 Ⅲ 677

Petty，Sir William 威廉·佩蒂爵士 Ⅲ 681，692－695；Ⅳ 248

Pettyt，Thomas 佩蒂 Ⅱ 536

Petzval，J. M. 佩策沃尔 Ⅴ 721－722

Peugeot, Armand 珀若，阿曼德 V 429

—Frères 珀若，弗雷尔 V 171 – 172

Pfauter, Herman 普凡特 V 656

Pfister, Albrecht, of Bamberg 班贝格的普菲斯特 Ⅲ 405

Pheidon 菲敦 Ⅱ 485

Phidias 菲狄亚斯 Ⅰ 661, 681; Ⅱ 470

Philip Ⅱ, Macedonian king 腓力二世，马其顿国王 Ⅱ 697, 700

— Ⅱ Augustus, French king 腓力二世，法国国王 Ⅱ 691

Philips, Edouard 菲利普斯，爱德华 Ⅳ 415

—Reuben 菲利普斯，鲁本 Ⅳ 270

Phillips, Peregrine 菲利普斯 V 246 – 247

Phillips & Lee 菲利普斯 – 李公司 Ⅳ 265 – 266, 268;
V 832

Philo of Byzantium 拜占庭的菲洛，机械家

    machinery inventions 机器发明 Ⅱ 633 – 634, 708 注释

    war-machines 战机 Ⅱ 636, 708 注释, 709 – 710,
712 – 713

    water-mills 水磨 Ⅱ 614

Philoponus 菲洛普努斯 Ⅲ 603, 605 – 606, 608

Phipps, Captain C. J. (Baron 菲普斯船长（马尔格雷夫男爵）Ⅳ 619; V 459
    Mulgrave)

Physick, H. V. 菲齐克 V 223

Picard, Jean 吉恩·皮卡尔，制图家

    arc of the meridian 子午线的弧 Ⅲ 544, 553 – 554; Ⅳ 596;
V 441

    astronomical fixes 天文定位 Ⅳ 605, 615

    astronomical tables 天文表 Ⅲ 557

    levelling treatise 水平经纬仪 Ⅲ 543

    map, France 地图，法国 Ⅳ 605

    quadrant, improvement 象限仪，改进 Ⅳ 603

—L. 皮卡德，L. Ⅰ 633 注释

Piccard A. 皮卡德 Ⅶ 1456

Piccolpasso, Cipriano 皮科尔帕索

   kilns 窑 Ⅱ 297 – 300

   potter's kick-wheel 陶匠的踏式陶轮 Ⅱ 289，291

   potter's terms, medieval 陶工的价钱，中世纪 Ⅱ 303 注释

   pottery, Italy 陶器，意大利 Ⅱ 285

   screw-stoppers, pottery 螺旋塞，陶器 Ⅱ 293 – 294

Pickel, Johann Georg 皮克尔 Ⅳ 261

Pickering, William 皮克林 Ⅴ 713

Pielsticker, Carl M. 皮尔斯蒂克 Ⅴ 120 – 121

Pieters, Pieter 彼得斯，彼得 Ⅲ 306

—William 彼得斯，威廉 Ⅲ 306

Pietro dei Crescenzi 彼得罗 Ⅱ 138 – 139

Piggott, S. 皮戈特 Ⅰ 492，494

Pignatelli 皮尼亚泰利 Ⅳ 554

Pilcher, P. S. 皮尔彻 Ⅴ 406 – 407，411

Pilkington, William 皮尔金顿 Ⅴ 242

Pinas, J. 皮尼亚斯 Ⅱ 749

'Pincher Jack' "铁钳杰克" Ⅲ 113 – 114

Pinckney, Eliza 平克尼 Ⅴ 261

Pinson, K. P. 平森 Ⅶ 1337

Pischof, Alfred de 德皮朔夫 Ⅴ 392，409；Ⅶ 792

Pitcairn, J. 皮特凯恩 Ⅵ 574

Pitentino, Alberto 皮滕蒂诺 Ⅲ 442

Pitot, Henry 皮托 Ⅴ 539；Ⅶ 841

Pitt-Rivers, A. 皮特－里弗斯 Ⅰ 313

Pittsburgh Reduction Company 匹兹堡冶炼公司 Ⅴ 93

Pius Ⅳ, Pope 庇护四世，教皇 Ⅲ 288

Pixii, Hippolyte 皮克西 Ⅴ 179 – 191

Planck, M. 普朗克 Ⅶ 1092

Planté, R. L. G. 普朗泰 Ⅴ 206

Plantin, Christophe 普朗坦，克里斯多夫 Ⅲ 43，391 – 392，

394 - 396

—and Moretus, Antwerp　　　　　　　普朗坦和摩特斯，安特卫普 III 402, 404

Plassey, Baron　　　　　　　　　　　普拉西；参见 Clive, Sir Robert

Plateau, J. A. F.　　　　　　　　　　普拉托 V 735 - 736, 739

Platière, Roland de la　　　　　　　　德·拉普拉蒂尔 IV 304

Plato　　　　　　　　　　　　　　　柏拉图，古希腊哲学家

　　Athens, quarrying effect　　　　　雅典，采石后果 II 27

　　Earth, spherical form　　　　　　地球，球形 III 504

　　instruments, criticism　　　　　　仪器，批评 II 632; IV 666

　　lathe, wood-turning　　　　　　　削车床，木车 II 233

Platt, Sir Hugh　　　　　　　　　　休·普拉特爵士 III 80, 135, 679

Platt Brothers　　　　　　　　　　普拉特兄弟 V 610

—and Collier　　　　　　　　　　普拉特和科利尔 IV 296 - 297

Plattes, Gabriel　　　　　　　　　普拉特 III 63, 681

Plattner, C. F.　　　　　　　　　　普拉特纳 IV 142

Platz, R.　　　　　　　　　　　　普拉茨 VII 794

Plautus　　　　　　　　　　　　　普劳图斯 II 134

Playfair, Lyon　　　　　　　　　　普莱费尔 V 782, 785, 789

Pliny the Elder　　　　　　　　　　普林尼，罗马作家

　　agricultural implements　　　　　农业用具 II 86, 88, 96 - 97

　　alum, Egyptian　　　　　　　　明矾，埃及 I 262

　　antimony, chemistry　　　　　　锑，化学元素 I 588

　　bitumen, softening　　　　　　　柏油，软化 I 254

　　brewing　　　　　　　　　　　酿酒 II 140 - 141

　　chemistry　　　　　　　　　　化学 II 350, 355; III 676

　　cloth, preparation　　　　　　　衣物，制备 II 215 - 216, 218

　　cotton from India　　　　　　　印度棉花 I 449; II 199

　　fibres　　　　　　　　　　　织物 II 192 - 195, 197, 199

　　flour and bread　　　　　　　　面粉和面包 II 104 - 105

　　furniture, wooden　　　　　　　家具，木制 II 226

　　glass-making　　　　　　　　　玻璃制造 II 323, 328

leather, preparation   皮革，制备 Ⅱ 151 及注释

Low Countries, drainage   低地国家，排水 Ⅱ 681

maps   地图 Ⅲ 504

metallurgy   冶金 Ⅱ 42，46；Ⅲ 40

military engines   军用装备 Ⅱ 700

mining   采矿 Ⅱ 3，8，19

naphtha（crude oil）   石脑油（粗油）Ⅰ 251

natron production   氧化钠的生产 Ⅰ 260

Nile valley, silt deposits   尼罗河谷，泥沙沉积 Ⅰ 539

parchment   羊皮纸 Ⅱ 189

pigments   颜料 Ⅰ 238，240，247

presses, types   压力，机型 Ⅱ 113 – 114，116 – 118

quarrying   采石 Ⅱ 27，29

radish cultivation   萝卜栽培 Ⅰ 356

Rome, drainage system   罗马，排水系统 Ⅱ 531

salt production   盐的生产 Ⅰ 257

stones, colouring art   石头，染色工艺 Ⅰ 243

threshing, wheat-grains   脱粒，麦粒 Ⅱ 106

timbers   木材 Ⅱ 226，233

tin ore   锡矿 Ⅰ 589

vegetable oils   植物油 Ⅰ 288 – 289

viticulture   葡萄栽培 Ⅱ 134 – 135

wind-rose（direction system）   风向玫瑰图（风向系统）Ⅲ 517

Plot, Robert   普洛 Ⅱ 35；Ⅲ 34

Plumier, C.   普卢米尔 Ⅲ 336

Plunkett, R. J.   普伦基特 Ⅵ 562

Plutarch   普鲁塔克，哲学家和传记作家

    date, foundation of Rome   时期，罗马建立 Ⅲ 578

    machines of Archimedes   阿基米德发明的机器 Ⅱ 604，633；Ⅳ

        665 – 666

    Roman roads   罗马道路 Ⅱ 505，507

Syracuse, siege	叙拉古，围城 Ⅱ 714
Pochabradsky, B.	波恰布拉斯基 Ⅶ 1033
Pocock, G.	波科克 Ⅴ 398
Pococke, R.	波科克 Ⅳ 374
Poisson, S. D.	泊松 Ⅴ 495
Poitiers, Diane de	普瓦捷 Ⅳ 522
Polhelm, Christopher	普尔海姆，发明家 Ⅲ 344 注释
canal improvement	运河改进 Ⅲ 455
metallurgy and mining	冶金和采矿 Ⅲ 31
metal-working, methods	金属制造，方法 Ⅲ 342；Ⅳ 106 – 107；Ⅴ 63
water-driven factory	水力动力工厂 Ⅲ 19
Pollard, S.	波拉德 Ⅵ 77
Pollux	波卢克斯 Ⅱ 199
Polo, Marco	波罗；参见 Marco Polo
Polybius	波利比奥斯 Ⅱ 5
Polzenius, F. E.	波尔扎尼乌斯 Ⅵ 523
Poncelet, J. V.	彭赛列 Ⅳ 203；Ⅴ 493，529，546
Ponte, Antonio da	达蓬特 Ⅲ 424
Poole, B. W.	普尔 Ⅵ 677，688
Popkin, M. E.	波普金 Ⅵ 677，688
Popov, A. S.	波波夫 Ⅶ 1233
Porro, Ignazio	波罗，伊格纳齐奥 Ⅳ 602
—J.	波罗，J. Ⅴ 446
Porsche, F.	保时捷 Ⅶ 719
Porta, Giambattista della	波尔塔，吉安巴提斯塔·德拉，作家
assay method	试金法 Ⅲ 68
foils, colour	箔，颜色 Ⅲ 49
furnace pump	熔炉泵 Ⅲ 53
iron and steel	钢和铁 Ⅲ 33 – 36
lenses reference	透光镜参考资料 Ⅲ 231

microscope	显微镜 Ⅲ 232
speculum-metal	镜用合金 Ⅲ 40
—Giovanni Battista della	波尔塔，乔瓦尼·巴蒂斯塔·德拉 Ⅳ 168；Ⅴ 716
Portal, Lord	波塔尔勋爵 Ⅵ 252
Porte, J. C.	波特 Ⅶ 796
Porter（Aveling &）	波特（和埃夫林）Ⅳ 538
—C. T.	波特，C. T. Ⅴ 131
Portevin, A. M.	波特万 Ⅵ 493
Porthouse, A. (Kendrew, J. and)	肯德鲁（和波特豪斯）Ⅳ 291 – 292
Potter, C. V.	波特，C. V. Ⅴ 75
—John	波特，约翰 Ⅳ 177
Poulsen, A.	波尔森，A. Ⅴ 666
—V.	波尔森，V. Ⅶ 1235，1264，1315
Power, Henry	鲍尔 Ⅲ 57
Powers, J.	鲍尔斯 Ⅶ 1181 – 1182，1200
Prandtl, L.	普朗特 Ⅶ 793，987，1019
Pratt, J. H.	普拉特 Ⅴ 443 – 444
Preller	普雷勒尔 Ⅳ 297
Prescott, Sir William.	威廉·普雷斯科特爵士 Ⅶ 1373
Priestley	普里斯特利（约1889 年）Ⅳ 323
—Joseph	普里斯特利，约瑟夫（1733—1804 年），化学家
dietetic science	饮食科学 Ⅲ 25
dye industry, discussion	染色工业，讨论 Ⅴ 267 及注释
electrochemistry, research	电化学，研究 Ⅴ 177
gases, isolation	气体，分离 Ⅳ 216，228，247
laboratory	实验室 Ⅱ 750，图版43 B
'Lunar Society' membership	"月光社"会员 Ⅳ 673
oxygen, discovery	氧气，发现 Ⅳ 38，218，220 – 221
steel, carbon, content	钢，碳，含量 Ⅳ 108

Priscian	普里希安（主要活动于 350—380 年）Ⅱ 355
—	普里西安（6 世纪）Ⅲ 67
Pritchard, T. F.	普里查德 Ⅳ 455
Proclus	普罗克拉斯 Ⅲ 586, 588, 606
Procopius	普罗科匹厄斯，拜占庭历史学家
cataphracts (mailed cavalry)	铁甲骑兵 Ⅱ 706 – 707
fire-pots, military	火罐，军用 Ⅱ 375
paving, Appian Way	铺路，亚壁古道 Ⅱ 28
shipbuilding	造船 Ⅱ 569
water-mills	水磨 Ⅱ 601, 607 – 608
Profatius	普罗法休斯 Ⅲ 599
Progin, Xavier	普罗然 Ⅴ 689
Prony, Gaspard Francois	普罗尼 Ⅳ 444, 480
Pryce, W.	普赖斯 Ⅳ 78
Ptolemy (Claudius Ptolamaeus of Alexandria)	托勒密（亚历山大的克劳迪亚斯）
anaphoric clock	照应钟 Ⅲ 604 – 605, 616
armillary sphere	星盘浑仪 Ⅲ 591 – 592, 613
astrolabe	星盘 Ⅲ 603, 605 – 606
astronomy, Babylonian	天文学，巴比伦 Ⅰ 802
calendar	日历 Ⅲ 564 – 567
cartography, principles	制图，原理 Ⅲ 521 – 522, 530 – 538
engravings, maps	雕刻，地图 Ⅲ 409
geography	地理学 Ⅲ 502 – 503
instruments	仪器 Ⅲ 583 – 584, 586 – 592, 599
optics	光学 Ⅲ 229 – 230
planetary theory	行星理论 Ⅲ 615 – 616
world map	世界地图 Ⅲ 508 – 511；Ⅳ 596
—Euergetes	托勒密三世 Ⅲ 564
Puckle, O. S.	帕克尔 Ⅶ 1261

Pullars of Perth   珀斯的普拉斯公司 V 271 – 272

Pullein, S.   普莱恩 Ⅳ 310

Pullman, George M.   普尔曼 V 342

Pulsometer Engineering Company   蒸汽吸水机公司 V 564

Pupin, M. I.   普平 Ⅶ 1114, 1236, 1242

Purbach, Georg   普尔巴赫 Ⅲ 608

Pyrrhus   皮洛士 Ⅱ 670

Pythagoras   毕达哥拉斯 Ⅲ 504, 536, 626

Pytheas   皮西亚斯 Ⅱ 569

Q

Qaisar ibn Abu'l-Qāsim   昆萨 Ⅱ 614

Quare, Daniel   奎尔 Ⅲ 669 – 670

Quartleys   夸尔特利 Ⅳ 21

Quiglay, W.   奎格雷 V 583

Quinson   坎松 Ⅳ 323

Quintus Candidius Benignus   贝尼格纳斯 Ⅱ 599

R

Race, J.   雷斯 Ⅶ 1378

Radcliffe, William   拉德克利夫 Ⅳ 299 – 300, 302

Radegund   拉黛贡德 Ⅱ 139, 452, 765

Rajchman, J.   拉吉曼 Ⅶ 1196

Raky, Anton   拉基 V 111

Ralegh, Sir Walter   沃尔特·雷利爵士, 探索家

    Ark Royal, description   "皇家方舟号", 描述 Ⅲ 481

    asphalt lake, visit   沥青湖, 参观 V 102

experiments	实验 Ⅳ 667
navigation, discussion	航海，讨论 Ⅲ 551
potatoes, discussion	马铃薯，讨论 Ⅲ 2
tobacco	烟草 Ⅲ 9 注释
Ramage, Adam	拉梅奇 Ⅴ 691
Ramelli, Agostino	拉梅利，机械工
coffer-dam	围堰 Ⅲ 421 – 422
cross-bows (ballistae)	十字弓 Ⅱ 725
milling machines	铣床 Ⅲ 16, 18
pumping machines	抽泵机 Ⅲ 331 – 332；Ⅳ 638
screws	螺丝 Ⅲ 337
ship, windmill proposal	船，风车提议 Ⅴ 142
tower-mills	塔式磨粉机 Ⅱ 626
windmills, general	风车，概述 Ⅲ 89 – 91, 96, 329 – 330
Rameses Ⅱ, Egyptian king	拉美西斯二世，埃及国王
chronology	年表 Ⅰ 表 F
pectoral, inlaid-gold	胸针，镶金 Ⅰ 659
roads	道路 Ⅰ 714
water-supply, Wadi Alaki	供水，瓦迪阿拉基 Ⅰ 526
wines	葡萄酒 Ⅰ 284
—Ⅲ	拉美西斯三世 Ⅰ 286, 441, 543
Ramond, L.	雷蒙德 Ⅳ 605
Ramsay, Sir William	威廉·拉姆齐爵士 Ⅵ 147
Ramsbottom, John	拉姆斯博顿，约翰 Ⅴ 325, 335 – 336
—and Holt, of Todmorden	托德莫登的拉姆斯博顿和霍尔特 Ⅳ 302
Ramsden, Jesse	拉姆斯登，仪器制造商
balances	天平 Ⅳ 404 – 405
chain measure	测链 Ⅴ 447
dilatometer	膨胀计 Ⅳ 397
dividing-engine	刻线机 Ⅲ 555, 641 – 643；Ⅳ 390, 392 – 395, 图版 1

screw-cutting lathe	螺纹车床 Ⅳ 387 – 388
sextant, improvements	六分仪，改良 Ⅴ 457
telescope parts	望远镜部件 Ⅳ 399
theodolites	经纬仪 Ⅳ 402 – 403；Ⅴ 444
Randall, J. T.	兰德尔 Ⅶ 1107
Randolph, Charles	伦道夫 Ⅴ 422
Ranger, William	兰杰 Ⅴ 487
Ranke, L. von	兰克 Ⅴ 788
Rankine, W. J. M.	兰金，工程师和物理学家
arches, design theory	拱，设计理论 Ⅳ 486；Ⅴ 502
buoyancy, ships	浮力，船 Ⅴ 354 – 355
dams, design principles	大坝，设计原理 Ⅴ 556 – 557；Ⅶ 1368
publications	出版物 Ⅳ 445；Ⅴ 491 – 492, 781
sewers, strength	下水道，强度 Ⅶ 1387
stress and strain	应力和应变 Ⅴ 494, 501
thermodynamics, confirmation	热力学，验证 Ⅳ 163
waves, fluids	波动，流体 Ⅴ 546
work ratings, prime movers	作功功率，原动机 Ⅳ 159
Ransome, E. L.	兰塞姆，E. L. Ⅴ 490 – 491
—Frederick	兰塞姆，弗雷德里克 Ⅴ 484 – 485
—Robert	兰塞姆，罗伯特 Ⅳ 3
Ransome and May	兰塞姆和梅 Ⅳ 11
—& Sims	兰塞姆氏和西姆氏炼铁厂 Ⅴ 490
Raper, H. R.	雷珀 Ⅶ 1328
Rappaport, M. B.	拉帕波尔 Ⅶ 1348
Ratdolt, Erhard	拉特多尔特 Ⅲ 405
Rateau, C. E. A.	拉托 Ⅴ 140；Ⅶ 1025, 1028
Rathborne, Aaron	拉思邦 Ⅲ 541 – 543
Rathenau, Emil	拉特诺 Ⅴ 837
Rattier & Guibal	拉蒂埃和吉巴尔 Ⅴ 765
Raud the Strong	劳德 Ⅱ 583

Ravenscroft，George　　　　　　　　　　雷文斯克罗夫特 Ⅲ 219，221；Ⅴ 672

Rawcliffe，G. H.　　　　　　　　　　　罗克利夫 Ⅶ 1087

Rayleigh，Lord　　　　　　　　　　　　瑞利勋爵 Ⅶ 1239

Raymond，A. E.　　　　　　　　　　　雷蒙德 Ⅶ 825

Read，J.　　　　　　　　　　　　　　　里德 Ⅱ 747

Reade，J. B.　　　　　　　　　　　　　里德 Ⅴ 723

Reader，W. J.　　　　　　　　　　　　里德 Ⅵ 59 – 61，601

Readman，J. B.　　　　　　　　　　　雷德曼 Ⅴ 253 – 254

Reason，R. E.　　　　　　　　　　　　里森 Ⅶ 1050

Réaumur，R. A. Ferchault de　　　　　雷奥米尔，化学家

　　digestion process，stomach　　　　　　消化过程，胃 Ⅲ 25

　　furnaces　　　　　　　　　　　　　　熔炉 Ⅳ 101

　　gold-leaf　　　　　　　　　　　　　金箔 Ⅲ 49 注释

　　metals，structure　　　　　　　　　　金属，结构 Ⅲ 57

　　porcelaine，experiments　　　　　　　陶瓷，实验 Ⅳ 339

　　steel-making process　　　　　　　　钢铁制造工艺 Ⅲ 28 – 29，33

　　tinplate，France　　　　　　　　　　镀锡铁皮，法国 Ⅲ 689

Recklinghausen，H. von　　　　　　　　冯·雷克林豪森 Ⅶ 1345

Reddaway，W. B.　　　　　　　　　　雷德韦 Ⅵ 72

Reden，von　　　　　　　　　　　　　雷登 Ⅳ 235

Redpath Brown　　　　　　　　　　　　雷德帕思·布朗 Ⅴ 477

Reece，J.　　　　　　　　　　　　　　里斯 Ⅵ 683

Reece Corporation　　　　　　　　　　里斯公司 Ⅴ 591

Reech，Frédéric　　　　　　　　　　　雷施 Ⅴ 387 – 388

Rees，Abraham　　　　　　　　　　　里斯 Ⅳ 427

Règemortes，Jean Baptiste de　　　　　德·雷热莫尔特，让·巴蒂斯特 Ⅲ 464

—Noël de　　　　　　　　　　　　　德·雷热莫尔特，诺埃尔 Ⅲ 464

Regiomontanus（Johann Müller）　　　雷乔蒙塔努斯（约翰·米勒），天文学家

　　Alphonsine tables　　　　　　　　　《阿方索天文表》Ⅲ 535，547，617

　　cartography　　　　　　　　　　　　制图学 Ⅲ 535

　　instruments，scientific　　　　　　　科学仪器 Ⅲ 585，591，598

maps	地图 Ⅲ 532
Regnault, H. V.	勒尼奥 Ⅳ 163；Ⅵ 556
Reichart, Christian	赖卡特 Ⅳ 40
Reichenbach, Georg	赖兴巴赫，格奥尔格 Ⅳ 394，399，402
—H. M.	赖兴巴赫，H. M. Ⅴ 729 – 730
Reifenberg, A.	赖芬贝格 Ⅰ 633 注释
Reinecker, J. E. R.	赖内克尔 Ⅶ 1039
Reis, J. Philipp	赖斯 Ⅴ 226
Reisch, Gregor	赖施 Ⅲ 538
Rekhmire	瑞奇米尔 Ⅰ 453，544，627，690 注释
Rembrandt	伦勃朗 Ⅲ 407
Remington Company	雷明顿公司 Ⅴ 689
Remsen, Ira	雷姆森 Ⅴ 318
Renard, Charles	雷纳德，查尔斯（1847—1905 年）Ⅴ 402，404；Ⅶ 822
—Colonel	勒纳尔上校（主要活动于 1880 年）Ⅶ 1052
Renault, Louis	雷诺 Ⅴ 433 – 434
René Ⅱ, Duke	勒内二世公爵 Ⅲ 538
Rennell, James	伦内尔 Ⅳ 610，619；Ⅴ 440
Rennequin, of Liége	列日的雷内昆 Ⅳ 155
Rennie, George	伦尼，乔治 Ⅳ 484；Ⅴ 147 – 148
—John	伦尼，约翰，土木工程师 Ⅳ 444
bridges	桥梁 Ⅳ 455 – 456，458
canals	运河 Ⅳ 571 – 572
cast-iron, strength	铸铁，强度 Ⅳ 484
harbour works	劳力劳动 Ⅳ 466 – 468；Ⅴ 539
iron-mill, design	铁铣刀，设计 Ⅳ 105
marine engines	船用推进器 Ⅴ 147 – 148
saw-mills, design	锯铣刀，设计 Ⅳ 202
steam-dredger	蒸汽疏浚机 Ⅳ 641
watermills, design	水轮，设计 Ⅳ 209

Reppe, W. 里普 Ⅵ 541

Repsold, J. G. 雷普索尔德 Ⅳ 390, 399

Reuleaux, Franz 勒洛 Ⅲ 324 及注释；Ⅳ 150

Revenet, Simon-François 雷文内特 Ⅳ 354

Reviére, J. A. 雷维埃 Ⅶ 1358

Reynaud, F. 雷诺 Ⅴ 743, 745

Reynolds, Osborne 雷诺 Ⅴ 118, 526, 547 – 550

Rhazes 拉兹；参见 Abū Bakr Muhammad ibn Zakariyya al – Rāzī

Rhee, Samuel 塞缪尔·菲 Ⅳ 388

Rheita, Schyrlaeus de 德里塔 Ⅲ 633

Rhijnsburch, Jan van 范莱因斯比尔赫 Ⅲ 442

Rhoissy, Marquis de 德鲁瓦西侯爵 Ⅲ 461 – 462

Rhodes of Bridgnorth 布里奇诺斯的罗兹 Ⅳ 244

Ricardo, H. R. 里卡多 Ⅶ 989, 1008, 1014

Riccobaldi of Ferrara 费拉拉的里科巴尔迪 Ⅲ 382

Rice, R. 赖斯 Ⅶ 814

Richard Ⅰ, English king 理查一世，英国国王 Ⅱ 70

—Ⅱ, English king 理查二世，英国国王 Ⅱ 727

—of Wallingford 沃灵福德的理查德 Ⅲ 585, 593, 617

Richards 理查兹（约 1821 年）Ⅳ 319

—C. F. 理查兹，C. F.（主要活动于 1930 年）Ⅵ 295

—Dickinson 理查兹，迪金森（主要活动于 1937 年）Ⅶ 1357

Richardson, Clifford 理查森，克利福德 Ⅳ 540

—O. W. 理查森，O. W. Ⅶ 1093

Richelieu, Armand du Plessis de 黎塞留 Ⅲ 291

Richer 里歇尔 Ⅳ 394

Riches, W. 里奇斯 Ⅵ 681

Richet, Charles 里歇 Ⅴ 404, 409；Ⅶ 821

Richmond, Duke of 里士满公爵 Ⅳ 607

Richter, Gisela M. A.	里希特 Ⅰ 409
Richthofen, M. von	里希特霍芬 Ⅶ 795
Rickett, Thomas	里基特 Ⅴ 420 –421
Richman, Thomas	里奇曼 Ⅴ 470
Rickover, H. G.	里科弗 Ⅵ 244，252 –254
Ridley, H. N.	里德利，H. N. Ⅴ 774
—Mark	里德利，马克 Ⅲ 543
Riedel, K.	里德尔 Ⅶ 863
Riefler, S.	里夫勒 Ⅲ 671
Riggenbach, N.	里根巴赫 Ⅴ 346
Riley, James	赖利 Ⅴ 88，373
Rinaldi, Georges	里纳尔迪 Ⅲ 453
Ringman	林曼 Ⅲ 538
Riquet, Jean-Mathias	里凯，让－马蒂亚斯 Ⅲ 466
—Pierre-Paul	里凯，皮埃尔－保罗 Ⅲ 464 –468
Ritter, J. W.	里特，J. W. Ⅳ 227；Ⅴ 205，718
—Wilhelm	里特，威廉 Ⅴ 493，501
Riva-Rocci, S.	里瓦－罗奇，S. Ⅶ 1344
Rivaz, de	里瓦兹 Ⅳ 410
Rivers, Lieutenant	里弗斯 Ⅳ 577
Robais, Van	罗拜斯；参见 Van Robais
Robbia, Luca della	罗比亚 Ⅳ 334
Robbins & Lawrence Company	罗宾斯－劳伦斯公司 Ⅳ 435 –436，439 –440；Ⅴ 645 –646，653
Robert	罗伯特（约1783 年）Ⅳ 255
—Nicholas-Louis	罗贝尔，尼古拉斯－路易斯（1761—1825 年）Ⅲ 415 –416；Ⅵ 614
Robert of Chester	切斯特的罗伯特（12 世纪）Ⅱ 738
Roberts, A.	罗伯茨，A. Ⅶ 1057
—Dale & Company	罗伯茨－戴尔公司 Ⅴ 274
—Hill & Company	罗伯茨－希尔公司 Ⅳ 301
—Richard	理查德·罗伯茨，机床制造者 Ⅳ 418

loom-making partnership	织布机制造伙伴关系	Ⅳ 300 – 303
machine-tools	机床	Ⅳ 423，428 – 429，433 – 435
mule，steam driven	马骡，蒸汽动力	Ⅳ 288 – 290
planing machine	刨床	Ⅴ 650
Roberts-Austen，Sir William Chandley	威廉·钱德利·罗伯茨 – 奥斯汀爵士	Ⅴ 607
Robertson，John	罗伯逊，约翰	Ⅴ 458
—J. Drummond	罗伯逊，J. 德拉蒙德	Ⅲ 663 注释 2
Robins，Benjamin	罗宾斯	Ⅲ 360
Robinson，of Papplewick	帕波威克的鲁滨逊（约 1874 年）	Ⅳ 154
—Thomas	鲁滨逊，托马斯（约 1732 年）	Ⅴ 240
— —	鲁滨逊，托马斯（1814—1901 年）	Ⅲ 458
Robinson & Russell	鲁滨逊和拉塞尔	Ⅴ 21
Robison，John	罗比森，约翰（1739—1805 年）	Ⅳ 444 – 445，484
—Sir John	约翰·罗比森爵士（1778—1843 年）	Ⅴ 350 – 351
Rockefeller，John D.	洛克菲勒	Ⅴ 122；Ⅵ 189
Rocque，John	罗克	Ⅳ 614 – 615
Roderick，Bishop	罗德里克主教	Ⅲ 43
Rodney，George Brydges	罗德尼	Ⅳ 580
Roebling，John August	罗布林	Ⅳ 459；Ⅴ 508 – 509
Roebuck，John	罗巴克，工业家	
sulphuric acid，manufacture	硫酸，制造	Ⅳ 231，237，243 – 244；Ⅴ 815
Watt's steam-engine	瓦特的蒸汽机	Ⅳ 182 – 183
Roemer（Römer），Ole	罗默	Ⅲ 345，543
Roger，Bishop of Sarum	罗杰，萨鲁姆的主教	Ⅱ 428
Rogers，Samuel	罗杰斯，塞缪尔	Ⅳ 114
—Woodes	罗杰斯，伍兹	Ⅲ 499
Rohm，O.	罗姆	Ⅵ 558
Rohrbach，A.	罗尔巴赫	Ⅶ 810

Rolfe, John	罗尔夫 Ⅲ 9
Rollins, W. H.	罗林斯 Ⅶ 1328
Römer, Ole	罗默；参见 Roemer
Romer, P. H.	罗默 Ⅶ 1330
Romilly, Sir Samuel	萨缪尔·罗米利爵士 Ⅴ 831
Romulus	罗穆路斯 Ⅲ 575
Ronalds, Sir Francis	弗朗西斯·罗纳尔兹爵士 Ⅳ 651 – 652, 658
Rondelet, Jean	龙德莱 Ⅳ 480, 482
Röntgen, W. K. von	伦琴 Ⅵ 223; Ⅶ 1092, 1299 – 1300, 1327
Roosevelt, F. D.	罗斯福, F. D., 美国总统
atomic energy	原子能 Ⅵ 252
New Deal policies	新政政策 Ⅵ 15
nuclear weapons	核武器 Ⅵ 227, 271, 281
Quebec Agreement	魁北克协议 Ⅵ 227
research, American	研究, 美国 Ⅵ 121
—T.	罗斯福, T. Ⅵ 4, 6
Root, Elisha K.	鲁特 Ⅳ 439; Ⅴ 639, 646
Roozeboom, H. W. B.	罗泽博姆 Ⅵ 625
Roscoe, Sir Henry Enfield	亨利·恩菲尔德·罗斯科爵士 Ⅴ 796
Rosen, I. K.	罗森 Ⅵ 668
Rosenthal, E.	罗森塔尔 Ⅰ 409
Rosetti, G. V.	罗塞蒂 Ⅲ 679; Ⅳ 233
Rosing, B.	罗辛 Ⅶ 1258
Ross, Sir James Clark	詹姆斯·克拉克·罗斯爵士 Ⅳ 619; Ⅶ 1446 – 1447
Rosse, Lord	罗斯勋爵 Ⅳ 399
Rossi, I.	罗西 Ⅵ 497
Rossman, R. H.	罗斯曼 Ⅵ 664
Roth, G.	罗思, G. Ⅳ 232
—L.	罗思, L. Ⅶ 1288
Rothery, W. H.	罗瑟里 Ⅵ 460

Rouelle   鲁埃勒 IV 404

Round, H. J.   朗德 VII 1097, 1101, 1244

Rovenzon, John   罗文松 III 79, 80, 83

Rowbotham, E. S.   罗博特姆 VII 1334

Rowntree, Joseph   朗特里 V 830

Rowson, Benjamin, of Bradford   布拉德福德的罗森 IV 244

Roxbury Rubber Company   罗克斯伯里橡胶公司 V 763

Roy, P. Le   勒罗伊, P.; 参见 Leroy

—William   威廉·罗伊, 制图学家

　　measuring instruments   　测量仪器 IV 397, 601, 604; V 447

　　triangulation, S. E. England   　三角测量, 英格兰东南部 III 554

Rozier, J. F. Pilatre de   罗齐尔 V 395, 397 – 398

Rubel, I.   鲁贝尔 VII 1269

Ruchonnet, E.   吕雄内 VII 808

Rudborne, Thomas   拉德博恩 II 428

Rudenberg, G. R.   鲁登贝格 VII 1350

Rudge, John A. R.   拉奇 V 743

Rudolph, Paul   鲁道夫, 保罗 V 722

— II, Emperor   鲁道尔夫二世, 帝王 III 621

Rue, Thomas de la   德·拉·鲁 V 816

—Warren de la   瓦朗·德·拉·鲁爵士 V 40, 204, 208 –
                                                  209

Ruff, O.   拉夫 VI 562

Ruggles, Stephen   拉格尔斯 V 709 – 710

Rühmer, E.   吕默 VII 1310

Rumford, Count (Benjamin   拉姆福德伯爵 (本杰明·汤普森) IV 674 –
　　Thompson)   　676; V 830 – 831; VII 1126 – 1127

Rumsey, James   拉姆齐 V 142, 152

Rupert, Prince   鲁珀特王子 III 45, 367, 407; V 142

Rupert-Elsner, W.   鲁佩尔 – 埃尔斯纳 V 660

Rushton, J. L.   拉什顿 VI 655

Russell, John Scott 拉塞尔, 约翰·斯科特, 工程师

  coal consumption, ships 煤炭消耗, 船 Ⅴ 377

  Institution of Naval Architects 造船工程师学会 Ⅴ 372

  ship, armoured 舰, 装甲 Ⅳ 588

  steam-engine, improvement 蒸汽机, 改进 Ⅳ 196

  structures, iron ships 结构, 铁船 Ⅴ 357, 359 – 365

  waves, experiments 波动, 实验 Ⅴ 546

—Richard 拉塞尔, 理查德 Ⅱ 739

Rutherford, Ernest（Lord） 卢瑟福 Ⅴ 227；Ⅵ 222；Ⅶ 1235, 1469

Ruysch, J. 勒伊施 Ⅲ 535

Rziha, Franz von 冯·日哈 Ⅴ 502

S

Sablonnière, de la 萨布洛尼埃 Ⅳ 539

Saby, J. S. 萨比 Ⅶ 1119

Sachs, Edwin O. 萨克斯, 埃德温·O. Ⅴ 482

—Hans 萨克斯, 汉斯 Ⅲ 40, 43

Sacrobosco 萨克罗博斯科 Ⅲ 547, 613

Sadler 萨德勒（18 世纪晚期）Ⅳ 581

—John 萨德勒, 约翰（1720—1789 年）Ⅳ 354

Sahure 萨胡拉 Ⅰ 482, 表 F

St John Hornby, C. H. 霍恩比 Ⅴ 694

St Louis 圣路易斯；参见 Louis Ⅸ

St Luke 圣路加；参见 Luke, St

Sainte-Claire Deville, Henri 圣 - 克莱尔·德维尔, 化学家
Etienne

  aluminium, refining process 铝, 精加工 Ⅴ 90 – 92, 248 – 249

  aluminium-bronzes 铝青铜 Ⅴ 608

  metals, aluminothermic reaction 金属, 铝热反应 Ⅴ 97

petroleum oil, research 石油, 研究 V 106

sodium, refining process 钠, 精加工 V 248 – 249

St-Fart 圣法尔 IV 475 – 476

Saint-Fond, Faujas de 圣 – 丰 IV 260 – 261

Saint-Rémy, P. Surirey de 圣雷米 III 34, 38, 361, 369

Saint-Victor, Abel Niepce de 圣 – 维克多 V 725

Salmon, P. 萨蒙, P. VII 1052

—Robert 萨蒙, 罗伯特 IV 5, 8

Salt, R. 索尔特 VII 1335

Salter, W. E. G. 索尔特 VI 67 – 74

Salvá, Don Francisco, of 巴塞罗纳的萨尔瓦 IV 651, 653 – 654
Barcelona

Samuelson, Bernhard 塞缪尔森 V 789, 794

Sanctorius 桑塔雷欧 III 24

Sandrart 桑德拉特 III 222, 224

Sandys, Came & Vivian 桑兹、卡恩和维维安公司 V 129 – 130

—William 桑兹, 威廉 III 458

Sang, E. 桑 VII 1153

Sangallo 圣加洛 III 288

Sanson 桑松 IV 606

Santos-Dumont, Alberto 桑托斯 – 杜蒙, 飞行员

aeroplane flight, Europe 飞机, 欧洲 V 392 – 393, 441; VII 791

airships 飞船 V 402

Sanudo, Marino 萨努多 II 725

Sardanapalus 萨尔丹那帕勒斯; 参见 Ashur-bani-pal

Sargon I the Great, Assyrian king 萨尔贡一世, 亚述王

bitumen production 柏油的生产 I 253

bronze head 铜首 I 627

chronology 年表 I 表 F

economic imperialism 经济帝国 I 56 – 57

silver and lead 银和铅 I 583

timber resources	木材来源 Ⅰ 371
—Ⅱ, Assyrian king	萨尔贡二世，亚述王
building materials	建筑材料 Ⅰ 469
chronology	年表 Ⅰ 表 F
brass ('white bronze')	黄铜（"白铜的青铜"）Ⅱ 54
glass vessel-making	玻璃容器制造 Ⅱ 321，336
horse-riding practice	骑马实践 Ⅱ 495
metal spoils	金属战利品 Ⅰ 564，597
parks and gardens	公园和花园 Ⅰ 554
weight standards	重量标准 Ⅰ 780
wines	葡萄酒 Ⅰ 282
yellow pigments	黄颜料 Ⅰ 239
Sarti, Vittorio	萨尔蒂 Ⅴ 404 注释
Sassenay, de	萨塞内 Ⅳ 539
Sauerbronn, Drais von	德赖斯男爵；参见 Drais von Sauerbronn, Freiherr Karl
Saulnier, Jules	索尔尼尔 Ⅴ 474 – 475，837
Saunders, C. E.	桑德斯 Ⅵ 327
Saussure, H. B., de	索叙尔，H. B. 德 Ⅳ 605
—Nicolas Theodore de	索绪尔，尼古拉斯·西奥多 Ⅳ 38；Ⅴ 106
Savage, W.	萨维奇 Ⅴ 705
Savalle, Pierre A. D.	萨瓦勒 Ⅴ 114，307
Savery, Roelandt	萨弗里，罗兰特 Ⅳ 639
—Thomas	托马斯·萨弗里，工程师
chronology, steam power	年表，蒸汽动力 Ⅳ 165 – 166
'fire' engine	"火力"蒸汽机 Ⅳ 79
Newcomen-Savery engine	纽科门 – 萨弗里蒸汽机 Ⅳ 174 – 175，177 – 178，672 – 673
steam-pump	气泵 Ⅴ 124，141；Ⅳ 171 – 175
water-supply engine	供水机 Ⅲ 687；Ⅳ 493
Savigny, J. H.	萨维尼 Ⅶ 1317
Savorgnan, Giulio	萨沃尔尼安 Ⅲ 286

Savot, L.	萨沃特 Ⅲ 37，57
Sawers, D.	萨沃斯 Ⅵ 34
Sawitch, Alex	萨维奇 Ⅴ 443
Saxby, John	萨克斯比 Ⅴ 330
Saxe, Maréchal de	德萨克斯 Ⅴ 142
Saxony, Elector of	萨克森的选帝侯（卒于 1763 年）Ⅳ 27
—	萨克森（约 1799 年）Ⅳ 261
Sayce, B. J.	塞斯 Ⅴ 728
Sayen, H. L.	塞延 Ⅶ 1330
Scaliger, Julius Caesar	斯卡利杰尔 Ⅲ 581
Scamozzi, Vincenzo	斯卡莫齐 Ⅲ 286；Ⅳ 520
Scanlon, Jessie	斯坎伦 Ⅲ 186
Scarlett	斯卡利特 Ⅳ 398
Scaurus, Marcus Aemilius	斯考鲁斯 Ⅱ 679
Schaefer, K. L.	谢弗 Ⅶ 1349
Schaeffer, C.	舍费尔 Ⅰ 762 – 763
Schank, Captain John	尚克 Ⅳ 579
Scheele, Carl Wilhelm	舍勒，化学家
chlorine discovery	氯气的发现 Ⅳ 247
fats and oils	油脂 Ⅳ 253
green pigment	绿颜料 Ⅳ 256
manganese compounds	锰化合物 Ⅳ 147
organic chemicals, discoveries	有机物，发现 Ⅴ 268
'phosphoric taper' invention	"磷质细蜡烛"的发明 Ⅳ 254
phosphorus, production	磷，生产 Ⅴ 252
silver salts, and light	银盐，银光 Ⅴ 718
Schiele, Christian	希尔 Ⅴ 656
Scheiner, Christopher	沙伊纳，克里斯多夫 Ⅲ 632
—J.	沙伊纳，J. Ⅶ 1283
Scherer, F. M.	谢勒 Ⅵ 38
Scheutz, E.	朔伊茨，E. Ⅶ 1174

—G. 朔伊茨，G. Ⅶ 1174

Schilling, Baron 席林 Ⅳ 654 – 656，658

Schindler, C. C. 申德勒 Ⅲ 63

Schlak, P. 施拉克 Ⅵ 650

Schlesinger, G. 施莱辛格 Ⅶ 1051

Schlick, O. 施利克 Ⅶ 986

Schlickeysen, Carl 施里凯森 Ⅴ 665，669

Schliemann, H. 谢里曼 Ⅰ 660

Schlösing, T. 施勒辛 Ⅶ 1387

Schlumberger, C. 施伦贝格尔 Ⅵ 394

Schlüter 施吕特 Ⅲ 28

Schmerber Frères 弗里莱斯 Ⅴ 670

Schmidt, O. L. 施密特，O. L. Ⅶ 1331

—Wilhelm 施密特，威廉 Ⅴ 340 – 341；Ⅶ 762

Schmidts, Michael 施米茨 Ⅲ 454

Schmookler, J. 施莫克勒 Ⅵ 49，72

Schmued, E. 施穆德 Ⅶ 814

Schneider 施奈德 Ⅴ 66

Schnitzer, Abraham 施尼策尔 Ⅴ 102

Schoch, C. 肖赫 Ⅲ 563

Schoeffer, Peter 舍弗尔 Ⅲ 377，383 – 384，386，393

Schönbein, C. F. 舍恩拜因 Ⅴ 284，290，292；Ⅵ 551 – 552

Schönher, O. 舍恩赫尔 Ⅵ 522

Schoonbeke, Gilbert van 范叔恩贝克 Ⅲ 453

Schopper, Hartman 朔佩尔 Ⅲ 336，391

Schorlemmer, C. 肖莱马 Ⅴ 106

Schott, Caspar 肖特，卡斯帕 Ⅴ 394，717

—Otto 肖特，奥托 Ⅴ 673，682

—& Sons 肖特父子玻璃厂 Ⅴ 673

Schottky, W. 肖特基 Ⅶ 1101

Schreittmann, C. 斯格瑞特曼 Ⅲ 60 – 61

Schreyer, H.	施赖尔 Ⅶ 1193
Schroeder, Johann	施罗德 Ⅲ 29
Schroetter, Anton	施勒特 Ⅴ 253
Schrötter	施勒特 Ⅳ 255
Schubert, Johann Christian	舒伯特 Ⅳ 40
Schuckers	舒克斯 Ⅴ 687
Schule	舒勒 Ⅳ 325
Schulze, Johann Heinrich	舒尔策 Ⅴ 717 – 718
Schumpeter, J.	熊彼特 Ⅵ 49, 65
Schürer, Christoph	许雷尔 Ⅲ 678
Schutte, J.	舒特 Ⅶ 799
Schutzenberger, P.	舒岑贝格尔 Ⅵ 553
Schwab, Anton von	施瓦布, 安东·冯 Ⅲ 30
—Max	施瓦布, 马克斯 Ⅲ 341
Schwartz, C. V.	施瓦茨, C. V. Ⅵ 489
—Johann Nepomick von	施瓦茨, 约翰·内波米克·冯 Ⅳ 19
'Schwarz, Berthold'	施瓦茨, 贝特霍尔德 Ⅲ 367
—David	施瓦茨, 大卫 Ⅴ 402; Ⅶ 797
Schweigger, J. S. C.	施韦格尔 Ⅳ 655
Schwerz, von	施韦茨 Ⅳ 41
Scipio Africanus	西庇阿 Ⅱ 121
'Scorpion King'	"蝎子王" Ⅰ 51, 537, 表 F
Scott, Basil	斯科特, 巴兹尔 Ⅴ 477
—L.	斯科特, L. Ⅶ 1262
—R. W.	斯科特, R. W. Ⅴ 600
—W. D.	斯科特, W. D. Ⅵ 85
Scultetus, J.	斯卡尔特塔斯 Ⅶ 1317
Seaborg, G. T.	西博格 Ⅵ 260 – 262
Sealy (Coade and, of Lambeth)	西利 (和科德, 兰贝斯的) Ⅳ 446
Seaman, H. J.	西曼 Ⅴ 485 – 486
Seaward & Capel	西沃德 – 卡佩尔公司 Ⅴ 145

Sécretan 塞克雷坦 Ⅳ 539

Seebeck, T. J. 塞贝克 Ⅴ 178

Seerig, A. W. H. 西里格 Ⅶ 1317

Seger, H. 西格 Ⅴ 660 – 661

Segner, Johan Andreas von 塞格纳 Ⅴ 528

Ségolène, Ste 圣赛戈莱尼 Ⅱ 139

Seguin, L. 赛甘, L. Ⅶ 792, 1011

—Marc 马克·塞甘, 工程师

  boilers, locomotives 锅炉, 机动的 Ⅴ 137

  helicopter design 直升机设计 Ⅴ 404 注释

  inventions, discussion 发明, 讨论 Ⅳ 676 – 677

  ornithopter proposal 扑翼机提议 Ⅴ 403 注释

  railways, France 铁路, 法国 Ⅴ 322

Seleucus Ⅱ 塞琉古二世 Ⅱ 701

Selfridge, T. E. 塞尔弗里奇 Ⅴ 409

Sellers, Coleman 塞勒斯 Ⅴ 737

Semon, W. L. 西蒙 Ⅵ 556

Semple, George 森普尔 Ⅳ 449

Senebier 塞纳比耶 Ⅳ 38

Seneca 塞尼加 (卒于公元65年) Ⅱ 27; Ⅲ 504

—Lucius 塞尼加, 卢修斯 (公元前55年—公元39
    年) Ⅱ 211

Senefelder, C. 塞内费尔德, C. Ⅳ 626

—J. A. 塞内费尔德, J. A. Ⅴ 706

Seneferu 斯尼夫鲁 Ⅰ 283, 482, 表 F

Senlacq, M. 塞拉 Ⅶ 1257

Senmut 森穆特 Ⅰ 122, 124, 441, 图版 13 B

Sennacherib, Assyrian king 辛那赫里布, 亚述王

  aqueducts and conduits 沟渠和管道 Ⅰ 531, 533 – 534

  building materials 建筑材料 Ⅰ 469

  chariots 双轮战车 Ⅰ 718

chronology 年表 Ⅰ 表 F

moulds, metal-casting 模具，铸铁 Ⅰ 632 – 633

park with ' wool-bearing 有"生长绒线的树"的公园 Ⅰ 554
 trees'

reed plantation 芦苇种植 Ⅰ 552

rope-making 制绳 Ⅰ 452 – 453

viticulture 葡萄栽培 Ⅰ 282

water-supply 供水 Ⅰ 524, 527, 529

Senot 塞诺 Ⅳ 388, 425

Senusret Ⅰ 辛努塞尔特一世 Ⅰ 699

Seppings, Sir Robert 罗伯特·塞宾斯爵士 Ⅳ 583 – 584

Serlio, Sebastiano 赛里奥 Ⅲ 257, 429

Serpollet, Léon 塞波莱 Ⅴ 424 – 425；Ⅶ 721

Serres, Olivier de 德赛雷斯 Ⅲ 13

Serullas, Georges S. 塞吕拉 Ⅴ 315

Servius 塞维 Ⅱ 98

Seti Ⅰ 塞提一世 Ⅰ 286, 526, 529

Seusenhofer, Conrad 索伊森霍费尔 Ⅲ 353

Severance & Holt 塞弗伦斯 – 霍尔特 Ⅴ 108

Severus, Lucius Septimius 塞维鲁，卢修斯·塞普蒂米尤斯 Ⅱ 137,
 519, 表 2 lvi

—Sēbōkht 塞维鲁，塞波科特 Ⅲ 521, 606, 608

Sforza, Ludovico 斯福尔扎 Ⅲ 286

Shalmaneser Ⅲ, Assyrian king 撒缦以色三世，亚述王

 bronze craftsmanship 青铜工艺 Ⅰ 646, 649

 chronology 年表 Ⅰ 表 F；Ⅱ 表 1 lv

 stirrups, horse-riding 马镫，骑马 Ⅱ 556 注释 1

Shanks, James 尚克斯，詹姆斯 Ⅴ 239 – 240

Shannon, C. E. 香农，C. E. Ⅶ 1187, 1248

—Richard 香农，理查德 Ⅳ 238

Shaphatbaal 夏弗特巴尔 Ⅰ 763

Shapleigh, John	沙普利 Ⅳ 530
Sharp	夏普（19 世纪）Ⅳ 273
—James	夏普，詹姆斯 Ⅳ 6，10
Sharp Brothers	夏普兄弟公司 Ⅳ 288
Sharpe	夏普 Ⅳ 654
Shaw, P.	肖，P. Ⅶ 872
—Ralph, of Burslem	伯斯勒姆的拉夫尔·肖 Ⅳ 348 – 349
—William T.	肖，威廉·T. Ⅴ 737
Shearer, J. S.	希勒 Ⅶ 1330
Sherbourne, Robert	舍伯恩 Ⅳ 371
Sherman, W. T.	谢尔曼 Ⅴ 341
Shiemann, M.	希曼 Ⅶ 732
Shilkhak-in-shushinak	希尔克·因·舒希纳克 Ⅰ 632
Shipway, F. E.	希普韦 Ⅶ 1337
Shirley, J. W.	雪莉，J. W. Ⅱ 749
—Thomas	雪莉，托马斯 Ⅳ 258
Shish	希什 Ⅲ 491
Shockley, W.	肖克利 Ⅶ 1119
Sholes, Christopher Latham	肖尔斯 Ⅴ 687，689
Sholl	肖尔 Ⅳ 319
Shone, I.	肖恩 Ⅶ 1384
Short, James	肖特 Ⅲ 233，237；Ⅳ 398
Short brothers	肖特兄弟 Ⅶ 810
Shortt	肖特（约 1920 年）Ⅲ 671
Shotbolte, John	肖特博尔特 Ⅳ 537
Shub-ad, queen of Ur	舒布 – 阿达，乌尔王后
animals, domestication	动物，驯化 Ⅰ 340
metal craft	金属工艺品 Ⅰ 626，644
sledge-chariot vehicle	雪橇战车 Ⅰ 709 – 710
Sickels, Frederick E.	西克尔斯 Ⅴ 131
Sickle, S. Van	西克尔；参见 Van Sickle

Siegen, Ludwig von   西根 Ⅲ 407

Siemens, Charles William   西门子，查尔斯·威廉，钢铁制造商

     arc furnace   电弧炉 V 66

     generator, demonstration   发电机，演示 V 185

     open-hearth furnace   平炉 V 58 – 59，499；Ⅵ 462

     pyrometry   高温测定法 V 660

     regenerative furnace   蓄热式密炉 V 680 – 681

     steel production   钢的生产 V 70，108

—E. Werner von   冯·西门子，E. 沃纳，电力工程师

     armature invention   电枢的发明 V 184 – 185，188

     dynamo-electric generator   电磁式发电机 V 185 – 187，196

     electric railway   电气铁路 V 233

     gravity meter, invention   重力仪，发明 Ⅶ 1463

     insulation, cables   绝缘体，缆线 V 222 – 223

     lamps, electric   电灯 V 209，216

     rotor（disc-armature）   转子（盘形电枢） V 193

     telegraphs   电报 V 219

—Frederick   弗雷德里克·西门子，工业科学家

     industrial organization   产业组织 V 807，809 – 810

     open-hearth process   平炉炼钢法 V 57 – 58，499，818

     regenerative furnace   蓄热式密炉 V 680 – 681

     steel production   钢的生产 V 70，108，804

Siemens & Halske   西门子 – 哈尔斯克公司 V 189，192，233，346

Sigismund   西格斯蒙德 Ⅳ 529

Sigl, G.   西格尔 V 707

Sikorsky, Igor I.   西科尔斯基 V 404 注释；Ⅶ 795，823 – 824

SiUiman Jr., Benjamin   小西利曼 V 109

Silver & Gay   西尔弗 – 盖伊公司 V 645 – 646

Simmons, Joseph   西蒙斯 V 398

Simms, William   西姆斯 Ⅳ 607

Simon, E.	西蒙，E. Ⅵ 557
—Thomas	西蒙，托马斯 Ⅲ 341
Simoni, D.	西莫尼 Ⅶ 796
Simons, H.	西蒙尼，H. Ⅵ 675
Simpson, James	辛普森，詹姆斯（1799—1869 年）Ⅳ 502； Ⅴ 561–563，565
—James Young	辛普森，詹姆斯·扬（1811—1870 年） Ⅴ 312 及注释
—Thomas	辛普森，托马斯（1710—1761 年）Ⅴ 353
— —	辛普森·詹姆斯（约 1785 年）Ⅳ 500
Sinan	锡南 Ⅳ 498
Sinclair, Sir John	约翰·辛克莱尔爵士 Ⅲ 15，135
Singer, Isaac M.	胜家 Ⅴ 589–590，819；Ⅵ 679
—Sewing-machine Company	胜家缝纫机公司 Ⅴ 591
Singleton, T.	辛格尔顿 Ⅴ 579
Sisson, Jonathan	西森 Ⅳ 382，390，603–604
—manufacturers	西森制造商 Ⅴ 137
Siviard, St	圣斯沃德 Ⅲ 198
Sixtus Ⅳ, Pope	西斯克特四世，教皇 Ⅲ 288
—Ⅴ, Pope	西斯克特五世，教皇 Ⅲ 289，311–312
Skaife, Thomas	斯卡尔夫 Ⅴ 727
Skey of Dowles, Worcestershire	道尔斯的斯凯，伍斯特郡 Ⅳ 244
Skinner, H.	斯金纳 Ⅴ 584
Slaby, A. C. H.	斯拉比 Ⅶ 1233
Slater, W. A.	斯莱特 Ⅶ 945
Slichter, S. H.	斯利克特Ⅵ 103
Small, James	斯莫尔 Ⅳ 2
Smalley, J.	斯莫利 Ⅴ 576
Smeaton, John	斯米顿，工程师
blowing-cylinders	鼓风机 Ⅳ 103
boring-mill	镗床 Ⅳ 421–422
bridge, Pont-y-Ty-Pridd	庞特普里斯桥 Ⅲ 436

cast-iron, use	铸铁，使用 Ⅳ 451
civil engineering	土木工程 Ⅳ 443 – 444，447，467 – 469，629
dilatometer invention	膨胀计的发明 Ⅳ 396
drainage mills	排水机 Ⅲ 305
instrument-maker	仪器制造者 Ⅲ 436，647
lighthouse, Eddystone Rock	灯塔，埃迪斯通礁石 Ⅴ 463
Newcomen engine, improve-ments	纽科门蒸汽机，改良 Ⅴ 124
precision, machinery	精密机械 Ⅳ 162
pyrometry	高温测定法 Ⅳ 350
steam-engines	蒸汽机 Ⅳ 166，179 – 181，186，421 – 422
water-wheels	水轮 Ⅳ 152 – 155，199，202 – 209
windmills	风车 Ⅲ 100，102 – 104；Ⅳ 157 – 159
wind-pressures, table	风压表 Ⅴ 502
Smedt, E. J. De	德斯梅特 Ⅳ 540
Smiles, Samuel	斯迈尔斯 Ⅳ 672
Smirke, Sir Robert	罗伯特·斯默克爵士 Ⅳ 449
Smith	史密斯（约1843 年）Ⅳ 654
—A.	史密斯，A.（主要活动于1850 年）Ⅴ 581
—Adam	亚当·斯密（1723—1790 年），经济学家
craft definitions, discussion	工艺解释，讨论 Ⅱ 252
factory management, discussion	工厂管理，讨论 Ⅵ 78，80，86
free trade theories	自由贸易理论 Ⅲ 87
patents, discussion	专利，讨论 Ⅳ 150
—Angus	史密斯，安格斯（1818—1886 年）Ⅴ 559
—E. Baldwin	史密斯，E. 鲍德温 Ⅰ 305
—Francis Pettit	史密斯，弗朗西斯·佩蒂特 Ⅴ 147
—George	史密斯，乔治（1800—1868 年）Ⅴ 831
—Albert	史密斯，乔治·艾伯特（约1909 年）Ⅶ 1306

—P.　　　　　　　　　　史密斯，乔治·P.（约1912年）Ⅶ 1288

—H.　　　　　　　　　　史密斯，H.　Ⅶ 794

—J.　　　　　　　　　　史密斯，J.（主要活动于1834年）Ⅴ 573

—James, of Whitehill　　怀特希尔的詹姆斯·史密斯（约1707年）
　　　　　　　　　　　　　Ⅳ 172

—, of Deanston　　　　　迪恩斯顿的詹姆斯·史密斯（主要活动于
　　　　　　　　　　　　　1811—1834年）Ⅳ 7，284，290

—K.　　　　　　　　　　史密斯，K.　Ⅶ 806

—R.　　　　　　　　　　史密斯，R.（主要活动于1919年）
　　　　　　　　　　　　　Ⅶ 806

—R. H.　　　　　　　　　史密斯，R. H.（主要活动于1863年）Ⅴ
　　　　　　　　　　　　　579

—T. & W.　　　　　　　史密斯，T. & W.　Ⅳ 590

—W. M.　　　　　　　　史密斯，W. M.（主要活动于1890年）Ⅴ
　　　　　　　　　　　　　338

—William　　　　　　　史密斯，威廉（1769—1839年）Ⅳ 491，
　　　　　　　　　　　　　621

—Willoughby　　　　　　史密斯，威洛比（主要活动于1873年）
　　　　　　　　　　　　　Ⅶ 1257

Smollett, Tobias George　斯莫利特 Ⅳ 507

Smuts, J. C.　　　　　　斯穆茨 Ⅶ 796

Smyth　　　　　　　　　史密斯（约1800年）Ⅳ 5－6

—Piazzi　　　　　　　　史密斯，皮亚齐（1819—1900年）Ⅴ 46

Snell, Willebrord　　　　斯涅耳 Ⅲ 544；Ⅳ 606；Ⅴ 441

Sneller, Z. W.　　　　　斯内勒 Ⅳ 14

Snodgrass, Gabriel　　　斯诺德格拉斯，加布里埃尔 Ⅳ 578－579

—Neil　　　　　　　　　斯诺德格拉斯，尼尔 Ⅳ 283

Snoek, J. L.　　　　　　斯诺克 Ⅶ 1198

Snook, H. C.　　　　　　斯努克 Ⅶ 1331

Snow, C. P.　　　　　　斯诺，C. P.　Ⅵ 268

—George Washington　　斯诺，乔治·华盛顿 Ⅴ 467

—John　　　　　　　　　斯诺，约翰 Ⅴ 312，561－562；Ⅶ 1334

Soane, Sir John   约翰·索恩爵士 Ⅳ 449, 475

Sobrero, A.   索布雷罗 Ⅴ 285

Soddy, F.   索迪 Ⅵ 223

Soemmering, S. T. von   冯·泽默林 Ⅳ 653 – 654, 656

Soiland, A.   瑟伊兰 Ⅶ 1332

Solomon, king of Israel   所罗门, 以色列国王

    bronze casts, Jerusalem   黄铜铸件, 耶路撒冷 Ⅰ 633

    chronology   年表 Ⅰ 表 F

    ivory art   象牙工艺 Ⅰ 664, 675, 676

    metal-work   金属制品 Ⅰ 661

Solon   梭伦 Ⅱ 1, 105, 129; Ⅲ 570

Solow, R. M.   索洛 Ⅵ 73

Solvay, Alfred   索尔维, 阿佛列 Ⅴ 241, 243

—Ernest   索尔维, 欧内斯特 Ⅴ 241, 242 – 245, 802

Solvay & Cie   索尔维公司 Ⅴ 251

Somerset, Edward (Marquis of Worcester)   萨默塞特（伍斯特侯爵）Ⅲ 680; Ⅳ 170, 672

Somerville, Lord   萨默维尔 Ⅲ 15

Sommeiller, Germain   索梅莱 Ⅴ 517, 527

Sommelier   萨默里尔 Ⅳ 71

Soniter, E. H.   萨尼特 Ⅵ 479

Sophocles   索福克勒斯 Ⅱ 58

Sorbière, Samuel   索尔比耶 Ⅳ 170

Sorby, Henry Clifton   索比 Ⅴ 281, 607

Sorel, M.   索雷尔 Ⅴ 624

Sorocold, George   索罗科尔德 Ⅳ 451

Sosigenes of Alexandria   亚历山大的索西琴尼 Ⅲ 576 – 577

Sostratus of Cnidos   辛度斯的索斯特拉图斯 Ⅱ 521, 566

Sothern, John   萨森 Ⅳ 484

Soubeiran, Eugène   苏贝朗 Ⅴ 313

Soufflot, J. G.   苏夫洛 Ⅳ 474 – 475, 480 – 482; Ⅴ 488

Southey, Robert   骚塞 Ⅳ 559

Southwark Foundry & Machine
    Company   索斯渥克铸造机械公司 Ⅴ 131

—& Vauxhall Water Company   索思沃克和沃克斯豪尔自来水公司 Ⅴ 128 –
    129，524

Southwell, R. V.   索思韦尔 Ⅶ 945

Spalding, James   斯波尔丁 Ⅲ 157

Spallanzani, Lazaro   斯帕兰扎尼 Ⅲ 25

Spangler, J. M.   斯潘格勒 Ⅶ 1131

Sparks, M.   斯帕克斯 Ⅶ 1119

Spedding, Carlisle   斯佩丁，卡莱尔 Ⅳ 258 – 259

—Charles   斯佩丁，查尔斯 Ⅳ 95

Spence, Graeme   斯彭斯，格雷姆 Ⅳ 618

—Peter   斯彭斯，彼得 Ⅳ 251

—R.   斯彭斯，R. Ⅵ 262 – 263，265

Spencer, second Earl   斯潘塞勋爵（约1794—1801 年）Ⅳ 581

—Charles Green   斯潘塞，查尔斯·格林（主要活动于1608
    年）Ⅴ 400，406

—Christopher Miner   斯潘塞，克里斯托弗·迈纳 Ⅴ 647

—Edward   斯潘塞，爱德华 Ⅴ 400

—John   斯潘塞，约翰 Ⅴ 625

—Thomas   斯潘塞，托马斯 Ⅴ 563

Spengler, O.   斯宾格勒 Ⅵ 163

Sperry, E.   斯佩里，E. Ⅶ 842 – 843，986

—L.   斯佩里，L. Ⅶ 817

Spert, Thomas   斯珀德 Ⅲ 487

Spiers, of Ayr   艾尔的施皮尔斯 Ⅲ 111

Spill, D.   斯皮尔 Ⅵ 552

Spinola, Ambrogio   斯皮诺拉 Ⅳ 556

Spitteler, A.   斯皮特勒 Ⅵ 553

Splitgerber, D. K.   施普利特格贝尔 Ⅳ 376

Spode   斯波德（18 世纪）Ⅳ 344，352

—Josiah Ⅱ   乔塞亚·斯波德第二世（1754—1827 年）
                                    Ⅳ 353

Sprague, Frank J.   斯普拉格，弗兰克·J. Ⅴ 200

—H.   斯普拉格，H. Ⅶ 1348

Sprat, Thomas   斯普拉特 Ⅲ 682 – 683；Ⅳ 668 – 670

Sprengel, C. K.   施普伦格尔 Ⅰ 450

—Hermann   赫尔曼·施普伦格尔 Ⅴ 214，293，294
                                    注释

Squire, William Stevens   斯夸尔，威廉·史蒂文斯 Ⅴ 247

—Chapman & Company   斯夸尔 - 查普曼公司 Ⅴ 247

Staite, W. E.   斯泰特 Ⅴ 208 – 210

Stalhane, O.   斯托尔哈内 Ⅵ 490

Stalin, J.   斯大林

     industrialization, Russia   工业化，俄国 Ⅵ 14 – 15

     mining, development   采矿开发 Ⅵ 415 – 416

     nuclear weapons   核武器 Ⅵ 280

     second world war   第二次世界大战 Ⅵ 18，22

Stampfer, S. von   施坦普费尔 Ⅴ 736

Stanhope, Charles (third Earl)   斯坦霍普 Ⅴ 691 – 692

Stanier, W.   斯塔尼尔 Ⅶ 766

Stanley, F. A.   斯坦利，F. A. Ⅶ 1049

—William F.   斯坦利，威廉 Ⅴ 445

Stanley brothers   斯坦利兄弟 Ⅴ 425

Stapleton, Sir G.   G. 斯特普尔顿爵士 Ⅵ 311

—H. E.   斯特普尔顿，H. E. Ⅱ 737

Star Films   群星电影公司 Ⅴ 750

Starley, James   斯塔利 Ⅴ 415

Starr, J. W.   斯塔尔 Ⅴ 213

Stassano, E.   斯塔萨诺 Ⅵ 489

Statius   斯塔提乌斯 Ⅱ 500 – 501，503

Staudinger H. P.   施陶丁格 Ⅵ 557

Steen, Jan   斯蒂恩 Ⅱ 749

Steers, Thomas	斯蒂尔斯，托马斯	Ⅲ 455，458
—William	斯蒂尔斯，威廉	Ⅳ 468
Steiger, O.	斯泰格尔	Ⅶ 1166，1171，1188
Stein, Sir Aurel	奥里尔·斯坦因爵士	Ⅲ 202
Steinbeck, M.	斯坦贝克	Ⅶ 1332
Steinheil, Carl A. yon	施泰因海尔	Ⅴ 732
Steinmetz, C. P.	斯坦梅茨	Ⅴ 200
Stell, Joseph	斯泰尔	Ⅲ 168
Stella, Tilemann	斯特拉	Ⅲ 450
Stelluti, Francesco	斯泰卢蒂	Ⅲ 632
Stephen, Alexander	斯蒂芬	Ⅴ 350
Stephenson, George	斯蒂芬森，工程师	
boilers, multi-tubular	锅炉，多火管的	Ⅴ 137，322
haulage, steam-powered	货运，蒸汽动力	Ⅳ 84，165，189
plate-girders, study	组合板件，研究	Ⅳ 486
railways	铁路	Ⅴ 322，804
safety lamp	安全灯	Ⅳ 96
Stephenson, Robert	斯蒂芬森，工程师	
boilers, multi-tubular	锅炉，多火管的	Ⅴ 137，322
bridges	桥梁	Ⅳ 460 – 461；Ⅴ 363，492，500 – 501，503 – 506，534
hydraulic appliances	水利设备	Ⅴ 534
railways	铁路	Ⅴ 322 – 323，804
Stevens, John	史蒂文斯，约翰（1749—1838 年）	Ⅴ 147，149
—F.	史蒂文斯，约翰·F.（主要活动于 1907—1914 年）	Ⅶ 913
—Sir W.	W. 史蒂文斯爵士	Ⅵ 489
Stevenson, R. L.	史蒂文森	Ⅳ 549
Stevin, Hendrik	斯蒂文，亨德里克	Ⅲ 304
—Simon	斯蒂文，西蒙，工程师和数学家	
canal-locks	运河闸门	Ⅲ 452

decimal arithmetic	十进制运算 III 61，542
drainage-mills	排水设备 III 303
dredging	疏浚 IV 630，632，641
fortification theory	防御理论 III 305，371
hydrostatics，studies	静力学研究 III 305，313；V 535
mechanics	机械 IV 149
windmills	风车 IV 157
Stevins，of Scotland	苏格兰的史蒂文斯 III 25
Stewart，D. Y.	斯图尔特 IV 500
Stibitz，G. R.	斯蒂比茨 VII 1187
Stiefel，Ralph Carl	施蒂费尔 V 629
Stieler，Adolf	施蒂勒 IV 614，620，626
Stigler，G. J.	施蒂格勒 VI 38
Stillerman，R.	斯蒂勒曼 VI 34
Stillman，J. M.	斯蒂尔曼 III 676
Stoddard，W. O.	斯托达德 V 51
Stodola，A.	斯托多拉 VII 984
Stoeffler	斯特夫勒 III 536
Stoehrer，E.	施特尔 V 181 – 182
Stokes，Sir George	乔治·斯托克斯 V 546，673
Stone E. H.	斯通，E. H. I 494
—Henry D.	斯通，亨利·D. IV 439 – 440；V 646
—R.	斯通 VII 1332
Stout，W. B.	斯托特 VII 730
Stowe，John	斯托，约翰 II 244
—W. H.	斯托，W. H. VII 1323
Strabo	斯特拉博，希腊地理学家
asphalt（bitumen），Babylonia	巴比伦的柏油 I 252 – 253
cooperage，art	桶匠，技艺 II 136
dye，madder plant	染料，茜草 I 246
glass-making，Rome	罗马的玻璃制造业 II 323

globe , terrestrial	地球仪 Ⅲ 614
gold , extraction	金子，提炼 Ⅰ 581
mastic	胶泥 Ⅰ 254，256
metal extraction	金属提炼 Ⅱ 45，48
mining , Laurion	劳里昂的矿厂 Ⅱ 3
natron	泡碱 Ⅰ 260
quarries , Carrara district	卡拉拉地区的采石厂 Ⅱ 28
road drainage	道路排水 Ⅱ 529
rock-salt	石盐 Ⅰ 257
threshing , Britain	英国的脱粒机 Ⅱ 97
vegetable oils	植物油 Ⅰ 288
viticulture	葡萄栽培 Ⅱ 135
water conservation	蓄水 Ⅰ 529
water-lifting machines	提水机 Ⅱ 676 – 677
water-mills	水磨 Ⅱ 593，597
wines	葡萄酒 Ⅰ 284 – 385
Stradanus（Van der Straat, Jan）	斯特拉达尼斯 Ⅲ 350，394 – 395，397 – 399，707
—Johannes	斯特拉达尼斯，约翰尼斯 Ⅱ 749
Strasser , P.	斯特拉瑟 Ⅶ 799
Strassmann , F.	斯特拉斯曼 Ⅵ 224，268
Strauss , B.	斯特劳斯 Ⅵ 492
Stringfellow , John	斯特林费洛 Ⅴ 408
Strowger , A. B.	斯特罗夫格 Ⅶ 1226，1245
Strutt , Jedediah	斯特拉特，杰迪代亚 Ⅴ 597
—William	斯特拉特，威廉 Ⅳ 475 – 476
Strutts , the	斯特拉特一家 Ⅳ 283
Struvé	斯特鲁韦（19 世纪）Ⅳ 93
—F. G. W. von	斯特鲁韦，F. G. W. von（1793—1864 年）Ⅳ 602
Sturge , Edmund	斯特奇 Ⅴ 253
Sturgeon , William	斯特金 Ⅳ 653，655；Ⅴ 178，203

Sturm, J. C. 斯特姆 V 717

Sturtevant, Simon 斯特蒂文特 III 79, 83

Suarez, Pablo 苏亚雷斯 V 406

Suetonius 苏维托尼乌斯 II 522；III 504

Sugg 萨格 IV 272

Sully, Henry 萨利, 亨利 IV 409

—Maximilien de Béthune, 萨利, 马克西米利德
　　Duc de

　　canals 运河 III 459 – 460

　　horology 钟摆制造术 III 557

　　roads 道路 IV 521, 525

　　town-planning 城市规划 III 291

Summers, J. 萨默斯 VI 496

Sundstrand, D. 松德斯特兰德, D. VII 1170

—O. 松德斯特兰德, O. VII 1170

Sutcliffe, R. 萨克利夫 VI 361

Sutton, Henry 萨顿, 亨利 III 623

—Thomas 萨顿, 托马斯 V 732

Svaty, V. 斯瓦蒂 VI 665

Swan, Sir Joseph 乔瑟夫·斯旺爵士, 化学家和发明家

　　artificial silk invention 人造丝发明 V 215

　　battery improvements 电池改进 V 206

　　incandescent filament lamps 白炽灯丝灯 V 213 – 217, 229；VI 285

　　lighting systems 照明系统（19 世纪）V 208 – 209

Swann, H. 斯旺 VII 1357

Swart, Claudius Claussøn 斯沃特；参见 Claudius

Swedenborg, Emmanuel 斯韦登堡 III 31, 51

Swinburne, Sir James 詹姆斯·斯温伯恩爵士 V 203；VI 555

Swinton, A. A. C. 斯温顿 VII 1258 – 1259

Swiss metallurgical Company 瑞士冶金公司 V 93, 608

Switzer, Stephen 斯威策 IV 174

Sylvester Ⅱ, Pope   西尔维斯特二世，教皇；参见 Gerbert

Symington, William   赛明顿 Ⅳ 196, 571；Ⅴ 143

Symonds, Sir William   威廉·西蒙兹爵士 Ⅳ 584 – 585

Symons, G. J.   西蒙斯 Ⅳ 490；Ⅴ 558

Synesius   西内西厄斯 Ⅲ 603, 606

Szechenyi, Count   塞切尼伯爵 Ⅳ 550

T

Tachenius, Otto   塔亨尼乌斯 Ⅲ 681, 704；Ⅳ 253

Tacitus   塔西佗 Ⅰ 253；Ⅱ 11, 140

Taharqa   塔哈卡 Ⅰ 538 注释

Talbot, A. N.   塔尔博特，A. N. Ⅶ 945

—Benjamin   塔尔博特，本杰明 Ⅴ 60；Ⅵ 479, 483

Tangye   坦耶 Ⅴ 131

Tank, K.   汤克 Ⅶ 811

Tardin, J.   塔尔丁 Ⅳ 258

Tarelli   塔雷利 Ⅳ 19, 34

Tartaglia, Niccolò   塔尔塔利亚 Ⅲ 374, 539

Tata, J. N.   塔塔 Ⅴ 70

Taunton, Lord（Henry Labouchere）   汤顿勋爵（亨利·拉布谢尔） Ⅴ 784

Tawney, R. H.   托尼 Ⅵ 167

Taylor, C. G.   泰勒，C. G. Ⅶ 804

—Clement   泰勒，克莱门特 Ⅳ 255

—F. Sherwood   泰勒，F. 舍伍德 Ⅱ 732, 735

—F. W.   泰勒，F. W., 工程师

     machine tools   机械刀具 Ⅶ 1046 – 1048

     management system   管理系统 Ⅵ 80 – 81

     steels, high-speed   高速钢 Ⅵ 453, 492；Ⅶ 1037

—G. E.　　　　　　　　　　　泰勒，G. E.（约 1872 年）Ⅵ 497

—George　　　　　　　　　　泰勒，乔治（约 1792 年）Ⅳ 255

—James , of Lancashire　　　　兰开夏郡的詹姆斯·泰勒 Ⅲ 162

—John　　　　　　　　　　　泰勒，约翰 Ⅵ 552

—Michael Angelo　　　　　　泰勒，迈克尔·安杰洛 Ⅳ 506 及注释

—Walter　　　　　　　　　　泰勒，沃尔特 Ⅳ 437

—William　　　　　　　　　　泰勒，威廉 Ⅴ 666

Taylor and Martineau　　　　　泰勒和马蒂诺 Ⅳ 197；Ⅴ 130

Teal , G. K.　　　　　　　　　蒂尔 Ⅶ 1119

Tedesco , N. de　　　　　　　泰代斯科 Ⅴ 489，496

Telegraph Construction &　　　电报机建造与维修有限公司 Ⅴ 221
　　Maintenance Company

Telford , Thomas　　　　　　　特尔福德，工程师

　　bridges　　　　　　　　　桥梁 Ⅳ 457 – 460，484

　　building works　　　　　　建筑工作 Ⅳ 455

　　chains , Clifton bridge　　　克利夫顿锁链桥 Ⅴ 507

　　Darby's bridge , comments　达比桥，评论 Ⅳ 456

　　Grubenmann's bridge , comments　格鲁本曼设计的桥，评论 Ⅲ 428

　　harbour works　　　　　　海港工程 Ⅴ 539

　　pavements　　　　　　　　铺石路 Ⅳ 543，544

　　roads　　　　　　　　　　道路 Ⅳ 527，528，531 – 534，536

　　training　　　　　　　　　训练 Ⅳ 444

　　waterways　　　　　　　　水道 Ⅲ 455；Ⅳ 571 – 572

Tellegen , B. D. H.　　　　　　特勒根 Ⅶ 1102

Teller , E.　　　　　　　　　　特勒 Ⅵ 279

Tellier , Charles　　　　　　　特列尔 Ⅴ 48；Ⅶ 1400

Temple de la Croix , Félix du　坦普尔·德拉克鲁克 Ⅴ 408 – 409
　　and Louis du

Templeton　　　　　　　　　　坦普尔顿 Ⅳ 315

Tengnagel , Otto　　　　　　　滕格纳盖尔 Ⅳ 636

Teniers , David , the younger　小戴维·特尼尔斯 Ⅱ 348，749

Tennant, Charles	坦南特	IV 239，245，247－248
Tertullian	德尔图良	II 531
Terzaghi, K.	泰尔扎吉	VII 946，1366
Tesla, Nikola	特斯拉，发明家	
current controversy, A. C. /D. C.	电流之争，直流还是交流	V 200
fan motor	风扇电动机	VII 1128
induction motor	感应电动机	V 231；VI 285；VII 1086 － 1087
synchronous motor	同步电动机	VII 1087
Tessaert	泰萨特	IV 256
Thaer, Albrecht Daniel	特尔	IV 38，41
Thales of Miletus	米利都的泰勒斯	I 105；II 606
Thénard, Louis Jacques	泰纳尔	IV 256，374
Theodelinde	泰奥德兰德	II 451
Theodoric the Great	狄奥多里克大帝	II 457
Theodosius I the Great	狄奥多西大帝	II 515，531；III 572
Theon, of Alexandria	亚历山大的赛翁	III 586－588，591，606
Thephano	塞奥法诺	II 761
Theopilus Presbyter	特奥菲卢斯·普莱斯彼得，冶金家	
bell-founding	钟的铸造	III 364
case-hardening, iron	表面硬化，铁	III 34
chemical ash	化学灰分	II 354
copper, purification	铜，提纯	II 49
enamelling	上釉	II 458－459
glass-making	玻璃制造	II 315，329，332，358；III 206－208
glaze recipes	釉的配方	II 300，315
gold and enamels	金和釉	III 48－49
gold mining	采金	II 12
leather-gilding craft	镀金皮革工艺	II 174
niello (metallic sulphides)	乌银（金属硫化物）	II 480

parchment, preparation 羊皮纸制备 II 189

Schedula diversarum artium 《不同技艺论》II 63 – 64, 351；III 206,
677

Theophrastus of Eresus 艾雷色斯的狄奥弗拉斯图，希腊作家

  Babylonia, crop yields 巴比伦的作物产量 I 550

  blue frit 蓝铜矿 I 240

  building construction 建筑结构 III 250

  cotton cultivation, India 印度棉花种植 II 199

  pigment, white 白颜料 II 360

  ploughs, wooden 木制犁 II 85

  pōros limestone 石灰石 II 398 注释

  sugar 糖 I 371

  timbers, description 木材，描述 II 226, 234

  vegetables 蔬菜 I 355 – 356

  viticulture 葡萄栽培 II 131 – 132, 134

  walnut varieties 胡桃种类 I 358

Thévenet 泰弗内（约 1865 年）IV 523

Thévenot, Melchisédec 泰弗诺（1620—1692 年）IV 604

Thevet, André 泰维 III 8

Thimonnier, Barthélemy 蒂蒙涅 V 588；VI 679

Thiout 蒂乌特（约 1741 年）III 345

—Antoine 蒂乌特，安托万（1692—1767 年）IV 384 –
385, 420

Tholde, Johann 罗勒·瓦伦丁；参见 'Valentine, Basil'

Thom, John 汤姆 V 241

Thomas, C. J. 托马斯，C. J. VI 61

—David 托马斯，戴维 IV 111

—G. H. 托马斯，G. H. VII 800

—John 托马斯，约翰 IV 348, 352

—Sidney Gilchrist 托马斯，西德尼·吉尔克里斯特，冶金家

  industrial change 产业变化 V 804, 809

  steel-making process 钢铁制造工艺 V 60, 810, 820；VI 462

Thompson	汤普森（约 1793 年）Ⅳ 166
—Benjamin	汤普森，本杰明；参见 Rumford
—C. B.	汤普森，C. B. Ⅵ 84
—H. W.	汤普森，H. W. Ⅶ 1206
—R. Campbell	汤普森，R. 坎贝尔 Ⅲ 224 注释
—Silvanus P.	汤普森，西尔纳斯·P. Ⅴ 200，203，216
Thomson，E.	汤姆孙，E. Ⅶ 1331
—G. P.	汤姆孙，G. P. Ⅵ 269，270；Ⅶ 1216
—J. E.	汤姆森，J. E.（1822—1892 年）Ⅵ 79，82，89
—James	汤姆森，詹姆斯（主要活动于 19 世纪 50 年代）Ⅴ 525 - 526，530
—Sir Joseph John	约瑟夫·约翰·汤姆森爵士（1856—1940 年）Ⅵ 155，223；Ⅶ 1092
—R. W.	汤姆森，R. W. Ⅳ 523；Ⅴ 422，771
—William（Lord Kelvin）	汤姆森，威廉（开尔文勋爵），物理学家
compass，invention	罗盘发明 Ⅴ 456，图版 31 C
current battle，A. C. /D. C.	电流之争，直流电还是交流电 Ⅴ 200
electric circuit theory	电路理论 Ⅶ 1112
electricity distribution	电力分配 Ⅴ 228
hydrodynamic wave studies	流体力学波研究 Ⅴ 387 - 388
lighting installation	照明装置 Ⅴ 217
Neptune Bank power station	海王滩大型电站 Ⅶ 1068
rotors，electric	电转子 Ⅴ 193
sounding-machine，hydrographic	测水深机 Ⅴ 453 - 454，461 - 462
telegraphy	电报 Ⅴ 224，226
transatlantic cables	跨大西洋电缆 Ⅳ 674
Thorek，M.	托雷克 Ⅶ 1319
Thorley，J. P.	索利 Ⅰ 409
Thorneycroft	桑尼克罗夫特 Ⅴ 425
Thothmes Ⅰ	图特摩斯一世 Ⅰ 782，表 F

—Ⅲ, Egyptian king 图特摩斯三世，埃及国王

  botanical collection 植物收集 Ⅰ 543 – 545

  chariots 双轮战车 Ⅱ 544

  chronology 年表 Ⅰ 表 F

  copper from Cyprus 塞浦路斯的铜 Ⅰ 565

  glass, painted 有色玻璃 Ⅱ 341，图版 24 D

  ivory 象牙 Ⅰ 669, 673

  shadow-clock 影钟 Ⅰ 112

  stone wall, construction 石墙建筑 Ⅰ 480

  weaving, evidence 编织，证据 Ⅰ 439，图版 14

—Ⅳ, Egyptian king 图特摩斯四世，埃及国王

  chariot 双轮马车 Ⅰ 727

  chariot-horses, control 双轮马车，控制 Ⅰ 722

  ivory artifact 象牙工艺品的浮雕手法 Ⅰ 669

  weaving, evidence 编织，证据 Ⅰ 439 – 440，图版 15 A

Thotnefer 托特内费尔 Ⅰ 439

Thucydides 修昔底德 Ⅱ 529

Tiberius 提比略 Ⅱ 52

Tibullus 提布卢斯 Ⅱ 28

Tice, J. T. 泰斯 Ⅵ 653

Ticquet 蒂屈厄特 Ⅲ 86

Tiernan, M. F. 蒂尔南 Ⅶ 1377 – 1378

Tiglath-Pileser Ⅰ 提格拉·帕拉萨一世 Ⅰ 246, 553，表 F；

    Ⅱ 494 – 495

— —Ⅲ 提革拉·帕拉萨三世 Ⅰ 54，表 F

Tilghmann, B. C. 蒂尔曼 Ⅵ 610

Tillmann of Cologne 科隆的提尔曼 Ⅱ 65

Tilly, Johann Tzerclaes 蒂利，约翰·特塞克拉斯 Ⅲ 31

—family 蒂利家族 Ⅳ 209

Titley, A. F. 蒂特雷 Ⅱ 744

Titus 蒂图斯 Ⅲ 574

Tizard, H. T.　　　　　　　　蒂泽德 Ⅵ 162

Toft, Thomas　　　　　　　　托夫特，托马斯 Ⅳ 345 – 346

—Ⅱ　　　　　　　　　　　托夫特第二 Ⅳ 345

Toglietta, Guido　　　　　　　托格莱塔 Ⅳ 521

Tompion, Thomas　　　　　　　汤皮恩 Ⅲ 557, 665, 667; Ⅳ 382

Torricelli, Evangelista　　　　　托里拆利 Ⅲ 234, 332, 636; Ⅳ 169

Torroja, E.　　　　　　　　　托罗哈 Ⅶ 951

Torsellus　　　　　　　　　　萨努多；参见 Sanudo, Marino

Toufaire　　　　　　　　　　陶费尔 Ⅳ 105

Tourasse　　　　　　　　　　图拉斯 Ⅳ 548

Tournachon, F.　　　　　　　图尔纳雄 Ⅴ 400

Tourville, A. H. de C. de　　　德图维尔 Ⅲ 492

Towler, F.　　　　　　　　　托勒，F. Ⅶ 1061

—J.　　　　　　　　　　　托勒，J. Ⅶ 1061

Towne, H. R.　　　　　　　　汤 Ⅵ 80

Townley, Richard　　　　　　汤利 Ⅳ 490

Townsend, A. J.　　　　　　　汤森，A. J. Ⅵ 496

—C. P.　　　　　　　　　　汤森，C. P. Ⅵ 519

Townshend, Charles, Viscount　　汤森 Ⅲ 15; Ⅳ 39

Tracy, N.　　　　　　　　　　特雷西 Ⅰ 4

Trajan, Roman emperor　　　　图拉真，罗马皇帝

　　bridge structure, Orsova　　桥梁结构，奥尔绍瓦 Ⅱ 508, 512

　　chronology　　　　　　　年表 Ⅱ 表2 lvi

　　roads, Petra　　　　　　佩特拉道路 Ⅱ 498

　　streets, Roman towns　　　罗马城镇街道 Ⅱ 530

　　town plan, Timgad　　　　提姆加德城市规划 Ⅲ 280

　　water-mills　　　　　　　水磨 Ⅱ 601

Transon, Abel　　　　　　　　特朗松 Ⅴ 397

Traube, A.　　　　　　　　　特劳贝 Ⅶ 1282, 1297

Trechsler, Christopher　　　　特雷赫斯莱尔 Ⅲ 629

Tredgold, Thomas　　　　　　特雷德戈尔德，作家和工程师

books	书籍 Ⅳ 165，445，484
carpentry, definition	木匠的定义 Ⅱ 242
gauge, boiler pressure	测量，锅炉压力 Ⅴ 538
Trenchard, Sir H.	H. 特伦查德爵士 Ⅶ 811
Trésaguet, Pierre	特雷萨格特 Ⅳ 527 – 528，532
Trestrail, Nicholas	特雷斯特雷尔 Ⅴ 129
Trevithick, Richard	特里维西克，工程师
boiler invention	锅炉制造 Ⅴ 125，133
Cornish pumping engine	康沃尔式蒸汽机 Ⅳ 191 – 193，499；Ⅴ 125 – 126
locomotives	机动车 Ⅳ 188 – 189；Ⅴ 322，349，图版 20 A
rock-boring machine	岩石钻孔机 Ⅳ 71
stationary engines	固定的蒸汽机 Ⅳ 165 – 166，188 – 194，196 – 197；Ⅴ 133，138
steam-turbine invention	蒸汽涡轮机的制造 Ⅴ 150
tunnel attempt	隧道尝试 Ⅳ 463
Trew, John	特鲁 Ⅲ 451
Triewald, Marten	特里瓦尔德 Ⅳ 173，175
Troncet, G.	特龙塞特 Ⅶ 1161
Troostwijk, Adriaan P. van	特罗斯特维克 Ⅴ 177
Tropenas, A.	特洛皮纳斯 Ⅵ 484
Tropsch, H.	特罗普什 Ⅵ 540
Trotz, J. O. E.	特罗茨 Ⅵ 497
Troughton, Edward	特劳顿，仪器制造商
balances	天平 Ⅳ 405 – 406
comparator	比测仪 Ⅳ 397
dividing-engines	刻线机 Ⅳ 394
optical instruments	光学仪器 Ⅳ 399，607
Truax, C.	特鲁阿克斯 Ⅶ 1317
Truchet, Sébastien	特吕谢 Ⅲ 464
Trudaine, Daniel	特吕代纳 Ⅳ 526

Tschirnhausen, E. W.,　　　　　冯·奇恩豪斯 Ⅳ 338
　　Graf von

Tsiolkovski, K.　　　　　　　　齐奥尔科夫斯基 Ⅶ 859 – 860

Tswett, M. S.　　　　　　　　　茨韦特 Ⅶ 1210

Tukulti Ninurta Ⅱ　　　　　　图库尔蒂 – 尼努尔塔二世 Ⅰ 251, 527, 583,
　　　　　　　　　　　　　　　597

Tull, Jethro　　　　　　　　　塔尔 Ⅲ 15; Ⅳ 5 – 6, 17, 20, 38

Tunner, Peter　　　　　　　　滕纳 Ⅴ 65, 67

Turgot, Anne Robert Jacques　　杜尔哥 Ⅳ 27, 526

Turing, A. M.　　　　　　　　图灵

　　ACE (Pilot) computer　　　　自动计算机 Ⅶ 1194

　　computers　　　　　　　　计算机 Ⅶ 1153, 1183 – 1184

　　program concept　　　　　程序规则 Ⅶ 1193, 1199

Turner, C. J.　　　　　　　　特纳, C. J. Ⅵ 263, 265

—Ipswich firm　　　　　　　伊普斯威奇的特纳公司 Ⅳ 71

—John, of Lane End　　　　莱恩恩德的约翰·特纳 Ⅳ 352

—W. E. S.　　　　　　　　特纳, W. E. S. Ⅱ 314 注释, 319 注释

Turpin, Eugene　　　　　　　特平 Ⅴ 296; Ⅵ 540

Turriano　　　　　　　　　　特里阿诺 Ⅲ 16

Tusser, Thomas　　　　　　　塔瑟 Ⅲ 14, 134

Tutankhamen　　　　　　　　图坦卡蒙; 参见 Index of Subjects

Tyer, Charles　　　　　　　　泰尔 Ⅴ 331

U

Uchatius, Baron F. yon　　　　乌哈蒂乌斯 Ⅴ 736 – 737

Ueling, E. A.　　　　　　　　乌埃林 Ⅵ 480

Ulam, S. M.　　　　　　　　乌拉姆 Ⅵ 279

Ulloa, Antonio d'　　　　　　达洛 Ⅳ 144

Ulm, C. T. P.　　　　　　　乌尔姆 Ⅶ 806

Ulpian	乌尔比安 Ⅱ 325
Ulugh Beg	乌鲁伯格 Ⅲ 584
Unas	乌纳斯 Ⅰ 434，537
Underwood，William	安德伍德，威廉（约 1817 年）Ⅶ 1400
— —L.	安德伍德，威廉·L.（卒于 1928 年） Ⅴ 42
United Alkali Company	联合碱公司 Ⅴ 803
United States Chemical Manufacturing Company	美国化学品制造公司 Ⅴ 105
Unwin，W. C.	昂温 Ⅶ 1368
Upson，R. H.	厄普森 Ⅶ 798
Urban Ⅷ，Pope	乌尔班八世，教皇 Ⅲ 312，314
Ure，Andrew	尤尔 Ⅳ 135，274；Ⅴ 828
Urie，Robert W.	尤里 Ⅴ 341
Ur-Nammu	乌尔 - 纳姆 Ⅰ 467
Ursinus，O.	乌尔西努斯 Ⅶ 806
Urukagina	乌鲁卡基那 Ⅰ 280，282，748
Usher，A. P.	厄舍 Ⅳ 149
Utton，M. A.	厄顿 Ⅵ 53 - 55，58
Utzschneider	伍兹许内德尔 Ⅳ 360

V

Vail，Alfred	韦尔 Ⅳ 660
Valdés，Diego Flores de	巴尔德斯 Ⅲ 480
Valency，Charles	瓦朗西 Ⅳ 445
Valens	瓦林斯 Ⅱ 664
'Valentine，Basil'（Johann Thölde）	"瓦伦丁" Ⅲ 29；Ⅳ 242
Valentinian Ⅰ	瓦伦蒂尼安一世 Ⅱ 515

Valerius Maximus　　　　　　　　　瓦列里乌斯·马克西姆斯　Ⅰ 264

Vallans, William　　　　　　　　　瓦兰斯　Ⅲ 451–452

Valturio, Roberto　　　　　　　　　瓦尔图里奥　Ⅱ 620；Ⅴ 141

Van Bath, B. H. S.　　　　　　　　范巴思　Ⅳ 15

Vance, A. W.　　　　　　　　　　万斯　Ⅶ 1352

Vancouver, George　　　　　　　　温哥华　Ⅳ 598

Van der Heyden, Jan　　　　　　　范德海登　Ⅲ 695；Ⅳ 638

Van der Straat　　　　　　　　　　范·斯泰达乌斯；参见 Stradanus

Vaudry　　　　　　　　　　　　　沃德里　Ⅳ 540

Van Helmont, Johann Baptista　　　海尔蒙特　Ⅱ 745；Ⅲ 24；Ⅳ 37，215，258

Van Linschoten　　　　　　　　　　林索登　Ⅲ 696

Van Marum　　　　　　　　　　　马伦　Ⅳ 408

Van Musschenbroek, Pieter　　　　范·穆欣布罗克；参见 Musschenbroek，P. van

Van Robais　　　　　　　　　　　罗拜斯　Ⅲ 152

Van Sickle, Samuel　　　　　　　　范·西克尔　Ⅴ 113，122

Van Veen, J.　　　　　　　　　　范韦恩　Ⅳ 640

Van Wesel, Dominicus　　　　　　范韦泽尔　Ⅳ 632，634

Varley, S. A.　　　　　　　　　　瓦利　Ⅴ 185–186

Varro, Marcus Terentius　　　　　瓦罗　Ⅲ 504，578

Vásráhelyi　　　　　　　　　　　瓦斯拉海尔伊　Ⅳ 550

Vauban, Sébastien le Prestre de　　沃邦　Ⅱ 728；Ⅲ 372–373，467；Ⅳ 442

Vaucanson, Jacques de　　　　　　沃康松　Ⅲ 166，169；Ⅳ 318，384–385，
　　　　　　　　　　　　　　　　　425

Vaughan, John　　　　　　　　　　沃恩，约翰　Ⅴ 801–802，804，810

—S. W.　　　　　　　　　　　　沃恩，S. W.　Ⅵ 477

Vauquelin, L. N.　　　　　　　　　沃克林　Ⅳ 145

Vavilov, N. I.　　　　　　　　　　瓦维洛夫　Ⅰ 368；Ⅵ 328–329

Vedor, C.　　　　　　　　　　　　维德　Ⅶ 891

Veen, J. Van　　　　　　　　　　范韦恩；参见 Van Veen

Vegetius　　　　　　　　　　　　韦格提乌斯　Ⅱ 121，636，705，707

Veksler, V.　　　　　　　　　　　韦克斯勒　Ⅶ 1332

Venantius Fortunatus	福尔图纳塔 Ⅱ 597
Venturi, Giovanni B.	文丘里 Ⅳ 501；Ⅴ 537
Venturino, Pietro	文图里诺 Ⅳ 636 – 637
Verantius, Faustus	维拉齐奥 Ⅲ 18；Ⅳ 630, 635, 641
Veranzio, F.	维拉齐奥 Ⅱ 627
Vergil, Polydore	弗吉尔 Ⅲ 381
Verguin, E.	贝吉恩 Ⅴ 272
Vermorcken, E.	弗莫尔肯 Ⅳ 639
Vermuyden, Sir Cornelis	科内利斯·弗尔默伊登爵士 Ⅲ 316, 318, 320 – 321
Verne, J.	凡尔纳 Ⅶ 859
Verovio, Simone	韦罗维奥 Ⅲ 409
Vespasian, Roman emperor	韦斯巴芗，罗马皇帝
chronology	年表 Ⅱ 表 2 lvi
military engines	军用机械装置 Ⅱ 715
Roman coin	罗马硬币 Ⅱ 489
tunnel, Petra Pertusa	隧道，佩特拉和佩尔图萨 Ⅱ 511
water-mills	水磨 Ⅱ 601
Vicat, L. J.	维卡特 Ⅳ 447 – 448, 466；Ⅴ 483
Victoria, English queen	维多利亚，英国女王
chloroform	氯仿 Ⅴ 312
'clipper' ships	飞剪船 Ⅳ 590
Great Exhibition of 1851	1851 年世界博览会 Ⅴ 817, 834
mauve dye	苯胺紫染料 Ⅴ 272
porcelain	陶瓷 Ⅴ 662
Turbinia, speed demonstration	"透平尼亚号" 快艇 Ⅶ 1025, 1027
Vidal, Raymond	维达尔 Ⅴ 279
Vieille, P. M. E.	维埃耶 Ⅴ 294
Vierlingh, Andries	维尔林 Ⅱ 682, 684；Ⅲ 301 – 302, 305, 452
Vignola, Giacomo da	维尼奥拉 Ⅲ 450
Villard, P.	维拉德, P. Ⅵ 222

—de Honnecourt 维拉德·德·洪内库尔 II 69，610，643 –
644，647

Vincent of Beauvail 包菲的文森特 II 665 –666

Vinci, Leonardo da 达·芬奇；参见 Leonardo da Vinci

Vinne, Theodore Low de 维尼 V 712

Virgil, Roman poet 维吉尔，罗马诗人

  flax cultivation 亚麻种植 II 195

  lathe, wood-turning 车床，车木 II 233

  milling 磨 II 111

  plough, horse-drawn 马拉犁 II 94

  viticulture 葡萄栽培 II 135

Visconti, Filippo Maria 维斯孔蒂 II 657

Visscher, Anna Roemers 菲舍尔，安娜 III 229

Vitruvius Pollio 维特鲁威，罗马建筑师

  anaphoric clock 照应钟 III 604 –605

  blue frit（caeruleum） 石青（蓝铜矿） I 240

  building façades 建筑外观 III 250，253；IV 469

  building methods, Greek 希腊建筑方法 II 397 –419

  fire, origins 火的来源 I 216 –217

  hodometer 计距器 III 512 –513，628

  manuscript discovery 手稿的发现 III 245

  maps, Roman 罗马地图 III 504

  military technology 军事技术 II 711 –712，714，717

  press machine, lever-and- 压力机，杠杆和螺旋 II 117
    screw

  pulleys 滑轮 II 630，658 –660

  quarrying 采石 II 27 –28，31

  roads 道路 IV 521

  roofs, low-pitched 低坡顶 III 265

  survey methods 勘测方法 III 511 –513，543

  transport, heavy stones 交通工具，重型石 II 660，662

town-planning 城市规划 Ⅲ 276

walls, Italian process 意大利筑墙的方法 Ⅲ 247 – 248

water, book on 有关供水的书 Ⅱ 671

water-clocks 水钟 Ⅰ 113；Ⅲ 601 – 602

water-finding 寻找水源 Ⅱ 663

water-lifting 提水 Ⅱ 675 – 676

water-mills 水磨 Ⅱ 596 – 597，614

water-purity 水的净化 Ⅱ 674

Vivian, Andrew 维维安，安德鲁 Ⅳ 188

——Henry Hussey 维维安，亨利·赫西 Ⅳ 128 – 129；Ⅴ 78，
85

Viviani, Vincenzio 维维亚尼 Ⅲ 232，315

Vizinho, José 维津霍 Ⅲ 547

Voch, Lucas 沃什 Ⅳ 529

Vogel, H. W. 沃格尔 Ⅴ 729；Ⅶ 1283

Voght, von 沃特 Ⅳ 41

Voightländer, J. F. 福格特伦德 Ⅴ 721

Voisin, Charles and Gabriel 瓦赞兄弟 Ⅴ 392，406，409；Ⅶ 791

Volk, Magnus 沃尔克 Ⅴ 347，418

Volkov, V. N. 沃尔科夫 Ⅶ 857

Volta, Alessandro 伏打，物理学家

electricity, chemical sources 电力，化学来源 Ⅳ 678

telegraphy 电报 Ⅳ 649，652 – 654

voltaic pile (electric battery) 伏打电堆 Ⅳ 226 – 227；Ⅴ 177 – 178

Voltaire, François-Marie 伏尔泰 Ⅲ 466
Arouet de

Vroom, Hendrik Cornelisz 弗罗姆 Ⅲ 486，图版 22

Vuia, Trajan 维亚 Ⅴ 409

W

Waddell 沃德尔 Ⅳ 93

Wade, George 韦德 Ⅳ 530, 532

Wagner, H. A. 瓦格纳, H. A. Ⅶ 810, 1019

—L. 瓦格纳, L. Ⅳ 545

Waitz, von 冯·魏茨 Ⅳ 244

Waldseemüller, Martin 瓦尔德塞米勒 Ⅲ 535 及注释, 536, 538
   (Hylacomylus)

Wales, Prince of (George Ⅴ) 威尔士宗王 (乔治五世) Ⅶ 922

Walford, C. 沃尔福德 Ⅶ 1153

Walker, John 沃克, 约翰 Ⅳ 255

—O. S. 沃克, O. S. Ⅶ 1044

—Robert 沃克, 罗伯特 Ⅴ 223

—Thomas 沃克, 托马斯 Ⅴ 459 – 460

—W. H. 沃克, W. H. Ⅴ 730

Walkers, Rotherham 沃克斯 Ⅳ 457 – 458

Wall, John 沃尔 Ⅳ 354

Wallace, C. F. 华莱士 Ⅶ 1377 – 1378

Waller, A. 瓦勒 Ⅶ 1340

Wallerius 瓦勒留斯 Ⅳ 39

Wallis, John 沃利斯 Ⅲ 257

Walpole, Horace 沃波尔, 霍勒斯 Ⅳ 216

—Robert 沃波尔, 罗伯特 Ⅳ 39

Walschaerts, Égide 华尔夏茨 Ⅴ 335 – 337

Walsingham, Sir Francis 弗朗西斯·沃尔辛厄姆爵士 Ⅲ 317

Walter, John 沃尔特, 约翰 Ⅴ 696

—L. 沃尔特, L. Ⅶ 1105

—de Millinate 沃尔特, 德·米利纳特 Ⅱ 620

Walton, Izaak 沃尔顿 Ⅳ 505

Wampen, H.	万彭 Ⅵ 675
Wang Ching	王景 Ⅲ 439
Warburton, J.	沃伯顿，J. Ⅳ 321 – 323
—John	沃伯顿，约翰 Ⅳ 349, 351
—Peter	沃伯顿，彼得 Ⅳ 356
Ward, Joshua	沃德 Ⅳ 242 – 244
Waring, R. S.	韦林 Ⅶ 1074
Warington, R.	韦林顿 Ⅶ 1387
Warren, J. C.	沃伦，J. C. (1778—1856 年) Ⅴ 312
—Captain James	詹姆斯·沃伦船长 (约 1848 年) Ⅳ 461
Warwick, Earl of	沃里克伯爵 Ⅲ 475
Washington, George	华盛顿 Ⅴ 4
Waterhouse, J. J.	沃特豪斯 Ⅴ 282
Waters, R. M.	沃特斯 Ⅶ 1334 – 1335
Watson, J. D.	沃森，J. D. Ⅶ 1394
—Richard	沃森，理查德 Ⅳ 237, 259 – 260, 263
—T. J.	沃森，T. J. Ⅶ 1181
Watson-Watt, Sir R.	R. 沃森－瓦特爵士 Ⅵ 449, 559；Ⅶ 845
Watt, Charles	瓦特，查尔斯 Ⅴ 96
—Gregory	瓦特，格雷戈里 Ⅳ 264 – 265
—James	瓦特，詹姆斯 (1736—1819 年)，工程师
alkali manufacture	制碱业 Ⅳ 237, 247
biographical note	生平事略 Ⅴ 350
boilers	锅炉 Ⅴ 137, 152
condenser invention	冷凝器发明 Ⅳ 181 – 183, 421, 673；Ⅴ 124；Ⅵ 450
industrial change, discussion	产业变化，讨论 Ⅴ 786, 800, 840；Ⅵ 52
iron industry	钢铁工业 Ⅳ 103 – 104, 116
latent heat discovery	潜热发现 Ⅳ 186, 680
machine-tools	机床 Ⅴ 640, 649 – 650, 668 – 609
marine trunk-engine	海洋筒状活塞发动机 Ⅴ 148

optical indicator	光学示功器	Ⅶ 989
pottery industry	陶瓷工业	Ⅳ 348, 352
precision mechanics industry	精密机械工业	Ⅲ 368, 647；Ⅳ 380
pumping-engines	泵发动机	Ⅳ 77 - 79, 452, 499；Ⅴ 524
rotary engine	旋转式发动机	Ⅲ 84
screw-propulsion	螺旋推进	Ⅴ 146
sculpturing machine	雕刻机	Ⅳ 436
steam engines	蒸汽机	Ⅳ 161 - 164, 181 - 195, 199, 421 - 422；Ⅴ 125 - 129
steam-power	蒸汽动力	Ⅳ 161, 165 - 166, 452, 680
subtense（surveying instrument）	测量仪器	Ⅴ 445
tea-kettle myth	茶壶传说	Ⅳ 175
textile industry engines	纺织机	Ⅳ 246
—James	瓦特，詹姆斯（1769—1848 年）	Ⅳ 264
—& Company	瓦特公司	Ⅴ 148, 363, 图版 41 A
Watts, Isaac	沃茨	Ⅳ 588
Wayss, Gustav A.	魏斯，古斯塔夫·A.	Ⅴ 489
—& Freitag	魏斯和弗赖塔格公司	Ⅴ 489, 495
Weale, Samuel	威尔	Ⅲ 157
Webb, B.	韦布，B.	Ⅵ 97
—Francis W.	韦布，弗朗西斯·W.	Ⅴ 335, 337 - 339
—J. E.	韦布，J. E.（主要活动于 19 世纪末）Ⅳ 516	
—James E.	韦布，詹姆斯·E.（约 1969 年）Ⅶ 858	
—S.	韦布，S.	Ⅵ 97
Webster, James Fernley	韦伯斯特，詹姆斯·弗恩利	Ⅴ 91
—Crown Metal Company	韦伯斯特·克朗金属公司	Ⅴ 249
Wedding, T. F.	韦丁	Ⅳ 105
Wedgwood, John	韦奇伍德，约翰	Ⅳ 350
—Josiah	韦奇伍德，乔塞亚，陶艺家	Ⅳ 328
biographical account	生平事略	Ⅳ 351 - 354
ceramics industry, discussion	陶瓷工业，讨论	Ⅴ 658 - 659

glazes	釉 Ⅳ 334 – 335, 356
industrial change, discussion	产业变化，讨论 Ⅴ 799 – 800
porcelain	陶瓷 Ⅳ 341, 344, 350, 352 – 353
'pyrometric cone' invention	"测温锥" 的发明 Ⅳ 350 – 351
water-power	水能 Ⅳ 348
—Thomas	韦奇伍德，托马斯 Ⅳ 350, 354; Ⅴ 718
Wedgwood Company	韦奇伍德公司 Ⅴ 662
Wedgwoods, the	韦奇伍德家族 Ⅳ 347
Wegener, A.	魏格纳 Ⅶ 1454
Wehnelt, A.	韦内尔特 Ⅶ 1093
Weidenreich, F.	魏敦瑞 Ⅰ 35
Weigel, von	冯·韦格尔 Ⅲ 11 – 12
Weigert, Carl	魏格特 Ⅴ 281
Weild, W.	韦尔德 Ⅴ 579
Weir, Lord	韦尔 Ⅵ 287; Ⅶ 771
Weis, J. P.	韦斯 Ⅵ 682
Weiss, José B.	魏斯 Ⅴ 406; Ⅶ 808
Weizmann, C.	魏茨曼 Ⅵ 542 – 543
Weldon, Walter	韦尔登 Ⅴ 237
Wellman, G.	韦尔曼，G. Ⅴ 573
—S. T.	韦尔曼，S. T. Ⅵ 479, 485
Wells	韦尔斯（约1791年）Ⅳ 580
—E. C.	韦尔斯，E. C. Ⅶ 829
—Horace	韦尔斯，霍勒斯（1815—1848年）Ⅴ 312
—John	韦尔斯，约翰（约1700年）Ⅳ 467
— —I.	韦尔斯，约翰·I.（主要活动于1819年）Ⅴ 694
Wells & Company	韦尔斯公司 Ⅴ 212
Welsbach, Carl Auer von	冯·韦尔斯巴赫，化学家
gas mantle, invention	煤气灯罩的发明 Ⅳ 274; Ⅴ 209; Ⅶ 1083, 1128
lamp filaments, development	灯丝研制 Ⅴ 98 – 99, 218

Nernst lamp 氧化钍白炽灯泡 Ⅶ 1083

Wenceslaus Hagecius 哈耶克；参见 Hajek，Václav

Wendel，de 文德尔 Ⅳ 105

Wenham，Francis H. 韦纳姆 Ⅴ 410

Wenström，Jonas 文斯特洛姆 Ⅴ 191

Wenzler，Johannes B. 文茨勒 Ⅳ 263

Werner，Johann 沃纳 Ⅲ 535 – 536；Ⅴ 458

Wesel，D. Van 范韦泽尔；参见 Van Wesel

Westinghouse，George 威斯汀豪斯，工程师
    air-brake system，trains 列车的空气制动机系统 Ⅴ 344
    current controversy，A. C. /D. C. 电流之争，直流电还是交流电 Ⅴ 200 – 201
    electric motors 电动机 Ⅴ 232
    electric power 电站 Ⅴ 199，201
    vertical steam-engines 立式蒸汽机 Ⅴ 134

Westinghouse Company 美国威斯汀豪斯公司 Ⅴ 134

Westly（Lawson and） 韦斯特利（和劳森）Ⅳ 293，315

Westman，A. E. R. 韦斯特曼 Ⅵ 631

Weston，Sir Richard 理查德·韦斯顿爵士 Ⅲ 457；Ⅳ 15 – 16

Wharton，J. 沃顿 Ⅵ 83

Wheatstone，Charles 惠斯通，电力工程师
    electric generator 发电机 Ⅴ 185 – 187
    telegraphy 电报 Ⅳ 654，657 – 660；Ⅴ 218 – 220，
        224

Wheeler， J. A. 惠勒，J. A. Ⅵ 225

—W. H. 惠勒，W. H. Ⅴ 541

Whewell，William 休厄尔 Ⅴ 546

Whieldon，Thomas 惠尔顿 Ⅳ 348，351，353

Whinfield，J. R. 温费尔德 Ⅵ 561，650

Whipple，Squire 惠普尔 Ⅳ 486

Whiston，William 惠斯顿 Ⅳ 621

White，E. 怀特，E. Ⅶ 857

—H.　　　　　　　　　　　怀特，H. Ⅶ 1331

—John　　　　　　　　　　怀特，约翰 Ⅳ 242 – 243

—M.　　　　　　　　　　　怀特，M. Ⅵ 453，492；Ⅶ 1037，1048

Whitehead，A. N.　　　　　怀特海 Ⅴ 776；Ⅵ 162

Whitehouse，Cornelius　　　怀特豪斯 Ⅳ 271

Whitehurst　　　　　　　　怀特赫斯特 Ⅳ 350

Whitney，Eli　　　　　　　惠特尼 Ⅳ 435，438；Ⅴ 652 – 653，818

Whittle，F.　　　　　　　　惠特尔 Ⅶ 819，990，1018 – 1019

Whitworth，Sir Joseph　　　约瑟夫·惠特沃思爵士，制造商

　　American methods，comment　　美国制造方法，评论 Ⅴ 639

　　biographical notes　　　　生平事略 Ⅳ 418，428，431；Ⅴ 637 –
　　　　　　　　　　　　　　　638，801

　　lathe　　　　　　　　　车床 Ⅳ 432，434

　　machine-tools　　　　　机床 Ⅳ 418，431 – 435；Ⅴ 636

　　micrometer screw　　　　测微螺旋仪 Ⅶ 1050

　　planers　　　　　　　　刨床 Ⅳ 433 – 435；Ⅴ 651，818

　　scholarships offer　　　　津贴提供 Ⅴ 791 – 792

　　screw-cutting tools　　　螺纹切削车床 Ⅳ 432 – 433；Ⅴ 652

　　‘Street Sweeping Machine’　街道清扫机 Ⅶ 1131

Whitworth & Company　　　惠特沃思公司 Ⅴ 642，801

Whitworths，the　　　　　　惠特沃思 Ⅳ 572

Whytock，R.　　　　　　　惠托克 Ⅴ 583

Wibault，M.　　　　　　　维博尔 Ⅶ 810，834

Wickham，Sir Henry　　　　亨利·威克姆爵士 Ⅴ 774

Wicks，Frederick　　　　　威克斯 Ⅴ 684

Wieck，of Chemnitz　　　　开姆尼茨的威克 Ⅳ 297

Wiggin，Henry，& Company　亨利·威金公司 Ⅴ 88

Wilberforce，William　　　　威尔伯福斯 Ⅴ 830

Wilcke，J. C.　　　　　　　维尔克 Ⅳ 621

Wilcox，Stephen　　　　　威尔科克斯 Ⅴ 138

Wilde，Henry　　　　　　　怀尔德 Ⅴ 184 – 187，193 – 194，196，202

Wilde & Company　怀尔德公司 V 184

Wilfley, Arthur R.　威尔夫利 V 74

Wilkes, M. V.　威尔克斯 Ⅶ 1193，1199

Wilkinson, David　威尔金森，戴维 Ⅳ 425

—Isaac　威尔金森，艾萨克 Ⅳ 161

—John　威尔金森，约翰，钢铁厂长 Ⅳ 428

　accuracy claims　精度 Ⅳ 162

　boring machines　镗床 Ⅲ 367；Ⅳ 103 – 104，183，421 – 423，图版 27 A；V 640，649

　bridge, cast-iron　桥梁，铸铁 Ⅳ 455

　machine-tools　机床 Ⅳ 418

　ships, iron hulls　铁船 V 350

—W.　威尔金森，W.（主要活动于 1872 年）Ⅵ 497

—William　威尔金森，威廉（主要活动于 1775—1780 年）Ⅳ 101 – 102，105

Willans, P. W.　威兰斯 V 135 – 136；Ⅶ 1070

Willats, Richard　维拉茨 V 723 – 724

Willcocks, Sir William　威廉·威尔科克斯爵士 V 543

William, Landgrave of Hesse　黑森的威廉伯爵（约 1631 年）Ⅲ 358

—Ⅰ, the Conqueror　征服者威廉一世 Ⅱ 128 – 129，648

—Ⅲ, English king　威廉三世，英国国王 Ⅲ 267；Ⅳ 672

—Ⅳ, Landgrave of Hesse　黑森的威廉四世伯爵（约 1561 年）Ⅲ 658

Williams, E. G.　威廉斯，E. G. Ⅵ 558

—Edward　威廉斯，爱德华 V 447

—F. C.　威廉斯，F. C. Ⅶ 1193，1196

—F. H.　威廉斯，F. H. Ⅶ 1331

—H. B.　威廉斯，H. B. Ⅶ 1341

—L.　威廉斯，L. Ⅶ 1324

—Thomas　威廉斯，托马斯（18 世纪）Ⅲ 435

— —　威廉斯，托马斯（卒于 1802 年）Ⅳ 64

—Trevor I.　威廉斯，特雷弗·I. Ⅵ 48，57

Williams & Robinson	威兰斯 – 鲁滨逊公司	V 135
Williamson, E. D.	威廉森	VI 588
Willibrord, St	圣威利布罗德	III 197
WiUson, T. L.	威尔森	VI 523, 541
Wilm, A.	威尔姆	VI 439
Wilmanns, G.	维尔曼斯	VII 1298
Wilson, Allan B.	威尔逊，艾伦·B.	V 588 – 589；VI 679
—E.	威尔逊，E.	V 232
—P. N.	威尔逊，P. N.	IV 201, 206
—Thomas	威尔逊，托马斯	IV 84 注释
—W.	威尔逊，W.	VI 12, 151
Winchcombe, John	威奇康	III 151
Winckler, J. H.	温克勒	IV 648
Windsor, Herbert, Lord	赫伯特·温莎勋爵	III 434
Winkler, Clemens	温克勒，克莱门斯	V 247；VI 517
—E.	温克勒，E.	V 501 – 502
Winlaw, William	温洛	IV 9
Winsor, Frederic Albert	温莎	IV 252, 264, 268
Winstanley, Henry	温斯坦利	V 463
Winthrop, John	温斯罗普	III 685
Winzer, Friedrich Albrecht	温泽尔；参见 Winsor	
Winzler, Zachaus Andreas	文策勒	IV 264
Wise, John	怀斯	V 400
Wiseman, B. K.	怀斯曼	VII 1333
Witherbee, W. D.	威瑟比	VII 1330
Witsen, Nicolaas	威特森	III 6
Witt, Nicolaas Corneliszoon de	德维特·尼古拉斯·科内利松	III 312
—Otto, N.	维特，奥托·N.	V 274, 281
Witte, Count Sergei Yulievich	维特	V 115
Wohler, A.	沃勒	VII 985
Wöhler, Friedrich	维勒，化学家	

aluminium, isolation	铝，分离 V 90，248
calcium carbide, preparation	碳酸钙制备 VI 523
organic compounds, discovery	有机化合物，发现 V 268
research contribution	研究贡献 V 788，821
sulphuric acid process	硫酸加工 V 247
Wöhlwill, Emil	奥尔维尔 V 96
Wolcott, Alexander	沃尔科特 V 721 – 722
Wölfert, K.	沃尔弗特 VII 796
Wolff, D., of The Hague	海牙的 D. 沃尔夫 III 229
Wollaston, William Hyde	沃拉斯顿 IV 145；V 246，717 – 718，720
Wolseley Sheep Shearing Machine Company	沃尔斯利羊毛剪割机公司 V 432 – 433
Wolsey, Thomas	沃尔西 III 245
Wood, Aaron	伍德，阿龙 IV 354
—Coniah	伍德，科尼亚 IV 278
—F. W.	伍德，F. W. VI 497
—H. W.	伍德，H. W. VII 1278
—John	伍德，约翰（1707—1764 年）IV 470
— —	伍德，约翰（1727—1782 年）IV 470
—R. W.	伍德，R. W. VII 1295
—T. N.	伍德，T. N. VII 1158
—Thomas	伍德，托马斯 IV 314
Woodcroft, Bennet	伍德克罗夫特 IV 303
Woodford	伍德福德 IV 631
Woodhead, Sims	伍德黑德 IV 503
Woodward, J.	伍德沃德 IV 37
Woolf, Arthur	伍尔夫 IV 191，193 – 194；V 125 – 126，133
Woolley, Sir Leonard	伦纳德·伍莱爵士 I 199 – 200，396，469
Woolrich, John Stephen	伍尔里奇 V 633
Worcester, Marquis of	伍斯特侯爵；参见 Somerset, Edward
Worden, A.	沃登 VII 868

Wordsworth 沃兹沃思 Ⅳ 293 – 294

Worsdell, Thomas W. 沃斯德尔 Ⅴ 338

Wortley, Henry B. 沃特利 Ⅴ 379

Woulfe, Peter 彼得·沃尔夫 Ⅴ 257, 296

Wratten 拉滕 Ⅲ 129

Wren, Sir Christopher 克里斯托弗·雷恩爵士，建筑师

  biographical notes 生平事略 Ⅲ 246, 256 – 258；Ⅳ 668 – 669

  brick-work, Hampton Court 砖墙，汉普顿宫 Ⅲ 262

  building stone 建筑石材 Ⅱ 34；Ⅲ 260

  domes 穹顶 Ⅲ 254 – 255, 258 – 259

  London, rebuilding plans 伦敦重建计划 Ⅲ 297 – 298；Ⅳ 443

  roofs 屋顶 Ⅱ 442；Ⅲ 264 – 267

  timber and joinery 木材和细木工 Ⅱ 442；Ⅳ 472

Wright, of Manchester 曼彻斯特的赖特（约1790年）Ⅳ 287

—(Cubitt and) 赖特（主要活动于1851年）（和丘比特）Ⅳ 462

—Edward 赖特，爱德华（约1558—1615年）Ⅲ 464, 543, 551

— — 赖特，爱德华（主要活动于1696—1701年）Ⅳ 101

—M. D. 赖特，M. D. Ⅶ 865

—Thomas 赖特，托马斯 Ⅳ 603

Wright brothers, Orville and Wilbur 莱特兄弟，飞机制造先驱

  airships, comparison 飞船比测 Ⅶ 796

  engines 发动机 Ⅶ 1010

  flying achievements 飞行成就 Ⅶ 789 – 791, 838

  gliding experiments 滑行试验 Ⅴ 406 – 407, 411

  innovation, discussions 创新，讨论 Ⅵ 45；Ⅶ 699

  pioneer flights 飞行先驱 Ⅴ 391 – 393, 396, 410 – 412, 图版 23 B

  rocket flights, comparison 火箭飞行比测 Ⅶ 861

Wurtz, Charles Adolphe　　　武尔茨 V 113

Wyatt, John　　　怀亚特 Ⅲ 162；Ⅳ 151

Wyke, John　　　威克 Ⅳ 421

Wynn Timmins & Co.　　　温·提明斯公司 Ⅲ 116

Wynn-Williams, C. E.　　　温·威廉斯 Ⅶ 1188

X

Xanthudides, S.　　　桑索迪德斯 Ⅰ 199，202，411

Xenophon　　　色诺芬 Ⅱ 496，557，697

Xerxes　　　薛西斯 Ⅰ 715，表 F

Y

Yarranton, Andrew　　　亚兰滕 Ⅲ 458

Yarwell, John　　　雅维尔 Ⅲ 634

Yeager, C. E.　　　耶格尔 Ⅶ 830

Yeivin, S.　　　埃温 Ⅰ 633 注释

York, H.　　　约克 Ⅵ 279 - 280

Young, A.　　　扬，A.（约 1965 年）Ⅵ 114

—A. D.　　　扬，A. D.（约 1942 年）Ⅶ 824

—Arthur　　　扬，阿瑟（1741—1820 年）

　agricultural education　　　农业教育 Ⅲ 15

　farming improvements　　　农业改进 Ⅳ 21，29，39

　mechanization, midlands　　　中部地区机械化 Ⅳ 153

　roads, comments　　　道路，评论 Ⅳ 530

　seed-drilling　　　条播机 Ⅳ 5

　threshing machines　　　打谷机 Ⅳ 10

—J. H.　　　扬，J. H.（主要活动于 1840 年）V 685 -

686

—James   扬，詹姆斯（1811—1883 年）V 104 – 105，
                                        118，779

—Thomas   杨，托马斯 Ⅳ 164，443，482 – 484；Ⅴ 353
Yuaa   尤阿 Ⅰ 270
Yvart   伊瓦尔 Ⅳ 33

Z

Zachaire, Denis   扎加利 Ⅱ 741 – 742
Zachow, O.   察霍 Ⅶ 726
Zacuto, Abraham   扎库托 Ⅲ 547
Zahn, Johann   萨恩 Ⅴ 717
Zeidler, O.   蔡德勒 Ⅵ 324
Zeiss, Karl   蔡司 Ⅴ 673，722，732；Ⅶ 1354
Zeller, Anton, of Aschhausen   阿施豪森的策勒尔 Ⅲ 32 – 33
Zeppelin, Count F. von   冯·齐柏林伯爵 Ⅴ 403；Ⅶ 797，799
Zer   泽尔王 Ⅰ 434
Ziegler, J. M.   齐格勒，J. M. Ⅳ 614，626
—K.   齐格勒，K. Ⅵ 559
Ziehl, Franz   齐尔 Ⅴ 282
Zimmerman, Samuel   齐默曼 Ⅲ 64
Zinn, W. H.   津恩 Ⅵ 252
Zobel, O. J.   佐贝尔 Ⅶ 1114
Zonca, Vittorio   宗卡，维托里奥
    bearing-metals   轴承金属 Ⅲ 41
    canals   运河 Ⅱ 685 – 686；Ⅲ 441 注释 1，451
                                            及注释
    fulling-stocks, illustration   木槌式缩绒机，插图 Ⅱ 216
    rolling-mills   轧钢机 Ⅲ 342
    textile machinery   纺织机 Ⅱ 207，645；Ⅲ 172

第三部分

地名索引

注:以下卷后数字为各卷原著页码,即本版各卷边码。

A

Aa, river, Flanders   阿河,佛兰德 Ⅲ 453

Aachen   亚琛;参见 Aix – la – Chapelle

Abbeville, France   阿布维尔,法国 Ⅱ 644, 649;Ⅲ 152, 703

Abbey Mills   阿比米尔斯;参见 London

Abbiate, near Milan, Italy   阿比亚泰,米兰附近,意大利 Ⅲ 444, 446

Aberdeen, Scotland   阿伯丁,苏格兰 Ⅳ 54, 247, 592;Ⅴ 422, 566;Ⅶ 1403

—Maryland, U. S. A.   阿伯丁,马里兰州,美国 Ⅶ 1187, 1189

Aberystwyth, Cardiganshire, Wales   阿伯里斯特威斯,卡迪根郡,威尔士 Ⅵ 311

Abingdon, Berkshire, England   阿宾顿,伯克郡,英格兰 Ⅲ 456

Abu Dhabi, United Arab Emirates   阿布扎比,阿拉伯联合酋长国 Ⅶ 1461

Abu Ghaleb, Egypt   阿布哈勒普,埃及 Ⅰ 362

Abusir, Egypt   阿布西尔,埃及 Ⅰ 482, 597 注释;Ⅱ 665

Abydos, Egypt   阿比多斯,埃及

    cubit, standard measure   肘尺,标准测量 Ⅰ 779

    hunting techniques   狩猎技术 Ⅰ 165

    hut, ivory carving   小屋,象牙雕刻品 Ⅰ 305

    iron artefact   铁工艺品 Ⅰ 597 注释

ivory-carvings	象牙雕刻品 Ⅰ 668
textiles, ancient	古代织物 Ⅰ 434
Abyssinia	阿比西尼亚 Ⅲ 530；Ⅴ 555
Accra, Ghana	阿克拉，加纳 Ⅶ 925，1366
Accrington, Lancashire, England	阿克灵顿，兰开夏郡，英格兰 Ⅴ 578
Achères, Seine-et-Oise, France	阿谢尔，塞纳－瓦兹省，法国 Ⅴ 420
Acre, Palestine	阿卡，巴勒斯坦 Ⅲ 159
Actium, Greece	亚克兴，希腊 Ⅱ 571，573
Acton Town	阿克顿；参见 London
Adda, river, Italy	阿达河，意大利 Ⅲ 446，448 – 449
Aden	亚丁 Ⅲ 5，106
Adige, river, Italy	阿迪杰河，意大利 Ⅲ 309
Admont, Styria	阿德蒙特，施蒂利亚州 Ⅱ 69
Adriatic Sea	亚得里亚海 Ⅲ 525；Ⅳ 35；Ⅴ 400
Afghanistan	阿富汗 Ⅰ 359，367 – 368；Ⅴ 103
Africa	非洲
charts, west coast	西非海岸地图 Ⅲ 544
cotton species	棉花种类 Ⅲ 159
flints, 'knapping'	燧石，打火 Ⅲ 356
food production	食品产量 Ⅴ 24
knitting techniques	编织技术 Ⅲ 183
maps, medieval	中世纪地图 Ⅲ 515，518 – 519，523，530
ore mines	矿石（19 世纪 70 年代）Ⅴ 812
peace-keeping, European	欧洲维和行动 Ⅵ 2
rubber-bearing plants	产生橡胶的植物 Ⅴ 752，773
ships, coastal trade	货船，海岸线贸易 Ⅲ 477
Agade, Mesopotamia	阿卡德，美索不达米亚 Ⅰ 725
Aggtelek, Hungary	奥格泰莱克，匈牙利 Ⅰ 359，370
Agrigento (Acragas), Sicily	阿格里真托，西西里 Ⅱ 401，403，678

Agrilesa, Crete 阿格里莱撒，克里特 Ⅱ 545

Ahenny, Co. Tipperary, Eire 阿亨尼县，蒂珀雷里，爱尔兰 Ⅱ 544

Aichbühl, Wiirttemberg 艾什布尔，符腾堡 Ⅰ 310－311

Airdrie, Lanarkshire, Scotland 艾尔德里，拉纳克郡，苏格兰 Ⅴ 350

Aire, river, Yorkshire, England 艾尔河，约克郡，英格兰 Ⅲ 458；Ⅳ 572

Aix-en-Provence, France 艾克斯，普罗旺斯地区，法国 Ⅴ 558

Aix-la-Chapelle（Aachen）, 艾克斯拉沙佩勒（亚琛），德国 Ⅱ 55，
　Germany 　423，761；Ⅲ 72，196

Akeman Street, England 阿克曼古道，英格兰 Ⅲ 278

Alabama, U. S. A. 亚拉巴马州，美国 Ⅵ 483

Alaca, Cappadocia 阿拉贾，卡帕多西亚 Ⅰ 594

Alalakh（Atshana）, Syria 阿拉拉赫，叙利亚 Ⅰ 523 注释，655，658，
　673，679

Alaska, U. S. A. 阿拉斯加州，美国 Ⅴ 533；Ⅵ 357，414

Alatri, Italy 阿拉特里，意大利 Ⅱ 530，图版 40 A

Albania 阿尔巴尼亚 Ⅲ 579

Albany, New York State, 奥尔巴尼，纽约州，美国 Ⅳ 544，553，
　U. S. A. 　555；Ⅴ 143

Alberta, Canada 艾伯塔，加拿大 Ⅳ 551；Ⅵ 321，335

Albi, France 阿尔比，法国 Ⅱ 440

Alcalá, Spain 阿尔卡拉，西班牙 Ⅰ 511

Alcántara, Spain 阿尔坎塔拉，西班牙 Ⅱ 508，510

Aldermaston, Berkshire, 奥尔德马斯顿，伯克郡，英格兰 Ⅵ 281－282
　England

Alençon, Orne, France 奥恩，阿朗松，法国 Ⅳ 339

Aleppo, Syria 阿勒颇，叙利亚 Ⅰ 665；Ⅱ 199；Ⅲ 600

Alexandria, Egypt 亚历山大，埃及

　alchemy, practice 　炼金实践 Ⅱ 735－736，738

　aqueduct 　沟渠 Ⅱ 670

　building, Roman period 　罗马时期的建筑 Ⅱ 410

　chemical technology 　化学技术 Ⅱ 350－351，738

cartography	制图学 Ⅲ 505－507，531
copper，trade	铜贸易 Ⅱ 53
craft changes	工艺变化（7 世纪）Ⅱ 761
glass techniques	玻璃制造技术 Ⅱ 322；Ⅲ 210
hydrometer	液体比重计（4 世纪）Ⅲ 22
maps	地图 Ⅲ 507
Mehmondieh canal	梅蒙迪运河 Ⅳ 555
observatory instruments	观测仪器 Ⅲ 586－587，604－605
pharos（lighthouse）	灯塔 Ⅱ 521－522，566；Ⅲ 275；Ⅴ 463
ships，trading	船，贸易 Ⅲ 473
town-planning	城镇规划 Ⅱ 528－529；Ⅲ 275
water-clocks，development	水钟的发展 Ⅰ 113
Alexandria，Virginia，U. S. A.	亚历山德里亚，弗吉尼亚州，美国 Ⅳ 536
A1 Firdan，Egypt	奥费丹，埃及 Ⅶ 890
Algeciras，Spain	阿尔赫西拉斯，西班牙 Ⅶ 951
Algeria，North Africa	阿尔及利亚，北非 Ⅰ 72；Ⅴ 258；Ⅵ 5
Algiers，N. Africa	阿尔及尔，北非 Ⅳ 585
Alishar，Cappadocia	阿里萨尔，卡帕多西亚 Ⅰ 373，518
Aljubarrota，central Portugal	奥吕巴洛塔，葡萄牙中部 Ⅱ 583
Aljustrel，Spain	阿胡施特雷尔，西班牙（现属于葡萄牙）Ⅱ 53
Alkmaar，Holland	阿尔克马尔，荷兰 Ⅲ 312，679；Ⅳ 560；Ⅴ 441
Alleghenies，U. S. A.	阿勒格尼斯，美国 Ⅳ 549
Allier，river，France	阿列河，法国 Ⅲ 463
Almadén，Spain	阿尔马登，西班牙 Ⅳ 134
Alps，mountains，Europe	阿尔卑斯山脉，欧洲
bridge structures	桥梁结构 Ⅲ 417
canal project	运河计划（1786 年）Ⅳ 553
chemical industry	化学工业 Ⅵ 521
farming techniques	农业技术 Ⅳ 29
fertilizer trade routes	肥料贸易航线 Ⅵ 510

hydro-electric power	水电站 Ⅵ 217
height, barometric	气压高度 Ⅳ 605
Italy, northern boundary	意大利,北部分界线 Ⅲ 308
passes	通道 Ⅳ 529,图版 36B
roads	道路 Ⅳ 529 – 530,536
tunnels	隧道 Ⅳ 516
war	战争(1914—1918 年)Ⅵ 11
Alsace, France	阿尔萨斯,法国
building-materials	建筑材料 Ⅴ 665
computers, design	计算机设计 Ⅶ 1163
farming techniques	农业技术 Ⅳ 29,31,41 – 42
fertilizer source	肥料来源 Ⅴ 10
madder (*Rubia*) cultivation	茜草种植 Ⅴ 260
industrialization, discussion	关于工业化的讨论 Ⅴ 808
logging, oil boreholes	测井,石油钻孔 Ⅵ 394
silk dressing machine	梳绵机 Ⅳ 322
textile industry	纺织工业 Ⅴ 574,577
Alsace-Lorraine, France	阿尔萨斯 – 洛林,法国 Ⅵ 2
Alston Moor, Cumberland	奥尔斯顿莫尔,坎伯兰 Ⅱ 65
Altamira, Spain	阿尔塔米拉,西班牙 Ⅰ 147 – 148,151,图版 2
Altare, near Genoa	阿尔塔雷,热那亚附近 Ⅲ 217
Altenberg, Germany	阿尔滕贝格,德国 Ⅳ 124 – 125
Alton, Hampshire, England	奥尔顿,汉普郡,英格兰 Ⅲ 116
Altona, W. Germany	阿尔托纳,联邦德国 Ⅶ 1373
Alum Bay, Hampshire, England	阿勒姆湾,汉普郡,英格兰 Ⅶ 1232
Alzau, stream, Languedoc canal	阿尔佐河,朗格多克运河 Ⅲ 464,467
Amalfi, Italy	阿马尔菲,意大利 Ⅱ 454
Amarna, El-	阿玛纳;参见 EI-Amarna
Amazon, river, South America	亚马孙河,南美洲 Ⅴ 754
Amberg, Bavaria	安贝格,巴伐利亚 Ⅱ 75 – 76

Ambleside, Westmorland, England　安布尔赛德，威斯特摩兰，英格兰 Ⅲ 277

American Gulf Coast　美国的墨西哥湾沿岸 Ⅵ 377，402

Amiens, France　亚眠，法国 Ⅱ 435；Ⅲ 544，703；Ⅳ 260，297，304

Amoy, Fukien, China　厦门，福建，中国 Ⅲ 696

Amphlett Islands　安菲莱特群岛 Ⅰ 44，406 – 407

Amstel, river, Holland　阿姆斯特尔河，荷兰 Ⅲ 293 – 295

Amsterdam, Holland　阿姆斯特丹，荷兰

　coffee, cultivation source　咖啡种植来源 Ⅲ 6

　dikes　堤坝 Ⅱ 685

　drainage engineers　排水工程师 Ⅲ 305，312

　dredging　疏浚 Ⅳ 638 – 640

　dye industry　染色工业 Ⅲ 695

　ethylene polymer discovery　乙烯聚合物的发现 Ⅵ 558

　glass-furnace　玻璃熔炉 Ⅲ 700

　printing　印刷 Ⅲ 402

　sewerage system　下水道系统 Ⅶ 1384

　shipping, access　船舶通道 Ⅲ 485

　town-planning, description　关于城镇规划的描述 Ⅲ 293 – 295（地图）

　tunnels　隧道 Ⅶ 905

　water-supply　供水 Ⅳ 498；Ⅴ 554

　waterways　水道 Ⅳ 556，560，631

　windmills　风车 Ⅱ 689；Ⅳ 156

Amwell, Hertfordshire, England　安韦尔，哈福德郡，英格兰 Ⅲ 543

Amyklae, Greece　埃米克莱，雅典 Ⅱ 499

Anaconda, Montana, U. S. A.　阿纳康达，蒙大拿州，美国 Ⅴ 81

Anatolia（Asia Minor）　安纳托利亚（小亚细亚）Ⅲ 695；Ⅴ 266

Anau, Turkestan　阿瑙，土耳其 Ⅰ 367，501 – 502，721

Ancona, Italy　安科纳，意大利 Ⅲ 311

Andalusia, Spain　安达卢西亚，西班牙 Ⅲ 152；Ⅳ 33

Andaman Islands, Bay of Bengal	安达曼群岛，孟加拉湾 Ⅵ 21
Andernach, Germany	安德纳赫，德国 Ⅲ 16
Anderton, Cheshire, England	安德顿，柴郡，英格兰 Ⅳ 571
Andes, mountains, South America	安第斯山脉，南美洲 Ⅴ 353
Anglesey, Wales	安格尔西，威尔士 Ⅳ 64，126；Ⅴ 76，500
Anjou, France	安茹，法国 Ⅳ 29，31，33
Ankerlöken, Oslo, Norway	安凯尔勒肯，奥斯陆，挪威 Ⅵ 522
Annonay, near Lyons, France	阿诺奈，里昂附近，法国 Ⅴ 395
Antarctic	南极地区 Ⅳ 58，60 - 61，598，619
Antikythera, island	安迪基提腊岛 Ⅲ 617 - 618
Antinoë (Antinoöpolis), Egypt	安底诺（安蒂诺波利斯），埃及 Ⅲ 195
Antioch, Syria	安条克，叙利亚
enamelling art	上釉艺术 Ⅱ 465
Islamic expansion	伊斯兰扩张（17 世纪）Ⅱ 761
Roman road	罗马的道路 Ⅱ 504
street-lighting	街灯 Ⅱ 531；Ⅲ 282
town-planning, Hellenistic	希腊的城镇规划 Ⅲ 275
water-wheels	水车 Ⅱ 614
Antipodes, the	澳大利亚 Ⅳ 27
Antrim, Ireland	安特里姆，爱尔兰 Ⅲ 162
Antwerp, Belgium, map	安特卫普，比利时，地图 Ⅳ 557
cotton industry	棉花工业 Ⅲ 159
dredging	疏浚 Ⅳ 636
farming techniques	农业技术 Ⅳ 13，16
money market	金融市场（17 世纪）Ⅲ 714
oil-tankers, design	油轮设计 Ⅴ 382
printing	印刷 Ⅲ 391，401 注释，402
technical schools	技术学校 Ⅴ 714
tunnels	隧道 Ⅶ 905

A

water-supply	供水 V 554，566
waterways	河道 Ⅲ 452；V 556 – 558
woollen yarns	毛线 V 795
Anyang，China	安阳，中国 Ⅰ 722
Anzio，Italy	安齐奥，意大利 Ⅱ 520
Aornos，Mount，unidentified site near Taxila	奥努斯山，塔克西拉附近不确切的地点 Ⅱ 701
Aosta，Italy	奥斯塔，意大利 Ⅱ 511；Ⅲ 280
Apamea，Syria	阿帕梅亚，叙利亚 Ⅱ 637
Apothecary Island，Leningrad，U. S. S. R.	药剂师岛，列宁格勒，苏联 Ⅶ 1322
Appleby Frodingham， Lincolnshire，England	阿普尔比的弗罗丁赫姆，林肯郡，英格兰 Ⅵ 470，476，483
Apulia，Italy	阿普利亚，意大利 V 20 – 21
Aqar Quf，Mesopotamia	阿卡德宫殿，美索不达米亚 Ⅰ 468
Aquileia，Italy	阿奎莱亚，意大利 Ⅱ 321，323，520；Ⅲ 286
Aradac，Yugoslavia	阿拉达克，南斯拉夫 Ⅰ 421
Araña，Cueva de la，Bicorp， Valencia	蜘蛛岩洞，比科尔普，巴伦西亚 Ⅰ 275
Aranjuez，Spain	阿兰胡埃斯，西班牙 Ⅳ 651
Ararat	阿勒山；参见 Urartu
Arboga，river，Sweden	阿尔博加河，瑞典 Ⅲ 455
Arctic，the	北极地区 V 400；Ⅶ 853，1024
Arctic Circle	北极圈 Ⅲ 506，509，553；Ⅳ 58
Arcueil，near Paris，France	阿尔克伊，巴黎附近，法国 Ⅲ 462
Ardagh，Ireland	阿达，爱尔兰 Ⅱ 464
Ardeer，Scotland	阿迪尔，苏格兰 V 288 – 289，292 – 293，821
Ardennes，France	阿登高地，法国 Ⅳ 29
—the，France-Belgium	阿登高地，法国 – 比利时 V 16 – 17；Ⅵ 19，23

Ardrossan, Ayrshire, Scotland 阿德罗森，艾尔郡，苏格兰 Ⅶ 899

Arendal, Norway 阿伦达尔，挪威 Ⅶ 755

Arezzo, Italy 阿雷佐，意大利 Ⅰ 390, 632；Ⅱ 271, 274

Argentina 阿根廷 Ⅴ 2 – 3, 8 – 9, 48 – 49

Argonne, France 阿贡，法国 Ⅵ 255

Arisaig, Inverness-shire, 阿里塞格，因弗内斯郡，苏格兰 Ⅵ 245
    Scotland

Arizona, U. S. A. 亚利桑那州，美国 Ⅴ 77, 79

Arkansas, U. S. A. 阿肯色州，美国 Ⅴ 4

Arlberg Pass, Alps 阿尔贝格关口，阿尔卑斯山脉 Ⅳ 529

Aries, France 阿尔勒，法国 Ⅱ 68, 598 – 599, 671, 679

Arlesey, Hertfordshire, England 阿尔塞，赫特福德郡，英格兰 Ⅴ 484

Armagh, Northern Ireland 阿马，北爱尔兰 Ⅴ 344

Arminghall, Norfolk, England 阿明山，诺福克，英格兰 Ⅰ 314

Armorica, France 阿摩里卡，法国 Ⅳ 29, 33

Arno, river, Italy 阿尔诺河，意大利 Ⅲ 309 – 310, 428, 448

—valley of the 阿尔诺河谷 Ⅲ 218

Arpachiyah, Mesopotamia 阿尔帕契亚，美索不达米亚 Ⅰ 365, 484
    注释

Arqueros, South America 阿尔克罗斯，南美洲 Ⅳ 134

Artemisium, Euboea 阿特米修，尤比亚岛 Ⅱ 484

Artois, France 阿图瓦，法国 Ⅳ 31, 498

Aryn, imaginary place on the 阿瑞恩，想象的位于赤道上的城市 Ⅲ 521
    equator

Ashur, Assyria/Mesopotamia 亚述/美索不达米亚
  bitumen in building 建筑中的沥青 Ⅰ 255, 550
  lentils, cultivation 小扁豆种植（7 世纪）Ⅰ 362
  ivory-work 象牙制品（公元前 13 世纪）Ⅰ 671
  roads 道路（约公元 700 年）Ⅱ 494 – 495
  water-supply 供水 Ⅰ 550

Asia 亚洲 Ⅲ 159, 164, 378, 380, 518 – 519；

A

Asia Minor	小亚细亚；参见 Anatolia
Assam, India	阿萨姆，印度 V 21；Ⅶ 895
Assur, Mesopotamia	亚述，美索不达米亚 Ⅲ 271
Astyra, Troad	阿斯蒂拉，乔奥得 Ⅱ 42
Aswan, Egypt	阿斯旺，埃及 Ⅰ 238, 568 – 570, Ⅲ 506；参见 Syene
Atchana, Turkey	阿特沙奈，土耳其 Ⅱ 316
Athens, Greece	雅典，希腊
Antikythera, machine relic	安迪基提腊机 Ⅲ 618
building-construction	建筑构造 Ⅱ 398 – 403
calendar	历法 Ⅲ 568, 572
cubit measure	肘尺测量 Ⅰ 777
furniture	家具 Ⅱ 233
ivory-work	象牙制品 Ⅰ 674 – 675
metal-work	金属制品 Ⅰ 661 – 662；Ⅱ 470
mines	矿石 Ⅰ 584；Ⅱ 25, 27
pottery	陶器 Ⅰ 401, 406, 408 – 409；Ⅱ 259 – 262, 267
power, water-mills	动力，水车 Ⅱ 602
roads	道路 Ⅱ 499, 529
statues, gold and ivory	金属和象牙雕像 Ⅰ 661 – 662
town-planning	城镇规划 Ⅲ 272 – 273, 281
water-supply	供水 Ⅱ 663, 665, 667
Atlantic Ocean（North Atlantic）	大西洋（北大西洋）
aeronautics	航空学 V 400；Ⅶ 799, 806
airline travel	航空旅行 Ⅶ 829
cartography	制图学 Ⅳ 619, 621
Challenger, expedition	"挑战号"，探险 Ⅶ 1447
diesel power	柴油能源 Ⅶ 1006
fish preservation	鱼类保藏 Ⅳ 50
floating-docks	浮动码头 V 541

France, canal projects	法国，运河计划 Ⅲ 459 – 460
grain transport	谷物运输（19 世纪 50 年代）Ⅴ 5
Great Britain, voyage	"大不列颠号"，航行（1845 年）Ⅳ 476
mapping	绘图 Ⅲ 522, 525
oceanography, studies	海洋学研究 Ⅶ 1447, 1450, 1454
Panama Canal	巴拿马运河 Ⅳ 562；Ⅶ 913, 915 – 916
petroleum（oil）cargo	石油货船（1861 年）Ⅴ 121
ports and harbours	港口 Ⅶ 925
radio	无线电 Ⅶ 838, 1232 – 1233, 1252
railways	铁路 Ⅶ 785, 788
Ridge, Mid-Atlantic	中大西洋海岭 Ⅶ 1454
St Lawrence Seaway	圣劳伦斯河 Ⅶ 920
shipbuilding, late middle ages	造船业，中世纪后半叶 Ⅳ 575, 590, 592
ships	船（16 世纪）Ⅲ 472, 474 – 477
ships	船（20 世纪）Ⅶ 693, 743
ships, iron and steel	钢铁船（19 世纪 60 年代）Ⅴ 62, 362, 365, 377 – 378, 380
steam-ships	蒸汽船 Ⅴ 144 – 145, 147, 149, 153, 362
submarine cables	海底电缆 Ⅳ 660 – 661；Ⅴ 225；Ⅶ 1251 – 1252
whaling	捕鲸 Ⅳ 57, 62
Atshana	阿拉拉赫；参见 Alalakh
Attock, India	阿塔克，印度 Ⅶ 883, 885
Atvidaberg, Sweden	奥特维达贝里，瑞典 Ⅳ 129
Auchinleck, Ayrshire, Scotland	奥欣莱克，艾尔郡，苏格兰 Ⅳ 262
Aude, Gaul	奥德，高卢 Ⅱ 60
—river, France	奥德河，法国 Ⅲ 459, 465
Aue, Saxony	奥厄，萨克森 Ⅳ 338
Auge, river, France	奥格河，法国 Ⅳ 31
Augsburg, Bavaria（Germany）	奥格斯堡，巴伐利亚（德国）
cartography	制图学 Ⅲ 535；Ⅴ 445

diesel engine manufacture	柴油机制造 Ⅶ 1004
hydraulic engineering	水力工程 Ⅱ 666
instrument-makers	仪器制造商 Ⅲ 585, 621 – 622
machine-tools	铸币机 Ⅲ 341
metallurgy	冶金术 Ⅱ 75
printing	印刷 Ⅲ 380 – 381, 406, 535
water-mills	水磨 Ⅱ 611
Auron, river, France	欧龙河, 法国 Ⅲ 450
Australia	澳大利亚 Ⅶ 789
Austria	奥地利 Ⅲ 161, 341, 407
Autun, France	欧坦, 法国 Ⅱ 507; Ⅴ 118
Auvergne, France	奥弗涅, 法国 Ⅳ 32, 169
Auxerre, France	欧塞尔, 法国 Ⅲ 504
Avaricum (Bourges), France	阿瓦利肯 (布尔日), 法国 Ⅱ 716
Avebury, Wiltshire, England	埃夫伯里, 威尔特郡, 英格兰 Ⅰ 491
Avignon, France	阿维尼翁, 法国 Ⅲ 287, 418
Avon, river, Gloucestershire, England	埃文河, 格罗斯特郡, 英格兰 Ⅳ 468; Ⅴ507; Ⅶ 960
—Somerset, England	埃文河, 萨默塞特郡, 英格兰 Ⅲ 457
—Warwick, England	埃文河, 沃里克, 英格兰 Ⅲ 457
Ayrshire, Scotland	艾尔郡, 苏格兰 Ⅳ 238, 532; Ⅴ 34
Azerbaijan	阿塞拜疆 Ⅰ 261
Azores, islands	亚速尔群岛 Ⅲ 531, 544, 549; Ⅳ 62

B

Baalbek, Syria	巴勒贝克, 叙利亚 Ⅱ 30, 409 – 410, 图版 2A
Babylon(ia)	巴比伦 Ⅰ 图版 18
bridges	桥梁 Ⅰ 715

building methods	建筑方法 Ⅰ 457，468，471
calendar	历法 Ⅲ 559，566－568，571，574
irrigation system	灌溉系统 Ⅰ 554－555
kingdom	王国（公元前2500年）Ⅰ 56
maps	地图 Ⅰ 251；Ⅱ 49
roads	道路 Ⅰ 713；Ⅱ 494，496（地图）
town-planning	城镇规划 Ⅲ 270－271
Bács-Földvar, Yugoslavia	巴奇－福尔德瓦尔，南斯拉夫 Ⅳ 550
Bactria	巴克特里亚 Ⅰ 631－632
Badakhshan, Russia	巴达赫尚省，俄罗斯 Ⅰ 55
Badari, Egypt	拜达里，埃及 Ⅰ 表E
basketry	编篮 Ⅰ 418－421
building materials	建筑材料 Ⅰ 304，456，473
copper culture	铜文化 Ⅰ 601
glazing	上釉 Ⅱ 315
houses	房屋（约公元前4000年）Ⅰ 304
implements	器具 Ⅰ 511，514，516，518，601
pottery	陶器 Ⅰ 387
textiles	织物（约公元前4000年）Ⅰ 431－432
Baden, Germany	巴登，德国 Ⅳ 610；Ⅴ 329
Baetica (Western Andalusia)	拜提卡（西安达卢西亚）Ⅱ 8
Bagatelle, near Paris, France	巴加泰勒，巴黎附近，法国 Ⅴ 392
Baghdad, Iraq (Mesopotamia)	巴格达，伊拉克（美索不达米亚）
cartography, medieval	制图学，中世纪 Ⅲ 521，529
ceramics	陶器 Ⅱ 286－287，303
observatory	天文台 Ⅲ 521，584
roads	道路 Ⅱ 497
water-mills	水磨 Ⅱ 608，614
Bagram (Kapisa), Afghanistan	贝格莱姆（卡比萨），阿富汗 Ⅱ 324
Bahrain, Persian Gulf	巴林，波斯湾 Ⅰ 664
Baiae, near Naples, Italy	巴亚，那不勒斯附近，意大利 Ⅱ 665

Baikal, lake	贝加尔湖 Ⅰ 301
Baku, Azerbaijan, U. S. S. R.	巴库，阿塞拜疆，苏联
fuel-oil（mazout）	石油（重油）燃料 Ⅴ 117
natural gas, burning	天然气燃烧 Ⅴ 102，104
oil derricks	石油钻塔（1869 年）Ⅴ 110
oil seepages	石油渗漏 Ⅴ 102 – 103
oil-refining	精炼石油 Ⅴ 114 – 115
rotary drilling, discussion	关于旋转钻井的讨论 Ⅵ 381
well logging technique	测井技术 Ⅵ 394
Balabish, Egypt	巴拉比西，埃及 Ⅱ 151，158，161
Balawat, Mesopotamia	巴拉瓦特，美索不达米亚 Ⅰ 646
Balboa, Panama	巴尔博亚，巴拿马 Ⅳ 562
Balkans, the	巴尔干地区 Ⅲ 8；Ⅳ 529；Ⅵ 1，7
Balreji, Sind,	巴瑞吉村，信德河流域 Ⅰ 406
Baltic Sea	波罗的海
canals, Gotha route	运河，哥达航线 Ⅳ 554
canals, North Sea	运河，北海 Ⅲ 444，455；Ⅳ 560（地图）；Ⅵ 6；Ⅶ 913
fish preservation	鱼类保藏 Ⅳ 45，48，54
islands	群岛 Ⅲ 89
map	地图（约公元 1400 年）Ⅲ 532
rockets, Peenemünde	佩讷明德火箭 Ⅶ 863
shipping	船舶 Ⅲ 499
windmills, discussion	关于风车的讨论 Ⅳ 156
Baltimore, Maryland, U. S. A.	巴尔的摩，马里兰州，美国 Ⅳ 592，660；Ⅴ 331，348；Ⅶ 1077，1340
Baluchistan, south-west Asia	俾路支，西南亚 Ⅰ 359，385；Ⅲ 505
Bamberg, Bavaria	班贝格，巴伐利亚 Ⅲ 405
Bankside	班克赛德；参见 London
Baradello（lake-village）	科摩湖（湖上村庄）Ⅰ 357
Barbados, West Indies	巴巴多斯，西印度群岛 Ⅴ 23，102，526
Barbegal, near Aries	巴尔贝格尔，白羊宫附近 Ⅱ 598 – 599，

602，639

Barkaer, Denmark   巴卡尔，丹麦 Ⅰ 312

Barking, Essex, England   巴金，埃塞克斯，英格兰 Ⅳ 52－53，510；Ⅴ 10；Ⅶ 1031

Barnhart Island, Canada   巴恩哈特岛，加拿大 Ⅶ 918

Barnsley, Yorkshire, England   巴恩斯利，约克郡，英格兰 Ⅴ 676；Ⅶ 785

Barrow, Lancashire, England   巴罗，兰开夏郡，英格兰 Ⅵ 478，497

Barvas, Lewis   巴弗斯，路易斯 Ⅰ 391

Barygaza (Broach), India   巴利加萨（布罗吉），印度 Ⅱ 53

Basle (Basel), Switzerland   巴塞尔，瑞士

   chemical industry   化学工业 Ⅳ 233；Ⅵ 507，564

   publications   出版物 Ⅲ 538；Ⅳ 233

   repoussé work   凸纹制品 Ⅱ 468

   roads   道路 Ⅶ 872

   spinning and weaving   纺织和编织 Ⅲ 168

Basque country   巴斯克地区 Ⅲ 186

Basra, Iraq   巴士拉，伊拉克 Ⅱ 498，614

Bassa Valle Padana, Italy   巴萨瓦莱帕达那，意大利 Ⅲ 309

Bassae, Greece   巴赛，希腊 Ⅱ 400－401

Bath, Somerset, England   巴斯，萨默塞特郡，英格兰

   Avon, river, navigation   埃文河，航行 Ⅲ 457

   cartography   制图学 Ⅳ 622

   quarrying   采石 Ⅱ 32

   Roman towns, discussion   关于罗马城镇的讨论 Ⅲ 277

   stone building   石质建筑 Ⅲ 260

   town-planning   城镇规划 Ⅳ 470；Ⅶ 958，960

   woollen-manufacture   羊毛产业 Ⅲ 152

Bathgate, West Lothian, Scotland   巴斯盖特，西洛锡安，苏格兰 Ⅴ 104－105

Batley, Yorkshire, England   巴特利，约克郡，英格兰 Ⅴ 570

Battersea   巴特西；参见 London

Battle Creek, Michigan, U.S.A.   巴特尔克里克，密歇根州，美国 Ⅶ 1278

Bavaria   巴伐利亚 Ⅳ 41，135，610

Bavian, Mesopotamia	巴伐利亚北部, 美索不达米亚 I 469－470
Bayonne, France	巴约河讷, 法国 II 648; III 476; IV 540
Bear Island, Barents Sea	熊岛, 巴伦支海 IV 58
Béarn, France	贝阿恩, 法国 IV 29
Beaulieu Heath, Hampshire	比尤利希斯, 汉普郡 I 313
Beaumont, Texas, U. S. A.	博蒙特, 德克萨斯州, 美国 VI 376
Beaune, France	博讷, 法国 II 137
Beauvais, France	博韦, 法国 III 241
Beaver Falls, Pennsylvania, U. S. A.	比弗福尔斯, 宾夕法尼亚州, 美国 VI 497
Bedford, England	贝德福德, 英格兰 V 137
Bedford Level	贝德福德平地; 参见 Great Level
Bedworth, Warwickshire, England	贝德沃思, 沃里克郡, 英格兰 V 826
Beemster, meer, Holland	贝姆斯特, 米尔, 荷兰 III 306, 321
Beer, Devon, England	比尔, 德文郡, 英格兰 II 34
Beeston, Nottinghamshire, England	比斯顿, 诺丁汉郡, 英格兰 VII 950
Beit el-Wali, Egypt	拜特瓦利, 埃及 I 483
Belfast, Northern Ireland	贝尔法斯特, 北爱尔兰 V 254, 574, 772
Belgian Congo	比 (利时) 属刚果 I 506; VII 788
Belgium	比利时 IV 557 (地图)
Belgrade, Yugoslavia	贝尔格莱德, 南斯拉夫 III 279
Belgrade forest, Istanbul	贝尔格莱德森林, 伊斯坦布尔 IV 498
Bellefontaine, Ohio, U. S. A.	贝尔方丹, 俄亥俄州, 美国 IV 539
Belleville, France	贝尔维尔, 法国 II 691
Belmont brook-reservoir, Lancashire, England	贝尔蒙特蓄水池, 兰开夏郡, 英格兰 IV 495, 501
Belper, Derbyshire, England	贝尔珀, 德比郡, 英格兰 IV 475－476
Belt cave, Caspian Sea	拜尔特岩洞, 里海 I 351
Benares, India	贝那勒斯 V 608

Bendigo, Victoria, Australia 本迪戈，维多利亚，澳大利亚 V 47

Benediktbeuern, Bavaria 贝内迪克特博伊伦，巴伐利亚 Ⅳ 360 – 361

Bengal, India 孟加拉地区，印度 Ⅲ 159；Ⅳ 308，610；
　　　　　　　　　　　　　　　　　　V 440

Beni Hasan, Egypt 贝尼哈桑，埃及

　boats, river use 河船 Ⅰ 734

　building materials 建筑材料 Ⅰ 477

　caravans, pack-asses 驴篷车 Ⅰ 706

　chemical arts 化学工艺 Ⅰ 241

　cosmetic arts 化妆品艺术 Ⅰ 291

　foods, preservation 食物，保藏 Ⅰ 263，265

　horticulture 园艺学 Ⅰ 544 – 545

　Neolithic farming 新石器时代农业 Ⅰ 43，73

　pets 宠物 Ⅰ 330 – 331

　pottery 陶器 Ⅰ 388

　textiles 织物 Ⅰ 437 – 438

Benaojan, Malaga, Spain 贝瑙汉，马拉加，西班牙 Ⅰ 148

Bereguardo, near Pavia, Italy 贝雷瓜尔多，帕维亚附近，意大利 Ⅲ 446

Beresina, river, Russia 别列津纳河，俄罗斯 Ⅳ 554

Bergen（Mons）, Belgium 贝亨，比利时 Ⅳ 557

—Norway 卑尔根，挪威 Ⅲ 533；Ⅳ 49

Bergen-op-Zoom, Holland 贝亨奥普佐姆，荷兰 Ⅲ 316，318；V 441

Bergerac, France 贝尔热拉克，法国 Ⅲ 16

Bergermeer, the, Holland 贝赫海，荷兰 Ⅲ 302

Berkshire, England 伯克郡，英格兰 Ⅳ 19

Berlin, Germany 柏林，德国

　air transport 空中运输 Ⅶ 800

　buildings, fireproof test 建筑，防火测试 V 482

　canal locks 运河闸门 Ⅲ 450，454

　ceramics, machinery 陶瓷，机械 V 669

　chemical industry 化学工业 Ⅲ 682；V 242，270

dental industry	牙医业 Ⅶ 1322
dyes	染料 Ⅳ 249；Ⅴ 270
electric motors	电动机 Ⅴ 232
ocean technology	海洋技术 Ⅶ 1448
photography	摄影术 Ⅶ 1282 – 1283，1288
printing	印刷 Ⅶ 1269
railways	铁路 Ⅶ 768
roads	道路 Ⅶ 872
rocket tests	火箭测试 Ⅶ 863
steel, experiments	钢铁实验 Ⅳ 108
technical schools	技术学校 (1876 年) Ⅴ 714；Ⅵ 139
turbojet engine	喷气式发动机 Ⅶ 1019
wartime	战争时期 (约1945 年) Ⅵ 23 – 24
water-supply	供水 Ⅴ 554
—New Hampshire, U. S. A.	柏林，新罕布什尔，美国 Ⅴ 251
Bermondsey	伯蒙德西；参见 London
Bermuda	百慕大 Ⅴ 541；Ⅶ 700
Berne, Switzerland	伯尔尼，瑞士 Ⅱ 531；Ⅴ 440
Berri, France	贝里，法国 Ⅲ 152
Bersham, Denbighshire, England	贝沙姆，登比郡，英格兰 Ⅳ 101，421，455
Bersheh, El-	博尔塞；参见 El-Bersheh
Berwick-on-Tweed, Northumberland, England	特威德河畔贝里克，诺森伯兰，英格兰 Ⅲ 284；Ⅳ 460；Ⅶ 887，893
Beth-Asbea, 'town of Byssos', Palestine	贝斯·阿斯比，"拜索斯的城镇"，巴勒斯坦 Ⅰ 249
Bethlehem, Pennsylvania, U. S. A.	伯利恒，宾夕法尼亚州，美国 Ⅵ 471
Bettis, U. S. A.	贝蒂斯，美国 Ⅵ 253
Bettystown, near Drogheda, Eire	贝提斯顿，德罗赫达附近，爱尔兰 Ⅱ 474

Beveland, Holland	贝弗兰，荷兰 Ⅳ 559
Bezdán, Yugoslavia	贝兹丹，南斯拉夫 Ⅳ 550
Béziers, Hérault, France	贝济耶，埃罗，法国 Ⅲ 467
Bhita, India	皮德，印度 Ⅱ 528
Bideford, Devonshire, England	比迪福德，德文郡，英格兰 Ⅲ 418；Ⅳ 346
Bidford-on-Avon, Warwick-shire, England	比迪福德埃文河，沃里克郡，英格兰 Ⅲ 457
Bielethal, Saxony, Germany	比勒塞尔，萨克森，德国 Ⅶ 732
Bienne, lake	比安湖 Ⅰ 361, 369 – 370
Bignor, Sussex, England	比格诺，萨塞克斯郡，英格兰 Ⅱ 446
Billancourt, Paris, France	比扬古，巴黎，法国 Ⅴ 433
Billingham, Co. Durham, England	比灵赫姆，达勒姆，英格兰 Ⅵ 59
Billingsgate	比林斯盖特；参见 London
Bill Quay, Durham, England	比尔奎伊，达勒姆，英格兰 Ⅳ 238
Binasco, Lombardy	比纳斯科，伦巴第 Ⅲ 446
Bingley, Yorkshire, England	宾利，约克郡，英格兰 Ⅳ 568
Birdlip, Gloucestershire, England	伯特利普，格洛斯特郡，英格兰 Ⅱ 460, 463
Birdsboro, Pennsylvania, U. S. A.	伯兹伯勒，宾夕法尼亚州，美国 Ⅵ 473 – 474
Birka, Sweden	比尔卡，瑞典 Ⅱ 313；Ⅲ 202
Birkenhead, Cheshire, England	佰肯黑德，柴郡，英格兰 Ⅴ 351
Birmingham, Alabama, U. S. A.	伯明翰，阿拉巴马州，美国 Ⅵ 479
—England	伯明翰，英格兰
brass manufacture	铜制造业 Ⅴ 607, 618, 624
canals	运河 Ⅳ 564 – 565（地图）
ceramics	陶瓷 Ⅳ 352；Ⅴ 669
chemical industry	化学工业 Ⅳ 243 – 244
domestic appliances	家用电器 Ⅶ 1144, 1147
electricity supply	电力供应 Ⅶ 1068

gas lighting experiments	煤气照明实验 IV 263, 266
gas manufacture, Murdock's	默多克的煤气制造业 IV 266
glass	玻璃 IV 360；V 677, 681
'Lunar Society'	"月光社" IV 673
machine-tools	机床 IV 419
mail-coach system	邮政车系统 IV 531
marine engines	船用发动机 V 143, 363
metal articles	金属物品 V 624, 630
metals, non-ferrous	有色金属 IV 119, 123, 130, 133, 138, 145 – 146
motorway	高速公路（1954 年）VII 876
New Street station, design	新街车站设计 V 474
plating processes, metals	金属电镀法 V 633
radio relay system	无线电传播系统 VII 1255
railways	铁路 V 323
rubber-proofing	防水橡胶 V 769
sewage treatment	污水处理 VII 1394 – 1395
spinning inventions	纺织机发明 III 162
steam-power	蒸汽动力 IV 165 – 166, 183, 352；V 136, 143
steel	钢 IV 108；V 59, 63
technical colleges	技术学院 V 714
telegraphy	电报 IV 657
telephone exchange system	电话交换系统 VII 1246
town-planning	城镇规划 VII 965
tube-making	制管 V 626
water-power, discussion	关于水力的讨论 IV 153
water-supply	供水 V 553, 558；VII 1368 – 1369
Bir Sgaoum, Algeria	比尔萨贡, 阿尔及利亚 II 639
Birs-Nimrod（Borsippa）, Mesopotamia	波尔西帕, 美索不达米亚 I 468
Biscay, Bay of	比斯开海岸 IV 49

Biscay coast, France 比斯开沿岸，法国 Ⅳ 49

Bisenzio, river, Italy 比森齐奥河，意大利 Ⅲ 314 – 315

Biskupin, Poland 比斯库平，波兰 Ⅰ 323

Black Country, England 布莱克郡，英格兰 Ⅳ 113

Blackfriars 黑衣修士；参见 London

Blackley, Manchester, England 布莱克利，曼彻斯特，英国 Ⅴ 274；Ⅵ 565

Black Patch, Sussex, England 布莱克帕奇，萨塞克斯郡，英格兰 Ⅰ 560 –
561, 562（地图）

Blackpool, Lancashire, England 布莱克浦，兰开夏郡，英格兰 Ⅳ 516；Ⅴ 835

Black Sea 黑海 Ⅲ 523；Ⅳ 35, 554, 587；Ⅴ 372

Blackwall 布莱克沃尔；参见 London

Blaenau Ffestiniog, Merione- 布莱奈费斯蒂尼奥格，梅里奥尼斯郡，
thshire, Wales 威尔士 Ⅵ 213；Ⅶ 1060, 1073

Blaencorrwg, Glamorganshire, 格拉摩根郡，威尔士 Ⅲ 140
Wales

Blakeney, Norfolk, England 布莱克尼，诺福克，英格兰 Ⅱ 439

Bleasdale, Lancashire, England 布利斯代尔，兰开夏郡，英格兰 Ⅰ 313

Blenheim, Bavaria 布莱尼姆，巴伐利亚 Ⅲ 347

Blois, France 布卢瓦，法国 Ⅱ 649；Ⅲ 254

Bloomfield, Staffordshire, 布卢姆菲尔德，斯塔福德郡，英格兰 Ⅳ 162,
England 183

Bloomington, Illinois, U.S.A. 布卢明顿，伊利诺伊州，美国 Ⅳ 545

Bochum, Rhine-Westphalia, 波鸿，北莱茵 – 威斯特法伦，德国 Ⅴ 788
Germany

Böckingen, Heilbronn 伯廷根，海尔布隆 Ⅰ 355, 357

Bockum, Hanover 波鸿，汉诺威 Ⅰ 303

Bodman（lake-village） 博德曼（湖上的村庄）Ⅰ 357

Boesinghe, near Brussels, 波辛赫，布鲁塞尔附近，比利时 Ⅲ 454
Belgium

Boghazköy（Hittite Hattusas） 博哈兹科伊（哈图沙什，赫梯）Ⅰ 457,
489, 757；Ⅱ 494

Bohemia 波希米亚

ceramics	陶瓷 Ⅴ 662
cobalt minerals	钴矿石 Ⅳ 335
glass-making	玻璃制作 Ⅲ 206，221－222，229
mining	采矿 Ⅲ 82；Ⅳ 64－65，156
oleum production	发烟硫酸的产生 Ⅴ 247
railway locomotives	铁路机车 Ⅴ 339
tinplate manufacture	镀锡铁皮制造 Ⅲ 689
windmill，description	关于风车的描述 Ⅳ 156
Bolivia	玻利维亚 Ⅰ 223；Ⅲ 1；Ⅵ 190
Bologna，Italy	博洛尼亚，意大利
alchemical manuscripts	炼金术手稿 Ⅱ 738
bronze age tools	青铜时代器具 Ⅰ 613
canal locks	运河闸门 Ⅲ 447，450
cartography，Roman period	制图学，罗马时期 Ⅲ 504
ceramics	陶器 Ⅱ 269
farming techniques	农业技术（16 世纪）Ⅳ 34
Hero's 'Pneumatics' translated	希罗的《气体动力学》的译本 Ⅳ 672
iron-smelting	炼铁术 Ⅰ 595
land drainage	地面排水 Ⅲ 312，314
printing	印刷业 Ⅲ 409
radio，Marconi's experiments	马可尼无线电报实验 Ⅶ 1232
railways，modern signal box	铁路上的现代信号房 Ⅶ 783
twisting-mills	捻线车（13 世纪）Ⅱ 205－206
Bolsena，Italy	博尔塞纳，意大利 Ⅱ 376
Bolton，Lancashire，England	博尔顿，兰开夏郡，英格兰 Ⅳ 279，496；Ⅴ 131，565，823；Ⅵ 214
Bombay，India	孟买，印度 Ⅴ 70；Ⅶ 1394
Bonn，Germany	波恩，德国 Ⅱ 671；Ⅴ 115，587；Ⅶ 872
Bons，France	庞斯，法国 Ⅱ 511
Boonton，New Jersey，U. S. A.	布恩顿，新泽西州，美国 Ⅶ 1378
Bordeaux，France	波尔多，法国 Ⅱ 137；Ⅲ 318，493；Ⅳ 540；

V 773

Borneo	婆罗洲 Ⅰ 226 – 227；Ⅵ 548
Bornholm，Denmark	博恩霍尔姆，丹麦 Ⅰ 369
Borsippa	博尔西帕；参见 Birs-Nimrod
Borum Eshoj，Denmark	博鲁姆埃绍伊遗址，丹麦 Ⅰ 442
Boscoreale，Italy	博斯科里尔，意大利 Ⅱ 223；Ⅲ 613
Bosphorus，Turkey	博斯普鲁斯海峡，土耳其 Ⅶ 887
Boston，Lincolnshire，England	波士顿，林肯郡，英格兰 Ⅲ 515；Ⅴ 545；Ⅶ 845，1323，1357
—Massachusetts，U. S. A.	波士顿，马萨诸塞州，美国
buildings	建筑 Ⅴ 478
canning industry	罐头产业 Ⅶ 1400
education，discussion	教育，讨论 Ⅵ 139，141
medical technology	医学技术 Ⅶ 1328，1331，1348
paving，streets	铺路，街道 Ⅳ 543
printing	印刷 Ⅴ 709
sewer-outlet，tunnel	排水隧道 Ⅴ 521
telegraph，visual system	电报可视系统（1800 年）Ⅳ 647
telephony，development	电话的发展 Ⅶ 1226 – 1227，1230
Botany Bay，New South Wales，Australia	博坦尼湾，新南威尔士，澳大利亚 Ⅴ 574 注释1
Botel-Tobago Island	兰屿岛 Ⅰ 118
Botesdale，Suffolk，England	博茨代尔，萨福克郡，英格兰 Ⅰ 601
Bothnia，Gulf of，Baltic	波的尼亚湾，波罗的海 Ⅲ 533
Bouchet，Seine-et-Oise，France	布歇，塞纳 – 瓦兹省，法国 Ⅴ284
Boughton Mounthelsea，Kent，England	奇斯尔赫斯特，肯特郡，英格兰 Ⅱ 34
Boulogne-sur-Mer，France	滨海布洛涅，法国 Ⅱ 522；Ⅴ 483；Ⅶ 1232
Bourges，France	布尔日，法国 Ⅱ 716；Ⅲ 291，450
Bourget-du-Lac	布尔格拉克；参见 Le Bourget-du-Lac
Bourgneuf	布尔讷夫湾；参见 La Baie

Bournemouth, Hampshire, England 伯恩茅斯，汉普郡，英格兰 Ⅵ 168；Ⅶ 1232

Bournville, Birmingham, England 伯恩维尔，伯明翰，英格兰 Ⅴ 830；Ⅶ 962 – 963

Bow 鲍区；参见 London

Bowness, Cumberland, England 鲍内斯，坎伯兰，英格兰 Ⅱ 31

Box, Wiltshire, England 博克斯，威尔特郡，英格兰 Ⅱ 34

Boxmoor, Hertfordshire, England 博克斯摩尔，赫特福德郡，英格兰 Ⅱ 134 注释

Brabant, Low Countries 布拉班特，低地国家 Ⅲ 301 – 303, 320；Ⅳ 15, 19

Brachay, near Joinville, France 布拉谢，茹安维尔附近，法国 Ⅳ 261

Bradford, Yorkshire, England 布拉德福德，约克郡，英格兰
    chemical industry 化学工业 Ⅳ 244
    textile industry 纺织工业 Ⅳ 298；Ⅴ 574, 577；Ⅵ 671
    water-supply 供水 Ⅴ 552
    woollen industry 羊毛产业 Ⅴ 810

Bradford-on-Avon, Wiltshire, England 埃文河畔的布拉德福德，威尔特郡，英格兰 Ⅴ 764

Bradley, Shropshire, England 布拉德利，什罗普郡，英格兰 Ⅳ 104, 428

Brampton, Cumberland, England 布兰普顿，坎伯兰，英格兰 Ⅱ 31

Brandenburg, Germany, (Prussia) 勃兰登堡，德国（普鲁士）Ⅰ 591；Ⅲ 449 – 450；Ⅳ 610

Brandon, Suffolk, England 布兰登，萨福克郡，英格兰 Ⅰ 134 – 135；Ⅲ 356

Brasilia, Brazil 巴西利亚，巴西 Ⅶ 958, 980

Braunschweig, W. Germany 不伦瑞克，联邦德国 Ⅶ 1291

Brazil 巴西
    brasil-wood source 巴西苏木来源 Ⅴ 264
    food plants, discoveries 食物种植，发现 Ⅲ 4, 6
    hammocks 吊床 Ⅲ 484

hunting weapons	狩猎武器 Ⅰ 160
rubber, sources	橡胶来源 Ⅴ 752 – 753，755，828
sugar cane	甘蔗 Ⅴ 23
waterworks, technology	自来水厂技术 Ⅴ 564
Breac Moedoc, Scotland	布莱克莫多克圣地，苏格兰 Ⅱ 169
Breadalbane, Perthshire, Scotland	布雷多尔本，珀斯郡，苏格兰 Ⅶ 900
Breda, Holland	布雷达，荷兰 Ⅳ 15
Brenta, river, Italy	布伦塔河，意大利 Ⅲ 441 注释，447，451
Brentford, Ontario, Canada	布伦特福德，安大略，加拿大 Ⅶ 1380
Brescia, Italy	布雷西亚，意大利 Ⅱ 60，75
Breslau, Silesia (Poland)	布雷斯劳，西里西亚（波兰）Ⅳ 539；Ⅶ 1322
Brest, France	布雷斯特，法国 Ⅳ 582，633，635，646；Ⅶ 847
Breteau, near Briare, France	布勒托，布里亚尔运河附近，法国 Ⅲ 460
Briare, on R. Loire, France	布里亚尔，卢瓦尔河畔，法国 Ⅲ 460
Bridgeport, Connecticut, U. S. A.	布里奇波特，康涅狄格州，美国 Ⅶ 1223
Bridgnorth, Shropshire, England	布里奇诺斯，什罗普郡，英格兰 Ⅳ 244
Brie, central France	布里，法国中部 Ⅴ 16
Brieskow on the Oder, Germany	奥德河畔的布里斯科，德国 Ⅲ 454
Briey, France	布里埃，法国 Ⅱ 69
Brighton, Sussex, England	布莱顿，萨塞克斯郡，英格兰
electricity distribution	配电 Ⅶ 1074
electric power station	电站 Ⅴ 198 – 199
electric road-carriages	电动道路车辆 Ⅴ 418
motor-carriages	车辆运输（1886 年）Ⅴ 429
railways, development	铁路的发展 Ⅴ 330，343 – 344，347
Swan lamps	碳灯丝灯 Ⅴ 217
Brigmilston, Wiltshire, England	布里格米斯通，威尔特郡，英格兰 Ⅰ 604 – 605
Brigue, Valais, Switzerland	布里格，瓦莱州，瑞士 Ⅳ 530

Brill, Buckinghamshire, England 布里尔，白金汉郡，英格兰 II 296

Brimscombe, Gloucestershire, 布里姆斯库姆，格洛斯特郡，英格兰
England IV 305

Bristol, England 布里斯托尔，英格兰

  alchemical furnace 炼金炉 II 741

  Avon river, navigation 埃文河，航行 III 457

  buildings, roofing materials 建筑，屋顶材料 V 468, 470

  ceramics 陶瓷 IV 336, 340 – 341, 343 – 344, 349

  chemical industry 化学工业 V 246

  fish preservation 鱼类保藏 IV 49

  gas, lighthouse proposed 灯塔使用的煤气 IV 261

  glass furnace 玻璃熔炉 III 226

  metal industries 金属工业 IV 101, 119, 126, 130, 133

  pitch and tar, ship use 沥青和焦油，船用 III 688

  port construction 港口建设 IV 468

  roads 道路（19 世纪）IV 532

  road vehicles 道路车辆 V 423；VII 734

  ship building 造船 V 361, 362

  soap-making 肥皂制造 III 703

  Stratford corn-mill 斯特拉特福谷物磨坊 IV 209 – 210

  telephones, dialling 拨电话 VII 1247

  water-supply 供水 V 553, 555

Bristol Channel, England 布里斯托尔海峡，英格兰 VI 218；VII 1232

British Columbia, Canada 英属哥伦比亚，加拿大

  dug-out boats 独木舟 I 738

  fishing methods 捕鱼方法 I 160, 176 – 177

  houses, ancient techniques 房屋，古代技术 I 312, 318

  railways 铁路 VII 769

  sledges 雪橇 I 707

  village habitats 乡村居住地 I 178 – 179, 184 – 185

Brittany, France 布列塔尼，法国

farming	耕作（18—19 世纪）Ⅳ 29，31 - 33
mechanization, union dispute	机械化，工会的抗争 Ⅵ 97
pottery	陶器 Ⅰ 388 - 389，407
ports, 'Catalan Atlas'	港口，《加泰罗尼亚地图集》Ⅲ 525
shipbuilding, discussion	关于造船的讨论 Ⅲ 478
tin mines	锡矿 Ⅱ 46
windmills	风车 Ⅲ 89，95 - 97，99，102，104
Brixham, Devonshire, England	布里克瑟姆，德文郡，英格兰 Ⅳ 52
Brixworth, Northamptonshire, England	布里克斯沃思，北安普敦郡，英格兰 Ⅱ 425
Brno	布尔诺；参见 Brünn
Broach	布罗吉；参见 Barygaza
Broken Hill, New South Wales, Australia	布罗肯希尔，新南威尔士，澳大利亚 Ⅳ 66；Ⅴ 75；Ⅵ 418 - 419，421，423 - 424
Brooklyn, New York, U. S. A.	布鲁克林，纽约，美国 Ⅶ 1358
Broomielaw, Clyde, Scotland	布鲁梅劳，克莱德，苏格兰 Ⅳ 468
Broseley, Shropshire, England	布罗斯利，什罗普郡，英格兰 Ⅲ 80，84，688；Ⅳ 162，183
Brücken, Germany	布吕克，德国 Ⅱ 76
Bruges, Flanders, Belgium	布鲁日，佛兰德，布鲁塞尔 Ⅲ 303，453，473；Ⅳ 558 - 559，629
Brünn (Brno), Czechoslovakia	布吕恩（布尔诺），捷克斯洛伐克 Ⅴ 254；Ⅵ 205
Brunsbüttel, N. Germany	布伦斯比特尔，德国北部 Ⅳ 561
Brunswick, Germany	不伦瑞克，德国 Ⅲ 160
Brussels, Belgium	布鲁塞尔，比利时
cartography	绘图学 Ⅳ 620
dredging, developments	疏浚的发展 Ⅳ 636
electrochemical processes	电化学过程 Ⅴ 251
metals	金属 Ⅴ 609
printing	印刷 Ⅲ 380
textile machinery	纺织机 Ⅵ 665

B

waterways 水道 Ⅲ 450，451（地图），452 - 453；Ⅳ 548，557，558（地图）

Bubastis（Zagazig），Egypt 布巴斯提斯（宰加济格），埃及 Ⅰ 484 注释

Bucharest，Rumania 布加勒斯特，罗马尼亚 Ⅴ 116

Buchau，Württemberg 布彻，符腾堡 Ⅰ 316，355

Buckingham，England 白金汉，英格兰 Ⅴ 421

Budapest，Hungary 布达佩斯，匈牙利，Ⅴ 115，187；Ⅶ 770

Buenos Aires，Argentina 布宜诺斯艾利斯，阿根廷 Ⅴ 48，333

Buffalo，New York State，U. S. A. 布法罗，纽约州，美国 Ⅳ 555

Buildwas，Shropshire，England 比尔德沃思，什罗普郡，英格兰 Ⅳ 457

Bulgaria 保加利亚 Ⅲ 579

Burford，Oxfordshire，England 伯福德，牛津郡，英格兰 Ⅲ 152

Burghausen，W. Germany 布格豪森，联邦德国 Ⅵ 556

Burgos，Spain 布尔戈斯，西班牙 Ⅲ 201

Burgundy，France 勃艮第，法国 Ⅳ 29，31 - 32

Burma 缅甸

　　dyestuffs 染料 Ⅴ 266

　　fire-making implements 生火方式 Ⅰ 218，226

　　Gokteik Viaduct 谷特高架桥 Ⅶ 880

　　wartime 战争时期（1942 年）Ⅵ 21，23

Burma Road 滇缅公路 Ⅶ 814

Burslem，Stoke-on-Trent，Staffordshire 伯斯勒姆，特伦特河畔的斯托克市，斯塔福德郡 Ⅳ 344，348，351

Burton-on-Trent，Stattordshire，England 特伦特河畔伯顿，斯塔福德郡，英格兰 Ⅴ 273，804

Bury，Lancashire，England 贝里，兰开夏郡，英格兰 Ⅲ 169；Ⅳ 187，195，303

Bury St Edmunds，Suffolk，England 贝里圣埃德蒙兹，萨福克郡郡，英格兰 Ⅱ 426，446

Buryet，Siberia 伯内特，西伯利亚 Ⅰ 301

Bush Valley，Ireland 布什河谷，爱尔兰 Ⅴ 347

Butte, Montana, U. S. A.   比尤特，蒙大拿州，美国 Ⅴ 79；Ⅵ 418，420

Buxton, Derbyshire, England   巴克斯顿，德比郡，英格兰 Ⅱ 169

Byblos (Jbail), Lebanon   比布鲁斯（朱拜勒），黎巴嫩 Ⅰ 762，图版 31A

Byzantium (*anc. city*)   拜占庭（古代城市）；参见 Constantinople (Istanbul)

C

Caballos, Cueva de los, Castellón, Spain   马岩洞，卡斯特利翁，西班牙 Ⅰ 161

Cabeira, Pontus   坎贝雷，本都 Ⅱ 593

Cadiz, Spain   加的斯，西班牙 Ⅰ 257；Ⅲ 477；Ⅴ 258

Caen, Normandy   卡昂，诺曼底 Ⅱ 33, 428, 577

Caernarvon, Wales   卡那封，威尔士 Ⅲ 284；Ⅴ 129

Caerwent, Monmouthshire, Wales   凯尔文特，蒙茅斯郡，威尔士 Ⅲ 277

Caffagiolo, Italy   卡法吉奥洛，意大利 Ⅳ 329 注释

Cairnpapple, West Lothian   凯恩普尔，西洛锡安 Ⅰ 491

Cairo, Egypt   开罗，埃及；参见 Fostat

    basketry   编制的篮子（公元前 3400 年）Ⅰ 420

    building, stone materials   建筑，石材 Ⅰ 477

    cartography   制图学 Ⅴ 442

    ceramics   陶器 Ⅱ 286, 304

    cubit rods, measuring   肘尺，测量 Ⅰ 778

    Delta barrages, construction   （尼罗河）三角洲水坝结构 Ⅴ 543

    globe   天球仪 Ⅲ 613

    instrument-making   仪器制造 Ⅲ 584

    ivory-work   象牙制品 Ⅰ 676

    solar power experiment   太阳能实验 Ⅵ 221

    spinning and weaving   纺织和编织 Ⅰ 427；Ⅱ 199；Ⅲ 179, 182

town-planning 城镇规划 Ⅲ 269

Calabria, Italy 卡拉布里亚, 意大利 Ⅱ 199; Ⅴ 20

Calah 卡拉赫; 参见 Nimrud

Calais, France 加来, 法国 Ⅱ 527, 536, 726; Ⅲ 74;
Ⅳ 33; Ⅴ 622

Calcutta, India 加尔各答, 印度

　bridges 桥梁 Ⅶ 882, 885

　clipper ships 飞剪船 Ⅳ 590; Ⅴ 62

　rubber (*Hevea*) seedlings 三叶橡胶树种子 (1873 年) Ⅴ 774

　steam-ships 蒸汽船 Ⅴ 362

　water-supply 供水 Ⅴ 563; Ⅶ 1366

Calder, river, Yorkshire, 科尔德河, 约克郡, 英格兰 Ⅲ 458
England

Cales, Apulia 卡莱斯, 阿普利亚 Ⅱ 268

Calicut, India 卡利卡, 印度 Ⅲ 178

California, U. S. A. 加利福尼亚州, 美国

　cardiac surgery 心脏手术 Ⅶ 1356

　charts, sailing-routes 海图, 航道 Ⅳ 620

　Fageol Safety Coach 法乔尔安全客车 (1921 年) Ⅶ 728 – 729

　hydraulic engineering 水力工程 Ⅴ 532; Ⅵ 416

　knives, stone bladed 小刀, 石刃刀 Ⅰ 69

　lamp-oil 灯油 Ⅴ 116

　magnetic measurements 磁性测量 Ⅶ 1462

　metals, extraction 金属提炼 Ⅳ 135, 141; Ⅴ 95

　mining 开采 Ⅳ 65 – 67; Ⅴ 532, 825; Ⅵ 411,
416

　photography 摄影 Ⅴ 739

　pioneer settlement 开拓者定居地 Ⅴ 3, 5, 825

　radiology, development X 射线的发展 Ⅶ 1332 – 1333

　tribal economies 部落经济 Ⅰ 174, 176

　water-supply 供水 Ⅴ 558

Calydon, Greece 卡吕冬, 希腊 Ⅱ 403

Camborne, Cornwall, England   坎伯恩，康沃尔郡，英格兰 V 129

Cambrai, France   康布雷，法国 III 178；IV 555

Cambridge, England   剑桥，英格兰

   arrow-head, bronze-age   青铜器时代的箭头 I 511

   building materials   建筑石材 II 34

   electricity, generation   发电 V 180

   King's College, construction   国王学院的建筑结构 II 432 – 433，436

   roads   街道 II 532

   skin-boat specimen   皮船模型 II 582

   stained-glass windows   彩色玻璃 III 241 – 242

   windmills   风车 III 103

   wireless telegraphy   无线电报 V 227

   wooden vessels, bronze-age   青铜器时代的木质容器 I 517

—Massachusetts, U. S. A.   剑桥，马萨诸塞州，美国 VII 1294

Cambridgeshire, England   剑桥郡，英格兰 I 232；III 152，315；V 10

Camden Town   卡姆登镇；参见 London

Camlachie, Scotland   卡姆拉基，苏格兰 V 241

Campagna, Italy   坎帕尼亚，意大利 IV 34

Campeche, Mexico   坎佩切，墨西哥 V 263

Campine district, Belgium   坎皮地区，布鲁塞尔 IV 557

Campsie, Stirlingshire   坎普西，斯特灵郡 IV 251，256

Canada   加拿大 VI 256，418，420

—Great Lakes   五大湖区 IV 553（地图）

Canary Islands   加那利群岛

   banana cultivation   香蕉种植 V 23

   cartography   制图学 III 531，544

   dyestuffs   染料 III 694；V 258，265

   shipbuilding   造船 III 477

   sugar-cane   甘蔗 III 6

   windmills   风车 III 89 – 90

Canberra, Australia   堪培拉，澳大利亚 VII 958 – 959

Cane Wood, Hampstead, London   凯恩林地，汉普斯特德，伦敦 Ⅳ 492

Canopus, Egypt   卡诺珀斯，埃及 Ⅲ 564

Canosa, Apulia   卡诺萨，阿普利亚地区 Ⅱ 268，342，558 – 559

Canterbury, Kent, England   坎特伯雷，肯特郡，英格兰
  cathedral   大教堂（12 世纪）Ⅱ 436，690
  fabrics, medieval   中世纪的织物 Ⅲ 196
  leather craft   皮革工艺 Ⅱ 178
  Saxon sun-dial   撒克逊日晷 Ⅲ 596 – 597
  stained-glass   彩色玻璃 Ⅲ 241
  town-planning   城镇规划 Ⅲ 277
  water-supply   供水 Ⅱ 690 – 691
  windmills   风车 Ⅱ 623

Canton, China   广州，中国 Ⅲ 696；Ⅵ 16

—river, China   珠江，中国 Ⅳ 328

Canvey Island, Essex, England   坎维岛，埃塞克斯，英格兰 Ⅵ 408

Cape Breton, Nova Scotia   布雷顿角，新斯科特 Ⅳ 50

Cape Finisterre, France   菲尼斯泰尔角，法国 Ⅳ 590

Cape Horn, South America   合恩角，南美洲 Ⅳ 465；Ⅴ 116，362

Cape of Good Hope, South Africa   好望角，南非 Ⅳ 593；Ⅴ 362，441 – 442

Cape Verde Islands, Atlantic Ocean   佛得角群岛，大西洋 Ⅳ 62

Cappadocia, Turkey   卡帕多西亚，土耳其 Ⅰ 212

Capua, Italy   卡普阿，意大利 Ⅱ 53，500，501（地图），531，659

Carambuc (Peking)   大都（北京）Ⅲ 380

Carcassonne, France   卡尔卡松，法国 Ⅲ 241，283，369，459，465

Carchemish, Mesopotamia   卡尔基米什，美索不达米亚 Ⅰ 395 – 396，675，758；Ⅱ 167

Cardross, Dunbarton, Scotland   卡德罗斯，丹巴顿郡，苏格兰 Ⅴ 406

Caribbean region, Central America	加勒比海地区，中美洲 Ⅴ 264
Caribbean Sea	加勒比海 Ⅵ 20；Ⅶ 915
Carillon Rapids, river Ottawa, Canada	卡里永急流，渥太华河，加拿大 Ⅳ 552
Carinthia	卡林西亚 Ⅱ 60, 67, 70；Ⅴ 339
Carlisle, Cumberland, England	卡莱尔，坎伯兰，英格兰 Ⅱ 437；Ⅴ 333；Ⅵ 564；Ⅶ 786, 1388
—Pennsylvania, U. S. A.	卡莱尔，宾夕法尼亚州，美国 Ⅳ 105
Carmel, Mount, Palestine	卡尔迈勒山，巴勒斯坦 Ⅰ 31, 503, 520
Carnarvon, Wales	卡那封，威尔士 Ⅱ 237
Carney's Point, New Jersey, U. S. A.	卡内斯波恩特，新泽西州，美国 Ⅵ 508
Carnon, Cornwall, England	卡诺，康沃尔郡，英格兰 Ⅰ 563
Carolina, U. S. A.	卡罗来纳州，美国 Ⅴ 261
Carrara, Italy	卡拉拉，意大利 Ⅱ 24, 28, 406
Carreghofa, Wales	卡雷福法，威尔士 Ⅳ 428
Carrhae	卡雷（哈兰的旧称）；参见 Harran
Carrington, Cheshire, England	卡林顿，柴郡，英格兰 Ⅵ 557
Carron, Falkirk, Scotland	卡伦，福尔柯克，苏格兰 Ⅳ 105
Carshalton, Surrey, England	卡苏顿，萨里郡，英格兰 Ⅳ 207
Cart, river, Scotland	卡特河，苏格兰 Ⅶ 890
Cartagena, Spain	卡塔赫纳，西班牙 Ⅱ 5, 44
Carthage	迦太基 Ⅱ 516 – 517, 568, 666, 670, 699, 表 1
Casablanca, Spain	卡萨布兰卡，西班牙 Ⅳ 554
Caspian Gates	里海湾 Ⅲ 505
Caspian Sea	里海 Ⅳ 554；Ⅴ 111, 121；Ⅶ 788
Casquets, rocks, Channel Islands	卡斯奎茨海峡，海峡群岛 Ⅲ 499
Cassandra, Greece	卡桑德拉，希腊 Ⅱ 3
Cassel, Germany	卡塞尔，德国 Ⅲ 343, 658

Castel Durante (Urbania) , Italy   卡斯特尔杜兰特（乌尔巴尼亚），意大利 Ⅱ 285；Ⅳ 329 注释

Castelli , Italy   卡斯特利，意大利 Ⅳ 329 注释

Castelnaudary , Aude , France   卡斯泰尔诺达里，奥德，法国 Ⅲ 464

Castile , Spain   卡斯蒂尔，西班牙 Ⅲ 152，170，480，703

Castille   卡斯蒂利亚 Ⅱ 356

Castle Eden , Durham , England   伊登城堡，达勒姆，英格兰 Ⅱ 340

Castleford , Yorkshire , England   卡斯尔福德，约克郡，英格兰 Ⅴ 674

Castle Green , Bristol , England   格林堡，布里斯托尔，英格兰 Ⅳ 340

Castleton , Derbyshire , England   卡斯尔顿，德比郡，英格兰 Ⅴ 768

Castor , Northants , England   卡斯托，北安普敦郡，英格兰 Ⅱ 429

Catalonia , Spain   加泰罗尼亚，西班牙 Ⅱ 56

Catasauqua , Pennsylvania , U. S. A.   卡塔索夸，宾夕法尼亚州，美国 Ⅳ 111

Catskills , New York , U. S. A.   卡茨基尔，纽约州，美国 Ⅶ 1371

Caucasus , U. S. S. R.   高加索，苏联 Ⅵ 21；Ⅶ 812

Caughley , Shropshire , England   考格利，什罗普郡，英格兰 Ⅳ 344，354

Cauvery , river , India   高韦里河，印度 Ⅴ 542

Cawnpore , on Ganges , India   恒河河畔的坎普尔，印度 Ⅴ 542

Celle , Hanover   策勒，汉诺威 Ⅳ 41

Central America   中美洲 Ⅴ 23，264 – 265，773

Centuripe , Sicily   琴图里佩，西西里岛 Ⅱ 268

Cerne , West Africa   瑟恩，西非 Ⅱ 321

Cesse , river , Languedoc , France   塞斯河，朗格多克，法国 Ⅲ 466 – 467

Ceylon (Sri Lanka)   锡兰（斯里兰卡）Ⅴ 2，21 – 22，24，305，752，774

Chacewater , Cornwall , England   查斯沃特，康沃尔，英格兰 Ⅳ 179

Chagar Bazar , Mesopotamia   查加尔巴扎尔，美索不达米亚 Ⅰ 212 – 213，594，721

Chalais-Meudon , Seine-et-Oise , France   沙莱 – 默东，塞纳 – 瓦兹省，法国 Ⅴ 402

Chalcis , Palestine   哈尔基斯，巴勒斯坦 Ⅱ 504

Chalk River, Ontario, Canada　乔克里弗，安大略，加拿大 Ⅵ 241, 262 – 263, 265

Chalons-sur-Marne, France　马恩河畔沙隆，法国 Ⅲ 179, 290, 441

Chalon-sur-Saône, France　索恩河畔沙隆，法国 Ⅳ 556; Ⅴ 719

Champagne, France　香槟（地区），法国 Ⅱ 69; Ⅳ 27; Ⅴ 16

Champigneulles, France　尚皮尼厄勒，法国 Ⅰ 559, 560, 562

Champlain, Lake, N. America　尚普兰湖，北美洲 Ⅳ 553

Chanda, central India　钱德拉布尔，印度中部 Ⅴ 70

Chanhu-Daro, Indus valley　昌胡达罗，印度河谷 Ⅰ 717, 719

Ch'ang-au China　长安，中国 Ⅲ 439

Channel Islands　海峡群岛 Ⅳ 32

Channel Ports, England　波塔海峡，英格兰 Ⅵ 11

Chantilly, Oise, France　尚蒂伊，瓦兹省，法国 Ⅳ 338

Chaourse, Aisne, France　沙乌斯，埃纳省，法国 Ⅱ 468

Chard, Somerset, England　查德，萨默塞特郡，英格兰 Ⅴ 408

Charente-Inférieure　拉特里尔；参见 La Terrière

Charleroi, Belgium　沙勒罗瓦，比利时 Ⅳ 548, 557

Charleston, Virginia, U. S. A.　查尔斯顿，弗吉尼亚，美国 Ⅳ 545

Charleville, Ardennes, France　沙勒维尔，阿登省，法国 Ⅲ 290

Charlottenburg, Germany　夏洛滕堡，德国 Ⅴ 64; Ⅵ 139, 147

Charlton Rode, Norfolk, England　卡勒顿柔德，诺福克，英格兰 Ⅰ 612

Charnwood, Leicestershire, England　查恩伍德，莱斯特郡，英格兰 Ⅱ 32

Chartres, France　沙特尔，法国 Ⅱ 444 – 445, 644 – 645, 649; Ⅲ 241

Châellerault, Vienne, France　沙泰勒罗，维埃纳省，法国 Ⅲ 430 – 431

Chatham, Kent, England　查塔姆，肯特郡，英格兰
　cements, manufacture　水泥制造 Ⅳ 448
　concrete constructions　混凝土建筑（1835 年）Ⅴ 487
　paddle-boats　桨轮船 Ⅴ 142
　shipbuilding　造船 Ⅳ 576, 582; Ⅴ 373

watermills	水磨 Ⅳ 202
Chatsworth, Derbyshire, England	查茨沃思，德比郡，英格兰 Ⅳ 476
Chattanooga, Tennessee, U. S. A.	查塔努加，田纳西州，美国 Ⅵ 479
Chaumont-en-Vexin, Oise, France	肖蒙昂韦克桑，瓦兹省，法国 Ⅲ 319
Chauny, Aisne, France	绍尼，埃纳省，法国 Ⅳ 555
Cheam, Surrey, England	奇姆，萨里郡，英格兰 Ⅱ 297, 310
Cheddar, Somerset, England	切达，萨默塞特郡，英格兰 Ⅴ 34 注释
Chedworth, near Cirencester, England	切德沃思，赛伦赛斯特附近，英格兰 Ⅱ 446
Chellaston, Derbyshire, England	切勒斯顿，德比郡，英格兰 Ⅱ 37
Chelles, France	谢勒，法国 Ⅰ 131
Chelmsford, Essex, England	切姆斯福德，埃塞克斯，英格兰 Ⅶ 1254
Chelsea	切尔西；参见 London
Cheltenham, Gloucestershire, England	切尔滕纳姆，格罗斯特郡，英格兰 Ⅴ 54
Chemnitz, Saxony, Germany	开姆尼茨，萨克森，德国 Ⅱ 66；Ⅲ 28；Ⅳ 178, 297；Ⅴ 598, 788, 794
Chenab, river, India	杰纳布河，印度 Ⅶ 883, 897
Chenôve, Burgundy	舍诺夫，勃艮第 Ⅱ 647
Chepstow, Monmouthshire (Gwent), Wales	切普斯托，蒙茅斯郡（格温特），威尔士 Ⅲ 458；Ⅳ 461–462；Ⅴ 514；Ⅶ 887–888
Cher, river, France	谢尔河，法国 Ⅲ 450
Cherbourg, Manche, France	瑟堡，芒什，法国 Ⅳ 465–466
Chertomlyk, south Russia	切尔托姆雷克，俄罗斯南部 Ⅱ 470–471, 555–556
Cheshire, England	柴郡，英格兰
chemical industry	化学工业 Ⅳ 236, 239；Ⅵ 507
'cottage' workshops	乡村作坊（1806 年）Ⅴ 817

cotton industry	棉纺工业	V 810
education, developments	教育的发展	V 779
farming techniques	农业技术	IV 19
railway system	铁路系统	VII 783
Chesnoy, near Montargis, France	协努瓦, 蒙塔日附近, 法国	III 462
Chester, Cheshire, England	切斯特, 柴郡, 英格兰	II 532; III 277 – 278; IV 460; V 336
Chesterfield, Derbyshire, England	切斯特菲尔德, 德比郡, 英格兰	II 445
Chesterford, Essex, England	切斯特福德, 埃塞克斯郡, 英格兰	II 218
Chesters, Northumberland, England	切斯特斯, 诺森伯兰, 英格兰	II 415
Chew, river, Somerset, England	乔乌河, 萨默塞特郡, 英格兰	IV 209
Chiangsu, province, China	江苏省, 中国	III 439
Chiaramonte Gulfi, near Syracuse	基亚拉蒙特古尔菲, 叙拉古附近	II 343
Chiaravalle, Italy	基亚拉瓦莱, 意大利	III 309
Chicago, Illinois, U. S. A.	芝加哥, 伊斯诺伊州, 美国	
air transport	航空	VII 699
bridges	桥	V 513
buildings and architecture	房屋和建筑学	VII 930, 933
buildings, design changes	建筑, 设计的改变	V 62, 467, 478 – 479, 481; VII 931
canning industry	罐头行业	V 42
car (automobile) industry	汽车行业	VII 715
ceramics	陶瓷	V 668
domestic appliances	家用电器	VII 1133
education, developments	教育, 发展	VI 150
fire-protection, buildings	防火, 建筑物	V 481
management, experiments	管理, 实验	VI 85
meat-packing industry	肉类加工业	V 4, 42

medical technology	医学技术 Ⅶ 1318，1324，1329，1331
navigational equipment	导航设备 Ⅶ 851
nuclear reactors	核反应堆 Ⅵ 236，252
plutonium extraction, research	钚的提取，研究 Ⅵ 260
printing machinery	印刷机 Ⅶ 1277
railways	铁路 Ⅶ 703
roads	道路 Ⅳ 545
steam turbines	汽轮机 Ⅶ 1026，1031
steel industry	钢铁工业 Ⅴ 62，64
telephony, development	电话通讯，发展 Ⅶ 1223 – 1224，1230
Chicama valley, Peru	奇卡马流域，秘鲁 Ⅰ 421，436
Chichester, Sussex, England	奇切斯特，萨塞克斯，英格兰 Ⅱ 505 – 506；Ⅲ 267，278
Chiddingfold, Surrey, England	奇丁福尔德，萨里，英格兰 Ⅱ 443；Ⅲ 207
Chignal Smealey, Essex, England	齐格诺·斯梅莱，埃塞克斯，英格兰 Ⅱ 439
Chile	智利 Ⅴ 24，77，244；Ⅵ 325，357，414，521
Chiltern Hills, England	奇尔特恩丘陵，英格兰 Ⅲ 146；Ⅳ 20
China Sea	中国海 Ⅳ 592
Chiozza, Italy	基奥贾，意大利 Ⅴ 412
Chislehurst, Kent, England	奇斯尔赫斯特，肯特，英格兰 Ⅴ 226
Choisy-le-Roi, Seine, France	瓦西勒鲁瓦，塞纳河，法国 Ⅳ 360，367
Choukoutien, China	周口店，中国 Ⅰ 23 – 25，30，37
Christmas Island	圣诞岛 Ⅵ 282
Cincinnati, Ohio, U. S. A.	辛辛那提市，俄亥俄州，美国 Ⅶ 949，1224，1322
Cirencester, Gloucestershire, England	赛伦塞斯特，格洛斯特郡，英格兰 Ⅱ 32；Ⅲ 152，277
Cissbury, Sussex, England	斯伯里，萨塞克斯，英格兰 Ⅰ 559
Civita Lavinia, Italy	奇维塔拉韦尼亚，意大利 Ⅲ 596
Civitavecchia, Italy	奇维塔韦基亚，意大利 Ⅱ 520；Ⅲ 311

Clacton-on-Sea, Essex, England 滨海克拉克顿，埃塞克斯郡，英格兰 I 28 – 29, 141

Clairvaux, France 克莱尔沃，法国 II 650

Clayton Tunnel, Sussex, England 克莱顿隧道，萨塞克斯，英格兰 V 332

Cleigh, Argyll, Scotland 科勒格，阿盖尔区，苏格兰 I 605

Clermont, Puy-de-Dôme, France 克莱蒙，多姆山省，法国 II 763

Cleveland, Ohio, U. S. A. 克利夫兰，俄亥俄州，美国 IV 540 – 541; V 664; VI 494, 658; VII 1022, 1321

Cleveland district, Yorkshire, England 克利夫兰地区，约克郡，英格兰 V 68, 811

Cleveland Hills, Yorkshire, England 克利夫兰山区，约克郡，英格兰 V 801

Clifden, Ireland 克利夫登，爱尔兰 VII 1248

Clifton, Bristol, England 克利夫顿，布里斯托尔，英格兰 V 507

—Yorkshire, England 克利夫顿，约克郡，英格兰 IV 607

Clinton, Massachusetts, U. S. A. 克林顿，马萨诸塞州，美国 VI 239, 245 – 246

Clintonville, Wisconsin, U. S. A. 克林顿维尔，威斯康星州，美国 VII 726

Clipsham Rutland, England 克利舍姆，拉特兰，英格兰 II 35

Clos de Vougeot, Burgundy 武若，勃艮第 II 647

Clough, County Antrim, Ireland 克拉夫，安特里姆郡，爱尔兰 I 636

Clunie, Scotland 克卢尼，苏格兰 VII 900

Clwyd, Vale of, Wales 洛伊德山谷，威尔士 I 32

Clydach, Glamorgan, Wales 克莱达奇，格拉摩根，威尔士 V 89

Clyde, river, and Clydeside, Scotland 克莱德河，克莱德赛德，苏格兰

　bridges, welded steel 桥，焊接钢 VII 878

　chemical industry 化学工业 VI 507

　docks, construction 船坞，建造 IV 468

electricity generation	发电 Ⅶ 1068
harbours	港口 Ⅴ 539－540
industrialization process	工业化进程 Ⅴ 815－816
iron smelting	炼铁 Ⅳ 109；Ⅵ 478
metal corrosion, discussion	金属的腐蚀，争论 Ⅵ 450
shipbuilding	船舶制造 Ⅳ 548，592；Ⅴ 350－352，372－373，810－811
steam-power, marine engines	蒸汽动力，船用发动机 Ⅴ 143，149
town-planning	城镇规划 Ⅶ 965
Coalbrookdale, Shropshire, England	科尔布鲁克代尔，什罗普郡，英格兰
bridges	桥 Ⅳ 455，图版 30A，457－458
canals	运河 Ⅳ 569
ceramics	陶瓷（19 世纪 30 年代）Ⅳ 355
ironmasters	铁厂厂主 Ⅳ 235
iron ore, smelting process	铁矿石，熔炼过程 Ⅳ 99－102，105－106
social change	社会变化 Ⅴ 830
steam-engines	蒸汽机 Ⅳ 162，179，188－191
Coalport	煤港；参见 Coalbrookdale
Coatsville, Pennsylvania, . U. S. A	科茨维尔，宾夕法尼亚州，美国 Ⅵ 495
Coblenz, Germany	科布伦茨，德国 Ⅲ 284
Cobridge, Staffordshire, England	科布里奇，斯塔福德郡，英格兰 Ⅳ 349，353
Coburg, Bavaria	科堡，巴伐利亚 Ⅱ 749
Colchester, Essex, England	科尔切斯特，埃塞克斯郡，英格兰 Ⅱ 32，323，515；Ⅲ 277－278；Ⅳ 648
Coleford, Gloucestershire, England	科勒福德，格罗斯特郡，英格兰 Ⅴ 65
Collingham, Yorkshire, England	科灵厄姆，约克郡，英格兰 Ⅱ 33
Collyweston, Northamptonshire,	科利韦斯顿，北安普敦郡，英格兰 Ⅱ 34

England

Colne valley, Hertfordshire,   科恩山谷，赫尔福德郡，英格兰 Ⅴ 553
     England

Cologne, Germany   科隆，德国
     aqueduct   渡槽 Ⅱ 671
     ceramics, medieval   陶瓷，中世纪 Ⅱ 287，299
     electric fires, development   电炉，发展 Ⅶ 1134
     fabrics   织物 Ⅲ 196
     glass analyses   玻璃成分分析 Ⅱ 313
     glass-making   玻璃制作 Ⅱ 323，339 – 340
     iron trade, middle ages   铁的贸易，中世纪 Ⅱ 76
     metal-work, ornamental   金属制品，装饰 Ⅱ 454
     mills   磨房 Ⅱ 607，620；Ⅳ 212
     plough-model, Roman period   犁模型，罗马时期 Ⅱ 86
     town-planning   城镇规划 Ⅲ 279，284；Ⅶ 974 – 975

Colombia, South America   哥伦比亚，南美洲 Ⅳ 134；Ⅶ 1409

Colon, Panama   科隆，巴拿马 Ⅳ 562；Ⅶ 913

Colorado, U. S. A.   科罗拉多州，美国 Ⅵ 415

Columbia, Ohio, U. S. A.   哥伦比亚，俄亥俄州，美国 Ⅶ 731

Columbia, river, U. S. A.   哥伦比亚河，美国 Ⅵ 239 – 240，261

Columbus, Ohio, U. S. A.   哥伦布市，俄亥俄州，美国 Ⅴ 663

Commachio, Italy   克马基奥，意大利 Ⅲ 314

Como, and lake, Italy   科莫湖，意大利 Ⅱ 60；Ⅲ 448

Comorin, Cape, India   科摩林角，印度 Ⅳ 610

Compostella, north Spain   康波斯特拉，西班牙北部 Ⅱ 526

Comstock Lode, U. S. A.   卡姆斯托克矿脉，美国 Ⅵ 418

Condé, France   康德，法国 Ⅳ 646

Conflans St-Honorine, France   孔夫朗 – 圣奥诺里讷，法国 Ⅳ 556

Congo   刚果 Ⅶ 788，802

—River   刚果河 Ⅶ 1453

Connecticut, U. S. A.   康涅狄格州，美国 Ⅳ 58，536 – 537

Connel Ferry, Argyll, Scotland 康奈尔费里桥, 阿盖尔, 苏格兰 Ⅶ 880 – 881

Conques, France 孔克, 法国 Ⅱ 462, 468, 474

Constance, Baden, Germany 康斯坦茨, 巴登, 德国 Ⅱ 195, 691; Ⅲ 386, 389; Ⅴ 667

—lake, Europe 康斯坦茨湖, 欧洲 Ⅰ 517; Ⅲ 427; Ⅴ 403

Constantinople 君士坦丁堡 (古代的拜占庭); 参见 Istanbul

  agricultural implements 农业用具 Ⅱ 99

  alum industry 明矾工业 Ⅱ 368

  building-construction 建筑 (约公元 900 年) Ⅱ 422 – 423

  ceramics, medieval 陶瓷, 中世纪 Ⅱ 288

  crusades period 十字军东征时期 Ⅱ 761 – 767

  dyestuffs 染料 Ⅱ 367 – 368

  fabrics 织物 Ⅲ 196

  glass-making 玻璃制作 Ⅱ 328

  harness design, horses 挽具的设计, 马 Ⅱ 553, 556

  international tension 国际紧张局势 (1901—1915 年) Ⅵ 7, 9

  Islamic influence 伊斯兰教的影响 Ⅱ 761 – 767

  metal-work 金属制品 Ⅱ 452, 454, 467

  military methods 军事方法 Ⅱ 718, 720; Ⅲ 361, 363

  printing 印刷 (18 世纪) Ⅲ 405

  quarrying 采石 (约 10 世纪) Ⅱ 29 – 30

  roads and land travel 道路和陆路交通 Ⅱ 497

  shipbuilding 造船 Ⅱ 577

  silk-weaving industry 丝织工业 Ⅱ 197

  town-planning 城镇规划 Ⅲ 279 – 280

  water-mill 水磨 (5 世纪) Ⅱ 600

  water supply 供水 Ⅱ 664

Conway, Wales 康韦, 威尔士 Ⅲ 284

—river, Wales 康韦河, 威尔士 Ⅴ 366

Copais, lake in Boeotia, Greece 维奥蒂亚州的科派斯湖, 希腊 Ⅱ 678

Copan, Honduras 科潘, 洪都拉斯 Ⅰ 125

Copenhagen, Denmark	哥本哈根，丹麦	
ceramics	陶瓷 V 661，666，670	
fermentation industry	发酵工业 V 303	
magnetic deflection observation	磁偏转观察 IV 654	
marine diesel engines	船用柴油机 VII 1006	
moler, building material	硅藻土，建筑材料 V 666	
radiology, medical	放射学，医学 VII 1329	
rocket flights	火箭飞行 VII 859	
veterinary school	兽医学校（1773 年）IV 35	
Coplay, Pennsylvania, U. S. A.	科普利，宾夕法尼亚州，美国 V 485	
Corbridge, Northumberland, England	科布里奇，诺森伯兰郡，英格兰 II 409	
Corby, Northamptonshire, England	科比，北安普敦郡，英格兰 VI 414	
Corcelettes, Switzerland	科尔塞莱特，瑞士 I 722	
Cordel, near Treves, Germany	特雷沃附近的科德尔，德国 II 313	
Cordouan, France	科尔杜昂，法国 II 524	
Corfe Castle, Dorset, England	科夫城堡，多塞特，英格兰 II 36	
Corinth, Greece	科林斯，希腊 I 表 F	
aqueducts, discussion	渡槽，讨论 II 670	
ceramics	陶瓷（约公元前 700 年起）II 259 – 288，295	
glass-making	玻璃制作 II 328，332	
pottery	陶器 I 392，401，406，409	
roads	道路 II 498	
town-planning	城镇规划 III 275	
Cork, Ireland	科克市，爱尔兰 VII 1407	
Corneto, Italy	科尔内托，意大利 I 518	
Cornwall, England	康沃尔郡，英格兰	
agricultural vehicles	农用交通工具 III 140 – 141，144	
atmospheric engines	大气式蒸汽机 IV 177	

ceramics	陶瓷 Ⅳ 340, 351 – 352
chemical industry	化学工业 Ⅴ 245, 284
copper	铜 Ⅳ 126; Ⅴ 76
Cornish beam-engine	康沃尔横杆式蒸汽机 Ⅴ 126 – 130
explosives	炸药 Ⅴ 284
gas lighting	燃气照明 Ⅳ 252, 262
mining	开采 Ⅳ 74, 77 – 80; Ⅴ 76; Ⅵ 420
pumping engine	泵蒸汽机 Ⅳ 188, 499
steam-engines	蒸汽机 Ⅳ 179, 183 – 184, 188 – 191, 193 – 194; Ⅴ 126 – 130
stone building material	建筑石料 Ⅲ 261; Ⅶ 922
tin	锡 Ⅳ 123 – 124
tinplate	马口铁 Ⅲ 689
water supply	供水 Ⅳ 499
wool production	羊毛生产 Ⅲ 152
Corsica, Mediterranean sea	科西嘉, 地中海 Ⅴ 345
Cortaillod(lake-village)	科尔塔约（湖上村庄） Ⅰ 508, 512
Corvo, Azores	科尔武, 亚速尔群岛 Ⅱ 568
Cos, Aegean Sea	科斯岛, 爱琴海 Ⅱ 566 – 567
Costa Hill, Orkney Islands	科斯塔山, 奥尼克群岛 Ⅵ 216
Coteau du Lac, Canada	科托杜拉克, 加拿大 Ⅳ 552
Cotswolds, the, England	科茨沃尔德, 英格兰 Ⅲ 145, 147, 257, 260 – 261
Couillet, Belgium	库耶, 比利时 Ⅴ 243
Courpalet, Rigole de, Orleans canal	库尔帕勒特, 奥尔良运河 Ⅲ 463 – 464
Coventry, Warwickshire, England	考文垂, 沃里克郡, 英格兰 Ⅲ 703; Ⅳ 176, 319; Ⅴ 414 – 416, 428, 826
Cowdray Manor, Sussex, England	马诺, 萨塞克斯, 英格兰 Ⅱ 522
Coxside, Plymouth, England	科克斯塞德, 普利茅斯, 英格兰 Ⅳ 340
Craig Lwyd, Penmaenmawr,	克雷格·洛伊德, 彭玛曼莫尔, 北威尔士

N. Wales	Ⅰ 44，562
Cranbrook，Kent，England	克兰布鲁克，肯特，英格兰 Ⅲ 95
Crécy，France	克雷西，法国 Ⅱ 721，726
Crete	克里特
ceramics	陶器 Ⅱ 262
glass-making	玻璃制造 Ⅱ 317－318，321
vehicles，Kamaresa	运输车辆，卡马雷撒 Ⅱ 545
water supply	供水 Ⅱ 663
windmills	风车 Ⅱ 618
world war	世界大战（1939—1945 年）Ⅵ 19－20；Ⅶ 814
Crewe，Cheshire，England	克鲁，柴郡，英格兰 Ⅴ 63，331，335
Crofton，Yorkshire，England	克罗夫顿，约克郡，英格兰 Ⅳ 259
Croisac，Picardy	克罗塞克，皮卡第 Ⅳ 239
Cromberg	克伦贝尔格 Ⅱ 75
Cromer，Norfolk，England	克罗默，诺福克，英格兰 Ⅳ 49
Crossness，Kent，England	格罗斯内斯，肯特，英格兰 Ⅳ 510
Croton valley，U. S. A.	克罗顿流域，美国 Ⅴ 554，559
Croydon，Surrey，England	克罗伊登，萨里，英格兰 Ⅳ 499；Ⅶ 1378
Cuba	古巴 Ⅲ 3，8；Ⅴ 264；Ⅵ 2；Ⅵ 473
Cues，Rhineland	屈斯，莱茵兰 Ⅲ 585
Culebra and hills，Panama	库莱布拉山区，巴拿马 Ⅳ 562；Ⅶ 911
Culross，Fife，Scotland	卡尔罗斯，法伊夫，苏格兰 Ⅳ 260
Cumae，Campania	库麦，坎帕尼亚 Ⅱ 323
Cumberland，England	坎伯兰，英格兰 Ⅲ 63，152；Ⅳ 251；Ⅴ 60；Ⅵ 482
—Maryland，U. S. A.	坎伯兰，马里兰州，美国 Ⅳ 537
Cumbernauld，Dunbartonshire，Scotland	坎伯诺尔德，邓巴顿郡，苏格兰 Ⅶ 972，980
Cuxhaven，W. Germany	库克斯，联邦德国 Ⅶ 864
Cyprus	塞浦路斯
cast iron	铸铁（公元 2 世纪）Ⅱ 7

ceramics	陶器 Ⅱ 274, 276-277
copper	铜 Ⅱ 48, 50-51, 55
cotton production	棉花生产 Ⅱ 199; Ⅲ 159
glass-making	玻璃制造 Ⅱ 318-319, 341
sugar-cane	甘蔗 Ⅲ 6
Czechoslovakia	捷克斯洛伐克 Ⅳ 120; Ⅵ 11, 18, 256

D

Dagenham, Essex, England	达根哈姆, 埃塞克斯郡, 英格兰 Ⅲ 422; Ⅵ 528
Dahlen, W. Germany	达伦, 联邦德国 Ⅵ 268
Dahlgren, Virginia, U. S. A.	达尔格伦, 弗吉尼亚州, 美国 Ⅶ 1186
Dahshur, Egypt	代赫舒尔, 埃及 Ⅰ 368, 597 注释, 657, 699
Dakhla oasis, Egypt	达赫莱绿洲, 埃及 Ⅰ 239, 262, 528, 534
Dakota, North and South, U. S. A.	北达科他州和南达科他州, 美国 Ⅴ 5-6
Dale Dike, Yorkshire, England	戴尔戴克, 约克郡, 英格兰 Ⅳ 497
Dalmarnock, Scotland	达尔马诺克, 苏格兰 Ⅳ 249
Dalmation coast, Adriatic	达尔马提亚海岸, 亚得里亚海 Ⅲ 514
Dalmuir, Dunbartonshire, Scotland	达尔缪尔, 邓巴顿郡, 苏格兰 Ⅳ 238
Dalsland, Sweden	达尔斯兰, 瑞典 Ⅰ 513
Dalswinton lake, Scotland	达尔斯温顿湖, 苏格兰 Ⅴ 143
Damascus, Syria	大马士革, 叙利亚 Ⅱ 759
ceramics, medieval	陶器, 中世纪 Ⅱ 301
cotton production	棉花生产 Ⅲ 159
crusaders and traders	十字军和商人 Ⅱ 760-761, 765
glass-making	玻璃制造 Ⅱ 328
iron trade	铁贸易（约公元前 700 年）Ⅰ 598

ivory-work	象牙制品 Ⅰ 665
military weapons	军事武器 Ⅲ 350
steel industry	钢铁工业 Ⅱ 57；Ⅲ 350
tool-making	工具制造 Ⅲ 115
town-planning	城镇规划 Ⅲ 275
Damastion, Epirus	大马士欣，伊庇鲁斯 Ⅱ 5
Dammarie, near Montargis, France	达马里，蒙塔日附近，法国 Ⅲ 462
Damme, Flanders	达默，佛兰德 Ⅲ 443；Ⅳ 558 – 559，629
—Oldenburg	达默，奥尔登堡 Ⅱ 657
Dannemora, Sweden	丹讷穆拉，瑞典 Ⅴ 55
Danube, river	多瑙河 Ⅳ 35，548，550，555；Ⅶ 702
Danzig	但泽 Ⅱ 76；Ⅲ 167
Daoulas, Brittany	杜拉斯，布列塔尼 Ⅲ 178
Darjeeling, India	大吉岭，印度 Ⅶ 882
Darling Harbour, Sydney, Australia	达令港，悉尼，澳大利亚 Ⅴ 47
Darlington, Durham, England	达灵顿，达勒姆，英格兰 Ⅳ 292，460；Ⅴ 333；Ⅶ 881
Darnley, Renfrewshire, Scotland	达恩利，伦弗鲁郡，苏格兰 Ⅳ 247
Dartford, Kent, England	达特福德，肯特，英格兰 Ⅳ 202；Ⅵ 615
Dartford Tunnel, Kent, England	达特福德隧道，肯特，英格兰 Ⅶ 905
Dartmouth, Devonshire, England	达特茅斯，德文郡，英格兰 Ⅲ 481，487；Ⅳ 173
Daventry, Northamptonshire, England	达文特里，北安普敦郡，英格兰 Ⅶ 1255
Davis, California, U. S. A.	戴维斯，加利福尼亚，美国 Ⅶ 1407
Davis Strait, Greenland	戴维斯海峡，格林兰 Ⅳ 58
Dayton, Ohio, U. S. A.	代顿，俄亥俄州，美国 Ⅴ 391；Ⅶ 789，1010
Deal, Kent	迪尔，肯特 Ⅳ 647
Dean, Forest of, England	迪恩森林，英格兰 Ⅱ 10，61，70；Ⅲ 31，

78

Dee, river, England and Wales	迪河，英格兰和威尔士 Ⅳ 568
Deir el-Bahri, Egypt	代尔埃尔巴哈里，埃及
agriculture	农业 Ⅰ 544
basketry	篮子 Ⅰ 422 – 423
incense arts	熏香工艺（约公元前 1500 年）Ⅰ 295
ships	船（约公元前 1500 年）Ⅰ 54
textiles	织物（约公元前 2000 年）Ⅰ 435，图版 12A，13
wood-work art	木制品工艺 Ⅰ 701
Deir el-Gebrawi, Egypt	代尔·盖布拉维，埃及 Ⅰ 733
Dejbjerg, Jutland	代比约，日德兰半岛 Ⅱ 538，540，545，547 – 548，551
Delaware and river, U. S. A.	特拉华河，美国 Ⅳ 549；Ⅶ 1371
Delfshaven, Holland	德尔弗斯哈芬，荷兰 Ⅲ 442；Ⅳ 640
Delft, Netherlands	代尔夫特，荷兰
dredging methods	疏浚方法 Ⅳ 638 – 640
education, technology	教育，技术 Ⅴ 788
pottery ware	陶器 Ⅳ 329，336 – 337，345
textile manufacture	纺织品制造 Ⅵ 657 – 658
windmills	风车 Ⅱ 620；Ⅲ 304
Delhi, India	德里，印度 Ⅶ 883，1377
Delos, Greece	提洛，希腊 Ⅱ 404，446；Ⅲ 274
Delphi (Mount Parnassus), Greece	德尔斐（帕拉索斯山），希腊 Ⅰ 262；Ⅱ 484，499
Delvenau, river, Germany	德尔韦瑙河，德国 Ⅲ 444
Dendra, south Greece	登德拉，希腊南部 Ⅱ 481
Deniliquin, New South Wales, Australia	德尼利昆，新南威尔士，澳大利亚 Ⅴ 47
Denmark	丹麦 Ⅲ 97，99，217，579
Deptford	德特福德；参见 London
Derby, England	德比，英格兰

buildings, fire-proofing	建筑物，防火 Ⅳ 475
ceramics	陶瓷 Ⅳ 338, 341 – 342, 344
machine-tools	机床 Ⅳ 433
silk-mill	丝织厂 Ⅳ 311
steel, buildings	钢铁，建筑物 Ⅳ 475；Ⅴ 477
water supply	供水 Ⅴ 555
Derbyshire, England	德比郡，英格兰 Ⅲ 80, 260；Ⅳ 212, 345；Ⅴ 597；Ⅵ 296
Dergmeer, the, Holland	德尔赫海，荷兰 Ⅲ 302
Deruta, Italy	代鲁塔，意大利 Ⅳ 329 注释
Derwent Valley, Cumberland, England	德文特谷，坎伯兰，英格兰 Ⅶ 1369
Dessau, Anhalt, Germany	德绍，安哈尔特，德国 Ⅳ 622；Ⅶ 955
Detroit, Michigan, U. S. A.	底特律，密歇根，美国
motor-vehicle industry	汽车工业 Ⅶ 715, 721, 730
nuclear reactors	核反应堆 Ⅵ 255
tunnels	隧道 Ⅶ 905
typewriter invention	打字机的发明 Ⅴ 689
tubeless tyres	无内胎轮胎 Ⅵ 563
—river, U. S. A.	底特律河，美国 Ⅶ 905
Deux-Ponts, Zweibrücken, Bavaria	杜克斯－庞斯，茨韦布吕肯，巴伐利亚 Ⅳ 135
Devon, England	德文，英格兰
agricultural vehicles	农用车 Ⅲ 140 – 141, 146
ceramics	陶瓷 Ⅳ 349, 351
farming techniques	农业技术 Ⅳ 19
stone building	石砌建筑 Ⅲ 261
wool industry	羊毛业 Ⅲ 152
Devonport, Devon, England	德文波特，德文，英格兰 Ⅳ 582
Dewsbury, Yorkshire, England	迪斯伯里，约克郡，英格兰 Ⅴ 570, 810
Dhanauri, India	戈达瓦里河，印度 Ⅴ 542

Dhuis, tributary, river Marne, 　　　杜易斯，支流，马恩河，法国 Ⅴ 555
　　France

Dieppe, France 　　　　　　　　　迪耶普，法国 Ⅰ 665；Ⅱ 141

Dieps and Tjaalingermeer, 　　　　迪普斯和贾林格尔海，荷兰 Ⅲ 302
　　Holland

Digoin, on river Loire, France 　　　迪关，卢瓦尔河畔，法国 Ⅳ 556

Dijon, France 　　　　　　　　　　第戎，法国 Ⅲ 379；Ⅴ 563

Dilolo, Congo 　　　　　　　　　　迪洛洛，刚果 Ⅶ 788

Dinard, France 　　　　　　　　　　迪纳尔，法国 Ⅵ 218

Dira Abu'n-Nega, Thebes, 　　　　　迪拉·阿布内佳，底比斯，埃及 Ⅰ 370
　　Egypt

Dixmude, Belgium 　　　　　　　　迪克斯迈德，比利时 Ⅳ 629

Djemila, Tunisia 　　　　　　　　　杰马勒，突尼斯 Ⅱ 639

Dodona, Greece 　　　　　　　　　多多纳，希腊 Ⅱ 557

Dogger Bank, North Sea 　　　　　　多格浅滩，北海 Ⅳ 52

Dolaucothy, South Wales 　　　　　杜拉考塞，南威尔士 Ⅱ 10

Doliche, Syria 　　　　　　　　　　多利西，叙利亚 Ⅰ 598

Dolkheim, East Prussia 　　　　　　杜克海姆，东普鲁士 Ⅱ 559

Dolphin Holme, Lancashire, 　　　　多尔芬霍姆，兰开夏郡，英格兰 Ⅳ 295
　　England

Domnarvet, Sweden 　　　　　　　杜姆纳尔沃，瑞士 Ⅵ 473

Domodossola, Piedmont, Italy 　　　多莫多索拉，皮德蒙特，意大利 Ⅳ 530

Don, river, Russia 　　　　　　　　唐河，俄罗斯；参见 Tanais

— —Scotland 　　　　　　　　　　唐河，苏格兰 Ⅵ 495

— —Yorkshire 　　　　　　　　　　唐河，约克郡 Ⅲ 458

Donawitz, Austria 　　　　　　　　多纳维茨，奥地利 Ⅵ 489

Doncaster, Yorkshire, England 　　　唐克斯特，约克郡，英格兰 Ⅳ 107, 300;
　　　　　　　　　　　　　　　　　Ⅵ 1586

Donegal, Ireland 　　　　　　　　　多尼戈尔，爱尔兰 Ⅲ 162

Donetz coal basin, Russia 　　　　　顿涅茨煤田，俄罗斯 Ⅴ 70

Donnerupland, Jutland 　　　　　　登纳普兰，日德兰半岛 Ⅱ 83

Dorchester, Dorset, England 多切斯特，多塞特，英格兰 Ⅰ 491；
Ⅱ 671

—Oxfordshire, England 多切斯特，牛津郡，英格兰 Ⅲ 241

Dordrecht, Holland 多德雷赫特，荷兰 Ⅳ 156

Dorset, England 多塞特，英格兰

  building construction 建筑构造 Ⅲ 260；Ⅳ 450

  button-making 纽扣制作 Ⅴ 826

  ceramics 陶瓷 Ⅳ 349，351

  railways 铁路 Ⅴ 331

  wool industry 羊毛业 Ⅲ 152

Dortmund, Germany 多特蒙德市，德国 Ⅳ 519；Ⅵ 97

Doubs, river, France 杜河，法国 Ⅴ 142

Dounreay, Caithness, Scotland 敦雷，开斯纳斯，苏格兰 Ⅵ 248 - 249

Dover, Kent, England 多佛尔，肯特，英格兰

  breakwater, construction 防波堤，结构 Ⅳ 466

  building-construction 建筑构造 Ⅱ 427

  Castle clock, mechanism 堡钟，机械 Ⅲ 651，图版 32A

  cables, wire 电缆，金属丝 Ⅴ 622

  cartography 制图学 Ⅳ 607

  harbour 港口 Ⅲ 317，459；Ⅶ 738，920，922 -
924

  lighthouses, Roman period 灯塔，罗马时期 Ⅱ 523

  radio, experiments 无线电，实验 Ⅶ 1232

  town-planning 城镇规划 Ⅲ 278

  telegraphy 电报 Ⅳ 658 - 660；Ⅴ 622；Ⅶ 1232

  watermills 水车 Ⅱ 648；Ⅳ 199

—Straits of 多佛尔海峡 Ⅳ 604，607 - 608，660

Dowlais, Glamorgan, Wales 道勒斯，格拉摩根，威尔士 Ⅴ 611 - 612；
Ⅵ 480

Dowles, Worcestershire, 道尔斯，伍斯特郡，英格兰 Ⅳ 244
England

Down, Co., Ireland 唐郡，爱尔兰 Ⅰ 400

Downs, the, roadstead off　　　　　　唐斯，远离肯特郡海岸的锚地，英格兰
　　Kent coast, England　　　　　　　　Ⅳ 590
Dreros, Crete　　　　　　　　　　　　得洛斯，克里特岛 Ⅱ 469 – 470
Dresden, Saxony, Germany　　　　　　德雷斯顿，萨克森，德国
　　camera industry　　　　　　　　　相机行业 Ⅶ 1290 – 1291
　　ceramics　　　　　　　　　　　　陶瓷 Ⅱ 307；Ⅳ 338
　　engineering design methods　　　　工程设计方法 Ⅴ 501
　　gas-lighting　　　　　　　　　　　煤气照明（1799 年）Ⅳ 261
　　instrument-making　　　　　　　　仪器制造 Ⅲ 629
　　tinplate industry　　　　　　　　　马口铁工业（17 世纪）Ⅳ 104
Dublin, Ireland　　　　　　　　　　　都柏林，爱尔兰
　　ceramics　　　　　　　　　　　　陶瓷 Ⅱ 307；Ⅳ 341
　　chemical industry　　　　　　　　化学工业 Ⅳ 239；Ⅴ 254
　　concrete　　　　　　　　　　　　混凝土（约 1750 年）Ⅳ 449
　　filtration, water-supply　　　　　　过滤，供水 Ⅴ 563
　　map, traffic-flow　　　　　　　　　地图，运输流量 Ⅳ 623
　　metal-work　　　　　　　　　　　金属制品 Ⅱ 475
　　railway station design　　　　　　火车站设计 Ⅴ 333
　　shipbuilding　　　　　　　　　　造船 Ⅱ 581
　　telegraphy, submarine　　　　　　海底电报 Ⅴ 225
　　waterways　　　　　　　　　　　水道 Ⅲ 455；Ⅳ 572
Dublin Bay, Ireland　　　　　　　　　都柏林湾，爱尔兰 Ⅳ 608
Duck Creek, Ohio, U. S. A.　　　　　德雷克，俄亥俄州，美国 Ⅴ 108
Duddul　　　　　　　　　　　　　　杜杜尔；参见 Hit
Dudley, Worcestershire,　　　　　　达德利，伍斯特郡，英格兰 Ⅲ 226；Ⅳ 112
　　England
Dugga (ancient Thugga),　　　　　杜加（古代的土加），突尼斯附近 Ⅱ 530
　　near Tunis
Duisberg, W. Germany　　　　　　　杜伊斯堡，联邦德国 Ⅶ 884
Dulruth-Superior, Minnesota,　　　　德卢斯 – 苏必利尔，明尼苏达州，美国
　　U. S. A.　　　　　　　　　　　　Ⅶ 917

Dumfries, Scotland	邓弗里斯，苏格兰 Ⅵ 548
Dümmer, Oldenburg	达默，奥登堡 Ⅰ 364
Dunbar, Pennsylvania, U. S. A.	邓巴，宾夕法尼亚州，美国 Ⅵ 476
Dundee, Scotland	邓迪，苏格兰 Ⅲ 176；Ⅳ 58, 251；Ⅴ 570
Dundyvan, Scotland	邓迪万，苏格兰 Ⅳ 111 – 112
Dungeness, Kent, England	邓杰内斯，肯特，英格兰 Ⅴ 183, 210；Ⅶ 922
Dunkirk, France	敦刻尔克，法国
agriculture	农业（19 世纪）Ⅳ 33
cartography	制图术 Ⅳ 605
dredging	疏浚 Ⅳ 629, 635
wartime	战争期间（1940 年）Ⅵ 19, 168
waterways	河道 Ⅲ 453
Dunnose, Isle of Wight, England	邓诺斯，怀特岛，英格兰 Ⅳ 607
Dunston, Staffordshire, England	邓斯顿，斯塔福德郡，英格兰 Ⅶ 1031, 1071
Dura-Europos, Mesopotamia	杜拉欧罗普斯，美索不达米亚 Ⅱ 363；Ⅲ 275
Durham, England	达勒姆，英格兰
atmospheric engine	蒸汽机 Ⅳ 177
chemical industry	化学工业 Ⅴ 245
coal-mining tools	采煤工具 Ⅳ 81, 85；Ⅵ 361
fabrics, burial	纺织品，埋葬 Ⅱ 756, 763；Ⅲ 196 – 197
metal-work	金属制品（7 世纪）Ⅱ 457
railway	铁路 Ⅶ 771
roads	道路 Ⅱ 525
rocketry	火箭 Ⅶ 860
St Cuthbert's tomb	圣库思伯特的陵墓 Ⅱ 456, 756, 763
Durnberg, Austria	迪伦堡，奥地利 Ⅰ 443
Dürrenberg, Austria	迪伦堡，奥地利 Ⅱ 166
Dursley, Gloucestershire, England	德斯利，格洛斯特郡，英格兰 Ⅱ 32

Düsseldorf, W. Germany	杜塞尔多夫，联邦德国 Ⅶ 872
Dvina, river, Russia	德维纳河，俄罗斯 Ⅳ 554
Dyers Cross, Surrey, England	戴尔斯克劳斯，萨里，英格兰 Ⅱ 326
Dystrup Mose, Denmark	德司鲁普·摩西，丹麦 Ⅰ 209

E

Eagley, river, Lancashire, England	伊格莱河，兰开夏郡，英格兰 Ⅳ 495
Earls Barton, Northamptonshire, England	厄尔斯巴顿，北安普敦郡，英格兰 Ⅱ 237
Easby, Yorkshire, England	伊斯比，约克郡，英格兰 Ⅱ 437
East Africa	东非 Ⅴ 23
East Anglia, England	东英吉利亚，英格兰
building materials	建筑材料 Ⅲ 261
farming techniques	耕作方法 Ⅳ 17, 19
farm tools	农业用具 Ⅲ 140, 145
fish preservation	鱼的保藏 Ⅳ 47
hydraulic engineering	水利工程 Ⅴ 544 – 545
industrial change	工业变化 Ⅴ 810 – 811, 816
watermills	水车 Ⅳ 200
windmills	风车 Ⅲ 98, 101, 103, 107
Eastern Flevoland, Netherlands	东弗莱福兰，荷兰 Ⅶ 907
East Goodwin, English Channel	东古德温，英吉利海峡 Ⅴ 228
East Indies	东印度
borax supply	硼砂供应 Ⅲ 228
'Catalan Atlas'	"加泰罗尼亚地图" Ⅲ 525
food and drink	食物和饮品 Ⅲ 4, 6
trade	贸易（16 世纪）Ⅲ 679
rubber industry	橡胶业 Ⅴ 752, 773 – 774

zinc, exports	锌，出口（16 世纪）Ⅲ 690
East Rand, South Africa	伊斯特兰，南非 Ⅵ 422
East River, New York City, U. S. A.	东河，纽约市，美国 Ⅶ 881
East Texas oilfield, U. S. A.	东得克萨斯油田，美国 Ⅵ 405
Ebbw Vale, Monmouthshire, Wales	埃布韦尔，蒙茅斯郡，威尔士 Ⅳ 113 – 114；Ⅵ 475，479，496
Eddystone Rock, off Plymouth, England	埃迪斯通礁石，普利茅斯港近海，英格兰 Ⅴ 463
Eddyville, Kentucky, U. S. A.	埃迪维尔，肯塔基州，美国 Ⅴ 53
Edfu, Egypt	埃德富，埃及 Ⅰ 538 – 539，665 注释
Edinburgh, Scotland	爱丁堡，苏格兰
bridges	桥 Ⅶ 887
cannon	火炮（15 世纪）Ⅲ 361
chemical industry	化学工业 Ⅳ 237，243 – 244；Ⅴ 254
civil engineering	土木工程 Ⅳ 444，486
computers	计算机 Ⅶ 1151，1179
drainage-works	排水工程 Ⅳ 509
education, agriculture	教育，农业 Ⅳ 41
fabrics, bleaching process	织物，漂白工序 Ⅲ 176
machine-tools	机床 Ⅳ 429 – 430
photography	摄影术 Ⅴ 723
railways	铁路 Ⅴ 332；Ⅶ 769
roads	道路（19 世纪）Ⅳ 539
shipbuilding	造船 Ⅴ 362
type-founders	铸字工 Ⅴ 683
water-supply	供水 Ⅳ 490，500
weaving process	织造工艺（19 世纪 50 年代）Ⅴ 583
Edmonston, Midlothian, Scotland	埃德蒙斯顿，中洛锡安，苏格兰 Ⅳ 177
Egham, Surrey, England	埃格姆，萨里，英格兰 Ⅶ 1379
Egmondermeer, Holland	埃赫蒙德海，荷兰 Ⅲ 302

Egtved, Denmark	艾特韦，丹麦 Ⅰ 442, 518, 图版 17A
Eider, river, Schleswig-Holstein	艾德尔河，石勒苏益格－荷尔斯泰因 Ⅳ 560－561
Eilean an Tighe, North Uist	伊莱恩·塔格，北尤斯特岛 Ⅰ 390, 397, 图版 8
Eindhoven, Netherlands	艾恩德霍芬，荷兰 Ⅶ 1198
Eire	爱尔兰 Ⅶ 1407；参见 Ireland
El Alamein, Egypt	阿拉曼，埃及 Ⅵ 22
El-Amarna, Egypt	阿玛纳，埃及
balance	天平（约公元前 1350 年）Ⅰ 783
basketry	编篮技术（约公元前 1500 年）Ⅰ 422
buildings	建筑 Ⅰ 306, 473－474
chemical arts	化学工艺 Ⅰ 240
glass and glazes	玻璃和釉 Ⅱ 315, 318, 320, 332, 336, 341
ivory-work	象牙制品 Ⅰ 669
leather	皮衣 Ⅱ 163
loom remains	织机遗物 Ⅰ 433
sculpture, art	雕像，艺术 Ⅰ 242
steel-tools	钢铁工具 Ⅰ 649
El-Amrah, Egypt	阿姆拉，埃及 Ⅰ 304
Elan, river, central Wales	埃兰河，威尔士中部 Ⅴ 553, 558
Elath, Jordan valley	埃拉斯特，约旦峡谷 Ⅰ 633
Elba, island, Mediterranean Sea	埃尔巴岛，地中海 Ⅳ 647, Ⅴ 59
Elbe, river, Germany	易北河，德国 Ⅲ 444, 455；Ⅳ 548；Ⅵ 23；Ⅶ 864
Elberfield, Germany	埃尔伯费尔德，德国 Ⅴ 140
El-Bersheh, Egypt	贝尔舍，埃及 Ⅰ 200, 437, 700
Elbing, Poland	埃尔宾，波兰 Ⅱ 583；Ⅳ 539
Elburz, Iran	厄尔布尔士，伊朗 Ⅰ 261
Eldora, Iowa, U. S. A.	埃尔多拉，艾奥瓦州，美国 Ⅴ 481
Elephantine, Egypt	埃利潘蒂尼，埃及 Ⅰ 539, 663

Eleusis, Greece   埃莱夫西斯，希腊 Ⅱ 499

El-Hejra, Arabia   西罗亚，阿拉伯半岛 Ⅰ 766

Ellis, Greece   埃利斯，希腊 Ⅱ 499, 529

El-Jisr, Palestine   埃尔吉斯尔，巴勒斯坦 Ⅰ 671 – 672

El-Kab, Egypt   埃尔卡布，埃及 Ⅰ 260

El Mina, West Africa   埃尔米纳，西非 Ⅲ 547

El-Omari, Helwan, Egypt   欧迈里，赫勒万，埃及 Ⅰ 366

El Salvador   萨尔瓦多 Ⅶ 1409

El-Ubaid, Mesopotamia   乌拜德，美索不达米亚 Ⅰ 表 E

    building techniques   建造技术 Ⅰ 306, 456, 465

    metal-work   金属制品 Ⅰ 638, 639 – 641

Elugalab, Eniwetok Atoll,   埃鲁格纳卜，埃尼威托克环礁，太平洋
    Pacific Ocean   Ⅵ 279

Ely, England   伊利，英格兰 Ⅱ 679

Emilia, Italy   埃米利亚，意大利 Ⅱ 681

Enfield, Middlesex, England   恩菲尔德，米德尔塞克斯，英格兰 Ⅳ 440;
     Ⅴ 639

English Channel   英吉利海峡

    aeronautics   航空 Ⅴ 400, 410; Ⅶ 791 – 792

    canal links   运河连接 Ⅳ 555 – 556, 561

    cartography   制图学 Ⅳ 612 – 613（地图）; Ⅴ 439 注
     释 2

    'Catalan Atlas'   "加泰罗尼亚地图" Ⅲ 525

    Cherbourg harbour   瑟堡港 Ⅳ 465 – 466

    navigational equipment   导航设备 Ⅶ 847 – 848

    oil exploration   石油开采 Ⅶ 1464

    paddle-steamers   桨轮蒸汽船（1888 年）Ⅴ 146

    radio transmission   无线电通信（1899 年）Ⅶ 1232

    shipbuilding, iron ships   造船业，铁船 Ⅴ 351

    ships   船（约 1865 年）Ⅳ 592, 图版 43A

    telegraphy   电报 Ⅳ 659

    tidal power   潮汐发电 Ⅵ 217

Eniwetok Atoll, Pacific Ocean　　　埃尼威托克，太平洋 Ⅵ 279

Enkhuizen, Holland　　　恩克赫伊增，荷兰 Ⅳ 635

Enkomi, Cyprus　　　恩科米，塞浦路斯 Ⅰ 624, 677; Ⅱ 318,
　　　481

Ennsmündung, on river Danube　　　恩斯明邓，多瑙河畔 Ⅳ 550

Entwistle, Lancashire, England　　　恩特威斯特，兰开夏郡，英格兰 Ⅳ 496

Ephesus, Asia Minor　　　以弗所，小亚细亚 Ⅱ 341, 671, 760; Ⅲ
　　　275, 282

Epiphania(Hama), Syria　　　埃辟法尼亚（哈马），叙利亚 Ⅱ 199

Epirus, Greece　　　伊庇鲁斯，希腊 Ⅰ 359

Epsom, Surrey, England　　　埃普瑟姆，萨里，英格兰 Ⅶ 1226, 1246

Erbil, Mesopotamia　　　伊尔比尔城，美索不达米亚 Ⅰ 533 – 534

Erech (Uruk; mod. Warka),　　　埃雷克，美索不达米亚 Ⅰ 表 E, F
　　　Mesopotamia

　　　buildings, brick and stone　　　建筑，砖和石 Ⅰ 461 – 463

　　　canals　　　运河 Ⅰ 549

　　　metals, extraction　　　金属，精炼 Ⅰ 582

　　　potter's wheel　　　陶轮（约公元前 2000 年）Ⅰ 199 – 200

　　　roads　　　道路（约公元前 300 年）Ⅱ 494

　　　vehicles　　　车辆（约公元前 3500 年）Ⅰ 205 – 206,
　　　710

　　　weapons, stone　　　武器，石器 Ⅰ 496, 510, 512

　　　writing　　　文字（约公元前 3500 年）Ⅰ 745 – 748

Erfurt, Thuringia　　　艾尔福特，图林根 Ⅰ 359

Eridu, Mesopotamia　　　埃利都，美索不达米亚 Ⅰ 461 – 464, 520

Erie, Lake, Canada-U. S. A.　　　伊利湖，加拿大 – 美国 Ⅳ 552; Ⅵ 465;
　　　Ⅶ 917 – 918

Erith, Kent, England　　　伊里斯，肯特郡，英格兰 Ⅶ 1073

Ermine Street, England　　　厄迈因古道，英格兰 Ⅲ 278

Ertebølle, Denmark　　　埃尔特伯尔，丹麦 Ⅰ 303, 495 – 496,
　　　499, 507

Erzgebirge, the, Bohemia and　　　厄尔士山脉，波西米亚和萨克森 Ⅲ 28;

Saxony	Ⅳ 335，338
Esbly，France	埃斯布利，法国 Ⅶ 892
Eshnunna（Tell Asmar），	埃什努纳（泰勒·艾斯迈尔），美索不达米
Mesopotamia	亚 Ⅰ 466 - 467，670；Ⅱ 528
Eskilstuna，river，Sweden	埃斯基尔斯蒂纳河，瑞典 Ⅲ 452，455
Esna，Egypt	伊斯纳，埃及 Ⅰ 477
Essen，Rhineland，Germany	埃森，莱茵兰，德国 Ⅳ 108；Ⅴ 57
Esslingen，Germany	埃斯林根，德国 Ⅱ 138
Essex，England	埃塞克斯，英格兰
building practices	建筑结构 Ⅲ 265；Ⅴ 467
farming and tools	农用工具 Ⅲ 143；Ⅴ 11，13
road traffic census	道路交通普查（1922 年）Ⅶ 872
sewage system	污水自流输送系统 Ⅶ 1384
timber，shipbuilding	木材，造船 Ⅲ 487
wool industry	羊毛业 Ⅲ 152
Estonia	爱沙尼亚 Ⅰ 166
Estremadura，Spain	埃斯特雷马杜拉，西班牙 Ⅲ 152
Ethiopia	埃塞俄比亚 Ⅲ 5，505，522；Ⅵ 17
Euboea，Greece	埃维亚，希腊 Ⅱ 52
Euphrates，river	幼发拉底河 Ⅲ 270，438
Évreux，France	埃夫勒，法国 Ⅲ 241
Exe，river，England	埃克斯河，英格兰 Ⅲ 451
Exeter，Devon，England	埃克塞特，德文，英格兰 Ⅲ 456（地图）
ceramics	陶器（13 世纪）Ⅱ 293
mail-coach system	邮件马车系统（1784 年）Ⅳ 531
sewage system	污水处理系统 Ⅶ 1394
ship design experiments	造船设计实验 Ⅴ 386
town-planning	城镇规划 Ⅲ 277
waterways	水道 Ⅲ 451，456
Ezinge，Holland	艾津厄，荷兰 Ⅰ 322

F

Fabriano, near Ancona, Italy　　　　　法布里亚诺，安科纳附近，意大利 Ⅲ 415

Faenza, Italy　　　　　　　　　　　　法恩扎，意大利 Ⅱ 311 注释；Ⅲ 678；Ⅳ
　　　　　　　　　　　　　　　　　　329 注释，337

Faeroe Islands, North Sea　　　　　　法罗群岛，北海 Ⅰ 442；Ⅳ 57；Ⅵ 357

Fairfax, Virginia, U. S. A.　　　　　　费尔法克斯，弗吉尼亚州，美国 Ⅳ 536

Fairford, Gloucestershire,　　　　　　弗尔福德，格洛斯特郡，英格兰 Ⅲ 242
　　England

Fairhaven, Massachusetts,　　　　　　费尔港，马萨诸萨州，美国 Ⅳ 58
　　U. S. A.

Fairlight, Sussex, England　　　　　　菲尔莱特，萨塞克斯，英格兰 Ⅱ 34

Falkirk, Scotland　　　　　　　　　　福尔柯克，苏格兰 Ⅳ 208

Falmouth, Cornwall, England　　　　　法尔茅斯，康沃尔，英格兰 Ⅱ 577

Falun, Sweden　　　　　　　　　　　法伦，瑞典 Ⅲ 342

Fano, Italy　　　　　　　　　　　　　法诺，意大利 Ⅱ 414

Fara, Mesopotamia　　　　　　　　　法拉，美索不达米亚 Ⅰ 748，750

Farnham, Surrey, England　　　　　　法纳姆，萨里，英格兰 Ⅰ 303，394，497；
　　　　　　　　　　　　　　　　　　Ⅴ 422，430

Faversham, Kent, England　　　　　　法弗舍姆，肯特，英格兰 Ⅱ 339；Ⅴ 284

Fayum, Egypt　　　　　　　　　　　　法尤姆，埃及 Ⅰ 表 E

　　basketry　　　　　　　　　　　　编篮技术 Ⅰ 418 - 419，423

　　buildings, Neolithic　　　　　　　新石器时代的建筑 Ⅰ 304

　　flax cultivation　　　　　　　　　亚麻栽培 Ⅰ 354，372 - 373

　　glaze, blue　　　　　　　　　　　蓝釉 Ⅱ 315 - 316

　　gypsum source　　　　　　　　　　石膏来源 Ⅰ 241

　　metal implements　　　　　　　　金属工具 Ⅰ 602

　　plant cultivation　　　　　　　　植物栽培 Ⅰ 354，365，367 - 368，372 -
　　　　　　　　　　　　　　　　　　373

　　pottery　　　　　　　　　　　　　陶器 Ⅰ 376 - 377，387

　　reaping-stick Neolithic　　　　　　新石器时代的收割棒 Ⅰ 541 - 542

survey tools	测量工具 Ⅲ 512
textiles	织物 Ⅰ 431，448
tools，non-metallic	非金属工具 Ⅰ 501，506，511－512，514，516
water-wheel	水车（公元113年）Ⅱ 671，676
Federsee，Württemberg	费德湖，符腾堡 Ⅰ 303，310，316
Felixstowe，Suffolk，England	费利克斯托，萨福克，英格兰 Ⅶ 796
Felling，Durham，England	费灵，达勒姆，英格兰 Ⅳ 238
Fens，The，England	沼泽地区，英格兰 Ⅲ 315－322，459；Ⅳ 20，32；Ⅴ 544－545
Fenton，Staffordshire，England	芬顿，斯塔福德郡，英格兰 Ⅳ 351
Ferguson Island	弗格森岛 Ⅰ 406
Fernando Po，West Africa	斐尔南多波，西非 Ⅴ 22
Ferrara，Italy	费拉拉，意大利 Ⅲ 312，314，382，678
Ferriby，Yorkshire，England	费里比，约克郡，英格兰 Ⅰ 738－739
Ferro（Hierro），Canary Islands	费罗，加那利群岛 Ⅲ 531；Ⅳ 597
Ferrol，Corunna，Spain	费罗尔，科罗纳，西班牙 Ⅳ 582
Ferté-	费泰；参见 La Ferté-sous-Jouarre
Finavon，Scotland，Finavon	费纳翁，苏格兰 Ⅰ 322
Findon，near Aberdeen，Scotland	芬登，阿伯丁附近，苏格兰 Ⅳ 54
Finisterre，Cape，Spain	菲尼斯特雷角，西班牙 Ⅲ 548
Finland	芬兰 Ⅰ 166，452；Ⅲ 553；Ⅵ 10
Finmark，Norway	芬马克，挪威 Ⅵ 357
Finow，river，Germany	菲诺运河，德国 Ⅲ 454
Fintelle，Flanders	芬特里，佛兰德 Ⅲ 441 注释1
Firth of Forth，Scotland	福斯湾，苏格兰 Ⅴ 62
Fishguard，Pembrokeshire，Wales	菲什加德，彭布罗克郡，威尔士 Ⅶ 920，922－925
Fiume Morto，Italy	莫托运河，意大利 Ⅲ 314
Fiume（Reika），Yugoslavia	阜姆（里耶卡），南斯拉夫 Ⅳ 528，553
Flanders，France-Belgium	佛兰德，法国－比利时 Ⅵ 11；Ⅶ 847

Flax Bourton, Somerset, England	弗拉克斯伯顿, 萨默塞特, 英格兰 IV 210
Fleet Ditch	弗利特渠 III 296
Flintshire, Wales	弗林特郡, 威尔士 IV 177
Florence, Italy	佛罗伦萨, 意大利
architecture, Renaissance	建筑, 文艺复兴时期 III 245 – 250, 254, 258
bridges	桥梁 III 418, 424, 428 – 430
canals	运河 III 448
cannon	火炮 (1326 年) II 726
ceramics	陶瓷 IV 329 注释, 337
drainage engineering	排水工程 III 309
dyestuffs	染料 II 365; III 694; IV 234
glass spectacles	玻璃眼镜 III 230
paintings, Palazzo Vecchio	绘画, 帕拉佐 – 韦基奥 III 707
printing	印刷 III 406
roads	道路 IV 544
silk-culture	丝绸文化 II 198
spinning processes	纺纱工艺 II 201 – 202, 207
town-planning	城镇规划 III 280
Florida, U. S. A.	佛罗里达, 美国 VII 1447
Flushing, Holland	弗拉兴, 荷兰 III 486
Foggia, Italy	福贾, 意大利 II 510
Fogliari	福西亚; 参见 Phocoea
Folkestone, Kent, England	福克斯通, 肯特, 英格兰 II 419, 446
Font-de-Gaume, Dordogne, France	丰德高姆, 多尔多涅河, 法国 I 151, 300
Fontéchavade, Charente	丰泰谢瓦德, 夏朗德 I 22, 29, 34, 37 (地图), 表 C
Forest of Dean, Gloucestershire, England	迪恩森林, 格洛斯特郡, 英格兰 V 55, 65
Forli, Italy	弗利, 意大利 IV 329 注释
Formby, Yorkshire, England	福姆比, 约克郡, 英格兰 VI 296

Fort Benton, Montana, U. S. A.　本顿堡，蒙大拿州，美国 V 666

Fortezza, Crete　福尔泰扎，克里特岛 II 321

Forth, river, Scotland　福斯河，克里特岛 VII 890，898

Fort Madison, Iowa, U. S. A.　麦迪逊堡，爱荷华，美国 VII 890

Fortunate Islands　幸运群岛；参见 Canary Islands

Fostat or Fustat (old Cairo)　福斯塔特（旧时的开罗）II 199；III 179，182

Foyle, Lough, Ireland　福伊尔，拉夫，爱尔兰 II 582；IV 608，610

Franche-Comté, France　弗朗什孔泰大区，法国 IV 29

Frankfurt-am-Main, Germany　美因河畔法兰克福，德国 II 75，531；V 226，332，346，489

Frankfurt-on-Oder, Germany　奥德河畔法兰克福，德国 III 454；VII 872，1291

Freiberg, Saxony, Germany　弗赖堡，萨克森，德国 II 11，23，65 - 66；IV 139

Freibourg, Switzerland　弗里堡，瑞士 III 538；IV 459

Fréjus, Var, France　弗雷瑞斯，法国 V 118

French Riviera　法国的里维埃拉；参见 Riviera

Freschines, France　弗雷钦，法国 IV 38

Fresnéla Mère, Falaise, France　弗雷斯内拉梅尔，法莱斯，法国 I 609

Fresquel, river, France　弗雷凯尔河，法国 III 464 - 465

Friedrichshütte, Silesia　弗里德里希斯，西里西亚 IV 105

Friesland, Holland (Netherlands)　弗里斯兰，荷兰（尼德兰）

　drainage-mills　排水机 III 305

　drainage-techniques　排水技术 II 681 - 683；III 301，305；VII 907 - 908

　farming techniques　农业技术 IV 15，26；V 18

　milk processing　牛奶加工 V 18

　windmills　风车 IV 156

Frisian Islands, North Sea　弗里西亚群岛，北海 IV 560

Friston, Suffolk, England　弗里斯顿，萨福克，英格兰 III 94

F

Frodingharn, Lincolnshire, England 弗罗丁汉姆，林肯郡，英格兰 V 60

Froges, Isère, France 弗罗日地区，伊泽尔省，法国 V 93

Froghall, Staffordshire, England 弗罗格霍尔，斯塔福德郡，英格兰 IV 569

Fucinus, lake, Italy 韦利纽斯湖，意大利 II 679

Fuente de Guarrazar, near Toledo, Spain 丰特－德瓜加扎尔，托莱多附近，西班牙 II 451, 455

Fundy, Bay of, Nova Scotia 芬迪湾，新斯科舍 VI 217－218

Furness, Lancashire, England 弗内斯，兰开夏郡，英格兰 IV 162；V 60

Fusina, Italy 弗西纳，意大利 III 442 注释

Fustat 福斯塔特；参见 Fostat

G

Gagarino, Russia 别尔哥罗德，俄罗斯 I 301

Galapagos Islands 加拉帕戈斯群岛 I 3；VI 357

Galgate, near Lancaster, England 戈尔盖特，兰开斯特附近，英格兰 IV 326

Galgenberg, Rhineland 盖尔根堡，莱茵兰 II 295

Galicia, Poland-U. S. S. R. 加利西亚，波兰－苏联 V 103, 110－111, 113, 115；VI 9

Gallipoli (Gelibolu), Turkey 加利波利，土耳其 II 625；VI 9

Galloper shoal, off the Naze, Essex, England 远离海角的盖洛珀浅滩，埃塞克斯，英格兰 V 451

Galloway, Scotland 加洛韦，苏格兰 VI 200

Gambia, West Africa 冈比亚，西非 V 23－24

Ganges, river, India 恒河，印度 III 506；V 440；VII 882, 883

Garonne, river, France 加龙河，法国 III 459, 466

Gascony, France 加斯科涅，法国 III 283；IV 32

Gaspé, Quebec, Canada 加斯佩，魁北克，加拿大 IV 50

Gatchina, Russia 加特契纳，俄国 IV 529

Gateshead, Co. Durham, England 　盖茨黑德，达勒姆，英格兰 Ⅳ 189，448；
　　　　　　　　　　　　　　　　　Ⅴ 138，217；Ⅶ 1069

Gattow, E. Germany 　　　　　　加图，民主德国 Ⅵ 268

Gatun, Panama Canal 　　　　　加通，巴拿马运河 Ⅶ 915

Gaul 　　　　　　　　　　　　　高卢 Ⅲ 206，509

Gaza, Palestine 　　　　　　　加沙，巴勒斯坦 Ⅰ 410（22）

Gazonne, étang de la, France 　加佐纳湖，小湖泊，法国 Ⅲ 462

Gebel-el-Arak, Egypt 　　　　　阿拉克，埃及 Ⅰ 516，667，669，672，
　　　　　　　　　　　　　　　　　Ⅲ 110

Gebel Zabara, Egypt 　　　　　宰巴拉，埃及 Ⅰ 526

Gedding, Suffolk, England 　　盖丁，萨福克，英格兰 Ⅲ 101

Geneva, Switzerland 　　　　　日内瓦，瑞士 Ⅳ 539；Ⅵ 243；Ⅶ 700

Genoa, Italy 　　　　　　　　　热那亚，意大利
　building construction 　　　建筑构造 Ⅲ 248
　glass industry 　　　　　　玻璃产业 Ⅱ 327；玻璃制造业 Ⅲ 217
　lighthouse 　　　　　　　　灯塔（1139 年）Ⅱ 523
　printing, colonies 　　　　印刷，殖民地 Ⅲ 380
　railways 　　　　　　　　　铁路 Ⅶ 770
　roads 　　　　　　　　　　道路 Ⅱ 526
　shipbuilding 　　　　　　　造船 Ⅲ 478
　soap-making 　　　　　　　肥皂制造 Ⅲ 170，703
　textiles 　　　　　　　　　织物 Ⅲ 170
　trade 　　　　　　　　　　贸易 Ⅱ 766
　water-supply 　　　　　　　供水 Ⅴ 556

Georgia, U. S. A. 　　　　　　佐治亚，美国 Ⅴ 341

Georgian Bay, Lake Huron, 　乔治亚湾，休伦湖，加拿大 Ⅳ 552
　Canada

Georgsmarienhütte, near 　　格奥尔格斯马林许特，奥斯纳布吕克附近，
　Osnabrück, Germany 　　　德国 Ⅴ 68

Gerar, Palestine 　　　　　　基拉耳，巴勒斯坦 Ⅰ 597；Ⅱ 85 - 86

Germany 　　　　　　　　　　德国 Ⅶ 1025 - 1026

Germigny-des-Prés, near Orleans, France 热尔米尼德普雷，奥尔良附近，法国 II 762，图版 44

Gerona, Spain 赫罗纳，西班牙 II 641

Gerthe, Bochum, W. Germany 盖尔特，波鸿，联邦德国 VI 528

Gerumsberg, Sweden 格鲁姆斯堡，瑞典 I 442 – 443

Gerzeh, Egypt 格尔津，埃及 I 431

Gezer, Palestine 基色，巴勒斯坦 I 201，239，248 – 249，274，762，764

Ghana 加纳（1957 年）；参见 Gold Coast

Ghassul, Palestine 拉苏尔，巴勒斯坦 I 419，432 – 433

Ghent, Belgium 根特，比利时 II 526；IV 13，16，556 – 557，559 – 560；V 116

Giant's Causeway, Northern Ireland 巨人岬，北爱尔兰 V 347

Gibraltar 直布罗陀 III 505，523；IV 580

Giessen, Hesse, Germany 吉森，黑森，德国 V 269

Gihon, near Jerusalem 基训，耶路撒冷附近 III 510

Gilbert Islands, Pacific Ocean 吉尔伯特群岛，太平洋 VI 21

Giovi Incline, Italy 乔维坡地，意大利 VII 770

Girsu 吉苏；参见 Lagash

Giza, Egypt 吉萨，埃及 I 241，482，597 注释，714

Gjeithus, Norway 耶尔杰斯，挪威 I 150

Glace Bay, Canada 格莱斯湾，加拿大 VII 1248

Glamorganshire, Wales 格拉摩根郡，威尔士 III 139，146 – 147，434

Glasgow, Scotland 格拉斯哥，苏格兰
  aeronautics 航空 V 404
  blast-furnaces 鼓风炉 IV 109
  bridges 桥 IV 454；VII 878
  buildings, cast-iron use 建筑群，铸铁的应用 V 470
  chemical industry 化学工业 IV 238 – 239，247 – 249，253，673；V 250

civil engineering	土木工程	IV 468
hydraulic power	水能	V 535
industrialization	工业化（18 世纪）	V 815
machine engineers	机械工程师	IV 162
Mechanics Institute	力学研究院	IV 445
printing	印刷	V 699，714
railways	铁路	V 348；VII 783
road-vehicles	道路车辆	V 422
rubber-proofing	橡胶涂层	V 761
shipbuilding	造船	IV 593；V 143，361
soap-making	肥皂制造	III 705
standardization	标准化	V 801
steam-engines	蒸汽机	IV 181；V 134，143
textile industry	纺织工业	IV 285，300，315；V 583
town planning	城镇规划	VII 965，972
water-supply	供水	IV 489，497；V 553
waterways	水路	V 540

Glastonbury，Somerset，England　格拉斯顿伯里，萨默塞特，英格兰 I 318 - 323，404 - 405，图版 4；V 263，423

Glatz（now Klodzko），Silesia　格拉茨（现在的克沃兹科），西里西亚 IV 520

Gleiwitz，Upper Silesia　格莱维茨，西里西亚北部 IV 105，235

Glencrutchery，Isle of Man　格伦克拉特谢利，马恩岛 I 410（18）

Glendon，Pennsylvania，U. S. A.　格伦登，宾夕法尼亚，美国 VI 476

Glodzko　格拉茨；参见 Glatz

Gloucester，England　格洛斯特，英格兰 II 479；III 172，241，277，688；V 323；VII 895

Gloucestershire，England　格洛斯特郡，英格兰 III 9，137，152；IV 19，104，304

Gnathia，south Italy　格纳西亚，意大利南部 II 268

Godalming，Surrey，England　戈德尔明，萨里，英格兰 II 445；V 198

Godavari, river, India 戈达瓦里河，印度 V 542

Gokstad, Norway 高克斯塔德，挪威 II 237，579 – 580

Goldberg, Neresheim, Württemberg 戈德堡，内勒斯海姆，符腾堡 I 311，322

Gold Coast (now Ghana), 黄金海岸（现在的加纳），非洲西部 V 22，
　　West Africa 　　93；VII 925

Golden Horn, Constantinople 金角湾，君士坦丁堡 III 433

Golling, near Salzburg, Austria 戈灵，萨尔斯堡附近，奥地利 V 251

Goodwin Sands, Kentish coast, 古德温沙洲，肯特郡海岸，英格兰 IV 467
　　England

Goole, Yorkshire, England 古尔，约克郡，英格兰 VII 890

Goslar, Harz Mountains, Germany 戈斯拉尔，哈茨山脉，德国 II 11，611；
　　III 691 – 692，706；IV 71

Gosport, Hampshire, England 戈斯波特，汉普郡，英格兰 IV 106，658

Göta, river, Sweden 约塔河，瑞典 III 455

Göteborg (Gothenburg), Sweden 哥德堡，瑞典 III 455；V 333

Gotha, Germany 哥达，德国 IV 620

Gothenburg 哥德堡；参见 Göteborg

Götland, Sweden 哥根兰岛，瑞典 I 369；VII 1082

Göttingen, Germany 格丁根，德国 II 532；V 269，458；VII
　　828 – 829，1019

Gouda, Holland 豪达，荷兰 III 442

Gournia, Crete 古尔尼亚，克里特岛 I 387

Govan, Glasgow, Scotland 加文，格拉斯哥，苏格兰 IV 244

Governolo, on river Mincio, Italy 加瓦尔诺洛，明乔河畔，意大利 III 442

Graff-Hendriks polder, Holland 赫拉夫 – 亨德里克斯低田，荷兰 III 301

Gragnano, near Naples, Italy 格拉尼亚诺，那不勒斯附近，意大利 II 520

Granada, Spain 格拉纳达，西班牙 I 359

Grand Banks, North Sea 大浅滩，北海 VI 350

Grand Congloue, island near 大孔格洛岛，马赛附近 II 569
　　Marseilles

Grand Pa's Knob, Rutland, 老爷山，拉特兰，佛蒙特，美国 VI 216

Vermont, U. S. A.

Grand Pressigny, France 大普雷西尼，法国 I 500 – 501，505，509

Grand Rapids, Michigan, U. S. A. 大急流城，密歇根，美国 VII 1380

Grange, Limerick, Ireland 格兰奇，利默里克，爱尔兰 I 195

Grateley, Salisbury Plain, 格雷特利，索尔兹伯里平原，英格兰 V 330
England

Gravelines 格拉沃利讷；参见 Grevelingen

Gravesend, Kent, England 格雷夫森德，肯特，英格兰 VII 901

Great Barrier Reef, Australia 大堡礁，澳大利亚 IV 575

Great Lakes, Canada-U. S. A. 五大湖，加拿大 – 美国

    Erie canal 伊利运河 IV 555

    grain transport 谷物运输 V 5

    hydro-electric power 水电站 VI 195

    land transport 陆路运输 VII 702

    mapping 绘制地图 IV 597

    St Lawrence Seaway 圣劳伦斯航道 IV 551 – 553；VII 920

    shipbuilding 造船 VII 740，750

Great Level (Bedford Level), 大平地（贝德福德平地），英格兰 III 316 –
England 321

Great Ouse, river, eastern 大乌斯河，英格兰东部 V 545
England

Great Plains, North America 大平原，北美洲 V 3

Great Wall, China 长城，中国 VI 15

Greenburg, Pennsylvania, 格林堡，宾夕法尼亚，美国 V 491
U. S. A.

Greenford Green, Middlesex, 格林福德格林，米德尔塞克斯，英格兰
England V 271

Greenland 格陵兰岛 III 532 – 533，705；IV 58；V 92

Greenock, Renfrewshire, 格里诺克，伦弗鲁郡，苏格兰 IV 181，501，
Scotland 592；V 362，540

Greenstead, Essex, England 格林斯蒂德，埃塞克斯，英格兰 II 425

Greenwich	格林尼治；参见 London
Grenelle, Paris, France	格勒内勒, 巴黎, 法国 Ⅳ 498；Ⅴ 211, 555
Grenoble, Isère, France	格勒诺布尔, 伊泽尔, 法国 Ⅳ 539；Ⅵ 508
Grignon, France	格里尼诺, 法国 Ⅳ 41
Grimaldi caves, Italy	格里马尔迪岩洞, 意大利 Ⅰ 168
Grimes Graves, East Anglia, England	格林斯坟墓, 东英吉利亚, 英格兰 Ⅰ 44, 235, 515, 558 – 561, 562（地图）
Grimsby, Lincolnshire, England	格里姆斯比, 林肯郡, 英格兰 Ⅳ 51 – 52, 54；Ⅵ 343
Groningen, Holland	格罗宁根, 荷兰 Ⅱ 681；Ⅲ 303；Ⅳ 15
Grote Wiericke channel, Holland	罗特维里克运河, 荷兰 Ⅲ 304
Grozny, Russia	格罗兹尼, 俄国 Ⅴ 110
Guadalcanal, Seville, Spain	瓜达唐纳尔, 塞维利亚, 西班牙 Ⅱ 11
Guadalentin, river, Spain	瓜达伦廷河, 西班牙 Ⅳ 498
Guadalquivir, river, Spain	瓜达尔基维尔河, 西班牙 Ⅳ 551
Guatemala, Central America	危地马拉, 中美洲 Ⅴ 258；Ⅶ 1409
Gubbio, Umbria, Italy	古比奥, 安布利亚, 意大利 Ⅳ 329 注释
Guernsey, Channel Islands	根西, 海峡群岛 Ⅳ 543
Guiana, South America	圭亚那, 南美洲 Ⅰ 164 – 166；Ⅴ 23
Guildford, Surrey, England	吉尔福德, 萨里, 英格兰 Ⅲ 456 – 457
Guinea, West Africa	几内亚, 西非 Ⅲ 547, 680
Guisborough, Yorkshire, England	吉斯伯勒, 约克郡, 英格兰 Ⅳ 250
Gulf of Mexico	墨西哥湾 Ⅵ 390；Ⅶ 1453
Gulf of St Lawrence, Canada	圣劳伦斯湾, 加拿大 Ⅶ 917
Gulf Stream	墨西哥湾流 Ⅳ 619；Ⅶ 1447
Gurob, Fayum, Egypt	古罗伯, 法尤姆, 埃及 Ⅰ 419 – 420, 422, 433；Ⅱ 318
Gut Gunern, Silesia	居内恩, 西里西亚 Ⅳ 28
Guyana	圭亚那（1966 年独立）；参见 British Guiana
Gytheion, Laconia	伊西翁, 拉科尼亚 Ⅱ 30

H

Haarlem, Holland	哈勒姆，荷兰
dredging machine	疏浚机 Ⅳ 639
linen manufacture	亚麻制造（1755 年）Ⅲ 175
precision instruments	精密仪器 Ⅳ 408
printing	印刷 Ⅲ 377，383，392
windmills	风车 Ⅱ 619 – 620
Haarlemmermeer, Holland	哈勒默梅尔，荷兰 Ⅲ 307
Hadhramaut	哈德拉毛；参见 Wadi 'Amd
Hadley Base, Pennsylvania, U. S. A.	海德利基地，宾夕法尼亚，美国 Ⅶ 868
Hadra, near Alexandra, Egypt	哈达拉，亚历山大附近，埃及 Ⅱ 268
Hague, The	海牙；参见 The Hague
Haida, British Columbia, Canada	海达，不列颠哥伦比亚，加拿大 Ⅰ 178
Hailsham, Sussex, England	黑尔舍姆，萨塞克斯，英格兰 Ⅲ 129
Haine, river, Belgium	艾讷河，比利时 Ⅳ 557
Halaf, Mesopotamia	哈拉夫，美索不达米亚 Ⅰ 201，365，367，460，表 E
Haldon Hill, Exeter, England	霍尔登山，埃克塞特，英格兰 Ⅰ 312
Halifax, Yorkshire, England	哈利法克斯，约克郡，英格兰 Ⅲ 152；Ⅳ 268；Ⅴ 105，582
Hall, Tyrol, Austria	哈尔，蒂罗尔，奥地利 Ⅲ 216，341
Halle, Saxony	哈勒，萨克森 Ⅳ 233
Hallstatt, Austria	哈尔施塔特，奥地利
glass	玻璃（约公元前 600 年）Ⅱ 322
horse-sandal, Roman	马蹄铁，罗马 Ⅱ 515
leather relics, Iron Age	皮革遗存，铁器时代 Ⅱ 166
metal implements	金属用具 Ⅰ 617 – 619
mining tools, Iron Age	采矿工具，铁器时代 Ⅰ 567

weapons 武器（约公元前 900 年）Ⅱ 455

Hama, Syria 哈马，叙利亚 Ⅰ 201；Ⅱ 199, 614

Hamairan, Persia 哈马兰，波斯湾 Ⅰ 262

Hamburg, Germany 汉堡，德国

  air transport 航空运输 Ⅶ 800

  buildings, fire-protection 建筑，防火 Ⅴ 482

  dredger design 挖泥船设计 Ⅳ 632 – 633

  glass-making 玻璃制造 Ⅲ 225

  railways 铁路 Ⅶ 768

  shipbuilding 造船 Ⅳ 594

  wartime bombing 战时轰炸 Ⅶ 816

Hamilton, Ohio, U. S. A. 哈密尔顿，俄亥俄州，美国 Ⅵ 478

Hammersmith 哈默史密斯；参见 London

Hampshire, England 汉普郡，英格兰 Ⅲ 139, 152；Ⅳ 19；
    Ⅴ 554

Hampstead 汉普斯特德；参见 London

Hampton, Middlesex, England 汉普顿，米德尔塞克斯，英格兰 Ⅳ 494

Handsworth, Yorkshire, 汉兹沃思，约克郡，英格兰 Ⅳ 107
  England

Hanford, Columbia River, 汉福德，哥伦比亚河，美国 Ⅵ 239 – 240,
  U. S. A. 243, 245, 252, 257 – 258, 261 – 262

Hankow, Hupeh, China 汉口，湖北，中国 Ⅴ 70

Hanley, Staffordshire, England 汉利，斯塔福德郡，英格兰 Ⅳ 344, 347

Hanover, W. Germany 汉诺威，联邦德国

  calculating machine 计算器 Ⅶ 1163

  mapping 绘制地图 Ⅳ 610

  optical glass 光学玻璃 Ⅳ 361

  railways 铁路 Ⅴ 340

  road surfaces 路面 Ⅳ 538, 540

  telegraphy 电报 Ⅳ 644

Han-Yang, Hupeh, China 汉阳，湖北，中国 Ⅴ 70

Happisburgh, Norfolk, England	黑斯堡，诺福克，英格兰 Ⅱ 664	
Harappa, Indus valley	哈拉帕，印度河流域	
bronze age weapons	青铜器时代的武器 Ⅰ 613	
carts and wagons	双轮和四轮马车 Ⅰ 207，717，719	
circle principle	圆周定律 Ⅰ 195	
door-socket	凹窝石（约公元前 2500 年）Ⅰ 194	
food plants	食用植物 Ⅰ 360 注释，366	
grain-stores	谷物储藏 Ⅰ 52	
potter's wheel	陶轮 Ⅰ 202	
pottery	陶器 Ⅰ 385	
script	文字 Ⅰ 760	
tools, non-metallic	非金属工具 Ⅰ 512	
town plan	城镇规划 Ⅰ 52	
wheel, vehicles	车轮 Ⅰ 207	
Haro, river, Punjab	哈罗河，旁遮普 Ⅶ 882	
Harran, Mesopotamia	哈兰，美索不达米亚 Ⅰ 282，371	
—(Carrhae), Syria	哈兰（卡雷，哈兰的旧称），叙利亚 Ⅱ 736，738	
Harrow Hill, Sussex, England	哈罗山，萨塞克斯，英格兰 Ⅰ 561 - 562	
Hartford, Connecticut, U. S. A.	哈特福德，康涅狄格州，美国 Ⅳ 439；Ⅴ 312，467，639，818；Ⅶ 731	
Hartlepool, Co. Durham, England	哈特尔普尔公司，达勒姆，英格兰 Ⅵ 634	
Hartley, Northumberland, England	哈特利，诺森伯兰，英格兰 Ⅳ 92	
Harty, Kent, England	哈蒂，肯特，英格兰 Ⅰ 612	
Harwich, Essex, England	哈里奇，埃塞克斯，英格兰 Ⅳ 51，448	
Harz Mountains, Germany	哈茨山脉，德国	
mining	采矿 Ⅲ 82；Ⅳ 70 - 71，78，93	
railways	铁路 Ⅴ 345	
rockets	火箭 Ⅶ 865	
Haskell, New Jersey, U. S. A.	哈斯克尔，新泽西州，美国 Ⅵ 508	
Haslar, Hampshire, England	哈斯拉，汉普郡，英格兰 Ⅶ 747	
Hassfurt, Bavaria	哈斯富特，巴伐利亚 Ⅴ 502	

Hassuna, Mesopotamia	哈苏纳，美索不达米亚 Ⅰ 表 E
building construction	建筑构造 Ⅰ 306，456，459
door-socket	凹窝石（公元前 4500 年）Ⅰ 193
tools, non-metallic	非金属工具 Ⅰ 502，507，512
Hastings, Sussex, England	黑斯廷斯，萨塞克斯，英格兰 Ⅱ 587，720；Ⅳ 466
Haswell, Durham, England	哈斯韦尔，达勒姆，英格兰 Ⅳ 84
Hatfield Chase, Yorkshire, England	哈特菲尔德蔡斯，约克郡，英格兰 Ⅲ 320
Hat-Nub, Egypt	哈马马特，埃及 Ⅰ 477
Hattusas	哈图沙；参见 Boghazköy
Havana, Cuba	哈瓦那，古巴 Ⅶ 1251
Havel, river, Prussia	哈弗尔河，普鲁士 Ⅲ 450 – 451，454 – 455
Haverhill, Suffolk, England	黑弗里尔，萨福克，英格兰 Ⅲ 101
Hawaii, North Pacific	夏威夷，北太平洋 Ⅴ 23；Ⅶ 813
Hawara, Egypt	哈瓦拉，埃及 Ⅱ 231
Haweswater, lake, Westmorland, England	霍斯沃特湖，威斯特麦兰，英格兰 Ⅶ 1368
Haworth, Yorkshire, England	霍沃思，约克郡，英格兰 Ⅶ 1391
Hayange, Moselle, France	阿扬日，摩泽尔，法国 Ⅳ 111，115
Hayle, Cornwall, England	海尔，康沃尔，英格兰 Ⅴ 128 – 129
Hebburn-on-Tyne, North-umberland, England	泰恩河畔的赫伯恩，诺森伯兰，英格兰 Ⅳ 93，97；Ⅶ 1080
Hebrides, Scotland	赫布里底，苏格兰 Ⅰ 376 – 377，381 – 382，390，397；406 – 408；Ⅴ 450
Heckington, Lincolnshire, England	赫金顿，林肯郡，英格兰 Ⅲ 96
Heeshugh, Schleswig-Holstein	海斯霍夫，石勒苏益格 – 荷尔斯泰因州 Ⅱ 165
Heidelberg, Baden, Germany	海德堡，巴登，德国 Ⅰ 23，表 C；Ⅳ 273，656；Ⅴ 821
Hejra, El-	西罗亚；参见 El-Hejra
Helbon, Damascus, Syria	赫尔邦，大马士革，叙利亚 Ⅰ 282

Heliopolis, Egypt	赫利奥波利斯，埃及 Ⅰ 359	
Helmshore, Lancashire, England	赫尔姆肯尔，兰开夏郡，英格兰 Ⅳ 326	
Helsinki, Finland	赫尔辛基，芬兰 Ⅳ 497；Ⅶ 977	
Helvoet, Holland	海尔沃特，荷兰 Ⅳ 635	
Hendon, Middlesex, England	亨登，米德尔塞克斯，英格兰 Ⅴ 147；Ⅶ 800	
Henrichemont, Cher, France	昂里什蒙，法国 Ⅲ 290 – 291	
Herculaneum, near Naples, Italy	赫库兰尼姆，那不勒斯附近，意大利 Ⅱ 225；Ⅲ 237，596	
Herend, Hungary	海伦德，匈牙利 Ⅴ 662	
Herefordshire, England	赫里福德郡，英格兰 Ⅲ 152	
Hermus, river, Asia Minor	赫耳墨斯河，小亚细亚 Ⅲ 704	
Hertford, Hertfordshire, England	赫特福德，哈福德郡，英格兰 Ⅶ 950	
Hertfordshire, England	赫特福德，英格兰 Ⅲ 152，265；Ⅳ 492；Ⅶ 964	
Hertogenbosch, Holland	赫托根博希，荷兰 Ⅳ 558	
Hesse, Germany	黑森，德国 Ⅳ 527，610，644	
Het Gein, Holland	赫特盖，荷兰 Ⅲ 441	
Hierakonpolis, Egypt	希拉孔波利斯，埃及	
ancient society	古代社会（约公元前3200年）Ⅰ 50 – 51	
building construction	建筑构造 Ⅰ 305	
ivory-work	象牙制品 Ⅱ 161	
leather clothing	皮革衣物 Ⅱ 161	
metal-work	金属制品 Ⅰ 639，641，666；Ⅱ 484	
script, Egyptian palette	书写系统，埃及画板 Ⅰ 755	
Hierro	耶希罗；参见 Ferrot	
High Island, Hong Kong, China	粮船湾，香港，中国 Ⅶ 912	
Highlands of Scotland	苏格兰高地 Ⅶ 1072	
Hildesheim, Germany	希尔德斯海姆，德国 Ⅱ 454	
Himalayas, mountains, India	喜马拉雅山脉，印度 Ⅳ 610；Ⅴ 442	
Hindu-Kush, mountains, central Asia	兴都库什山脉，亚洲中部 Ⅲ 505	

H

Hintlesham, Suffolk, England 欣茨勒姆，萨福克，英格兰 Ⅰ 616

Hiroshima, Japan 广岛，日本 Ⅵ 23 – 24, 230, 235, 276 – 277；Ⅶ 816

Hissar, Persia 希萨尔，波斯 Ⅰ 212, 721

Hit, Mesopotamia 希特，美索不达米亚 Ⅰ 251（地图），252 – 253, 258；Ⅱ 375

Hjälmar, lake, Sweden 耶尔马伦湖，瑞典 Ⅲ 452, 455

Hjedding, Denmark 耶汀，丹麦 Ⅴ 19

Hjortspfing, South Jutland 约茨普林，南日德兰半岛 Ⅱ 165, 578 – 579

Hobbacott Down, Cornwall, England 霍巴科特·唐，康沃尔，英格兰 Ⅳ 569

Hoboken, New York, U. S. A. 霍博肯，纽约，美国 Ⅴ 149

Hoechst-am-Rhein, Germany 莱茵河畔赫希斯特，德国 Ⅴ 248

Hoerde, Germany 赫尔德，德国 Ⅵ 479

Hohenheim, Germany 霍恩海姆，德国 Ⅳ 41

Holbaek, Zealand 霍尔拜克，西兰岛 Ⅰ 167

Holborn 霍尔本；参见 London

Holderness, Yorkshire, England 霍尔德内斯，约克郡，英格兰 Ⅰ 315

Holland (Netherlands) 荷兰（尼德兰）Ⅳ 557（地图）

Hollandsch Diep area, Holland 水道地区，荷兰 Ⅳ 558

Hollywood, California, U. S. A. 好莱坞，加利福尼亚，美国 Ⅶ 1302, 1313

Holmegaard, Denmark 霍尔梅加德，丹麦 Ⅰ 161 – 162, 499

Holstein, Denmark 荷尔斯泰因，丹麦 Ⅳ 26, 41；Ⅴ 20

Holt, Denbighshire (Clwyd), Wales 霍尔特，登比郡，威尔士 Ⅰ 394；Ⅱ 300, 305

Holtenau, N. Germany 霍尔特瑙，德国北部 Ⅳ 561

Holyhead, Anglesey, Wales 霍利黑德，安格尔西岛，威尔士 Ⅳ 459 – 460, 531；Ⅴ 336, 365 – 366；Ⅶ 899, 1251

Holy Land, the 圣地 Ⅲ 473

Homestead, Pittsburgh, U. S. A. 霍姆斯特德，匹兹堡，美国 Ⅵ 478

Homs, Syria 霍姆斯，叙利亚 Ⅰ 529

Honan, China	河南, 中国 Ⅰ 772; Ⅲ 439
Honduras	洪都拉斯 Ⅶ 696
Honfleur, France	翁弗勒尔, 法国 Ⅱ 657
Hong Kong, China	香港, 中国
dam construction	筑坝 Ⅶ 1367, 1369
hydrofoil service	水翼艇服务 Ⅶ 745
wartime	战争时期 (1942 年) Ⅵ 21
water-supply	供水 Ⅶ 907, 912
Hooge Mierde, Holland	霍赫米尔德, 荷兰 Ⅰ 314
Hoogly, river, India	胡格利河, 印度 Ⅶ 882 – 883, 885
Hook Norton, Oxfordshire, England	诺顿, 牛津郡, 英格兰 Ⅱ 184
Hoorn, Holland	霍伦, 荷兰 Ⅳ 632; Ⅴ 18
Hopedale, Massachusetts, U. S. A.	霍普代尔, 马萨诸塞州, 美国 Ⅴ 586
Hopewell, Virginia, U. S. A.	霍普韦尔, 弗吉尼亚, 美国 Ⅵ 508
Hotham Carr, Yorkshire, England	霍瑟姆卡尔, 约克郡, 英格兰 Ⅰ 608
Hot Lane, Cobridge, Stafford – shire, England	霍特莱恩, 科布里奇, 斯塔福德郡, 英格兰 Ⅳ 349
Hounslow Heath, Middlesex, England	豪恩斯洛荒野, 米德尔塞克斯, 英格兰 Ⅲ 554; Ⅳ 607; Ⅴ 447
Houston, Texas, U. S. A.	休斯敦, 得克萨斯州, 美国 Ⅶ 1391
Hradish, Moravia	赫拉德茨, 摩拉维亚 Ⅱ 69
Huai, river, China	淮河, 中国 Ⅲ 439
Huaian, China	淮安, 中国 Ⅲ 440
Huancavelica, Peru	万卡韦利卡, 秘鲁 Ⅳ 139
Huang-Ho, river, China	黄河, 中国 Ⅲ 438
Huddersfield, Yorkshire, England	哈德斯菲尔德, 约克郡, 英格兰 Ⅴ 523, 810
Huddleston, Yorkshire, England	哈特斯顿, 约克郡, 英格兰 Ⅱ 32 – 33, 384
Hudson, river, U. S. A.	哈得孙河, 美国

aqueduct	水渠 Ⅶ 1371	
canal links	运河连接 Ⅳ 549，555	
outflow, ocean floor	外流，海床 Ⅶ 1453	
paddle-steamers	桨轮 Ⅴ 143，145	
tunnelling methods	挖隧道的方法 Ⅴ 519 – 520；Ⅶ 1371	
Hudson Bay	哈得孙湾 Ⅰ 498	
Hull（Kingston-upon-Hull）, Yorkshire, England	赫尔（赫尔河畔金斯顿），约克郡，英格兰	
brick and tile industry	砖瓦工业 Ⅱ 305，438	
building construction	建筑建造 Ⅱ 438	
cement production	水泥生产 Ⅴ 486	
ceramics	陶器 Ⅱ 305；Ⅳ 349 – 350	
dredgers	挖泥船 Ⅳ 640 – 641	
fishing industry	渔业 Ⅳ 52，54，58	
railway retarders	轨道减速器 Ⅶ 786	
telephone system	电话系统 Ⅴ 227 注释	
town-planning	城镇规划 Ⅲ 284	
trade and transport	贸易和交通运输 Ⅱ 527；Ⅳ 349 – 350	
trade unions	工会 Ⅵ 98	
Humbeek, Flanders	许姆贝克，佛兰德 Ⅲ 453	
Humber, the, England	亨伯，英格兰 Ⅲ 260	
Hungary	匈牙利 Ⅲ 82，579，706	
Hunsbury, Northamptonshire, England	汉斯比，北安普敦郡，英格兰 Ⅰ 322	
Huntingdon Beach oilfield, California, U. S. A.	亨廷顿海滩油田，加利福尼亚，美国 Ⅵ 392	
Huntingdonshire, England	亨廷登郡，英格兰 Ⅲ 315	
Hurlet, Renfrewshire, Scotland	赫尔莱特，伦弗鲁郡，苏格兰 Ⅳ 250 – 251	
Huron, lake, N. America	休伦湖，北美洲 Ⅳ 552	
Hyde, Cheshire, England	海德，柴郡，英格兰 Ⅳ 84	

Hymettos, mount, Greece　　　　伊米托斯山，希腊 Ⅱ 25 – 27

I

Iberian peninsula　　　　　　　伊比利亚半岛 Ⅲ 95，100

Iceland　　　　　　　　　　　冰岛 Ⅲ 532；Ⅳ 49，54；Ⅵ 357；Ⅶ 1454

Idaho, U. S. A.　　　　　　　　爱达荷州，美国 Ⅵ 335

Idbury, Oxfordshire, England　　艾得伯里，牛津郡，英格兰 Ⅱ 37

Idria, Italy　　　　　　　　　　伊德里亚，意大利 Ⅳ 134 – 135

Iffley, Oxfordshire, England　　伊夫莱，牛津郡，英格兰 Ⅲ 456

Ifield, Sussex, England　　　　　艾菲尔德，萨塞克斯郡，英格兰 Ⅴ 133

Igornay, Seine-et-Loire,　　　　伊格尔奈，塞纳 – 卢瓦尔，法国 Ⅴ 118
　　France

IJ（or Y）, river, Holland　　　艾河，荷兰 Ⅲ 293 – 294；Ⅳ 640；Ⅶ 905

Ijmuiden, Holland　　　　　　　艾默伊登，荷兰 Ⅳ 560

IJsselmeer, Holland　　　　　　艾瑟尔湖，荷兰 Ⅴ 545；Ⅶ 907 – 909

IJsselmeer Polders, Netherlands　艾瑟尔湖圩田，尼德兰 Ⅶ 907

Île de France　　　　　　　　　法兰西岛 Ⅳ 31

Illinois, U. S. A.　　　　　　　伊利诺伊，美国 Ⅴ 4，36

Inchgarvie, Firth of Forth,　　　因奇加维岛，福斯湾，苏格兰 Ⅴ 503
　　Scotland

Inchinnan, Renfrewshire,　　　　因希嫩，伦弗鲁郡，苏格兰 Ⅶ 890
　　Scotland

India　　　　　　　　　　　　印度 Ⅵ 6，221

Indian Ocean　　　　　　　　　印度洋 Ⅲ 521

Indiana, U. S. A.　　　　　　　印第安纳州，美国 Ⅴ 4；Ⅵ 544，559

Indonesia　　　　　　　　　　印度尼西亚 Ⅴ 752

Indre, France　　　　　　　　　安德尔，法国 Ⅰ 149

Indret, island near Nantes,　　　安德尔特，法国南特附近的岛屿 Ⅳ 102
　　France

Indus , river   印度河 Ⅲ 438, 505; Ⅶ 879, 883, 886

International Rapids , St Lawrence River , Canada-U. S. A.   国际急流，圣劳伦斯河，美国 – 加拿大 Ⅶ 918

Inverness , Scotland   因弗内斯，苏格兰 Ⅴ 323

Iowa , U. S. A.   艾奥瓦，美国 Ⅴ 4 – 5

Ipswich , Suffolk , England   伊普斯威奇，萨福克郡，英格兰 Ⅳ 3, 71; Ⅴ 490

Iran   伊朗 Ⅵ 186, 191

Iraq   伊拉克 Ⅰ 160, 198, 306

Ireland , Dublin area   爱尔兰，都柏林地区 Ⅳ 623 (地图)

Irenopolis   伊利诺波利斯 Ⅱ 57

Irgenhausen , Switzerland   埃根豪森，瑞士 Ⅰ 436, 图版 12B

Irkutsk , Siberia   伊尔库茨克，西伯利亚 Ⅳ 529

Ironbridge , Shropshire , England   铁桥，什罗普郡，英格兰 Ⅳ 455

Iron Gates rapids , Romania   铁门险滩，罗马尼亚 Ⅳ 550

Iroquois Dam , Canada   易洛魁坝，加拿大 Ⅶ 918

Irrawaddy , river , Burma   伊洛瓦底河，缅甸 Ⅵ 392

Irwell , river , Lancashire , England   艾尔韦尔河，兰开夏郡，英格兰 Ⅲ 458; Ⅳ 563, 571

Ischia , Italy   伊斯基亚，意大利 Ⅵ 220

Isle of Dogs   道格斯岛；参见 London

Isle of Man , Irish Sea   马恩岛，爱尔兰海 Ⅲ 140; Ⅶ 1251

Isle of Sheppey , Kent , England   谢佩岛，肯特，苏格兰 Ⅶ 891

Istanbul , Turkey   伊斯坦布尔，土耳其 Ⅶ 1366; 参见 Constantinople (anc. Byzantium)

Istria , Italy   伊斯特里亚，意大利 Ⅳ 34

Italy   意大利 Ⅱ 501 (地图)

Iwo-Jima , volcano islands , Pacific Ocean   琉磺岛，火山群岛，太平洋 Ⅶ 814

J

Jamaica, West Indies	牙买加，西印度群岛 Ⅳ 413；Ⅴ 23，93，264
Jammu, India	查谟，印度 Ⅶ 874
Jan Mayen Island, Arctic Ocean	扬马延岛，北冰洋 Ⅳ 58
Janville, Oise, France	让维尔，瓦兹，法国 Ⅳ 555
Japan	日本 Ⅲ 5，378，524，579，696–697
Jarmo, Iraq	耶莫，伊拉克 Ⅰ 表 E
basketry	编篮（约公元前 5000 年）Ⅰ 418
food plants	食物种植 Ⅰ 365，367–368
house-building	房屋建造（约公元前 5000 年）Ⅰ 306
pottery	陶器 Ⅰ 376
tools, non-metallic	非金属工具 Ⅰ 502
Jarrow, Co. Durham, England	贾罗，达勒姆郡，英格兰 Ⅱ 756；Ⅲ 595；Ⅳ 95，238；Ⅵ 480
Java, East Indies	爪哇岛，东印度群岛 Ⅰ 226；Ⅴ 21，23，258，773–774
Javel, Paris	贾沃，巴黎 Ⅳ 247 及注释
Jbail	朱拜勒；参见 Byblos
Jemdet Nasr, Mesopotamia	杰德·纳斯尔，美索不达米亚 Ⅰ 745，747，表 E，表 F
Jena, Germany	耶拿，德国 Ⅱ 749；Ⅴ 673；Ⅶ 951，1322
Jerash, Palestine	杰拉什，巴勒斯坦 Ⅲ 280
Jericho, Palestine	杰里科，巴勒斯坦 Ⅰ 表 F
basketry, traces	编篮起源 Ⅰ 419–420
building techniques	建造技术 Ⅰ 306
chariots	双轮战车 Ⅰ 725
ivory-work	象牙制品 Ⅰ 672
plant cultivation	植物栽培 Ⅰ 372
potter's wheel	陶轮（约公元前 2000 年）Ⅰ 201，388

pottery	陶器 Ⅰ 376，387，391，420
tools，non-metallic	非金属工具 Ⅰ 501 - 502
water-supply	供水 Ⅰ 530
wood-work	木制品 Ⅰ 684 - 685
Jersey City，New Jersey，U. S. A.	泽西市，新泽西州，美国 Ⅴ 519；Ⅵ 522；Ⅶ 1378
Jerusalem，Palestine	耶路撒冷，巴勒斯坦 Ⅰ 表 F；Ⅲ 520（地图）
apothecaries	药剂师 Ⅰ 292
Byzantine influence	拜占庭帝国的影响 Ⅱ 761
cotton industry	棉花产业 Ⅲ 159
Jewish calendar	犹太历法 Ⅲ 573 - 574
metal-work	金属制品（公元前 950 年）Ⅰ 661
military technology	军事技术（公元 70 年）Ⅱ 715
Pool of Siloam	西罗亚池 Ⅲ 510
salt，food preservative	盐，防腐剂 Ⅰ 259
water conduit	引水渠道（约公元前 700 年）Ⅲ 510
Jhelum，river，India	杰赫勒姆河，印度 Ⅶ 883
Jisr，El-	埃尔吉斯尔；参见 El-Jisr
Joachimsthal，Bohemia	约希姆斯塔尔，波希米亚 Ⅱ 11，13 及注释；Ⅲ 28
Johannesburg，South Africa	约翰内斯堡，南非 Ⅴ 828；Ⅶ 782
Johnstown，Pennsylvania，U. S. A.	约翰斯敦，宾夕法尼亚州，美国 Ⅵ 477
Jordan，Palestine	约旦，巴勒斯坦 Ⅲ 280
Jotapata（Tel Jefat），Palestine	约大帕他城，巴勒斯坦 Ⅱ 715
Jülich-Berg，Western Germany	利希 - 贝格，德国西部 Ⅳ 520
Jumièges，Normandy	瑞米耶日，诺曼底 Ⅱ 426
Jutland，Denmark	日德兰半岛，丹麦 Ⅰ 156，496，514，518；Ⅴ 20

K

Kafr Ammar, Egypt　　　　　　　　卡夫尔·阿玛尔村，埃及 Ⅰ 434

Kahun, Egypt　　　　　　　　　　　卡洪，埃及 Ⅰ 433，542；Ⅲ 269

Kaifeng, China　　　　　　　　　　开封，中国 Ⅲ 439

Kalmuk steppes　　　　　　　　　　卡尔梅克草原 Ⅰ 716 - 717，719

Kalvträsk, Sweden　　　　　　　　卡尔夫特拉斯克，瑞典 Ⅰ 708

Kamaresa, Crete　　　　　　　　　卡马雷撒，克里特岛 Ⅱ 545

Kampen, Holland　　　　　　　　　坎彭，荷兰 Ⅳ 636

Kamperdiep, the, Holland　　　　　坎珀迪普，荷兰 Ⅳ 636 - 637

Kanam, Kenya　　　　　　　　　　卡纳姆，肯尼亚 Ⅰ 22，25，37（地图）

Kansas, U. S. A.　　　　　　　　　堪萨斯州，美国 Ⅴ 5；Ⅵ 189，401

Kansas City, Kansas, U. S. A.　　　堪萨斯市，堪萨斯州，美国 Ⅶ 1226

Kapisa, see Bagram　　　　　　　　卡比萨省；参见 Bagram

Kara Hissar, Armenia　　　　　　　卡拉希萨尔，亚美尼亚 Ⅰ 262

Karlsborg, Sweden　　　　　　　　卡尔斯堡，瑞典 Ⅵ 612

Karlstadt, Yugoslavia　　　　　　　卡尔施塔特，南斯拉夫 Ⅳ 528

Karmir Blur, Armenia　　　　　　　卡米尔布卢尔，亚美尼亚 Ⅰ 684 - 685

Karnak, Egypt　　　　　　　　　　凯尔奈克，埃及

　building methods　　　　　　　　　建造方法 Ⅰ 457 - 458，479 - 480，483

　leather, uses　　　　　　　　　　皮革的使用 Ⅱ 164

　plant cultivation,　　　　　　　　植物栽培 Ⅰ 543 - 545

　quarrying methods　　　　　　　　采石方法（约公元前 3000 年）Ⅰ 570

　water-clocks　　　　　　　　　　水钟（约公元前 1400 年）Ⅲ 601

　water-control　　　　　　　　　　治水 Ⅰ 539

Kashira, U. S. S. R.　　　　　　　卡希拉，苏联 Ⅶ 1082

Katrine, Loch, Scotland　　　　　　卡特林湖，苏格兰 Ⅴ 553

Kattegat Sound, off Sweden　　　　卡特加特海峡，瑞典和丹麦之间 Ⅳ 554，
　and Denmark　　　　　　　　　　560

Keeweenaw, Michigan, U. S. A.　　基威诺，密歇根，美国 Ⅵ 413

Kehl, Rhineland, Germany　　　　　　凯尔，莱茵兰，德国 V 514

Keighley, Yorkshire, England　　　　　基斯利，约克郡，英格兰 V 777

Kelso, Roxburghshire, Scotland　　　　凯尔索，罗克斯堡郡，苏格兰 Ⅳ 459

Kempten, W. Germany　　　　　　　　肯普滕，联邦德国 Ⅶ 1005

Kempton Park　　　　　　　　　　　肯普敦公园；参见 London

Kendal, Westmorland, England　　　　　肯德尔，威斯特摩兰，英格兰 Ⅲ 152；
　　　　　　　　　　　　　　　　　　· Ⅵ 206

Kennet, river, England　　　　　　　　肯尼特河，英格兰 Ⅲ 457

Kent, England　　　　　　　　　　　　肯特，英格兰

　　bridges　　　　　　　　　　　　　桥梁 Ⅶ 891

　　building methods　　　　　　　　　建造方法 Ⅲ 261，265；V 467

　　cartography　　　　　　　　　　　制图学 Ⅳ 611，614

　　cement industry　　　　　　　　　　水泥工业 Ⅳ 448－449

　　ceramics　　　　　　　　　　　　　陶器 Ⅳ 345

　　dilatometer invention　　　　　　　膨胀仪的发明 Ⅳ 397

　　dye stuffs　　　　　　　　　　　　染料 Ⅲ 694

　　farming techniques　　　　　　　　农业技术 Ⅳ 4，17，19

　　maps　　　　　　　　　　　　　　地图 Ⅳ 614，621

　　port construction　　　　　　　　　港口建造 Ⅳ 466

　　roads　　　　　　　　　　　　　　道路 Ⅳ 543；Ⅶ 872

　　shipbuilding　　　　　　　　　　　造船 Ⅲ 487

　　water-mills　　　　　　　　　　　水车 Ⅳ 200

　　wool industry　　　　　　　　　　羊毛产业 Ⅲ 152

　　windmills　　　　　　　　　　　　风车 Ⅲ 101

Kentish Town　　　　　　　　　　　　肯特镇；参见 London

Kentucky, U. S. A.　　　　　　　　　　肯塔基州，美国 Ⅳ 548；Ⅴ 4；Ⅶ 1377

Kephalos, Greece　　　　　　　　　　凯法洛斯，希腊 Ⅱ 58

Kerch, Crimea　　　　　　　　　　　刻赤，克里米亚半岛 Ⅱ 545；Ⅲ 200

Kerkmeer, Holland　　　　　　　　　凯尔克海，荷兰 Ⅲ 302

Kerma, Nubia　　　　　　　　　　　科玛，努比亚 Ⅰ 422，435，699

Keswick, Cumberland, England　　　　凯西克，坎伯兰，英格兰 Ⅵ 212

Ketley, Shropshire, England　凯特莱，什罗普郡，英格兰 Ⅳ 569

Kew Gardens, Surrey, England　邱园，萨里，英格兰 Ⅴ 774；Ⅵ 338

Key West, Florida, U. S. A.　基韦斯特，佛罗里达州，美国 Ⅶ 1251

Khafaje, Mesopotamia　海法吉，美索不达米亚

    chemical arts　化学工艺（公元前 2500 年）Ⅰ 242

    ivory-work　象牙制品 Ⅰ 681（3）

    plants, cultivation　植物，栽培 Ⅰ 354，362，372 - 373

    transport methods　运输方式 Ⅰ 705

    wheeled vehicles　轮式车辆（公元前 2500 年）Ⅰ 206

Kharga oasis, Egypt　哈里杰绿洲，埃及 Ⅰ 262，528，534；
    Ⅱ 666

Khartoum, Sudan　喀土穆，苏丹 Ⅰ 501

Kherbet-Agoub, Algeria　希尔拜阿古，阿尔及利亚 Ⅱ 639

Khorsabad, Mesopotamia　豪尔萨巴德，美索不达米亚 Ⅰ 469 - 470，
    472，675；Ⅱ 54

Khurasan, Persia　库拉森，波斯 Ⅲ 191

Khyber Pass, India　开伯尔山口，印度 Ⅶ 883

Kidderminster, Worcestershire,　基德明斯特，伍斯特郡，英格兰 Ⅴ 581
    England

Kiel fiord, Baltic　基尔峡湾，波罗的海 Ⅳ 560 - 561

Kilbowie, Dunbartonshire,　基尔布韦，邓巴顿郡，苏格兰 Ⅵ 685
    Scotland

Kilmarnock, Ayrshire, Scotland　基尔马诺克，额尔郡，苏格兰 Ⅴ 581

Kimberley, South Africa　金伯利，南非 Ⅴ 828

Kimpech　坎佩切；参见 Campeche

Kingsberg, Norway　康斯堡，挪威 Ⅱ 11

King's Cross　国王十字车站；参见 London

King's Lynn, Norfolk, England　金斯林，诺福克，英格兰 Ⅱ 440，462 -
    463，469；Ⅴ 544

King's Norton, Birmingham　金斯诺顿，伯明翰 Ⅳ 568

Kingston, Ontario, Canada　金斯顿，安大略，加拿大 Ⅳ 552

Kingston Down, Kent, England　金斯顿镇，肯特，英格兰 Ⅱ 456

K

Kingston-on-Thames, Surrey, England　　金斯顿，萨里郡泰晤士河畔，英格兰 V 739

Kingston-upon-Hull　　金斯顿，赫尔河畔；参见 Hull

Kirjath Sepher, Palestine　　基尔哈斯·西弗，巴勒斯坦 I 248

Kiruna orefield, Sweden　　基律纳矿田，瑞典 VI 200, 417

Kish, Mesopotamia　　基什；美索不达米亚 I 206, 208 – 209, 717, 753；II 328

Kittis, Finland　　基提斯，芬兰 III 553

Kitty Hawk, North Carolina, U. S. A.　　基蒂霍克，北卡罗莱纳州，美国 V 391, 407；VII 789, 838, 861, 1010

Kivik, Sweden　　基维克，瑞典 I 213, 726

Kizzuwadna, Armenia　　基佐瓦德纳，亚美尼亚 I 595

Klagenfurt, Austria　　克拉根福，奥地利 II 546

Klondike, Canada-U. S. A.　　克朗代克，加拿大 – 美国 VI 411

Knapsack, W. Germany　　克纳普萨克，联邦德国 VI 524

Knidos, Asia Minor　　克尼多斯，小亚细亚 I 237

Knockadoon, Limerick, Ireland　　诺克顿，利默里克，爱尔兰 I 312

Knole, Kent, England　　诺尔，肯特，英格兰 II 256

Knolls, Schenectady, New York, U. S. A.　　诺尔斯，斯克内克塔迪，纽约，美国 VI 253, 255

Knossos, Crete　　克诺索斯，克里特岛

　building methods　　建造方法 I 485 – 488

　drainage system　　排水系统 I 535；II 528；IV 504

　ivory work　　象牙制品 I 672 – 673

　plants, food use　　植物，食用 I 361

　pottery　　陶器 I 387 – 388, 398, 400, 403

　roads　　道路 I 714；II 494, 528

　script, Minoan　　米诺斯文字 I 758

　town-planning　　城镇规划 II 528

　water-pipes　　水管 I 535

　wheels　　车轮（约公元前 1500 年）I 212, 214

Kocsi, Hungary   Kocsi（马尔扎语），匈牙利 II 547

Kodok（Fashoda）, Sudan   科多克（法绍达），苏丹 I 732

Kohala, India   科哈拉，印度 VII 884

Köln-Lindenthal, Neolithic village   科隆 – 林登塔尔，新石器时代的村庄 I 308 – 309

Kolyma, river, Siberia, U. S. S. R   科雷马河，西伯利亚，苏联 VI 416

Königsberg, near Chemnitz, Saxony   柯尼斯堡，开姆尼茨附近，萨克森 IV 178

Korea   朝鲜 III 378；VI 6；VII 1023

Korpilahti, Finland   科尔皮拉赫蒂，芬兰 I 413

Kostenki, Russia   科斯廷，俄国 I 302

Kostromskaya Stanitsa, Russia   科斯特罗姆斯卡亚史坦尼沙，俄罗斯 I 324 – 325

Kotri, India   戈德里，印度 VII 879 – 880

Kouklia, Cyprus   库克利亚，塞浦路斯 II 450，460

Kouphonisi island   库福尼斯岛屿 I 247

Kowloon, Hong Kong, China   九龙，香港，中国 VII 911

Krain bei Strahlen, Germany   靠近斯特拉恩的克莱因，德国 IV 28

Krasnoe Sormova, U. S. S. R.   克拉斯诺耶 – 索尔莫沃，苏联 VI 498

Krasny Octyabr, U. S. S. R.   红十月工厂，苏联 VI 498

Krefeld, Rhineland, Germany   克雷菲尔德，莱茵兰，德国 IV 320；V 587；VI 664

Kreimbach, Rhenish Bavaria   克莱因巴赫，莱因兰巴伐利亚 I 620

Kromwater, Holland   克罗姆瓦尔特，荷兰 III 302

Kronstadt, Russia   喀琅施塔得，俄罗斯 IV 179

Kuala Lumpur, Malaysia   吉隆坡，马来西亚 VI 417

Kuangsi, province, China   广西省，中国 III 439

Kuban, river   库班河 I 588，611

Kul Obal, Kerch, Russia   库勒奥巴，刻赤，俄罗斯 I 646 – 647

Kuortane, Finland   库奥尔塔内，芬兰 I 707 – 708

Kurdistan   库尔德斯坦 I 520；VII 894

Kuyunjik, Mesopotamia   库云吉克，美索不达米亚 I 710，741；

参见 Nineveh

L

La Baie（now Bourganeuf），France　　拉湾（现为布尔加讷夫湾），法国 Ⅳ 50

Labrador，Canada　　拉布拉多，加拿大 Ⅳ 58；Ⅶ 917

La Caunette，Languedoc，France　　拉科纳特，朗格多克，法国 Ⅱ 65

La Chapelle，France　　拉沙佩勒，法国 Ⅴ 211

Lachine，Canada　　拉欣，加拿大 Ⅳ 551

Lachine Rapids，St Lawrence River，Canada　　拉欣急流，圣劳伦斯河，加拿大 Ⅶ 918

Lachish（Tell ed-Duweir），Palestine/Israel　　莱基（地区），巴勒斯坦/以色列

　glass-ware　　玻璃器皿（约公元前 1600 年）Ⅱ 319

　ivory-work　　象牙制品 Ⅰ 674

　potter's wheel　　陶轮 Ⅰ 201，388

　pottery　　陶器 Ⅰ 385，388，390

　script，inscriptions　　碑文，文字 Ⅰ 762，766

　water-supply tunnel　　供水管道 Ⅰ 530

Laconia，Greece　　拉科尼亚，希腊 Ⅱ 58

Ladoga，lake，Russia　　拉多加湖，俄罗斯 Ⅳ 554

Ladbroke Grove　　拉德布罗克丛林；参见 London

Ladysmith，Natal，South Africa　　莱迪史密斯，纳塔尔，南非 Ⅴ 397

La Ferté-sous-Jouarre，France　　拉费泰苏茹瓦尔，法国 Ⅲ 16

Lagash（Girsu，Tello），Mesopotamia　　拉格什（吉尔苏，特洛），美索不达米亚

　bitumen industry　　沥青工业 Ⅰ 253

　cubit measure　　肘尺测量 Ⅰ 778，780

　ivory-work　　象牙制品 Ⅰ 665

metal-work	金属制品	Ⅰ 582 – 583，640 – 641
syballic signs	音节符号	Ⅰ 748 – 749
Lagonza，Italy	拉贡萨，意大利	Ⅰ 359
Lagos，Nigeria	拉各斯，尼日利亚	Ⅴ 23
Lake District，England	湖区，英格兰	Ⅲ 261；Ⅳ 496；Ⅴ 554
Lakewood，California，U. S. A.	莱克伍德，加利福尼亚，美国	Ⅶ 1357
La Madeleine，France	玛德莲，法国	Ⅰ 134
Lambaesis，Algeria	兰拜西斯，阿尔及尼亚	Ⅱ 530
Lambeth	兰贝斯；参见 London	
Lambro，river，Italy	兰布罗河，意大利	Ⅲ 446
La Motte d'Apremont，Haute Saône，France	拉莫特阿普雷蒙，索恩河省，法国	Ⅰ 443
La Mouthe，Dordogne，France	拉穆泰，多尔多涅，法国	Ⅰ 235
Lampertsloch，Alsace	兰佩茨洛赫，阿尔萨斯	Ⅴ 102
Lampy，stream，Languedoc Canal	朗皮河，朗格多克运河	Ⅲ 464，468
Lancashire，England	兰开夏郡，英格兰	
bridge construction	桥梁建造	Ⅶ 898
building methods	建造方法	Ⅲ 260，264
ceramics	陶瓷	Ⅳ 352
chemical industry	化学工业	Ⅳ 239；Ⅴ 245，301；Ⅵ 507
clothing manufacture	服装制造	Ⅵ 681
cotton industry	棉花产业	Ⅲ 159，162；Ⅴ 628，810，825
education，technical	技术教育	Ⅴ 779
industrialization，discussions	工业化，讨论	Ⅴ 815 – 817，825
metals，refining	金属精炼	Ⅳ 64，115，126
metal-working	金属加工	Ⅴ 628
mining	采矿	Ⅳ 64
railways	铁路	Ⅴ 333
steam-engines	蒸汽机	Ⅳ 166，177

steel industry 钢铁工业 V 62

spinning machinery 纺纱机器 Ⅲ 162；Ⅳ 277，287，315；V
577 – 578

textile industry 纺织工业 V 574，576，579 – 580，588，
809 – 811

water-power 水能 V 301

water-supply 供水 Ⅳ 501

windmills 风车 Ⅲ 89

Lancaster, England 兰开斯特，英格兰 Ⅳ 315；Ⅶ 1271

Landes, France 朗德，法国 Ⅲ 183

Lane Delph, Staffordshire, 莱恩德尔富，斯塔福德郡，英格兰 Ⅳ 347
England

Lane End 莱恩恩德；参见 Longton

Langley Field, U. S. A. 兰利基地，美国 Ⅶ 1021

Langres, France 法国朗格勒 Ⅱ 647

Languedoc, France 朗格多克，法国 Ⅲ 15，152，283，319，
459，464 – 468

Lansberg, Bavaria 兰斯堡，巴伐利亚 Ⅳ 135 – 136

Lanskron, Austria 兰茨克龙，奥地利 Ⅳ 261

La Perche, France 佩尔什，法国 Ⅱ 74

Lapland 拉普兰 Ⅰ 413，436；Ⅳ 596

La Providence, Réhon, France 普罗维登斯，雷翁，法国 Ⅵ 458

La Quina, Charente 拉奎那，夏朗德 Ⅰ 31

La Rance, France 朗斯河，法国 Ⅵ 218

Larderello, Italy 拉尔代雷洛，意大利 Ⅵ 219 – 220

La Rochelle, Bay of Biscay, 拉罗谢尔，比斯开湾，法国 Ⅲ 679
France

Lascaux, France 拉斯考克斯，法国 Ⅰ 147，331，744 – 745

La Tène, Lake Neucatel 纳沙泰尔湖 Ⅱ 166，557

La Terrière（Charente- 拉特里尔 Ⅰ 391
Inférieure）

Latium, Italy 拉丁姆，意大利 Ⅱ 270

Latvia   拉脱维亚 Ⅶ 1292

Laudot, river, near Toulouse,   劳多河，图卢兹附近，法国 Ⅲ 468
    France

Lauenburg, Germany   劳恩堡，德国 Ⅲ 443

Laumes, Côte d'Or, France   劳姆斯，科多尔，法国 Ⅰ 610

Laurel Hill, New York, U. S. A.   劳雷尔希尔，纽约，美国 Ⅴ 85, 96

Laurence, Massachusetts,   劳伦斯，马萨诸塞州，美国 Ⅵ 658
    U. S. A.

Laurion, Greece   劳里昂，希腊 Ⅰ 558, 584；Ⅱ 1 – 4,
                              43 – 45, 110

Laussel, Dordogne, France   洛塞尔，多尔多涅，法国 Ⅰ 152 – 153

Lavenham, Suffolk, England   拉文纳姆，萨福克郡，英格兰 Ⅲ 152

Lawton, Cheshire, England   劳顿，柴郡，英格兰 Ⅳ 565

Lea, river, Essex, England   利河，埃塞克斯郡，英格兰 Ⅲ 451, 456；
                              Ⅳ 492；Ⅴ 554

Leafield, Oxfordshire, England   利菲尔德，牛津郡，英格兰 Ⅶ 1249

Leatherhead, Surrey, England   莱瑟黑德，萨里郡，英格兰 Ⅵ 595

Lebanon   黎巴嫩 Ⅴ 259

Le Bourget-du-Lac, Savoy   勒布热尔·杜·拉克，萨伏伊 Ⅰ 359, 361,
                              369

Le Creusot, France   勒克勒佐，法国 Ⅳ 105；Ⅴ 66

Lee   利区；参见 London

—river, England   利河，英格兰 Ⅶ 1368

Leeds, Yorkshire, England   利兹，约克郡，英格兰
  architecture   建筑 Ⅲ 257
  chemical industry   化学工业 Ⅴ 242
  education, technical   技术教育 Ⅴ 714
  engineering industry   机械工业 Ⅴ 801；Ⅶ 1061
  industrialization, discussion   工业化，讨论 Ⅴ 828
  machine-tools   刨床 Ⅳ 433
  road-steamer   蒸汽机车辆 Ⅴ 421
  textile industry   纺织工业 Ⅳ 292, 299, 323, 326；Ⅴ

	570，810
waterways	河道 Ⅲ 458
Leek，Staffordshire，England	利克，斯塔福德郡，英格兰 Ⅳ 345
Leghorn（Livorno），Italy	来航（里窝那的旧称），意大利 Ⅱ 523； Ⅲ 287
Le Havre，France	勒阿弗尔，法国 Ⅳ 555；Ⅴ 48，351；Ⅵ 97
Lehringen，Germany	莱林根，德国 Ⅰ 30
Leicester，England	莱斯特，英格兰 Ⅴ 598；Ⅶ 1388
Leicestershire，England	莱斯特郡，英格兰 Ⅰ 382；Ⅲ 152；Ⅳ 569
Leiden，Holland	莱顿，荷兰
canal-locks	运河闸门 Ⅲ 452
chemical industry	化学工业 Ⅳ 233，243
clock by Salomon da Coster	钟表匠科斯特 Ⅲ 663
dredgers	挖泥船 Ⅳ 632 - 633，641
farm-produce factories	农产品工厂 Ⅴ 18
land drainage	路面排水 Ⅲ 303
scarlet dye discovery	猩红色染料的发现 Ⅲ 695
weaving looms	织布机 Ⅲ 167
windmills	风车 Ⅳ 156 - 157
Leighton Buzzard，Bedfordshire， England	莱顿巴泽德，贝德福德郡，英格兰 Ⅴ 487
Leipzig，Germany	莱比锡，德国 Ⅴ 683；Ⅵ 527；Ⅶ 800， 1269，1289
Leith，Edinburgh，Scotland	利斯，爱丁堡，苏格兰 Ⅴ 539
Lek，river，Holland	莱克河，荷兰 Ⅲ 442
Le Manoir，France	马努瓦尔，法国 Ⅶ 895
Le Mans，Sarthe，France	勒芒，萨尔特省，法国 Ⅴ 392，423
Le Moustier，Dordogne	勒穆斯捷，多尔多涅河畔 Ⅰ 31
Lena，river，Siberia， U. S. R.	勒拿河，西伯利亚，苏联 Ⅵ 415
Lendersdorf-Krauthausen， Germany	勒德斯多夫 - 克拉沙逊，德国 Ⅳ 115

Lengyel，Hungary 伦杰尔，匈牙利 Ⅰ 369

Leningrad（Petrograd）， 列宁格勒（彼得格勒），苏联 Ⅵ 10，12，
  U. S. S. R. 21，280，328；Ⅶ 1322；参见 St Petersburg

Leoben，Austria 莱奥本，奥地利 Ⅱ 76；Ⅴ 64，664

Leominster，Herefordshire， 莱姆斯特，赫里福德郡，英格兰 Ⅲ 154
  England

Lepanto，Gulf of Corinth 勒班陀，科林斯湾 Ⅲ 350，473

Le Petit-Gentilly，Seine，France 小让蒂伊，塞纳，法国 Ⅴ 395

Lepini，mountains，Italy 莱皮尼山，意大利 Ⅲ 311

Leptis Magna，north Africa 大莱普提斯（莱卜代的古称），北非
  Ⅱ 519 - 520

Le Puy，Haute Loir，France 勒皮，上卢瓦尔省，法国 Ⅱ 764

Lers，river，near Toulouse，France 莱尔斯河，图卢兹河附近，法国 Ⅲ 464 -
  465

Les Baux，Bouches-du- 莱博，罗讷河口，法国 Ⅴ 91，666
  Rhône，France

Lesbos，Aegean Sea 莱斯博斯，爱琴海 Ⅱ 58

Les Cascades，Canada 莱斯喀斯喀特，加拿大 Ⅳ 552

Les Cottes，Vienne 拉斯考克斯，维埃纳 Ⅰ 147

Les Eyzies，Dordogne，France 莱塞济，多尔多涅，法国 Ⅰ 26

Lesparre，Gironde，France 莱斯帕尔，吉伦特，法国 Ⅲ 319

Letchworth Garden City， 莱奇沃思花园城，赫特福德郡，英格兰
  Hertfordshire，England Ⅶ 964

Leubingen，Saxony 洛伊比林根，萨克森 Ⅰ 314

Leuna，E. Germany 洛伊纳，民主德国 Ⅵ 527

Levallois-Perret，France 勒瓦娄哇 - 佩雷，法国 Ⅰ 133

Levant，the 黎凡特 Ⅲ 159，217，472，702

Lewisham 刘易舍姆；参见 London

Lexington，Massachusetts， 列克星敦，马萨诸塞州，美国 Ⅶ 1226
  U. S. A.

Liberia 利比里亚 Ⅶ 696

Libya   利比亚 Ⅰ 150

Lichterfelde, Germany   利希特费尔德，德国 Ⅴ 233

Lickey Hills, Midlands, England   利基山区，中部地区，英格兰 Ⅴ 323

Liége, Belgium   列日，比利时

    axe, cooper's   斧，制桶匠的 Ⅲ 118

    blast-furnaces, mechanization   鼓风炉，机械化 Ⅱ 655

    canal system   运河系统 Ⅳ 556, 558

    coal-mining   煤矿开采 Ⅱ 68；Ⅲ 72, 74 – 75；Ⅳ 81

    iron industry   钢铁工业 Ⅱ 68, 74, 76；Ⅳ 105 及注释

    tools, coal-getting   挖煤工具 Ⅳ 81

    zinc production   锌的生产 Ⅳ 132 – 133

Liepe, on tributary of Oder,   利佩，奥德河支流河畔，德国 Ⅲ 454 – 455
    Germany

Liffey, river, Ireland   利菲河，爱尔兰 Ⅳ 449

Liguria, Italy   利古里亚，意大利 Ⅲ 218

Lilla Edet, Sweden   小埃德，瑞典 Ⅲ 455

Lille, France   里尔，法国 Ⅲ 453；Ⅳ 31, 645 – 646；
                                    Ⅴ 685, 724

Lillo, Holland   利洛，荷兰 Ⅳ 559

Limehouse   莱姆豪斯；参见 London

Limmat, river, Switzerland   利马特河，瑞士 Ⅲ 428

Limmer, Hanover   利默，汉诺威 Ⅳ 540

Limoges, France   利摩日，法国 Ⅱ 464 – 467；Ⅲ 241；Ⅳ
                                    340, 528

Limousin, France   利穆赞，法国 Ⅳ 32

Limpsfield, Surrey, England   林普斯菲尔德，萨里郡，英格兰 Ⅱ 285,
                                    296

Linares, Spain   利纳雷斯，西班牙 Ⅱ 8 – 9

Lincoln, England   林肯，英格兰

    aqueduct   渡槽 Ⅱ 671

    ceramics   陶器 Ⅱ 293

    drainage canal   排水渠 Ⅱ 680

glass windows, mosaic	镶嵌图案的玻璃窗 Ⅲ 241
stone houses	石头房子 Ⅱ 426，446
town-planning	城镇规划 Ⅲ 277
water-treatment	水处理 Ⅴ 567
Lincolnshire, England	林肯郡，英格兰 Ⅲ 101，146，152，315 - 316；Ⅳ 18，200；Ⅵ 465
Lindisfarne, Northumberland, England	林迪斯凡，诺森伯兰，英格兰 Ⅱ 429，762
Linz, Austria	林茨，奥地利 Ⅵ 489
Lipari Islands	利帕里群岛 Ⅱ 368
Lisbon, Portugal	里斯本，葡萄牙 Ⅲ 480，544，549；Ⅴ 395；Ⅶ 887
Lisht, Egypt	利什特，埃及 Ⅰ 668，699；Ⅱ 318
Lisieux, France	利雪，法国 Ⅱ 37
Little Falls, New Jersey, U. S. A.	利特尔福尔斯，新泽西州，美国 Ⅶ 1378
Little River, Virginia, U. S. A.	利特尔里弗，弗吉尼亚州，美国 Ⅳ 536
Little Woodbury, Wiltshire, England	小伍德伯里，威尔特郡，英格兰 Ⅰ 317 - 318
Livermore, California, U. S. A.	利弗莫尔，加利福尼亚州，美国 Ⅵ 279
Liverpool, Lancashire, England, general	利物浦，兰开夏郡，英格兰，概述；参见 Liverpool, place names
building materials	建筑材料 Ⅴ 470
cartography, survey	地图测绘 Ⅳ 610
ceramics	陶瓷 Ⅳ 336，344，349，354
chemical industry	化学工业 Ⅳ 238 - 239，241，247
docks	船坞 Ⅲ 458；Ⅳ 468
education, discussion	关于教育的讨论 Ⅴ 795
industrial development	工业发展 Ⅴ 801，810
navigation aids	导航设备 Ⅴ 455
palm-oil imports	棕榈油进口 （1772 年） Ⅴ 23
photography	摄影 Ⅴ 728
population movements	人口的迁移 Ⅴ 825

printing	印刷 Ⅴ 701
railways	铁路 Ⅴ 323
roads	道路 Ⅳ 541
sanitation operations	清洁工作 Ⅳ 506，509，514
shipbuilding	造船 Ⅴ 62
shipping	船舶 Ⅳ 594；Ⅴ 540
social effects, technology	技术对社会的影响 Ⅴ 828 – 829
steel industry	钢铁工业 Ⅴ 62
street repair levy	修路税（1329 年）Ⅱ 532
telegraphy	电报 Ⅳ 657
town-planning	城镇规划 Ⅶ 965
water-supply	供水 Ⅳ 497；Ⅴ 553，557，559
waterways	航道 Ⅴ 540；Ⅶ 916
Liverpool, place names	利物浦，地名
Crown Hill	王冠山 Ⅴ 468
Edge Hill	埃奇丘陵 Ⅴ 468
Lime Street	莱姆街 Ⅴ 468，474
Livoli, river, Italy	利沃利河，意大利 Ⅲ 311
Livorno	里窝那；参见 Leghorn
Lixhe, near Liége, Belgium	利克塞，列日附近，比利时 Ⅲ 586
Lizard, The, Cornwall, England	利泽德，康沃尔，英格兰 Ⅴ 192
Llanbrynmair, Montgomeryshire, Wales	兰布林迈尔，蒙哥马利郡，威尔士 Ⅲ 141
Llandudno, North Wales	兰迪德诺，北威尔士 Ⅴ 835
Llanfairfechan, Carnarvonshire, Wales	兰韦尔弗亨，卡那封郡，威尔士 Ⅱ 507
Llantwit Major, Glamorgan, Wales	兰特威特梅杰，格拉摩根郡，威尔士 Ⅱ 415
Llyn Cerrig, Anglesey, Wales	利因凯里格，安格尔西，威尔士 Ⅱ 539 – 540，551
Lobito Bay, Angola	洛比托湾，安哥拉 Ⅶ 788

Lobsann, Alsace, France	洛布塞恩，阿尔萨斯省，法国 Ⅳ 539；V 118
Locarno, Switzerland	洛迦诺，瑞士 Ⅱ 323
Lochaber, Inverness-shire, Scotland	洛哈伯，因弗内斯郡，苏格兰 Ⅶ 900
Loch Cuaich, Inverness-shire, Scotland	洛赫克韦奇，因弗内斯郡，苏格兰 Ⅵ 212
Loch Katrine, Scotland	卡特琳湖，苏格兰 Ⅳ 497
Loch Lomond, Dunbartonshire, Scotland	洛蒙德湖，丹巴顿郡，苏格兰 Ⅵ 202
Loch Sloy, Dunbartonshire, Scotland	斯洛伊湖，丹巴顿郡，苏格兰 Ⅵ 201
Lodi, Lombardy	洛迪，伦巴第 Ⅳ 34
Logelbach, Colmar, Haut-Rhin, France	洛根巴克，科尔马，上莱茵省，法国 V 114 – 115, 119
Loing, river, France	卢万河，法国 Ⅲ 460, 462 – 464
Loire, river, France	卢瓦尔河，法国 Ⅲ 459 – 460, 462 – 464, 543；Ⅳ 29, 50, 556, 641
Loire valley	卢瓦尔河谷 Ⅲ 95
Lombardy, Italy	伦巴第，意大利 Ⅲ 439, 444 – 446, 449；Ⅳ 34 – 35；V 20
London, England, general	伦敦，英格兰，概述；参见 London, place names, and Index of subjects
aircraft	飞艇 Ⅶ 800, 812
alcoholic drinks	酒精饮料 Ⅲ 11, 图版 2A
architecture	建筑学 Ⅶ 930, 939, 964
beverages, introduction	引进的饮料 Ⅲ 5 – 6
bridges	桥梁 Ⅲ 418；Ⅳ 453 – 456, 458；V 513；Ⅶ 885, 887, 889, 892, 894
building methods	建造方法
fire-proofing	防火 Ⅳ 446 – 447, 475；V 482 – 483
Gothic period	哥特式时期 Ⅱ 444

materials	材料 Ⅲ 264；Ⅳ 446 - 447，449，451；Ⅴ 477，482 - 483，486，490
Renaissance period	文艺复兴时期 Ⅲ 245，252，254，256 - 259，295 - 299
Roman Wall	罗马墙 Ⅱ 31，408
twentieth century	20 世纪 Ⅶ 930，939，948
cartography	制图学 Ⅲ 531，544，553；Ⅳ 394，602，607，615
ceramics	陶制品 Ⅳ 349；Ⅴ 668
chemical industry	化学工业 Ⅳ 234，237，244，251 - 252；Ⅴ 254，272，301；Ⅵ 568
cinematography	电影摄影术 Ⅶ 1302，1306
civil engineering	土木工程 Ⅳ 443
coal	煤 Ⅱ 68；Ⅲ 77，80
coinage machinery	造币机 Ⅲ 340
computers	计算机 Ⅶ 1153 - 1154，1174 - 1176，1188，1194
dividing-engines	刻线机 Ⅳ 394
domestic appliances	家庭用具 Ⅶ 1127，1129，1132，1143
dredging	疏浚 Ⅳ 641
dyestuffs	染料 Ⅴ 272；Ⅵ 568
education, technical	技术教育 Ⅳ 445；Ⅵ 152，162
electricity	电力
nineteenth century	19 世纪 Ⅴ 209，214，217，224，226 - 227
-supply	电力供应 Ⅴ 178，199 - 202；Ⅶ 1068，1071 - 1072，1074 - 1075
twentieth century	20 世纪 Ⅵ 285，294 - 295；Ⅶ 1068，1071 - 1072，1074 - 1075
fabrics	织物 Ⅲ 203
fertilizer factory	化肥厂 Ⅴ 254
Fire of, 1666	1666 年的大火 Ⅲ 264，295 - 298；Ⅳ 443

fish industry   渔业 Ⅳ 44, 54

food-supply   食物供应 Ⅴ 32 – 33, 41, 49 – 50; Ⅶ 1402

gas, coal-   煤气 Ⅳ 268 – 269, 271 – 272; Ⅶ 1127

gas turbine   燃气轮机 Ⅶ 1020

glass-making   玻璃制造 Ⅲ 221 – 222; Ⅳ 360; Ⅵ 584

harbour facilities   港口设施 Ⅴ 540

horses, bridle-bits   马嚼子 Ⅱ 559

hydraulic power   水能 Ⅴ 535

industrial change, discussion   关于工业变革的讨论 Ⅴ 801, 828

instrument-making   仪器制造 Ⅲ 621; Ⅶ 1215, 1322

invention, chemical industries   发明, 化学工业 Ⅲ 679, 681, 702

leather, medieval period   中世纪时期的皮革 Ⅱ 176

lens-making   透镜制作 Ⅲ 234; Ⅳ 360

lighting systems, electric   电气照明方式 Ⅴ 209, 214, 217

machine-tools   机床 Ⅳ 431

maps   地图 Ⅲ 296, 297; Ⅳ 496; Ⅶ 969

medical   医疗 Ⅶ 1322, 1335, 1346 – 1347

metals, extraction   金属提炼 Ⅳ 105

paper-making   造纸 Ⅲ 416

photography   摄影 Ⅴ 721 – 722, 725, 746; Ⅶ 1282, 1285, 1302, 1306

printing industry   印刷工业 Ⅴ 687, 694, 706, 709 – 710, 714; Ⅶ 1269, 1272

radio broadcasting   无线电广播 Ⅶ 1255

railways   铁路 Ⅴ 323, 333, 348; Ⅵ 295; Ⅶ 771, 779

roads   道路 Ⅱ 505 – 506, 508 – 509, 532 – 533; Ⅳ 525, 530 – 531; 540 – 546; Ⅶ 871 – 872, 876

road-vehicles   道路车辆 Ⅲ 145; Ⅴ 429; Ⅶ 728, 731

Roman   罗马的 Ⅲ 277 – 279

safety-lamp, mines 煤矿安全灯 Ⅳ 95 - 96

sanitary engineering 卫生设施 Ⅳ 505, 507, 509 - 510, 514,
516 - 519; Ⅶ 1383, 1387

shipbuilding 造船 Ⅱ 576; Ⅳ 579, 590; Ⅴ 353, 361,
366; Ⅶ 745

smoke-control 控制烟雾 Ⅶ 1480

social effects, technology 技术对社会的影响 Ⅴ 828, 831

space technology 空间技术 Ⅶ 865

steam-engines 蒸汽机 (19 世纪) Ⅴ 129, 142

steam-power 蒸汽动力 Ⅳ 166, 172, 177, 181, 183,
189, 191, 197

steam turbine 汽轮机 Ⅶ 1031 - 1032

stone implements 石器 Ⅰ 27

surveys 测量 Ⅲ 543 - 544

telegraphy 电报 Ⅳ 647, 657 - 660; Ⅴ 224

telephony 电话通讯 Ⅴ 226 - 227; Ⅶ 1222, 1225,
1242, 1246

textile machinery 纺纱机械 Ⅱ 202; Ⅲ 167, 203

timekeepers 计时器 Ⅲ 553, 663, 667, 671

tools, tradesmen's 工匠的工具 Ⅲ 116

town-planning 城镇规划 Ⅲ 278, 283 - 284, 295 - 298;
Ⅶ 964 - 965, 968, 969 (地图), 979,
981

tunnels 隧道 Ⅴ 520; Ⅶ 902 - 903

turbine power 涡轮机功率 Ⅶ 1020, 1031 - 1032

water-power 水力 Ⅳ 207; Ⅴ 301; Ⅵ 213

water-supply 供水 Ⅳ 491 - 495, 498 - 499, 502 - 503;
Ⅴ 552 - 554, 561 - 563; Ⅵ 213;
Ⅶ 1368, 1372 - 1373, 1377, 1379

waterways 航道 Ⅳ 548

London, England, place names 伦敦, 英格兰, 地名

Abbey Mills 阿比·米尔斯 Ⅳ 517

Acton Town　　　　　　　　　阿克顿 Ⅶ 779

Bankside　　　　　　　　　　　班克赛德 Ⅶ 1032

Barking　　　　　　　　　　　　巴金 Ⅶ 1031

Battersea　　　　　　　　　　　巴特西 Ⅰ 512；Ⅱ 460，462，468；Ⅳ
　　　　　　　　　　　　　　　　143，354，494；Ⅶ 1071

Bermondsey　　　　　　　　　　伯蒙德西 Ⅶ 1174

Billingsgate　　　　　　　　　　比林斯盖特 Ⅳ 53；Ⅴ 212；Ⅶ 1403

Blackfriars　　　　　　　　　　布莱克弗赖尔斯 Ⅲ 586

Blackwall　　　　　　　　　　　布莱克沃尔 Ⅳ 590，658；Ⅴ 182，210

Bow　　　　　　　　　　　　　　堡区 Ⅲ 695；Ⅳ 338，341 - 342，344，
　　　　　　　　　　　　　　　　354，492

Camden Town　　　　　　　　　卡姆登镇 Ⅳ 492，657

Carlton House Terrace　　　　　卡尔顿宫露台 Ⅳ 447

Charles Street　　　　　　　　　查尔斯街 Ⅳ 545

Chelsea　　　　　　　　　　　　切尔西 Ⅳ 338，341 - 342，344，493 -
　　　　　　　　　　　　　　　　494，501；Ⅴ 562

Coleman Street　　　　　　　　科尔曼街 Ⅶ 1225

Commercial Road　　　　　　　商业路 Ⅳ 544

Cripplegate　　　　　　　　　　克里普尔盖特 Ⅴ 482

Deptford　　　　　　　　　　　德特福德 Ⅲ 485，491；Ⅳ 208 - 209，
　　　　　　　　　　　　　　　　251，254，494，575；Ⅴ 199 - 201；
　　　　　　　　　　　　　　　　Ⅶ 1068，1074 - 1075

Euston　　　　　　　　　　　　　尤斯顿镇 Ⅳ 657

Fleet，river　　　　　　　　　　弗利特河 Ⅳ 510

Fleet Ditch　　　　　　　　　　弗利特渠 Ⅱ 168

Fleet Street　　　　　　　　　　弗利特河 Ⅳ 509 - 510

Fulham　　　　　　　　　　　　富勒姆地区 Ⅳ 331

Green Park　　　　　　　　　　格林公园 Ⅳ 493

Greenwich　　　　　　　　　　　格林尼治 Ⅲ 497，521，666；Ⅳ 443，
　　　　　　　　　　　　　　　　494，589，592，597 - 598，618；Ⅴ
　　　　　　　　　　　　　　　　372，487；Ⅶ 901

Greenwich Observatory　　　　格林尼治天文台 Ⅴ 448，458

Hammersmith	哈默史密斯 Ⅳ 651 – 652
Hampstead	汉普斯特德 Ⅳ 492
Holborn	霍尔本 Ⅶ 1246
Holborn Viaduct	霍尔本高架道路 Ⅴ 212
Houndsditch	豪恩兹迪奇 Ⅴ 40
Hyde Park	海德公园 Ⅳ 451，476；Ⅴ 474，698，772；Ⅵ 281
Hyde Park Corner	海德公园角 Ⅶ 872，892
Isle of Dogs	道格斯岛区 Ⅶ 901
Islington	伊斯林顿 Ⅲ 543
Kempton Park	肯普敦公园 Ⅶ 1372
Kennington Park	肯宁顿公园 Ⅴ 829
Kensington Gardens	肯辛顿花园 Ⅳ 493
Kentish Town	肯特镇 Ⅳ 492 – 493；Ⅴ 330
King's Cross Station	国王十字车站 Ⅶ 768 – 769
Ladbroke Grove	拉德布罗克园林 Ⅶ 887
Lambeth	兰贝斯 Ⅲ 238；Ⅳ 191，336，344，446，494；Ⅵ 595
Lee	利桥 Ⅳ 494
Leicester Place	莱斯特宫 Ⅴ 471 注释 1
Lewisham	刘易舍姆 Ⅳ 494
Limehouse	莱姆豪斯 Ⅳ 157
Lower Thames Sreet	下泰晤士大街 Ⅴ 471
Maiden Lane	处女巷 Ⅴ 200，202
Mill Hill Park	米尔希尔公园 Ⅶ 779
Millwall	米尔沃尔 Ⅴ 352，362，504
New Cross	纽克罗斯 Ⅳ 464
New River	新河 Ⅲ 464，543；Ⅳ 179，492
Old Ford	旧福德 Ⅳ 494
Oxford Street	牛津街 Ⅳ 545
Paddington	帕丁顿 Ⅳ 657 – 658；Ⅶ 924
Pall Mall	保尔大街 Ⅳ 269

Piccadilly 皮卡迪利大街 Ⅳ 423，474，493，495

Pimlico 皮姆利科 Ⅳ 493

Plumstead 普拉姆斯特德 Ⅳ 503；Ⅴ 566

Poplar 波普勒 Ⅳ 467

Port of London 伦敦港 Ⅳ 484

Printing House Square 本斯利印刷所 Ⅴ 696

Regent Street 摄政街 Ⅳ 474

Rotherhithe 罗瑟希德 Ⅳ 463；Ⅶ 901 - 903

Royal Adelaide Gallery 皇家阿德莱德陈列馆 Ⅴ 402

St Margaret's parish, Westminster 圣玛格丽特教区，威斯敏斯特 Ⅳ 269

St Pancras 圣潘克勒斯 Ⅳ 458；Ⅶ 930

Salisbury Court 索尔兹伯里宫 Ⅳ 172

Savoy Palace 萨弗里宫 Ⅳ 542

Silvertown 西尔弗镇 Ⅴ 247

Smithfield 史密斯菲尔德 Ⅱ 165；Ⅳ 542

Soho 索霍区 Ⅴ 561

Somerset House 萨默塞特宫 Ⅶ 1402

South Kensington 南肯辛顿 Ⅴ 372

Speaker's Green, Westminster 议长绿地，威斯敏斯特 Ⅶ 1384

Spitalfields 斯皮特尔菲尔德 Ⅳ 318 - 319；Ⅴ 830

Stepney 斯特普尼 Ⅳ 492；Ⅶ 901

Strand 斯特兰德 Ⅳ 268，493

Stratford 斯特拉福德 Ⅴ 301 注释 1，318

Teddington 特丁顿 Ⅳ 216；Ⅶ 1194

Thames Embankment 泰晤士河河堤 Ⅴ 212

Threadneedle Street 斯雷德尼德尔路 Ⅳ 539 - 540

Tottenham Court Road 托特纳姆法院路 Ⅳ 545

Tower Street 灯塔街 Ⅳ 594 注释

Tower Subway 塔山地下隧道 Ⅴ 347，516

Trafalgar Square 特拉法尔加广场 Ⅳ 499

Vale of Health, Hampstead 黑尔斯河谷，汉普斯特德 Ⅳ 492

Vauxhall	沃克斯霍尔 IV 170；V 398
Villiers Street, Strand	维利耶大街，斯特兰德 IV 493
Wapping	沃平 IV 467，492
West End	伦敦西区 IV 447
Westminster	威斯敏斯特地区 III 80，425，686；IV 269，543；VI 15
Whitechapel	怀特查珀尔 IV 464
Whitehall	怀特霍尔 IV 493
Wood End	伍德恩德 V 238
Woolwich	伍利维奇；参见 Woolwich, London
Longdendale valley, England	朗登代尔河谷，英格兰 IV 496；V 553
Longdon-on-Tern, Shropshire England	特恩河畔朗登，什罗普郡，英格兰 IV 566 – 568
Long Island, U. S. A.	长岛，美国 III 89
Longport, Staffordshire, England	长港，斯塔福德郡，英格兰 IV 348
Long Sault rapids, river Ottawa, Canada	隆索急流，渥太华河，加拿大 IV 552
Longton (Lane End), Staffordshire, England	朗顿，斯塔福德郡，英格兰 VI 626
Longton Hall, Staffordshire, England	朗顿霍尔，斯塔福特郡，英格兰 IV 338，341 – 342，344
Loose Howe, Yorkshire, England	卢斯冢，约克郡，英格兰 I 313
Lora Falls, Argyllshire, Scotland	洛拉瀑布，阿盖尔郡，苏格兰 VII 880
Lorraine, France	洛林，法国
farming methods	耕作方法 V 16
glass-making	玻璃制造 III 237，240；IV 367
industrial change	工业变革 V 808 – 809，820
steel industry	钢铁生产 V 60，820
wartime	战争时期（1914 年）VI 8
Los Alamos, New Mexico, U. S. A.	洛斯阿拉莫斯，新墨西哥州，美国 VI 272 – 275，277，279；VII 858, 1332

Los Angeles, California, U. S. A.	洛杉矶，加利福尼亚州，美国 Ⅶ 972，1332
Los Millares, Almeria, Spain	洛斯·米利亚雷斯，阿尔梅里亚，西班牙 Ⅰ 511
Loudon, Virginia, U. S. A.	劳登，弗吉尼亚州，美国 Ⅳ 536
Loughborough, Leicestershire, England	拉夫伯勒，莱斯特地区，英格兰 Ⅴ 598，602
Louisiana, U. S. A.	路易斯安那州，美国
chemical industry	化学工业 Ⅵ 508，516
dental equipment	牙科装置 Ⅶ 1325
drilling, gas and oil	天然气和石油的钻探 Ⅵ 382，407
oceanography	海洋学 Ⅶ 1453
sugar-cane cultivation	甘蔗种植业 Ⅴ 23
waterways	航道 Ⅳ 548
Louisville, Kentucky, U. S. A.	路易斯维尔，肯塔基州，美国 Ⅳ 548；Ⅶ 1376 – 1377
Louvain, Belgium	卢万，比利时 Ⅲ 539，586，621；Ⅳ 252，260
Low Countries	低地国家 Ⅵ 22
Lowell, Massachusetts, U. S. A.	洛厄尔，马萨诸塞州，美国 Ⅴ 529，573；Ⅵ 204
Lowestoft, Suffolk, England	洛斯托夫特，萨福克郡，英格兰 Ⅳ 341，344
Loyang, China	洛阳，中国 Ⅲ 439
Lübeck, Germany	吕贝克，德国 Ⅱ 64，76，531；Ⅲ 444；Ⅳ 560
Lucca, Italy	卢卡，意大利 Ⅱ 206 – 207；Ⅲ 199，280
Lucknow, India	勒克瑙，印度 Ⅶ 1377
Ludlow, Shropshire, England	拉德洛，什罗普郡，英格兰 Ⅴ 312
Ludwigshafen, W. Germany	路德维希港，联邦德国 Ⅴ 248；Ⅵ 526，556
Lule, River, Sweden	吕勒河，瑞典 Ⅵ 200

Lund, Sweden   隆德，瑞典 Ⅲ 533

Luristan, Persia   洛雷斯坦，波斯 Ⅰ 616 – 617；Ⅱ 474

Lusatia（Lausitz）, Germany   卢萨蒂亚，德国 Ⅰ 359

Lusoi, Arcadia, Greece   卢西奥，阿卡迪亚，希腊 Ⅱ 416

Luxembourg   卢森堡 Ⅴ 511，820；Ⅶ 932

Luxor, Egypt   卢克索，埃及 Ⅰ 283，537

Luz, Shechem   路斯，示剑 Ⅰ 249

Lwow, Poland   勒武韦，波兰 Ⅴ 116

Lydd, Kent, England   利德，肯特郡，英格兰 Ⅴ 296 注释 2

Lyme Regis, Dorset, England   莱姆里吉斯，多塞特，英格兰 Ⅳ 466

Lynmouth, Devon, England   林茅斯，德文郡，英格兰 Ⅵ 212

Lynton, Devon, England   林顿，德文郡，英格兰 Ⅵ 212

Lyons, France   里昂，法国

    chemical industry   化学工业 Ⅵ 508

    footpaths, asphalt   沥青道路 Ⅳ 539

    gas-lighting   煤气灯照明 Ⅳ 261

    photography   摄影 Ⅴ 745；Ⅶ 1296

    printing   印刷 Ⅲ 396 注释

    telegraphy   电报 Ⅳ 644

    veterinary school   兽医学校 Ⅳ 32

    viticulture   葡萄栽培 Ⅱ 137

    water-supply   供水 Ⅱ 671

    waterways   航道 Ⅳ 550，556

    weaving methods   编织方法 Ⅲ 165，189，191；Ⅴ 587

Lys, river, France-Belgium   利斯河，比利时 – 法国 Ⅲ 453；Ⅳ 555

M

Maadi, Egypt   迈阿迪，埃及 Ⅰ 365，368

Maastricht, Holland   马斯特里赫特，荷兰 Ⅲ 196，202；Ⅳ 558

Mable, river, France 马布雷河，法国 Ⅲ 291 – 292

Macao, China 澳门，中国 Ⅳ 328

Macclesfield, Cheshire, England 麦克尔斯菲尔德，柴郡，英格兰 Ⅳ 565

Macedonia 马其顿 Ⅱ 48

Machairus, Peraea, Machairus 马查鲁斯，比利亚 Ⅰ 263

Madeira, river, Brazil 马德拉河，巴西 Ⅴ 774

Madeira Islands, Atlantic Ocean 马德拉群岛，大西洋 Ⅲ 6, 544

Madras, India 马德拉斯，印度 Ⅰ 27；Ⅳ 610；Ⅴ 541

Madrid, Spain 马德里，西班牙 Ⅲ 341；Ⅳ 505, 651；
Ⅶ 822

'Magdala of the dyers', "染工的要塞"，巴勒斯坦 Ⅰ 248
    Palestine

Magdeburg, Saxony, Germany 马格德堡，萨克森，德国 Ⅲ 31；Ⅳ 170；
Ⅴ 764

Maginot Line, France 马其诺防线，法国 Ⅵ 18 – 19

Maggiore, lake, Italy 马焦雷湖，意大利 Ⅲ 444

Magnitogorsk, U. S. S. R. 马格尼托哥尔斯克，苏联 Ⅵ 468

Maiden Castle, Dorset, England 梅登堡，多塞特，英格兰 Ⅰ 321 – 322

Maidenhead, Berkshire, England 梅登黑德，伯克郡，英格兰 Ⅲ 441

Maidstone, Kent, England 梅德斯通，肯特郡，英格兰 Ⅱ 32, 34；Ⅲ
702；Ⅳ 503；Ⅴ 567

Main, river, Germany 美因河，德国 Ⅳ 554；Ⅴ 502；Ⅵ 507

Maine, France 曼恩，法国 Ⅳ 29, 33

Mainz, Germany 美因茨，德国
    aqueducts, Roman 罗马的渡槽 Ⅱ 671
    ballons 气球（1795 年）Ⅴ 397
    metal-work 金属制品 Ⅱ 454
    printing 印刷 Ⅲ 377, 381 – 385, 388 – 390, 393,
404

Majorca (Mallorca) 马霍卡岛（马略卡岛）Ⅱ 358, 597；Ⅲ
544；Ⅳ 329 注释

Makapan cave, Transvaal 马卡潘洞穴，德兰士瓦省 Ⅰ 20, 28, 37

M

（地图）

Malabar, India	马拉博，印度 II 53
Malaig, U. S. A.	马莱格，美国 VI 245
Malapane(Ozimek), Upper Silesia	小帕内河地区（奥济梅克），上西里西亚 IV 105
Mälar, lake, Sweden	梅拉伦湖，瑞典 III 452, 455
Malaya (now Malaysia, West)	马来亚半岛（现属马来西亚，西部）
agriculture	农业 V 2
dyestuffs	染料 V 266
fire-making	生火 I 219, 221, 226
mining, metals	金属开采 IV 66; VI 415 – 416
rubber industry	橡胶工业 V 221, 773 – 774, 828
Sakai blow-gun	吹矢枪 I 164
torches, tree-resin	树脂火把 I 234
wartime	战争时期（1942 年）VI 21
whaling	捕鲸 IV 62
Malmesbury, Wiltshire, England	马尔梅斯贝里，威尔特郡，英格兰 III 152
Malpas tunnel, Languedoc canal, France	马尔帕隧道，朗格多克河，法国 III 467
Malberget, Sweden	马尔贝尔耶特，瑞典 VI 200
Malplaquet, Belgium	马尔普拉凯，比利时 III 350
Malta	马耳他 I 712 – 713, 767; II 199, 499
Mal'ta, Siberia	玛尔塔，西伯利亚 I 413
Malton, Yorkshire, England	莫尔顿，约克郡，英格兰 II 32
Malvern, Worcestershire, England	莫尔文，伍斯特郡，英格兰 VII 1196
Malvoisine, France	马尔瓦西纳，法国 III 544
Manchester, Lancashire, England	曼彻斯特，兰开夏郡，英格兰
car industry	汽车工业 VII 704
chemical industry	化学工业 IV 247, 252 – 253; VI 537,

548

dyestuffs	染料	V 273
education, technical	技术教育	V 778, 801; VI 152
electric-power	电力	V 229
hydraulic-power	水能	V 535, 548
industrial change, discussions	关于工业变革的讨论	V 810, 828
machine-tools	机床	IV 428, 431; V 636
microscopy	显微镜	VII 1351–1352
petroleum discoveries	煤油的发现	V 104
printing	印刷	V 714
railways	铁路	V 323, 333; VII 899
rubber industry	橡胶工业	V 762, 769
sewage disposal	污水处理	VII 1389, 1391, 1393
shipbuilding	造船	V 351–352
steam-engines	蒸汽机	V 133, 137
steel industry	钢铁工业	V 63
telegraphy	电报	IV 657
textile industry	纺织工业	III 152, 168; IV 280, 283, 287–288, 298, 300, 326; V 573; VI 672
town-planning	城镇规划	VII 965
tunnels	隧道	VII 899
water-supply	供水	IV 490, 496, 500; V 553, 558–559; VII 1368
waterways	航道	IV 563
wire-manufacturere	电线制造商	V 621
wool industry	羊毛工业	III 152
Manitoba, Canada	马尼托巴省,加拿大	V 6
Mannheim, Baden, Germany	曼海姆,巴登,德国	V 427; VI 517
Mansfield, Nottinghamshire, England	曼斯菲尔德,诺丁汉郡,英格兰	IV 286
Maracaibo, lake, Venezuela	马拉开波湖,委内瑞拉	VII 1456

Marägha, Persia　　　　　　　　　马拉盖，波斯（现属于伊朗）Ⅲ 584

March, Cambridgeshire,　　　　　　马奇，剑桥郡，英格兰 Ⅶ 786
　　England

Marche-sur-Meuse, France　　　　　马奇－苏－梅斯，法国 Ⅱ 68

Marcus Hook, Pennsylvania,　　　　马卡斯湾，宾夕法尼亚州，美国 Ⅶ 1021
　　U. S. A.

Mareotis, lake, Egypt　　　　　　　马瑞提斯湖，埃及 Ⅰ 257；Ⅲ 275

Margate, Kent, England　　　　　　马盖特，肯特郡，英格兰 Ⅲ 100

Mari, Mesopotamia　　　　　　　　马里，美索不达米亚 Ⅰ 549，552，594，
　　　　　　　　　　　　　　　　　　598，671

Mariana Islands, Pacific Ocean　　马利亚纳群岛，太平洋 Ⅶ 814

Marianas Trench, Pacific Ocean　　马里亚纳海沟，太平洋 Ⅶ 1451，1453

Marib, Yemen　　　　　　　　　　马里卜，也门 Ⅰ 530

Markerwaard, Netherlands　　　　　马可瓦得，荷兰 Ⅶ 907

Marlborough, Wiltshire, England　　马尔伯勒，威尔特郡，英格兰 Ⅲ 504

Marlow, Buckinghamshire,　　　　　马洛，白金汉郡，英格兰 Ⅲ 441
　　England

Marly（Marly-la-Machine），　　　　马尔利（马尔利机），巴黎，法国 Ⅳ 154 –
　　Paris, France　　　　　　　　　　155，451，500

Marly-le-Roi, Versailles,　　　　　　马尔利勒鲁瓦，凡尔赛，法国 Ⅴ 332
　　France

Marmariani, Greece　　　　　　　　迈锡尼遗址，希腊 Ⅰ 370

Marne, river, France　　　　　　　　马恩河，法国 Ⅲ 441；Ⅴ 474；Ⅵ 8；Ⅶ 892

Marseilles, France　　　　　　　　马赛，法国
　　alphabet, Phoenician　　　　　　腓尼基字母表 Ⅰ 767
　　bridge　　　　　　　　　　　　桥梁 Ⅶ 889
　　chemical industry　　　　　　　化学工业 Ⅴ 242，245
　　soap-making　　　　　　　　　肥皂制作 Ⅱ 356；Ⅲ 703
　　telegraphy　　　　　　　　　　电报 Ⅳ 644
　　trading centre　　　　　　　　　贸易中心（7 世纪）Ⅱ 762
　　typewriters　　　　　　　　　　打字机 Ⅴ 689

waterways 航道 Ⅱ 576

Marshall Bennett Islands, 马绍尔 – 本尼特群岛，大洋洲 Ⅰ 740 – 741
　Oceania

Marsham, Norfolk, England 马舍姆，诺福克郡，英格兰 Ⅴ 425

Marsiliana de'Albegna, Italy 马塞利亚纳·阿尔伯尼亚，意大利 Ⅰ 769

Martha's Vineyard, island, 马撒葡园岛，美国 Ⅳ 647
　U. S. A.

Maryland, U. S. A. 马里兰州，美国 Ⅳ 536

Marzabotto, Italy 弥扎博托，意大利 Ⅲ 276

Mas d'Azil, Ariège, France 阿济岭，阿列日，法国 Ⅰ 157，347，358，
　753

Massachusetts, U. S. A. 马萨诸塞州，美国
　electrokymography 电记波照相仪 Ⅶ 1343
　photography 摄影术 Ⅶ 1294
　roads 道路（1639 年）Ⅳ 536
　rockets, development 火箭的发展 Ⅶ 861
　Rumford, Count 拉姆福德伯爵 Ⅳ 675
　sewage disposal 污水处理 Ⅶ 1388，1391
　textile industry 纺织业 Ⅳ 286，298；Ⅴ 571，582，588
　vehicle, goods 货车 Ⅶ 723

Matarrah, Mesopotamia 马塔拉遗址，美索不达米亚 Ⅰ 367，502

Matmar, Egypt 马特马尔，埃及 Ⅰ 431

Mattapoisett, Massachusetts, 马特波伊西特，马萨诸塞州，美国 Ⅳ 58
　U. S. A.

Matterdale, Cumberland, 马特戴尔，坎伯兰，英格兰 Ⅴ 260
　England

Matto Grosso, South America 马托格罗索，南美洲 Ⅰ 171

Maubeuge, Nord, France 莫伯日，北部省，法国 Ⅴ 397

Mauretania, Roman province, 毛里塔尼亚，罗马省，北非 Ⅱ 227
　north Africa

Mayen, near Treves 迈恩，特雷夫斯附近 Ⅱ 326

Mayfield, Staffordshire, England 梅菲尔德，斯塔福德郡，英格兰 Ⅴ 260

Meare, Somerset, England 米勒庄园，萨默塞特，英格兰 Ⅰ 318, 320

Mecca, Arabia 麦加，阿拉伯半岛 Ⅲ 580, 599 – 600

Mechlin, Belgium 梅赫伦，比利时 Ⅱ 532

Mecklenburg, Germany 梅克伦堡，德国 Ⅱ 125；Ⅲ 285, 450；
Ⅳ 23

Medina, Arabia 麦地那，阿拉伯半岛 Ⅲ 580

Medina de Rioseco, Spain 里奥塞科，西班牙 Ⅳ 554

Medinet Habu, Egypt 梅得涅哈布，埃及 Ⅰ 209

Mediterranean Sea and region 地中海地区

  agriculture 农业 Ⅱ 86；Ⅳ 29, 31

  antibiotics 抗生素 Ⅶ 1355

  cartography 制图学 Ⅲ 509, 518 – 519, 522 – 523,
525, 530；Ⅳ 596 – 597；Ⅴ 441 – 442

  ceramics 陶瓷 Ⅳ 328, 331, 333, 335, 337

  chemical industry 化学工业 Ⅲ 683；Ⅳ 232, 236, 250

  cotton cultivation 棉花种植 Ⅲ 159

  dyestuffs 染料 Ⅴ 259, 266

  glass-making 玻璃制作 Ⅲ 240

  hydrofoils 水翼艇 Ⅶ 745

  navigation 航海 Ⅲ 525, 544, 548

  railways 铁路 Ⅶ 770

  shipbuilding 造船 Ⅲ 471 – 474, 476 – 477, 479 – 480,
493

  telegraphy 电报 Ⅳ 660

  town-planning 城镇规划 Ⅲ 271 – 272

  waterways 航道 Ⅲ 459 – 460, 465 – 467；Ⅳ 556,
561

  windmills 风车 Ⅲ 95, 99 注释, 100, 103

Medway, river, Kent, England 梅德韦河，肯特，英格兰 Ⅳ 462；Ⅴ 514

Megara, Greece 迈加拉，希腊 Ⅱ 108, 268 – 269, 498

Megiddo, Palestine 美吉多，巴勒斯坦

chariots	两轮车（公元前1479年）Ⅱ 544
ivory-work	象牙制品 Ⅰ 665，673–674，676
plough-shares	犁铧（约公元前926年）Ⅱ 86
potter's wheels	陶轮 Ⅰ 201
water-supply	供水 Ⅰ 530
weaving tools	纺织工具 Ⅰ 433–435
Meissen, Saxony	迈森，萨克森 Ⅱ 307；Ⅳ 329，337–339，341–342；Ⅴ 662
Melbourne, Victoria, Australia	墨尔本，维多利亚州，澳大利亚 Ⅳ 541；Ⅴ 47；Ⅶ 887，898
Melle (Metullo), Dép. Deux-Sèvres, France	梅勒制币厂，德塞夫勒，法国 Ⅱ 489
Melos, island	米洛斯岛 Ⅰ 423
Melrose, Scotland	梅尔罗斯，苏格兰 Ⅱ 551
Melsunger, W. Germany	梅尔松格，联邦德国 Ⅶ 1322
Memphis, Egypt	孟菲斯，埃及
agriculture	耕作 Ⅰ 537
handicrafts	工艺品 Ⅰ 659，690
vineyards, Dynasty I	第一王朝的葡萄园 Ⅰ 283
water-control	水的控制 Ⅰ 529，537，539；Ⅱ 671
—Tennessee, U.S.A.	孟菲斯，田纳西州，美国 Ⅶ 1411
Menai Strait, Wales	梅奈海峡，威尔士 Ⅳ 429，459–460，531；Ⅴ 363，366；Ⅶ 899
Mendip Hills, Somerset, England	门迪普矿山，萨默塞特郡，英格兰 Ⅱ 3，10，13；Ⅲ 703；Ⅳ 130；Ⅴ 282
Ménilmontant, brook, Paris, France	梅尼尔蒙唐河，巴黎，法国 Ⅳ 505
Menlow Park, California, U.S.A.	门罗帕克，加利福尼亚州，美国 Ⅵ 146
Mercurago, N. Italy	梅尔库拉戈湖，意大利北部 Ⅰ 209，213–214
Merida, Spain	梅里达，西班牙 Ⅱ 671

M

Merimde, Egypt	梅里姆德，埃及
agriculture	农业（约公元前4400年）Ⅰ 360, 362, 365
buildings, Neolithic	新石器时代定居点 Ⅰ 304, 473
pottery	陶器 Ⅰ 376
tools, non-metallic	石制工具 Ⅰ 509, 511 – 512, 514, 516
Merionethshire, Wales	梅里奥尼斯郡，威尔士 Ⅲ 140
Meroë, Nubia	麦罗埃，努比亚 Ⅰ 597；Ⅲ 509
Mersey, river, England	默西河，英格兰
bridges	桥 Ⅶ 888 – 889
hydraulic engineering	水利工程 Ⅴ 540, 550
pottery materials, transport	陶器材料运输 Ⅳ 349
tunnel, Queensway	皇后大道隧道 Ⅶ 905
waterways	航道 Ⅲ 458；Ⅳ 558, 563, 566, 572
Mersin, Cilicia	梅尔辛，西里西亚 Ⅰ 456, 502, 509, 513
Merton, Surrey, England	默顿，萨里郡，英格兰 Ⅴ 242
Merwede, river, Holland	梅尔韦德河，荷兰 Ⅳ 612
Mesabi Ranges, U. S. A.	梅萨比地区，美国 Ⅵ 411, 463, 465
Mesopotamia	美索不达米亚 Ⅲ 270 – 271, 502, 521；Ⅴ 102 – 103
Metz, France	梅斯，法国 Ⅱ 726
Meudon, Seine-et-Oise, France	默东，塞纳 – 瓦兹省，法国 Ⅴ 484
Meuse, river, France and Low Countries	默兹河，法国和低地国家 Ⅲ 74；Ⅳ 556 – 558, 629
Mexico, Gulf of	墨西哥湾 Ⅳ 597
—Republic of	墨西哥共和国
cochineal, culture	胭脂虫红，文化 Ⅰ 245；Ⅲ 695；Ⅴ 258
food resources	食物来源 Ⅲ 1, 3
fossil fuels	化石燃料 Ⅰ 73；Ⅵ 190
magnetic anomalies	磁性异常 Ⅶ 1462
metals, extraction	金属提炼 Ⅳ 138；Ⅴ 95；Ⅵ 473 – 474

population growth, discussion	关于人口增长的讨论 Ⅶ 1409
Meydum, Egypt	梅杜姆，埃及 Ⅰ 434，482
Michelsberg, Germany	米歇尔施堡，德国 Ⅰ 399
Michigan, U. S. A.	密歇根州，美国 Ⅴ 77，79，588；Ⅵ 413；Ⅶ 1131，1278，1380
Mid-Atlantic Ridge	中大西洋海岭 Ⅶ 1454
Middelburg, Holland	米德尔堡，荷兰 Ⅱ 656；Ⅲ 301；Ⅳ 630，635
Middelkirke, Belgium	米德尔凯尔克，比利时 Ⅴ 567
Middlesbrough, Yorkshire, England	米德尔斯伯勒，约克郡，英格兰 Ⅴ 512，801，810；Ⅵ 479；Ⅶ 889，1071
Middlesex, England	米德尔塞克斯郡，英格兰 Ⅲ 265；Ⅳ 492（地图）
Middletown, Ohio, U. S. A.	米德尔敦，俄亥俄州，美国 Ⅵ 478
Middle West region, U. S. A.	中西部地区，美国 Ⅶ 781
Midlands, England	中部，英格兰 Ⅴ 350，815
Midlothian, Scotland	中洛锡安，苏格兰 Ⅰ 402；Ⅳ 255
Midway Island, Pacific Ocean	中途岛，太平洋 Ⅵ 21；Ⅶ 814
Milan, Italy	米兰，意大利 Ⅱ 501（地图）
agriculture	农业 Ⅳ 34
canals	运河 Ⅲ 444，445（地图），446 – 450，459
design, theory	设计，理论 Ⅴ 501
fabrics, figured	织物，花纹 Ⅲ 196，202
irrigation works	灌溉工程 Ⅲ 309
metallurgy	冶金 Ⅱ 53，60，75，468；Ⅲ 39
polymers	聚合体 Ⅵ 560
refuse disposal	垃圾处理 Ⅱ 681
roads	道路 Ⅳ 544；Ⅶ 873
survey instruments	勘测仪器 Ⅴ 446
timepieces	时钟 Ⅲ 656
town-planning	城镇规划 Ⅲ 285 – 286

M

Miletus, Asia Minor	米利都，小亚细亚 Ⅰ 722；Ⅱ 528 – 529，671；Ⅲ 272 – 273
Milford Haven, Pembrokeshire, Wales	米尔福德港，彭布洛克郡，威尔士 Ⅶ 898
Millares, Los	洛斯米利亚雷斯；参见 Los Millares
Mill Hill Park	米尔希尔公园；参见 London
Mill Rapids, Canada	米尔急流，加拿大 Ⅳ 552
Milos, Aegean Sea	米洛斯岛，爱琴海 Ⅱ 368
Milton, Yorkshire, England	米尔顿，约克郡，英格兰 Ⅳ 105
Milwaukee, Wisconsin, U. S. A.	密尔沃基，威斯康星州，美国 Ⅴ 688；Ⅶ 1230, 1277, 1346
Minworth, Birmingham, England	明沃兹，伯明翰，英格兰 Ⅶ 1394
Mississippi, river, U. S. A.	密西西比河，美国
agriculture	农业 Ⅴ 5
bridges	桥梁 Ⅴ 62, 510；Ⅶ 890
dredgers	疏浚机 Ⅴ 540
steam-boats	蒸汽船 Ⅳ 548；Ⅴ 145
transport services	交通运输服务 Ⅳ 548, 551
Missouri, U. S. A.	密苏里，美国 Ⅳ 66；Ⅶ 1288
Mistelbach, Austria	米斯特尔巴赫，奥地利 Ⅰ 359
Mitanni, north Mesopotamia	米坦尼王国，美索不达米亚北部 Ⅱ 541 及注释 2
Mittelwerke, Harz, W. Germany	米特尔韦尔克，哈兹山，联邦德国 Ⅶ 865
Mitterberg, Salzburg, Austria	米特尔贝格，萨尔茨堡，奥地利 Ⅰ 566, 609；Ⅱ 50
Mockfjärd, Sweden	莫克菲耶德，瑞典 Ⅵ 200
Moddershall Valley, Staffordshire	莫德塞尔河谷，斯坦福特郡 Ⅳ 348
Modena, Italy	摩德纳，意大利 Ⅲ 230, 504；Ⅴ 102
Moeris, lake, Egypt	摩里斯湖，埃及 Ⅰ 418
Mogden, Middlesex, England	莫格登，米德赛克斯，英格兰 Ⅶ 1391
Mohenjo-Daro, Indus valley	摩亨佐 – 达罗，印度河谷
basketry and mats	编篮和席子 Ⅰ 420

bitumen	沥青 I 251
building methods	建造方法 I 466
cotton	棉花（约公元前 2000 年） I 374
dyestuffs	染料 I 246
pottery techniques	陶瓷技术 I 202，381，406
script, Indus valley	文字，印度河流域 I 760
textiles	织物（约公元前 3000 年） I 432
town-planning	城镇规划 III 270
Moisson, France	穆瓦松，法国 VII 797
Moldavia, central Europe	摩尔达维亚，欧洲中部 V 41
Molgora, river, Italy	莫尔戈拉河，意大利 III 446
Mölln, lake, Germany	墨尔恩湖，德国 III 444
Monaco	摩纳哥 VII 1447 – 1448
Mönchberg Pass, Alps	门希堡关口，阿尔卑斯山脉 IV 529
Monckton, New Brunswick, Canada	蒙克顿，新不伦瑞克，加拿大 VII 788
Mondsee (lake-village)	蒙德湖（湖上村庄） I 357
Mongolia	蒙古 III 195；VI 16
Monkwearmouth, Durham, England	芒克威尔第斯，达勒姆，英格兰 II 425；IV 457
Monmouth, England	蒙茅斯，英格兰 III 458；VII 901
Monmouthshire, England	蒙茅斯郡，英格兰 III 697；IV 104，115；V 519，615
Monpazier, Dordogne, France	蒙帕齐济耶，多尔多涅河，法国 III 282 – 283
Monreale, Sicily	蒙里奥，西西里 II 392
Mons, Belgium	蒙斯，比利时 III 72；IV 557
Montagis, Loiret, France	蒙塔日，卢瓦雷省，法国 III 460，462 – 464
Montagne Noire, France	努瓦尔山，法国 II 69；III 467
—Rigole de la, France	努瓦尔山供水渠，法国 III 467 –468
Montana, U. S. A.	蒙大拿州，美国 V 4，77，79

M

Mont Cenis tunnel, Alps 塞尼山隧道, 阿尔卑斯山脉 IV 71; V 345, 516 - 517, 527

Monte Bello Islands, Australia 蒙特贝洛群岛, 澳大利亚 VI 263, 281

Monte Carlo, Monaco 蒙特卡洛, 摩纳哥 IV 542

Monte Cassino, Italy 卡西诺山, 意大利 II 126, 454

Monte Chiaro, Italy 蒙特基亚罗, 意大利 V 103

Montélier (lake-village) 蒙特利尔 (湖上村庄) I 369

Monte Sant' Angelo, near Foggia, Italy 蒙特圣安杰洛, 福贾附近, 意大利 II 454

Montespan, France 蒙特斯庞, 法国 I 152

Monteverdi, Lombardy 蒙特韦尔迪, 伦巴第 III 309

Montmartre, Paris 蒙马特尔, 巴黎 IV 449

Mont-Olympe, on river Meuse, France 奥林匹斯山脉, 默兹河湖畔, 法国 III 290

Montreal, Canada 蒙特利尔, 加拿大

　nuclear research 核研究 VI 241, 262

　railways 铁路 VII 775, 784

　St Lawrence river (Seaway) 圣劳伦斯河 (海道) IV 551 - 553 (地图); VII 916 (地图), 917 - 918, 921

Montreuil, Paris, France 蒙特勒伊, 巴黎, 法国 V 750

Mont St Michel, Brittany 圣米歇尔山, 布列塔尼 II 37

Monza, Italy 蒙扎, 意大利 II 451

Moravia, Czechoslovakia 摩拉维亚, 捷克斯洛伐克 IV 264

Morecambe Bay, Lancashire, England 莫克姆湾, 兰开夏郡, 英格兰 VI 217

Mörigen, Switzerland 摩利根, 瑞士 I 369, 370; II 95

Morley, Yorkshire, England 莫利, 约克郡, 英格兰 V 570

Morwellham, on Tavistock canal, Devon 莫尔韦尔海姆, 塔维斯托克运河畔, 德文郡 IV 569

Moscow, U. S. S. R. 莫斯科, 苏联

　aircraft 直升机 VII 823

electricity distribution　　　　　　配电 Ⅶ 1082

industrial change　　　　　　　　产业变化 Ⅵ 6，12

nuclear research　　　　　　　　核研究 Ⅵ 280

roads　　　　　　　　　　　　道路 Ⅳ 529

wartime　　　　　　　　　　　战时（1942 年）Ⅵ 21；Ⅶ 812

waterways　　　　　　　　　　河道 Ⅳ 554

Moselle，river，France-　　　　　摩泽尔河，法国 – 卢森堡 – 莱茵兰 Ⅳ 19，
　Luxembourg-Rhineland　　　　25

Mostagedda，Tasa，Egypt　　　　莫斯塔戈达，塔萨，埃及 Ⅰ 368，431；Ⅱ
　　　　　　　　　　　　　　147，159 – 160，162

Mosul，Mesopotamia　　　　　　摩苏尔，美索不达米亚 Ⅲ 179

Motala，Sweden　　　　　　　　穆塔拉，瑞典 Ⅴ 63

Muiden，Holland　　　　　　　默伊登，荷兰 Ⅱ 685

Mülhausen（Mulhouse），　　　　米卢斯，上莱茵省，法国 Ⅳ 297；Ⅴ 196，
　Haut-Rhin，France　　　　　　210

Mülheim，W. Germany　　　　　米尔海姆，联邦德国 Ⅵ 559

Mulhouse　　　　　　　　　　米卢斯；参见 Mülhausen

Muliana，Crete　　　　　　　　穆利亚纳克里特岛 Ⅰ 729

Mull，Island，Argyllshire，　　　莫尔岛，阿尔盖郡，苏格兰 Ⅵ 632
　Scotland

Munich，Bavaria，W. Germany　　慕尼黑，巴伐利亚，联邦德国

　domestic appliances　　　　　家用电器 Ⅶ 1126 – 1127

　dredging tools　　　　　　　疏浚工具 Ⅳ 632

　electrocardiograph　　　　　心电图仪 Ⅶ 1340

　machines　　　　　　　　　机械（15 世纪）Ⅱ 653

　optical glass　　　　　　　光学玻璃 Ⅳ 360 – 361，358 – 359，601，
　　　　　　　　　　　　　　674

　photography　　　　　　　摄影术 Ⅶ 1285，1294

　printing industry metheols　　印刷工艺 Ⅴ 704

　railway engineering　　　　铁路工程 Ⅴ 328，333，335

　roads　　　　　　　　　　道路 Ⅱ 527

　science，discussion　　　　科学，讨论 Ⅳ 675

social effects	社会后果	Ⅴ 814，839；Ⅵ 16
sun-dial	日晷	Ⅲ 597 – 598
telegraphy	电报	Ⅳ 653
textiles，manufacture	织物，制造业	Ⅵ 664
water-supply	供水	Ⅴ 555，562 – 563，565，567
Murano，Venice	穆拉诺岛，威尼斯	Ⅲ 209，217 – 218，678； Ⅳ 362
Murciélagos，Cueva de los， 　Andalusia	穆谢拉戈斯洞穴，安达卢西亚	Ⅰ 421，436， 450，图版 9
Mycenae，Greece	迈锡尼，希腊	Ⅰ 表 F
building methods	建造方法	Ⅰ 459，486 – 488；Ⅱ 398，413
horses，equipment	马，装备	Ⅰ 722，728
ivory-work	象牙制品	Ⅰ 673
leather，uses	皮革，使用	Ⅱ 167
metal-work	金属加工	Ⅰ 623，660 – 661
olive-tree	橄榄树（约公元前 1200 年）	Ⅰ 359
pottery	陶器	Ⅰ 403
spinning tools	纺织工具	Ⅱ 202
water-supply	供水	Ⅰ 531
wheels，chariot	双轮，战车	Ⅰ 213
Myrina，Asia Minor	米里那，小亚细亚	Ⅱ 277 – 278

N

Naga-ed-Der，Egypt	纳加埃德戴尔，埃及	Ⅰ 434
Nagasaki，Japan	长崎，日本	Ⅵ 23，252，276 – 277；Ⅶ 816
Nahorkatiya，India	纳霍卡蒂亚，印度	Ⅵ 406
Namulonge，Uganda	纳穆隆戈，乌干达	Ⅵ 328
Nancy，Meurthe-et-Moselle， 　France	南锡，默特尔 – 摩泽尔省，法国	Ⅲ 290

Nanterre, Seine, Loire Infé-　　　楠泰尔，下卢瓦尔省，法国 Ⅴ 91
　rieure, France

Nantes, France　　　　　　　　南特，法国 Ⅲ 463；Ⅳ 102；Ⅴ 16；Ⅶ 889

Nantucket, Massachusetts,　　　楠塔基特，马萨诸塞州，美国 Ⅳ 58
　U. S. A.

Nantwich, Cheshire, England　　南特威奇，柴郡，英格兰 Ⅱ 532

Nant-y-Glo, Monmouthshire,　　楠蒂格洛，蒙茅斯郡，威尔士 Ⅳ 114
　Wales

Naples, Italy　　　　　　　　　那不勒斯，意大利 Ⅱ 500（地图）
　gases, Grotto del Cane　　　　气体，甘蔗窖 Ⅳ 215
　globe statue　　　　　　　　天球仪（约公元前 300 年）Ⅲ 612
　insecticides, use　　　　　　杀虫剂，使用 Ⅵ 324
　optical lenses　　　　　　　光学透镜 Ⅲ 231
　quarrying, alabaster　　　　采石，雪花石膏 Ⅱ 38
　roads　　　　　　　　　　道路 Ⅶ 873
　soap production　　　　　　肥皂的生产 Ⅲ 705

Naqada, Egypt　　　　　　　　奈加代，埃及 Ⅰ 433 – 434，779，图版
　　　　　　　　　　　　　　31B；Ⅱ 161

Narbonne, France　　　　　　　纳博讷，法国 Ⅱ 69 – 70；Ⅲ 468

Narni, Italy　　　　　　　　　纳尔尼，意大利 Ⅱ 508

Narvik, Norway　　　　　　　纳尔维克，挪威 Ⅶ 740

Naucratis, Egypt　　　　　　　瑙克拉提斯，埃及 Ⅰ 260；Ⅱ 131

Naurouze, near Toulouse,　　　诺鲁兹山，图卢兹附近，法国 Ⅲ 465，468
　France

Nauru, island, Pacific Ocean　　瑙鲁岛，太平洋 Ⅵ 529

Naxos, Aegean Sea　　　　　　纳克索斯，爱琴海 Ⅱ 25

Neagh, Lough, Northern Ireland　内伊湖，北爱尔兰 Ⅲ 455

Neath, Glamorgan, Wales　　　尼思，格拉摩根，威尔士 Ⅳ 126

Nebraska, U. S. A.　　　　　　内布拉斯加州，美国 Ⅴ 5

Nemi, lake, Italy　　　　　　　内米湖，意大利 Ⅱ 569，572

Nene, river, England　　　　　宁河，英格兰 Ⅲ 316；Ⅴ 544

Nesle, Somme, France	内勒，索姆，法国 V 396
Netherlands	尼德兰；参见 Holland
Neuberg, Austria	诺伊贝格，奥地利 VI 483
Neubrandenburg, Germany	新勃兰登堡，德国 III 285
Neuchatel, lake	纳沙泰尔湖 I 357，361，508
Neuhausen, Switzerland	诺伊豪森，瑞士 V 93-94，608
Neuhaus, on the Spree, Prussia	诺伊豪斯，施普雷河畔，普鲁士 III 454
Neuilly, Paris	纳伊，巴黎 IV 453
Neva, river, Russia	涅瓦河，俄罗斯 IV 554
Nevada, U. S. A.	内华达州，美国 IV 66
New Almaden, California, U. S. A.	新阿尔马登，加利福尼亚州，美国 IV 135
Newark, New Jersey, U. S. A.	纽瓦克，新泽西州，美国 IV 540；V 729
—Nottinghamshire, England	纽瓦克，诺丁汉郡，英格兰 V 344
New Bedford, Massachusetts, U. S. A.	新贝德福德，马萨诸塞州，美国 IV 58；VII 1245
Newburgh, New York, U. S. A.	纽堡，纽约州，美国 VII 1380
New Britain, Connecticut, U. S. A.	新不列颠岛，康涅狄格州，美国 VII 1147
Newbury, Berkshire, England	纽伯里，伯克郡，英格兰 III 151-152，IV 20
New Caledonia, island, South Pacific	新喀里多尼亚，南太平洋 I 71；V 86
New Carthage (Cartagena, Spain)	新迦太基（卡塔赫纳，西班牙）II 5
Newcastle upon Tyne, Northumberland, England	泰恩河畔的纽卡斯尔，诺森伯兰郡，英格兰
bridges	桥梁 IV 460-461
building materials	建筑材料 V 488
cables, telephone	电缆，电话 VII 1242
chemical industry	化学工业 IV 238，251，256

coal industry	煤炭产业 Ⅲ 77，84－85
electricity	电 Ⅴ 214，216；Ⅵ 285，296；Ⅶ 1069， 1071
electric motors	电动机 Ⅶ 1086
fish, preservation	鱼类，保藏 Ⅳ 54
furnaces, iron foundry	熔炉，铸铁厂 Ⅳ 102
gas, light and heat	气体，照明和供暖 Ⅳ 259
metals, extraction	金属，提炼 Ⅳ 137
railways	铁轨 Ⅲ 84－85；Ⅳ 460－461；Ⅴ 340； Ⅶ 768
safety lamp, mines	煤矿安全灯 Ⅳ 95－96
shipbuilding	造船 Ⅳ 590
steam-power	蒸汽动力 Ⅳ 178，189；Ⅴ 139
town-planning	城镇规划 Ⅶ 965
New Cross	纽克罗斯；参见 London
New Earswick, Yorkshire, England	新伊尔斯威可，约克郡，英格兰 Ⅶ 962
New England, U. S. A.	新英格兰，美国 Ⅳ 50，58，62
Newfoundland, Canada	纽芬兰，加拿大
Cook's survey	库克测量 Ⅳ 616，618
fish preservation	鱼类保藏 Ⅳ 49－50
ocean currents	海洋洋流 Ⅶ 1447
oils, fish and whale	石油，鱼和鲸 Ⅲ 705
radio experiments	无线电实验（1901 年）Ⅶ 1232－1233
telegraphy	电报 Ⅴ 225
New Guinea	新几内亚 Ⅰ 44，119，158，221；Ⅵ 21
New Hall, Staffordshire, England	纽霍尔，斯塔福德郡，英格兰 Ⅳ 341，344
New Hampshire, U. S. A.	新罕布什尔州，美国 Ⅶ 1187
New Haven, Connecticut, U. S. A.	纽黑文，康涅狄格州，美国 Ⅳ 538； Ⅶ 1223
New Jersey, U. S. A.	新泽西州，美国

Arthur Kill Bridge 阿瑟基尔大桥 Ⅶ 891

building methods 建造方法 Ⅴ 481

chemical industry 化学工业 Ⅵ 534

oil industry 石油工业 Ⅵ 190，534

punched-card machines 穿孔机 Ⅶ 1181

roads 道路（约1891年）Ⅳ 537

tunnelling，methods 凿隧道，方法 Ⅴ 519

water-supply 供水 Ⅶ 1375，1378

New Kensington，Pennsylvania， 新肯辛顿，宾夕法尼亚州，美国 Ⅵ 458
U. S. A.

New Lanark，Scotland 新拉纳克，苏格兰 Ⅳ 287；Ⅴ 830

New London，Connecticut， 新伦敦，康涅狄格州，美国 Ⅳ 58
U. S. A.

Newlyn，Cornwall，England 纽林，康沃尔，英格兰 Ⅴ 439 注释 1

New Mexico，U. S. A. 新墨西哥州，美国 Ⅶ 862，1332

New Orleans，Louisiana， 新奥尔良，路易斯安那州，美国 Ⅳ 540，
U. S. A. 548；Ⅶ 1325

Newport，Monmouthshire， 纽波特，蒙茅斯郡，威尔士 Ⅳ 91；Ⅴ 150，
Wales 512；Ⅶ 889

New River 新河；参见 London

Newry，Northern Ireland 纽里，北爱尔兰 Ⅲ 455

New Southgate，England 新绍斯盖特，英格兰 Ⅶ 1250

New South Wales，Australia 新南威尔士洲，澳大利亚 Ⅴ 8-9，47；
Ⅶ 1400

Newstead，Nottingham，England 纽斯特德，诺丁汉，英格兰 Ⅱ 232

Newton，Massachusetts，U. S. A. 牛顿，马萨诸塞州，美国 Ⅴ 425

Newton Creek，U. S. A. 牛顿湾，美国 Ⅴ 105

Newton Park，Somerset， 牛顿公园，萨默塞特，英格兰 Ⅱ 465
England

New York City，U. S. A.， 纽约市，美国，概述；参见 New York
general City，U. S. A.，place names

bridges	桥梁 V 509，513；Ⅶ 881，884，887，891
building methods	建造方法 V 470 –471，478，481 –482，490；Ⅶ 942，951，953
buildings	建筑群 Ⅶ 942，951
canals	运河 Ⅳ 555；Ⅶ 916
canning industry	罐头产业 Ⅶ 1400
cartography	制图术 Ⅳ 620
chemical industry	化学工业 Ⅵ 50
clothing industry	服装业 Ⅵ 684，688
computers	计算机 Ⅶ 1187，1191
drilling,gear,oil	钻探，装置，石油 V 108
electronic engineering	电子工程 Ⅶ 1097
fire protection	防火 V 481 –482
maps	地图 Ⅳ 553，620
medicine	医药 Ⅶ 1330，1339，1341 –1342，1347，1351，1357，1359
metals industry	金属工业 V 623
paddle-steamers	桨轮蒸汽船 V 143
photography	摄影术 V 721
printing machinery	印刷机 V 684，697，710，712
roads	道路 Ⅳ 532，544 –545
road vehicles	道路车辆 Ⅶ 723，731
rubber production	橡胶的生产 V 766
sea routes	航海路线 Ⅶ 916，924
shipbuilding	造船 Ⅳ 476，590；V 362，365
steam-power,marine	蒸汽动力，海运 V 143，147
steel industry	钢铁工业 Ⅳ 110；V 65
telegraphy	电报 Ⅳ 660
telephone	电话 Ⅶ 1230，1238
town-planning	城镇规划 Ⅶ 966
tunnels	隧道 V 519；Ⅶ 922，1371

water-supply 供水 Ⅴ 554, 559; Ⅶ 1371

waterways 河道 Ⅳ 553, 555; Ⅴ 143; Ⅶ 916

weaving pattern 编织样式 Ⅴ 581

New York City, U. S. A. , place 纽约城, 美国, 地名
names

    Arthur Kill bridge 阿瑟基尔大桥 Ⅶ 891

    Bayonne bridge 贝永大桥 Ⅶ 884

    Broadway 百老汇 Ⅴ 743

    Brooklyn bridge 布鲁克林悬索桥 Ⅴ 509, 623

    Central Park 中央公园 Ⅳ 538

    Collect Pond 克莱克特湖 Ⅴ 142

    Croton valley 克罗顿流域 Ⅴ 554, 559

    Harlem river bridge 哈勒姆河大桥 Ⅴ 513

    Hudson river tunnel 哈得孙河隧道 Ⅴ 519; Ⅶ 922

    Lever House 利弗大厦 Ⅶ 942

    Manhattan bridge 曼哈顿大桥 Ⅶ 881

    Pearl Street 珍珠街 Ⅴ 134

    Verrazano Narrows bridge 韦拉札诺海峡大桥 Ⅶ 887

New York State, U. S. A. 纽约州, 美国 Ⅳ 537, 553, 555; Ⅴ 35;
Ⅶ 1174

New Zealand 新西兰 Ⅵ 220

Niagara, U. S. A. 尼亚加拉, 美国 Ⅵ 519

Niagara Falls, Canada-U. S. A. 尼亚加拉瀑布, 加拿大 - 美国 Ⅳ 552; Ⅴ
201, 252, 533; Ⅵ 195, 200; Ⅶ 918

Niagara River, N. America 尼亚加拉河, 北美洲 Ⅳ 552; Ⅵ 196; Ⅴ
508

Nias, Indonesia 尼亚斯, 印度尼西亚 Ⅰ 191

Nicaea (Iznik) , north-west 尼西亚 (伊兹尼克), 土耳其西北部 Ⅱ
Turkey 718, 760

Nicaragua, Central America 尼加拉瓜, 中美洲 Ⅴ 258

Nice, France 尼斯, 法国 Ⅴ 567; Ⅶ 1000

Nicea, Asia Minor 尼西亚, 小亚细亚 Ⅲ 579

Nicobar Islands, Indian Ocean 尼科巴群岛，印度洋 Ⅰ 406

Nidrosia, Norway 尼德罗西亚，挪威 Ⅲ 533

Niedermendig, near Andernach, 下门迪，安德纳赫附近，德国 Ⅱ 31
    Germany

Nieuport, Flanders 纽波特，佛兰德 Ⅲ 442，453；Ⅳ 629

Nieuwe Maas, river, 新马斯河，尼德兰 Ⅶ 905
    Netherlands

Nièvre 涅夫勒省；参见 Nivernais

Nigeria 尼日利亚 Ⅰ 407；Ⅳ 66；Ⅴ 22

Nile, river, Egypt 尼罗河，埃及

   calendar, Egyptian 历法，埃及的 Ⅲ 560 – 561

   canals 运河 Ⅲ 439；Ⅳ 555；Ⅴ 542 – 544

   cartography 制图术 Ⅲ 502，519，521

   irrigation systems 灌溉系统 Ⅳ 555；Ⅴ 542 – 544

Nîmes, France 尼姆，法国 Ⅱ 404 – 405，671

Nimrud（Calah）, Mesopotamia 尼姆鲁德（迦拉），美索不达米亚 Ⅰ 54

   boats and floats 小船和漂浮物 Ⅰ 736 – 737

   building materials 建筑材料 Ⅰ 470

   chariots and bits 双轮战车和马嚼子（约公元前 900 年）
      Ⅰ 723，727

   date-palms, cultivation 椰枣树，栽培 Ⅰ 552

   ivory-work 象牙制品 Ⅰ 664，675，678 – 680

   metal-work 金属加工（约公元前 800 年）Ⅰ 623 –
      624，656，678

   pulley-wheels, Assyrian 滑轮，亚述（约公元前 1500 年）Ⅰ 523
      注释 1

   vessel-making, glass 容器制造，玻璃 Ⅱ 336

   water-supply 供水 Ⅰ 527，534，550，553

Nineveh, Mesopotamia 尼尼微，美索不达米亚 Ⅰ 251（地图），
      表 F

   battering-ram remnants 攻城槌遗迹 Ⅱ 715

   boats and rafts 舟和筏 Ⅰ 736 – 737

brick and stone	砖和石（约公元前705年）Ⅰ 452 – 453, 469 – 472
gardens, Assyrian	花园，亚述（公元前7世纪）Ⅰ 551, 553
irrigation methods	灌溉方法 Ⅰ 524, 532, 552 – 553
ivory-work	象牙制品（约公元前650年）Ⅰ 676 – 677
metal-work	金属加工 Ⅰ 627, 632
roads	道路 Ⅰ 714
rope-making	制绳 Ⅰ 452 – 453
staining technique	染色技术（约公元前1500年）Ⅰ 243
town-planning	城镇规划 Ⅲ 271
water-supply	供水（公元前691年）Ⅰ 531 – 532, 552 – 553
weapons	武器（约公元前7世纪）Ⅰ 167
Nippur, Mesopotamia	尼普尔，美索不达米亚 Ⅰ 549
Nishapur, Persia	尼沙布尔，波斯 Ⅱ 302
Nivernais (Nièvre), France	尼韦奈（涅夫勒省），法国 Ⅲ 689
Niya, central Asia	尼雅，中亚 Ⅱ 164
Nogent-le-Roi, France	诺让勒鲁瓦，法国 Ⅱ 649
Nointel, France, Nointel	法国 Ⅰ 562（地图），563
Noisiel-sur-Marne, France	马恩河畔努瓦西尔，法国 Ⅴ 211, 474 – 475
Noordoostpolder, Netherlands	东北圩田，尼德兰 Ⅶ 907, 909
Nordhausen, Saxony	北豪森，萨克森洲 Ⅳ 242
Nordland, Norway	诺尔兰，挪威 Ⅵ 357
Nore, The Thames estuary, England	诺尔，泰晤士河河口，英格兰 Ⅴ 463
Norfolk, England	诺福克，英格兰
agriculture	农业 Ⅳ 5, 10, 17, 19; Ⅴ 13
land reclamation	土地改造 Ⅲ 315 – 316; Ⅴ 545
windmills	风车 Ⅲ 97

wool industry	羊毛工业 Ⅲ 152	
Noricum, Roman province	诺里库姆，罗马行省 Ⅰ 595 – 596；Ⅱ 56 – 57, 61, 456	
Normandy, France	诺曼底，法国	
agriculture	农业 Ⅳ 29, 31 – 32	
civil engineering	土木工程 Ⅳ 426；Ⅶ 896	
glass-making	玻璃制造 Ⅲ 238, 240	
land drainage	地面排水 Ⅲ 319	
Mulberry habour	马尔伯里港 Ⅶ 922	
navigation systems	灌溉系统 Ⅶ 847	
North Africa	北非 Ⅴ 10, 16, 265, 713, 827	
Northampton, England	北安普敦，英格兰 Ⅱ 532；Ⅲ 162	
Northamptonshire, England	北安普敦郡，英格兰 Ⅲ 136, 260；Ⅵ 414	
North Atlantic Ocean	北大西洋；参见 Atlantic Ocean	
North Cape, Norway	北角，挪威 Ⅴ 442	
North Carolina, U. S. A.	北卡罗来纳州，美国 Ⅶ 789	
North Chelmsford, Massa-chusetts, U. S. A.	北切姆斯福德，马萨诸塞州，美国 Ⅴ 645	
Northdale, Yorkshire, England	诺斯戴尔，约克郡，英格兰 Ⅰ 511	
North Downs, England	北部丘陵，英格兰 Ⅳ 448	
Northern Massim Islands	北马西姆群岛 Ⅰ 119	
Northern Rhodesia	北罗得西亚；参见 Zambia	
Northfleet, Kent, England	诺斯弗利特，肯特郡，英格兰 Ⅳ 449	
North Pole	北极 Ⅶ 797, 806	
North Sea	北海	
fishing industry	渔业 Ⅳ 44, 51 – 53, 62	
Kiel canal	基尔运河（北海 – 波罗的海运河）Ⅲ 444, 455；Ⅳ 560 – 561（地图）；Ⅵ 6；Ⅶ 913	
land-reclamation	土地开垦 Ⅴ 545	
natural gas	天然气 Ⅵ 191, 537	
oceanography	海洋学 Ⅶ 1451, 1462	

ports	港口 Ⅳ 51
ships	船 Ⅲ 476；Ⅳ 575；Ⅵ 6
submarine cables	海底电缆 Ⅳ 660
windmills	风车 Ⅳ 156
North Shields, Northumberland, England	北希尔兹，诺森伯兰，英格兰 Ⅴ 340
North Tees, Yorkshire, England	北蒂斯，约克郡，英格兰 Ⅶ 1031，1071
Northumberland, England	诺森伯兰，英格兰 Ⅲ 152；Ⅳ 10，18，177；Ⅴ 128
Norway	挪威 Ⅲ 532，683
Norwich, Norfolk, England	诺里奇，诺福克，英格兰
farm implements	农具 Ⅳ 3
madder dyestuff	茜草染料 Ⅴ 260
quarrying, building stone	采石，建筑石材 Ⅱ 35
shipbuilding theory	造船理论 Ⅴ 386
telegraphy	电报 Ⅳ 658；Ⅴ 227
textile machinery	纺织机 Ⅳ 319
tool-making	工具制造 Ⅲ 115
Notodden, Norway	诺托登，挪威 Ⅵ 522 – 523
Nottingham, Nottinghamshire, England	诺丁汉，诺丁汉郡，英格兰
alabaster source	雪花石膏来源 Ⅱ 38；Ⅳ 450
ceramics	陶瓷 Ⅱ 306；Ⅳ 345
education, discussions	教育，讨论 Ⅴ 778，795
railways	铁路 Ⅶ 786
road surfaces	路面 Ⅳ 541
textile machinery	纺织机 Ⅴ 598，600，602 – 603
water-supply	供水 Ⅴ 555
Nottinghamshire, England	诺丁汉郡，英格兰 Ⅳ 19，541
Nova Scotia, Canada	新斯科舍，加拿大 Ⅳ 50；Ⅴ 225；Ⅵ 323
Nuceria, Italy	努塞利亚，意大利 Ⅱ 513

Nun, cape, Morocco   修女角，摩洛哥 Ⅲ 544

Nuremberg, Germany   纽伦堡，德国

    alcoholic drinks   烈酒 Ⅱ 144

    carpenter's tools   木匠工具 Ⅱ 394, 641

    cartography   制图学 Ⅲ 532, 534 – 535, 548 – 549; V 458

    dyestuffs   染料 V 261

    firearms   枪支 Ⅲ 358

    glass-making   玻璃制造 Ⅲ 238

    instrument-makers   仪器制作者（约1471年）Ⅲ 585, 621 – 622

    machines, development   机械，发展 Ⅲ 337 – 338, 342

    metallurgy   冶金 Ⅱ 75; Ⅲ 678

    photochemistry discoveries   光化学发现 V 717

    printing   印刷 Ⅲ 380 – 381, 532, 534

    roads   道路（约1456年）Ⅱ 526, 531 – 532

    spinning processes   纺织法 Ⅱ 208

    timekeepers   计时器 Ⅲ 652, 656

    tin-plate production   马口铁的生产 Ⅱ 655

    tool-making   工具制造 Ⅱ 394

    viticulture   葡萄栽培 Ⅱ 138

    water-pipes   水管 Ⅱ 664

    water-power   水能 Ⅱ 611

Nutley, New Jersey, U. S. A.   纳特利，新西泽州，美国 Ⅶ 1269

Nuzi, Mesopotamia   努济，美索不达米亚 Ⅱ 319

Nydam, South Jutland   尼达姆，日德兰半岛南部 Ⅱ 457, 460, 578 – 579

Nyssa, Asia Minor   尼萨，小亚细亚 Ⅱ 671

O

Oakland, California, U. S. A.　　　奥克兰，加利福尼亚州，美国 Ⅶ 728

Oak Ridge, Tennessee, U. S. A.　　橡树岭，田纳西州，美国 Ⅵ 230 – 231，
　　　　　　　　　　　　　　　　233 – 234，239，252，260 – 261；Ⅶ 1333

Oaxaca, Mexico　　　　　　　　　瓦哈卡，墨西哥 Ⅳ 139

Obourg, Belgium　　　　　　　　　奥博堡，比利时 Ⅰ 560 – 561，562（地图）

Odelberg, Sweden　　　　　　　　　奥德堡，瑞典 Ⅴ 662

Odense, Denmark　　　　　　　　　欧登塞，丹麦 Ⅳ 497

Odenwald, Hesse, Germany　　　　　奥登林山，黑森，德国 Ⅱ 30 – 31

Oder, river, Germany　　　　　　　奥德河，德国 Ⅲ 454；Ⅳ 551

Oedenburg（Sopron）, Hungary　　　欧登堡（肖普朗），匈牙利 Ⅰ 443

Oeniadae, Greece　　　　　　　　　奥尼亚戴，希腊 Ⅱ 517

Offenbach, Hesse, Germany　　　　　奥芬巴赫，黑森，德国 Ⅴ 346

Ohio, river, U. S. A.　　　　　　　俄亥俄河，美国 Ⅳ 459，537；Ⅶ 884

—U. S. A.　　　　　　　　　　　　俄亥俄州，美国 Ⅴ 331；Ⅵ 295，623；
　　　　　　　　　　　　　　　　Ⅶ 789

Öhringen, Germany　　　　　　　　厄林根，德国 Ⅰ 355

Oil Creek, Pennsylvania　　　　　　石油溪，宾夕法尼亚 Ⅴ 110，120

Oise, river, France　　　　　　　　瓦兹河，法国 Ⅳ 453，555 – 556

Okinawa, Japan　　　　　　　　　　冲绳岛，日本 Ⅶ 814

Oklahoma, U. S. A.　　　　　　　　俄克拉荷马州，美国 Ⅵ 189，401

Oldbury, Worcestershire,　　　　　　奥尔德伯里，伍斯特郡，英格兰 Ⅳ 241；
　　England　　　　　　　　　　　Ⅴ 91，249，251，253；Ⅵ 520

Old Ford　　　　　　　　　　　　　旧福德；参见 London

Oldham, Lancashire, England　　　　奥尔德姆，兰开夏郡，英格兰 Ⅴ 523，610，
　　　　　　　　　　　　　　　　801，823

Olduvai, Tanganyika　　　　　　　　奥杜瓦伊，坦噶尼喀 Ⅰ 25，37（地图）

Olympia, Greece　　　　　　　　　　奥林匹亚，希腊 Ⅰ 661，681；Ⅱ 398，470，
　　　　　　　　　　　　　　　　499

Olynthus, Macedonia　　　　　　　　奥林索斯，马其顿 Ⅰ 395；Ⅱ 108，112，

	445；Ⅲ 273 – 274
Oman，Arabia	阿曼，阿拉伯半岛 Ⅱ 53
Omari，El-	奥玛里；参见 El – Omari
Onega，lake，Russia	奥涅加湖，俄罗斯 Ⅳ 554
Ontario，Canada	安大略，加拿大 Ⅶ 1380
—lake，Canada-U. S. A.	安大略湖，加拿大 – 美国 Ⅳ 551 – 552； Ⅶ 917 – 919
Ophir（Suppara），India	俄斐，印度 Ⅰ 664
Oppau，W. Germany	奥堡，联邦德国 Ⅵ 526 – 527
Orbiel，river，Languedoc canal， France	奥尔比约河，朗格多克运河，法国 Ⅲ 467
Oregon，U. S. A.	俄勒冈州，美国 Ⅴ 3；Ⅵ 419；Ⅶ 884
Orkney Islands，Scotland	奥克尼群岛，苏格兰 Ⅰ 382，408，421；Ⅳ 57，616；Ⅵ 216
Orleans，France	奥尔良，法国 Ⅱ 608；Ⅲ 225，463；Ⅳ 31
Ormesby，Yorkshire，England	奥姆斯比，约克郡，英格兰 Ⅴ 58
Orne，river，France	奥恩河，法国 Ⅳ 29
Orsova，Rumania	奥尔绍瓦，罗马尼亚 Ⅱ 512
Orvieto，Perugia，Italy	奥尔维耶托，佩鲁贾，意大利 Ⅱ 58；Ⅳ 329 注释
Oseberg，Norway	奥斯伯格，挪威 Ⅰ 356；Ⅱ 237
Oslo，Norway	奥斯陆，挪威 Ⅲ 533
Osmundsberg，Sweden	奥斯蒙德斯堡，瑞典 Ⅳ 539
Ostend，Belgium	奥斯坦德，比利时 Ⅲ 453；Ⅳ 558 – 560
Öster-Götland，Sweden	东约特兰，瑞典 Ⅰ 362
Ostia，Italy	奥斯蒂亚，意大利
building methods	建造方法 Ⅱ 416，446，图版 29A
food imports	食品进口 Ⅱ 103，134
hydraulic engineering	水力工程 Ⅱ 677
machines	机械（约公元 79 年）Ⅱ 639
port of Rome	罗马港 Ⅱ 518
town-planning	城镇规划 Ⅲ 280 – 282（地图）

viticulture	葡萄栽培 Ⅱ 134
Ostrakina, Palestine, Ostrakina	巴勒斯坦 Ⅰ 259
Otranto, Italy	奥特朗托，意大利 Ⅲ 474
Ottawa, Canada	渥太华，加拿大 Ⅳ 552；Ⅶ 1378
—river, Canada	渥太华河，加拿大 Ⅳ 552
Otterspoor, Holland	奥特斯普，荷兰 Ⅲ 441
Ouse, Fenland river, England	乌斯河，沼泽地，英格兰 Ⅲ 316
—river, Yorkshire, England	乌斯河，约克郡 Ⅲ 458；Ⅶ 890
Oxford, England	牛津，英格兰
agriculture	农业 Ⅳ 41
Baconian College sequel	培根式学院（1648 年）Ⅲ 681
building methods	建造方法 Ⅲ 257, 265 – 266
coffee, new drink	咖啡，新饮料（1650 年）Ⅲ 6
instrument-makers	仪器制造者 Ⅲ 585 – 586
printing	印刷 Ⅲ 402
stained-glass windows	彩色玻璃窗 Ⅲ 241
stones, quarrying	石头，采石 Ⅱ 35 – 36
waterways	河道 Ⅲ 441
Oxfordshire, England	牛津郡，英格兰 Ⅱ 35 – 36；Ⅲ 147；Ⅳ 20

P

Pachuca, Mexico	帕丘卡，墨西哥 Ⅳ 138
Pacific Coast, America	太平洋沿海，美洲 Ⅴ 36
Pacific Ocean	太平洋
aircraft	飞行器 Ⅶ 806, 813 – 815
canals	运河 Ⅳ 562；Ⅶ 913, 915 – 917
cartography	绘图学 Ⅳ 598, 618
marine works	海洋工程 Ⅳ 465
navigation, Loran system	航海，罗兰导航系统 Ⅶ 847

oceanography	海洋学 Ⅶ 1454，1462
Paclais，Loire-Inférieure，France	帕克莱斯，下卢瓦尔省，法国 Ⅲ 96
Pactolus，river，Asia Minor	帕克托勒斯河，小亚细亚 Ⅱ 42
Paddington Station	帕丁顿车站；参见 London
Paderno，on river Adda，Italy	帕代尔诺，阿达河畔，意大利 Ⅲ 448 – 450
Padua，Italy	帕多瓦，意大利 Ⅲ 249，314，447，451 注释，677；Ⅳ 329 注释；Ⅶ 1344
Paisley，Renfrewshire，Scotland	佩斯利，伦弗鲁郡，苏格兰 Ⅳ 300，501；Ⅴ 315，362
Pajarito Plateau，New Mexico，U. S. A.	帕哈里托高原，新墨西哥州，美国 Ⅵ 272
Pakistan	巴基斯坦 Ⅶ 886，892，905
Palatinate，the，Germany	帕拉蒂纳特，德国 Ⅳ 25
Palazzolo，Italy	帕拉佐洛，意大利 Ⅲ 309
Palermo，Sicily	巴勒莫，西西里岛 Ⅲ 198
Palestine	巴勒斯坦 Ⅲ 573 – 574；Ⅴ 259；Ⅵ 543
Palestrina（Praeneste），Italy	帕莱斯特里纳（普雷尼斯特），意大利 Ⅰ 770；Ⅱ 511，570
Palma Nuova，Venetia，Italy	新帕尔马，韦内奇亚，意大利 Ⅲ 286
Palmyra，Syria	巴尔米拉，叙利亚 Ⅱ 497 – 498，501（地图）
cartography，medieval	制图学，中世纪 Ⅲ 521 – 522
Chinese silk	中国丝绸 Ⅲ 195
salt-oases	贩盐绿洲 Ⅰ 257
town-planning	城镇规划 Ⅲ 275，280
water-supply	供水 Ⅰ 528，532
Pamplona，Navarre，Spain	潘普洛纳，那瓦尔，西班牙 Ⅳ 554
Panama，Central America	巴拿马，中美洲 Ⅳ 562；Ⅶ 696，913
Panama Canal	巴拿马运河 Ⅵ 4，494；Ⅶ 911，913，915 – 917
Panopolis，Egypt	潘诺普列斯，埃及 Ⅱ 140

Papal States, Italy   教皇国，意大利 Ⅳ 529

Paphos, Cyprus   帕福斯，塞浦路斯 Ⅱ 459

Papplewick, Nottinghamshire,   帕珀威克，诺丁汉郡，英格兰 Ⅳ 154，283
　　England

Para, Brazil   帕拉，巴西 Ⅴ 752，774

Paris, France, general   巴黎，法国，概述；参见 Paris, France,
                                             　place names

　aeronautics   飞行学 Ⅴ 399 – 400，402；Ⅶ 797

　agriculture   农业 Ⅳ 31，674

　aircraft   飞艇 Ⅶ 800，823

　bicycle industry   自行车工业 Ⅴ 414

　bridges   桥梁 Ⅲ 423，425，430

　building materials   建筑材料 Ⅳ 449 – 451；Ⅴ 471 – 473，488 –
                                            　490，496

　building methods   建造方法 Ⅲ 252，254 – 255，258，293；
                                            　Ⅳ 482，682；Ⅴ 62 – 63，488 – 490

　buildings, fire-protection   建筑，防火 Ⅳ 475 – 476

　cartography   制图法 Ⅲ 531，554；Ⅳ 596 – 597，605 –
                                            　607，609，615

　ceramics   陶器 Ⅳ 328；Ⅴ 661，670

　chemical industry   化学工业 Ⅳ 234，238，255

　coffee-drinking   喝咖啡（1643 年）Ⅲ 6

　dredging   疏浚 Ⅳ 631

　drilling equipment   钻井器具 Ⅴ 108

　dyestuffs   染料（19 世纪）Ⅴ 272

　education, discussions   教育，讨论 Ⅴ 794；Ⅵ 140 – 141

　electricity   电力 Ⅴ 179，188，196，206，229；
                                            　Ⅶ 1074，1242

　electric-lighting   电气照明 Ⅴ 210 – 212；Ⅵ 296

　Exhibition   博览会（1867 年）Ⅴ 789；Ⅵ 141

　foods, manufacture   食物，产业 Ⅶ 1400

　gas, lighting and heating   气体，照明和供暖 Ⅳ 258，260 – 261，

264

instrument-making	仪器制造 Ⅲ 585, 616；Ⅳ 398
japanning trade	涂漆工业 Ⅲ 696
machines	设备（17 世纪）Ⅲ 333, 340 – 341, 345
machine-tools	机床 Ⅴ 641；Ⅶ 1041
medicine	医疗 Ⅶ 1322, 1346, 1354
metallurgy	冶金 Ⅳ 143, 234；Ⅴ 62 – 63, 66, 91, 609
military engines	军用装备 Ⅱ 723；Ⅲ 358
oceanography	海洋学 Ⅳ 615；Ⅶ 1447
photography	摄影术 Ⅴ 725, 739 – 740, 743；Ⅶ 1288
printing	印刷 Ⅲ 397 注释, 398；Ⅴ 691, 698
roads and streets	道路和街道 Ⅱ 532；Ⅲ 293；Ⅳ 522 – 523, 526, 539 – 540, 542, 544
road-vehicles	道路车辆 Ⅴ 429；Ⅶ 871
rubber manufacture	橡胶制造业 Ⅴ 765, 773
sanitary engineering	卫生工程 Ⅳ 505, 512 – 513；Ⅴ 489 – 490
ships	船 Ⅴ 351, 353
spinning machinery	纺纱机械 Ⅳ 297
steamboats	蒸汽船 Ⅴ 142 – 143
steel industry	钢铁工业 Ⅴ 62 – 63, 66
stained-glass	彩色玻璃 Ⅲ 241
telegraphy	电报 Ⅳ 645 – 646
telephone cables	电缆 Ⅶ 1242
textile industry	纺织工业 Ⅲ 178；Ⅳ 324；Ⅴ 588
timekeeping mechanisms	计时机制 Ⅲ 674
tool-making	制造工具 Ⅲ 115
town-planning	城镇规划 Ⅲ 293；Ⅶ 966, 976
wartime	战时 Ⅵ 8, 11
water-mills	水磨 Ⅱ 608
water-supply	供水 Ⅱ 691；Ⅲ 333；Ⅳ 498, 674；Ⅴ 555, 565

waterways	水路 Ⅲ 441，463；Ⅳ 548，555－557
Paris，France，place names	巴黎，法国，地名
Bois de Boulogne	布洛涅森林 Ⅴ 395
Boulevard des Capucines	嘉布遣大道 Ⅴ 745
Champs de Mars	战神广场 Ⅳ 255
Champs Elysées	香榭丽舍大道 Ⅳ 264
Eiffel Tower	埃菲尔铁塔 Ⅴ 62－63
Hôtel Seignelay	塞格莱酒店 Ⅳ 258，261，264
Île-Saint-Louis	圣路易岛 Ⅳ 261
Place de la Concorde	协和广场 Ⅳ 539
Pont du Caroussel	卡鲁塞尔桥 Ⅳ 539
Pont Notre-Dame	圣母桥 Ⅲ 333
Pont Royal	皇家桥 Ⅳ 539
Rue Bergère	伯热尔大街 Ⅳ 540
Saint-Eugène	圣欧仁 Ⅴ 471
Tuileries Gardens	杜伊勒利花园 Ⅳ 255；Ⅴ 396
Parlin，New Jersey，U. S. A.	帕林，新泽西州，美国 Ⅵ 508
Parma，Italy	帕尔马，意大利 Ⅲ 446；Ⅳ 34
Paros，Aegean Sea	帕罗斯，爱琴海 Ⅱ 24－25，399
Parramatta，river，Australia	帕拉马塔河，澳大利亚 Ⅶ 894
Parys Mountain，Anglesey，Wales	帕里斯山，安格尔西，威尔士 Ⅳ 64
Pasion，Greece	帕西翁，希腊 Ⅱ 58
Passau，Bavaria	帕绍，巴伐利亚 Ⅱ 75；Ⅳ 263
Passchendaele，Flanders	帕斯亨达莱，弗兰德斯 Ⅲ 453
Passy，Paris，France	帕西，巴黎，法国 Ⅳ 178；Ⅴ 555
Patleina，Bulgaria	帕特雷纳，保加利亚 Ⅱ 288
Patricroft，Lancashire，England	帕特里克罗夫特，兰开夏郡，英格兰 Ⅳ 430；Ⅴ 838
Pavia，Italy	帕维亚，意大利 Ⅲ 446，449
Pearl Harbour，Hawaii，	珍珠港，夏威夷，美国 Ⅵ 21，227－228；

U. S. A.   Ⅶ 813

Péchelbronn, France   佩彻布朗，法国 Ⅳ 539；Ⅴ 103，111，113，
                                      118

Pech-Merle, Lot, France   佩什梅尔勒，洛特，法国 Ⅰ 144 – 145

Pecos County, Texas, U. S. A.   佩科斯县，德克萨斯州，美国 Ⅵ 388

Peenemünde, W. Germany   佩讷明德，联邦德国 Ⅶ 863 – 865

Peking, China   北京，中国 Ⅲ 440；Ⅳ 597；Ⅵ 15；Ⅶ 871

Pelusium, Egypt   佩鲁西姆，埃及 Ⅰ 257，259

Pembrey, Carmarthenshire,   彭布雷，卡马森郡，威尔士 Ⅴ 85；Ⅵ 444
    Wales

Pembroke, Wales   彭布罗克，威尔士 Ⅳ 587；Ⅴ 373

Pembrokeshire, Wales   彭布罗克郡，威尔士 Ⅳ 81

Pencoyd, near Philadelphia,   彭科伊德，费城附近，美国 Ⅴ 60
    U. S. A.

Pendleton, near Manchester,   彭德尔顿，曼彻斯特附近，英格兰 Ⅳ 251
    England

Pennines, England   奔宁山脉，英格兰
    buildings   建筑（17 世纪）Ⅲ 257，260 – 261
    water-dams   水坝 Ⅳ 495，497；Ⅴ 556
    water-power   水力 Ⅳ 151 – 152
    Woodhead tunnel   伍德黑德隧道 Ⅶ 899

Pennsylvania, U. S. A.   宾夕法尼亚州，美国
    anthracite coal   无烟煤 Ⅳ 110
    gas turbines   燃气轮机 Ⅶ 1020 – 1021
    medical products   医疗产品 Ⅶ 1355
    oil industry   石油工业 Ⅴ 106 – 107，109 – 110；Ⅵ
                                        377，380，405；Ⅶ 740
    railway engineering   铁路工程 Ⅴ 330 – 331
    steel industry   钢铁工业 Ⅳ 110；Ⅶ 479，488，880

Pentelicon, Mount, Attica   彭特利库斯山，阿提卡 Ⅱ 24 – 26，398

Per-Amen, Egypt   埃及 Ⅰ 284

Perche, La   拉佩尔什；参见 La Perche

Pergamum（Pergamon），Asia Minor	帕加马，小亚细亚 Ⅱ 502（地图），760
aqueduct，design	渡槽，设计 Ⅱ 668 – 669，671
ceramics	陶器 Ⅱ 268
metallurgy	冶金 Ⅱ 48，52
parchment	羊皮纸 Ⅱ 188
terrestrial globe	地球仪（约公元前 150 年）Ⅲ 614
Périgord，France	佩里戈尔，法国 Ⅲ 34
Perm，Urals，Russia	彼尔姆，乌拉尔，俄罗斯 Ⅳ 529
Perpignan，Pyrénées-Orientales，France	佩皮尼昂，东比利牛斯山脉，法国 Ⅴ 107
Persepolis，Persia	波斯波利斯，波斯 Ⅱ 496
Persia	波斯 Ⅳ 328，335，337；Ⅴ 103，266
Persian Gulf	波斯湾 Ⅲ 505；Ⅶ 788，802，1461
Perth，Scotland	珀斯，苏格兰 Ⅴ 323，333，555
Peru，South America	秘鲁，南美洲
agriculture	农业 Ⅲ 1，3；Ⅴ 24
borax source	硼砂来源 Ⅴ 321
cartography	制图学 Ⅲ 554；Ⅳ 596；Ⅴ 442
coal resources	煤炭资源 Ⅲ 73
knitted fabric	针织物 Ⅲ 182
metallurgy	冶金 Ⅳ 139
oil resources	石油资源 Ⅴ 102
rubber，discoveries	橡胶的发现（1736 年）Ⅴ 754
shipbuilding theory	造船理论 Ⅴ 353
Perugia，Italy	佩鲁贾，意大利 Ⅰ 769
Pesaro，Italy	佩萨罗，意大利 Ⅲ 313；Ⅳ 329 注释
Peterborough，Northamptonshire，England	彼得伯勒，北安普敦郡，英格兰 Ⅱ 441，679；Ⅳ 658；Ⅶ 1183
Peterhead，Aberdeenshire，Scotland	彼得黑德，阿伯丁郡，苏格兰 Ⅳ 58

Peterhof, Gulf of Finland, Russia	彼得霍夫，芬兰湾，俄罗斯 Ⅳ 656
Petersinsel (lake-village)	彼得森塞尔（湖边村庄）Ⅰ 369
Petra, Syria	佩特拉，叙利亚 Ⅱ 497 – 498
Petrograd	彼得格勒；参见 Leningrad and St Petersburg
Petrolia, Ontario, Canada	彼得罗利亚，安大略，加拿大 Ⅴ 110
Petrossa, Rumania	彼得罗萨，罗马尼亚 Ⅱ 452
Petsofa, Palaikastro, Crete	佩特索法，帕莱卡斯特罗，克里特 Ⅰ 403
Pewsey, vale of, Wiltshire, England	皮尤西山谷，威尔特郡，英格兰 Ⅲ 147
Phaistos (Phaestos), Crete	费斯托斯，克里特岛 Ⅰ 403；Ⅱ 494
Philadelphia, U. S. A.	费城，美国
cables, electric	电缆 Ⅶ 1077, 1242
chemical industry	化学工业 Ⅵ 507
dredging	疏浚 Ⅳ 641
lighting, electric	电力照明 Ⅴ 213
medicine	医疗 Ⅶ 1322, 1323, 1330 – 1331, 1348
paper manufacture	造纸业 Ⅵ 610
photography	摄影术 Ⅴ 725, 729, 737
printing	印刷 Ⅴ 691 – 692, 700；Ⅶ 1269
railway engineering	铁路工程 Ⅴ 327, 332
roads and streets	街道和路面 Ⅳ 540, 543
road vehicles	汽车 Ⅶ 717, 725
rubber manufacture	橡胶制造 Ⅴ 766
steam-engines	蒸汽机 Ⅴ 131, 137, 149
Philippine Islands	菲律宾群岛 Ⅰ 165, 219, 226；Ⅲ 4, 8；Ⅵ 2, 21, 23
Philippine Trench, Pacific Ocean	菲律宾深海沟，太平洋 Ⅶ 1452
Phocaea (Fogliari), west Turkey	福西亚，土耳其西部 Ⅱ 368, 486
Phylakopi, Melos	菲拉科皮，米洛斯岛 Ⅰ 423
Piacenza, Italy	皮亚琴察，意大利 Ⅴ 103

Piano d'Oroto, Italy　　　　　　　　皮亚诺－德奥尔托，意大利 Ⅵ 524

Picardy, France　　　　　　　　　　皮卡第，法国 Ⅲ 91，175，319；Ⅳ 31

Piedmont, Italy　　　　　　　　　　皮埃蒙特，意大利 Ⅲ 218；Ⅳ 34－35；
　　　　　　　　　　　　　　　　　　Ⅴ 20

Piltdown, Sussex, England　　　　　　皮尔丹，萨塞克斯，英格兰 Ⅰ 141

Pimlico　　　　　　　　　　　　　　皮姆利科；参见 London

Pingsdorf, Rhineland　　　　　　　　平斯多夫，莱茵兰地区 Ⅱ 295

Piperno, Italy　　　　　　　　　　　派帕诺，意大利 Ⅲ 311

Piraeus, Greece　　　　　　　　　　比雷埃夫斯，希腊 Ⅱ 402－403，413，
　　　　　　　　　　　　　　　　　　517－518，529；Ⅲ 271－272

Pir Panjal range, Himalayas,　　　　　比尔本贾尔岭，喜马拉雅山脉，印度 Ⅶ 874
　　India

Pisa, Italy　　　　　　　　　　　　　比萨，意大利 Ⅱ 582；Ⅲ 230，314，662；
　　　　　　　　　　　　　　　　　　Ⅴ 188，320

Pitchford, Shropshire, England　　　　匹奇福德，什罗普郡，英格兰 Ⅲ 688；
　　　　　　　　　　　　　　　　　　Ⅴ 103

Pittsburgh, Pennsylvania,　　　　　　匹兹堡，宾夕法尼亚，美国
　　U. S. A.

　　electric cables　　　　　　　　　电缆 Ⅶ 1074

　　glass manufacture　　　　　　　　玻璃制造业 Ⅵ 578

　　industrialization process　　　　　工业化进程 Ⅴ 808

　　metal rolling-mills　　　　　　　金属轧制机 Ⅴ 612

　　natural gas　　　　　　　　　　天然气 Ⅵ 407

　　oil drilling　　　　　　　　　　石油开采 Ⅴ 109

　　radio broadcasts　　　　　　　　无线电广播（1920 年）Ⅶ 1254

　　railways　　　　　　　　　　　铁路 Ⅵ 465；Ⅶ 785

　　steel industry　　　　　　　　　钢铁工业 Ⅴ 53，68；Ⅵ 465，472，486

Pittstown, New York State,　　　　　匹兹镇，纽约州，美国 Ⅴ 589
　　U. S. A.

Plaine, Rigole de la, France　　　　　平原供水渠，法国 Ⅲ 468

Plataea, Greece　　　　　　　　　　普拉蒂亚，希腊 Ⅱ 529，698

Plattenberg　　　　　　　　　　　　普拉顿贝尔格 Ⅱ 75

Plaue, lake, Germany 普劳厄湖，德国 III 455

Plover Cove, Hong Kong, China 船湾，香港，中国 VII 911 – 912

Plumstead 普拉姆斯特德；参见 London

Plymouth, Devon, England 普利茅斯，德文，英格兰

    ceramics 陶器 IV 340 – 341, 344

    marine works 海洋工程 IV 466 – 469

    refrigeration 冷藏 V 49

    shipbuilding 造船 IV 582

    telegraphy 电报 IV 647

    telephone system 电话系统 V 226

    water-supply 供水 II 691

Plymstock, Devon, England 普利系斯，德文，英格兰 I 612

Po, river, Italy 波河，意大利 III 310, 314, 446；IV 35；
    V 20；VII 896

Pocket Nook, St Helens, 波凯特努克，圣海伦斯，兰开夏郡，英格兰
    Lancashire, England   IV 373 – 375

Poissy, France 普瓦西，法国 VII 1400

Poitiers, France 普瓦捷，法国 II 452, 720, 735, 765

Poitou, France 普瓦图，法国 III 319；IV 29, 32

Pola, on Adriatic Sea, Italy 波拉，亚得里亚海沿岸，意大利 V 567

Poland 波兰 III 229, 579

Poldhu, Cornwall, England 波尔沪，康沃尔，英格兰 V 228；VII 1233

Polvaccio, near Carrara, Italy 波伐锡沃，卡拉拉附近，意大利 II 28

Pomerania, Prussia 波美拉尼亚，普鲁士 I 576；IV 23

Pompeii, Italy 庞贝，意大利 II 501（地图）

    bread-making 面包制作 II 118

    building methods, Roman 建造方法，罗马时期 II 415 – 416, 446,
        图版 29B

    cloth-making 织布 II 214, 217 – 219

    donkey-mills 驴磨（约公元 79 年）II 110, 639

    furniture, Roman 家具，罗马 II 224 – 225, 230

    glass products 玻璃制品 II 323, 416；III 237

heating system, Roman　　　　　　取暖系统，罗马 Ⅰ 231

leather-work　　　　　　　　　　皮革制品 Ⅱ 148

machines, Roman period　　　　　机械，罗马时期 Ⅱ 110，631，638 – 639

painting remains　　　　　　　　绘画遗迹（1 世纪）Ⅱ 363 – 364

roads　　　　　　　　　　　　　道路 Ⅱ 530 – 531，图版 34B

shipbuilding　　　　　　　　　　造船业 Ⅱ 570 – 572

surveying instruments　　　　　　测量仪器 Ⅲ 512

tools, carpentry　　　　　　　　工具，木匠 Ⅱ 230，392 – 293

town-planning　　　　　　　　　城镇规划 Ⅲ 274 – 275

water-supply　　　　　　　　　供水 Ⅱ 664 – 665，677

Pontarlier, Doubs, France　　　　蓬塔利耶，杜城，法国 Ⅳ 540

Pont Crouzet, near Cammazes,　　蓬克罗泽，卡马泽附近，法国 Ⅲ 468
　France

Pontine Marshes, Italy　　　　　庞庭沼泽地，意大利 Ⅲ 311 – 313，图版 19

Pontus　　　　　　　　　　　　本都 Ⅱ 54，58

Pont-y-Cysyllte, Shropshire,　　蓬 – 伊 – 锡叙尔蒂交架渠，什罗普郡，
　England　　　　　　　　　　英格兰 Ⅳ 567

Pontypool, Monmouthshire,　　　庞蒂浦，蒙茅斯郡，威尔士 Ⅲ 688 – 689；
　Wales　　　　　　　　　　　Ⅳ 104，115

Pontypridd, Wales　　　　　　　庞特普里斯，威尔士 Ⅲ 434

Poplar　　　　　　　　　　　　波普勒区；参见 London

Popudnia, Ukraine　　　　　　　波普蒂尼亚，乌克兰 Ⅰ 307，309

Populonia, Italy　　　　　　　　波普洛尼亚，意大利 Ⅱ 50，52，56，60

Porjus, Sweden　　　　　　　　波尔尤斯，瑞典 Ⅵ 200

Portland, Cotswold Hills,　　　波特兰，科茨沃尔德丘陵，英格兰 Ⅲ 260
　England

—Dorset　　　　　　　　　　波特兰，多赛特 Ⅳ 448 – 449，451

Port Patrick, Wigtownshire,　　帕特里克港，威格敦郡，苏格兰 Ⅴ 225
　Scotland

Portrush, Northern Ireland　　　波特拉什，北爱尔兰 Ⅴ 233，347

Portsmouth, Hampshire,　　　　朴次茅斯，汉普郡，英格兰

England	
machine-tools	机床 IV 424，426 – 427，437；V 636
shipbuilding	造船 III 491；IV 576 – 577，580 – 581，584，587
telegraphy	电报 IV 647
water-supply	供水 IV 553，555
—New Hampshire，U. S. A.	朴次茅斯，新罕布什尔州，美国 VI 6
Port Sunlight，Cheshire，England	阳光港，柴郡，英格兰 V 806
Port Talbot，Glamorgan，Wales	托尔博特港，格拉摩根，威尔士 VI 496；VII 920，922，927 – 929
Portus，Italy	波图斯，意大利 II 518，522
Potomac，river，U. S. A.	波托马克河，美国 V 142，152
Potsdam，Prussia	波茨坦，普鲁士 III 225
Potters Bar，Hertfordshire，England	波特斯巴，赫特福德郡，英格兰 VII 902 – 904
Potterspury，Northamptonshire，England	波特斯伯里，北安普敦郡，英格兰 II 296
Poughkeepsie，New York State，U. S. A.	波基普西，纽约州，美国 V 564
Pozzuoli（Puteoli），Italy	波佐利（普特奥利），意大利 II 59 – 60，355，520，530 – 531
Praeneste	普拉内斯特；参见 Palestrina
Prague，Czechoslovakia	布拉格，捷克斯洛伐克
glass-engraving	玻璃雕刻 III 223
instrument-making	仪器制造 III 621
printing	印刷 V 706
sewerage system	污水系统 VII 1384
timekeepers	计时器 III 658
street lighting	街道照明（1817 年）V 116
textiles，manufacture	纺织，制造业 VI 670
Prater，Vienna，Austria	普拉特，维也纳，奥地利 VII 1129

Preston, Lancashire, England	普雷斯顿，兰开夏郡，英格兰 Ⅴ 333，540；Ⅶ 876，961
Prestonpans, Firth of Forth, Scotland	普雷斯顿潘斯，福斯湾，苏格兰 Ⅳ 244
Préty, Burgundy	普雷蒂，勃艮第 Ⅱ 599
Priene, near Miletos, Asia Minor	普里恩，米利都附近，小亚细亚 Ⅲ 273 – 274
Prince Rupert, Canada	鲁珀特王子港，加拿大 Ⅶ 788
Pvottalaugar, Iceland	普沃塔劳格，冰岛 Ⅵ 220
Provence, France	普罗旺斯，法国 Ⅲ 159，319；Ⅳ 27；Ⅴ 260
Providence, Rhode Island, U. S. A.	普罗维登斯，罗德岛，美国 Ⅶ 1227
Provo, Utah, U. S. A.	普罗沃，犹他州，美国 Ⅵ 468
Puentes, Spain	蓬特斯，西班牙 Ⅳ 498
Puerto Príncipe, Havana	普林西比港，哈瓦那 Ⅴ 102
Puerto Rico, West Indies	波多黎各，西印度群岛 Ⅴ 23
Pulicat, Madras coast, India	布利格德，马德拉斯海岸，印度 Ⅳ 249 注释 2
Punjab, India	旁遮普，印度 Ⅰ 202
Punt (Ethiopia, Red Sea coast)	蓬特（埃塞俄比亚，红海海岸）
cosmetics, export	化妆品，出口 Ⅰ 293
gum, arabic	阿拉伯树胶 Ⅰ 243
ebony, export	乌木，出口（约公元前 1500 年）Ⅰ 685
incense trees	生产熏香的树 Ⅰ 295，544
ivory-work	象牙制品 Ⅰ 663
ships	船（约公元前 1500 年）Ⅰ 55，735
Purbeck, Dorset, England	珀贝克，多塞特郡，英格兰 Ⅲ 396；Ⅳ 543
Pushkari, Ukraine	布什格里，乌克兰 Ⅰ 301 – 302
Puteaux, near Paris, France	皮托，巴黎附近，法国 Ⅴ 242，435
Puteoli	普特奥利；参见 Pozzuoli

Pyrenees, France-Spain   比利牛斯山脉, 法国－西班牙 Ⅲ 596；
Ⅳ 29, 605；Ⅵ 508

Q

Qau, Egypt   库埃, 埃及 Ⅰ 368, 477, 666
Quebec, Canada   魁北克, 加拿大 Ⅵ 227
Queenborough, Isle of Sheppey,   昆伯勒, 谢佩岛, 肯特, 英格兰 Ⅳ 251
   Kent, England
Queensland, Australia   昆士兰, 澳大利亚 Ⅴ 9, 23；Ⅵ 308, 315
Quesnoy, France   凯努瓦, 法国 Ⅳ 645
Quiberon Bay, Brittany   基伯龙湾, 布列塔尼 Ⅲ 499
Quina, La   拉奎伊纳；参见 La Quina
Quinte, Bay of, Lake Ontario,   昆蒂湾, 安大略湖, 加拿大 Ⅳ 552
   Canada

R

Radcliffe, Manchester, England   德克利夫, 曼彻斯特, 英格兰 Ⅳ 245
Radley, Berkshire, England   拉德利, 伯克郡, 英格兰 Ⅰ 图版 8
Radstock, Somerset, England   拉德斯托克, 萨默塞特, 英格兰 Ⅴ 331
Raleigh, North Carolina,   罗利, 北卡罗来纳州, 美国 Ⅶ 953
   U. S. A.
Rambouillet, France   朗布依埃, 法国 Ⅳ 27
Rammelsberg, Germany   拉姆斯堡, 德国 Ⅲ 692
Ramsey Abbey, Hunting-   拉姆西修道院, 亨廷登郡, 英格兰 Ⅱ 760
   donshire, England
Ramsgate, Kent, England   拉姆斯盖特, 肯特, 英格兰 Ⅳ 467
Rana-Ghundai, Baluchistan   拉纳昆代, 俾路支 Ⅰ 721

Rance, river, France 朗斯河，法国 Ⅵ 218

Rand, the, South Africa 兰德，南非 Ⅴ 95

Ranipur, river, India 拉尼布尔河，印度 Ⅴ 542

Raqqa, Syria 拉卡，叙利亚 Ⅱ 328

Rasselstein, Rhineland, 拉塞尔斯，莱茵兰，德国 Ⅳ 115
　Germany

Ras Shamra, Syria 拉斯沙姆拉，叙利亚 Ⅰ 673

　craft guilds 手工艺行会 Ⅰ 665 注释

　dyestuffs 染料 Ⅰ 247

　metal weapons 金属武器（约公元前 1300 年）Ⅰ 618 – 619

Rathenow, Prussia 拉特诺，普鲁士 Ⅲ 450

Ratisbon, Bavaria 拉蒂斯邦，巴伐利亚 Ⅳ 170

Ratman, river, India 拉特曼河，印度 Ⅴ 542

Ratoo mountains, Borneo 拉托山脉，婆罗洲 Ⅳ 144

Ravenhead, Lancashire 拉文海德，兰开夏郡，英格兰 Ⅳ 368 – 369，
　England 371，373

Ravenna, Italy 拉韦纳，意大利 Ⅱ 227，413，421 – 424，
　679；Ⅲ 312

Ravensbourne, river, Kent 雷文斯本河，肯特 Ⅳ 494

Ravi, river, India 拉维河，印度 Ⅶ 883

Rawalpindi, Pakistan 拉瓦尔品第，巴基斯坦 Ⅶ 884

Ray（Rhagae）, Persia 拉伊，波斯 Ⅱ 736 – 737

Reading, Berkshire, England 雷丁，伯克郡，英格兰 Ⅲ 457；Ⅴ 723；
　Ⅶ 875，1374，1378

—Pennsylvania, U. S. A. 雷丁，宾夕法尼亚州，美国 Ⅴ 327

Redbridge, near Southampton, 雷德布里奇，南安普顿附近，英格兰 Ⅳ 581
　England

Redgrave Park, Suffolk, England 雷德格雷夫公园，萨福克，英格兰 Ⅰ 609

Redruth, Cornwall, England 雷德鲁斯，康沃尔，英格兰 Ⅳ 252，262

Red Sea 红海 Ⅲ 439；Ⅳ 561；Ⅶ 1466

Regensburg, Bavaria, Germany 雷根斯堡，巴伐利亚，德国 Ⅱ 531；Ⅲ 284

Réhon, France 雷翁，法国 Ⅵ 458

Reichenstein, Silesia   赖兴斯坦，西里西亚 Ⅳ 121, 141

Reichraming, on river Enns,   赖希拉明，恩斯河畔，奥地利 Ⅴ 65
  Austria

Reika   里耶卡；参见 Fiume

Remedello, Italy   雷梅德洛，意大利 Ⅰ 505, 508, 510 – 511

Remscheid, Germany   雷姆沙伊德，德国 Ⅴ 63

Rendsburg, Schleswig-Holstein   伦茨堡，石勒苏益格 – 荷尔斯泰因洲 Ⅳ
    560 – 561

Reno, river, Italy   雷诺河，意大利 Ⅲ 314

Repudre, river, France   雷皮德勒河，法国 Ⅲ 467

Revel, near Toulouse, France   勒韦，图卢兹附近，法国 Ⅲ 464

Reykjalaug, Iceland   雷恰勒伊格，冰岛 Ⅵ 220

Reykjavik, Iceland   雷克雅末克，冰岛 Ⅵ 220

Rheims, France   兰斯，法国 Ⅴ 574, 669

Rheinhausen, W. Germany   莱茵豪森，联邦德国 Ⅵ 475

Rhine, river, west Europe   莱茵河，西欧

 aluminium industry   制铝工业 Ⅴ 93

 bridges   桥梁 Ⅲ 427 – 428；Ⅶ 896

 Canal du Nord project   北运河工程 Ⅳ 556

 chemical industry   化学工业 Ⅵ 507, 564

 dredging   疏浚 Ⅳ 629

 land transport   陆路交通 Ⅶ 702

 navigation   航运 Ⅳ 550 – 551

 paddle-steamers   桨轮蒸汽船（1816 年）Ⅳ 548

 pollution problem   污染问题 Ⅶ 1480

 viticulture   葡萄栽培 Ⅳ 25

 windows-glass industry   窗玻璃工业 Ⅲ 237

Rhineland, Germany   莱茵兰，德国 Ⅲ 206, 537 – 539；Ⅳ 556；
    Ⅵ 17

Rhodes, Greece   罗德斯，希腊

 calendar, Egyptian   历法，埃及的 Ⅲ 564

 cartography   制图学 Ⅲ 505 – 506, 508 – 510

military engines	军用装备（约公元前305年）Ⅱ 700 – 702，716
shipbuilding	造船 Ⅱ 569
windmills	风车 Ⅱ 625
Rhodesia（now Zimbabwe）	罗德西亚（现津巴布韦）Ⅶ 781
Rhondda Valley，Wales	朗达谷，威尔士 Ⅳ 91；Ⅴ 815
Rhône，river，France	罗讷河，法国 Ⅳ 550；Ⅶ 879
Ribble，river，northern England	里布尔河，北英格兰 Ⅴ 540
Richelieu，Indre-et-Loire，France	黎塞留，安德尔和卢瓦尔省，法国 Ⅲ 290 – 292
—river，Canada	黎塞留河，加拿大 Ⅳ 553
Richmond，Surrey，England	里士满，萨里，英格兰 Ⅳ 243；Ⅴ 431
—Virginia，U. S. A.	里士满，弗吉尼亚，美国 Ⅶ 1322
Riddings，Derbyshire，England	里丁斯，德比郡，英国 Ⅴ 104
Rideau，river，Canada	里多河，加拿大 Ⅳ 552
Rietgreb，Holland	里特赫雷布，荷兰 Ⅲ 302
Riga，Gulf of，Latvia	里加湾，拉脱维亚 Ⅳ 554
—Latvia	里加，拉脱维亚 Ⅶ 1292
Rigi，Switzerland	里吉山，瑞士 Ⅴ 346
Riihimaki，Finland	里希迈基，芬兰 Ⅰ 709
Rimini，Italy	里米尼，意大利 Ⅱ 513；Ⅲ 311
Rimutaka，New Zealand	里穆塔卡，新西兰 Ⅴ 345
Ringkuhl，near Grossalmerode，Hesse	灵库尔，大阿尔默罗德附近，黑森 Ⅳ 244
Ringstead，Norfolk，England	灵斯特德，诺福克，英格兰 Ⅰ 636
Rio Tinto，Spain	里奥廷托，西班牙 Ⅱ 7，48，50
Ripac，Bosnia	日佩瓦，波斯尼亚 Ⅰ 370
Ritchie County，Virginia，U. S. A.	里奇县，弗吉尼亚，美国 Ⅳ 540
Rivelaine，Belgium	里韦莱恩，比利时 Ⅳ 81
Rivenhall，Essex，England	里文霍尔，埃塞克斯，英格兰 Ⅲ 241

Riviera, France 里维埃拉，法国 Ⅶ 871

Robenhausen（lake-village）, 罗本豪森（湖上村庄）Ⅰ 356 – 357，359
    Robenhausen

Rochdale, Lancashire, England 罗奇代尔，兰开夏郡，英格兰 Ⅴ 523，570，
    574

Rochefort, Charente-Inféri- 罗什福尔，下夏朗德省，法国 Ⅳ 582
    eure, France

Rochester, Kent, England 罗切斯特，肯特，英格兰 Ⅳ 462；Ⅴ 514，
    537

—New York State, U. S. A. 罗切斯特，纽约州，美国 Ⅴ 747；Ⅶ 1285，
    1288，1328

Rocky Mountains, Canada- 落基山脉，加拿大 – 美国 Ⅳ 66；Ⅴ 7，449；
    U. S. A.   Ⅶ 913

Rocky Point, New York, 罗基波因特，纽约，美国 Ⅶ 1250
    U. S. A.

Rödey Point, Victoria, Australia 罗迪角，维多利亚，澳大利亚 Ⅴ 46

Rödöy, Norway 罗德伊，挪威 Ⅰ 709

Rogny, near Montargis, France 罗尼，蒙塔日附近，法国 Ⅲ 460，462 – 463

Rohri Channel, River Indus, 罗赫里航道，印度河，巴基斯坦 Ⅶ 886
    Pakistan

Roissy, France 鲁瓦西，法国 Ⅶ 976

Romania 罗马尼亚 Ⅳ 539；Ⅴ 110 –111，113 –114，
    116；Ⅶ 1063

Rome, Italy 罗马，意大利

    building-methods, Roman 建造方法，罗马 Ⅱ 27 – 28，404 –407，
        409 – 414，417，421 –422

    buildings, Renaissance 建筑，文艺复兴 Ⅲ 245 – 250，253 –255，
        257 – 258，266

    calendars 历法 Ⅲ 566，575 –578

    cartography 制图法 Ⅲ 511 –512，534

    ceramics 陶器 Ⅳ 332

    dyestuffs 染料 Ⅴ 265

food-supply, Roman period 食物供应，罗马时期 Ⅱ 103

glass-making 玻璃制造 Ⅲ 209－210，214，220

hydraulic engineering, Roman 水利工程，罗马 Ⅱ 665

land drainage 地面排水 Ⅲ 312

metallurgy 冶金 Ⅱ 53；Ⅲ 53

metal-work 金属加工 Ⅱ 417，454，464，467

military machines 军事设备 Ⅱ 722－723；Ⅲ 349

milling 碾磨 Ⅱ 107

olives, cultivation 橄榄，栽培 Ⅱ 122

photographic arts 摄影艺术（1645 年）Ⅴ 736

printing 印刷 Ⅲ 409

quarrying, Roman period 采石，罗马时期 Ⅱ 27－28，406－407

roads 道路 Ⅱ 27－28，501，529－531；Ⅲ 279；Ⅳ 544

sewerage system 排水系统（公元前 6 世纪）Ⅳ 504

shipbuilding, Roman period 造船，罗马时期 Ⅱ 569－570

timekeepers 计时器 Ⅲ 657

town-planning 城镇规划 Ⅲ 276（地图），279－282，287－289（地图）

water-mills 水磨 Ⅱ 602

wool trade, Roman period 羊毛交易，罗马时期 Ⅱ 192

Romney Marsh, Kent, England 罗姆尼湿地，肯特，英格兰 Ⅳ 607

Rossel Island, Oceania 罗塞尔岛，大洋洲 Ⅰ 740

Roswell, New Mexico, U. S. A. 罗斯韦尔，新墨西哥州，美国 Ⅶ 862

Rothamsted, Hertfordshire, England 洛桑，赫特福德郡，英格兰 Ⅳ 42；Ⅴ 254；Ⅵ 331

Rothbury, Northumberland, England 罗斯伯里，诺森伯兰郡，英格兰 Ⅴ 217

Rothenburg ob der Tauber, Bavaria 陶伯河上游的罗滕堡，巴伐利亚 Ⅲ 284

Rother, river, Sussex, England 罗瑟河，萨塞克斯，英格兰 Ⅳ 466

Rotherham, Yorkshire, England 罗瑟勒姆，约克郡，英格兰 Ⅳ 457－458

Rotherhithe	罗瑟希德；参见 London	
Rotterdam, Netherlands	鹿特丹，荷兰 Ⅳ 156 – 157，556，639；Ⅶ 905	
Roubaix, Nord, France	鲁贝，诺尔，法国 Ⅴ 576	
Rouen, France	鲁昂，法国	
bicycle industry	自行车工业（1869 年）Ⅴ 414	
building methods	建造方法 Ⅴ 468	
ceramics	陶器 Ⅳ 337	
chemical industry	化学工业 Ⅳ 244	
dredging	疏浚 Ⅳ 641	
paddle-boat	桨轮（1732 年）Ⅴ 142	
refrigeration experiment	制冷试验 Ⅴ 48	
stained-glass windows	彩色玻璃窗 Ⅲ 241	
textile industry	纺织工业 Ⅴ 588	
timekeepers	计时器 Ⅲ 652 – 653	
waterways	河道 Ⅳ 548	
Roussillon, France	鲁西永，法国 Ⅳ 605	
Roville, near Nancy, France	罗维尔，南锡附近，法国 Ⅳ 41	
Roya, river, Belgium and Holland	罗亚河，比利时 – 荷兰 Ⅳ 558	
Royaumont, France	罗亚蒙特，法国 Ⅱ 650	
Rudge Coppice, Wiltshire, England	鲁奇科皮斯，威尔特郡，英格兰 Ⅲ 504	
Rudstone, Yorkshire, England	雷德斯通，约克郡，英格兰 Ⅰ 218	
Rugby, Warwickshire, England	拉格比，沃里克郡，英格兰 Ⅴ 136；Ⅵ 158；Ⅶ 1251	
Ruhestetten, Hohenzollern	卢汉斯廷，霍亨索伦 Ⅰ 357	
Ruhr, Germany	鲁尔，德国 Ⅲ 85；Ⅳ 105；Ⅵ 13，184，Ⅶ 1364，1396	
Rumania	罗马尼亚；参见 Romania	
Rumford Falls, Maine, U. S. A.	拉姆福德瀑布，缅因州，美国 Ⅵ 519	
Runcorn, Cheshire, England	朗科恩，柴郡，英格兰 Ⅳ 241；Ⅴ 251；	

Rupel, river, Flanders　　　　　　　　亚珀尔河，佛兰德 Ⅲ 452 – 453

Rutland, England　　　　　　　　　　拉特兰，英格兰 Ⅲ 260

Rye, Sussex, England　　　　　　　　　拉伊，萨塞克斯，英格兰 Ⅲ 487；Ⅳ 466

S

Saalfeld, Thuringia, Germany　　　　　萨尔费尔德，图林根洲，德国 Ⅴ 663

Saar, the, Germany　　　　　　　　　　萨尔，德国 Ⅱ 68；Ⅴ 669

Sado, Japan　　　　　　　　　　　　　佐渡，日本 Ⅰ 565

Saffron Walden, Essex, England　　　　萨弗伦沃尔登，埃塞克斯，英格兰 Ⅴ 266

Sag Harbor, U. S. A.　　　　　　　　　萨格港，美国 Ⅳ 58

Sahara, North Africa　　　　　　　　　撒哈拉，北非 Ⅲ 525，544

St Acheul, France　　　　　　　　　　圣阿舍尔，法国 Ⅰ 131

St Albans, Hertfordshire,　　　　　　　圣奥尔本斯，赫特福德郡，英格兰 Ⅱ 425；
　　England　　　　　　　　　　　　　Ⅲ 276；参见 Verulamium

St Andrews, Fife, Scotland　　　　　　圣安德鲁斯，法夫，苏格兰 Ⅲ 667

St Anne rapids, River Ottawa,　　　　　圣安妮急流，渥太华河，加拿大 Ⅳ 552
　　Canada

St Bernard Pass, Alps　　　　　　　　圣伯尔纳关口，阿尔卑斯山脉 Ⅳ 529

St Blaisc (lake-village)　　　　　　　圣贝利斯（湖上村庄）Ⅰ 357

St Catherine's Hill, Winchester　　　　圣凯瑟琳山，温彻斯特 Ⅰ 313

St-Cloud, Seine-et-Oise,　　　　　　　圣克卢，塞纳瓦兹省，法国 Ⅳ 337 – 339
　　France

St Denis, Seine, France　　　　　　　　圣但尼，塞纳河，法国 Ⅳ 239；Ⅴ 169，756

Saint-Dié, Vosges Mountains　　　　　圣迪埃，孚日山脉 Ⅲ 538

Ste-Maxence, near Senlis,　　　　　　　圣马克桑斯，桑利斯附近，法国 Ⅳ
　　France　　　　　　　　　　　　　452 – 453

Saintes, France　　　　　　　　　　　桑特，法国 Ⅱ 288，293

St Etienne, Loire, France　　　　　　　圣艾蒂安，卢瓦尔，法国 Ⅳ 115；Ⅴ 556

St Ferréol, Languedoc canal, France 圣费雷奥勒，朗格多克运河，法国 Ⅲ 468

St Fillans, Perthshire, Scotland 圣菲伦斯，佩思郡，苏格兰 Ⅶ 900

St Gall, Switzerland 圣加尔，瑞士 Ⅱ 217 – 218；Ⅲ 594 – 595

St Georgenberg, Inn valley, Austria 圣乔治贝尔，因河河谷，奥地利 Ⅱ 595

St George's Channel, Ireland-Wales 圣乔治海峡，爱尔兰 – 威尔士 Ⅶ 924

Saint-Georges de Bocherville, Normandy 布切维尔的圣乔治教堂，诺曼底 Ⅱ 490

St Germans, the Fens, England 圣杰曼斯，沼泽地，英格兰 Ⅴ 544

Saint-Gobain, France 圣戈班，法国 Ⅲ 238；Ⅳ 368 – 369, 371

St Gotthard Pass (St Gothard), Switzerland 圣哥达山口（圣哥达山），瑞士 Ⅲ 417；Ⅳ 529, 图版 36B；Ⅴ 517

St Helens, Lancashire, England 圣海伦斯，兰开夏郡，英格兰
  chemical industry 化学工业 Ⅳ 241；Ⅴ 240, 802
  copper smelting 炼铜 Ⅳ 128 – 129
  glass-making 玻璃制造 Ⅳ 368 – 369, 373 – 375, 678；Ⅵ 578

St Ives, Huntingdonshire, England 圣艾夫斯，亨廷顿郡，英格兰 Ⅱ 679

St John's, Newfoundland, Canada 圣约翰斯，纽芬兰岛，加拿大 Ⅴ 228；Ⅶ 1232

St Lawrence, lake, Canada-U. S. A. 圣劳伦斯湖，加拿大 – 美国 Ⅶ 918

—river, Canada 圣劳伦斯河 Ⅳ 551 – 553（地图）

St Lawrence Seaway, Canada-U. S. A. 圣劳伦斯航道，加拿大 – 美国 Ⅶ 913, 916（地图），917 – 921

St Leonard's Forest, Sussex, England 圣伦纳德森林，萨塞克斯，英格兰 Ⅳ 16

St Louis, lake, Canada 圣路易斯，湖泊，加拿大 Ⅶ 918

—Missouri, U. S. A.　　　　　　　圣路易斯, 密苏里州, 美国 Ⅳ 540; Ⅴ 62,
　　　　　　　　　　　　　　　　564; Ⅶ 1322

St Lucia, Istria　　　　　　　　　圣卢西亚, 伊斯特利亚 Ⅱ 322

St Malo, France　　　　　　　　　圣马洛, 法国 Ⅵ 218

St Michael Island, Azores　　　　圣迈克尔岛, 亚速尔群岛 Ⅲ 531

St Moritz, Switzerland　　　　　　圣莫里茨, 瑞士 Ⅱ 664, 666; Ⅲ 197

St Omer, Pas-de-Calais,　　　　　圣奥梅尔, 加来海峡省, 法国 Ⅳ 629
　France

Saintonge, France　　　　　　　　圣东日, 法国 Ⅲ 319

St Osyth, near Clacton,　　　　　圣奥西斯, 克拉克顿附近, 埃塞克斯,
　Essex, England　　　　　　　　英格兰 Ⅱ 440

St Pancras Station　　　　　　　　圣潘勒斯车站; 参见 London

St Petersburg (later Len-　　　　圣彼得堡 (现列宁格勒), 俄罗斯
　ingrad), Russia

　chemical industry　　　　　　　化学工业 Ⅵ 518

　industrial unrest　　　　　　　工业的动乱局面 (1905 年) Ⅵ 6

　metals, extraction　　　　　　　金属, 提炼 Ⅳ 144

　roads　　　　　　　　　　　　道路 Ⅳ 529, 545

　sewage system　　　　　　　　下水道系统 Ⅶ 1384

　ship-design　　　　　　　　　船舶设计 Ⅳ 577

　steam-engine　　　　　　　　蒸汽机 (1717 年) Ⅳ 166

　telegraphy　　　　　　　　　电报 Ⅳ 655

　water-supply　　　　　　　　供水 Ⅴ 554

—U. S. A.　　　　　　　　　　　圣彼得堡, 美国 Ⅶ 800

St Privé, near Briare, France　　圣普利韦, 布里亚尔附近, 法国 Ⅲ 463

—Rigole de　　　　　　　　　　圣普利韦水渠 Ⅲ 464

St Rémy, Allier, France　　　　　圣雷米, 阿列, 法国 Ⅱ 317

St Rollox, Glasgow, Scotland　　圣罗洛克斯, 格拉斯哥, 苏格兰 Ⅳ 241,
　　　　　　　　　　　　　　　　245, 248; Ⅴ 238

St Seurin, Gironde, France　　　圣瑟兰, 吉伦特省, 法国 Ⅴ 57

St Vincent, cape, Portugal　　　圣文森特, 海角, 葡萄牙 Ⅲ 506

St-Yrieix-la-Perche, near　　　　圣伊里耶－拉佩尔什, 利摩日附近,

Limoges, France	法国 IV 340
Salamis, Greece	萨拉米斯, 希腊 II 567
Salerno, Italy	萨莱诺, 意大利 II 454
Salford, Lancashire, England	索尔福德, 兰开夏郡, 英格兰 IV 266; V 553, 832; VII 1393
Salindres, Gard, France	萨兰德尔, 加尔, 法国 V 91
Salisbury, Wiltshire, England	索尔兹伯里, 威尔特郡, 英格兰 II 428, 431, 433; III 241, 650; IV 518
Salisbury Plain, Wiltshire, England	索尔兹伯里平原, 威尔特郡, 英格兰 III 147; IV 610; VII 1232
Salonika, Greece	萨洛尼卡, 希腊 II 303
Saltash, Cornwall, England	索尔塔什, 康沃尔, 英格兰 V 514, 534; VII 898
Saltville, Virginia, U. S. A.	索尔特维尔, 弗吉尼亚州, 美国 V 252; VI 507
Salvatori, Lombardy	萨尔瓦托里, 伦巴第 III 309
Salzburg, Austria	萨尔茨堡, 奥地利 II 51, 689; III 605; V 333
Samaria, Palestine	撒马利亚, 巴勒斯坦 I 675, 678
Samarkand, Turkestan	撒马尔罕 II 307; III 584
Sambre, river, France and Belgium	桑布尔河, 法国和比利时 IV 557-558
Samos, Greece	萨摩斯岛, 希腊 II 48, 398, 401, 667-668; III 511
Sanchi, India	桑吉, 印度 II 556
San Cugat, Spain	圣库加特, 西班牙 II 641
Sandford-on-Thames, Oxfordshire, England	泰晤士河畔的桑福德, 牛津郡, 英格兰 III 456
Sandhurst, Berkshire, England	桑赫斯特, 伯克郡, 英格兰 VI 154
Sandon Mount, Hertfordshire, England	桑德尔山脉, 赫特福德郡, 英格兰 II 624
Sandwich, Kent, England	桑威奇, 肯特, 英格兰 IV 467; VII 922

San Francisco, California, U. S. A.   旧金山，加利福利亚，美国

    bridges   桥 Ⅶ 887 – 888

    building methods   建造方法 Ⅳ 490

    earthquakes   地震 Ⅶ 1455

    electronic engineering   电子工程 Ⅶ 1097, 1238

    metals, extraction   金属，提炼 Ⅳ 135, 142

    radiology, developments   放射学，发展 Ⅶ 1329

    road vehicles   道路车辆 Ⅶ 721

    sea route, New York   航道，纽约 Ⅶ 916

    telephony   电报 Ⅶ 1097, 1230, 1238

Sangiran, Java   桑义兰，爪哇 Ⅰ 23, 37 (地图)

Sam Sa inlet, China   江厦港，中国 Ⅵ 217

Santa Fe, New Mexico,   圣菲，新墨西哥州，美国 Ⅵ 272
U. S. A.

Santa Giostina, Italy   圣朱斯蒂娜，意大利 Ⅵ 200

Santarem, on river Amazon,   圣塔伦，亚马孙河畔，南美洲 Ⅴ 774
South America

Saône, river, France   索恩河，法国 Ⅲ 459; Ⅳ 556; Ⅴ 142

Sapperton, Gloucestershire   萨珀顿，格洛斯特郡 Ⅳ 567

Saqqara, Egypt   塞加拉，埃及 Ⅰ 图版 19

    agriculture   农业 Ⅰ 368, 541 – 543

    animals, domestication   动物，驯化 (约公元前 2500 年) Ⅰ 341, 343

    boats   小舟 Ⅰ 732

    buildings, stone   建筑，石头 Ⅰ 475 – 478, 481 – 483

    chemical arts, ancient Egypt   化学技艺，古埃及 Ⅰ 241, 265

    cosmetic arts   化妆技艺 Ⅰ 291

    culinary arts   烹饪技艺 Ⅰ 273

    metals, extraction   金属，提炼 Ⅰ 579, 597 注释

    pottery   陶器 Ⅰ 395

    rotary motion   旋转运动 (约公元前 2500 年) Ⅰ 193

tools and craftsmen	工具和匠人 Ⅰ 689
transport	交通（约公元前 2400 年）Ⅰ 710，732
vase，Egyptian	花瓶，埃及的（约公元前 2500 年）Ⅰ 193
water-supply	供水 Ⅰ 537
wood-work	木制品（约公元前 2800 年）Ⅰ 696 – 697
writing art	书写艺术 Ⅰ 757
Saragossa，Aragon，Spain	萨拉戈萨，亚拉贡，西班牙 Ⅳ 554
Sarata-Monteoru，Rumania	萨拉塔－蒙泰奥鲁，罗马尼亚 Ⅴ 111
Sardis，Lydia	萨迪斯，吕底亚 Ⅰ 713
Sardinia	萨丁岛 Ⅱ 44 – 45；Ⅳ 123；Ⅶ 1082
Sardis，Sardes，Asia Minor	萨迪斯，小亚细亚 Ⅱ 600，671
Sarlièves，lake，Puy-de-Dôme，France	萨尔利耶弗湖，多姆山省，法国 Ⅲ 319
Sargasso Sea	马尾藻海 Ⅶ 908
Sarine，river，Switzerland	萨林河，瑞士 Ⅳ 459
Sas van Ghent，Holland	萨斯范亨特，荷兰 Ⅳ 559
Satala，Armenia	萨塔拉，亚美尼亚 Ⅱ 478
Saulte Ste. Marie，Ontario，Canada	苏圣玛丽，安大略省，加拿大 Ⅵ 464
Savenay，Loire-Inférieure，France	萨沃纳，卢瓦尔－因费里厄雷，法国 Ⅲ 96
Savona，Genoa，Italy	萨沃纳，热那亚，意大利 Ⅲ 703
Saxmundham，Suffolk，England	萨克斯曼德姆，萨福克，英格兰 Ⅱ 440
Saxony，Germany	萨克森，德国
agriculture	农业（18—19 世纪）Ⅳ 27
ceramics	陶瓷 Ⅳ 335
coal-mining	采煤 Ⅲ 82
glass-colouring	玻璃着色 Ⅲ 703
machinery	机械（17 世纪）Ⅲ 342，689
mapping	测量（1775—1800 年）Ⅳ 610

metallurgy	冶金 Ⅲ 42，689，703；Ⅳ 139－140
mining	采矿 Ⅳ 64，70
printing	印刷 Ⅴ 694
roads	道路 Ⅳ 527
spinning-wheels	纺车 Ⅲ 161
steam-engine	蒸汽机（1729 年）Ⅳ 178
textile industry	纺织工业 Ⅳ 277
trolleybus	无轨电车（1901 年）Ⅶ 732
Scandinavia	斯堪的纳维亚 Ⅲ 181，532－533
Scarborough, Yorkshire, England	斯卡伯勒，约克郡，英格兰 Ⅳ 49
Scarpe, river, France	斯卡尔普河，法国 Ⅲ 441 注释 1，453
Schaffhausen, Switzerland	沙夫豪森，瑞士 Ⅰ 443；Ⅲ 427－428；Ⅳ 108；Ⅴ 66；Ⅵ 663；Ⅶ 1293
Scharndorf, Germany	沙伦多夫，德国 Ⅵ 497
Scheldt, river, France-Belgium-Holland	斯海尔德河，法国－比利时－荷兰 Ⅲ 452；Ⅳ 555－559，629，Ⅶ 905
Schemnitz, Hungary	谢姆尼茨，匈牙利 Ⅱ 11，17
Schenectady, New York, U. S. A.	斯克内克塔迪，纽约，美国 Ⅵ 253，255；Ⅶ 1331
Scheveningen, Holland	斯海弗宁恩，荷兰 Ⅳ 545
Schiedam, Holland	斯希丹，荷兰 Ⅲ 442
Schladebach, Germany	施拉德巴赫，德国 Ⅴ 108
Schleswig, Germany	石勒苏益格，德国 Ⅱ 165；Ⅴ 20
Schleswig-Holstein	石勒苏益格－荷尔斯泰因 Ⅳ 35
Schmalkalden, Thüringia	施马尔卡尔登，图林根 Ⅱ 76
Schneeberg, Saxony	施内贝格，萨克森 Ⅲ 218，703
Schoonhoven, Holland	斯洪霍芬，荷兰 Ⅱ 689
Schopfheim, Baden, Switzerland	绍普夫海姆，巴登，瑞士 Ⅳ 113
Schussenthal, Ravensburg	舒斯塔尔，拉文斯堡 Ⅰ 356
Schwabach, Bavaria	施瓦巴赫，巴伐利亚洲 Ⅱ 75

Scilly Isles	锡利群岛 Ⅰ 421
Scotswood-on-Tyne, Northumberland, England	泰恩河畔的斯科茨伍德, 诺森伯兰郡, 英格兰 Ⅶ 767
Scrivia, river, Italy	斯克里维亚河, 意大利 Ⅴ 556
Scunthorpe, Lincolnshire, England	斯肯索普, 林肯郡, 英格兰 Ⅵ 414
Seamer, Yorkshire, England	锡默, 约克郡, 英格兰 Ⅰ 303
Searles Lake, California, U. S. A.	瑟尔斯湖, 加利福尼亚, 美国 Ⅴ 321
Seaton Carew, Co. Durham, England	锡顿卡鲁, 达勒姆郡, 英格兰 Ⅶ 860
Sedment, Egypt	塞德蒙特, 埃及 Ⅰ 422, 694 – 695
Seefeld, Tyrol, Austria	赛费尔德, 蒂罗尔, 奥地利 Ⅴ 102
Segovia, Spain	塞哥维亚, 西班牙 Ⅱ 671; Ⅲ 152, 341; Ⅳ 26
Sehel, Egypt	萨赫勒, 埃及 Ⅰ 537
Seine, river, France	塞纳河, 法国
aeronautics	航空学 Ⅴ 407
bridges	桥梁 Ⅲ 293; Ⅳ 451, 453; Ⅶ 895
canals	运河 Ⅲ 459 – 460, 464; Ⅳ 555 – 556
Eiffel tower foundations	埃菲尔铁塔地基 Ⅴ 476
merchant-ships	商船 Ⅲ 477
steamers	蒸汽船 Ⅳ 548; Ⅴ 142 – 143, 152
survey	测量 Ⅲ 543
water-pumps	抽水机 (1670 年) Ⅲ 333
water-supply, Paris	供水, 巴黎 Ⅲ 333; Ⅳ 498
window-glass industry	窗玻璃工业 Ⅲ 237
Seine-et-Marne, France	塞纳 – 马恩省, 法国 Ⅴ 16
Seistan, Persia	锡斯坦省, 波斯 Ⅱ 615 – 616
Seleucia, Mesopotamia	塞琉西亚, 美索不达米亚平原 Ⅱ 316
Selinus, Sicily	塞利努斯, 西西里 Ⅱ 401, 678; Ⅲ 273

Sellafield, Cumberland, England 塞拉菲尔德，坎伯兰郡，英格兰 Ⅵ 246

Selly Oak, Birmingham, England 塞利奥克，伯明翰，英格兰 Ⅴ 253

Semna, Nubia 塞姆纳，努比亚 Ⅰ 538

Sempringham, Lincolnshire, 塞姆普林汉姆，林肯郡，英格兰 Ⅱ 429
　England

Semur-en-Auxois, France 瑟米尔 – 昂诺克西奥，法国 Ⅱ 216, 218

Senne, river, Flanders 塞纳河，佛兰德 Ⅲ 452

Sens, Yonne, France 桑斯，约讷省，法国 Ⅱ 214 – 215, 217；
　　Ⅲ 195 – 196, 198, 202

Serabit el-Khadim, Egypt 萨拉比特·埃尔·卡迪姆，埃及 Ⅰ 564

Seraing, near Liege, Belgium 瑟兰，列日附近，比利时 Ⅳ 105

Sarajevo, Yugoslavia 萨拉热窝，南斯拉夫 Ⅵ 7

Serbia, Yugoslavia 塞尔维亚，南斯拉夫 Ⅵ 7 – 8

Serchio, river, Italy 塞尔基奥河，意大利 Ⅲ 314

Sergeac, Dordogne, France 塞尔雅克，多尔多涅，法国 Ⅰ 32

Sète, France 塞特，法国 Ⅲ 465, 467

Severn, river, England 塞文河，英格兰

　bridges 桥梁 Ⅳ 455, 457；Ⅶ 895 – 896

　canals 运河 Ⅳ 572

　chemical industry 化学工业 Ⅲ 688

　colliery railways 运煤铁路 Ⅲ 84

　iron and steel industry 钢铁工业 Ⅳ 102, 105

　navigation 航运 Ⅲ 457

　shipbuilding 造船业 Ⅴ 350

　tunnel 隧道（1873—1886 年）Ⅴ 516, 518 – 519

　watermills 水车 Ⅳ 199

　wood-cultivation 树木种植 Ⅴ 263

— —Canada 塞文河，加拿大 Ⅳ 552

Seveso, river, Italy 塞韦索河，意大利 Ⅲ 444

Seville, Spain 塞维利亚，西班牙 Ⅲ 703；Ⅳ 551

Sèvres, Paris, France 塞夫尔，巴黎，法国 Ⅲ 679；Ⅳ 329, 338 –

343；V 659，661，663

Seyssel，France	塞塞勒，法国 IV 539 – 540
Sezze，Italy	塞泽，意大利 III 311
Shaftesbury，Dorset，England	沙夫茨伯，多塞特郡，英格兰 V 826
Shaheinab，Sudan	苏丹的沙赫纳布 I 501，506，515 – 516
Shah-tepe，Turkoman steppe	沙泰佩，土库曼斯坦草原 I 721
Shannon，river，Ireland	香农河，爱尔兰 IV 572
Shantung，province，China	山东省，中国 III 440
Shatt al-'Arab	阿拉伯河 I 552
Shechem，Palestine	示剑，巴勒斯坦 I 762
Sheerness，Kent，England	希尔内斯，肯特，英格兰 V 439
Sheffield，Alabama，U. S. A.	设菲尔德，亚拉巴马州，美国 VI 527
—Yorkshire，England	设菲尔德，约克郡，英格兰
cutlery manufacturers	餐具制造商 IV 108
diseases，industrial	工业病 V 832
fertilizers	肥料 IV 20
machine-tools	机床 IV 116
metals，extraction	金属，提炼 IV 130
metals，machine processing	金属，机械加工 V 610，612，614，624
railway engineering	轨道工程 V 331，805；VII 899
roads	道路（1875 年）IV 541
sewage treatment	污水处理 VII 1391
staining technique，microbiology	染色法，微生物学 V 281
steel industry	钢铁工业 V 56，63，65，681；VI 492
textile finishing	纺织整理 IV 304
tool-making	工具制造 III 113，115
water-supply	供水 IV 497
waterways	航道 III 458
Shelton，Staffordshire，England	谢尔顿，斯塔福德郡，英格兰 IV 341，344 – 345，349
Sheppey，Kent，England	谢佩岛，肯特，英格兰 IV 448
Shetland Islands，Scotland	设得兰群岛，苏格兰 II 590；III 186；IV 47，

57；V 452；VI 357

Shinfield, Reading, Berkshire,　　欣费尔德，雷丁，贝克郡，英格兰 VII 1403
   England

Shippingport, Pennsylvania,　　希平波特，宾夕法尼亚州，美国 VI 254
   U. S. A.

Shotton, Flintshire, Wales　　肖顿，弗林特郡，威尔士 VI 496

Shrewsbury, Shropshire,　　什鲁斯伯里，什罗普郡，英格兰 III 457；
   England　　　　　IV 455, 531；V 627

Shropshire, England　　什罗浦郡，英格兰
   bridges　　　　桥 IV 457
   canals　　　　运河 IV 565, 569
   coal-mining　　采煤 IV 87
   iron industry　　钢铁工业 III 31；IV 105
   roads　　　　道路 IV 532

Shude Hill, Manchester,　　舒德山，曼彻斯特，英格兰 IV 283
   England

Sialk, Persia　　锡亚勒克，波斯
   building methods　建筑方式（约公元前 3000 年）I 306
   horses, remains　马，遗存 I 721
   pottery　　　　陶器 I 394, 396
   textiles　　　　织物 I 432
   tools, agricultural　农具（约公元前 4000 年）I 502, 507

Siam　　暹罗 III 159

Siberia, U. S. S. R.　　西伯利亚，苏联 IV 529；VI 6, 12, 415 – 416

Sicily, Italy　　西西里，意大利 I 770；III 521, 525；V 20；
   VI 22, 515

Sidcup, Kent, England　　锡德卡普，肯特，英格兰 VII 1334

Sidon, Phoenicia　　西顿，腓尼基 II 367, 516

Siegburg, Rhineland　　锡格堡，莱茵兰地区 II 287

Siegen, Prussia（Germany）　　锡根，布雷西亚（德国）II 74, 76；III 32

Siena, Italy　　锡耶纳，意大利 II 620；III 678；IV 34,
   233, 329 注释, 544

Siestan, Persia 锡斯坦，波斯 Ⅲ 106

Signal Hill oilfield, California, 信号山油田，加利福尼亚州，美国
U. S. A. Ⅵ 395

Silchester, Hampshire, England 西尔切斯特，汉普郡，英格兰
  building methods, Roman   建造方法，罗马 Ⅱ 414 – 415，420
  metallurgy   冶金（4 世纪）Ⅱ 61
  quarrying stone, Roman   采石，罗马 Ⅱ 32
  tools, tradesmen's   工匠的工具 Ⅲ 111
  town-planning   城镇规划 Ⅲ 277 – 278
  water-supply   供水 Ⅱ 671，678
  weaving and finishing   纺纱和织布 Ⅱ 216

Silesia, Germany 西里西亚 Ⅰ 359；Ⅲ 151

Siliguri, India 西里古里，印度 Ⅶ 882

Siloam, Pool of 西罗亚暗渠 Ⅰ 764

Silsila, Egypt 西尔西拉，埃及 Ⅰ 477 – 478，483

Silver Creek, Pennsylvania, 锡尔夫克里克，宾夕法尼亚州，美国
U. S. A. Ⅳ 110

Simms Station, near Dayton, 锡姆斯车站，在代顿附近，俄亥俄州，
Ohio, U. S. A. 美国 Ⅴ 391

Simplon, Switzerland 辛普朗，瑞士 Ⅴ 294 注释

Simplon Pass, Alps 辛普朗关口，阿尔卑斯山脉 Ⅳ 529

Sindh, Indus valley 信德省，印度河谷
  potter's-wheel   陶轮 Ⅰ 202
  pottery   陶器 Ⅰ 381，385 – 386，396，406
  vehicles   交通工具（公元前 2000 年）Ⅰ 206 – 207，
      717
  wheels, carts   双轮战车 Ⅰ 213

Singapore, south-east Asia 新加坡，东南亚 Ⅴ 221，774；Ⅵ 21，339

Singara, Mesopotamia 辛加拉，美索不达米亚 Ⅰ 282

Sinope, Asia Minor 锡诺普，小亚细亚 Ⅱ 5，361，701，760

Sioule, river, France 锡乌勒河，法国 Ⅶ 881

Siphnos, Aegean Sea　　锡夫诺斯岛，爱琴海 Ⅱ 43, 58

Sipplingen（lake-village）　　康斯坦茨湖（湖村）Ⅰ 355-357, 359

Sireuil, near Angoulême, France　　西勒伊，昂古莱姆附近，法国 Ⅴ 59

Sirgenstein Cave, Wiirttemberg　　奇格施泰因岩洞，符腾堡 Ⅰ 369

Siris（Sinni）, river, south Italy　　锡里斯河，意大利南部 Ⅱ 471-472

Skagen area, Denmark　　斯卡恩地区，丹麦 Ⅳ 561

Skagerrak, strait between Jutland and Norway　　斯卡格拉克海峡，在日德兰半岛和挪威之间 Ⅳ 560

Skåne, Sweden　　斯科纳，瑞典 Ⅰ 497, 614

Skara Brae, Orkney　　斯卡拉布雷，奥克尼 Ⅰ 312, 500, 516

Skegness, Lincolnshire, England　　斯凯格内斯，林肯郡，英格兰 Ⅶ 846

Skendleby, Lincolnshire, England　　斯肯比，林肯郡，英格兰 Ⅰ 313

Skermer, Holland　　斯克尔梅尔，荷兰 Ⅲ 321

Skinningrove, Yorkshire, England　　斯金宁格罗弗，约克郡，英格兰 Ⅵ 471

Skrydstrup, Denmark　　斯克里斯特鲁普，丹麦 Ⅰ 442

Slough, Buckinghamshire　　斯劳，白金汉郡 Ⅳ 657-658

Sluis, Zeeland, Netherlands　　斯勒伊斯，泽兰，荷兰 Ⅳ 558, 629

Smethwick, Staffordshire, England　　斯梅西克，斯塔福德郡，英格兰 Ⅳ 373; Ⅴ 88

Smyrna, Asia Minor　　士麦那，小亚细亚 Ⅱ 671, 760; Ⅲ 159, 704

Snae Fell, Isle of Man　　斯内山，马恩岛 Ⅴ 345

Snartemo, Norway　　斯纳特摩剑，挪威 Ⅱ 474

Snowshill, Gloucestershire, England　　斯诺希尔，格洛斯特郡，英格兰 Ⅰ 616

Soay, Hebrides, Scotland　　索厄羊，赫布里底群岛，苏格兰 Ⅰ 344-345

Sodermanland, Sweden　　南曼兰，瑞典 Ⅱ 551

Sodom, Palestine　　索多玛，巴勒斯坦 Ⅰ 259

Sofala, south-east coast, Africa   索法拉，非洲东南岸 Ⅲ 521

Soho, Birmingham, England   索霍厂，伯明翰，英格兰 Ⅳ 162，166，
183，352，419，484

Solani, river, India   索拉尼河，印度 Ⅳ 555；Ⅴ 542

Solihull, Warwickshire, England   索利哈尔，沃里克郡，英格兰 Ⅴ 249

Solingen, Prussia (Germany)   索林根，普鲁士（德国）Ⅱ 75；Ⅲ 115

Sologne, north-central France   索洛涅，法国中北部 Ⅴ 16

Solomon Islands, Pacific Ocean   所罗门群岛，太平洋 Ⅵ 21

Solothurn, Switzerland   索洛图恩，瑞士 Ⅰ 443

Somali coast, East Africa   索马里海岸，东非 Ⅲ 506

Somaliland   索马里兰 Ⅰ 196

Somerset, England   萨默塞特，英格兰 Ⅲ 152；Ⅴ 263，331

Somerset House   萨默塞特宫；参见 London

Somme, river, France   索姆河，法国 Ⅳ 555；Ⅴ 16；Ⅵ 9

Sommervillers, near Nancy, France   靠近南锡的索默维莱，法国 Ⅴ 242

Sor, river, near Toulouse, France   索尔河，图卢兹附近，法国 Ⅲ 464 – 465，467 – 468

Sorø, Denmark   索菲，丹麦 Ⅱ 69

Sotiel, Spain   索蒂尔，西班牙 Ⅱ 676

Souter Point, Durham, England   苏特角，达勒姆，英格兰 Ⅴ 183，191，193，210

Southampton, Hampshire, England   南安普顿，汉普郡，英格兰

     machine-tools   机床 Ⅳ 437，582

     roads   街道（1482 年）Ⅱ 533

     ships   船（16 世纪）Ⅲ 473 – 474，487

     telegraphy   电报 Ⅳ 658

     town-planning   城市规划 Ⅲ 283

Southampton Water, England   南安普敦水域，英格兰 Ⅲ 476

South Boston, U. S. A.   南波士顿，美国 Ⅴ 105

South Carolina, U. S. A.   南卡罗来纳，美国 Ⅲ 5

South Flevoland, Netherlands 南弗莱福兰，荷兰 Ⅶ 907

South Foreland, Kent, England 南福兰角灯塔，肯特，英格兰 Ⅴ 182 – 183，192，210，228；Ⅶ 1232

South Georgia, U. S. A. 南乔治亚，美国 Ⅳ 61；Ⅵ 357

South Orkneys, South Atlantic 南奥克尼，南大西洋 Ⅳ 61

South Pacific 南太平洋 Ⅶ 1454；参见 Pacific Ocean

South Pole 南极 Ⅶ 806

Southport, Lancashire, England 绍斯波特，兰开夏郡，英格兰 Ⅴ 563

South Queensferry, West Lothian, Scodand 南昆斯费里，西洛锡安区，苏格兰 Ⅴ 506

South Sea Islands 南海诸岛 Ⅳ 579

South Shetlands, South Atlantic 南设得兰群岛，南大西洋 Ⅳ 61

South Shields, Co. Durham, England 南希尔兹，达勒姆郡，英格兰 Ⅱ 455 – 456；Ⅳ 96；Ⅴ 553

South Wales 南威尔士 Ⅶ 889，1227

Southwold, East Anglia, England 绍斯沃尔德，东吉格利亚，英格兰 Ⅱ 436

Spaarndam, Holland 斯帕伦丹，荷兰 Ⅱ 688；Ⅲ 442，

Sparrows Point, Maryland, U. S. A. 斯帕罗斯角，马里兰，美国 Ⅵ 477

Sparta, Greece 斯巴达，希腊 Ⅱ 398，499，529，700；Ⅲ 273

Speaker's Green 绿色演讲坪；参见 London

Spelsbury, Oxfordshire, England 斯贝尔思贝里，牛津郡，英格兰 Ⅳ 212

Speyer（Spires），Germany 施派尔，德国 Ⅱ 138，202，620，644

Spiennes, Belgium 斯皮涅斯，比利时 Ⅰ 559 – 560，562（地图）

Spindletop, Texas, U. S. A. 斯平德利托普，德克萨斯州，美国 Ⅵ 376，381，397

Spires 施派尔；参见 Speyer

Spitalfields 斯皮特尔菲尔德；参见 London

Spithead, English Channel 斯皮特黑德，英吉利海峡 Ⅴ 151

Spitzbergen, Arctic Ocean 斯匹次卑尔根群岛，北冰洋 Ⅳ 58，619

Split Rock, Canada | 斯普利特罗克，加拿大 Ⅳ 552

Spree, river, Prussia | 施普雷河，普鲁士 Ⅲ 450，454

Springfields, Lancashire, England | 斯普林菲尔兹，兰开夏郡，英格兰 Ⅵ 257 – 258

Spuyton Duyvil, New York State, U. S. A. | 斯普伊藤杜伊维尔，纽约州，美国 Ⅴ 330

Sri Lanka | 锡兰；参见 Ceylon

Srinigar, India | 斯利那加，印度 Ⅶ 874，884

Sron Mor, Perthshire, Scotland | 斯罗恩莫尔，珀斯郡，苏格兰 Ⅶ 1072

Stade, near Hamburg | 施塔德，汉堡附近 Ⅱ 150，159

Staffordshire, England | 斯塔福德郡，英格兰

    ceramics | 陶器 Ⅳ 328 – 329，331，335，341 – 356；Ⅴ 667，834

    coal-mining | 采煤 Ⅲ 84；Ⅳ 80（地图），81

    iron-smelting | 熔铁 Ⅳ 105；Ⅴ 801，812

    ship-building | 造船 Ⅴ 351

    steam-engines | 蒸汽机 Ⅳ 162，177，183

    water-supply | 供水 Ⅴ 553

Stalingrad, U. S. S. R. | 斯大林格勒，苏联 Ⅵ 21；Ⅶ 812

Stalybridge, Cheshire, England | 斯泰利布里奇，柴郡，英格兰 Ⅴ 777

Stane Street, England | 斯塔那古道，英格兰 Ⅲ 278

Stanhill, Lancashire, England | 斯坦希尔，兰开夏郡，英格兰 Ⅳ 278

Stansted, Essex, England | 斯坦斯特德，埃塞克斯，英格兰 Ⅶ 1384

Star Carr, Yorkshire, England | 斯塔卡，约克郡，英格兰 Ⅰ 499

Stassfurt, near Magdeburg, Germany | 施塔斯富特，马格德堡附近，德国 Ⅴ 255；Ⅵ 530

Staten Island, New York, U. S. A. | 斯塔腾岛，纽约，美国 Ⅶ 891

Stavanger, Norway | 斯塔万格，挪威 Ⅲ 533

Stecknitz, river, Germany | 斯特克尼茨河，德国 Ⅲ 443 – 444

Steenbergen, Brabant, Holland | 斯滕贝亨，布拉班特，荷兰 Ⅲ 301，320

Stenild, Jutland, Denmark | 斯泰尼尔，日德兰半岛，丹麦 Ⅰ 514

Stepney   斯特普尼；参见 London

Sterkfontein, South Africa   斯托克方丹，南非 Ⅰ 23, 37

Stjärnsund, Sweden   谢恩松德，瑞典 Ⅲ 342

Stockholm, Sweden   斯德哥尔摩，瑞典

  canals   运河 Ⅲ 455

  cartography   制图法 Ⅲ 532（地图），533；Ⅴ 447

  chemistry, research   化学研究 Ⅰ 683 Ⅲ 682

  computers   计算机 Ⅶ 1174, 1188

  glass-engraving   雕刻玻璃 Ⅲ 224

  steam-turbine, marine   蒸汽轮机（1892 年）Ⅴ 150

  town-planning   城市规划 Ⅶ 971 – 977

  tunnel excavation   隧道开凿 Ⅴ 520

Stockport, Cheshire, England   斯托克波特，柴郡，英格兰 Ⅳ 196, 300

Stockton-on-Tees, Durham, England   蒂斯河畔的斯托克顿，达勒姆，英格兰 Ⅳ 255, 460

Stoke-by-Clare, Suffolk, England   斯托克拜克勒，萨福克，英格兰 Ⅱ 624

Stoke-on-Trent, Staffordshire, England   特伦特河畔斯托克，斯塔福德郡，英格兰 Ⅳ 346, 353；Ⅴ 662；Ⅵ 623

Stonar, Kent, England   斯通纳，肯特，英格兰 Ⅳ 467

Stonehenge, England   巨石阵，英格兰 Ⅰ 81, 195, 315, 490 – 494, 712, 图版 21A

Stonesfield, Oxfordshire, England   斯通菲尔德，牛津郡，英格兰 Ⅱ 32, 34

Stonington, Connecticut, U. S. A.   斯托宁顿，康涅狄格州，美国 Ⅳ 58

Stora Kopparberg, Sweden   施特劳科帕尔贝尔格，瑞典 Ⅱ 65

Stour, river, Kent, England   陶尔河，肯特，英格兰 Ⅳ 467

— —Worcestershire, England   陶尔河，伍斯特郡，英格兰 Ⅲ 458；Ⅳ 153

Stourbridge, Worcestershire, England   斯陶尔布里奇，伍斯特郡，英格兰 Ⅲ 458；Ⅳ 131, 237, 371, 374；Ⅴ 778

Stra, near Padua, Italy   斯特拉，帕多瓦附近，意大利 Ⅲ 447, 451 注释

Stradonitz, Bohemia   斯特拉杜尼茨，波希米亚 Ⅱ 559

Strasbourg, France 斯特拉斯堡，法国

  canals 运河 Ⅳ 550 – 551

  cartography 制图法 Ⅲ 537 – 538

  farming methods 耕作方法 Ⅳ 29

  oil-refining 石油的精炼 Ⅴ 114

  potassium extraction 钾的提炼（约1497年）Ⅱ 354 – 355

  printing 印刷 Ⅲ 383 – 384

  roads 道路 Ⅳ 539

  telegraphy 电报 Ⅳ 646

  timekeepers 时钟（1354年）Ⅲ 655

Stratford, Connecticut, U. S. A. 斯特拉特福，康涅狄格州，美国 Ⅴ 404

—Essex, England 斯坦福德郡，埃塞克斯，英格兰 Ⅲ 695

Stratford-le-Bow 堡区，斯特拉特福 Ⅳ 341, 492；参见 Bow

Stratford-on-Avon, Warwickshire 埃文河畔的斯特拉特福，沃里克郡 Ⅲ 458

Straubing, Bavaria 施特劳宾，巴伐利亚 Ⅳ 361

Strood, Kent, England 斯特鲁德，肯特，英格兰 Ⅳ 566 – 567

Stroud, Gloucestershire, England 斯特劳德，格洛斯特郡，英格兰 Ⅴ 571, 624

Styal, Lancashire, England 斯泰尔，兰开夏郡，英格兰 Ⅴ 829

Styria, Austria 施蒂里亚，奥地利 Ⅱ 69 – 70, 73, 75 – 76；Ⅲ 115

Sudan 苏丹 Ⅰ 140；Ⅲ 521

Sudbrook, Gloucestershire, England 萨德布鲁克，格洛斯特郡，英格兰 Ⅴ 518

Sudbury, Ontario, Canada 萨德佰里，安大略，加拿大 Ⅴ 87；Ⅵ 413, 418, 420

—Suffolk, England 萨德伯里，萨福克郡，英格兰 Ⅲ 101

Sudeten, Czechoslovakia 苏台德，捷克斯洛伐克 Ⅵ 18

Suez, Egypt 苏伊士，埃及 Ⅴ 111；Ⅵ 25, 250

Suffolk, England 萨福克郡，英格兰 Ⅲ 101, 152；Ⅳ 5, 17, 21

Sukkur, India	苏库尔, 印度 Ⅶ 886
Sulzbach, Germany	苏尔茨巴赫, 德国 Ⅳ 260
Sumatra	苏门答腊 Ⅰ 226
Sumeria	苏美尔 Ⅲ 417
Sunderland, Co. Durham, England	桑德兰, 达勒姆郡, 英格兰 Ⅳ 95, 457 – 458, 641; Ⅴ 208, 553
—U. S. A.	桑德兰, 美国 Ⅳ 545
Superior, lake, Canada- U. S. A.	苏必利尔湖, 加拿大 – 美国 Ⅳ 553 (地图); Ⅶ 916 (地图)
Superior, lake, N. America	苏必利尔, 北美洲
canals	运河 Ⅳ 552
iron ore transport	铁矿运输 Ⅴ 808; Ⅵ 414, 464 – 465
metals, extraction	金属提炼 Ⅴ 79, 84
mining, opencast methods	露天开采 Ⅵ 411, 463
St Lawrence Seaway link	圣劳伦斯航道 Ⅶ 917, 920
Suppara	俄斐; 参见 Ophir
Surbiton, Surrey	瑟比顿, 萨里郡 Ⅳ 494, 503
Surinam	苏里南 Ⅲ 6
Surrey, England	萨里郡, 英格兰 Ⅲ 265; Ⅳ 468; Ⅴ 554
Susa, Persia	苏萨, 波斯
arrow-heads, stone	箭头, 旧石器 Ⅰ 511
Babylonian mathematics	巴比伦数学 Ⅰ 787
buildings	建筑 Ⅰ 489
metal-work	金属制品 Ⅰ 632, 650
pottery	陶器 Ⅰ 205, 396, 398
roads	道路 Ⅰ 713; Ⅱ 496 (地图)
textiles, fragments	织物 Ⅰ 432
tools, metal	金属工具 Ⅰ 602
water, drinking	饮用水 Ⅱ 674
wheeled-vehicles	轮式车辆 (公元前 2500 年) Ⅰ 205 – 209
Sussex, England	萨塞克斯, 英格兰

building methods	建筑构造（17 世纪）Ⅲ 261，265
farm implements	农具 Ⅳ 4
glass-making	玻璃制造 Ⅲ 208
iron smelting	冶铁（1796 年）Ⅴ 816
ports	海港 Ⅳ 466
vehicles	交通工具（16 世纪）Ⅲ 145
wool industry	羊毛工业（16 世纪）Ⅲ 152
Sutlej，river，India	萨特莱杰河，印度 Ⅶ 883，892
Sutton Courtenay，Berkshire，England	萨顿科特尼，伯克郡，英格兰 Ⅱ 93 注释
Sutton Hoo，Suffolk，England	萨顿胡，萨福克，英格兰
leathercraft	皮革（约 660 年）Ⅱ 169
metal-work	金属制品 Ⅰ 450 - 451，454 - 456，458，461，492
ship excavation	船的开凿（约 655 年）Ⅰ 580
Swabia，Germany	士瓦本，德国 Ⅳ 527
Swale，river，Kent，England	斯韦尔河，肯特，英格兰 Ⅶ 891
Swanscombe，Kent，England	斯旺斯柯姆，肯特，英格兰 Ⅰ 22，28 - 29，34，68，表 C
Swansea，Glamorganshire，Wales	斯旺西，格拉摩根郡，威尔士
metals，extraction	金属的提炼 Ⅳ 126，128，131；Ⅴ 76 - 80，83，85 - 88，96
metals，working methods	金属加工工序 Ⅴ 607，610，629
Sweden	瑞典 Ⅵ 418，489 - 490，588，610；Ⅳ 922
Swefling，Suffolk，England	斯威福林教堂，萨福克，英格兰 Ⅱ 173；
Swindon，Wiltshire，England	斯温登，威尔特郡，英格兰 Ⅴ 323，648；Ⅶ 765
Swinton，Yorkshire	斯温顿，约克郡 Ⅳ 355
Sydney，New South Wales，Australia	悉尼，新南威尔士，澳大利亚 Ⅳ 143，592；Ⅶ 775，892 - 894
Syene（Aswan），on river Nile	尼罗河上的赛伊尼 Ⅲ 505 - 506，510 - 511
Syracuse，New York，U.S.A.	锡拉丘兹，纽约，美国 Ⅵ 490，507

—Sicily 叙拉古，西西里

    machinery, Roman period 机械，罗马时期 Ⅱ 637

    military machines 军事设备 Ⅱ 604，658，699，702，714 – 715

    quarries, limestone 采石场，大理石（约公元前 250 年）Ⅱ 26 – 27

    rut-roads 车轮辙道 Ⅱ 499

Syria 叙利亚

    calendar, Jewish 犹太人的日历 Ⅲ 574

    cartography, medieval 中世纪的制图学 Ⅲ 520（地图），521

    ceramics 陶器（14 世纪）Ⅳ 328

    cotton production 棉花生产 Ⅲ 159

    dyestuffs 染料 Ⅴ 259

    glass-making 玻璃制造 Ⅲ 217

    sugar-cane 甘蔗 Ⅲ 6

    town-planning 城市规划（3 世纪）Ⅲ 280

    weaving, figured fabrics 显花织物 Ⅲ 193，196

T

Tabriz, Azerbaijan, Persia 大不里士，阿塞拜疆，波斯 Ⅱ 302，307；Ⅲ 378，380

Taft, river, Wales 塔夫河，威尔士 Ⅲ 434

Tagus, river, Portugal 塔古斯河，葡萄牙 Ⅶ 883，887

Tahiti, Pacific Ocean 塔希提岛，太平洋 Ⅳ 598

Takla Makan desert, Sinkiang, China 塔克拉玛干沙漠，新疆，中国 Ⅰ 72

Takoradi, Ghana 塔科拉迪，加纳 Ⅶ 925

Tamar, river, Cornwall and Devon, England 泰马河，康沃尔郡和德文郡，英格兰 Ⅳ 462；Ⅶ 898

Tame, river, England 泰晤士河，英格兰 Ⅳ 153

Tampa, Florida, U. S. A.	坦帕，佛罗里达州，美国 Ⅶ 800
Tampico, Mexico	坦皮科，墨西哥 Ⅴ 102
Tanagra, Boeotia	塔纳格拉，维奥蒂亚 Ⅱ 277
Tanais（Don）, river, Russia	塔奈斯河（顿河），俄罗斯 Ⅲ 519；Ⅳ 554
Tangiwai, New Zealand	坦吉韦，新西兰 Ⅶ 896
Tapajos, river, Brazil	塔帕若斯河，巴西 Ⅴ 774
Tapiola, Finland	塔皮奥拉，芬兰 Ⅶ 977
Taplow, Buckinghamshire, England	塔普洛，白金汉郡，英格兰 Ⅱ 482–483
Tapper, N. Germany	塔珀，德国北部 Ⅰ 209
Taranto, Italy	塔兰托，意大利 Ⅶ 814
Tarapaca, Chile	塔拉帕卡，智利 Ⅴ 255
Tarentum, Allegheny river, U. S. A.	塔伦特姆，阿勒格尼河畔，美国 Ⅴ 109
—Italy	意大利 Ⅱ 460–461
Tarkhan, Egypt	答剌罕，埃及 Ⅰ 420, 434, 524, 图版 9, 11
Tarrant Keynston, Dorset, England	塔伦得凯恩斯顿，多塞特，英格兰 Ⅱ 37
Tarshish（Tartessus）, Spain	泰尔希什，西班牙 Ⅱ 568 及注释
Tarsus, Asia Minor	塔尔苏斯，小亚细亚 Ⅱ 317
Tartessus	泰尔希什；参见 Tarshish
Tarxdorf, Silesia	塔克斯多尔夫，西里西亚 Ⅱ 56
Tasa, Egypt	塔萨，埃及 Ⅰ 387, 表 E
Tasmania, Australia	塔斯马尼亚，澳大利亚 Ⅰ 161, 222；Ⅴ 8, 50
Taungs, Bechuanaland（Botswana）	汤恩，贝专纳（博茨瓦纳）Ⅰ 20, 22, 37（地图）
Taupo, New Zealand	陶波，新西兰 Ⅵ 220
Tawe, river and valley, Wales	泰韦河，威尔士 Ⅴ 76, 78
Taxila, India	塔克西拉，印度 Ⅱ 528

Tay, river, Scotland	泰河, 苏格兰 V 555
Teddington, Middlesex, England	特丁顿, 米德尔塞克斯, 英格兰 IV 216; VII 1194
Tees, river and valley, northern England	蒂斯河谷, 英格兰北部 IV 460; V 524, 810; VII 889
Teesside, England	蒂赛德, 英格兰 VII 887
Tegernsee, Bavaria	泰根塞, 巴伐利亚 V 102
Teheran, Persia (now Iran)	德黑兰, 波斯 (现为伊朗) III 505; VII 788
Tel EI-Yahudiya, Egypt	泰尔·亚海迪亚, 埃及 I 237
Tel Halaf, Syria	泰尔·赫莱夫, 叙利亚 II 108
Tel Jefat	约大帕地域; 参见 Jotapata
Tell Agrab, Mesopotamia	泰尔·阿格拉布, 美索不达米亚 I 720, 725
Tell Asmar	泰尔·阿斯马尔; 参见 Eshnunna
Tell Beit Mirisim, Palestine	泰尔贝特·米尔西姆的巴勒斯坦 I 381, 383
Tell Defenneh, Egypt	泰尔·德凡奈, 埃及 II 231
Tell ed-Duweir, Palestine	泰勒杜威尔, 巴勒斯坦; 参见 Lachish
Tell Fara, Palestine	泰勒法拉, 巴勒斯坦 I 672
Tello, Mesopotamia	泰洛, 美索不达米亚 I 652 – 653; 参见 Lagash
Tema, Ghana	特马港, 加纳 VII 920, 922, 925 – 927
Tenda Pass, Alps	阿尔卑斯山脉的滕达关口 IV 529
Tène, La	拉登; 参见 La Tène
Tennessee, U. S. A.	田纳西州, 美国 VII 1333
Tepe Gawra, Mesopotamia	泰佩·戈瓦拉, 美索不达米亚 I 205, 460 – 462, 504, 512, 表 E
Teplitz, Czechoslovakia	特普利兹, 捷克斯洛伐克 VI 495
Tern, river, Shropshire, England	特惠河, 什罗普郡, 英格兰 IV 566 – 567
Terneuzen, Holland	泰尔讷曾, 荷兰 IV 560
Terracina, Italy	泰拉齐纳, 意大利 II 510, 520; III 311
Tessin, Switzerland	泰桑, 瑞士 VII 1127

Tessino, Italy 泰西诺，意大利 Ⅲ 218

Tewkesbury, Gloucestershire, 蒂克斯伯里，格洛斯特郡，英格兰 Ⅲ 457；
    England   Ⅴ 262

Texas, U. S. A. 德克萨斯，美国

    agriculture 农业 Ⅴ 4

    chemical industry 化学工业 Ⅵ 508，516

    drilling, oil industry 开采，石油工业 Ⅵ 382

    oceanography, Gulf region 海洋学，海沟地区 Ⅶ 1453

    glass manufacture 玻璃制造业 Ⅵ 576

    natural gas 天然气 Ⅵ 192，576

    sewage treatment 污水处理 Ⅶ 1391

Thames, river, England 泰晤士河，英格兰

    bridges 桥 Ⅳ 454 – 456；Ⅴ 507，512 – 513，643

    canals 运河 Ⅲ 456 – 457（地图）；Ⅳ 572

    cartography 海图 Ⅳ 618

    cement, use 水泥的使用 Ⅳ 448 – 449

    chemical industry 化学工业 Ⅵ 507

    electric cables 电缆 Ⅵ 447

    electric-lighting 电灯 Ⅴ 182

    embankment, protection 筑堤，防护 Ⅲ 422

    fish preservation 鱼的保藏 Ⅳ 47，52

    foundations, bridges 桥基 Ⅲ 422，425

    harbour works 防波堤 Ⅳ 467 – 468；Ⅴ 539

    locks 闸门 Ⅲ 441，456

    navigation 航海（1585 年）Ⅲ 441

    sewage 排污 Ⅳ 510 – 511，518；Ⅶ 1391

    shipbuilding 造船业 Ⅳ 575，580，589；Ⅴ 351 – 352，
        364 – 365，371 – 372，810

    steam-propulsion 蒸汽推力 Ⅴ 142，144，146，153

    tunnels 隧道 Ⅳ 427，449，463 – 464；Ⅴ 361 注
        释，516；Ⅶ 901 – 902，905

    water-supply, London 供水，伦敦 Ⅳ 491，493 – 494；Ⅴ 554，

	561 – 562；Ⅶ 1368, 1374
water-wheels, London Bridge	水轮，伦敦桥 Ⅳ 206 – 207, 491
Thames Ditton, Surrey, England	泰晤士迪顿，萨里，英格兰 Ⅴ 135
Thanet, Isle of	萨尼特岛 Ⅲ 516
Thasos, Aegean Sea	萨索斯岛，爱琴海 Ⅱ 43, 130
Thebes, Egypt	底比斯，埃及
agriculture	农业 Ⅰ 523, 537, 540 – 541, 543 – 544
animals, domestic	家畜 Ⅰ 329
calendar	日历（约公元前 1500 年）122, 124
candles	蜡烛（约公元前 1300 年）Ⅰ 232
chemical arts	化学工艺 Ⅰ 239, 242, 251, 266
craft skills	手工技能 Ⅰ 189, 213, 453, 481, 689 – 690, 699, 图版 10；Ⅱ 150, 162
food preparation	食物配置 Ⅱ 264, 273 – 275, 277 – 278
ivory-work	象牙制品 Ⅰ 664
leather-work	皮制品 Ⅱ 150, 160, 162 – 164
metals, working	金属加工 Ⅰ 578 – 579
ointment-compounders	软膏混合物 Ⅰ 292
paper-making	造纸术 Ⅱ 756 – 757
pottery	陶器（约公元前 1450 年）Ⅰ 389
rope-making	制绳 Ⅰ 453 – 454
rotary motion	旋转运动 Ⅰ 189, 213
stone-work	石制品 Ⅰ 481
textiles	织物（约公元前 1500 年）Ⅰ 437, 439 – 440
tools, iron	工具，铁 Ⅰ 619；Ⅱ 228 – 229
viticulture	葡萄栽培 Ⅰ 290
water-supply	供水 Ⅰ 522 – 523, 537
weapons, hunting	武器，捕猎（约公元前 1400 年）Ⅰ 156
wheeled-vehicles	有辐车轮 Ⅰ 213, 726；Ⅱ 551, 561
wood-work	木制品 Ⅰ 189, 689 – 690, 694, 699
The Fens	沼泽地区；参见 Fens, The

The Hague, Holland (Netherlands)   海牙，荷兰（尼德兰）Ⅱ 680；Ⅲ 229，663；Ⅳ 545；Ⅵ 2, 4

Themesvar, Hungary   泰梅斯瓦尔，匈牙利 Ⅳ 550

Thetford, Norfolk, England   塞特福德陶器，诺福克，英格兰 Ⅱ 295；Ⅳ 10

Theuben, river Danube, Hungary   特班，多瑙河，匈牙利 Ⅳ 550

Thiers, Puy-de-Dôme, France   梯也尔，多姆省，法国 Ⅲ 115

Thirlmere, lake, Cumberland, England   瑟尔米尔湖，坎伯兰郡，英格兰 Ⅳ 496；Ⅴ 553

Tholen, Isle of, Zeeland   托伦岛，泽兰 Ⅲ 320

Thorny Down, Wiltshire, England   荆棘丘陵，威尔特郡，英格兰 Ⅰ 316

Thrapsanos, Crete   色雷斯卡诺斯，克里特 Ⅰ 406

Thugga   沙格镇；参见 Dugga

Thule, Arctic   图勒，北极 Ⅲ 506, 509 – 510

Thurii, southern Italy   图里，意大利南部 Ⅲ 272

Thurrock, Essex, England   瑟罗克，艾塞克斯，英格兰 Ⅵ 447

Tiber, river, Italy   台伯河，意大利 Ⅲ 280 – 281, 288, 312 – 313

Tiberias, lake   太巴列湖 Ⅰ 259

Tibur (Tivoli), Italy   提布尔（蒂沃利），意大利 Ⅱ 27, 406

Ticino, river, Switzerland-Italy   提契诺河，瑞士 – 意大利 Ⅲ 444, 446；Ⅳ 555

Tierra de Brea, Trinidad   铁拉德布雷亚岛，特立尼达 Ⅴ 102

Tierra del Fuego, S. America   火地岛，南美洲 Ⅰ 160, 165, 178

Tiflis, Russia   第比利斯，俄罗斯 Ⅰ 588

Tilbury, Essex, England   蒂尔堡，埃塞克斯，英格兰 Ⅴ 541

Timgad, Algeria   提姆加德，阿尔及利亚 Ⅱ 530 – 531；Ⅲ 279 – 280, 282

Timonovka, Russia   蒂莫维卡，俄罗斯 Ⅰ 302

Tipton, Staffordshire, England   蒂普顿，斯塔福德郡，英格兰 Ⅳ 114；Ⅴ 472

Tiryns, Greece	梯林斯，希腊 Ⅰ 359, 457, 488; Ⅱ 29, 398
Tisza, tributary of Danube	蒂萨河，多瑙河支流 Ⅳ 550
Titel, Yugoslavia	蒂泰尔，南斯拉夫 Ⅳ 550
Titicaca, lake, Bolivia	的的喀喀湖，玻利维亚 Ⅰ 732 – 733
Titusville, Pennsylvania, U. S. A.	泰特斯维尔，宾夕法尼亚州，美国 Ⅴ 113, 120
Tiverton, Devon, England	维尔顿，德文郡，英格兰 Ⅴ 602
Tivoli	提布尔; 参见 Tibur
Tjaalingermeer, Holland	贾林格尔海，荷兰 Ⅲ 302
Tobolsk, Ural, Russia	托博尔斯克，乌拉尔，俄罗斯 Ⅳ 529
Todmorden, Yorkshire, England	托德莫登，约克郡，英格兰 Ⅳ 302
Toeplitz, Austria	托普利茨，奥地利 Ⅴ 619 – 620
Tokyo, Japan	东京，日本 Ⅶ 816
Toledo, Spain	托莱多，西班牙 Ⅱ 57, 680; Ⅲ 115, 350, 521, 584 – 585
Tolfa, Italy	托尔法，意大利 Ⅱ 368 – 369
Tollund, Denmark	图伦，丹麦 Ⅰ 355, 359, 370, 图版 6B
Tolworth, Surrey, England	托尔沃思，萨里，英格兰 Ⅶ 905
Tømmerley, Denmark	策默比，丹麦 Ⅱ 85, 87
Tonbridge, Kent, England	汤布里奇，肯特，英格兰 Ⅳ 658
Tongataboo, Pacific Ocean	汤加塔布岛，太平洋 Ⅳ 598
Tornea, Finland	托尔尼奥，芬兰 Ⅲ 553
—river, Finland	托尔尼奥河，芬兰 Ⅲ 554
Torquay, Devon, England	托基，德文郡，英格兰 Ⅰ 188; Ⅴ 387, 546, 560
Tortona, Italy	托尔托纳，意大利 Ⅳ 34
Toton, Nottinghamshire, England	托顿，诺丁汉，英格兰 Ⅶ 786
Toulon, France	土伦，法国 Ⅳ 582, 633, 635, 644
Toulouse, France	图卢兹，法国 Ⅲ 329, 430, 459, 464 – 467
Tours, France	图尔，法国 Ⅲ 463
Towneley, Lancashire, England	汤利，兰开夏郡，英格兰 Ⅳ 490

Transvaal, South Africa	德兰士瓦，南非 Ⅳ 77
Transylvania, eastern Europe	特兰西瓦尼亚，东欧 Ⅴ 321－322
Traprain Law, Scotland	特拉巴朗罗，苏格兰 Ⅰ 619－620
Travers, near Neuchatel, Switzerland	特拉弗斯，纳沙泰尔附近，瑞士 Ⅳ 539－540；Ⅴ 118
Trawsfynydd, Merionethshire, Wales	特劳斯瓦尼兹地区，梅里奥尼斯郡，威尔士 Ⅵ 213
Tribes, on R. Aude, France	特雷布，法国 Ⅲ 466
Trebizond, Black Sea	特拉布宗，黑海 Ⅱ 760
Treguanda	特雷圭达 Ⅲ 210
Trench, Shropshire, England	特朗什，英格兰 Ⅳ 569
Trent, river, England	特伦特河，英格兰 Ⅲ 84；Ⅳ 199，566，572
Trentham, Staffordshire, England	特伦塞姆，斯塔福德郡，英格兰 Ⅳ 352
Trento, Italy	特兰托，意大利 Ⅱ 66
Trenton, New Jersey, U. S. A.	特伦顿，新泽西州，美国 Ⅴ 662
Treves, Germany	特雷夫斯，德国 Ⅱ 313，323，544，671，718
Trèves (later Trier), Germany	特雷夫斯，德国 Ⅲ 279；Ⅳ 527
Trezée, river, France	特雷济河，法国 Ⅲ 460，462
Trezzo, on R. Adda, Italy	阿达河畔的特雷佐，意大利 Ⅲ 446，448
Trialeti, Georgia	特里莱蒂，格鲁吉亚 Ⅰ 209
Trient, Switzerland	特兰托，瑞士 Ⅱ 612
Trier	特里尔；参见 Trèves
Trieste, Italy	特雷萨格特，意大利 Ⅳ 528，553
Trinidad, West Indies	特立尼达，西印度群岛 Ⅴ 105，223；Ⅶ 1073
Trinil, Java	特里尼尔，爪哇 Ⅰ 23
Trinity Bay, Newfoundland, Canada	特里尼蒂湾，纽芬兰，加拿大 Ⅳ 661
Tripoli, Syria	的黎波里，叙利亚 Ⅴ 266
Tripolye, Ukraine	特里波利耶，乌克兰 Ⅰ 370
Trois-Frères, Ariége, France	鲁瓦弗雷尔山，阿列日，法国 Ⅰ 151

Trøldebjerg, Denmark 查特堡，丹麦 Ⅰ 311

Tromsø, Norway 特罗姆斯，挪威 Ⅵ 357

Trowbridge, Wiltshire, England 特劳布里奇，威尔特郡，英格兰 Ⅴ 587

Troy（Hissarlik, Ilium） 特洛伊（希沙立克，伊利昂）

   food plants 食用植物 Ⅰ 362，364 – 365

   fortifications, stone 堡垒墙 Ⅰ 488；Ⅱ 701 – 702

   building methods 砌筑方法，建筑方式 Ⅰ 488

   metallurgy 冶金 Ⅰ 584

   mining, copper 采矿，铜 Ⅰ 565

   pottery 陶器 Ⅰ 398，402 – 403

   spinning and weaving 纺织（约公元前 2500 年）Ⅰ 427，433，435

   tools, non-metallic 工具，有色金属 Ⅰ 504

Troyes, Aube, France 特鲁瓦，奥布省，法国 Ⅱ 609；Ⅲ 371

Trundholm, Denmark 特伦霍尔姆，丹麦 Ⅰ 213

Truskawiec, Poland 特鲁斯卡维茨，波兰 Ⅴ 116

Tsarskoe Selo, Russia 皇村，俄罗斯 Ⅳ 529

Tuc D'Audoubert, Ariége, France 蒂多杜贝尔，阿列日，法国 Ⅰ 144，151 – 152

Tunis, N. Africa 突尼斯，北非 Ⅲ 480

Tunisia, North Africa 突尼斯，北非 Ⅴ 16；Ⅵ 529

Tunstall, Stoke-on-Trent, Staffordshire 坦斯特尔，特伦特河畔斯托克，斯塔福德郡 Ⅳ 348

Tura, Egypt 图拉，埃及 Ⅰ 453，714

Turcoing, Nord, France 图考英，诺尔，法国 Ⅴ 576

Turin, Italy 都灵，意大利 Ⅱ 718 Ⅲ 280，286 – 287；Ⅴ 546

Turkey 土耳其 Ⅲ 4，8，405，579；Ⅵ 7，9

Turrach, Styria, Austria 图拉赫，施蒂里亚州，奥地利 Ⅴ 57

Turton, Lancashire, England 特顿，兰开夏郡，英格兰 Ⅳ 496

Tuscany, Italy 托斯卡纳，意大利

   boric acid production 硼酸生产 Ⅳ 320 – 321

ceramics	陶器 Ⅳ 329	
chemical arts	化学工艺（16 世纪）Ⅲ 677	
farming methods	农作方法 Ⅳ 34 – 35	
glass-making	制造玻璃 Ⅲ 218	
land-drainage	地面排水 Ⅲ 314 – 315	
Tusculum, near Rome, Italy	塔斯坎姆，罗马附近，意大利 Ⅱ 678	
Tutbury, Staffordshire, England	塔特伯里，斯塔福德郡，英格兰 Ⅱ 37	
Tuttlinger, W. Germany	图特林格，联邦德国 Ⅶ 1322	
Tuz Khurmatli, Mesopotamia	图兹胡尔马特利，美索不达米亚 Ⅰ 262	
Tweed, river, Scotland	特威德河，苏格兰 Ⅳ 459 – 460	
Twickenham, Middlesex, England	特威克纳姆，米德尔塞克斯，英格兰 Ⅳ 242	
Tyne, river, England	泰恩河，英格兰 Ⅲ 76（地图）	
coal exports	煤炭出口 Ⅲ 74	
industrial change, discussion	产业变化，讨论 Ⅴ 815 – 816	
safety-lamp	安全灯 Ⅳ 94	
shipbuilding	造船 Ⅴ 121，371，381，810；Ⅶ 740	
tunnels	隧道 Ⅶ 905	
Tyneside, Northumberland, England	泰恩河畔，诺森伯兰，英格兰 Ⅳ 96，373；Ⅴ 324；Ⅵ 507；Ⅶ 1086	
Tyre, Lebanon	提尔，黎巴嫩 Ⅱ 760	
dye, mollusc source	染色、染料，软体动物 Ⅰ 247 – 248；Ⅱ 367	
fortifications	堡垒 Ⅱ 702	
harbour-works	港口设施 Ⅱ 516	
military engines	军事设备（公元前332 年）Ⅱ 700	
pipes, bronze	青铜管子 Ⅱ 665	
Tyrley, Shropshire, England	特尔利，什罗普郡，英格兰 Ⅳ 566	
Tyrol, Austria	蒂罗尔，奥地利 Ⅲ 341；Ⅳ 610；Ⅴ 339	
Tyrone, Northern Ireland	蒂龙，北爱尔兰 Ⅲ 455	
Tyrrhenian Sea	第勒尼安海 Ⅲ 311	

U

U. S. A. , Great Lakes	美国，五大湖 IV 553（地图）
Ubaid , El-	奥贝德；参见 EI–Ubaid
Udine , Italy	乌迪内，意大利 III 286
Ufenti , river , Italy	乌芬蒂河，意大利 III 311
Uganda	乌干达 I 384
Ugarit（later Ras Shamra）, Syria	乌加里特（后称拉斯沙姆拉），叙利亚 I 201，247，762–763，图版 30B
Uitgeest , Holland	厄伊特海斯特，荷兰 II 625
Ukraine , U. S. S. R.	乌克兰，苏联 V 3，6，304；VI 10，507，538
Ulm , Germany	乌尔姆，德国 III 532
Unieux , Loire , France	于尼厄，卢瓦尔省，法国 V 65
Upper Eider lakes , Schleswig-Holstein	上艾德诸湖，萨塞瓦尔特河与奥斯坦德河 IV 560
Upper Great Lakes , Canada	五大湖上游，加拿大 VII 917
Uqair , Mesopotamia	乌奎尔，美索不达米亚 I 462–463
Ur , Mesopotamia	乌尔，美索不达米亚 I 56，表 E，F
animals , domestication	动物驯养 I 340
bitumen , uses	沥青 I 253–254
building methods	砌筑方法，建筑方式（公元前 2800 年至公元前 1800 年）I 465–469
buildings	建筑（公元前 3000 年）I 306
dyestuffs	染料 I 247
food preparation	食物制备 I 278
glass-ware	玻璃制品 II 318–319
implements , agricultural	工具，农业 II 83
lamps , oil-	油灯（约公元前 3000 年）I 236
leather-craft	皮革制品 I 163 注释
metals , extraction	金属，提炼 I 582，584，591

metal-work	金件 Ⅰ 582，626，636，643－645，649－650，652－657，659，661
potter's wheel，Uruk period	陶轮，乌鲁克时期 Ⅰ 199－200
soap manufacture	制皂 Ⅰ 261
town-planning	城市规划 Ⅲ 271
transport，land	运输，陆路 Ⅰ 705，709
weapons，Bronze Age	武器，青铜器时代 Ⅰ 614
wheeled vehicles	有轮车辆 Ⅰ 205－206，208－209，717－718，725；Ⅱ 163 注释
wood-work	木制品 Ⅰ 684
Urals，mountains，Europe and Asia	乌拉尔山脉，欧洲和亚洲 Ⅳ 144
Uratu（Ararat），Mesopotamia	乌拉尔图（阿勒），美索不达米亚 Ⅰ 564，583
Urbino，Italy	乌尔比诺，意大利 Ⅲ 311；Ⅳ 329 注释
Urgenj，Turkestan	乌尔根杰镇，土耳其斯坦 Ⅳ 312 注释
Uruk（Warka）	乌克鲁（瓦尔卡）；参见 Erech
Usk，river，England	阿斯克河，英格兰 Ⅶ 889
Utah，U.S.A.	犹他州，美国 Ⅴ 3；Ⅵ 413
Utica，near Tunis	尤蒂卡，突尼斯附近 Ⅱ 408
Utoquai（lake-village）	奥古埃（湖上住宅） Ⅰ 356，517
Utrecht，Holland（Netherlands）	乌得勒支，荷兰 Ⅲ 197，441－442；Ⅳ 15；Ⅵ 301

V

Vaison，south France	韦松，法国南部 Ⅱ 553
Valencia，Spain	巴伦西亚，西班牙 Ⅲ 210
Valentia，Ireland	瓦伦西亚，爱尔兰 Ⅳ 661
Valladolid，Spain	巴利亚多利德，西班牙 Ⅳ 554
Valle，Sweden	瓦勒，瑞典 Ⅰ 150

Valley of Kings, Egypt	国王谷，埃及 Ⅰ 440
Valsgarde, Sweden	瓦斯加尔德，瑞典 Ⅱ 313
Van, lake, Armenia	凡湖，亚美尼亚 Ⅰ 282
Vancouver, Canada	温哥华，加拿大 Ⅶ 788，898，917
Vancouver Island, Canada	温哥华岛，加拿大 Ⅶ 1082
Väner, lake, Sweden	维纳恩湖，瑞典 Ⅲ 455
Vann Farm, near Chiddingfold, Surrey, England	瓦恩法姆，毗邻奇丁福尔德，萨里，英格兰 Ⅲ 207
Vaphio, Greece	瓦斐奥，希腊 Ⅰ 400，645 – 646
Vaisterbotten, Sweden	西博滕，瑞典 Ⅰ 708
Vaticafi City	梵蒂冈 Ⅲ 196
Vatter, lake, Sweden	韦特恩湖，瑞典 Ⅲ 455
Vaux de Cernay, near Paris	沃德塞尔奈修道院，巴黎附近 Ⅱ 650
Vebbestrup, Jutland	韦伯斯楚普，日德兰 Ⅱ 84
Velem St Vid, Hungary	匈牙利的维莱姆·圣维德，匈牙利 Ⅰ 568，588
Velinus, lake, Italy	韦利纽斯湖，意大利 Ⅱ 679
Venafro, near Naples, Italy	韦纳夫罗，靠近那不勒斯，意大利 Ⅱ 597 – 598，602
Vendel, Sweden	文德尔，瑞典 Ⅱ 557，559
Venezuela	委内瑞拉 Ⅵ 186，394；Ⅶ 1456
Venice, Italy	威尼斯，意大利
agriculture	农业（18 世纪）Ⅳ 35
bridges	桥 Ⅲ 424，430
buildings, Renaissance period	建筑，文艺复兴时期 Ⅲ 245，248 – 249
buildings, Romanesque period	建筑，罗马帝国时代 Ⅱ 423 – 424
Byzantine craft	拜占庭艺术（约 1204 年）Ⅱ 765 – 767
carpenters	木工（约 1500 年）Ⅱ 393，395
ceramics	陶器（15 世纪）Ⅱ 301；Ⅳ 329 注释
chemical industry	化学工业 Ⅲ 678，681，703，705；Ⅳ 233
chemistry, pre-scientific	化学，前科学 Ⅱ 356，368，372
dredging	挖泥 Ⅳ 635 – 636

dyestuffs	染料 Ⅳ 250
glass-making industry	玻璃制造业 Ⅱ 326 – 328；Ⅲ 209，216，222，230，238，678，681
instruments, precision	仪器，精度 Ⅲ 598
lenses, glass	透镜，玻璃 Ⅲ 230，234
metal-work	金片 Ⅱ 454
mirrors, manufacture	制镜 Ⅳ 362
navigation methods	航海方法（1428 年）Ⅲ 526
printing	印刷 Ⅲ 380，405 – 406
shipbuilding	造船 Ⅲ 472 – 474，476，479
soap-making	制皂 Ⅲ 703，705
spectacles, manufacture	眼镜制造技术 Ⅲ 230 – 231
spinning processes	织法 Ⅱ 194 – 195，207
town-planning	城镇规划 Ⅲ 286
water-control	河道管理 Ⅲ 309，314
water-mills	水磨 Ⅲ 608，648
waterways	河道 Ⅲ 309，441 注释 2；Ⅳ 558
windmills	风车 Ⅱ 620
Verdun, France	凡尔登，法国 Ⅵ 9
Vermont, U. S. A.	佛蒙特，美国 Ⅴ 645，653
Vernassonne, stream, France	韦尔纳索内河，法国 Ⅲ 464
Verona, Italy	维罗纳，意大利 Ⅲ 199，309；Ⅴ 318 注释 2
Versailles, France	凡尔赛宫，法国 Ⅲ 238；Ⅳ 154，363，500；Ⅴ 448
Verulamium（St Albans），Hertfordshire, England	沃鲁拉名姆（圣奥尔本斯），赫特福德郡，英格兰 Ⅱ 169；Ⅲ 277 – 278
Verviers, Belgium	韦尔维耶，比利时 Ⅴ 570，572
Věstonice, Moravia	维斯顿尼斯，摩拉维亚 Ⅰ 147，152，376
Vesuvius, Italy	维苏威火山，意大利 Ⅲ 274
Vettabia di Milano, Italy	韦塔比亚迪米拉诺，意大利 Ⅲ 309
Vettersfelde, Brandenburg,	维特尔斯菲尔征，勃兰登堡，德国 Ⅰ

Germany	647 – 648
Vézelay, Yonne, France	韦兹莱，约讷省，法国 Ⅱ 127，647
Vicenza, Italy	维琴察，意大利 Ⅲ 249；Ⅳ 337
Vicopisano, on R. Arno, Italy	维科皮萨诺附近，阿尔诺，意大利 Ⅲ 448
Victoria, South Australia	南维多利亚，澳大利亚 Ⅴ 8
Victoria Falls, Rhodesia-Zambia	维多利亚瀑布，罗征西亚，赞比亚 Ⅶ 881
Victoria West, South Africa	西维多利亚，南非 Ⅰ 133
Vieille Montagne, Belgium	蒙塔尼，比利时 Ⅳ 132
Vienna, Austria	维也纳，奥地利
carpenters	木工（约1514年）Ⅱ 389
cartography	测量图 Ⅳ 607
ceramics	陶瓷工业 Ⅴ 659 – 660
education, technical	技术教育 Ⅴ 659，714
electric motor	电动机（1873年）Ⅴ 231
horse equipment	马具 Ⅱ 559
instruments, medical	医疗器械 Ⅶ 1322
lamp oils	煤油灯 Ⅴ 105
machines, fairground	机器，集市 Ⅶ 1129
metal-work	金片 Ⅱ 455
motor-carriages	汽车运输（1874年）Ⅴ 426
phosphorus discovery	磷的发现 Ⅴ 253
photography	摄影术 Ⅴ 722
printing	印刷 Ⅴ 704 – 705，707，714
railway engineering	铁路工程 Ⅴ 328
roads	道路 Ⅳ 528，539
water-supply	供水 Ⅴ 555，558
waterways	航道 Ⅳ 553
Vigevano, Lombardy, Italy	维杰瓦诺，伦巴第，意大利 Ⅲ 286
Villach, Carinthia, Austria	比利亚克，卡林西亚州，奥地利 Ⅳ 665
Villefranche, near Toulouse,	维勒弗朗什，图卢兹附近，法国 Ⅲ 459，

France 464

Villeneuve-l'Archevêque,　　　阿什韦克，约讷省，法国 V 555
　　Yonne, France

Villepinte, near Castelnaudary,　维勒潘特，卡斯泰尔诺达里附近，法国
　　France　　　　　　　　　　Ⅲ 467

Vilvorde, Belgium　　　　　　维尔福德，比利时 Ⅵ 528

Vincennes, Paris, France　　　 万塞讷，巴黎，法国 Ⅳ 338 – 339；V 284

Virginia, U. S. A.　　　　　　 弗吉尼亚，美国 Ⅲ 1 – 2，9；Ⅳ 536；V 4；
　　　　　　　　　　　　　　 Ⅵ 363

Virginia City, Nevada, U. S. A.　弗吉尼亚，内华达，美国 V 559

Vitry-en-Perthois, Marne,　　　维特里昂贝尔多瓦，马恩省，法国 Ⅲ 290
　　France

Vitry-le-François, Marne,　　　维特里 – 勒弗朗索瓦，马恩省，法国 Ⅲ
　　France　　　　　　　　　　289 – 290

Vitznau, Switzerland　　　　　维茨瑙，瑞士 V 346

Vix, Chatillon-sur-Seine,　　　维城，塞纳河畔的沙蒂末，法国 Ⅱ 451
　　France

Vogtland, Germany　　　　　 福格特兰，德国 Ⅰ 508

Volga, river, Russia　　　　　 伏尔加河，俄罗斯 Ⅳ 554；Ⅵ 21

Volterra, Italy　　　　　　　 沃尔泰拉，意大利 Ⅱ 52，60

Vonges, near Dijon, France　　 翁日，第戎附近，法国 V 289

Voorzaan, the, Holland　　　　福罗扎恩，荷兰 Ⅳ 638

Vosges, mountains, France　　　孚日山脉，法国 Ⅲ 538；Ⅳ 29

Vounous, Cyprus　　　　　　 塞浦路斯 Ⅰ 403，420，433，435

Vreeswijk, Holland　　　　　 弗雷斯韦克，荷兰 Ⅲ 442，444

Vučedol, Yugoslavia　　　　　武塞多，南斯拉夫 Ⅰ 311

Vulci, near Rome　　　　　　 武尔西，罗马附近 Ⅱ 51

Vyrnwy, river, Wales　　　　　韦尔努伊坝，威尔士 Ⅳ 497；V 522，553，
　　　　　　　　　　　　　　557

W

Waddenzee, Netherlands　　　　　　瓦登海，荷兰 Ⅶ 907

Wadi Alaki, Nubia　　　　　　　　瓦迪阿拉基，努比亚 Ⅰ 526

Wadi 'Amd（Hadhramaut），　　　瓦迪阿姆德（哈德拉毛），阿拉伯半岛 Ⅰ 532
　　Arabia

Wadi Gerrawi, Egypt　　　　　　　瓦迪格拉维，埃及 Ⅰ 528

Wadi Ghazzeh, Palestine　　　　　瓦迪加泽，巴勒斯坦 Ⅰ 232，420

Wadi Halfa, Egypt　　　　　　　　瓦迪哈勒法河，埃及 Ⅰ 477

Wadi Hammamat, Egypt　　　　　　瓦迪哈马马特，埃及 Ⅰ 477

Wadi Maghara, Palestine　　　　　瓦迪迈加拉，巴勒斯坦 Ⅰ 564

Wadi Natrum, Egypt　　　　　　　奈特伦瓦迪，埃及 Ⅰ 260；Ⅱ 354

Wakefield, Yorkshire, England　　韦克菲尔德，约克郡，英格兰 Ⅲ 458；
　　　　　　　　　　　　　　　　　Ⅳ 448；Ⅴ 563

Walcheren, Holland　　　　　　　瓦尔赫伦岛，荷兰 Ⅴ 18

Waldburg, Germany　　　　　　　瓦尔德堡，德国 Ⅳ 425

Walker-upon-Tyne, England　　　泰恩河畔沃克，英格兰 Ⅳ 238

Wallsend, Northumberland,　　　沃尔森德海岸，诺森伯兰，英格兰 Ⅱ 31；
　　England　　　　　　　　　　　　Ⅳ 84；Ⅴ 152

Waltham Abbey, Essex,　　　　　沃尔瑟姆，阿比，埃塞克斯，英格兰 Ⅲ
　　England　　　　　　　　　　　　451；Ⅴ 290

Walthamstow, Essex, England　　沃尔瑟姆斯托，埃塞克斯，英格兰 Ⅱ 577

Walton-on-Thames, Surrey,　　　泰晤士河畔沃尔顿，萨里，英格兰 Ⅶ 1374
　　England

Waluta（Majorca）　　　　　　　瓦露塔（马略卡岛）Ⅱ 597

Wandle, river, Surrey,　　　　　旺德尔河，萨里，英格兰 Ⅳ 207，499
　　England

Wangen, Baden　　　　　　　　　旺根，巴登 Ⅰ 357–358，367

Wapping　　　　　　　　　　　　沃平；参见 London

Warka（Uruk）　　　　　　　　　埃雷克；参见 Erech

Warrington, Lancashire, England   沃灵顿，兰开夏郡，英格兰 Ⅳ 241；Ⅴ 632

Warsaw, Poland   华沙，波兰 Ⅵ 9

Wart, the, Holland   沃特，荷兰 Ⅲ 321

Warwickshire, England   沃里克郡，英格兰 Ⅳ 177

Wash, The, England   沃什湾，英格兰 Ⅲ 315, 320；Ⅴ 545；Ⅶ 846

Washington, District of Columbia, U. S. A.   华盛顿，哥伦比亚区，美国

    economic crisis   经济危机（20 世纪 30 年代）Ⅵ 15

    printing   印刷 Ⅴ 687

    roads   道路 Ⅳ 540, 543

    rockets   火箭 Ⅶ 859

    space programme, NASA   航天计划，美国航空航天局 Ⅶ 869

    telegraph system   电报系统（1842 年）Ⅳ 660

Watervliet, New York, U. S. A.   沃特弗利特，纽约州，美国 Ⅵ 497

Watford, Hertfordshire, England   沃特福德郡，赫特福德郡，英格兰 Ⅶ 1140

Wath, Yorkshire, England   沃斯，约克郡，英格兰 Ⅶ 785

Watling Street, England   沃特灵古道，英格兰 Ⅲ 277 – 278

Weald, Kent-Sussex, England   威尔德，肯特 – 苏赛克斯，英格兰 Ⅱ 10, 61；Ⅲ 31 – 32

Wear, river, Co. Durham, England   威尔河，达勒姆郡，英格兰 Ⅳ 94, 457 – 458；Ⅴ 810；Ⅶ 881

Weaver, river, Cheshire, England   威弗河，柴郡，英格兰 Ⅲ 458；Ⅳ 349

Wednesbury, Staffordshire, England   温斯伯利，斯塔福德郡，英格兰 Ⅳ 113

Wednesfield, Staffordshire, England   温斯菲尔德，斯塔福德郡，英格兰 Ⅴ 253

Weidgreb, the, Holland   魏德赫布雷，荷兰 Ⅲ 302

Weimar, Germany	魏玛，德国 IV 527；VII 800
Welland, river, England	韦兰河，英格兰 III 316；V 544
Wells, Somerset, England	韦尔斯，萨默塞特，英格兰 V 282
Welwyn Garden City, Hertf-ordshire, England	韦林花园城，赫特福德郡，英格兰 VII 964
Wenlock, Shropshire, England	文洛克，什罗普郡，英格兰 III 688
Wessel, W. Germany	韦塞尔，联邦德国 VII 896
West Africa	西非 III 4；V 2，23，95，828
West Bromwich, Staffordshire, England	西布拉威奇，斯坦福德郡，英格兰 V 625
West Drayton, Middlesex, England	西德雷顿，米德尔塞克斯，英格兰 IV 657；V 218
Westergeln, E. Germany	韦斯特雷根，民主德国 VI 524
Western Islands, Scotland	西部群岛，苏格兰 V 450
West Harptree, Somerset, England	西哈普特里教区，萨默塞特，英格兰 IV 209
West Hartlepool, Co. Durham, England	西哈特尔浦，达勒姆郡，英国 V 477
West Indies	西印度
ceramics, imported	陶器，进口 IV 349
cotton production	种植棉花 III 159–160
dyestuffs	染料 III 694；V 265
food production	食品生产 III 3，6–7，21–23
navigation competition	航海竞争（1714 年）III 557
rubber source	橡胶来源 V 754，773
ships	船（18 世纪）III 477
West Middlesex, England	西米德尔塞克斯，英格兰 VII 1391
Westminster	威斯敏斯特；参见 London
Westmorland, England	维斯特摩兰郡，英格兰 III 152
Weston Favell, Northampton, England	韦斯通法沃尔，北安普敦，英格兰 II 295

Westphalia, Germany 威斯特伐利亚，德国 Ⅳ 81, 527

Wettingen, Switzerland 韦廷根，瑞士 Ⅲ 428

Wetzlar, W. Germany 韦茨拉尔，联邦德国 Ⅶ 1288

Wey, river, England 韦，运河，英格兰 Ⅲ 456

Weybridge, Surrey, England 韦布里奇，萨里，英格兰 Ⅲ 456 – 457

Wheeling, West Virginia, U. S. A. 惠灵，西弗吉尼亚州，美国 Ⅳ 459

Whitby, Yorkshire, England 惠特比，约克郡，英格兰 Ⅳ 58, 574

Whitechapel 白教堂；参见 London

Whitehaven, Cumberland, England 怀特黑文，坎伯兰，英格兰 Ⅳ 95, 258

Whitehill, Midlothian, Scotland 怀特希尔，英格兰 Ⅳ 172

White Horse, Vale of the, Berkshire, England 怀特霍斯山谷，伯克郡，英格兰 Ⅲ 147

White Leaf Hill, Buckingham- shire, England 白叶山，白金汉郡，英格兰 Ⅰ 313

White Sea, the, U. S. S. R. 白海，苏联 Ⅲ 533

Whittlesey Mere, The Fens, England 惠特尔西米尔，沼泽地，英格兰 Ⅴ 545

Wicklow, Leinster, Ireland 威克洛，伦斯特省，爱尔兰 Ⅴ 245

Widnes, Lancashire, England 威德尼斯，兰开夏郡，英格兰 Ⅳ 241; Ⅴ 238, 240, 802, 821, 832; Ⅵ 263

Wieringen, island, Netherlands 维灵昂岛，荷兰 Ⅶ 907, 909

Wietze, Hanover, Germany 维策，汉诺威，德国 Ⅳ 539; Ⅴ 102, 110 – 111

Wigan, Lancashire, England 威根，兰开夏郡，英格兰 Ⅳ 258; Ⅶ 892

Wilderspool, Cheshire, England 怀尔德普尔，柴郡，英格兰 Ⅱ 56

Wiley-Dondero Canal, New York, U. S. A. 怀利－唐德罗运河，纽约，美国 Ⅶ 918

Wilkowitz, Czechoslovakia 威尔科维茨，捷克斯洛伐克 Ⅳ 105

Willamette, river, Oregon, U. S. A. 威拉米特河，俄勒冈州，美国 Ⅶ 890

Willebroeck, Flanders 维勒布鲁克，佛兰德 III 452 – 453

Willendorf, Lower Austria 维伦多夫，奥地利州 I 152 – 153

Willey, Shropshire, England 威利，什罗普郡，英格兰 IV 104

Willington, Derbyshire, England 威灵顿，德比郡，英格兰 IV 350

Wilmington, Delaware, U. S. A. 威尔明顿，特拉华州，美国 VI 240，560，660

Wilton, Wiltshire, England 威尔顿，威尔特郡，英格兰 V 585；VI 534，544，561

Wiltshire, England 威尔特郡，英格兰 III 147，152，262；IV 19

Wimborne Minster, Dorset, England 温伯恩明斯特，多塞特郡，英格兰 II 237

Wimereux, France 维姆勒，法国 VII 1232

Winchelsea, Sussex, England 温奇尔西，萨塞克斯，英格兰 II 582；III 284

Winchester, Hampshire, England 温切斯特，汉普郡，英格兰 III 277；VII 875 – 876

Windermere, Westmorland, England 温德米尔，威斯特摩兰，英格兰 V 835；VI 212

Windmill Hill, Wiltshire, England 温德米尔山，威尔特，英格兰 I 510，515

Windscale, Westmorland, England 温德斯凯尔，维斯特摩兰郡，英格兰 VI 246 – 250，255，263 – 264，266，281

Windsor, Berkshire, England 温莎，伯克郡，英格兰 VII 800，905

—Vermont, U. S. A. 温莎，佛蒙特，美国 IV 436，439

Winkel, Holland 温克尔，荷兰 V 18

Winnington, Cheshire, England 温宁顿，柴郡，英格兰 V 88；VI 558

Winnipeg, Canada 温尼伯，加拿大 VII 788

Winsford, Cheshire, England 温斯福德，柴郡，英格兰 III 458；IV 350

Wisbech, Cambridgeshire, England 威斯贝奇，剑桥郡，英格兰 V 263，563

Wisconsin, U. S. A. 威斯康星州，美国 VII 726，1295，1346

Wissembourg, France 维桑堡，法国 Ⅳ 29

Witham, river, England 威瑟姆河，英格兰 Ⅲ 316，516；Ⅴ 544－545

Witwatersrand, South Africa 威特沃特斯兰德，南非 Ⅵ 420，424

Wollaton, Nottinghamshire, 沃兰顿，诺丁汉郡，英格兰 Ⅲ 82，84
　England

Wolvercote, Oxfordshire, 伍尔弗科特，牛津郡，英格兰 Ⅰ 26；
　England 　Ⅵ 608

Wolverhampton, Staffordshire, 沃尔弗汉普顿，斯坦福德郡，英格兰
　England 　Ⅴ 230；Ⅶ 732

Wolverton, Buckinghamshire, 沃尔弗顿，白金汉郡，英格兰 Ⅳ 658
　England

Woodford Bridge, Essex, England 伍德福德桥，埃塞克斯郡，英格兰 Ⅳ 207

Woodhenge, Wiltshire, England 巨木阵，威尔特郡，英格兰 Ⅰ 314－315，
　493

Woolwich, London, England 伍利维奇，伦敦，英格兰
　concrete 　混凝土（1835 年）Ⅴ 487
　education, technical 　技术教育 Ⅳ 426，444－445
　electricity generators 　发电机 Ⅴ 182
　glass-making sand 　玻璃砂 Ⅲ 702
　guns, machining 　枪炮加工 Ⅲ 367
　machine-tools 　机床 Ⅳ 423，426，437
　metal cartridge, development 　金属子弹壳，研制 Ⅴ 630
　shipbuilding 　造船 Ⅲ 478，485，487
　steel, cast 　铸钢 Ⅳ 108

Wor Barrow, Dorset, England 摩迫巴罗，多塞特，英格兰 Ⅰ 313

Worcester, England 伍斯特，英格兰
　ceramics 　陶器 Ⅳ 338，341，343－344，354，图
　版 18
　pitch manufacture 　生产沥青 Ⅲ 688
　sewage treatment 　污水处理 Ⅶ 1391
　silk, figured fabric 　显花丝绸织物 Ⅲ 201
　water-supply 　供水 Ⅱ 671

W

—Massachusetts, U. S. A.　　　　　伍斯特，马萨诸塞州，美国 Ⅳ 436；Ⅴ 63；
　　　　　　　　　　　　　　　　　　　Ⅶ 861

Worcestershire, England　　　　　伍斯特郡，英格兰 Ⅲ 264；Ⅳ 100，241
Worms, Germany　　　　　　　　沃尔姆斯，德国 Ⅱ 138
Worplesdon, Surrey, England　　　沃普里斯顿，萨里郡，英格兰 Ⅳ 16
Wroxeter, Shropshire, England　　罗克斯特，什罗普郡，英格兰 Ⅲ 278
Württemberg, Germany　　　　　符腾堡，德国 Ⅰ 366，369；Ⅳ 113，610；
　　　　　　　　　　　　　　　　　　　Ⅴ 427，687

Würzburg, Bavaria　　　　　　　维尔茨堡，巴伐利亚 Ⅳ 261
Wyandotte, Michigan, U. S. A.　　怀恩多特，密歇根州，美国 Ⅴ 57；Ⅵ 507
Wye, river, England-Wales　　　　瓦伊河，英国 – 威尔士 Ⅲ 458；Ⅳ 461；
　　　　　　　　　　　　　　　　　　　Ⅶ 888

X

Xativa, Spain　　　　　　　　　萨蒂瓦，西班牙 Ⅲ 412

Y

Yang Shao, China　　　　　　　仰韶，中国 Ⅰ 419
Yangtze, river, China　　　　　　长江，中国 Ⅲ 439
Yarmouth, Norfolk, England　　　雅茅斯，诺福克郡，英格兰 Ⅳ 48，54，
　　　　　　　　　　　　　　　　　　647，658
Yattendon, Berkshire, England　　亚滕顿，伯克郡，英格兰 Ⅰ 612
Yawata, Japan　　　　　　　　八幡，日本 Ⅴ 70
Yellow River, China　　　　　　黄河，中国 Ⅲ 439 – 440
Yenangyuang, oilfield, Upper　　安仁羌油田，缅甸北部 Ⅵ 398
　Burma

Yèvre, river, France　　　　　　耶夫尔河，法国 Ⅲ 450
Ynyscedwin, South Wales　　　　伊内赛温，南威尔士 Ⅳ 111

Yonkers, New York State, U. S. A.   杨克尔斯，纽约州，美国 V 584

York, Yorkshire, England   约克，约克郡，英格兰

  building methods   建筑工艺 Ⅱ 425, 428 – 429, 444

  ceramics   陶器 Ⅱ 293

  glass windows   玻璃窗 Ⅱ 425, 429; Ⅲ 241

  model village   模范村庄 V 830; Ⅶ 962

  quarries, Roman   罗马采石场 Ⅱ 31 – 32

  road-survey   道路测量 （1635 年） Ⅲ 544

  road-vehicles, steam   道路车辆，蒸汽 V 422

  tools, tradesmen's   工匠的工具 （1860 年） Ⅲ 118

  town-planning   城市规划 Ⅲ 277 – 278, 284; Ⅶ 962

Yorkshire, England   约克郡，英格兰

  agriculture   农业 Ⅳ 18, 21

  building materials   建筑材料 Ⅳ 450

  building methods   建筑工艺 Ⅲ 260, 263, 265 – 266

  ceramics   陶器 Ⅳ 352

  education, discussion   教育的讨论 V 778 – 779

  electricity, generation   发电 Ⅶ 1070

  forge-hammer   锻锤 （19 世纪 20 年代） Ⅳ 104 – 105

  industrialization, discussion   工业化的讨论 V 816, 829

  knitted-fabrics   针织物 Ⅲ 184

  machine-tools   机床 Ⅳ 423

  railway engineering   铁道工程 V 333

  spinning machinery   纺纱机 Ⅳ 295, 298, 315; V 572, 577

  steam-power   蒸汽动力 Ⅳ 166, 177, 179

  steam-vehicles   蒸汽货车 Ⅶ 727

  textiles, preparation   织物的制备 Ⅳ 304; V 580, 587

  tinplate manufacture   马口铁制造 Ⅲ 689

  waterways   航道 Ⅲ 458

  water-wheels   水车 Ⅳ 166

windmills	风车 Ⅲ 101
woollen industry	羊毛工业 Ⅲ 152；Ⅴ 570, 572, 574 – 575
Youngstown, Ohio, U. S. A.	扬斯敦，俄亥俄州，美国 Ⅴ 629
Yperlée, river, Belgium	伊珀利河，比利时 Ⅳ 558
Ypres, Flanders	伊普尔，佛兰德 Ⅱ 208 – 209, 213, 438；Ⅲ 454；Ⅳ 629
Yser, river, Flanders	伊瑟河，佛兰德 Ⅲ 454
Ystalyfera, near Swansea, Wales	阿斯特勒费拉，斯旺西附近，威尔士 Ⅳ 113
Yucatan, Central America	尤卡坦半岛，中美洲 Ⅰ 83
Yugoslavia	南斯拉夫 Ⅳ 120；Ⅴ 93；Ⅵ 7, 11

Z

Zaan, river, Holland	赞河，荷兰 Ⅲ 106；Ⅳ 156
Zabad, Aleppo, Syria	扎巴德，阿勒颇，叙利亚 Ⅰ 767
Zagazig	宰加济格；参见 Bubastis
Zaire	扎伊尔 Ⅵ 256；Ⅶ 788
Zalavrouga, Russia	扎拉夫鲁格，俄罗斯 Ⅰ 709
Zambezi, river, Africa	赞比西河，非洲 Ⅶ 881
Zambia	赞比亚 Ⅵ 445；Ⅶ 788
Zeeland, Netherlands	泽兰省，荷兰
dike-construction	堤坝建造 Ⅱ 684 – 685；Ⅲ 301, 318
dredging	疏浚 Ⅳ 629 – 630
farming methods	耕作方法 Ⅱ 682；Ⅳ 15
land-reclamation	开垦 Ⅱ 681 – 684；Ⅲ 302 – 303
settlement-mounds, Iron Age	铁器时代的住所 Ⅰ 322；Ⅱ 681
Zemzem, Mecca	泽姆泽姆，麦加 Ⅰ 528
Zimbabwe（Rhodesia）	津巴布韦（罗德西亚）Ⅶ 781
Zinjirli, Syria	津吉尔利，叙利亚 Ⅰ 675, 768
Zlokutchene, near Sofia	兹罗库契内，索菲亚附近 Ⅱ 105

Zofingen, Aargau, Switzerland　措芬根，阿尔高，瑞士 Ⅱ 306

Zug, lake　楚格湖 Ⅰ 361

Zuid Beveland, Holland　南贝弗兰岛，荷兰 Ⅲ 301

Zuiderzee, Netherlands　须德海，荷兰 Ⅲ 302（地图）；Ⅶ 910（地图）

 agriculture　农业 Ⅶ 1474

 canals　运河 Ⅳ 560；Ⅶ 909

 dredging　疏浚 Ⅳ 640

 fish trawling　拖网捕捞 Ⅳ 52

 land-reclamation　开垦 Ⅴ 545；Ⅶ 907 – 910, 1474

 sea-encroachment　海洋侵蚀（1300 年）Ⅱ 683

 ships　船舶（17 世纪）Ⅲ 485

 town-planning　城镇规划 Ⅲ 293

Zuni, U. S. A.　祖尼，美国 Ⅰ 406

Zürich, lake　苏黎世湖 Ⅰ 355 – 356, 360, 366, 421

Zürich, Switzerland　苏黎世，瑞士

 computers　计算机 Ⅶ 1166, 1200

 education, industrial　工业教育 Ⅵ 139

 electric motors　电动机 Ⅴ 232

 gas, petrol enrichment　煤气，汽油富化 Ⅴ 119

 steel industry　钢铁工业 Ⅴ 64

 structural theory, study centre　结构理论的研究中心 Ⅴ 493, 501

 turbines design, Niagara Falls　水轮机设计，尼亚加拉大瀑布 Ⅴ 533

 vineyards　葡萄园 Ⅱ 138

Zwierzyniec, Poland　兹维日涅茨，波兰 Ⅰ 342

Zwijn, inlet of sea, Flanders　茨韦恩，入海口，佛兰德 Ⅳ 558 – 559

第四部分

主题索引

注：以下卷后数字为各卷原著页码，即本版各卷边码。

A

Abacus   算盘 Ⅱ 766 – 767；Ⅲ 501；Ⅶ 1158 –
                                      1159

Abies cilicica   冷杉 Ⅰ 288

Abyssinia, metallurgy   阿比西尼亚，冶铁 Ⅱ 55，57

Acacia arabica   阿拉伯咖啡树 Ⅰ 243

Anilotica   阿拉伯合金欢 Ⅰ 244 – 245，288；Ⅱ 151

Académie de l' Architecture   建筑研究院 Ⅳ 442

Académie des Sciences, Paris   科学院，巴黎 Ⅴ 494

  architectural theory   建筑理论 Ⅳ 479

  cartography   制图术 Ⅳ 596，599

  chemical industry   化学工业 Ⅳ 234，239

  cinematography   摄影术（1888 年）Ⅴ 741

  civil engineering   土木工程 Ⅳ 442 – 443

  foundation   成立（1666 年）Ⅳ 234，442

  'gasometer' instrument   "气量计"仪器 Ⅳ 406

  hydrogen illuminant   氢气光源 Ⅳ 260

  lubricants discovery   润滑油发现（1847 年）Ⅴ 119

  nautical tables   航海图表 Ⅲ 553

  rubber report   橡胶报告（1736 年考察）Ⅴ 754

  structural theory   结构理论 Ⅴ 494

timekeeping mechanisms	时间测定方法 Ⅲ 345
Academy of Motion Picture Arts and Sciences, U. S. A.	电影艺术和科学学会，美国 Ⅶ 1313
Accadèmia del Cimento	西芒托学院（1657 年）Ⅲ 315，637
Accadèmia Fisicomatematica	罗马物理 – 数学学会 Ⅲ 312
Acetic acid	醋酸 Ⅴ 309 – 311
Acetone	丙酮 Ⅵ 542 – 543
Acetylene	乙炔 Ⅵ 541，547
Acheulian cultures	阿舍利文化 Ⅰ 25 – 28，68，131 – 132，表 D
Acids	酸 Ⅱ 356 – 357；Ⅲ 65，176，407，678，706；参见 named specific acids
Acorus calamus	菖蒲 Ⅰ 285，288
'Acrilan' textile fibre	"阿克利纶"纺织纤维 Ⅵ 651
Acts of Parliament	议会法案
Alkali	《碱法》（1781 年，1863 年）Ⅳ 237；Ⅴ 236；Ⅶ 1205，1480
Arbitration	《仲裁法》Ⅵ 98
Adulteration of Food and Drink	《防止食品及饮料掺假法》（1860 年）Ⅶ 1402
Adulteration of Food and Drugs	《防止食品及药物掺假法》（1872 年）Ⅶ 1402
Artificial Cream	《人造乳酪法》（1929 年）Ⅶ 1406
Atomic Energy	《联合王国原子能法案》（1946—1954 年）Ⅵ 281 – 282
British Reservoirs (Safety Provisions)	《英国水库（安全防备）法》（1930 年）Ⅴ 523
Clean Air	《净化空气法》（1956 年）Ⅶ 976
Corn Laws	《谷物法》（19 世纪早期）Ⅴ 7，10，27
Defence Regulations (Sale of Food)	保护法规（食品出售）（1943 年）Ⅶ 1407
Distribution of Industry	《工业布局条例》（1946 年）Ⅶ 968

Education　《教育法案》（1870—1902 年）Ⅴ 776，
　787，793，797

Education　《教育法案》（1899—1944 年）Ⅵ 142 -
　144，168

Electricity　关于电的法案（1882—1957 年）Ⅵ 284，
　286 - 289；Ⅶ 1128

Emergency Powers Act　《紧急权力法案》（1920 年）Ⅵ 101

Employers' Liability　《雇主责任法》（1880 年）Ⅴ 833

Explosives　《炸药法》（1875 年）Ⅴ 290

Factory　《工厂法》（19 世纪）Ⅴ 812，833

Food　《食品法》（1860—1899 年）Ⅴ 31，52

Food and Drugs　关于食品和药物的法案（1899—1955
　年）Ⅶ 1402 - 1403，1407

Locomotives on Highways　《公路机车条例》（1896 年）Ⅶ 705

London Building　《伦敦建筑法》（1909 年）Ⅴ 477

London Improvement　改进伦敦的法案（18—19 世纪）Ⅳ
　505，510

Merchant Shipping　《商船法》（1894 年）Ⅴ 378

Metropolis Water　《大城市供水法》（1852 年）Ⅴ 561

Metropolitan Paving　《城市铺路法》（1817 年）Ⅳ 500，506

Navigation，repeal　《航海法令》，废除（1849 年）Ⅳ 590，
　592

Public Health　《公共卫生条例》（1848 年）Ⅳ 490；
　Ⅶ 962

Public Health（Drainage of
　Trade Premises）　《公共卫生（行业建筑物排水条例）》
　（1937 年）Ⅶ 1396

Restriction of Ribbon Development　《限制沿干线发展建筑物条例》（1935
　年）Ⅶ 872

Rivers（Pollution）　《河流污染防范法案》（1876—1951 年）
　Ⅶ 1396

Road Traffic　《道路交通法》（1930 年，1934 年，
　1949 年）Ⅶ 872

A

roads	《道路法》（1766 年）Ⅳ 524，530
salt taxation	关于"粗"盐税收的法令（1781 年）Ⅳ 237
street cleaning	关于街道清洁的法案 Ⅳ 505 – 506
Taxation（Customs & Excise）	《税收法（关税和消费税)》（1890 年）Ⅴ 796
Technical Instruction	《技术教育法》（1889 年）Ⅴ 28，779，794，796；Ⅵ 139，142
Textile Factory	《纺织工厂法案》（1844 年）Ⅳ 151
Town and Country Planning	《城乡规划法》（1947 年）Ⅶ 970
Tramways	《电车条例》（1870 年）Ⅶ 706
Turnpikes	收税路法规（1720—1730 年）Ⅳ 530
Water	《水法》（1945—1948 年）Ⅶ 1365
water supply	关于供水的法案 Ⅳ 489 – 490，493 – 495，497，503
Admiralty, British	英国海军部
armoured plate	装甲板（1861 年）Ⅴ 614
bridge design influence	桥梁设计影响 Ⅴ 503
charts	海图 Ⅳ 618；Ⅴ 449 – 450
hydrodynamics	流体力学 Ⅴ 386 – 389
hydrographic department	海道测量部 Ⅴ 449，454
ironclad ships	铁甲船 Ⅳ 588
lighthouses（List of Lights）	灯塔（航标表）Ⅴ 454
navigation instruments	航海仪器 Ⅲ 557；Ⅴ 455 – 456，461
Notices to Mariners	《航行通告》Ⅴ 454
scientific advice	科学建议（19 世纪）Ⅳ 674
ship-building	船舶制造 Ⅳ 574 – 575，579 – 580，584；Ⅴ 373；Ⅶ 747
sounding-machine	测深锤（1872 年）Ⅴ 453 – 454
survey expertise	测量技术 Ⅳ 616，618
telegraphy	电报系统 Ⅳ 646 – 647，651 – 652
tide tables	潮汐表 Ⅴ 454

Advanced Gas-cooled Reactor	高级气冷反应堆（A. G. R.）Ⅵ 251，259
Advertising and town-planning	广告和城乡规划 Ⅶ 970，976
Advisory Committee on uranium	关于铀的咨询委员会 Ⅵ 268
Adzes	斧；参见 Axes
Assyrian tools	亚述工具（约公元前 8 世纪）Ⅱ 228
axes, difference	斧的区别 Ⅰ 505 – 506，601
boat-building use	造船用（13 世纪）Ⅱ 390
classical period, figures	古典时期，形状 Ⅱ 231 – 232
digging implements, form	掘地工具，形状 Ⅱ 98
metal	金属 Ⅰ 504，601 – 602，687 – 688
modern tools	现代工具 Ⅱ 36
post Roman period	后罗马时代 Ⅱ 243，252 – 253
stone	石器 Ⅰ 497 – 498，502，507
tradesmen's tools	工匠的工具（17—19 世纪）Ⅲ 110，117
windmill construction	风车建造（约 1700 年）Ⅲ 107 – 108
Aegilops	山羊草 Ⅰ 366 – 367
Aeolipiles（steam injector pumps）	汽转球（蒸汽喷射泵）Ⅱ 633；Ⅲ 52 – 53；Ⅳ 168，672
Aeronautics	航空 Ⅴ 391 – 413；Ⅵ 296；参见 aircraft，Military Technology，Transport
aerodynamics	空气动力学 Ⅴ 403 – 404，407
aeroplanes, powered	动力飞机 Ⅴ 391 – 393，408 – 411
airships	飞艇 Ⅴ 400 – 403；Ⅵ 439；Ⅶ 796 – 800
autogiros	旋翼机 Ⅴ 405
balloons	气球 Ⅴ 395 – 401
gliders	滑翔机 Ⅴ 405 – 407，413；Ⅶ 806 – 807
helicopters	直升机 Ⅴ 404 – 405；Ⅶ 821 – 824，834，987 – 891
kites	风筝 Ⅴ 398
ornithopters	扑翼机 Ⅴ 403
parachutes	降落伞 Ⅴ 398 – 399，图版 23A
rockets / rocket propulsion	火箭 / 火箭推进器 Ⅴ 412

Aes Marianum 马里亚努矿区 Ⅱ 52

Afghanistan, windmills 阿富汗，风车 Ⅱ 616 – 617

'Agilon', textile yarn "阿吉纶" 纱线 Ⅵ 660

Agriculture 农业 Ⅰ 520 – 557；Ⅲ 12 – 15；Ⅳ 1 – 43；
V 1 – 25；Ⅵ 298 – 41；参见 Animals,
Food, Plants

    arboriculture 树木栽培 Ⅰ 371, 450；Ⅲ 13

    alternate husbandry 轮作草地 Ⅳ 15, 18 – 20, 22 – 25

    ancient man 早期人类 Ⅰ 353 – 375

    artificial grasses 人工牧草 Ⅲ 12

    biological controls 生物控制 Ⅵ 314 – 315

    Board of 农业委员会 Ⅳ 5, 10, 22, 40 – 41, 621；
V 13

    books 农书 Ⅲ 14

    cereals 谷物 Ⅰ 362 – 370, 501 – 502, 522, 550,
图版 7

    chemistry 化学 Ⅳ 38 – 39, 41

    collectivization method, Russia 集体化方法，苏联 Ⅵ 14

    corn-drying kilns 谷物烘干窑 Ⅱ 99 – 100

    dairy products 乳制品 V 32 – 36

    digging-tools 掘地工具 Ⅱ 98 – 99

    drainage 排水 V 11, 14, 16, 24

    enclosures, open fields 圈地，露地 Ⅳ 1, 17, 30 – 31, 36, 615

    farm-tools 农具 Ⅱ 81 – 102；Ⅲ 14 – 15, 134 – 150；
Ⅳ 1 – 13, 17, 21, 24 – 25, 36, 192,
图版 2

    fencing 围栏 Ⅱ 99

    fertilizers 肥料

    fruit 水果 Ⅰ 357 – 358, 551 – 554

    genetic studies 遗传研究 Ⅵ 304 – 307, 328

    green vegetables 绿色蔬菜 Ⅰ 354 – 356

    harrows and rakes 耙掘和耙地 Ⅱ 94

harvesting implements	收割用具 Ⅱ 94 – 97
hatcheries	孵化站 Ⅵ 315
implements	农具；参见 farm – tools, Tools
Institutes	研究所 Ⅳ 41 – 42
irrigation	灌溉；参见 Irrigation
Koppelwirtschafi system	草田轮作制 Ⅴ 17, 19 及注释 1
labour-saving techniques	节省劳力的技术 Ⅵ 44, 312 – 314, 344 – 346
livestock	牲畜
lunar calendar	阴历 Ⅰ 794 – 795
management systems	管理体系 Ⅵ 298, 303, 312 – 316, 326 – 327
manure	肥料；参见 Fertilizers
market-gardening	蔬菜栽培 Ⅲ 13 – 15；Ⅴ 6
marling	泥灰 Ⅳ 19, 41
mechanization	机械化 Ⅳ 7 – 12；Ⅴ 1 – 25；Ⅵ 334 – 338
mustard and sugar	芥菜和糖 Ⅰ 370 – 371
Neolithic	新石器时代 Ⅰ 42 – 47, 79, 340 – 341, 349 – 363, 501 – 502
Nile valley	尼罗河流域 Ⅰ 539 – 542, 795
Norfolk four-course rotation	诺福克四圃式轮作法 Ⅳ 18 – 20；Ⅴ 12
nuts and oil-seeds	坚果和油籽 Ⅰ 358 – 360
pest and disease control	病虫害防治 Ⅵ 303, 315 – 338
plant breeding	植物育种 Ⅵ 327 – 330
plant nutrition	植物营养 Ⅳ 37 – 39；Ⅵ 330 – 333
ploughs	犁 Ⅱ 81 – 93
pulses	豆类 Ⅰ 360 – 362
root vegetables	根菜 Ⅰ 356
scientific investigations	科学研究 Ⅲ 679；Ⅳ 37 – 40
seed sowing	播种 Ⅱ 100
Societies	协会 Ⅳ 22, 28
soil-erosion	土壤侵蚀 Ⅴ 6
sugar-beet	甜菜 Ⅳ 28 – 29

threshing and winnowing   脱谷和簸谷 Ⅱ 97 - 98，105 - 106

Tigris and Euphrates valleys   底格里斯河 - 幼发拉底河谷 Ⅰ 547 - 554

tools   农具；参见 farm-tools

tropical   热带 Ⅴ 2，21 - 24

vehicles   农用交通工具 Ⅲ 139 - 148

viticulture   葡萄栽培；参见 Viticulture

Wisconsin Agricultural   威斯康星州农业实验站 Ⅴ 33
    Experiment Station

Ahrensburgians   阿伦斯堡人 Ⅰ 160 - 161，表 E

Air, alchemical element   空气，炼金术元素 Ⅳ 214

Air conditioning   空气调节系统 Ⅶ 989

Aircraft   飞机 Ⅶ 789 - 836；参见 Aeronautics,
    Supersonic aircraft named

Aircraft, civil   民用飞机

   Boeing 700 series   波音 700 系列 Ⅶ 827，829

   Concorde   协和式 Ⅶ 834 - 835，1469

   Convair CV - 240 - 440   康维尔 CV - 240 - 440 Ⅶ 828

   De Haviland Comet   德·哈维兰"彗星"Ⅶ 701，827 - 828

   Douglas DC series   道格拉斯 DC 系列 Ⅶ 825 - 826，829

   Ilyushan IL-62   伊柳辛 - 62 Ⅶ 829

   Lockheed, Constellation   洛克希德星座 Ⅶ 825

   Sud Caravelle   卡拉韦尔 Ⅶ 829

   Tupulov Tu-104 series   图波列夫 Tu - 104 系列 Ⅶ 828 - 829

   Vickers Viscount   维克斯子爵机 Ⅶ 828

Aircraft, military   军用飞机

   Aichi   爱知 Ⅶ 813

   Albatross   阿尔巴特罗斯 Ⅶ 793 - 794

   Beaufighter   "英俊战士"战斗机 Ⅶ 812

   B. E. 2c   B. E. 2c 型飞机 Ⅶ 793

   Blériot   布莱里奥 Ⅶ 792

   Boeing   波音 Ⅶ 813 - 815

Mosquito	蚊式 Ⅶ 814
Nakajima	中岛 Ⅶ 813
Nieuport	纽波特 Ⅶ 794
Potez	波特兹 Ⅶ 812
S. E. 5	S. E. 5 型 Ⅶ 794
Short	肖特 Ⅶ 796
Sopwith	索普威思 Ⅶ 794
SPAD	斯帕德 Ⅶ 794
Spitfire	喷火式 Ⅶ 812 – 813
Stirling	斯特林 Ⅶ 814
Shooting – star	奔星式 Ⅶ 1022
Voisin	瓦赞 Ⅶ 791 – 792，795
Vought	沃特 Ⅶ 813
Yakovlav	雅科夫列夫 Ⅶ 812
Airlines	航空公司 Ⅶ 824 – 829
B. E. A.	英国欧洲航空公司 Ⅶ 697
B. O. A. C.	英国海外航空公司 Ⅶ 699
Imperial Airways	帝国航空公司 Ⅶ 802
KLM	荷兰皇家航空公司 Ⅶ 802
Lufthansa	汉莎航空公司 Ⅶ 802
Pan-American Airways	泛美航空公司 Ⅶ 803，825
SABENA	比利时世界航空公司 Ⅶ 802
Airships	飞艇 Ⅴ 400 – 403；Ⅶ 796 – 800
Beardmore R34	比尔德莫尔 R34 飞艇 Ⅶ 799
DELAG'S Schwaben	德国飞艇航空股份有限公司的施瓦本飞艇 Ⅶ 798
Goodyear naval blimps	固特异海军软式飞艇 Ⅶ 797
Goodyear Zeppelins	固特异 – 齐柏林飞艇 Ⅶ 799
Graf Zeppelin	"齐柏林伯爵号"飞艇 Ⅶ 799
Graf Zeppelin Ⅱ	"齐柏林伯爵号" Ⅱ 型飞艇 Ⅶ 799
Hindenburg	"兴登堡号"飞艇 Ⅶ 799

Le Jaune	农牧神飞艇	Ⅶ796 – 797
Los Angeles	洛杉矶飞艇	Ⅶ 799
Metalclad ZMC-2	带金属外壳的 ZMC – 2 飞艇	Ⅶ 798
Norge	"诺尔格"飞艇	Ⅶ 797
R100	R100 飞艇	Ⅶ 799
R101	R101 飞艇	Ⅶ 799
Schutte-Lanz SL2	舒特朗茨 SL2 飞艇	Ⅶ 798
Shenandoah	谢南多厄飞艇	Ⅶ 799
Zeppelins	齐柏林飞艇	Ⅴ 403；Ⅵ 439；Ⅶ 698
Akkadians	阿卡德人	Ⅰ 246，262，464 – 469，524，545；参见 Mesopotamia
Alabaster	雪花石膏	Ⅱ 37 – 38
Albumen	蛋白	Ⅲ 29
Alchemy	炼金术	Ⅱ 731 – 752；Ⅲ 27，676，图版 28；Ⅳ 231，242；参见 Chemical industries，Cosmetic arts，Distillation，Dyes
alkahest	万能溶剂	Ⅱ 732
balances	天平	Ⅱ 744 – 746，749
definition	定义	Ⅱ 731 – 732
elixirs	长生不老药	Ⅱ 732
four elements	四元素	Ⅳ 214
furnaces	熔炉	Ⅱ 351，741 – 745，750，图版 42，43A
materials, cost	材料，价格	Ⅱ 746 – 750
sublimation	升华	Ⅱ 740 – 741
theories and equipment	理论和装置	Ⅱ 733 – 739
treatises	著作	Ⅱ 736 – 739
Alchymia (Libavius)	《炼金术》（利巴菲乌斯）	Ⅱ 748
Alcohols	酒精	Ⅰ 293
discovery and distillation	发现和蒸馏	Ⅱ 141 – 144
ethyl	乙醇	Ⅴ 301 – 307
fermentation techniques	发酵技术	Ⅰ 275 – 285；Ⅱ 139 – 141；

	Ⅳ 232 – 233；Ⅴ 301 – 307
methyl	甲醇 Ⅴ 308，311
military use	军用 Ⅱ 375 注释，381
purity testing	纯度检测（17 世纪）Ⅲ 21 – 22
Algonkin peoples	阿尔冈昆人 Ⅰ 176
Alidade	照准仪 Ⅲ 538 – 541，589 – 590，593，606 – 607，627
Alkalis	碱 Ⅳ 217；参见 Chemical industries
flax manufacture	亚麻制造 Ⅳ 293
Leblanc process	吕布兰制碱法 Ⅳ 236，238 – 239，241，253
natural occurrence	天然现象 Ⅰ 260 – 261
plant ash	草碱 Ⅳ 235
soap manufacture	肥皂生产 Ⅲ 704；Ⅳ 231 – 232
Alloys	合金；参见 Metallurgy, Steel
cannons	火炮 Ⅲ 361，364
copper	铜 Ⅱ 48 – 55；Ⅲ 37 – 42，51，361；Ⅳ 130，133
density studies	密度研究（17 世纪）Ⅲ 58
non-ferrous metals	有色金属 Ⅳ 119 – 120，124，133，146
precious metals	贵金属 Ⅲ 45 – 49
speculum metal	镜用合金 Ⅲ 237
tin	锡 Ⅲ 42 – 43，393；Ⅳ 124
Almagest, Ptolemy's 'System of Astronomy'	《天文学大成》，托勒密的《宇宙的体系》Ⅲ 508，566，584，586 – 589，591，612，615
Almanacs	历书 Ⅲ 535，552 – 553；参见 Calendars
Connoissance des Temps	《天文年历》Ⅲ 553，557
'Mariner's New Kalendar'	《水手新历》Ⅲ 553
'Nautical Almanac'	《航海历》Ⅲ 557；Ⅳ 597
'Seaman's Kalendar'	《海员历》Ⅲ 552
Alphabet	字母表；参见 Writing

Alpenquai lake-dwellers 阿尔彭奎湖居者 I 355, 360, 369

Altazimuth instruments 地平经纬仪 IV 603 – 604

Alum 明矾

  chemical composition 化学成分 II 368 – 369, 737；IV 250

  copper alloys 铜合金 III 41

  dye mordant 媒染剂 II 350, 366 – 369；III 77

  leather preparation 制革 II 149 – 151, 154 – 155

  preservative, pre-classical period 防腐物质，前古典时代 I 256

  production 制作 II 355, 368 – 369, 746；III 77, 706；IV 232, 235, 250 – 251

  Roman Egypt 埃及，罗马行省 I 262 – 263

Aluminium 铝

  aeronautical engineering 航空工程 VI 439 – 441

  alloys 合金 V 608；VI 434, 436, 439 – 441, 447

  die-castings 压铸 VI 434 – 436

  electrical transmission cables 传输电缆 VI 447

  manufacturing processes 制造工艺 V 76, 90 – 94, 248 – 249；VI 410, 428, 458 – 459

  mining, bauxite source 开采，铝矾土资源 VI 413

  sheet rolling 薄板轧制 VI 458 – 459

  world production 世界产量 V 72 – 73

Ambergris 龙涎香 IV 57

America 美洲；参见 North America, South America, United States of America

  architecture 建筑 III 253

  coal 煤 III 86

  cochineal 洋红 III 695

  copper ores 铜矿石 IV 126

  metals 金属 IV 64 – 66, 68 – 69, 77, 119

  printing 印刷术 III 390, 401

rice	水稻 Ⅲ 5
voyages	航行 Ⅲ 477
American Association of Railroads	美洲铁路联合会（1934 年）Ⅶ 703
American Bureau of the Census	美国人口普查局 Ⅶ 1154, 1179, 1181, 1200
American Bureau of Standards	美国国家标准局 Ⅵ 623
American Ceramic Society	美国陶瓷学会 Ⅵ 589, 623
American Dental Laboratory Association	美国牙科实验室协会 Ⅶ 1324
American Medical Association	美国医学协会 Ⅶ 1349
American National Aeronautics and Space Administration	美国国家航空航天局（NASA）Ⅶ 857 – 858, 869
American Society, Civil Engineers	美国土木工程师学会 Ⅴ 486
American Society, Mechanical Engineers	美国机械工程师协会 Ⅵ 80
American Society for Testing Materials	美国材料测试学会 Ⅴ 486
American Urological Association	美国泌尿科协会 Ⅶ 1359
Amino-acids	氨基酸 Ⅵ 301, 310
Ammonia	氨 Ⅱ 355；Ⅳ 253；Ⅵ 467
Ammophila arenaria	滨草 Ⅱ 682
Amratians	阿姆拉特时期 Ⅰ 509, 表 E
Anaesthetics	麻醉剂 Ⅴ 300, 311 – 315；Ⅶ 1334 – 1340
Anchors	锚 Ⅱ 76
Andamanese people	安达曼岛民 Ⅰ 61, 160, 162, 170, 217
Anemourion	风向标 Ⅱ 615
Anglo-Saxon Chronicle	《盎格鲁 – 撒克逊编年史》Ⅱ 580
Animals	动物；参见 Livestock
communication among	在动物之间交流 Ⅰ 88 – 89, 91
decoy-hunting	诱饵狩猎 Ⅰ 336 – 338, 350, 图版 6A
domestication	驯化 Ⅰ 43 – 45, 75, 79, 175, 327 –

	352, 501, 704
draught animals	役畜 Ⅰ 719 – 724
morphological effects	形态学影响 Ⅰ 343 – 350
origin theories	起源理论 Ⅰ 327 – 328，331 – 332，337，350
pack-animals	驮运动物 Ⅰ 705 – 706，728
representations, furniture	图案，家具 Ⅱ 224，226
scavengers/social parasites	食腐动物/社会寄生虫 Ⅰ 332 – 337，351
symbiosis of species	物种共生 Ⅰ 328 – 332
taming, development	驯服，发展 Ⅰ 338 – 340
Annealing	退火；参见 Metal industries
Anthracite	无烟煤 Ⅳ 110 – 111
Antiaris toxicaria	见血封喉树 Ⅰ 169
Antibiotics	抗生素 Ⅶ 1427 – 1428
'Antikythera' machine	"安迪基提腊" 机 Ⅲ 617 – 618
Antimony	锑 Ⅱ 47；参见 Stibnite
alchemic use	冶金用途（17 世纪）Ⅲ 29 及注释
cast iron	铸铁 Ⅱ 74；Ⅲ 34
copper alloy	铜合金 Ⅰ 590；Ⅱ 12；Ⅲ 39 – 42
cosmetic use	化妆品的使用 Ⅰ 588
density assays	密度测定（1679—1680 年）Ⅲ 58
glaze colouring effect	釉着色效果 Ⅳ 335
smelting	冶炼 Ⅲ 51；Ⅳ 119 – 121
ore	矿石 Ⅱ 12
speculum metal	镜用合金 Ⅲ 237
tin alloys	锡合金 Ⅲ 42 – 44
tin coinage adulterant	锡币掺假 Ⅲ 46
type-founding metal	铸字金属 Ⅲ 44，393
Antiquaries, Society of	古文物研究者社团 Ⅲ 436
Antiseptics and disinfectants	防腐剂和消毒剂 Ⅴ 300，311，315 – 316，319 – 320，565 – 567
Antlers	鹿角；参见 Bone and antler

Ants	蚁类 Ⅰ 328 – 329, 333 – 335, 338 – 339
Anvils	铁砧 Ⅰ 130 – 131, 609, 618; Ⅱ 60 – 61; Ⅲ 111, 113, 352
Apes	猿人
hand, development	手的演变 Ⅰ 9 – 11
intelligence	智力 Ⅰ 12 – 13
tool makers	工具制造者 Ⅰ 14 – 15
tool use	工具的使用 Ⅰ 13
visual powers	视觉能力 Ⅰ 12
Apollo Belvedere of Carrara marble	卡拉拉大理石,"贝尔福德的阿波罗" Ⅱ 28
Apollo spacecraft	"阿波罗" 宇宙飞船 Ⅶ 848, 857 – 859, 865, 868 – 869
Apparatus, scientific	科学仪器 Ⅲ 642—647; 参见 Instruments
Appliances	器具; 参见 omestic appliances
Apprentices	学徒 Ⅲ 112
Aqua ardens (alcohol)	燃烧的水 (酒精) Ⅱ 375 注释
Aqua regia	王水 Ⅱ 356 – 358
Aqueducts	渡槽; 参见 Canals, Hydraulic engineering
Belleville	贝尔维尔 (1457 年) Ⅱ 691
construction	建造 (19 世纪) Ⅴ 558 – 559
Languedoc canal	朗格多克运河 Ⅲ 466 – 467
Martesana canal	马尔泰萨纳运河 Ⅲ 446
medieval towns	中世纪城镇 Ⅱ 691
mining use	矿用 Ⅱ 7, 10, 47
Ninevah	尼尼微 (公元前 691 年) Ⅰ 469 – 470, 531 – 532, 553, 715, 图版 20A
origin	起源 Ⅱ 666 – 669
Pont du Gard, near Nimes	加尔桥, 尼姆附近 Ⅱ 404
Rome	罗马 Ⅱ 405, 418 – 419, 669 (地图), 670 – 674, 图版 39; Ⅲ 289
water-mills	水磨 Ⅱ 596 – 597, 602

Arabia, Arabian peoples	阿拉伯，阿拉伯人 II 表3；参见 Islam, Muslims	
alchemy	炼金术 II 735 – 739，758	
alum recipe	明矾制法 II 368	
astrolabe	星盘（1223—1224 年）III 614	
astronomy	天文学 III 508，584	
camel-breeders	骆驼饲养者 II 497	
cartography	制图学 III 521 – 522	
equatorium instrument	行星定位仪 III 616	
food plants	食用植物 I 355	
glassware	玻璃器皿 II 337，341 – 342	
irrigation	灌溉 I 530，532；II 680 – 681	
knitting	针织 III 182	
metal-work	金属制品 II 453	
navigation	航海（10 世纪）III 553	
nitric acid description	硝酸描述 II 356	
numerals	数字 II 766 – 767，772；III 501 – 502	
specific gravity assay	比重测定 III 22	
sugar production	制糖 II 372	
technological treatises	技术著作 II 351 – 352	
well digging, desert regions	挖井，沙漠地区 I 525	
Archery	射箭 II 542，705 – 707；III 351 – 353	
Archimedean screw	阿基米德螺杆 II 4 – 5，7，116，633，637，657，676 – 677，689；V 146，293	
Architecture	建筑；参见 Building headings, Houses, Ships and ship-building	
Associated Architects	建筑师协会 IV 443，454，475	
engraved drawings	雕刻印版图纸 III 409	
French, Academy of	法国建筑学院 III 256	
Gothic	哥特式建筑 III 245 – 247，252，257，265，267	
Greek and Roman 'orders'	希腊和罗马"柱式"建筑 III 246 – 247，	

of columns	253，256，260
Greek styles	希腊风格 Ⅱ 25
naval	海军 Ⅳ 584
Renaissance	文艺复兴 Ⅲ 245 – 246，248 – 249，252，256；Ⅳ 469 – 471
Roman	罗马的 Ⅱ 27；Ⅲ 245 – 247，256
Royal Institute of British Architects	英国皇家建筑师学会 Ⅳ 443
specialization	专门化（17 世纪 70 年代）Ⅳ 442 – 444
Architecture hydraulique of Belidor	贝利多尔的《水利建筑》（1737—1753 年）Ⅲ 324，422；Ⅳ 443
Ardagh chalice	阿达高脚酒杯 Ⅱ 464，474，图版 32A
Argentina, coal imports	阿根廷，煤进口 Ⅵ 181
Arithmetic	运算 Ⅲ 501，542
Arkwrights	箱匮匠 Ⅱ 254
Armament industry	武器制造业 Ⅴ 8，19，822；参见 Explosives，Military technology
artillery	火炮 Ⅴ 294 – 295
Colt Armory, Hartford, U. S. A.	科尔特军工厂，哈特福德，美国 Ⅴ 639，646
Enfield small-arms factory, Middlesex, England	恩菲尔德轻武器制造厂，米德尔塞克斯，英格兰 Ⅴ 639
guns	枪炮 Ⅴ 820 注释 1
small-arms	轻武器 Ⅴ 294，295，630 – 631，639，646，653
Springfield small-arms factory, U. S. A.	斯普林菲尔德轻武器制造厂，美国 Ⅴ 639
Armillaries	浑仪
astrolabon	星盘 Ⅲ 591 – 592，606，613
equatorial/equinoctial	赤道的/二分点的 Ⅲ 587，589
meridional	子午线的 Ⅲ 588
spheres	天球仪 Ⅲ 613，625

Armour	盔甲 Ⅱ 59 – 60，472；Ⅲ 350，352 – 354
cataphracts	装甲战船 Ⅱ 566，570 – 571，706
Greek	希腊的 Ⅱ 696，698
hardening	硬化 Ⅲ 34 – 35
medieval	中世纪 Ⅱ 720 – 721，727
Roman	罗马的 Ⅱ 704 – 707
screws	螺纹钉 Ⅲ 629
'Arnel' textile fibre	"阿尼尔"纺织纤维 Ⅵ 650
Arrow-heads	箭头 Ⅰ 33，169，171，496，499，510 – 512，606，616
Ars vitraria experimentalis of Johann Kunckel	孔克尔的《玻璃实验技艺》（1679 年）Ⅲ 222，224
Arsenic	砷
alchemical description	关于炼金术的描述 Ⅱ 737；Ⅲ 29
compounds, uses	化合物的使用 Ⅰ 47 – 48
copper alloys	铜合金 Ⅲ 38，40 – 42
extraction	提炼 Ⅳ 119，121 – 122，232，234
glass-making	玻璃制作 Ⅲ 226，229，237
lead shot casting process	铅粒铸造过程 Ⅲ 45
metal alloys	金属合金 Ⅰ 47，74；Ⅲ 45
oxide	氧化砷 Ⅳ 122
pigment source	颜料来源 Ⅱ 48，362；Ⅳ 121 – 122
tin coinage, counterfeit	锡币，伪造 Ⅲ 46
Art	艺术 Ⅰ 图版 2
ancient man	史前人类 Ⅰ 144 – 153
artistic impulse, early man	艺术冲动，早期人类 Ⅰ 27 – 28，144 – 145
cave drawings and paintings	洞穴绘画和图画 Ⅰ 33 – 34，235，300，451，499，710，744 – 745
Celtic	凯尔特人的 Ⅰ 82
Cro-Magnon	克罗马侬人 Ⅰ 32
dating methods	纪年法 Ⅰ 146 – 147

Egyptian	埃及人 Ⅰ 209，240 – 243
engraving，Paleolithic	旧石器时代的雕刻 Ⅰ 149 – 151
pigments，Egypt	颜料，埃及 Ⅰ 238 – 240
plastic forms，Paleolithic	旧石器时代的造型 Ⅰ 151 – 153
sculpture，Paleolithic	旧石器时代的雕像 Ⅰ 153
Artemisia absinthia	苦艾 Ⅰ 282
Artesian wells	自流井 Ⅰ 528
Artificial insemination	人工授精 Ⅵ 305 – 306
Artillery	火炮；参见 Guns，Military technology
breech-loading	后膛填装式 Ⅲ 361 – 362
cannon	大炮 Ⅲ 31，34，54，360 – 368，374 – 375；Ⅳ 101 – 102，104，108，183，451
cannon balls	炮弹 Ⅱ 34，75，726 – 727；Ⅳ 121
field-guns	野战炮 Ⅲ 347 – 350
missile engines	弹射器 Ⅱ 698 – 701，707 – 715
mortars	臼炮 Ⅱ 378；Ⅲ 368 – 369
naval guns	舰炮 Ⅲ 350，363，473，478 – 481，499
origin	起源 Ⅱ 378 – 379，726 – 728，771
ranges and range-finding	射程和射程测量 Ⅲ 361，367，537
trunnions	炮耳 Ⅲ 362，365
Artisans	工匠 Ⅱ 383 – 396；参见 Glass-worker，Smiths
arkwrights	箱廪匠 Ⅱ 254
Byzantine	拜占庭 Ⅱ 761 – 764
carpenters	木匠 Ⅱ 388 – 395，641，652；Ⅲ 111，113，117 – 118，487，491 – 492，623
chairmakers	制椅匠 Ⅲ 118
coachbuilders	马车匠 Ⅲ 113，118
coffer-makers	皮箱 Ⅱ 170 – 171，255 – 256
coopers	制桶匠 Ⅲ 112 – 113，118，128 – 132
craftsmen	工匠 Ⅱ 603 – 604，761 – 764

cutlers　　　　　　　　　　　　刀匠 Ⅲ 115

farriers　　　　　　　　　　　　蹄铁匠 Ⅲ 111，113

glass-painters　　　　　　　　　玻璃画匠 Ⅲ 116

gold-beaters　　　　　　　　　　金箔匠 Ⅲ 116

goldsmiths　　　　　　　　　　　金匠 Ⅲ 406

instrument-makers　　　　　　　仪器制造者 Ⅲ 585 – 586，609，613，
　　　　　　　　　　　　　　　　621 – 625，629 – 631，642

joiners　　　　　　　　　　　　细木工匠 Ⅲ 123，623

leather-workers　　　　　　　　皮革匠 Ⅱ 350

masons　　　　　　　　　　　　泥瓦匠 Ⅲ 111，435

millers　　　　　　　　　　　　磨坊主 Ⅱ 601

moneyors　　　　　　　　　　　铸币匠 Ⅱ 490 – 491

paviours　　　　　　　　　　　铺路工 Ⅱ 525 – 526，532 – 533

pewterers　　　　　　　　　　　锡匠 Ⅱ 116

potters　　　　　　　　　　　　陶匠 Ⅱ 261 – 262，284 – 285，288 – 291

printers　　　　　　　　　　　印刷工人 Ⅲ 386，394 – 395，402 – 403，
　　　　　　　　　　　　　　　　409

sawyers　　　　　　　　　　　锯木工人 Ⅲ 112，487

shipwrights　　　　　　　　　　造船师 Ⅱ 230，573；Ⅲ 117，120，476，
　　　　　　　　　　　　　　　　479，487 – 488，492，494

shoemakers　　　　　　　　　　制鞋匠 Ⅱ 166 – 168，170

spur-and bit-makers　　　　　　马刺匠和马衔匠 Ⅲ 116

stone-masons　　　　　　　　　石匠 Ⅱ 384 – 388，641，662

turners　　　　　　　　　　　开料匠 Ⅲ 343，623

violin-makers　　　　　　　　　小提琴匠 Ⅲ 116

wainwrights　　　　　　　　　四轮货车制造者 Ⅲ 145

watch-makers　　　　　　　　　制表匠 Ⅲ 120

wheelwrights　　　　　　　　　轮匠 Ⅱ 552；Ⅲ 111，117 – 118，123 –
　　　　　　　　　　　　　　　　128

wood-cutters　　　　　　　　　木刻工人 Ⅲ 404

Arts, Royal Society of　　　　　皇家艺术学会；参见 Royal Society of Arts

Arundo donax　　　　　　　　芦竹 Ⅰ 371

Asphalt 沥青 Ⅳ 539－541；Ⅴ 102－103, 105；
参见 Bitumens

Assaying, metals 检验，金属 Ⅲ 27－71

Assaying equipment 测量仪器 Ⅲ 602

Association of Public Schools 公学理科教师协会 Ⅵ 154
Science Masters

Assyrians 亚述文化；参见 Mesopotamia

architecture 建筑（约公元前 7 世纪）Ⅰ 469－473

battering-ram 攻城槌 Ⅱ 715

calendar, seven-day week 历法，7 天为一星期的概念 Ⅲ 565
concept

canals/irrigation systems 运河/灌溉系统 Ⅰ 532－534

carpenter's tools 木匠的工具 Ⅱ 229－231

cotton 棉花 Ⅰ 374

food plants 食用植物 Ⅰ 358, 360, 371

glass-making 玻璃制作 Ⅱ 313, 328－329

ivory-work 象牙制品 Ⅰ 671

roads 道路 Ⅱ 494－495

Astragalus 黄芪 Ⅰ 244

Astro-navigation 天文导航 Ⅶ 849, 852

Astrolabes 星盘 Ⅲ 603－609

calculators, trigonometrical 三角计算器 Ⅲ 614－615

height surveying 高度测量 Ⅲ 513, 528, 537

mariner's 水手的 Ⅲ 506, 546, 549, 608, 625

Nuremberg instrument 纽伦堡仪器 Ⅲ 585

obsolescence 过时（约 1650 年）Ⅲ 636

plane 平面 Ⅲ 603, 605－609

texts 文本 Ⅲ 603, 605, 608－609

triangulation use 三角测量使用 Ⅲ 539－540

Astrology 占星术 Ⅰ 121－126, 802；Ⅲ 565

Astronomers 天文学家

Alexandrian	亚历山大	Ⅲ 583 – 584，586，599
Alfonsine	阿方索	Ⅲ 592
Babylonian	巴比伦	Ⅲ 582
Merton College	默顿学院	Ⅲ 585，593，617
Muslim	穆斯林	Ⅲ 599，608 – 609，612，615
Astronomy	天文学	Ⅰ 785 – 803，图版 34 – 36；Ⅲ 508，517，535，581，615；参见 Tables
astronomical observations	天文观测	Ⅲ 556 – 557，582 – 584，597，605，618
calendar systems	历法系统	Ⅰ 123 – 124，793 – 795；Ⅲ 558 – 575，577 – 581
cosmographic instruments	天文仪器	Ⅲ 535 – 536
eclipses, computation	日月食的计算	Ⅰ 800 – 801
'harmony of the spheres'	天球和谐理论	Ⅰ 126
map-making	制图术	Ⅳ 597，605，618
observatory instruments	观测仪器	Ⅲ 586 – 594，625
planets	行星	Ⅰ 798 – 801；Ⅲ 615 – 618
precision instruments	精密仪器（至 1500 年）Ⅲ 582 – 594，614 – 618	
primitive observations	原始观察	Ⅰ 112 – 113，115 – 120
quadrants and navigation	象限仪和航海	Ⅲ 545 – 546
scientific development	科学发展	Ⅰ 802 – 803
telescope invention	望远镜的发明	Ⅳ 380，398 – 400
Athabaskan peoples	阿萨帕斯坎	Ⅰ 176
Athanors	熔炼炉	Ⅱ 739，740，743；Ⅲ 53，680
Athenians, chronology	雅典的纪年	Ⅲ 572
Atlases	地图集	Ⅳ 600，614，618 – 620，622，626
Atomic energy	原子能；参见 Nuclear power	
Atomic bomb	原子弹；参见 Nuclear weapons	
Atomic weights theories	原子量理论	Ⅳ 224 – 225
Atoms, theory of	原子理论	Ⅳ 223 – 226；Ⅵ 223 – 224
Atriplex hortensis	山菠菜	Ⅰ 355

Augers   钻孔机；参见 Drills, Tools

  Greek machinery   希腊的机械 Ⅱ 631

  illustrations   图示 Ⅱ 253，387，390，393 – 394；Ⅲ
   119，329

  millwright's tool   磨坊工匠的工具 Ⅲ 107

  pipe-making   铜管制造 Ⅲ 329

  shipwright's   造船工匠（约公元前 600 年）Ⅱ 231

  tradesmen's tools   工匠的工具（约 1500—1850 年）Ⅳ 110，
   114，119

Aurignacians   奥瑞纳文化；参见 Cultures

Australia   澳大利亚

  aborigines   土著居民 Ⅰ 35，138，157，330，730

  aeronautics   航空 Ⅴ 398，408

  agriculture, mechanization   农业，机械化 Ⅵ 336

  cartography   地图绘制 Ⅴ 441

  cinematography   电影摄影术 Ⅴ 750

  farming and food   耕作和食品 Ⅴ 2 – 3，6 – 9，34，46 – 50

  fire-making, aborigines   取火 Ⅰ 220 – 221

  food-gatherers, aborigines   食物采集者，土著居民 Ⅰ 42，155，158，
   184

  gold   金 Ⅳ 141，143；Ⅴ 249

  language, aborigines   土著人的语言 Ⅰ 94，98 – 100

  merino wool   美利奴羊毛 Ⅳ 28

  metals   金属 Ⅳ 66 – 67，76；Ⅴ 75

  oil   石油 Ⅴ 116

  pest and disease control   病虫害控制 Ⅵ 333 – 334

  pet-keeping, aborigines   宠物的饲养，土著居民 Ⅰ 330

  plant breeding   植物育种 Ⅵ 327

  population   人口（1843 年）Ⅴ 7

  roads   道路 Ⅳ 536，541

  water-supply   供水 Ⅴ 557 – 558

  wool   羊毛 Ⅴ 574 及注释 2，577

Australopithecine hominid	人科动物南方古猿 Ⅰ 11
Australopithecus	南方古猿 Ⅰ 20，22，表 C
Austria	奥地利
ceramics	陶器 Ⅴ 659 - 660，664，666
chemical industry	化学工业 Ⅴ 243，251，253
cinematography	电影摄影术 Ⅴ 736 - 737
engines	发动机 Ⅴ 160
explosives	炸药 Ⅴ 284，290
farming	耕作 Ⅳ 27；Ⅴ 14
fez industry and kermes dye	土耳其毡帽产业和虫胭脂染料 Ⅴ 259
geodesy	大地测量学 Ⅴ 442
glass industry	玻璃工业 Ⅳ 360
metal-working	金属加工 Ⅴ 619 - 620
motor vehicles	汽油机车 Ⅴ 462 - 467
photography	摄影术 Ⅴ 717，722
printing	印刷 Ⅴ 704，707，714
railway engineering	铁道工程 Ⅴ 326，328，333，342 - 343
roads	道路 Ⅳ 528
steel industry	钢铁工业 Ⅳ 108；Ⅴ 57，65，67
textile-machinery	纺纱机 Ⅳ 292
topographical survey	地形考察（1620 年） Ⅴ 717
water-supply	供水 Ⅴ 555，558
Austria-Hungary	奥匈帝国
lead production	铅生产 Ⅳ 123
railway engineering	铁道工程 Ⅴ 339，341
surveys	测量 Ⅳ 610
waterways	航道 Ⅳ 553
Automata	自动装置 Ⅱ 635，638
Automation	自动化 Ⅵ 25，123；Ⅶ 1209
Automobile Club of Great Britain and Ireland	大不列颠和爱尔兰汽车俱乐部 Ⅴ 431 - 433

Automobiles   汽车；参见 Motor-cars

Awls   锥子 Ⅰ 188，416，516，688；Ⅲ 110

Awners   除芒器 Ⅲ 139

Axes   斧；参见 Adzes

    adzes，difference   锛的区别 Ⅰ 505 – 506

    antler and bone   鹿角和骨头 Ⅰ 516

    battle-   战斧 Ⅰ 512 – 513，604 – 605，616，618 –
                                  619

    bronze   青铜斧 Ⅰ 609 – 611，616

    carpenter's   木匠的斧 Ⅱ 100，228，252，389 – 390；
                                  Ⅲ 110，117

    copper   铜斧 Ⅰ 588，601 – 602，604 – 605

    hand，stone   石制手斧 Ⅰ 25 – 31，68，131 – 133，188

    iron   铁斧 Ⅰ 618 – 619

    mason's   石匠的斧 Ⅱ 37

    millwright's tool   磨坊工匠的工具 Ⅲ 107 – 108

    pal-staves，metal   金属的青铜凿 Ⅰ 610 – 611

    shaft-hole，stone   有柄孔的石斧 Ⅰ 602

    stone   石斧 Ⅰ 70，307，497 – 498，502，506 –
                                   508，512 – 513，604

    tradesmen's tool   工匠的工具 110，117 – 119

Axles   轴 Ⅲ 326，328，330，332

Ayrshire Dairy Association   艾尔郡乳制品联合会 Ⅴ 34

B

Baboons   狒狒 Ⅰ 8，13，19 – 20

Babylonia   巴比伦 Ⅰ 457，550 – 551，787 – 791，
                                  798 – 801，表 F；参见 Mesopotamia

Babylonian Empire，calendar   巴比伦帝国历法 Ⅲ 566 – 568

Babylonian leather-work   巴比伦皮革制造 Ⅱ 151

Back-staff	背照准仪 Ⅲ 552，636
Badarians	拜达里人 Ⅰ 502，606
Bag-press	袋子压榨机 Ⅰ 290－291
Bailers（mining use）	提水车（采矿用）Ⅱ 8
Bakelite	酚醛塑料 Ⅵ 555
Bakeries，baking	面包烘烤坊，烘焙 Ⅰ 272－273；Ⅱ 118，120，127
Balance-spring	游丝 Ⅲ 344
Balances，weighing	天平称量 Ⅱ 744－746，749；Ⅲ 60－61，66－67；Ⅳ 403－407
Balanites aegyptica	埃及酸叶木 Ⅰ 288
Ballistics	弹道学 Ⅲ 256，359－360，362，368，374－375
range-tables	射程表 Ⅲ 361，369，374
Balloons	气球；参见 Aeronautics，Airships
coal-gas	煤气 Ⅳ 260－261
hydrogen	氢气 Ⅳ 216，255，674
Bamboo	竹
fire-kindling	生火 Ⅰ 219－221，227
tools	工具 Ⅰ 164，169，233
Bandannas	扎染印花大手帕 Ⅳ 249
Banking and finance	银行和金融 Ⅲ 30，713－714；Ⅴ 805－806，809－810，820
Baptistère of St Louis	圣路易斯圣洗池 Ⅱ 453，457，图版 32B
Barges	驳船 Ⅱ 576－577，686－687
Barium	钡 Ⅵ 224
Bark artefacts	树皮制品 Ⅰ 518
Barley	大麦 Ⅰ 367－368，图版 7；Ⅵ 328
Barns，threshing	谷仓脱粒（19 世纪）Ⅲ 137－138
Barometers	气压计 Ⅲ 543，630，636；Ⅳ 169，403，406，605
surveying	测量 Ⅳ 605，612

Barracan — 巴拉坎风雨大衣呢 Ⅲ 178

Barrels and casks — 木桶 Ⅱ 133, 136 – 137, 255, 354, 图版 3B; Ⅲ 112, 128 – 133; 参见 Coopering

Barrows, hand- — 担架 Ⅲ 139 – 140; 参见 Wheelbarrows

Basalt, stone — 玄武岩, 石头 Ⅰ 477, 506, 675; Ⅱ 29, 406 – 407

Basilican churches — 长方形廊柱大厅式教堂 Ⅱ 421 – 422

Basketry, baskets — 编织篮子 Ⅰ 174, 413 – 455, 图版 9 – 10

  bituminous mastic, shaping — 含沥青的胶泥, 塑形 Ⅰ 254

  chronological development — 年表顺序 Ⅰ 413 – 415, 418 – 424

  coffins — 棺材 Ⅰ 419 – 420

  colours — 颜色 Ⅰ 422 – 423

  farm-tools — 农具 Ⅲ 135, 138 – 140, 142

  food storage — 食物贮藏 Ⅰ 173, 304

  foraging tools, N. America — 搜寻工具, 北美洲 Ⅰ 154 – 155, 173

  ore carrying — 运矿 (约 1556 年) Ⅱ 16

  pottery shapes, influence on — 对陶器形状的影响 Ⅰ 376 – 377, 398

  sieves — 筛子 Ⅰ 275, 422

  traps, wildlife — 陷阱, 野生动物 Ⅰ 167 – 168

  travois (draught device) — 旧式狗拉雪橇 (运输工具) Ⅰ 175

  wine-making — 酿酒 Ⅲ 15

Basque fishermen, whaling — 巴斯克渔民捕鲸 Ⅳ 57

Bath stone — 巴思石料 Ⅱ 32, 34

Batteries — 电池; 参见 Electricity

Battering-rams — 攻城槌 Ⅱ 702, 715 – 716

Battles — 战役; 参见 Wars named

  Algiers bombarded — 炮击阿尔及尔 (1816 年) Ⅳ 585

  Blenheim — 布莱尼姆战役 (1704 年) Ⅲ 347

  Britain — 不列颠空战 (1939 年) Ⅵ 622; Ⅶ 812

  Cape St Vincent — 圣文森特角战役 (1797 年) Ⅳ 576

  El Alamein — 阿拉曼战役 (1942 年) Ⅵ 22

  Fair Oaks — 费尔奥克斯战役 (1862 年) Ⅴ 397

Fleurus	弗勒吕斯战役（1794 年）Ⅴ 397
Flodden	弗洛登战役（1513 年）Ⅴ 701
Jutland	日德兰海战（1916 年）Ⅵ 9
Ladysmith	莱迪史密斯保卫战（1899 年）Ⅴ 397
Lepanto	勒班陀海战（1571 年）Ⅲ 350, 473
Mainz	美因茨包围战（1795 年）Ⅴ 397
Malplaquet	马尔普拉凯战役（1709 年）Ⅲ 350
Midway Island	中途岛战役（1942 年）Ⅵ 21；Ⅶ 814
Quiberon Bay	基伯龙湾海战（1759 年）Ⅲ 499
Sinope	斯诺佩战役（1853 年）Ⅳ 588
Trafalgar	特拉法尔加角海战（1805 年）Ⅳ 576 – 577, 583
Bauxite	铝矾土 Ⅴ 91, 93, 248, 666；Ⅵ 413
Bayeux tapestry	贝叶挂毯 Ⅱ 91, 128 – 129
Beads, glass	玻璃球 Ⅱ 320, 322, 336；Ⅲ 55, 698
Beakers (ancient pottery)	大酒杯（古代陶器）Ⅰ 401 – 402
Bearings, roller-bearings	轴承，滚柱轴承 Ⅲ 327, 658, 660；Ⅳ 413
Beavers, intelligent behaviour	河狸，智力行为 Ⅰ 4 – 15
Bedaux system	贝多工作计量法 Ⅵ 106
Bedouin	贝都因人 Ⅰ 438, 551
Beer	啤酒 Ⅰ 277 – 281；Ⅱ 105 – 106, 123；Ⅲ 10 – 11, 80；Ⅴ 27, 47
adulteration	掺假 Ⅱ 128
manufacture	制造 Ⅱ 139 – 141
preservatives	防腐剂 Ⅶ 1427
Bees, domestication	养殖蜜蜂 Ⅰ 276
Belgium	比利时；参见 Europe
bridges	桥梁，Ⅳ 461
canals, river navigation	运河，河道航运 Ⅲ 451 – 454；Ⅳ 556 – 560
chemical industry	化学工业 Ⅴ 241, 243, 245, 251
coal, coal-mining	煤，煤的开采 Ⅳ 93, 97；Ⅵ 180, 184

farming	耕作 IV 14 – 16；V 14, 17 – 19
flax	亚麻 III 157
geodesy	大地测量学 V 442
glass-making	玻璃制造 III 206, 208
industrialization	工业化 V 64
iron industry	冶铁工业 IV 105, 115
lead production	铅生产 IV 123
microscopy	显微术 VII 1351
population	人口 V 823
printing	印刷 V 714
railway engineering	铁道工程 V 327 – 328, 335 – 349
silk, medieval fragments	丝织物，中世纪残片 III 196
steel industry	钢铁工业 V 60
surveys	测量 IV 610
textile industry	纺织工业 V 570, 572, 574, 577, 588, 591
vehicles	车辆 V 420
water-supply	供水 IV 497；V 554, 566
zinc	锌 IV 132 – 133
Bellows	风箱；参见 Furnaces
alchemical equipment	炼金术装置 II 738, 746, 749
blacksmiths'	铁匠的 III 112, 352
blow-pipes, Egypt	吹管，埃及（约公元前2400年）I 578 – 579
box type, wooden	木制箱型（1550年）III 32
furnaces	熔炉 III 50 – 52, 53, 60, 363, 690
hydraulic	水力的 II 68 – 69, 73, 348, 612 – 613, 655；III 690
Iron Age smith	铁器时代的铁匠 I 596
leather construction, Egypt	皮革制造，埃及 II 165
mechanization	机械化 II 643；III 82
metal-smelting	金属冶炼 II 66, 165

mines, ventilation	矿井，通风设施（约16世纪50年代）Ⅱ 19；Ⅲ 82
origin	起源 Ⅰ 233
piston-bellows	活塞式风箱 Ⅱ 770
primitive types	原始的形式 Ⅰ 233, 578
silver mines, Carthage	迦太基银矿（约公元前125年）Ⅱ 5
tinplate manufacture	马口铁制造 Ⅲ 690
Bells	钟
bell-founding	钟的铸造 Ⅱ 64；Ⅲ 39, 40, 54 – 55, 57
bell-metals	钟铜 Ⅲ 38, 41, 58；Ⅳ 120 – 121, 124
church bells	教堂的钟 Ⅲ 108
Bentonite	膨润土 Ⅴ 666
Benzoic acid	苯甲酸 Ⅱ 741
Benzole, as coking by-product	苯，炼焦副产品 Ⅵ 467 – 468
BEPO nuclear reactor	BEPO 核反应堆 Ⅵ 245 – 246
Bergwerkbiiuchlein ('Essay on Mining')	《论采矿》Ⅲ 27
Bermannus (Agricola)	《矿物学》（阿格里科拉）Ⅱ 13, 15
Berne Convention	《伯尔尼公约》（1890年）Ⅶ 703
Beverages	饮料；参见 Drinks
Bible references	《圣经》章节出处；参见 *Luttrell Psalter*
artos, meaning	artos 意义 Ⅱ 105
bitumen references	沥青提及 Ⅰ 252 – 253
brass, discovery	黄铜的发现 Ⅱ 54
bread, fermentation techniques	面包，发酵技术 Ⅰ 275
bread production	面包制作 Ⅱ 105
bronze moulding/casting	铜模制/浇铸 Ⅰ 633
communication links	通讯联络 Ⅱ 495 – 496
cosmetics	化妆技术 Ⅰ 286 – 287, 289 – 290, 292
cropping, Egypt	收割，埃及 Ⅰ 541
Dead Sea scrolls	死海卷轴 Ⅰ 766

dye stuffs, early period   早期染料 Ⅰ 248 – 249

fire-carriers   火种运送 Ⅰ 230

food plants   食用植物 Ⅰ 359, 365

food preservation   食物保存 Ⅰ 264

gold, refining-methods   金，精炼法 Ⅰ 582

horses   马 Ⅰ 707

iron, local taboos   铁，当地禁忌 Ⅱ 59

irrigation techniques   灌溉技术 Ⅰ 554

ivory-work   象牙制品 Ⅰ 664, 676 – 677

linen from flax   源于亚麻的亚麻制品 Ⅰ 448

mallow (jute)   锦葵（黄麻）Ⅰ 451

military engines   军事弹射装置（约公元前 300 年）Ⅱ 700

mining   采矿 Ⅰ 564 – 565；Ⅱ 44

Moabite Stone and writing   摩押石碑和文字 Ⅰ 764

natron   泡碱 Ⅰ 260

olive cultivation   橄榄树栽培 Ⅰ 359

paint colours, murals   绘画颜色，壁画 Ⅰ 243

potter's wheel   陶轮 Ⅱ 262

salt   盐 Ⅰ 258 – 259

ships, reed-built   芦苇舟 Ⅰ 733

silver, refining-methods   银，精炼法 Ⅰ 584

slavery   奴隶制 Ⅱ 591, 605

sling hunting weapon   投掷狩猎武器 Ⅰ 157

soap   肥皂 Ⅰ 261

threshing, flail method   脱粒，连枷法 Ⅱ 102, 106

vinegar   醋 Ⅰ 285

wines   酒 Ⅰ 277, 282

writing, pictorial origin   文字，图形起源 Ⅰ 756

Bicycles   自行车 Ⅴ 414 – 418, 437, 640, 图版 16A；
参见 Motor-cycles, Motor-tricycles

Bill-hooks   钩镰 Ⅲ 117

Bimetallic temperature control	双金属温度控制 Ⅳ 395，412 – 414
Birds，instinctive behaviour	鸟类，本能行为 Ⅰ 2 – 4
Birth of Venus（Botticelli）	《维纳斯的诞生》（波提切利）Ⅱ 363
Bismuth	铋 Ⅲ 29，34，41 – 44，51，57，62；Ⅳ 119 – 120
Bits	马具；参见 Harness
Bitumens	沥青；参见 Asphalt，Petroleum oil
brick joinery	贴砖术（约公元前 600 年）Ⅰ 471
building materials	建筑材料 Ⅰ 250，255 – 256，460，466，468
canal construction	运河的修建 Ⅰ 469 – 470
farm-tools，Neolithic	农业工具，新石器时代 Ⅰ 502
lining，food stores	内衬，谷仓 Ⅰ 460
Mesopotamia，occurrence	美索不达米亚，发生 Ⅰ 250 – 254；Ⅴ 102
military pyrotechnics	军用烟火 Ⅱ 374，376
quffas（boats），waterproofing	盔筏（船），防水 Ⅰ 737
road pavements	铺路（约公元前 2500 年）Ⅱ 494
sewers，lining	下水道，内衬（约公元前 2500 年）Ⅰ 466
sources	油苗 Ⅴ 102 – 103，105
Bixa orellana	胭脂树 Ⅲ 694
Black Death	黑死病 Ⅱ 65，76 – 77，128，142，651，691
Blast-lamps	喷灯 Ⅲ 55
Bleaching processes	漂白过程
alkali	碱（18 世纪）Ⅲ 174 – 175；Ⅳ 235，237
chlorine	氯 Ⅳ 241 – 242，244，247 – 248
fuller's earth	漂白土 Ⅱ 218
hydrogen peroxide process	过氧化氢工序 Ⅵ 672
paper-making	造纸 Ⅳ 255
powder	粉 Ⅳ 145 – 147，239，242，248；Ⅴ 237，301，315；Ⅵ 672

sulphur fumes, woollen cloth	硫磺的烟，毛织品 II 218
sulphuric acid	硫酸 IV 244
sunlight	阳光 II 218；III 175；IV 244
Blow-guns, hunting	吹矢枪，狩猎 I 163 – 166, 170
Blowpipes	吹火筒；参见 Bellows
glass-makers'	玻璃工匠 II 329, 331 – 332；III 208
oxy-hydrogen	氢氧 IV 118
smelting-furnaces	熔炼炉 III 55
Board of Health	卫生总署 V 553 – 554
Board of Longitude	经度委员会 V 458
Board of Trade	贸易委员会 V 455, 477, 499, 503, 506, 782 – 783
Board of Trustees for Fisheries, Manufactures, Improvements in Scotland	苏格兰渔业、制造业和技术发展理事会（1727年）IV 224, 246
Boats	船 I 730 – 743；参见 Canoes, Ships
British	不列颠 I 738 – 739
early development	早期发展 I 731 – 732, 738 – 741
Egyptian	埃及的（船）I 734 – 736
mastic for caulking	用于填缝的胶泥 I 255
Mesopotamian	美索不达米亚 I 256, 736 – 738
sails	帆 I 733
war galleys	划桨战船 I 741 – 743
Bodkins	锥子 III 394
Boehmeria nivea	苎麻 I 431, 449
Bogies (wheels pivot)	转向架（枢轴）II 548 及注释
Boilers, steam	蒸汽锅炉
Cornish	康沃尔式锅炉 V 125, 130 – 131, 137
Lancashire	兰开夏锅炉 V 131, 137
locomotives	机车 V 325 – 326, 336, 339 – 341；VII 765 – 757
marine	船用 V 152 – 155

Niclausse	尼克劳斯型锅炉 V 155
stationary engines	固定式蒸汽机 V 126 – 131，137 – 138
steel plates	钢板 V 62，137
water-tube types	水管锅炉 V 153 – 155
Boiling Water Reactor	沸水反应堆（B. W. R.）VI 244，254 – 255
Bolas（entangling weapon）	流星锤（缠绕式武器）I 166，175
Bolters（sieves），milling	筛面粉机（细筛），碾磨 III 16 – 18
Bolting-cloth	筛布 III 18
Bombazine（cloth）	邦巴辛毛葛（织物）III 178
Bombs，explosive	炸弹，炸药 III 38；VI 11，550
Bone and antler artefacts	骨头和鹿角工艺品
buildings，use	建筑使用 I 516
cheek-pieces and bits	颊片和马嚼子 I 724
early working techniques	早期加工技术 I 140 – 142，188 – 189
implements	工具 II 147 – 149
sculpturing	雕刻 I 153
tools and weapons	工具和武器 I 31 – 33，62，141，172，432 – 433，435，497 – 498，506，514 – 517，561
Bones	骨骼；参见 Fertilizers
Books and Journals	书籍和期刊；参见 Printing
Annual Register	《纪事年鉴》V 694
Application of Cast and Wrought Iron to Building Purposes（Fairbairn）	《铸铁、熟铁在建筑上的应用》（费尔贝恩）V 473
Applied Mechanics（Rankine）	《应用力学》（兰金）V 491 – 492
Armenian	亚美尼亚书籍 III 405
Ars magna lucis et umbrae	《关于光与影的伟大原理》V 717
Art of Glass（Neri）	《玻璃的艺术》（内里）V 672
Bible	《圣经》III 385 – 386，388，404，413；V 698 – 699
binding	装订 II 169，173 – 174，180 – 181；III

386，390，404；V 713 – 714

Book of Trades（Ypres） 《贸易指南》（伊普尔）II 208 – 209，213

Books of Secrets "秘籍" III 27，33，35，39，42

Bridges（Claxton Fidler） 《桥》（菲德勒）V 495

British Birds（Morris） 《英国的鸟类》（莫里斯）V 705

Building News 《建筑新闻》V 470 注释 1

Century Magazine 《世纪杂志》V 712

Constance Missal 《康斯坦斯弥撒》III 386，389

Daily Graphic 《每日写真报》V 701，703 – 704

Daily Telegraph 《每日电讯报》V 702

Das System Monier（Koenen） 《莫尼耶方法》（克嫩）V 489，495

Der Eisenbeton（Mörsch） 《钢筋混凝土》（默施）V 495

Engineer, The 《工程师杂志》V 554

Family Herald 《家庭先驱报》V 685

Glasgow Star 《格拉斯哥星报》V 701

Grammar of Ornament
（Owen Jones） 《装饰的基本原理》（琼斯）V 706

Graphic 《写真周报》V 702

Graphic Statics（Cremona） 《图解静力学》（克里摩拿）V 492

Harper's Magazine 《哈珀月刊》V 704

History of Photography（Eder） 《摄影史》（埃德）V 704

Illustrated London News 《伦敦新闻画报》IV 517；V 41，42 注释

Imitatio Christi（Thomas à
Kempis） 《基督肖像图》（肯皮斯）V 706

Justinian 《民法大全》（1468 年）III 393

Koran 《古兰经》III 380

Lancet 《柳叶刀》V 314

Lloyd's Weekly 《劳埃德周报》V 698

London Pharmacopoeia 《伦敦药典》V 317

Mechanics' Magazine 《机械工杂志》IV 272

Morning Chronicle 《纪事晨报》V 702

Nautical Almanac 《航海历》V 458

New York Daily Graphic 《纽约每日写真报》V 704

New York Herald 《纽约先驱报》V 700

New York Tribune 《纽约论坛报》V 687

Norwich Mercury 《挪威信使报》V 698

Observer, The 《观察家报》V 702

Oculus artificialis 《人工之眼》V 717

On the Theory of Lubrication 《润滑理论》(雷诺)V 548
  (Reynolds)

Patrie, La 《祖国报》V 698

Pencil of Nature 《自然的画笔》V 723

Penny Illustrated Paper 《一便士画报》V 702

Penny Magazine 《一便士杂志》V 702

Philadelphia Inquirer 《费城探询者报》V 700

Philosophical Magazine 《哲学杂志》V 492

Psalter (Fust-Schoeffer) 《圣诗集》(福斯特 - 舍费尔)(1457 年)
  III 405

Punch 《旁趣周刊》V 702,831

Reports of the Juries (1851 《评委会报告》(1851 年世界博览会)
  Exhibition) V 690

Scots Magazine 《苏格兰人杂志》(1753 年) IV 647,
  649

Sheffield directory of 1852 《1852 年设菲尔德工商名录》V 633

Speculum vitae Christi 《基督生活的镜像》(1487 年) III 399

Staffordshire Pottery and its History 《斯塔福德郡的陶器制造业及其历史》
  (Wedgwood) (韦奇伍德)V 658

Sun, The 《太阳报》(1749 年) IV 646

Technology of Bread-making 《面包制作技术》(杰戈)V 28
  (Jago)

Times, The 《泰晤士报》V 684,686,690 - 691,696,
  698,700,704,805 - 806

Traité du Navire (Bouguer) 《船舶概论》(布格) IV 577;V 353

Transactions of the Institution of Naval Architects 造船学会的会刊 V 372，386

Trewe Encountre 《真实的遭遇》V 701

Warrington Guardian 《沃灵顿卫报》V 685

Boomerangs 回力标；参见 Throwing-sticks

Borax 硼砂 III 62－63；IV 232；V 320－321

   bead test 硼砂珠实验 III 68，226，228

Boric acid 硼酸 V 315，320

Boring apparatus 镗孔工具 II 655－656，664

Boring-mills 镗床 IV 421－422，424，427，493，图版 27A

Bossing-tools 凸饰工具 II 469

Bow and arrows 弓和箭

   arrow-heads 箭头 I 33，169，171，496，499，510－512，606，616

   Bushmen cultures,South Africa 布须曼文化，南非 I 171－172

   compound bow 复合弓 I 163，173，182

   invention 发明 I 61

   Mesolithic cultures 中石器时代文化 I 161－163，499

   military obsolescence 武器的更迭 III 351－353

   South American cultures 南美文化 I 179

Boyle's Law 玻意耳定律 IV 215，223

Brace 支架；参见 Augers，Drills，Tools

   Assyrian tool（possible） 亚述工具（可能的）II 230

   bits 钻 II 229

   carpenter's tool 木工的工具（14 世纪）II 387，393－394

   hand-brace,bevel gearing 伞齿轮的手摇钻 IV 381－382

   joiner's tool 细木匠的工具（1703 年）II 253

   mechanization 机械化 II 653

   tradesmen's tool 工匠的工具 III 110－111，114，117－118，120

Brachiation 双臂攀缘 I 9－12

Brain	大脑；参见 Intelligence
early man	早期人类 Ⅰ 27，35
size	尺寸 Ⅰ 3，7，10，12，16，34 – 35
Brakes（hand-tool）	金属压弯机（手工工具）Ⅲ 110
Brass（copper-zinc alloys）	黄铜（铜锌合金）Ⅱ 53 – 55
bearings	轴承 Ⅲ 41，103
composition	成分 Ⅱ 53 – 54；Ⅴ 607 – 608
decorative harness	装饰性的马具 Ⅲ 149
early reports	早期记载 Ⅱ 54 – 55，63
founding	浇铸 Ⅲ 37 – 39；Ⅴ 609 – 610
guns	枪炮 Ⅲ 38 – 39，361
instrument components	仪器部件 Ⅳ 400，404 – 405，407，414，601
invention	发明 Ⅱ 54
mechanized handling	机械操作 Ⅲ 338 – 340
metal-working	金属加工 Ⅴ 610，618，626 – 627，631
Meuse valley, medieval period	中世纪时期默兹河流域 Ⅱ 67
nails	钉子 Ⅱ 255 – 256
paint ingredient	油漆 Ⅲ 49
production	生产（18 世纪）Ⅳ 133
smelting	熔炼 Ⅲ 51，53；Ⅳ 130
speculum-metal, ingredient	镜用合金，成分 Ⅲ 40
tools	工具 Ⅲ 111
Brassica	云薹属 Ⅰ 354 – 355，360，370
B. napus	油菜 Ⅱ 125；Ⅲ 5
B. rapa	芜菁 Ⅱ 125
Bread	面包；参见 Food
Breakwaters	防波堤 Ⅳ 452，464 – 466
Brewing, beer	酿造啤酒 Ⅲ 10 – 11，80
Brewing, Institute of	酿造研究院 Ⅴ 28
Brice Commission	布赖斯委员会（1895 年）Ⅵ 142 – 143

Bricks and tiles	砖和瓦；参见 Building materials
ancient buildings	古代建筑 Ⅰ 456 – 494
English	英格兰的 Ⅱ 438 – 440
firing	烧制 Ⅱ 305, 307 – 308
flue-tiles	烟道瓦 Ⅱ 420 – 421
furnaces	熔炉 Ⅱ 749；Ⅲ 52 – 53；Ⅳ 101 – 102；Ⅵ 476 – 477, 484
Greek	希腊 Ⅱ 398, 402 – 403
medieval	中世纪的 Ⅱ 304 – 307, 388
refractory	耐火材料 Ⅴ 664 – 665；Ⅵ 476, 484, 630 – 637
Roman	罗马的 Ⅱ 407 – 409, 415, 418
Romanesque	罗马式建筑 Ⅱ 429
street-paving	铺砌道路 Ⅳ 545
terracotta	红陶 Ⅱ 278
tiles, London	瓦片，伦敦（1212 年）Ⅱ 387 – 388
Bridges, general	桥梁，概述 Ⅰ 714 – 715；Ⅲ 417 – 437；Ⅴ 499 – 521；Ⅶ 876 – 899
arches	拱桥 Ⅱ 771；Ⅲ 417 – 418, 420, 424 – 436
caissons	沉箱 Ⅲ 425 – 426
China	中国（公元前 1 世纪）Ⅱ 711
coffer-dams	围堰 Ⅲ 420 – 426, 433
construction	建造 Ⅳ 163, 442 – 445, 452 – 462, 484
design theory	设计理论 Ⅴ 500 – 503；Ⅶ 876 – 879
dimensions	尺寸 Ⅲ 428 注释, 429
drawbridges	吊桥（1635 年）Ⅲ 291 – 292
foundations	桥基 Ⅲ 420 – 427；Ⅳ 449, 462；Ⅴ 513 – 516；Ⅶ 891 – 892
houses on	桥上的房屋 Ⅲ 430, 432
girders	梁 Ⅳ 461 – 462
iron	铁桥 Ⅳ 454 – 462, 484 – 486

materials, construction	建筑材料 Ⅰ 256；Ⅴ 499 – 500, 511 – 512；Ⅶ 892 – 896	
movable	移动的 Ⅴ 512 – 513, 521；Ⅶ 889 – 891	
piles	桩 Ⅲ 420 – 427	
power and machines	动力与机器 Ⅴ 452 – 453；Ⅴ 500	
railways	铁路 Ⅳ 460 – 461	
Roman	罗马的 Ⅱ 508, 510 – 513, 图版 34A；Ⅲ 288, 417 – 418	
steam-power	蒸汽机 Ⅳ 452 – 453	
stone	砖石桥 Ⅳ 453 – 455, 457, 459	
suspension	悬索桥 Ⅳ 458 – 460；Ⅶ 887	
tools	工具 Ⅲ 420	
truss-girder bridges	桁架梁桥 Ⅲ 417, 426 – 427	
types	种类 Ⅲ 417	
wooden	木桥 Ⅰ 316；Ⅲ 417, 423	
Bridges, named	桥的名称；参见 Bridges, general	
Africa	*非洲*	
Lower Zambezi	下赞比西大桥 Ⅶ 884	
Australia	*澳大利亚*	
Gladesville, Sydney	格莱兹维尔大桥, 悉尼 Ⅶ 892 – 893	
Hawksbury River Road	霍克斯伯里河公路桥 Ⅶ 891	
Sydney Harbour	悉尼海港大桥 Ⅶ 884 – 885, 887	
Tasman Road	塔斯曼公路桥 Ⅶ 896	
Canada	*加拿大*	
Quebec	魁北克大桥 Ⅶ 885 – 897	
Second Narrows, Vancouver	第二海峡大桥, 温哥华 Ⅶ 898	
England	*英格兰*	
Berwick	贝里克桥 Ⅳ 460；Ⅶ 893	
Blackfriars	布莱克弗赖尔斯大桥 Ⅳ 453 – 454, 510, 544	
Britannia	布列塔尼亚大桥 Ⅳ 486	
Booth Ferry	布思渡口大桥 Ⅶ 890	

Buildwas   比尔德沃思老多拱石桥 Ⅳ 457

Chepstow   切普斯托桥 Ⅳ 461 – 462；Ⅶ 898

Clifton suspension, Bristol   克利夫顿吊桥，布里斯托尔 Ⅴ 507 – 508，
图版 30

Fleet Bridge   弗利特桥 Ⅲ 298

Holborn Bridge   霍尔本桥 Ⅲ 298

Hungerford, London   亨格福德桥 Ⅴ 507 及注释 1，643 – 644

Ironbridge, Coalbrookdale   铁桥，科尔布鲁克代尔 Ⅳ 455，457 – 458，
图版 30A

Kew   基尤桥 Ⅳ 494

Kingsferry   金斯费里大桥 Ⅶ 891

Lee   利桥 Ⅳ 494

London Bridge   伦敦大桥 Ⅳ 206，451，455 – 456，458，
484，491，510，546；Ⅶ 885，894

Medway   梅德韦大桥 Ⅶ 894

Middlesbrough   米德尔斯伯勒转运桥 Ⅶ 889

Newcastle-upon-Tyne   泰恩河畔纽卡斯尔高架桥 Ⅳ 460 – 461

Old London Bridge   老伦敦桥 Ⅲ 419 – 420，430，432

Queen Alexandra, River Wear   亚历山德拉皇后桥，威尔河 Ⅶ 881 – 882

Rochester   罗切斯特桥 Ⅳ 462

Saltash   索尔塔什桥 Ⅳ 462

Severn   塞文河桥 Ⅳ 102，105；Ⅶ 875，888 –
889，896

Southwark   南沃克大桥 Ⅳ 456，458 – 459

Sunderland   桑德兰大桥 Ⅳ 457 – 458，图版 29

Sutton   萨顿桥 Ⅶ 846

Tower, London   伦敦塔桥 Ⅴ 513；Ⅶ 889

Waterloo   滑铁卢桥 Ⅳ 455 – 456，510

Westminster   威斯敏斯特桥 Ⅲ 425 – 427；Ⅳ 510

France   *法国*

Bayonne   贝永桥 Ⅴ 511

Neuilly, Seine   讷伊，塞纳河 Ⅳ 451，453

Pont d'Avignon　　　　　　　　　阿维尼翁桥 Ⅲ 418

Pont de Chatellerault　　　　　　　沙泰勒罗拱桥 Ⅴ 512

Pont Henri Ⅳ,Chatellerault,　　　　亨利四世桥，沙泰勒罗 Ⅲ 430 – 431
　　Vienne

Pont Neuf,Paris　　　　　　　　　新桥，巴黎 Ⅲ 293

Pont Neuf,Toulouse　　　　　　　　新桥，图卢兹 Ⅲ 420, 430

Pont Notre Dame,Paris　　　　　　 圣母桥，巴黎 Ⅲ 333, 423, 430, 432

Pont Royal,Paris　　　　　　　　　皇家桥，巴黎 Ⅲ 425

St Maxence,near Senlis　　　　　　 圣马克桑斯，森利斯附近 Ⅳ 452 – 453

Germany　　　　　　　　　　　　*德国*

Admiral Graf Spee,Duisburg　　　　 施佩伯爵海军上将大桥 Ⅶ 884

Montgomery,Wesel　　　　　　　　 蒙哥马利桥，韦塞尔 Ⅶ 896

Rhine,Kehl　　　　　　　　　　　 莱茵河桥，凯尔 Ⅴ 514

India　　　　　　　　　　　　　 *印度*

Alexandra　　　　　　　　　　　　亚历山德拉大桥 Ⅶ 883

Attock　　　　　　　　　　　　　 阿塔克大桥 Ⅶ 883, 885

Hardinge,Ganges　　　　　　　　　 哈丁大桥，恒河 Ⅶ 882

Howrah,Hoogly　　　　　　　　　　豪拉大桥，胡格利河 Ⅶ 885

Jhelum Valley Road　　　　　　　　 杰赫勒姆河谷公路桥 Ⅶ 884

Khotri　　　　　　　　　　　　　 戈德里大桥 Ⅶ 879 – 880

Lansdowne,Indus　　　　　　　　　 兰斯多恩大桥，印度河 Ⅶ 886

Nerbudda River Railway　　　　　　 涅尔布达河铁路桥 Ⅶ 883

Shri Yuvraj Karan Singh Road　　　　斯尤克星公路桥 Ⅶ 897

Sui Gas　　　　　　　　　　　　　苏伊加斯大桥 Ⅶ 892

Willingdon　　　　　　　　　　　 威林登大桥 Ⅶ 882

Ireland　　　　　　　　　　　　 *爱尔兰*

Essex Bridge,Dublin　　　　　　　　埃塞克斯桥，都柏林 Ⅳ 449

Italy　　　　　　　　　　　　　 *意大利*

Ponte Vecchio,Florence　　　　　　 老桥，佛罗伦萨 Ⅲ 418, 428 – 430

Rialto,Venice　　　　　　　　　　 里亚尔托桥，威尼斯 Ⅲ 424, 430

Santa Trinità,Florence　　　　　　　圣三一桥，佛罗伦萨 Ⅲ 424, 429 – 430

B

Luxembourg	卢森堡
Pont Adolphe	阿道夫桥 Ⅴ 511 – 512
Kurdistan	库尔德斯坦
Callender-Hamilton	卡伦德 – 汉密尔顿桥 Ⅶ 894
Pakistan	巴基斯坦
Ayub Arch	阿尤布拱桥 Ⅶ 886 – 887
Portugal	葡萄牙
Salazar	萨拉萨尔大桥 Ⅶ 887
Vila Franca, Tagus	弗朗卡镇大桥，塔古斯河 Ⅶ 883
Scotland	苏格兰
Connel Ferry	康奈尔费里桥 Ⅶ 880 – 881
Forth	福斯桥 Ⅴ 477，500 – 503，505 – 507，535，图版 28；Ⅵ 452；Ⅶ 875，885，889，927
Inchannon	英奇娜的滚开桥 Ⅶ 890
Jamaica Bridge, Glasgow	杰梅卡大桥，格拉斯哥 Ⅳ 454
Kelso	凯尔索 Ⅳ 459
Kincardine, Forth	金卡丁大桥，福思河 Ⅶ 890
Tay	泰湾大桥 Ⅴ 503
South Africa	南非
Victoria Falls	维多利亚瀑布大桥 Ⅶ 881
Lower Zambezi	下赞比西大桥 Ⅶ 884
Switzerland	瑞士
Freiburg	弗里堡悬索桥 Ⅳ 459
Schaffhausen	沙夫豪森（修建）的桥 Ⅲ 427 – 428
Wettingen, near Zurich	韦廷根的桥，苏黎世附近 Ⅲ 428
Turkey	土耳其
Bosphorus	博斯普鲁斯大桥 Ⅶ 889
U.S.A.	美国
Arthur Kill, New York City	阿瑟基尔大桥，纽约城 Ⅶ 891
Astoria, Oregon	阿斯托里亚大桥，俄勒冈 Ⅶ 884
Bayonne, New York City	贝永大桥，纽约城 Ⅶ 884

Blackwell's Island	布莱克韦尔斯岛大桥 Ⅶ 881
Brooklyn suspension, New York	布鲁克林悬索桥，纽约 Ⅴ 500，509 – 510，623
Golden Gate, San Francisco	金门大桥，旧金山 Ⅶ 887 – 888
Grand Trunk, Niagara	大干线铁路桥，尼亚加拉河 Ⅴ 508 – 509
Halstead Street, Chicago	霍尔斯特德街大桥，芝加哥 Ⅴ 513
Harlem river, New York	哈勒姆河大桥，纽约 Ⅴ 513
St Louis, Mississippi	圣路易斯大桥，密西西比河 Ⅴ 510 – 515
San Francisco-Oakland Bay	旧金山 – 奥克兰海湾大桥 Ⅶ 891
Sciotoville, Ohio	塞托维尔大桥，俄亥俄州 Ⅶ 884
Tacoma Narrows Suspension	塔科马海峡悬索桥 Ⅶ 899
Thatcher Ferry	撒切尔·费里洲际公路大桥 Ⅶ 913
Verrazona Narrows Suspension, New York	维拉桑诺海峡吊桥，纽约 Ⅶ 887
Wheeling, West Virginia	惠灵桥，西弗吉尼亚州 Ⅳ 459
Wales	*威尔士*
Britannia	不列颠桥 Ⅴ 500，503 – 505，534，图版 29
Menai Straits	梅奈桥 Ⅳ 459 – 460，531；Ⅴ 507
Pont-y-ty-Prydd	庞特普利斯桥 Ⅲ 434 – 436；Ⅴ 492
Bristol Brass Wire Company	布里斯托尔黄铜线公司 Ⅳ 130
Britain	英国；参见 England, Europe, Ireland, Scotland, Wales
aeronautics	航空 Ⅴ 397 – 400，402，404 – 408，412；Ⅵ 438，440 – 443
agricultural vehicles	农用交通工具 Ⅲ 140 – 148
agriculture	农业 Ⅳ 1 – 12，14 – 22，25，28，33，40，254；Ⅴ 2，4，7 – 8，10 – 19，24，26，29 – 42，44 – 46，51 – 52；Ⅵ 298 – 316，327 – 330
aircraft	飞机 Ⅶ 793 – 796，799 – 807，811 – 822，828 – 829，834，841 – 853，1012，1014，1022

air transport	航空运输 Ⅵ 37；Ⅶ 697 – 701
architecture and building	建筑和建筑物 Ⅳ 373, 443 – 451, 470 – 477；Ⅴ 467 – 478, 482 – 495；Ⅶ 937 – 947, 949, 954
atomic energy	原子能 Ⅵ 223 – 224, 226, 232, 235 – 236, 244 – 251, 257 – 259, 263 – 267, 269 – 271, 281 – 282
automobile engineering	汽车工程 Ⅵ 429 – 438
basketry and matting	编篮和编席 Ⅰ 421
boats	船 Ⅰ 738 – 739
bridges and tunnels	桥梁与隧道 Ⅳ 452 – 462；Ⅴ 62, 499 – 500, 503 – 508, 512 – 514；Ⅶ 846, 881 – 882, 884 – 885, 889 – 896, 899 – 903
Bronze Age structures	青铜器时代的建筑 Ⅰ 312 – 313, 315 – 316
building	建筑；参见 architecture and building
canals and waterways	运河与河道 Ⅳ 452, 563 – 572
cartography	制图学 Ⅳ 598, 620 – 624；Ⅴ 438 – 442, 445, 447 – 454
ceramics	陶瓷 Ⅴ 658 – 65, 667 – 669；Ⅵ 622, 625 – 635
chemical industry	化学工业 Ⅳ 236 – 238；Ⅴ 237 – 247, 249 – 254, 299, 301, 312, 315, 317 – 318；Ⅵ 499 – 501, 504 – 507, 510 – 511, 518, 548 – 550, 564 – 568
cinematography	电影摄影术 Ⅴ 735 – 737, 743, 746；Ⅶ 1302 – 1309
civil engineering	土木工程 Ⅶ 871 – 905, 912, 920 – 929
coal industry	煤工业 Ⅲ 72 – 73, 76 – 87；Ⅳ 79 – 98, 166；Ⅵ 14, 173, 178 – 180, 183 – 184, 359 – 362, 366 – 369, 371 – 374
computers	计算机 Ⅶ 1151, 1153 – 1154, 1159, 1168 – 1171, 1174 – 1179, 1183 – 1199,

1200 – 1203

distilling   蒸馏 V 305

dyestuffs   染料 Ⅳ 321；V 260 – 263，265 – 266，269 – 274，277，279，281

domestic appliances   家庭用具 Ⅶ 1126，1128 – 1140，1142 – 1149

electrical communication   电子通讯 Ⅵ 122 – 163

electrical engineering   电气工程 Ⅵ 443 – 447，449

electricity   电 V 177 – 187，191 – 206，208 – 218，220 – 222，229 – 230，232；Ⅵ 248 – 297；Ⅶ 1068 – 1083，1086 – 1088

electronic engineering   电子工程 Ⅶ 1101，1105

engineering   工程 Ⅳ 446，452；Ⅶ 983 – 984，987，989 – 991

engines   发动机 V 125 – 139，142 – 155，160 – 161，163，170 – 171，175

explosives   炸药 V 284，287 – 290，292 – 293，296

farming   农业；参见 agriculture

fire-making   取火 Ⅰ 219 – 220，226

fish industry   渔业 Ⅳ 44，46，48 – 54；Ⅵ 342 – 344，346，349 – 357

flint mining   燧石开采 Ⅰ 558 – 561

fluid power   流体动力 Ⅶ 1061 – 1067

food plants   食用植物 Ⅰ 355，358 – 359，365 – 366，369

food technology   食品工艺 Ⅶ 1399 – 1409，1411，1413 – 1417，1421 – 1422，1426 – 1436，1440 – 1441，1443 – 1445

gas industry   煤气工业 Ⅳ 265 – 274

Geological Survey   地质勘测 Ⅳ 491

glass industry   玻璃工业 V 673 – 674，676 – 681；Ⅵ 576，578 – 587

Gregorian calendar, adoption	格里历，采用 Ⅲ 579 – 580
hydraulic engineering	水利工程 Ⅴ 522 – 527, 530, 534 – 541, 544 – 550
hydro-electric engineering	水电工程 Ⅵ 202, 206, 212 – 213, 216
hydrography and oceanography	水道测量术和海洋学 Ⅳ 616 – 619
industrial success, Middle Ages	工业的成功，中世纪 Ⅲ 711 – 712
Iron Age dwellings	铁器时代居住地 Ⅰ 317 – 322
iron and steel industries	钢铁工业 Ⅲ 78 – 79；Ⅳ 99 – 116；Ⅴ 53 – 56, 58, 60 – 70；Ⅵ 456, 463, 465 – 468, 473 – 476, 482 – 489, 492 – 497, 509
machine-tools	机床 Ⅳ 418 – 437, 440 – 441；Ⅴ 636 – 640, 642 – 645, 647 – 656
measurement	测量 Ⅰ 778 – 779
medical technology	医学技术 Ⅶ 1317 – 1321, 1334 – 1340, 1346 – 1348, 1352, 1354
Mesolithic dwellings	中石器时代居住地 Ⅰ 303 – 304, 312
metals	金属 Ⅳ 64 – 65；Ⅴ 53 – 66, 68 – 70, 76 – 81, 85 – 91, 93, 96, 605 – 607, 610 – 634
mineral resources	矿产资源 Ⅳ 65
mining	采矿 Ⅰ 558 – 561, 563, 589 – 590；Ⅳ 64 – 65, 80, 84 – 85
navigational aids	航海辅助设备 Ⅴ 454 – 462
Neolithic culture	新石器时代文化 Ⅰ 80 – 82, 195, 303 – 304, 312, 510 – 511
non-ferrous metals	有色金属 Ⅳ 118 – 119, 122 – 124, 126 – 130
oceanography	海洋学 Ⅶ 1451 – 1453
oil and petroleum	原油和石油 Ⅴ 103 – 105, 108, 116 – 119, 121
paint industry	油漆工业 Ⅵ 590 – 591, 601, 604

paper industry	造纸业 Ⅵ 610 – 619
photography	摄影术 Ⅴ 718 – 719，721 – 725，727 – 732；Ⅶ 1281 – 1301
plastics industry	塑料工业 Ⅵ 552，554，558 – 559，561
population	人口 Ⅳ 489，506；Ⅴ 1，26，823
pottery	陶器 Ⅰ 377 – 378，385 – 386，393，396 – 397，400
printing	印刷 Ⅴ 683 – 714；Ⅶ 1268 – 1279
railways	铁路 Ⅴ 322 – 348；Ⅶ 702 – 703，770 – 787
rainfall records	降雨量记录 Ⅳ 490 – 491
road transport	陆路运输 Ⅶ 704 – 706，708 – 709
road vehicles	道路车辆 Ⅶ 716 – 720，723，726 – 735
roads	道路 Ⅰ 712 – 714；Ⅳ 523 – 525，530 – 536，539，542 – 546
rubber	橡胶 Ⅴ 756 – 762，764 – 765，767 – 774
salt	食盐 Ⅰ 257；Ⅳ 239
sanitation	卫生工程 Ⅳ 505
sewerage and sewers	排水系统和下水道 Ⅴ 506 – 518
ships and ship-building	船舶和船舶制造 Ⅳ 574 – 594；Ⅴ 62，142，350 – 381，383 – 390；Ⅶ 693 – 696，740 – 747，750 – 757
silk	丝 Ⅳ 308，311，314 – 315，318 – 319，321，323 – 326
silver	银 Ⅳ 137 – 138
space technology	航天技术 Ⅶ 859，869
spinning wheels	纺车 Ⅲ 161
steel industry	钢铁工业；参见 iron and steel
surveys and surveying	测量和测定 Ⅳ 402，607，609 – 610，616
telegraphy	电报 Ⅴ 218 – 225，227 – 228
telephones	电话 Ⅴ 226 – 227
textile industries	纺织业 Ⅲ 151；Ⅳ 246，248，282，300 –

	311, 314 – 315, 318 – 319, 323, 325 – 326；V 569 – 588, 591 – 592, 595 – 604；Ⅵ 656 – 658, 661 – 663, 667 – 668, 671 – 674
textiles	棉织品 Ⅵ 639 – 651
tin mining	锡矿开采 Ⅰ 563, 589 – 590；Ⅳ 123 – 124
tinplate	马口铁 Ⅲ 689；Ⅳ 104
town-planning	城镇规划 Ⅲ 277 – 279；Ⅶ 958 – 982
vehicles	道路车辆 V 414 – 418, 420 – 436
waste-disposal	废物处理；参见 sewerage, water supply
water-power	水力 Ⅳ 151 – 153, 155, 199 – 212
water-supply	供水 Ⅳ 489 – 497, 499 – 503；V 352 – 367；Ⅶ 1363 – 1380, 1382 – 1397
waterproof fabric	防水织物 Ⅳ 253
waterways	航道；参见 canals and waterways
weapons, metal	金属制的兵器 Ⅰ 604 – 605, 616, 618
wheels, solid	实心车轮 Ⅰ 203, 206, 211
window-glass	窗玻璃 Ⅲ 237
Britannia metal	不列颠锡锑合金 Ⅳ 121
British Association, Advance-ment of Science	英国科学促进会
Bell telephone exhibit	贝尔电话展 (1877 年) V 226
Bessemer process	贝塞麦炼钢方法 (1856 年) V 54
education	教育 V 780；Ⅵ 147 – 148, 162
electricity generation	发电 V 180
electricity transmission	电力传输 (1881 年) V 228
food resources	食品资源 (1952 年) Ⅶ 1473
foundation	基金会 (1831 年) Ⅳ 674, 677
harbours/estuaries	港口/河口 (1887 年) V 550
jet-pump principle	射流泵原理 (1853 年) V 526
machine-tools	机床 (1861 年) V 636
science and research committee	科学研究委员会 (1868 年) V 792

ships, hydrodynamics	船舶，流体力学（1868 年）V 386 – 387, 389
British Brass Battery and Copper Company	英国黄铜电池和制铜公司（1702 年）Ⅳ 130
British Building Research Station	英国建筑研究所 Ⅶ 944
British Ceramic Society	英国陶瓷学会 Ⅵ 623
British Columbia	英属哥伦比亚 Ⅰ 160, 176 – 179, 184, 312, 318, 707, 738
British Commonwealth	英联邦
food production	食品生产 V 27
population	人口 V 26
printing	印刷 V 694
railways	铁路系统 V 61
British Cotton, Silk and Man-made Fibres Research Association	英国棉、丝、人造纤维研究协会 Ⅵ 661
British Dairy Farmers, Association	英国乳制品业主联合会 V 32
British Dominions	英联邦自治领 Ⅵ 13
British Engineering Standards Association	英国工程标准协会；参见 British Standards Institution
British Fire Prevention Committee	英国防火委员会 V 482
British G. N. P.	英国国民生产总值 Ⅵ 18
British Refractories Research Association	英国耐火材料研究协会 Ⅵ 623
British Science Guild	英国科学协会 Ⅵ 153
British Ship Research Association	英国船舶研究协会 Ⅶ 747
British Standards Institution	英国标准协会 V 477, 486 – 487; Ⅶ 877
British Steel Structures Research Committee	英国钢结构研究委员会 Ⅶ 945, 947
Broadcloth	宽幅绒面呢 Ⅲ 178
Brocade	织缎 Ⅲ 192, 197
Brocatelle	凸花厚缎 Ⅲ 200

Bromine	溴 V 319
Bronzes (tin-copper and other alloys)	青铜（锡铜合金及其他合金）；参见 Metal headings
artifacts	人工制品 I 213，399；II 327
braziers	火盆（金属）I 231
building construction	建筑构造 II 403，417 – 418，454
cannon	火炮 III 361，363 – 366
casting	铸造 I 607 – 608；II 476 – 480；III 38 – 39；V 609
cloth preservation effect	织物保存结果 I 414
composition	成分 I 588 – 589；II 47，54，63；III 37 – 39
copper alloys	铜合金 I 588 – 592
' Corinthian bronze '	"科林斯青铜" II 43
daggers	匕首 II 481
furniture	家具 II 223 – 224，227，235 – 236
manufacture	制造 I 590 – 592；II 53；III 30，342；IV 124
metal-work	金属制品 I 646
mirrors	铜镜 II 449，460，463
miscellaneous-bronzes	混杂成分的青铜 V 608 – 609
moulds，cannon-balls	模子，炮弹（约 1697 年）III 34
origin	起源 I 81 – 82，588，590 – 592
patination	生锈 II 484
pillars，Temple of Solomon	柱子，所罗门神殿 I 633
Roman period	罗马时期 II 53
screw-casting	螺旋铸造 III 338
shields	盾 II 460，462，468
springs	弹簧 II 712 – 713
tools and weapons	工具和武器 I 504 – 505，510，608 – 616
water-pipes	水管 II 665
Bronzo antico	陶酒壶 II 291

Brotherhood of man 兄弟关系 Ⅱ 605

Bruzz (triangular chisel) 凿刀（三角凿刀）Ⅲ 119，126

Buckets 桶

  copper 铜桶 Ⅱ 689

  leather 皮桶 Ⅱ 184

  ox-hide 牛皮桶 Ⅱ 14，16

  wooden 木桶 Ⅱ 16，100，255，689

Buckwheat 荞麦 Ⅱ 125

Building construction 建筑构造 Ⅱ 384，397－448，图版29－31；Ⅲ 245－268；Ⅳ 442－488；Ⅶ 930－957；参见 Architecture，Building headings，Civil engineering，Houses

  ancient man 古人 Ⅰ 299－326，456－494

  arches 拱 Ⅱ 423，432，433－435；Ⅲ 246－247，250

  architectural standards 建筑规格 Ⅶ 952－955

  books 建筑书籍（16 和 17 世纪）Ⅲ 245，250，253，257

  Bronze Age burial structures 青铜器时代的墓葬结构 Ⅰ 312－317

  cantilevers 悬臂 Ⅲ 252

  catenary curve 悬链线 Ⅲ 258

  ceilings 天花板 Ⅲ 247－250；Ⅳ 450－451，474－475

  chimneys 烟囱 Ⅲ 252，256，261

  churches 教堂 Ⅲ 246－249，254－259，267

  columns 柱子 Ⅲ 247

  cornices 檐口 Ⅲ 247，249，256

  Crete 克里特岛 Ⅰ 484－487

  domed roofs 穹顶 Ⅱ 412－413；Ⅲ 245－246，248，253－255，258－259；Ⅳ 480

  domestic 家庭的 Ⅱ 445－446，641－642；Ⅲ 246－247，249，252－254，256－257，260－

	265，267
doors and locks	门和锁 Ⅱ 403，415 – 416，425
drainage, roofs	排水系统，屋顶 Ⅱ 404，444 – 445
Egypt	埃及 Ⅰ 304 – 306，371 – 372，473 – 484
Fire-protection	防火 Ⅱ 413；Ⅳ 450，475，477，485；Ⅴ 470，480 – 483，665；Ⅶ 941 – 944
fireplaces	壁炉 Ⅲ 261
floors	楼板 Ⅳ 450
flying buttresses	飞拱 Ⅱ 435 – 436
fortifications	防御工事 Ⅱ 701 – 703，717 – 719，图版 40 – 41
Gothic	哥特式的 Ⅱ 430 – 446
Greek	希腊 Ⅰ 485；Ⅱ 397 – 404
heating systems	供暖系统 Ⅱ 404，419 – 420
high buildings	高层建筑 Ⅴ 62，477 – 479
Iron Age techniques	铁器时代工艺 Ⅰ 317 – 324
mansard roofs	复折式屋顶 Ⅲ 249，253，265
Mesopotamia	美索不达米亚 Ⅰ 459 – 473
Neolithic Europe	新石器时代的欧洲 Ⅰ 306 – 312
new structural forms	新的结构形式 Ⅶ 947 – 952
ornamentation	装饰 Ⅲ 245，252
plaster-work	灰泥工事 Ⅱ 418，443
religious structures	宗教建筑物 Ⅰ 457 – 458，460 – 464，482 – 484
Roman	罗马 Ⅱ 27，32，404 – 420
Romanesque	罗马式 Ⅱ 420 – 430
roofing	屋顶 Ⅰ 472 – 473，476，484；Ⅱ 401 – 404，410 – 415，427 – 429，433 – 435，441 – 445；Ⅲ 245 – 255，258 – 259，265；Ⅳ 450 – 451，474 – 475
scaffolding	脚手架 Ⅱ 386，388
spires	尖塔 Ⅲ 265，267

staircases	楼梯 Ⅲ 257，267
stucco	灰墁 Ⅳ 447
tensile tests	拉力试验 Ⅲ 250 – 252，258
testing-machine, Gauthey's	戈泰试验机 Ⅳ 480 – 481
theory	理论 Ⅳ 477 – 486；Ⅴ 491 – 496，837； Ⅶ 944 – 947
timber	木材 Ⅱ 397 – 398，413 – 415，440 – 443
trussed roofs	桁架屋顶 Ⅱ 442 – 443
vaulted roofs	拱顶 Ⅱ 411 – 412，427 – 429，433 – 435， 441 – 442；Ⅲ 247 – 250
walls, wall-panelling	墙，墙板 Ⅲ 247，261，266 – 267
water-pipes	水管 Ⅱ 418 – 419，445
weather-boarding	护墙板 Ⅲ 265
windows	窗 Ⅱ 403，416，429，437 – 438，443 – 444；Ⅲ 248，253，255 – 256，260
ziggurats	地台形神庙塔 Ⅰ 467 – 469
Building materials	建筑材料 Ⅰ 299 – 326；Ⅴ 466 – 498；Ⅶ 930 – 936，937；参见 Building construction
bitumen, wooden buildings	沥青，木制建筑 Ⅰ 250，253，255 – 256
brick	砖 Ⅳ 446 – 447
brick and stone	砖石 Ⅰ 456 – 494，图版 18 – 21A
bricks and tiles	砖瓦 Ⅱ 304 – 307，387 – 388；Ⅲ 247 – 248， 258，261 – 262，265
carpentry	木工技术 Ⅴ 466 – 470
cast-iron	铸铁 Ⅴ 470 – 472，479
cement	水泥 Ⅳ 447 – 451，474；Ⅴ 483 – 487
ceramic	陶瓷 Ⅴ 665 – 666，图版 3
concrete	混凝土 Ⅳ 447；Ⅴ 487 – 491
early societies	早期社会 Ⅰ 299 – 326
glass	玻璃 Ⅳ 476 – 477
iron	铁 Ⅳ 447，450 – 451，474 – 476，482， 484 – 485

lath-and-plaster	板条抹灰 Ⅲ 248，264
masonry	砌筑 Ⅲ 247，255，258
slats	石板孔 Ⅲ 254，260
stone	石 Ⅱ 31–38，384，427–428，436–437；Ⅲ 247，249，254，256–258，260–261；Ⅳ 446–447
structural steel	结构钢 Ⅴ 62–63，476–477，479，837
terracotta	玻璃砖 Ⅳ 446
timber	木材 Ⅰ 143，241，图版4，5A；Ⅲ 248–250，253–257，262–266；Ⅳ 446，472–475
wrought-iron	熟铁 Ⅴ 472–476，479
Buildings，named	建筑名称
Amiens Cathedral	亚眠大教堂 Ⅱ 435–436
Arch of Constantine	君士坦丁大帝凯旋门 Ⅱ 28
Athenaeum Club，England	阿泰纳默俱乐部，英格兰 Ⅳ 272
Athens，Tower of the Winds	雅典八角风神塔 Ⅲ 517，图版26A
Bank of England	英格兰银行 Ⅳ 475
Banqueting House，Whitehall	国宴厅，怀特霍尔宫 Ⅲ 256，267
Basilica Nova of Maxentius，Rome	马克森提乌斯诺瓦教堂，罗马 Ⅱ 412，421
Bauhaus，Dessau，Germany	包豪斯，德绍，德国 Ⅶ 954–955
Blue Mosque，Tabriz	蓝色清真寺，大不里士 Ⅱ 307
Boots' Factory，Beeston	靴子工厂，比斯顿 Ⅶ 950
British Museum，London	大英博物馆（大不列颠博物馆），伦敦 Ⅴ 217，475，图版26B
Buckingham Palace，London	白金汉宫，伦敦 Ⅳ 447
Burlington House，London	伯灵顿宫，伦敦 Ⅳ 图版30B
Canterbury Cathedral	坎特伯雷大教堂 Ⅱ 429，431–432，436；Ⅲ 516，596–597；Ⅳ 454
Capitol，Washington	国会大厦，华盛顿 Ⅳ 540
Carlisle Cathedral	卡莱尔大教堂 Ⅱ 437

Carson Pirie Scott Store, U. S. A.	卡森百货公司，美国 Ⅶ 930
Chartres Cathedral	沙特尔大教堂 Ⅱ 444 – 445
Chatsworth House, Derbyshire	查茨沃斯庄园，德比郡 Ⅳ 476
Chertsey Abbey	彻特里大教堂 Ⅱ 305
Chichester Cathedral	奇切斯特大教堂 Ⅱ 436；Ⅲ 265，267
Chiswick Centre, Britain	查士威克区中心，英国 Ⅵ 604 – 605
Christ Church, Oxford	基督教室，牛津 Ⅲ 257
Clarendon Palace (near Salisbury)	克拉伦登王宫（索尔兹伯里附近）Ⅱ 305
Clifford's Inn, London	克利福德酒馆，伦敦 Ⅲ 266
Coal Exchange, London	煤炭交易大楼，伦敦 Ⅴ 471，图版 26A
College of Surgeons, London	外科学院，伦敦 Ⅴ 487
Cologne Cathedral, Germany	科隆大教堂，德国 Ⅴ 472
Conservatori Palace, Rome	保守宫，罗马 Ⅱ 227
Corfe Castle, Dorset	科夫城堡，多塞特郡 Ⅲ 369
Crown Hall, Illinois	皇冠大厅，伊利诺伊州 Ⅶ 933
Crystal Palace, London	水晶宫，伦敦 Ⅴ 408，474，677，837； Ⅳ 273，476，478；Ⅶ 938，1132 – 1133
Customs House, Liverpool	海关大楼，利物浦 Ⅳ 469
Customs House, London	海关大楼，伦敦 Ⅳ 449
Dalton Arena, North Carolina	道尔顿竞技场，北卡罗来纳州 Ⅶ 953
Diana, temple of, Ephesus	狄安娜神庙，以弗所 Ⅱ 660
Dover Castle, England	多佛堡，英格兰 Ⅲ 651
Drury Lane Theatre, London	德鲁里·莱恩剧院，伦敦 Ⅳ 272
Durham Cathedral	达勒姆大教堂 Ⅱ 436
East India House, England	东印度宫，伦敦 Ⅳ 272
Eiffel Tower, Paris	埃菲尔铁塔，巴黎 Ⅴ 62 – 63，476
Eltham Palace	埃尔特姆宫 Ⅱ 442
Ely Cathedral	伊利天教堂 Ⅱ 438，442
Empire State Building	帝国大厦 Ⅶ 949
Erechtheum, Athens	厄瑞克忒翁庙，雅典 Ⅱ 399，402 – 403
Eton College	伊顿公学 Ⅱ 384，436

Farnese Palace, Rome	法尔内塞宫，罗马 Ⅲ 248
Florence Cathedral, Italy	佛罗伦萨大教堂，意大利 Ⅲ 245 – 246，248，258
Fontainebleau Palace, France	枫丹白露宫，法国 Ⅲ 256
Gaiety Theatre, London	欢乐剧院，伦敦 Ⅴ 196，211
Gardiner's building, Glasgow	加德纳大楼，格拉斯哥 Ⅴ 470
General Post Office, London	邮政总局，伦敦 Ⅳ 449
Geometric temple, Dreros, Crete	"几何形神庙"，得洛斯，克里特岛 Ⅱ 469 – 470
Gloucester Cathedral, England	格洛斯特大教堂，英格兰 Ⅲ 241
Great Chalfield Manor, Wiltshire	大查尔菲尔德庄园，威尔特郡 Ⅲ 262
Greenwich Palace, England	格林尼治宫，英格兰 Ⅳ 443
Grosvenor Gallery, London	格罗夫纳画廊，伦敦 Ⅴ 198
Halesowen Priory, Birmingham, England	黑尔斯欧文隐修院，伯明翰，英格兰 Ⅱ 305
Hampton Court Palace, England	汉普顿宫，英格兰 Ⅲ 245，253，262，264 – 265；Ⅳ 443
High Point One, London	伦敦"第一高楼"Ⅶ 939
Home Insurance Building, Chicago	家庭保险公司大楼，芝加哥 Ⅴ 478 – 479
Hospital of the Salpêrière chapel, Paris	萨佩特雷里大医院，巴黎 Ⅲ 254
Houses of Parliament, London	议会大厦，伦敦 Ⅳ 515；Ⅴ 217，471
Ingalls Building, Cincinnati	英戈尔斯大厦，辛辛那提市 Ⅶ 949
Invalides, second Church of, Paris	第二荣军教堂，巴黎 Ⅲ 254 – 255
Jupiter, temple of, Baalbek	朱庇特神庙，巴勒贝克，叙利亚 Ⅱ 410
King's College, Cambridge	剑桥大学国王学院 Ⅱ 432 – 433，436；Ⅲ 242
Kirkaldy's laboratory, London	柯卡尔迪实验室，伦敦 Ⅴ 490
Lateran Palace, Rome	拉特兰宫，罗马 Ⅲ 289
Lever Building, U. S. A.	利华大楼，美国 Ⅶ 942 – 943，948
Louvre, Paris	卢浮宫，巴黎 Ⅲ 253，341；Ⅳ 442，474

Mansion House, London	市长官邸，伦敦 Ⅳ 272；Ⅴ 217
Market Hall, Algeciras, Spain	市场大厅，阿尔赫西拉斯，西班牙 Ⅶ 951, 953
Masonic Building, Chicago	共济会大厦，芝加哥 Ⅴ 479
Mechanics' Institution, London	机械学院，伦敦 Ⅳ 272
Menier Chocolate Works, Noisiel-sur-Marne	梅尼耶巧克力厂，马恩河畔努瓦希尔 Ⅴ 211, 474–475, 837
Merchants' Exchange Building, Philadelphia	费城商贸大厦 Ⅳ 540
Morgan's Road Junior School, Hertford	摩根路小学，赫特福德 Ⅶ 950
Museum of Modern Art, New York	现代艺术博物馆，纽约 Ⅶ 953
New Canada Junction, Johannesburg	新加拿大枢纽站，约翰内斯堡 Ⅶ 782
Newark City Hall, U.S.A.	纽瓦克市政厅，美国 Ⅳ 540
Notre-Dame Cathedral, Paris	巴黎圣母院 Ⅳ 472
Nottingham Castle	诺丁汉城堡 Ⅳ 450
Old St Paul's, London	旧圣保罗大教堂，伦敦 Ⅲ 254
Padua Town-hall, Italy	帕多瓦市政厅，意大利 Ⅲ 249
Palace of Minos, Knossos, Crete	米诺斯王宫，克诺索斯，克里特岛 Ⅳ 504
Palace of Westminster, London	威斯敏斯特宫，伦敦 Ⅳ 436；Ⅶ 1384
Palazzo Vecchio, Florence, Italy	韦奇奥宫，佛罗伦萨，意大利 Ⅲ 707
Pantheon, Rome	万神庙，罗马 Ⅱ 411, 413, 417；Ⅲ 258
Parthenon, Athens	帕台农神庙，雅典 Ⅱ 399–403
Pazzi Chapel, Florence, Italy	巴齐礼拜堂，佛罗伦萨，意大利 Ⅱ 249–250
Penitentiary, London	悔过所 Ⅳ 449
Peterborough Cathedral, England	彼得伯勒大教堂，英格兰 Ⅱ 428
Pisa Cathedral, Italy	比萨大教堂，意大利 Ⅲ 662
Polytechnic Institution, London	工艺学院，伦敦 Ⅳ 273
Pompeii, 'House of the	庞贝"农牧神殿"，意大利 Ⅲ 275

Faun', Italy

'Pompey's Pillar', Alexandria　　　"庞贝石柱"，亚历山大 Ⅱ 410

Propylaea, Athens　　　　　　　卫城入口，雅典 Ⅱ 399 – 400, 403

Pulitzer Building, New York　　　普利策大楼，纽约 Ⅴ 478

Queen Anne's Mansions, London　安妮王后大厦，伦敦 Ⅴ 478，图版 27A

Queen's House, Greenwich　　　　女王宫，格林尼治 Ⅲ 256, 267

Rand-McNally Building,　　　　　兰德－麦克纳利大厦，芝加哥 Ⅴ 479
　　Chicago

Reliance Building, U. S. A.　　　瑞莱斯大厦，美国 Ⅶ 930, 932 – 933,
　　　　　　　　　　　　　　　　938, 948

Rheims Cathedral, France　　　　兰斯大教堂，法国 Ⅳ 472

Riccardi Palace, Florence　　　　里卡尔迪宫，佛罗伦萨 Ⅲ 247

Ritz Hotel, London　　　　　　　里茨饭店，伦敦 Ⅴ 477

Romulus, temple of, Rome　　　　罗慕路斯庙，罗马 Ⅱ 416

Rouen Cathedral, France　　　　　鲁昂大教堂，法国 Ⅴ 472，图版 27B

Royal Academy, London　　　　　皇家科学院，伦敦 Ⅴ 217

Royal Exchange, London　　　　　皇家交易所，伦敦 Ⅲ 298

Royal Festival Hall, London　　　皇家节日厅，伦敦 Ⅶ 945

Royal Society of Arts, London　　皇家艺术学会，伦敦 Ⅳ 473

Sainte Chapelle, Paris　　　　　　圣沙佩勒礼拜堂，巴黎 Ⅱ 436

St Denis, near Paris　　　　　　　圣德尼修道院，巴黎附近 Ⅱ 431

Saint-Eugene church, Paris　　　　圣欧仁大教堂，巴黎 Ⅴ 471

Ste-Geneviève (later Panthéon　　圣·热内维耶瓦教堂（后来的法国先
　　Français), Paris　　　　　　　贤祠殿），巴黎 Ⅳ 475, 480, 482

St Germain, Chateau, near　　　　圣日耳曼皇家城堡，巴黎附近 Ⅲ 254
　　Paris

St Gervais, Paris　　　　　　　　圣热尔韦，巴黎 Ⅱ 438

St John Lateran, Rome　　　　　　圣约翰拉特兰大教堂，拉特兰，罗马
　　　　　　　　　　　　　　　　Ⅲ 289

St John the Divine Cathedral,　　基督教圣约翰大教堂，耶拿，美国 Ⅶ 951
　　Jena, U. S. A.

St John's church, Leeds　　　　　圣约翰教堂，利兹 Ⅲ 257

St Mark's, Venice 圣马可大教堂，威尼斯 II 328，393，
395，423，424，464，466 – 467

St Martin, Tours 圣马丁教堂，图尔 II 429

St Pancras Station, London 圣潘克拉斯车站，伦敦 VII 930

St Paul's Cathedral 圣保罗大教堂 III 254 – 255，258 – 259，
296 – 298；IV 443，454，472，480

St Paul's (Old) Cathedral, 圣保罗（老）大教堂，伦敦 II 445
London

St Paul's Church, Covent 圣保罗大教堂，科芬园，伦敦 III 256；
Garden, London IV 470，472

St Peter's, Rome 圣彼得大教堂，罗马 II 464，467；III 246，
248 – 249，255，258 – 289；IV 478 – 480

St Servatius Church, Maastricht, 圣塞尔瓦蒂乌斯教堂，马斯特里赫特，荷
Holland 兰 III 202

St Sophia, Constantinople 圣索菲亚大教堂，君士坦丁堡 II 423 – 454

St-Sulpice Church, Paris 圣叙尔比斯教堂，巴黎 IV 475

St Vitale, Ravenna 圣维塔莱教堂，拉韦纳 II 422 – 423

Salisbury Cathedral 索尔兹伯里大教堂 II 428，431，433；III
650 – 651

Santa Maria dei Miracoli, Venice 奇迹圣玛丽亚教堂，威尼斯 III 248 – 249

Santa Maria Maggiore, Rome 圣玛利亚大教堂，罗马 II 410；III 249 –
250，289

Savoy Theatre, London 萨沃伊剧院，伦敦 V 217

Sens Cathedral, France 桑斯大教堂，法国 III 198

Sheldonian Theatre, Oxford 谢尔登剧院，牛津 III 265 – 266

Sistine Chapel, Rome 西斯廷教堂，罗马 III 248

Sorbonne, Church of The, France 神学院教堂，索邦，法国 III 254 – 255

SS Paul and Louis, Paris 圣保罗和圣路易教堂，巴黎 III 254

Staple Inn, Holborn, London 大旅馆，霍尔本，伦敦 III 264

Strozzi Palace, Florence, Italy 斯特罗齐宫，佛罗伦萨，意大利 III 247

Swinsty Hall, Yorkshire 斯温斯蒂农庄，约克郡 III 260，263，
265 – 266

Tamerlane's mausoleum, Samarkand　　　　　　　　帖木儿王陵，撒马尔罕 Ⅱ 307

Temple of Christ The Saviour, Moscow　　　　　基督救世主大教堂，莫斯科 Ⅳ 554

Temple of Tellus, Rome　　　　　　　　　忒耳斯神庙，罗马 Ⅲ 504

'The Times' printing-office　　　　　　　《泰晤士报》印刷厂 Ⅳ 272

Theatine Church of Ste-Anne-la-Royale, Paris　　斯厄坦教堂，皇家圣安妮，巴黎 Ⅲ 254

Theatre of Marcellus, Rome　　　　　　　马赛路斯露天剧场，罗马 Ⅲ 266

Theodoric's mausoleum, Ravenna　　　　　狄奥多里克陵墓 Ⅱ 413，424

'Theseum', Athens　　　　　　　　　　"忒修斯神庙"，雅典 Ⅱ 399

Tilbury Power Station, Britain　　　　　　蒂尔伯里发电站，英国 Ⅶ 901

Tower of London　　　　　　　　　　　伦敦塔 Ⅱ 426 – 427，432 – 433，436，438；Ⅲ 298

Trajan's Column　　　　　　　　　　　图拉真圆柱 Ⅱ 407，705，707 – 708，713 注释，716，718，730

Treasury of Atreus, Mycenae　　　　　　阿特柔斯宝库，迈锡尼 Ⅱ 413

Tuileries Palace, France　　　　　　　　杜乐利，法国 Ⅲ 425

United Nations Building, New York　　　　联合国大厦，纽约 Ⅶ 942

Val-de-Grace, abbey church, Paris　　　　圣宠谷教堂，巴黎 Ⅲ 254 – 255

Vatican Palace, Rome　　　　　　　　　梵蒂冈宫殿，罗马 Ⅲ 289

Vicenza Town-hall, Italy　　　　　　　　市政厅，维琴察，意大利 Ⅲ 249

Visitation, Church of the (later the Calvinist Church), Paris　　巴黎圣母降临教堂（后称加尔文教教堂）Ⅲ 254

Westminster Abbey, London　　　　　　威斯敏斯特大教堂，伦敦 Ⅱ 305，385，426，435，438，442，478；Ⅲ 203；Ⅶ 1129

Westminster Hall, London　　　　　　　威斯敏斯特大厅，伦敦 Ⅴ 468

Winchester Cathedral, England	温切斯特大教堂，英格兰 Ⅱ 427－428
Windsor Castle, England	温莎城堡，英格兰 Ⅱ 34－35，38，443
York Minster, England	约克大教堂，英格兰 Ⅱ 425，429；Ⅱ 241
Buoys	浮标；参见 Lighthouses
Burden-creels（peat-carrying）	深篮子 Ⅲ 140
Bureau International des Poids et Mesures, Paris	国际度量衡局，巴黎 Ⅴ 442，448
Burial mounds/structures	坟墓/结构；
beehive tombs, Mycenae	蜂窝墓，迈锡尼 Ⅰ 403，486，488
Britain	英国 Ⅰ 81，195，312－315，490－494
Europe	欧洲 Ⅰ 314
France	法国 Ⅰ 510－511
Minoan tholos tombs	米诺斯文化的圆墓 Ⅰ 484
Russia	俄罗斯 Ⅰ 324－325
Burin（engraving tool）	雕刻刀 Ⅲ 405－407
Burning-glass	取火镜 Ⅳ 218 及注释，图版 8A
Burrowing wasp（Ammophila）	沙蜂 Ⅰ 1－2
Business administration	工商管理 Ⅵ 77－92
Business cycle	商业周期 Ⅵ 177
Business education	商业教育；参见 Education
Buttons	纽扣 Ⅳ 130，133
Butyl alcohol	丁醇 Ⅵ 543
Byzantine Empire	拜占庭帝国
architecture	拜占庭建筑 Ⅲ 245
scholars	拜占庭学者 Ⅲ 530
scientific instruments	科学仪器 Ⅲ 584
silk weaving	丝织物 Ⅲ 191－192，195－196，198
sketch-plan of Byzantium	拜占庭平面简图 Ⅲ 279
Byzantium	拜占庭

C

Cables, electric	电缆	
manufacture	制造 Ⅴ 627, 771 – 772；Ⅵ 445 – 457	
submarine	海底 Ⅳ 660 – 661；Ⅴ 224 – 226, 609	
telephony/telegraphy	电话/电报 Ⅶ 1242 – 1243, 1248	
'Cadmean letters'	"卡德摩斯式字母" Ⅰ 767 – 768	
Cadmeia (zinc oxide)	氧化锌 Ⅱ 54 – 55	
Cadmium	镉 Ⅳ 119	
Caesalpinia	云实属 Ⅱ 367	
Calamanco (cloth)	卡拉曼科呢（织物）Ⅲ 178	
Calamine (zinc carbonate/ silicate)	锌矿（碳酸锌/硅酸锌）Ⅱ 2, 13, 54；Ⅲ 30, 37, 690, 692；Ⅳ 130, 133	
Calcination	煅烧 Ⅱ 742	
Calculating/computing instruments	计算器 Ⅲ 614 – 615, 627, 636；参见 Computers	
abacus	算盘 Ⅱ 766, 768；Ⅲ 501；Ⅶ 1158 – 1159	
Arithmometer	四则运算器 Ⅶ 1153, 1163 – 1165, 1168, 1170	
automatic	自动的 Ⅶ 1151, 1153, 1172	
Babbage analytical engine	巴比奇分析机 Ⅶ 1175 – 1179	
Comptometer	键控计算机器 Ⅶ 1168 – 1169	
development	研制 Ⅶ 1150 – 1183	
difference engines	差分机 Ⅶ 1173 – 1175	
electric	电子的 Ⅶ 1171	
Leibnitz machine	莱布尼茨机器 Ⅶ 1151, 1153, 1160 – 1163	
Millionaire	"百万富翁" Ⅶ 1166, 1168, 1171, 1188	
Napier's bones	"内皮尔骨算尺" Ⅶ 1151 – 1153	
Calendars and chronology	历法和年表 Ⅰ 110 – 127；Ⅲ 558 – 581	
Alexandrian	亚历山大历 Ⅲ 564	
Babylonian	巴比伦历 Ⅲ 566 – 568	

calculators	计算器 Ⅲ 614
Calippic	卡利普历 Ⅲ 571
celestial phenomena, base	天象，基础 Ⅲ 558 – 560
definition	定义 Ⅲ 558
Egyptian	埃及历 Ⅲ 560 – 566
Greek	希腊历 Ⅲ 568 – 572
Gregorian	格里历 Ⅲ 575，578 – 580
Islamic	伊斯兰历 Ⅲ 580 – 581
Jewish	犹太历 Ⅲ 572 – 572
Julian Period	儒略周期 Ⅲ 564，571，576 – 578，580 – 581
Metonic	默冬历 Ⅲ 570 – 571
perpetual, feasts of Church	万年历，宗教节日 Ⅲ 654
Roman	罗马历 Ⅲ 564，575 – 578
seasons, cycle	季节，周期 Ⅲ 559
seven-day week	7 天为一星期 Ⅲ 565 – 566，572 – 573
' styles '	"历法" Ⅲ 580
Calendering cloths	研光的织物 Ⅲ 177 – 178
Calico (cloth)	印花棉布 Ⅲ 178
Calico-printing	印花 Ⅳ 147
California Institute of Technology	加州理工大学 Ⅶ 1332
Calipers	卡钳 Ⅱ 331；Ⅲ 110，120，512
Camargue cattle	卡马尔格 Ⅰ 344
Cambric (cloth)	细亚麻布 Ⅲ 164，178
Camel-transport	驼运 Ⅱ 497
Camelina	芥菜 Ⅰ 354，359，370
Cameras	照相机
lenses	透镜 Ⅳ 360；Ⅶ 1286 – 1287
miniature	小型 Ⅶ 1287，1288 – 1292
press	新闻界 Ⅶ 1290 – 1291
professional	专业的 Ⅶ 1293 – 1294

shutters	快门 VII 1285 – 1286
Camlet（cloth）	驼毛呢（织物）III 171, 178
Camshafts	凸轮轴 II 635, 643
Canada	加拿大
agriculture	农业 V 3 – 7；VI 320 – 321, 323, 327, 335
atomic energy research	原子能研究 VI 241 – 242
canals, inland waterways	运河，内陆水道 IV 551 – 553；VII 913, 916 – 920, 921
chemical industry	化学工业 V 243, 255
civil engineering	土木工程 VII 913, 917 – 920
copper ores	铜矿石 IV 126
farming and food	农业和食品 V 34, 43
geodesy	大地测量学 V 442
hydraulic engineering	水利工程 V 533 – 534
hydro-electric power	水力发电 VI 195, 218
metals	金属 IV 66；V 87 – 89
oil	石油 V 110
railways	铁路 V 343
water-supply	供水 V 564
Canals, inland waterways	运河，内河河道 III 438 – 470；IV 548 – 573；VII 912 – 20；参见 Canals named
aqueducts	高架渠 IV 567
books	书籍 IV 443
coal transport, Britain	英国煤炭运输 III 85 – 86
contoured	等高线的 IV 566
culverts	涵洞 III 446, 449, 452 – 453, 467
dredging methods	疏浚法 IV 629
irrigation systems	灌溉系统 I 521, 531 – 537, 546 – 550, 552 – 553；III 444, 446
lateral	旁支 III 440, 464
lifts	提升装置 IV 548 – 550, 569 – 571

lock-gates	闸门 Ⅱ 657，686－688，771；Ⅲ 286，439，442，445－447，458，462
locks	闸 Ⅲ 439，442，447－449，452－457，460－464，467；Ⅳ 548－550，552－555，561－563，565，568
mitre-gates	人字闸门 Ⅲ 286，447－448，450－452，460
pound-locks	拦水闸门 Ⅲ 446，450－452
reservoirs	水库 Ⅲ 463，468
side-ponds	储水池 Ⅲ 454
slipways	滑船道 Ⅲ 439，441 及注释2
stanches	堵水闸门 Ⅲ 440－441，444，456，464
summit-level	越岭 Ⅲ 440，443，448，454－455，462
tide-locks	防潮闸 Ⅲ 442－444，451，453
towage	拖曳船 Ⅳ 549，557－558
traffic and craft	交通运输和船 Ⅲ 439；Ⅳ 548，551－552，554－555，558－560，562，566，569，571，图版39A
tub-boat canals	运河船航道 Ⅳ 565，569
tunnels	隧道 Ⅳ 462，553，556，558，563，567
Canals named	运河名称；参见 Canals
Americas	美国
Chambly	尚布利运河 Ⅳ 552
Champlain	尚普兰运河 Ⅳ 553
Cornwall	康沃尔运河 Ⅳ 552
Erie（Albany to Buffalo）	伊利运河（从奥尔巴尼到布法罗）Ⅳ 555
Lachine	拉欣运河 Ⅳ 552
Morris	莫里斯运河 Ⅳ 549
Nicaragua	尼加拉瓜运河 Ⅳ 562
Panama	巴拿马运河 Ⅳ 562；Ⅵ 4；Ⅶ 913－917
St Ours	圣乌尔运河 Ⅳ 552
Sault Ste Marie	苏圣玛丽运河 Ⅳ 552

Welland	韦兰运河 Ⅳ 552；Ⅶ 913, 918
Williamsburg canals	威廉斯堡运河 Ⅳ 552
Assyrian empires	亚述帝国（约公元前 700 年）Ⅰ 469 – 470, 531 – 532
British Isles	不列颠群岛 的内河航道 Ⅳ 490
Birmingham	伯明翰运河 Ⅳ 566
Bude	比德运河 Ⅳ 569
Caledonian	苏格兰的运河 Ⅳ 572, 641
Duke of Bridgewater's	布里奇沃特公爵运河 Ⅳ 563, 567
Ellesmere	埃尔斯米尔运河 Ⅳ 567
Exeter	埃克塞特运河（1567 年）Ⅲ 451, 456
Fens（drainage）	沼泽（排水）Ⅲ 316 – 317, 319 – 320；Ⅴ 544 – 545
Fleet Ditch, London	弗利特渠，伦敦（1671—1674 年）Ⅲ 298
Forth and Clyde	福斯和克莱德运河 Ⅳ 196, 571 – 572；Ⅴ 143, 350
Glamorganshire	格拉摩根郡运河 Ⅳ 189
Glasgow, Paisley, and Ardrossan	格拉斯哥，佩斯利和阿德罗森运河 Ⅳ 571
Grand Western	西部大运河 Ⅳ 570
Huddersfield	哈德斯菲尔德运河 Ⅳ 567
Manchester Ship	曼彻斯特海船 Ⅶ 889
Newry to Lough Neagh	纽里到内伊湖的运河（1737—1745 年）Ⅲ 455
Oxford	牛津运河 Ⅳ 566
Regent's, London	摄政运河，伦敦 Ⅳ 568, 572
Sankey Brook	森基布鲁克运河 Ⅳ 563
Shannon to Dublin	香农到都柏林的运河 Ⅳ 572
Shrewsbury	什鲁斯伯里运河 Ⅳ 566 – 568
Shropshire	什罗普郡运河 Ⅳ 569
Somerset coal	萨默塞特煤矿运河 Ⅳ 569
Staffordshire and Worcestershire	斯塔福德郡和伍斯特郡的运河 Ⅳ 566, 图版 37

Stratford-upon-Avon　　　　　　　埃文运河畔的斯特拉福德运河 Ⅳ 568

Tavistock　　　　　　　　　　　　塔维斯托克运河 Ⅳ 569

Thames and Medway　　　　　　　泰晤士和梅德韦的运河 Ⅳ 566 – 567

Thames and Severn　　　　　　　　泰晤士和塞文河的运河 Ⅴ 562

Trent and Mersey（Grand Trunk）　特伦特和默西的运河 Ⅳ 563，565

Wey，England　　　　　　　　　　韦运河，英格兰（1651—1653 年）Ⅲ 457

Canada　　　　　　　　　　　　　加拿大

St Lawrence Seaway　　　　　　　圣劳伦斯运河 Ⅶ 916 –921

China　　　　　　　　　　　　　　中国（公元 3 世纪）Ⅱ 771

Ch'ang-an to Yellow River　　　　长安至黄河之间的运河（公元前 133 年）
　　　　　　　　　　　　　　　　　Ⅲ 439

Grand Canal　　　　　　　　　　　大运河（公元 610 年和 1280—1293 年）Ⅲ
　　　　　　　　　　　　　　　　　439 – 440

Ling Ch'u in Kuangai　　　　　　　广西灵渠（公元前 215 年）Ⅲ 439

Pien Canal in Honan　　　　　　　汴渠，河南（公元 70 年）Ⅲ 439

Shanyang Canal in Chiangsu　　　山阳运道，江苏（公元 350 年）Ⅲ 439

Egypt　　　　　　　　　　　　　　埃及 Ⅴ 542 –544

Mehmondieh　　　　　　　　　　　梅蒙迪运河 Ⅳ 555

Nile to Red Sea　　　　　　　　　尼罗河到红海的运河（约公元前 510 年）Ⅲ
　　　　　　　　　　　　　　　　　439

Suez　　　　　　　　　　　　　　　苏伊士运河 Ⅳ 561 – 562，591 – 592，630 –
　　　　　　　　　　　　　　　　　631，图版 38B；Ⅴ 540 – 541；Ⅶ 891

Europe　　　　　　　　　　　　　欧洲

Amsterdam　　　　　　　　　　　　阿姆斯特丹运河（从 1383 年起）Ⅲ 294 –
　　　　　　　　　　　　　　　　　295

Beaucaire　　　　　　　　　　　　博凯尔运河 Ⅳ 638

Bereguardo，Lombardy　　　　　　贝雷瓜尔多运河，伦巴第（1452—1458 年）
　　　　　　　　　　　　　　　　　Ⅲ 446

Briare　　　　　　　　　　　　　　布里亚尔运河（1604—1642 年）Ⅲ 460 –
　　　　　　　　　　　　　　　　　465

Bologna　　　　　　　　　　　　　博洛尼亚运河（1491—1493 年）Ⅲ 447

Bruges to Ostend　　　　　　　　　布鲁日 – 奥斯坦德（1550—1607 年），17

	世纪 Ⅲ 453
Brussels	布鲁塞尔运河（1550—1607 年）Ⅲ 450 – 453，462
Canal de Bourgogne	勃艮第运河 Ⅳ 556
Canal de Brugesà Ghent	布鲁日 – 根特运河 Ⅳ 559
Canal de la Sambreà l'Oise	桑布尔河 – 瓦兹河间运河 Ⅳ 556
Canal de Miribel	米里贝尔运河 Ⅳ 550
Canal du Centre	中心运河 Ⅳ 556
Canal du Nord	北方运河 Ⅳ 556
Canal Lateral à l'Oise	瓦兹河旁运河 Ⅳ 555
Castille	卡斯蒂尔运河 Ⅳ 554
Charleroi-Brussels	沙勒罗瓦 – 布鲁塞尔运河 Ⅳ 557
Charolais	沙罗莱运河 Ⅲ 459
de Bourgogne	勃艮第运河 Ⅲ 459
Dunkirk to River Aa	敦刻尔克到阿河的运河（1670 年）Ⅲ 453
Eider	艾德尔运河 Ⅳ 560 – 561，图版 38A
Elbe-Trave	易北 – 特拉沃运河 Ⅳ 560
Finow	菲诺运河（1620 年和 1744—1751 年）Ⅲ 454 – 455
France	*法国* Ⅲ 373，459 – 468
Franz，between Bezdán and Bács-Födvár	弗兰茨运河，连接贝兹丹与巴奇 – 福尔德瓦尔 Ⅳ 550
Friedrich-Wilhelm	腓特烈 – 威廉运河（1669 年）Ⅲ 454
Ghent	根特运河 Ⅳ 560
Göta canal	约塔运河（1808—1810 年）Ⅲ 455；Ⅳ 554
Imperial，Aragon	皇家运河，阿拉贡 Ⅳ 554
Kiel	基尔运河 Ⅳ 560 – 562；Ⅵ 6；Ⅶ 913
Lake Hjälmar to River Arboga	耶尔马伦湖和阿尔博加之间的运河（1629— 1639 年）Ⅲ 455
Languedoc	朗格多克运河（1666—1692 年）Ⅲ 459，464 – 468；Ⅳ 462；Ⅴ 522
Lieve	利弗运河 Ⅳ 559

Ludwig 路德维希运河 Ⅳ 554

Lys to Scarpe 利斯河到斯卡尔普的运河（1962 年）Ⅲ 453

Maastricht-Luik（Liège） 马斯特里赫特 - 勒伊克（列日）运河
Ⅳ 558

Mariinsk 马林斯克运河 Ⅳ 554

Martesana, Lombardy 马尔泰萨纳运河，伦巴第（1462—1470 年）
Ⅲ 446，448，450

Mecklenburg 梅克伦堡运河 Ⅲ 450

Mons-Condé 蒙斯 - 孔代运河 Ⅳ 557

Naviglio Grande 纳韦廖运河 Ⅲ 444 - 446，449；Ⅳ 555

Naviglio Interne 纳廖内运河 Ⅲ 445，448

Nega, from Themesvar to Titel 内加运河，泰梅斯瓦尔 - 蒂泰尔 Ⅳ 550

Netherlands（Holland） 尼德兰（荷兰）运河 Ⅱ 685 - 689；Ⅲ 303；
Ⅳ 560

Nieuwe Rijn, Holland 新莱茵运河，荷兰（1148 年）Ⅲ 441

Orleans 奥尔良运河（1682—1692 年）Ⅲ 463 - 464

Ostend-Bruges 奥斯坦德 - 布鲁日运河 Ⅳ 558

Ourcq 乌尔克运河 Ⅳ 498

Paderno, Lombardy 帕德尔诺运河，伦巴第 Ⅲ 448 - 450

Padua to River Brenta 帕多瓦到布伦塔河 Ⅲ 447，451 注释

Pavia 帕维亚运河 Ⅳ 555

Plaue, Germany 普劳厄运河，德国（1743—1746 年）
Ⅲ 455

Po valley, Italy 波河平原运河，意大利 Ⅱ 679

Pommeroeul-Antoing 波梅罗尤 - 昂图万运河 Ⅳ 557

Pontine Marshes, Italy 意大利庞廷沼泽地运河 Ⅲ 311 - 313

Rhine-Meuse-Scheldt 莱茵 - 默兹 - 斯海尔德运河 Ⅳ 556

Richelieu 黎塞留运河（1631—1638 年）Ⅲ 291

Roman projects 罗马的工程 Ⅱ 679 - 680

St Quentin 圣康坦运河 Ⅳ 462，555 - 556

Sassevaart 萨斯瓦特运河 Ⅳ 559 - 560

Stecknitz, Germany 德国斯特克尼茨运河（1391—1398 年）Ⅲ

443 – 444，454

Stockholm to Göteborg 斯德哥尔摩到歌德堡的运河（1610 年）
Ⅲ 455

Tikhvine 季赫温运河 Ⅳ 554

Vychnyvolotschok 维奥沃洛舍克运河 Ⅳ 554

Willebroek（Brussels ship canal） 维勒布鲁克（布鲁塞尔船舶运河）Ⅳ 549，
557

Ypres to Boesinghe 伊普尔－玻辛赫运河（1643—1646 年）
Ⅲ 454

Zola 佐拉运河坝 Ⅳ 498

India *印度* V 542 – 543

Eastern and Western Jumna 东西朱木拿河运河 V 541

Ganges 恒河运河 Ⅳ 555；V 542

Upper Bari Doab 上巴里多阿布运河 V 542

Mesopotamia *美索不达米亚*运河 Ⅰ 548 – 550

Palestine *巴勒斯坦*

Siloam tunnel 塞洛姆暗渠 Ⅰ 764

Canarium strictum 滇榄 Ⅰ 245

Candles 蜡烛 Ⅰ 234 – 235；Ⅳ 56 – 57

candle-power unit 烛光度单位 Ⅳ 57

CANDU nuclear reactor 加拿大重水铀反应堆 Ⅵ 241 – 242

Cannabis sativa（hemp） 大麻 Ⅰ 373；Ⅱ 197；Ⅲ 158

Cannon 大炮；参见 Armament，Artillery，Guns

Canoes 木筏 Ⅰ 313

coastal fishing 沿海捕鱼 Ⅰ 176 – 177

dug-outs 独木舟 Ⅰ 143，730 – 731，738 – 740，图版
27

Egyptian 埃及的 Ⅰ 731 – 732

Indonesian 印度尼西亚的 Ⅰ 170

whaling 捕鲸 Ⅰ 176 – 177

Canopic jars 礼葬瓮 Ⅰ 268 – 270；图版 3

Canvas 帆布 Ⅱ 363

Caoutchouc	生橡胶；参见 Rubber	
Capitalism	资本主义 II 66 – 67，78，640	
mechanization	机械化 III 27，30	
Capitulare de villis(Charlemagne)	《庄园法典》（查理曼大帝）II 608	
Capsella bursa-pastoris	荠菜 I 370	
Capsian culture	卡普萨文化；参见 Cultures	
Capstans	绞盘 III 367，483	
Caput mortuum	余渣 III 63 及注释	
Carat, meaning	黄金含量 III 46 注释	
Carbolic acid（phenol）	石炭酸（苯酚）V 315 – 316	
Carbon	碳 III 33，63	
cast iron, effect	铸铁的影响 IV 450，678；参见 Iron and Steel，Steel	
glass colouring	玻璃着色 IV 376	
Carbonization	碳化 III 34	
Carburettors, I. C. engine	化油器，内燃机 V 167 – 169，171 – 172，175	
Cardan joints	万向节接头 IV 398	
Cards（for carding of wool）	梳理机（为了羊毛梳理）II 193	
Carex	苔草 I 450	
Carmen de ponderibus	《卡门之思》III 67	
Carpentry and techniques	工匠技艺 IV 381；V 466 – 470	
fine wood-work	精细木工 I 684 – 703	
Greek and Roman	希腊罗马的 II 233 – 238，413 – 415	
medieval	中世纪 II 241 – 243，440 – 443	
tools	工具 II 228 – 233，388 – 395；III 110 – 133	
Carpets	地毯；参见 Textile industries	
Cars（automobiles）	汽车；参见 Motor-cars	
Carthamus tinctorius	红花 I 246，288，441；II 366；III 694	
Carthusian monks and telegraphy	加尔都西会修士和电报 IV 649	
Cartography	制图术 III 501 – 557；IV 596 – 628；V 438 –	

	465；参见 Charts, Maps, Surveys
contouring	等高线 IV 612 – 613
hachuring	晕瀚法 IV 611 – 612, 626
instruments	仪器 III 553 – 555
meridian	子午线 III 506, 508 – 511, 521 – 522, 531, 533, 535 – 536, 544, 548 – 549, 553
projection	投影 III 505, 508 – 511, 530 – 531, 535 – 536；IV 609, 624 – 625
relief delineation	地势描绘 IV 611
scale-cutting machine	刻度机 III 555
stereographic projection	球极投影 III 603 – 604
world map	世界地图 IV 596 – 600
Cartridge-cases	弹壳 V 630 – 631
Cartridges	弹药筒 III 348, 358
Carts	运货马车；参见 Wheeled vehicles
Carving in wood	木刻 II 245 – 247；参见 Wood
Caryota urens	酒椰 I 372
Casein (milk protein)	酪蛋白 VI 553
Casks	桶；参见 Barrels and casks
Cassia tora	决明子 I 288
Casting	铸造；参见 Metal
Castor oil	蓖麻油 VI 598
Catalytic Research Associates	催化研究协会 VI 57
Catapults	弩炮 II 34, 375, 573, 699 – 701, 707 – 715, 723 – 724, 727
Catenary curve	悬链线 III 258, 434 及注释
Cathode ray tubes	阴极射线管 VII 1106 – 1107
Cattle	牛；参见 Livestock
Caustic soda	苛性钠 IV 227；V 244；VI 519
Cedrus libanotica	黎巴嫩雪松 I 288
Celluloid	赛璐珞 VI 551
Cellulose	纤维素 VI 649 – 650

acetates	醋酸纤维素 Ⅵ 553，567；Ⅶ 1283	
nitrate	硝酸纤维素 Ⅵ 551－553；Ⅶ 1283，1304	
Celtic peoples	凯尔特人；参见 Cultures	
Cement	水泥；参见 Concrete	
lime-mortars	石灰砂浆 Ⅳ 447	
manufacture	制造（19 世纪）Ⅴ 483－486	
Portland cement	波特兰水泥 Ⅱ 387 注释；Ⅳ 448－449，451，464；Ⅴ 483，484－486，512	
quality standards	质量标准 Ⅴ 486－487	
Roman period	罗马时期 Ⅱ 407；Ⅳ 448，464，497；Ⅴ 483	
sand/lime mixture	沙子／石灰混合物（15 世纪）Ⅱ 386－387	
Cementation(alloys,steel)	渗碳处理（铝，钢）Ⅰ 594；Ⅲ 27，33－35，37，47，54	
Census of Electrical Industries, U.S.A.	美国电力工业统计（1902 年）Ⅵ 284	
Census of Production,Britain	英国生产普查（1907 年）Ⅵ 680	
Central heating	中央供暖 Ⅱ 404，419－420，446；参见 Heat	
Ceramics,general/pottery	陶艺，概述／陶器 Ⅰ 376－412；Ⅱ 259－310，图版 16－23，Ⅳ 328－357，图版 16－20；Ⅴ 658－670；Ⅵ 622－637；参见 Ceramics, named of places of factories	
Arretine vases	阿瑞底姆陶器 Ⅱ 272－273	
artisans	工匠 Ⅳ 356－357	
assayer's crucibles	检验者的坩埚 Ⅲ 60－61	
basic processes	基础流程 Ⅰ 379－384	
bone-china	骨灰瓷 Ⅳ 337－338，341－342，344，353；Ⅵ 625	
bowls	碗 Ⅱ 267	
bucchero ware	布奇诺陶器 Ⅱ 270－271	
building materials	建筑材料 Ⅴ 665－666，图版 3	
cinerary urns	骨灰瓮 Ⅰ 324，378，401	

clays, treatment	黏土，处理 I 380 – 381；IV 330 – 332, 337 – 341, 345 – 349；VI 628 – 630
colours	颜色 IV 331, 333 – 336, 340, 342, 354
crouch ware	"隐伏" 陶器 IV 345
cups	杯子 II 261, 263, 269, 274 – 275
decoration	装饰 I 241, 383 – 384, 400 – 405, 408；II 273；IV 332 – 335, 345 – 346, 348, 354 – 356；V 662 – 663
delft ware	代尔夫特精陶 IV 334, 336 – 337, 344
Eastern influence	东方的影响 II 771；IV 328, 336, 338 – 339
Etruscan	伊特拉斯坎人 II 260 – 271
filters	过滤器 V 664
firing	燃烧 I 382 – 383, 391 – 397, 410 – 411；II 266, 276, 294 – 300, 307 – 309；V 660 – 661
flints	燧石 IV 347 – 349, 352
fluxing agents	助熔剂 IV 338 – 339
furnace techniques	熔炉技术 IV 230 – 231, 235；参见 kilns
glazing	上釉 II 261 – 264, 272, 274, 276, 286, 299 – 302, 357 – 358；IV 256, 332 – 334, 336 – 338, 342 – 345, 347 – 351, 353
Greek	希腊的 II 258 – 269
Hispano-Moresque ware	西班牙 – 摩尔风格陶器 IV 329 及注释, 335
impasto ware	茵珀斯托陶器 II 269 – 270
Italian	意大利的（16 世纪）III 678 – 679
jugs	罐子 II 293, 310
kilns	窑 I 392 – 397；II 294 – 299, 305；IV 331, 335, 339, 343, 345, 347 – 349；V 666 – 668；VI 627 – 630
lead glazing	铅釉 IV 256；VI 628
lustre ware	虹彩釉陶器 II 303 – 304；IV 335 – 356

machinery	机械 Ⅴ 668 – 670
magic, influence	巫术的影响 Ⅰ 400 – 401
majolica (*maiolica*) ware	马约尔卡（马略尔卡）陶器制品 Ⅱ 300, 302, 358；Ⅳ 329 及注释, 334 – 336
manganese oxides	氧化锰 Ⅳ 147
mass-production	大批量生产 Ⅳ 354 – 355
mechanization	机械化 Ⅳ 328, 330, 348, 351 – 352, 357
medieval techniques	中世纪的工艺 Ⅱ 284 – 299, 302 – 303
Megarian	迈加拉的 Ⅱ 269, 272
moulds	模具 Ⅳ 332, 353 – 354
origins	起源 Ⅰ 376 – 937；Ⅱ 258
ornaments, plastic	塑造的装饰 Ⅱ 292 – 294
ovens	烤炉 Ⅳ 350
painted ware	彩陶 Ⅱ 264 – 265, 277, 301 – 304；Ⅳ 336
porcelain	陶瓷 Ⅱ 286 – 287, 307, 771；Ⅲ 678；Ⅳ 336 – 343, 353；Ⅴ 662 – 664；Ⅵ 625
pot-lids	盖子 Ⅴ 662, 图版 1 – 2
pots and pitchers	罐和瓷渣 Ⅰ 400；Ⅱ 267 – 268, 292
potter's wheel	陶轮；参见 Potter's wheels
Queen's ware	皇后御用陶器 Ⅳ 351 – 352
pyrometric cones	测温锥 Ⅴ 660 – 661
raw materials	原材料 Ⅴ 666；Ⅵ 628 – 629, 632 – 635
refractories	耐火材料 Ⅴ 664 – 665；Ⅵ 630 – 636
relief-work	浮雕工艺品 Ⅱ 268 – 269, 270 – 271, 274 – 279
Roman	罗马 Ⅱ 270 – 274
saggars	匣钵 Ⅳ 343 – 344
scientific instruments	精密仪器 Ⅵ 623
shapes, ancient world	形状, 古代世界 Ⅰ 397 – 405
slip	泥浆 Ⅱ 302 – 303

statuary　　　　　　　　　　雕像 II 274 – 279

stoneware　　　　　　　　　　瓷器 II 286 – 287；IV 329, 331, 346, 353；
　　　　　　　　　　　　　　　 V 664

table-ware and art ware　　　　餐具和工艺品 III 20；V 661 – 663

terra sigillata　　　　　　　 赭色黏土陶器 II 274, 297

thermal insulation　　　　　　 绝热 VI 636 – 637

transfer-printing　　　　　　　贴花彩绘 IV 343, 354 – 355

vases　　　　　　　　　　　　 陶瓶 II 260, 263, 268 – 270, 272 – 273

whiteware　　　　　　　　　　 白瓷 VI 625 – 628

wine-jars　　　　　　　　　　 酒坛 I 283, 406；II 130 – 133, 135 –
　　　　　　　　　　　　　　　 136, 263

Ceramics, named places of　　 陶瓷，工厂名称
factories

　Battersea　　　　　　　　　 巴特西 IV 354

　Bow　　　　　　　　　　　　堡区 IV 338, 341 – 342, 344, 354

　Bristol　　　　　　　　　　 布里斯托尔 IV 336, 340 – 341, 343 – 344

　Burslem　　　　　　　　　　伯斯勒姆 IV 344, 348, 351

　Caughley　　　　　　　　　 考利 IV 344, 354

　Chantilly　　　　　　　　　 尚蒂伊 IV 338

　Chelsea　　　　　　　　　　切尔西 IV 338, 341 – 342, 344

　Coalport　　　　　　　　　 科尔波特 IV 355

　Delft　　　　　　　　　　　代尔夫特 IV 329, 336 – 337, 345

　Derby　　　　　　　　　　　德比 IV 338, 341 – 342, 344

　Dresden　　　　　　　　　　德累斯顿；参见 Meissen

　Etruria　　　　　　　　　　 伊特鲁里亚 IV 352, 356

　Florence　　　　　　　　　 佛罗伦萨 IV 337

　Hanley　　　　　　　　　　 汉利 IV 344, 347

　Hot Lane, Cobridge　　　　　霍特莱恩，科布里奇 IV 349, 353

　Lambeth　　　　　　　　　　兰贝斯 IV 336, 344

　Lane End　　　　　　　　　 莱恩恩德 IV 352

　Liverpool　　　　　　　　　利物浦 IV 336, 344, 354

　Longport　　　　　　　　　 长港 IV 348

Longton Hall	朗顿霍尔 Ⅳ 338，341－342，344
Lowestoft	洛斯托夫特 Ⅳ 341，344
Meissen	迈森 Ⅳ 329，337－339，341－342
New Hall，near Shelton	纽霍尔，谢尔顿附近 Ⅳ 341，344
Plymouth（Coxside）	普利茅斯 Ⅳ 340－341，344
Rockingham works，Swinton	罗金厄姆工厂，斯温顿 Ⅳ 355
Rouen	鲁昂 Ⅳ 337
St-Cloud	圣克卢 Ⅳ 337－339
Sèvres	塞夫尔 Ⅳ 329，338－343
Staffordshire Potteries	斯塔福德郡陶瓷业 Ⅳ 344－353
Stoke-on-Trent	特伦特河畔的斯托克 Ⅳ 346 注释 2，353
Tunstall	坦斯特尔 Ⅳ 348
Vincennes	万塞讷 Ⅳ 338－339
Worcester	伍斯特 Ⅳ 341，343－344，354
Ceratonia siliqua	长角豆 Ⅰ 289
Cereals	谷物；参见 Agriculture
Cerium	铈 Ⅳ 119
Cesspools	化粪池 Ⅳ 507－508；参见 Sewage
Chain-mail	锁子甲 Ⅱ 721
Chains，origin	链子，起源 Ⅰ 656
Chaldeans，and calendar	迦勒底人，历法 Ⅲ 564，566－568
Chalk quarrying	白垩开采（17 世纪）Ⅱ 34－35
Chalybes tribes of smiths	金属匠的查利贝斯部落 Ⅱ 54
Chamfering	挖槽 Ⅲ 120－121
Champlevé work	镂雕制品 Ⅱ 450 注释
Charcoal	木炭
antimony smelting	锑冶炼 Ⅲ 29
black-flux ingredient	粗碳酸钾成分 Ⅲ 62－63
black pigments	黑色颜料 Ⅰ 240；Ⅱ 359；Ⅲ 683
brass-making	黄铜制造 Ⅲ 37
coal replacement	煤炭替换 Ⅲ 78－81，685

copper smelting	炼铜 Ⅰ 586；Ⅱ 48 – 49, 66；Ⅳ 127 – 128
date palm stones	枣椰果核 Ⅰ 551
fuel	燃料 Ⅰ 229, 231；Ⅱ 369
gas discovery	气体（CO_2）的发现 Ⅳ 215
gunpowder ingredient	火药成分 Ⅱ 380；Ⅳ 235
iron-smelting	炼铁 Ⅱ 72 – 74, 77；Ⅲ 31 – 33, 342, 350, 683；Ⅳ 99 – 100
kiln fuel	窑炉燃料 Ⅰ 392
-making（burning）	木炭制作（燃烧）Ⅱ 368 – 369；Ⅲ 683 – 685；Ⅳ 261
metal smelting fuel	金属冶炼燃料 Ⅱ 41, 62, 68；Ⅲ 53, 55；Ⅳ 103
steel-making	炼钢 Ⅰ 573, 576, 594 – 595；Ⅲ 33 – 35
tinplate preparation	制备马口铁 Ⅳ 125
Chariots	战车；参见 Wheeled vehicles
ceremonial type	庆典类型 Ⅱ 544
fighting	战斗 Ⅱ 537, 539 – 544, 696
harness	挽具 Ⅱ 163 – 165
onagers	中亚野驴 Ⅰ 721 – 722, 724 – 728
origin	起源 Ⅰ 724 – 728
transport, Assyrian Empire	交通，亚述帝国 Ⅰ 713
warfare use	作战消耗（约公元前 2500 年）Ⅰ 209 – 212, 713, 718, 724 – 728
wood-work, ancient Egypt	木制品，古埃及 Ⅰ 700 – 701
Charts	图；参见 Cartography
hydrographic surveying	海道测量 Ⅴ 449 – 454
marine	海图 Ⅳ 575, 612 – 613, 615 – 616, 618, 620
Mercator	墨卡托 Ⅲ 548, 550 – 551；Ⅳ 625
soundings	水深测量 Ⅴ 452 – 453
triangulation	三角测量 Ⅴ 450 – 452
weather charts, synoptic	气候概要图 Ⅳ 621

wind	风图 Ⅳ 620
Chasing tools	凸饰工具 Ⅱ 469
Chatsworth Apollo（bronze）	查茨沃思的阿波罗（青铜）Ⅱ 476 – 477
Chelleo-Acheulian culture	阿舍利文化；参见 Cultures
Chemical industries,chemistry	化学工业，化学 Ⅲ 676 – 708；Ⅳ 214 – 257； Ⅵ 499 – 569；参见 names of elements and compounds
absorption towers	吸收塔 Ⅴ 236
acids	酸 Ⅱ 356 – 357；参见 named acids
agricultural chemicals	农业化学 Ⅵ 500，507，510，521，528 – 530
alchemy	炼金术 Ⅱ 731 – 752；Ⅳ 214，220，228
aliphatic chemicals	脂族化合物 Ⅵ 540 – 543
alkalis	碱 Ⅱ 354 – 355；Ⅵ 505 – 506，509 – 512， 554，567
ammonia and fertilizers	氨和肥料 Ⅵ 500 – 501，511
analytical	分析化学 Ⅲ 22，683
ancient man	古人 Ⅰ 238 – 298；Ⅱ 350 – 353
bitumen production	沥青生产 Ⅰ 250 – 256
books	书籍 Ⅱ 350 – 352；Ⅲ 676 – 677；Ⅳ 233
calcination	煅烧 Ⅳ 218 – 220
Castner's sodium processes	卡斯特纳法 Ⅴ 249，251，图版 11
caustic soda	苛性碱 Ⅴ 244，250 – 251
chemical analysis	化学分析 Ⅳ 221，223 – 224，228
Claus kiln	克劳斯窑 Ⅴ 239
cleansing agents	清洁剂 Ⅱ 355 – 356
coal as raw material	煤炭作为化学原材料 Ⅳ 252
combustibles	可燃物 Ⅱ 369 – 371，374 – 382
cosmetics	化妆品；参见 Cosmetic arts
crystallization processes	结晶法 Ⅳ 230，232 – 233，241，251
distillation processes	蒸馏法工序 Ⅳ 232 – 233，235，252
drugs	药品 Ⅱ 371 – 372，732

dyestuffs	染料 V 257 – 283；VI 505 – 506, 509, 554, 564 – 568；参见 Dyes
electrochemical processes	电化学法 IV 678；V 248 – 252；VI 518 – 521
electrochemical telegraphy	电化学电报 IV 652 – 653
elements	元素 IV 215, 221
explosives	炸药 V 284 – 298；VI 500, 508, 522, 542 – 543, 547 – 600
fermentation techniques	发酵技术 I 275 – 277, 284；IV 232 – 233；V 302 – 308
fine chemicals	精细化工产品 V 299 – 321
gases	气体 IV 215 – 219
glass colouration	玻璃中的颜色 IV 373 – 376
heavy chemicals	重化工产品 IV 237 – 252；V 235 – 256；VI 514 – 530
high-temperature processes	高温法 II 347 – 348
Lavoisier's experiments	拉瓦锡实验 IV 220
lead-chamber process	铅室法 V 245
Leblanc process	吕布兰法；参见 Alkalis
low-temperature processes	低温法 II 348 – 350
Mond's sulphur-recovery process	蒙德硫回收法 V 238
nitrogen fixation	固氮 VI 501, 504 – 505, 522 – 528
nomenclature	命名法 IV 221 – 223, 228
painting materials	绘画材料 I 240 – 245, 248
petrochemicals	石油化学产品 VI 510, 533 – 535, 543, 546 – 547
phlogiston theory	燃素说 III 57；IV 218
phosphorus	磷 V 252 – 254
pigments	颜料 I 238 – 240, 244, 502, 514；II 359 – 364
plastics research	塑料研究 VI 503 – 504
pneumatic	气态 IV 215 – 217, 247

polymer chemistry	高分子化学	Ⅵ 501，534，551 – 560，567 – 568
pre-scientific	前科学	Ⅱ 347 – 382
preservatives	防腐剂	Ⅰ 256 – 270
quantitative and assaying	定量分析	Ⅲ 28；Ⅳ 217 – 218，223 – 225，228
raw materials	原材料	Ⅲ 705 – 706；Ⅵ 532 – 535
refining，early processes	精炼，早期加工	Ⅰ 581 – 582，584 – 587
revolution in technology	技术变革	Ⅳ 214，228
sewage purification	污水净化	Ⅳ 518 – 519
smoke abatement	消烟	Ⅵ 512
soda	苏打	Ⅴ 235 – 244，471 – 472；Ⅵ 507，509
sodium cyanide	氰化钠	Ⅴ 249
Solvay，ammonia-soda process	索尔维法（氨碱法）	Ⅴ 235，241 – 244，672
sublimation purification process	升华法	Ⅳ 232，234
superphosphate	过磷酸钙	Ⅴ 254；参见 Fertilizers
symbols and formulae	符号和分子式	Ⅳ 225 – 226
synthesis and substitution	合成法和代用品	Ⅵ 501 – 504，506，508
textile industry	纺织工业	Ⅳ 228，233，244，248 – 249，255
water-pollution	水污染	Ⅵ 512
Weldon's chlorine process	韦尔登法	Ⅴ 237
wood based chemicals	木制化学品	Ⅲ 683 – 685；Ⅴ 308 – 311
Chemical Society	化学会	Ⅵ 153
Chenopodiacaea（glasswort）	藜科（海蓬子）	Ⅰ 261
Chenopodium	土荆芥	Ⅰ 355，370；Ⅱ 157
Chileans	智利人	Ⅰ 179
Chimney-wheel	烟囱齿轮	Ⅳ 167
Chimneys，chimney-stacks	烟囱，高烟囱	Ⅲ 52，252，256，261
China	瓷器；参见 Ceramics	
China	中国	Ⅰ 35；Ⅱ 768 – 771

agriculture 农业 Ⅰ 368, 373

alchemy 炼金术 Ⅱ 732 注释

basketry and matting 篮子和席子 Ⅰ 419

beer, brewing 啤酒, 酿制 Ⅱ 140

bridges 桥 Ⅲ 417

canals, river navigation 运河, 内河航运 Ⅲ 438 – 441, 图版 18

ceramics 瓷器 Ⅱ 286, 302; Ⅳ 328, 332, 335 – 336, 358 – 359

coal 煤 Ⅲ 73 – 74; Ⅵ 179 – 180

coins, pure zinc 硬币, 纯锌 Ⅰ 650

cotton 棉 Ⅲ 159

cross-bow, magazine type 弩, 带箭盒式 Ⅱ 713

draw-loom, figure-harness 手工提花织机, 提花综线 Ⅲ 190 – 192

East v. West techniques 东西方技艺 Ⅱ 755 – 760, 768 – 771

egg-drying 脱水鸡蛋 Ⅴ 51

explosives 火药 Ⅱ 370, 377 – 378

figured fabrics 显花织物 Ⅲ 195, 199, 201

fish preservation 鱼的保藏 Ⅳ 53

geographical knowledge 地理知识 Ⅲ 507, 524

Gregorian calendar, adoption 格里历, 采用 Ⅲ 579

harness and saddles 马具和马鞍 Ⅱ 538, 553, 556 – 557

iron industry 钢铁工业 Ⅲ 74, 79; Ⅴ 70

kites 风筝 Ⅴ 398

lacquered ware 漆器 Ⅲ 696

language structure 语言结构 Ⅰ 88, 94, 97, 772

lead as sheet 铅板 Ⅳ 119, 120 注释 1, 123

measurement, standards 测量, 标准 Ⅰ 111 – 112, 783 – 784

metal-mining 金属矿开采 Ⅳ 68

metallurgy 冶金 Ⅰ 590, 628 – 631; Ⅱ 770 – 771; Ⅲ 691

nickel 镍 Ⅴ 86, 608

oil 原油 Ⅴ 106; Ⅵ 377

pack transport	载货运输 Ⅰ 705
paddle-wheels	桨轮 Ⅱ 607；Ⅴ 141 – 142
paper money	纸币 Ⅲ 380
Pekin man	北京人 Ⅰ 23 – 25
porcelain	瓷器 Ⅰ 78
pottery	陶器 Ⅰ 385, 393, 401 – 402, 405
printing	印刷 Ⅲ 378
roads	道路 Ⅰ 713 – 714
rocket propulsion	火箭推进 Ⅴ 412
rotary winnowing-machine	转动式簸谷机 Ⅱ 98
saltpetre	硝石 Ⅳ 232
seric iron	中国铁 Ⅱ 57
silk industry	丝织工业 Ⅱ 197 – 198, 210；Ⅲ 195, 200 – 203；Ⅳ 312 注释
stern-post rudder	船尾柱舵 Ⅱ 583
stoneware	石器 Ⅱ 286 – 287, 307 – 308
tea	茶 Ⅲ 5；Ⅳ 591
textiles	织物 Ⅰ 415, 445
viticulture	葡萄栽培 Ⅱ 131
watermills	水车 Ⅱ 614
wheel, ancient uses	车轮，古代用途 Ⅰ 198, 200, 213
wheelbarrows	独轮手推车 Ⅱ 642
wheeled vehicles	轮式车辆 Ⅰ 716 – 717, 722, 726；Ⅱ 544, 549
windmills	风车 Ⅱ 615, 617；Ⅲ 106
zinc production	锌生产 Ⅲ 30, 690；Ⅳ 119, 130
China-clay	中国黏土；参见 Kaolin
Chisels	凿
Assyrian	亚述人（约公元前 8 世纪）Ⅱ 229
bronze	青铜 Ⅰ 611 – 612
cannon finishing	火炮尾部 Ⅲ 365 – 366
carpenter's, Middle Ages	木工，中世纪 Ⅱ 250, 252 – 253, 390 –

392

copper	铜 Ⅰ 603, 687 - 688；Ⅱ 384
Greek mining	希腊矿业 Ⅱ 3, 5
iron	铁 Ⅰ 619
mason's（bolster）	石匠（砖工凿）Ⅱ 37, 384 - 386, 图版 31A
metal-work	金属制品 Ⅱ 453, 469
Roman	罗马（约公元 1 世纪）Ⅱ 230 - 231
stone quarrying, Egypt	采石, 埃及 Ⅰ 569
tradesmen's	工匠的（约 1500—1850 年）Ⅲ 110 - 111, 114, 118, 126
woodcut carvings, medieval	木刻, 中世纪 Ⅲ 404
Chlorine	氯气 Ⅳ 247 - 248, 255, 502；Ⅴ 237, 250 - 251
Chlorophora tinctoria	老佛提树 Ⅲ 694
Christian era	基督纪元 Ⅲ 572, 578
Christianity	基督教 Ⅱ 605 - 606, 761 - 762；参见 Bible
Chromium	铬 Ⅳ 119
alloy steel	合金钢 Ⅴ 64 - 66, 640；Ⅵ 410
aluminothermic production	铝热生产法 Ⅴ 97 - 98
colour pigments	彩色颜料 Ⅳ 249
gas-turbine blade alloys	燃气涡轮叶片合金 Ⅵ 443
glass, green colouring	绿色玻璃 Ⅳ 375
Chroniques de Hainaut（Jacques de Guise）	《埃诺志》（雅克·德·吉斯）Ⅱ 526
Chronology tables	年表 Ⅰ xlviii - lv；Ⅱ lv - lix；参见 Calendars and chronology
early metallurgy（tables）	早期冶金（表）Ⅰ 574 - 575
East v. West techniques, transmission	东西方技艺, 传播 Ⅱ 770 - 771
Chronometers	天文钟 Ⅳ 409 - 415, 598, 615, 619
Chuckchi of Siberia	西伯利亚的楚科奇地区 Ⅰ 225

Church architecture	教堂建筑 Ⅱ 420 – 445；参见 Buildings named
Cider and perry	苹果酒和梨子酒 Ⅱ 139, 637
Cinematography	电影摄影术 Ⅴ 734 – 751；Ⅶ 1301 – 1316
colour	彩色 Ⅶ 1305 – 1309
developments since 1890	自 1890 年来的发展 Ⅴ 743 – 747
early growth	早期成长 Ⅶ 1302 – 1303
films	电影 Ⅴ 747 – 750, 图版 44B；Ⅶ 1303 – 1304
meaning and origin of word	词语的起源和意义 Ⅴ 734
pioneers	先行者 Ⅴ 735 – 747
sound	音响 Ⅶ 1263 – 1264, 1309 – 1314
studios	电影制片厂 Ⅶ 1304 – 1305, 1314
Cinerary urns	骨灰瓮 Ⅰ 324, 378, 401
Cinnabar (mercury sulphide)	辰砂（硫化汞）Ⅳ 133
Cinnamomum malabrathrum	柴桂 Ⅰ 288
'Circle of Pythagoras'	"毕达哥拉斯圆圈" Ⅱ 760
Circumferentor or 'Dutch circle'	圆周仪或 "荷兰圆" Ⅲ 627, 636；Ⅳ 602 – 603, 607
Cistercian monks	西多会教士 Ⅱ 192
Citrullus colocynthis	药西瓜油 Ⅰ 288
Citrus medica	香木缘 Ⅰ 288
City and Guilds of London Institute	伦敦城市行业协会 Ⅵ 159
Civil engineering	土木工程 Ⅳ 442 – 488；Ⅴ 499 – 521；Ⅶ 871 – 929
ancient world	古代世界 Ⅱ 492 – 536
bridges	桥梁 Ⅲ 417 – 437；Ⅳ 452 – 462；Ⅶ 876 – 899
buildings	建筑 Ⅳ 469 – 486
canals	运河 Ⅶ 912 – 920
French leadership	法国领导地位 Ⅳ 525 – 526
land reclamation	土地改造 Ⅲ 300 – 323；Ⅶ 907 – 912

ports and harbours	港湾 Ⅳ 464 – 469；Ⅶ 920 – 929；参见 Docks，Ports
roads，construction	道路，建设 Ⅳ 525 – 526；Ⅶ 873 – 876
tunnels	隧道 Ⅳ 462 – 464；Ⅵ 200 – 201；Ⅶ 899 – 905
waterways	河道 Ⅲ 373，438 – 470；Ⅳ 548 – 573
Civil Engineers，Institution of	土木工程师协会 Ⅳ 433，443，486；Ⅴ 492，557
Civil Engineers，Society of	土木工程师学会 Ⅳ 206
Civilizations	文明；参见 Cultures and civilizations
Clactonian culture	克拉克当文化；参见 Cultures
Clapboard	隔板 Ⅱ 244 – 245
Clay	黏土 Ⅳ 447 – 448；参见 Bricks and tiles，Ceramics
cannon，casting mould	大炮，压铸模具 Ⅲ 363 – 365
potter's	陶工的 Ⅰ 379 – 380，405 – 407
'Clay of wisdom'	"智土" Ⅱ 734
Cleopatra's Needle（obelisk）	克里奥佩特拉之针（方尖碑） Ⅰ 569
Clepsydra	漏刻；参见 Water-clocks
Clinkers	炉渣 Ⅲ 226，228
Clipsham stone	克利舍姆石料 Ⅱ 35 – 36
Clocks，clock-making and watches	钟，钟表制造与手表 Ⅲ 648 – 675，图版 32
alarms	闹钟 Ⅲ 652
astronomical	天文学的 Ⅲ 653 – 655，658
chronometers，development	天文钟，研制 Ⅳ 409 – 415
early mechanical	早期机械钟 Ⅲ 648 – 653
escapements	擒纵机构 Ⅲ 664 – 673；Ⅳ 410，412 – 415
machinery and tools	机械和工具 Ⅳ 382，407，409
mercury	水银 Ⅲ 648 – 649
metals，thermal expansion	金属，热膨胀 Ⅳ 395
nautical	船舶的 Ⅲ 552 – 553，557，672 – 673
pendulum	钟摆 Ⅲ 552，636，662 – 667，671 – 267

precision mechanics, origin	精密机械，起源 Ⅳ 380
repeating mechanism	打簧机构 Ⅲ 669 – 670
sand-clocks	沙漏 Ⅰ 126
shadow-clocks	影钟 Ⅰ 112 – 113，797；Ⅲ 595 – 596；参见 Sun-dials
spring-drive	弹簧驱动 Ⅲ 656 – 660
toothed wheels, cutting tools	齿轮，切削工具 Ⅳ 391
water-clocks	水钟 Ⅰ 113，122 – 123，126，797；Ⅲ 568，601 – 604
Clodding-beetles	双刃木锹 Ⅲ 134 – 135
Cloisonné work	景泰蓝工艺品 Ⅱ 450 注释
Cloth types	织物的种类 Ⅲ 178 – 179；参见 Textile industries, Wool
Clothes	衣服 Ⅰ 图版 16 – 17
boots, shoes	靴子，鞋；参见 Footwear
cleaning	清洁 Ⅱ 355
fur	毛皮 Ⅰ 413
hemp	大麻 Ⅰ 373
knitted garments	针织服装 Ⅲ 181 – 182，184，186，图版 9
leather	皮革 Ⅱ 148，150，156，158，160 – 165，175 – 178
linen	亚麻布 Ⅱ 195
matting sandals	编织凉鞋 Ⅰ 422
wool	羊毛 Ⅰ 442
Clothing manufacture	服装制造；参见 Textile industries
Coal, coal-mining	煤炭，煤矿开采 Ⅱ 369 – 370；Ⅲ 72 – 88；Ⅳ 64 – 98；Ⅵ 359 – 375；参见 Mines
accident prevention societies	事故预防协会 Ⅳ 95 – 96
blasting	爆破 Ⅳ 80
bord-and-pillar working, mines	房柱式采煤法，矿 Ⅳ 86 – 87
briquettes	煤球 Ⅲ 80，679
chemical raw material	化学原料 Ⅳ 252

China 中国 Ⅲ 74

choke-damp 窒息性空气 Ⅳ 89 – 90

coalfields, Europe 煤田，欧洲 (1851 年) Ⅳ 80

coke products 焦炭产品；参见 Coke

conveyors 运煤机 Ⅳ 85 – 86

cutters, mining 切削工具，采矿 Ⅳ 82 – 83；Ⅳ 364 – 369

domestic 家用的 Ⅲ 76

drainage, mines 排水系统，矿 Ⅲ 74, 81 – 83；Ⅵ 372

explosions, mine 爆炸，矿 Ⅳ 83

fire-damp 瓦斯 Ⅳ 90 – 91, 93, 95 – 97

'firemen' term "瓦斯检查员"一词 Ⅳ 91 – 92

-gas 煤气；参见 Gas industry (coal-gas)

Great Britain 英国 (1700 年) Ⅳ 166

hand tools 手工工具 Ⅳ 80 – 81, 84, 87 – 88

hauling and hoisting 运输与吊装 Ⅳ 82, 84 – 86, 90；Ⅵ 369 – 372

health and safety 健康与安全 Ⅵ 374

industrial 工业的 (17 世纪) Ⅲ 76 – 78, 686

lighting, mines 照明，矿井 Ⅳ 86, 91 – 97；Ⅵ 373

long wall working 长壁采煤法 Ⅳ 87

machinery, mines 机械，矿井 Ⅲ 82 – 84；Ⅳ 79 – 83, 87, 161 – 162；Ⅵ 359 – 369, 371 – 372

medieval Europe 中世纪欧洲 Ⅲ 74

Middle Ages 中世纪 Ⅱ 68, 347 – 348, 355

nationalization, Great Britain 国有化，英国 Ⅵ 184

ponies, mine haulage 矮种马，煤矿运输 Ⅳ 84

production 生产 (约 1900—1950 年) Ⅵ 177 – 180

Roman Empire 罗马帝国 Ⅱ 10, 62；Ⅲ 72 – 73

safety lamp, mining 安全灯，采矿 Ⅳ 71, 91, 95 – 97

transport 运输 Ⅲ 84 – 85

ventilation, mines 通风装置，矿井 Ⅲ 75；Ⅳ 86, 91 – 97；Ⅵ 373

winding and hoisting	卷扬与提升 Ⅳ 87 – 89；Ⅵ 371 – 372
wood substitute	木制代替品 Ⅲ 78 – 81，220 – 221；Ⅳ 234，371
world wars	世界大战（20 世纪）Ⅵ 178 – 184，359 – 366；Ⅶ 759
Coal-tar	煤焦油 Ⅴ 299 – 300；Ⅵ 467，535 – 540
Cobalt	钴；参见 Zaffre
colouring, ceramics/glass	着色，陶瓷/玻璃 Ⅲ 218，678，698，702 – 703；Ⅳ 335，374；Ⅴ 79
extraction	提炼 Ⅲ 703；Ⅳ 119，145 – 146
paint-driers	风干漆 Ⅵ 595
production, Swansea	生产，斯旺西（1874 年）Ⅴ 86
refining, electrolytic	精炼，电解 Ⅴ 97
Coccid insects	介壳虫 Ⅱ 362，366
Cochineal	胭脂虫红 Ⅰ 245 – 246；Ⅱ 366 – 367；Ⅲ 695；Ⅴ 258 – 259
Cocos nucifera	椰子树 Ⅰ 372
Codex Amiatinus	《阿玛丁奴斯》手卷 Ⅱ 243
Codice Atlantico, Leonardo da Vinci	《大西洋古抄本》，达·芬奇 Ⅲ 161，172，175
Coffee	咖啡；参见 Drinks
Coffer-makers	皮箱匠 Ⅱ 170 – 171，255 – 256
Coffins, basketry and matting	棺材，篮子和席子 Ⅰ 419 – 420
Cog-wheels	齿轮 Ⅱ 635，648，654，675 – 676
Cogware（cloth）	粗服呢（织物）Ⅲ 178
Coins, coinage	硬币，铸币；参见 Medallions，Mints
alloys, Europe	合金，欧洲（15—16 世纪）Ⅲ 45 – 47
assaying	检验 Ⅲ 60
blanching	酸洗 Ⅲ 46 – 47，56
brass	铜币 Ⅱ 55
Carthage	迦太基（约公元前 814 年）Ⅱ 568
copper	铜 Ⅱ 53；Ⅲ 46 – 47

design and manufacture 设计与制造 II 491 – 492

die-cutting and stamping 压模和模印 II 485 – 492

dies 模具 III 338 – 340

early reports 早期记载 I 584 – 585

gold 金币；参见 Gold

mechanization 机械化 III 338 – 433

medieval period 中世纪时期 II 10 – 11

metal-work source 金属制品来源 I 637 注释

silver 银币 I 585；II 13 注释, 46, 585；III 46 – 47；V 94；VI 411

techniques, tools 技艺，工具 III 337 – 343

zinc, Ming dynasty 锌，明朝 I 650

Coke 炼焦

coking-ovens 炼焦炉 IV 101, 259 – 260；VI 467 – 468

iron smelting 冶铁 III 29, 80, 689；IV 99 – 101, 235；VI 465 – 467, 537 – 538

production 生产 IV 105；VI 465 – 468, 535 – 538

tinplate manufacture 马口铁制造 IV 125

Colby's compensation bars 科尔比补偿校测杆 IV 601, 608, 611

Collective bargaining 集体谈判 VI 100 – 102, 108 – 110

Colleges named 大学名称；参见 Universities and colleges

Collieries 煤矿；参见 Mines

Collotype 珂罗版印刷法 V 707

Colossus of Rhodes 罗得岛巨像 II 470

Colour Index, textiles 《染料索引》，纺织物 VI 671 – 672

Colour photography 彩色摄影 VII 1295 – 1298；参见 Photography

Colours 染色 III 692 – 698, 702 – 703；参见 Dyes

assaying 检验 III 64, 68

colour-knitting 有色针织品 III 182, 185

oxidation 氧化作用 III 49

speculum-metal 镜用合金 III 40

steel 钢铁 III 36 – 37

Columbium	铌；参见 Niobium
Combs	梳子 Ⅰ 515 – 516, 665；Ⅱ 193 – 194, 196
weaving-combs	编织用梳子 Ⅱ 212 – 214
Combustion, discoveries	燃烧, 发现 Ⅳ 218 – 221, 223, 228
Combustion engine	内燃机；参见 Internal combustion engine
Commission des Poids et Mesures, France	度量衡委员会, 法国 Ⅳ 397 – 398, 405
'Committee of Ten', U. S. A.	"十人委员会"（1893 年）, 美国 Ⅵ 145
Committee on the Neglect of Science	反对忽视科学委员会（1916 年）Ⅵ 151, 154, 157
Committee on the Utilization of Rural Land	乡村土地利用委员会（1942 年）Ⅶ 968
Commonwealth of Nations	英联邦；参见 British Commonwealth
Communicating techniques	通讯技术 Ⅵ 50；参见 Electrical communication, Radio, Telegraphy, Telephony
Comparators	比较仪 Ⅳ 395 – 398
Compasses, magnetic	磁罗盘 Ⅲ 549, 517
bearing variations	轴承变量 Ⅲ 548 – 549, 555
cartographic use	制图的使用 Ⅲ 517, 533 – 534；Ⅳ 615 – 616
direction dials	方向式日晷（约1500 年）Ⅲ 600 – 601
instrument designs	仪器设计 Ⅲ 626, 628, 630, 637 – 638
lodestone 'touched'	"摩擦过的" 磁石（约1180 年）Ⅲ 523 – 524
meridian type	子午线类型 Ⅲ 548 – 549
surveying instruments	测量仪器 Ⅲ 538 – 540；Ⅳ 600, 602 – 603
wind-rose 'compass'	风图 "指南针"（13 世纪）Ⅲ 524 – 526
Compasses, mensuration	指南针, 测定
alchemical laboratory	炼金实验室（1606—1607 年）Ⅱ 749
carpenter's	木匠的 Ⅰ 195；Ⅱ 391
drawing	画图 Ⅲ 110, 124, 488, 512, 627 – 628
instrument-tools	仪器 – 工具 Ⅳ 388 – 390

mason's	石匠的 Ⅱ 386，图版 31A	
Compensation devices	补偿装置	
inertia	惯性 Ⅳ 395	
marine chronometers	航海天文钟 Ⅳ 409 – 415	
temperature variation	温差 Ⅳ 395，410，412 – 415，601 – 602	
upthrust changes（in balances）	向上冲力的变化（在天平上）Ⅳ 407	
'Compleat Chymical Dispensatory, The'	《经典化学药典》（1669 年）Ⅲ 29	
Compositiones ad tingenda musiva（*Compositiones variae*）	《彩色马赛克的配方》（《成分变量》）Ⅱ 63，329，351	
Compressed-air	压缩空气 Ⅳ 71，83	
Computers	计算机 Ⅶ 1150 – 1203；参见 Calculating	
astronomical	天文的 Ⅳ 382	
binary stored programs	二进制存储程序 Ⅶ 1191 – 1199	
computer industry	计算机行业 Ⅶ 1200 – 1203，1153 – 1157	
digital	数字计算机 Ⅶ 1154 – 1155	
electronic	电子计算机 Ⅶ 1103，1154 – 1158，1171，1188 – 1202	
languages	计算机语言 Ⅶ 1157，1192，1196，1199 – 1200	
programming techniques	编程技术 Ⅶ 1199 – 1200	
software	软件 Ⅶ 1157 – 1158，1198 – 1199	
Concert of Europe	欧洲协调 Ⅵ 2，4，7	
Concorde（aircraft）	协和式飞机 Ⅶ 834 – 835，1469	
Concrete	混凝土 Ⅴ 487 – 491；参见 Cement	
bridge foundations	桥梁基础 Ⅲ 424；Ⅳ 449；Ⅴ 487	
bridge structures	桥梁结构 Ⅴ 496，500，502，512；Ⅶ 879，892 – 894	
building purposes	建筑目的（20 世纪）Ⅶ 934 – 941，947 – 953	
fire resistance systems	防火系统 Ⅴ 480；Ⅶ 942 – 943	
prestressed	预应力 Ⅶ 879，892 – 894，935 – 937，939	

reinforced	加固 Ⅳ 451；Ⅴ 487 – 491，495 – 496，502； Ⅶ 892 – 894，934 – 935，937 – 945
roads	道路 Ⅳ 539；Ⅶ 875 – 876
Roman period	罗马时期 Ⅱ 405，407，410 – 413
Romanesque period	罗马式时代 Ⅱ 127 – 128
tunnels	隧道 Ⅳ 464；Ⅴ 502
Condensers	冷凝器
gas（coal-）manufacture	煤气制造业 Ⅳ 266 – 270
metallurgical furnaces	冶金炉 Ⅲ 51
radio invention（capacitors）	无线电的发明（电容器）Ⅶ 1233
steam engines	蒸汽机 Ⅳ 182，184 – 186，189，192，421
Conduit, built by Hezekiah, King of Judah	渠道，由犹大国王希西家开凿 Ⅲ 510 – 511
Conservatism of craftsmen	工匠的守旧性 Ⅱ 350，558，649
Consultative Committee on Secondary Education	中等教育顾问委员会（1938 年）Ⅵ 162 – 167
Contractors	承包人 Ⅳ 454 – 455，631，642
Chenopodium	土荆芥 Ⅰ 355，370；Ⅱ 157
Chileans	智利人 Ⅰ 179
Convolvulus scammonia	旋花属植物 Ⅰ 249
Coopering	制桶 Ⅲ 128 – 133，图版 7；参见 Barrels
Copley medal of the Royal Society	皇家学会颁发的科普莱奖章 Ⅳ 204
Copper	铜 Ⅳ 225；参见 Brass, Bronze, Metal Headings
alloys	合金 Ⅰ 588 – 592；Ⅱ 53 – 55；Ⅲ 37 – 42，46，49，58，361；Ⅳ 130，133，146；Ⅴ 609 – 610；Ⅵ 428 – 430，443 – 447，449
assaying of ores	矿石检验 Ⅲ 62 – 63
'black' copper	"黑铜" Ⅱ 50；Ⅳ 129
brazing materials	铜焊材料 Ⅰ 650 – 652
bulls, temple at EI-Ubaid	铜牛，乌拜达神庙 Ⅰ 465，638 – 640
by-products	副产品 Ⅴ 77，96
carbonate	碳酸铜 Ⅲ 48

casting techniques	铸造工艺 Ⅰ 578, 587 –588, 601, 606 –608, 627 –628, 634 –635；Ⅴ 609 –610
coins	铜币 Ⅱ 53；Ⅲ 46 –47；Ⅳ 119
compounds	化合物 Ⅳ 122
cooking pots	烹饪锅 Ⅰ 399；Ⅴ 605
early times	早期 Ⅰ 64, 66, 574 –575, 584 –588
enamelled metal-work	搪瓷金属制品 Ⅱ 462 –463, 466；Ⅲ 48
engraving, copper plate	雕刻，铜板 Ⅲ 405, 408 –410
extraction	提炼，精炼；参见 refining
gilded metal-work	镀金制品 Ⅱ 462, 466 –467
glass-making tools	玻璃制具 Ⅳ 371 –372
glazes, ingredient	釉，成分 Ⅱ 301；Ⅳ 333 –335
gold refining process	精炼黄金法 Ⅱ 42 –43
metal-working	金属加工 Ⅴ 607 –609
mining	采矿 Ⅰ 563 –567, 574；Ⅱ 7, 48；Ⅳ 64 –65, 74, 77；Ⅵ 410, 413 –414, 418 –419, 424
oxide	氧化铜 Ⅲ 46 –47
pigments source	颜料来源 Ⅰ 293；Ⅱ 362；Ⅳ 122
plate (sheet) manufacture	薄板制造 Ⅴ 617, 图版 38
precision instruments	精密仪器 Ⅳ 601
printing blocks, woodcuts	印刷板，木刻 Ⅲ 405
production	生产 Ⅱ 51 –53；Ⅴ 73, 76, 605
refining and smelting	精炼和冶炼 Ⅰ 585 –588；Ⅱ 11, 48 –51；Ⅲ 27, 29, 33；Ⅳ 118 –119, 126 –130；Ⅴ 72, 76 –88；Ⅵ 424
sheet copper-work	铜板制品 Ⅰ 641
'Sheffield plate'	"设菲尔德板" Ⅳ 130
ships, copper sheathing	船舶，包铜 Ⅳ 579 –580, 591 –592；Ⅴ 84, 605, 608
silver refining	银精炼 Ⅳ 136 –137, 139 –140, 142, 146；Ⅴ 95 –96

smelting	冶炼；参见 refining	
solders	焊料 Ⅰ 651 – 653；Ⅱ 352；Ⅲ 48	
tools and weapons	工具和武器 Ⅰ 46，59 – 60，73，207 – 208，509，513，577，601 – 607，687 – 689	
tube manufacture	管材制造 Ⅴ 625 – 628	
tyres, primitive wheels	轮胎，原始车轮 Ⅰ 208	
uses	使用 Ⅳ 130；Ⅴ 84，605	
verdigris manufacture	铜绿制造 Ⅱ 362	
Copperas (ferrous sulphate)	绿矾（硫酸亚铁）Ⅲ 680，694，706；Ⅳ 250 – 251	
Coppersmiths	铜匠 Ⅱ 53	
Corchorus	黄麻 Ⅰ 450	
Cordials	甘露酒；参见 Drinks	
Cordwain	科尔多瓦 Ⅱ 150 – 151，155，177	
'Corinthian bronze'	"科林斯青铜" Ⅱ 43	
Cork stoppers	软木塞 Ⅲ 10	
Corn-mills	谷物磨坊 Ⅳ 199 – 201，206 – 207，209 – 212	
Correcting devices, tools	校正装置，工具 Ⅳ 395	
Corrosion	腐蚀 Ⅵ 427，434，450 – 453；Ⅶ 985	
Cosmetics	化妆品；参见 Incense	
alabaster cosmetic jar	雪花石膏化妆品罐 Ⅰ 图版 3	
ambergris	龙涎香 Ⅳ 57	
ancient man	古人 Ⅰ 238 – 298	
eye-paints	眼部化妆品 Ⅰ 292 – 294	
face-paints	脸部化妆品 Ⅰ 294	
gold cosmetic case, Ur	金制化妆盒，乌尔 Ⅰ 654，656	
oils and fats used	使用的油脂 Ⅰ 287 – 289	
ointments	油膏 Ⅰ 291 – 292	
perfumes, preparation	香料，制备 Ⅰ 289 – 291；Ⅴ 317	
Cosmography	宇宙志 Ⅲ 535 – 536	
Cost-book system, mining	成本登记制度，采矿 Ⅳ 73 – 74	

Cotton	棉花 Ⅱ 199 – 200；参见 Spinning, Textileheadings, Weaving
bleaching process	漂白工序 Ⅱ 218
cloth, list of types	织物，类型列表 Ⅲ 178 – 179
crop production	作物生产 Ⅵ 328 – 329, 338
early history	早期历史时期 Ⅰ 373 – 374, 432, 436, 449
fulling process, cloth	缩绒工序，织物 Ⅱ 214 – 216；Ⅲ 169 – 172
Gossypium species	棉属植物 Ⅰ 449；Ⅲ 159
machinery, cotton-mills	机械，棉纺 Ⅳ 277 – 291, 315；Ⅴ 598 – 599
Manchester cotton	曼彻斯特布 Ⅲ 179
-mills	棉织厂 Ⅳ 265 – 266, 268 – 269, 274
paper-making	造纸 Ⅲ 411
processing after picking	采摘后加工 Ⅲ 160, 163 – 164
supply sources	供应源 Ⅲ 159
Cow's milk, Greeks' abhorrence	希腊人对牛奶厌恶 Ⅱ 119
Craft, change to science	工艺，向科学转变 Ⅳ 663 – 681
Craftsmanship, craftsmen	工艺，工匠；参见 Artisans, Tradesmen
ancient man	古人 Ⅰ 128 – 143
human skill	人类技艺 Ⅰ 1 – 37
Cranes	起重机 Ⅱ 602, 607, 638, 656 – 662, 图版 38B；Ⅲ 420, 422 – 423；Ⅶ 938；参见 Hoists, Pulleys
Cranks	曲柄 Ⅱ 393 – 394, 635, 651 – 655；Ⅲ 423
Crease resistance	抗皱性 Ⅵ 672 – 673
Creep (metal deformation)	蠕变（金属变形）Ⅶ 984 – 985
Crepon (cloth)	织物（布）Ⅲ 178
Crete	克里特
building techniques	建筑材料 Ⅰ 484 – 487
chryselephantine work	镶嵌了金子的象牙制品 Ⅰ 661

dyes	染料 I 246 – 247
fresco paintings	壁画 I 242 – 243
ivory work	象牙制品 I 672 – 673
Minoan culture	米诺斯文化 I 199 – 200，202，204，212，地图 4，表 F
Minos Palace	米诺斯宫殿 I 232，235，486 – 487，672，714 – 715
pottery	陶器 I 397 – 399，401 注释 1，403 – 404，406 – 407
roads	道路 I 714
windmills	风车 II 618 – 619
writing	文字 I 758 – 759
'Crimplen' yarn	"克林普纶"纱 VI 660
Cro-Magnons	克罗马侬人 I 32，35
Crocus sativus	番红花 I 246
Crops	作物；参见 Agriculture
Cross-bow (*gastraphetes*)	弩（弩手）II 647，699，707 – 709，721 – 724；III 353
Cross-shave (smoother, inside pails)	横向刨（抛光，桶内壁）III 112
Cross-staff, or Jacob's staff	十字杆，十字测天仪 III 527 – 528，537，546 – 547，591，625
Crow-bars	上方顶横条 II 252
Croze (cooper's tool)	凿槽具（制桶匠的工具）III 119
Cruciferae	十字花科 I 360
Crusades	十字军 II 756，764 – 766，表 3
Cubit measures	肘尺测量 I 777 – 779
Cudbear (dye)	染料 IV 249 及注释，253
Cuir bouilli	浸软而压成型的皮革 II 171，173，180
Culinary arts, ancient man	烹饪技术，古代人 I 238 – 298
Cultures and civilizations	文化和文明 I 38 – 57，58 – 84；参见 Societies
Abbevillian	阿布维利文化；参见 Chellean

Acheulian	阿舍利文化 I 25 – 28，68，131 – 132，表 D
American（Aztec，Inca，Maya）	美洲（阿兹特克，印加，玛雅）I 82 – 84，124 – 126
Aurignacian	奥瑞纳文化 I 33，190，497，表 D
Capsian	卡普萨文化 I 501，509，511，606
Celtic	凯尔特文化 II 537 – 540，542 – 543，550 – 551，560 – 561
Chellean	舍利文化 I 27，131，表 D
Chelleo-Acheulian	舍利 – 阿舍利文化 I 25 – 29，131 – 132
Clactonian	克拉克当文化 I 28 – 30，188，表 D
Cortaillod	科尔塔约文化 I 373
Danubian	多瑙河文化 I 309 – 311，354 – 355，357，359，361 – 362，364 – 366，368，372 – 373，387，502，507
Egyptian	埃及文化 I 46，49 – 55，80，102 – 103，111，139，161；参见 Egypt
Eskimo	爱斯基摩文化 I 180 – 183；参见 Eskimo people
Greek	希腊文化 I 104 – 105；参见 Greece
Hallstat	哈尔施塔特文化 I 362，367，369 – 370，399 – 400，443，451，518，565 – 567，613，617 – 618，表 E
Inca	印加文化；参见 American
Indus valley	印度河谷 I 46，50，80，194，202，表 F
La Tène	拉坦塔文化 I 514，567，617，618，表 E
Levalloisian	勒瓦娄哇文化 I 29 – 31，35，132 – 134，表 D
Magdalenian	马格德林文化 I 32，134，136，157 – 158，160 – 161，188，407，表 D
Maglemosian	马格尔莫斯文化 I 175，190，498 – 499，表 E

Mayan	玛雅文化；参见 American
Mesolithic	中石器时代文化 Ⅰ 34，100，156 – 157，161 – 162，495 – 499，表 D，E
Minoan	米诺斯文化 Ⅰ 199 – 200，202，204；参见 Crete
Mousterian	莫斯特期文化 Ⅰ 30 – 32，表 D
Natufian	纳吐夫文化 Ⅰ 496，501 – 503，511，513，520，542，表 E
Neolithic	新石器时代文化 Ⅰ 42 – 45，79 – 84，192，304，306 – 312，349 – 351，353，376 – 377，418，499 – 503，561；参见 Agriculture
Palaeolithic	旧石器时代文化 Ⅰ 22，27，30 – 32，68
Phoenician	腓尼基文化；参见 Phoenicians
Roman	罗马文化 Ⅰ 82；参见 Romans
Solutrean	索鲁特期文化 Ⅰ 32，表 D
Sumerian	苏美尔文化 Ⅰ 46，48 – 49，50，52，54 – 57，80，101 – 102，194，199 – 200
Upper（Late）Palaeolithic	上古旧石器时代文化 Ⅰ 32 – 34，101，134，136 – 139，300，413，495，559，745，表 D
Cupels and cupellation	灰皿和灰吹 Ⅲ 60，64 – 65
Curcuma	姜黄 Ⅰ 247；Ⅲ 694
Cutlery	餐具 Ⅱ 125；Ⅲ 20，115；Ⅳ 108；Ⅴ 834
Cycloid theory	摆线理论 Ⅲ 345，663 及注释 3
Cylinders	气缸；参见 Internal combustion engines，Tubes
boring machines	镗床 Ⅲ 367 – 368；Ⅳ 421 – 422
cannon costs	火炮成本 Ⅲ 363
coin-making	造币 Ⅲ 341
diameters，steam-engine	直径，蒸汽机 Ⅳ 177，179，183，189；Ⅴ 127

escapements, timekeepers	摆轮，计时器 Ⅲ 671，673 - 674
'McNaught' type	"麦克诺特"式 Ⅳ 194 - 195
paper-making machines	造纸机 Ⅲ 412，414 - 415
steam-engines	蒸汽机 Ⅳ 176 - 177，179，181 - 182，184 - 186，188 - 192，197，431；Ⅴ 124，126，130，134
suction pumps	吸泵 Ⅲ 330 - 334
Cymbopogon schoenanthus	姜草 Ⅰ 288
Cyperus esculentus	灯芯草 Ⅰ 288
C. papyrus	莎草属植物 Ⅰ 285，754
C. rotundus	灯芯草 Ⅰ 288
Cyprus	塞浦路斯
alum production	明矾生产 Ⅰ 263
copper mines	铜矿 Ⅰ 565
iron industry	钢铁工业 Ⅰ 598
ivory-work	象牙制品 Ⅰ 676 - 677
metal-work	金属制品 Ⅰ 623 - 624
pottery	陶器 Ⅰ 403
script	文字 Ⅰ 761
Czechoslovakia, coal	捷克斯洛伐克，煤 Ⅵ 180

D

'Dacron' fibres	"涤纶纤维" Ⅵ 651
Daggers	匕首；参见 Knives，Swords，Weapons
bronze	青铜 Ⅰ 510，613 - 614，661；Ⅱ 481
copper	铜 Ⅰ 603 - 605
flint	燧石 Ⅰ 509 - 510；Ⅱ 159，164
gold sheath, Ur	金属鞘，乌尔 Ⅰ 654，656
iron	铁 Ⅰ 618 - 619
wood	木制 Ⅰ 517

Dairy products	乳制品 V 32 – 36；参见 Milk industry
Damascene（Damask-steel）	以金、银、钢等金属线包裹的钢（大马士革钢）Ⅱ 57 注释
Damascus pigment（cobalt blue）	大马士革颜料（钴蓝色）Ⅱ 301
Damask（cloth）	大马士革（布）Ⅲ 165，192，199 – 203，205
Dams and reservoirs	大坝和水库 Ⅳ 490，495 – 498，501 – 502；参见 Dikes，Water-supply
design	设计 V 502，556 – 558；Ⅶ 1366
earth	土地 Ⅵ 197；Ⅶ 1366 – 1367
flood control use	防洪 Ⅲ 310 – 311
gravity	重力 Ⅵ 199；Ⅶ 1368
land reclamation	土地改造 Ⅲ 301 – 303，308
massive buttress	巨型支墩坝 Ⅵ 198 – 199；Ⅶ 1368
multiple arch	多拱形 Ⅵ 199；Ⅶ 1368
rockfill	堆石坝 Ⅵ 197，199；Ⅶ 1367，1369
single arch	单拱桥 Ⅵ 199 – 200
Dams and reservoirs, named	大坝和水库名称
Australia	澳大利亚
Lithgow No. 2	利思戈 2 号水坝 V 557 – 558
Egypt	埃及
Aswan	阿斯旺水坝 V 543 – 544
Asyut	艾斯尤特水坝 V 544
England	英格兰
Blackton reservoir	布莱克顿水库 V 524
Crown reservoir	科恩水库 V 523
Dale Dyke dam	戴尔大堤水坝 V 523，556
Haweswater	霍斯沃特水库 Ⅶ 1368，1370
Holmfirth	霍姆弗斯水坝 V 523，556
Howden，Derwent Valley	豪登水坝，德文特谷 Ⅶ 1369
Keswick pumped storage scheme	凯西克蓄能工程 Ⅵ 212
Ladybower Dam，Derwent Valley	莱迪鲍尔水坝，德文特谷 Ⅶ 1367

Lynton and Lynmouth scheme   林顿和林茅斯公司 Ⅵ 212

Thirlmere Dam   提鲁梅雷水坝 Ⅴ 558

Windermere storage scheme   温德米尔蓄能工程 Ⅵ 212

France   *法国*

Bouzey Dam   布泽石坝 Ⅴ 523

Furens Dam   富伦斯水坝 Ⅴ 522, 556 – 557

Lampy Dam   朗皮水坝 Ⅴ 522

Zola Dam   佐拉水坝 Ⅴ 522, 557 – 558

Italy   *意大利*

Santa Giustina Dam   圣朱斯蒂娜坝 Ⅵ 200

Vajont Dam   瓦乔特大坝 Ⅵ 200

Netherlands(Holland)   *荷兰*

Amsterdam city dams   阿姆斯特丹大坝 Ⅲ 293 – 295

Scotland   *苏格兰*

Galloway hydro-electric scheme   加洛韦水电工程 Ⅵ 199 – 200

Loch Sloy Dam   斯洛伊湖大坝 Ⅵ 201

Spain   *西班牙*

Alicante Dam   阿利坎特大坝 Ⅴ 522, 556 – 557

Uganda   *乌干达*

Owen Falls Dam   欧文瀑布大坝 Ⅵ 198

U.S.A.   *美国*

Bear Valley Dam   熊谷水坝 Ⅴ 557 – 558

Boulder Dam   博尔德水坝 Ⅵ 199

Salt Springs Dam, California   盐泉谷大坝, 加利福尼亚 Ⅵ 199

Wales   *威尔士* Ⅴ 553

Claerwen   克利文 Ⅶ 1368, 1369

Caban Coch Dam   卡班科水坝 Ⅴ 557 – 558

Dolgarrog Dam   多尔加罗格水坝 Ⅴ 523

Vyrnwy   韦尔努伊河 Ⅴ 522, 553, 557 – 558, 图版 33B

Danubian culture   多瑙河文化；参见 Cultures

Date-palms	椰枣 Ⅰ 371，450，523，551－552
Daucus	胡萝卜属 Ⅰ 356
'David' of Michelangelo	米开朗基罗《大卫》像 Ⅱ 28
De Aquis（Frontinus）	《水》（弗朗蒂努斯）Ⅱ 405，419
De coloribus et artibus Romanorum（Heraclius）	《罗马人的绘画和艺术》（希拉克略）Ⅱ 63，351；Ⅲ 207
De materia medica（Dioscorides）	《药物学》（迪奥斯科里斯）Ⅱ 371
De natura fossilium（Agricola）	《论矿石的性质》（阿格里科拉）Ⅱ 34－35
De re aedificatoria of L. B. Alberti	阿尔贝蒂的《论建筑》（1485 年）Ⅲ 250，446
De re metallica of Agricola	阿格里科拉《论冶金》Ⅱ 13－24，290；Ⅲ 27－28，82，206，212－214，324，677
De rebus bellicis	《论战争的物质要素》（约 370 年）Ⅱ 605，607，719
Decimal system	十进制 Ⅲ 61，542
Decoration	装饰；参见 Ceramics
building	建筑 Ⅳ 447，474
ornamental turning	装饰性车削 Ⅳ 419－420，425
techniques	技艺 Ⅳ 436
Delhi Durbar	《德里杜尔巴》（拍摄于 1911 年）Ⅶ 1306
Demarcation disputes	权限争论 Ⅵ 98－99
Denmark	丹麦；参见 Europe
agriculture	农业 Ⅰ 355；Ⅳ 16，35；Ⅴ 2，15，19－20，32
boring tools	钻孔工具 Ⅰ 191－192
building methods	建造方法 Ⅰ 302－303，311－312，314
canals and inland waterways	运河和内陆水道 Ⅳ 560－561
ceramics	陶瓷 Ⅴ 661，666－668，670
chemical research	化学研究 Ⅴ 303
dredging	疏浚 Ⅳ 640
electricity	电力 Ⅴ 178，183－184；Ⅵ 216
fishing	捕鱼 Ⅰ 168；Ⅵ 348

food-gatherers 食物采集者 Ⅰ 495 – 496

Iron Age man of Tollund 图伦的铁石器时代人类 Ⅰ 355，图版 6B

motor vehicles 摩托车 Ⅴ 429

navigational aids 航海设备 Ⅴ 456

ploughs 犁 Ⅱ 83 – 85，87，91

surveys 测量 Ⅳ 610

telegraphy 电报通讯 Ⅳ 654

textiles 织物 Ⅰ 442 – 443，图版 17A

water-supply 供水 Ⅳ 497

wheel 车轮 Ⅰ 206 – 207，209 – 210，213

wind power, electricity 风力发电 Ⅵ 216

Density, assay by 密度检验 Ⅲ 66 – 68

Dentistry 牙医学 Ⅳ 145；Ⅶ 1323 – 1326

Department of Science and Art, Britain 科学艺术部，英国 Ⅴ 782 – 784，790，794

Department of Scientific and Industrial Research, Britain 科学工业研究部，英国 Ⅴ 550

Design methods 设计方法

    fabrics 织物 Ⅲ 187 – 205

    stained glass 彩色玻璃 Ⅲ 240 – 242

Detergents 清洁剂 Ⅰ 249，260 – 261；Ⅵ 547

Detonators 炸药 Ⅵ 549；参见 Explosives

Development areas 开发区 Ⅶ 968 – 973

Diagrams, engraving 图表，雕刻 Ⅲ 405，409

Dials 刻度盘；参见 Instruments

    clocks 时钟 Ⅳ 414

    micrometer screw 测微螺旋 Ⅳ 396

    telegraphic equipment 电报装置 Ⅳ 409

Diamonds 钻石 Ⅳ 66，68；参见 Jewellery

    cutting 切削 Ⅳ 387

    glass-cutting 玻璃切削 Ⅲ 233

glass-engraving　　　　　　　　雕刻玻璃 Ⅲ 229

　　industrial　　　　　　　　　　工业化的 Ⅳ 68

Diaper（linen fabric）　　　　　迪亚普尔（亚麻布） Ⅲ 178

Dibbling（sowing method）　　　点播（播种方法） Ⅲ 135 – 136

Dictionaries　　　　　　　　　　词典；参见 Encyclopaedias

　　chemical substances　　　　　化学物质 Ⅳ 223

　　technology　　　　　　　　　技术（17 世纪） Ⅲ 682

Dictionnaire des Sciences　　　　《科学词典》（1765 年）；参见 Encyclopidie

Die-stamping　　　　　　　　　冲压 Ⅲ 338 – 339

Die-stocks　　　　　　　　　　　板牙架 Ⅳ 419，图版 28

Diesel engines　　　　　　　　　柴油机；参见 Internal combustion Engine

Diffusion，ideas/information　　　传播，想法/信息 Ⅰ 58 – 84；参见 Chronol-
　　　　　　　　　　　　　　　　ogy，Invention，Trade

　　Chinese technology　　　　　中国技术 Ⅱ 768 – 771

　　fire-drills　　　　　　　　　火钻 Ⅰ 226

　　glass manufacture　　　　　　玻璃制造业（约公元前 750 年） Ⅱ 321

　　gunpowder uses　　　　　　　火药的用途（约 1300 年） Ⅱ 379 – 380

　　metal-working skills　　　　　金属加工工艺 Ⅰ 573，576

　　microliths　　　　　　　　　细石器 Ⅰ 496

　　Old World and the New　　　旧大陆和新大陆 Ⅰ 82 – 84，166

　　primitive writing　　　　　　原始文字 Ⅰ 761

　　wheel　　　　　　　　　　　车轮 Ⅰ 203 – 204，207，209 – 211，716

Digging-sticks　　　　　　　　　挖掘棒 Ⅰ 59，502，510

Dikes and polders　　　　　　　堤坝和泽地 Ⅱ 680 – 609；Ⅲ 293 – 294，301 –
　　　　　　　　　　　　　　　　303，308，310，318，320，441 – 442，452，
　　　　　　　　　　　　　　　　468；Ⅶ 907 – 912；参见 Canals，Dams，
　　　　　　　　　　　　　　　　Drainage

Dilatometers　　　　　　　　　膨胀仪 Ⅳ 305 – 307

Dimity（cotton fabric）　　　　迪米雅（条格麻纱） Ⅲ 178

Dioptra instrument　　　　　　屈光仪 Ⅲ 591，609 – 612，641

Dioscorea　　　　　　　　　　薯蓣 Ⅲ 2

Dipsacus fullonum　　　　　　起绒草 Ⅱ 193

Disarmament 裁军 Ⅵ 282 – 283

Disc sound recording 唱片录音 Ⅶ 1262 – 1263

Discovery 发现 Ⅰ 58 – 84；参见 Diffusion, Invention

Diseases 疾病；参见 Medical technology

  cholera epidemics 霍乱流行 Ⅳ 510, 624

  geography of 疾病地理学 Ⅳ 624

  industrial 工业病 Ⅳ 347, 349, 356；Ⅴ 237, 253, 515, 520, 636 – 637, 831 – 832

  plague (Black Death), London 瘟疫（黑死病），伦敦（1349 年）Ⅳ 505

  occupational 职业病 Ⅳ 517

  water-borne 经水传染的 Ⅴ 561 – 562, 567

Distemper 涂料 Ⅵ 602；参见 Paints

Distillation 蒸馏法；参见 Chemical subjects

  alcohol manufacture 酒精制造 Ⅱ 141 – 144, 375 注释；Ⅲ 2, 11 – 12, 678；Ⅴ 303 – 308

  ancient techniques 古代工艺 Ⅱ 348 – 349

  apparatus 仪器 Ⅲ 60

  chemical processes 化学工序 Ⅲ 679, 686 – 687；Ⅳ 230

  furnace design 熔炉设计 Ⅲ 54

  medieval alchemy 中世纪炼金术 Ⅱ 739 – 745

  mercury 水银 Ⅲ 51

  'pelicans' 鹈鹕 Ⅱ 749 – 750

  wood products 木制产品 Ⅴ 308 – 311

Diversarum artium schedula (Theophilus) 《不同技艺论》（特奥菲卢斯）Ⅱ 63 – 64, 351

Dividing-engines 刻线机 Ⅲ 641 – 643；Ⅳ 380, 388 – 395, 409

Divining-rods 探矿棒 Ⅱ 24

Division of labour 劳动分工 Ⅵ 78；参见 Management

Docks and harbours 码头和港口；参见 Civil engineering, Hydraulics, Ports

  Bristol, England 布里斯托尔，英格兰 Ⅳ 468

building work	建筑业（19 世纪）Ⅳ 452，464 – 468；Ⅴ 539 – 541	
Cherbourg, France	瑟堡港，法国 Ⅳ 465 – 466	
dredging	疏浚 Ⅱ 656 – 657	
East India Docks, London	东印度码头，伦敦 Ⅳ 467	
Glasgow, Scotland	格拉斯哥港，苏格兰 Ⅳ 468	
Greek	希腊港 Ⅱ 517 – 518	
Howland Great Dock, London	豪兰大码头，伦敦 Ⅳ 467	
Liverpool, England	利物浦港，英格兰 Ⅳ 468	
London Dock Company	伦敦码头公司 Ⅳ 492，494	
London Docks, Wapping, England	伦敦瓦平码头，英格兰 Ⅳ 467	
machinery	机械 Ⅳ 426 – 427，467 – 468，581 – 582	
medieval	中世纪 Ⅱ 536，607，625	
Plymouth, England	普利茅斯港，英格兰 Ⅳ 466	
Portsmouth, England	朴次茅斯港，英格兰 Ⅳ 424，580 – 581	
Ramsgate, England	拉姆斯盖特港，英格兰 Ⅳ 467	
Roman	罗马港 Ⅱ 516 – 521	
Victoria Docks, London	维多利亚码头，伦敦 Ⅳ 449	
West India Docks, London	西印度码头，伦敦 Ⅳ 467	
Dolomite	白云石 Ⅴ 664	
Domesday Book	《末日审判书》Ⅱ 35，91，93，611	
Domesday Survey, corn-mills	《英格兰土地调查清册》（1086 年），谷物磨坊 Ⅳ 199，209	
Domestic appliances	家用电器 Ⅶ 1126 – 1149	
electric	电器 Ⅶ 1132 – 1135，1140 – 1141，1144 – 1148	
gas	煤气灶 Ⅶ 1135 – 1136	
heating	加热器 Ⅶ 1132 – 1135	
hot water	热水器 Ⅶ 1142 – 1144	
kitchen design	厨房设计 Ⅶ 1135，1137 – 1138	
manual	手动的 Ⅶ 1129 – 1131	

solid fuel	固体燃料 Ⅶ 1138 – 1139
vacuum cleaners	真空吸尘器 Ⅶ 1129 – 1131
Door-sockets	门的凹窝 Ⅰ 193 – 194，306，472
Dorsal-car sledge	无轮担架车 Ⅲ 140 – 141
Dowlas（linen cloth）	杜拉斯（粗布）Ⅲ 178
Dowsing	探测；参见 Divining-rods
Drainage	排水；参见 Irrigation, Land reclamation
administrative organizations	行政组织 Ⅲ 308，319，322
dikes	堤坝 Ⅱ 685 – 689；Ⅲ 301 – 303，308，310，318，320
drainage-mills	抽水机 Ⅲ 303 – 307，317，321 – 322
drying，inland meers	排干，内陆海 Ⅲ 302 – 306，308，320
fen drainage	沼泽排水 Ⅲ 315 – 322；Ⅳ 32
flood-gates and sluices	防洪闸和水闸 Ⅲ 302 – 303，305 – 306，312，320
land	陆地 Ⅱ 680 – 685；Ⅲ 300 – 323；Ⅳ 22，32
London，England	伦敦，英格兰 Ⅳ 449
marshes	沼泽 Ⅲ 311 – 313，318 – 319
Paris drains	巴黎下水道 Ⅳ 505，512 – 513
polders	圩田 Ⅲ 301，304，306，310，320；Ⅶ 907 – 912
pumps	泵 Ⅲ 303 – 305，307 – 308，321 – 322
river regulation	河道整治 Ⅲ 308 – 316，318 – 320
scoop-wheel	戽斗轮 Ⅲ 303 – 306，321 – 322
sea-defences	海防工事 Ⅲ 300 – 302，308，316
steam-power	蒸汽动力 Ⅳ 452
Draught-animals	耕畜 Ⅱ 90 – 92，94，514 – 515，546 – 547，592 – 593；参见 Harness, Horses
Draw-plates	起模板 Ⅲ 47
Dredgers，dredging	疏浚机，疏浚 Ⅲ 420，425；Ⅳ 629 – 643
Drills，drilling	钻孔机，钻孔；参见 Augers

arrow-headed   箭头钻 Ⅰ 613

beam-drill   钻床 Ⅲ 114

bore-holes, mines   钻孔，矿 Ⅳ 67 – 68

bow-drills   弓钻 Ⅰ 182, 187, 189 – 190, 224 – 225, 612 – 613, 679 – 680, 688 – 689; Ⅱ 230 – 231, 631

coal mining   煤矿开采 Ⅳ 80

dentistry   牙医业 Ⅶ 1326

fire-drill (includes fire-making)   火钻（包括取火）Ⅰ 198, 220, 222 – 224

hand-drill   手摇钻 Ⅰ 189

Iron Age tool   铁器时代工具 Ⅰ 619

machine-tools   机床 Ⅳ 385, 441, 图版 22A

oil industry   石油工业 Ⅴ 107 – 112, 185; Ⅵ 377 – 392

Mohole project   莫霍计划（1958 年）Ⅶ 1456 – 1457

pneumatic   充气的 Ⅴ 527

pump-drills   泵钻 Ⅰ 190 – 191, 225 – 226; Ⅱ 231

rock-boring   钻岩 Ⅳ 71 – 72

scoop-drills   戽斗钻 Ⅱ 230 – 231

seed-sowing   割草机 Ⅲ 135 – 136

strap drills   皮带钻孔器 Ⅰ 197; Ⅳ 381

thong-drills   皮带钻 Ⅰ 220 – 221, 224 – 225

tradesmen's tool   工匠工具（约 1500—1850 年）Ⅲ 110

tubular drills   管钻 Ⅰ 191 – 192

Drinks   饮料 Ⅱ 103 – 146; Ⅲ 1 – 26; 参见 Alcohol, Beer, Viticulture, Wine

alcoholic   酒精饮料 Ⅲ 10 – 12, 21 – 22

ale   麦芽啤酒 Ⅲ 23

barley-water   大麦汤 Ⅱ 119

beer   啤酒 Ⅱ 105 – 106, 123, 128, 139 – 141; Ⅲ 10 – 11, 80

brandy   白兰地 Ⅱ 142 – 143, 380

chocolate and cocoa 巧克力和可可 Ⅲ 5 – 6

cider and perry 苹果酒和梨酒 Ⅱ 139, 637；Ⅲ 10

coffee 咖啡 Ⅲ 1, 5 – 6, 23

liqueurs 甜露酒 Ⅱ 142

milk 牛奶 Ⅱ 119 – 120, 123；Ⅲ 23 – 24

spirits 烈酒 Ⅲ 11, 23

tea 茶 Ⅲ 1, 5, 23

wine 酒 Ⅱ 106, 112 – 113, 116, 119, 123, 128 – 131, 134, 137；Ⅲ 11

wine-manufacture 酒制造业 Ⅱ 131 – 133, 135 – 138

Drugget（cloth） 粗花布（织物）Ⅲ 179

Drugs（medicines） 药 Ⅱ 371 – 372；Ⅲ 1；Ⅴ 300, 317 – 319；Ⅶ 1326 – 1327

Duchy of Cornwall, Stratford corn-mill 康沃尔郡公爵领地，斯特拉特福谷物磨坊 Ⅳ 209

Dudley Observatory, New York 达德利天文台，纽约 Ⅶ 1174

Durio 榴梿属 Ⅰ 169

Dust, protection from 防尘 Ⅲ 351

Dutch metal（brass） 荷兰金属（黄铜）Ⅳ 133

'Duty' of engines 发动机的能率 Ⅳ 164, 175, 179, 193 – 194

Dyaks of Borneo 婆罗洲迪雅克人 Ⅰ 117

Dyes, dyestuffs and industry 染料，染料和工业 Ⅴ 257 – 283；参见 Pigments

alizarin 茜素 Ⅴ 261, 276 – 278

ancient craft 古代工艺 Ⅰ 248 – 250, 422 – 423, 441, 677 – 678

aniline dyes 苯胺染料 Ⅳ 321；Ⅴ 267 – 274

annatto 胭脂红 Ⅴ 267

archil（lichen extract） 海石蕊（地衣提取物）Ⅱ 366

basil-wood trees 巴西木 Ⅴ 263 – 266

chemical industry 化学工业 Ⅱ 359, 364 – 369；Ⅲ 681, 692 – 695；Ⅳ 231, 233 – 234, 246, 248 – 250；Ⅵ 505 – 506, 509, 563 – 568

classification	分类 Ⅳ 248；Ⅴ 280
cochineal and kermes	胭脂虫红颜料和虫胭脂 Ⅱ 366 – 367；Ⅲ 679；Ⅴ 258 – 259
cutch（catechu）	儿茶 Ⅴ 266
disperse class	分散染料 Ⅵ 554
fastness	堡垒 Ⅵ 566 – 568
fustic	黄颜木 Ⅴ 264 – 265
indigo	靛蓝 Ⅱ 364 – 365；Ⅲ 679；Ⅴ 261 – 263，279
indigotin	靛 Ⅱ 364 – 365；Ⅴ 261 – 262，278 – 279
insect sources	昆虫来源 Ⅱ 366；Ⅲ 695；Ⅴ 258 – 259
leather dyeing	皮革染色 Ⅱ 156，168
logwood trees	苏木 Ⅴ 263 – 266
madder	茜草 Ⅱ 366；Ⅴ 260 – 261，276 – 277
manganese sulphate	硫酸锰 Ⅳ 147
manufacture	制造业（20 世纪）Ⅵ 505 – 506，644 – 645
mollusc source	软体动物来源 Ⅱ 367
mordants	媒染剂 Ⅱ 350，364 – 369；Ⅲ 77；Ⅳ 231，233 – 234
organic sources	有机质来源 Ⅰ 245 – 248
phthalocyanine pigments	酞菁颜料 Ⅵ 568
plant sources	植物来源 Ⅱ 364 – 367；Ⅲ 692 – 694；Ⅴ 260 – 267
purple	紫色 Ⅱ 367
safflower	红花 Ⅴ 266 – 267
saffron crocus	番红花 Ⅴ 266
silk dyeing	丝绸染色 Ⅳ 320 – 321
'sulphur' dyes	硫化染料 Ⅴ 279
sulphuric acid use	硫酸使用 Ⅳ 244 – 245
tannin sources	鞣酸来源 Ⅱ 151
uses, miscellaneous	用途，品种多样 Ⅴ 281 – 282
weighting process, silk	增重，丝 Ⅳ 320 – 321

weld（dyer's rocket）	黄木犀草（染匠的）Ⅱ 365 – 366；Ⅴ 265 – 266
woad	靛蓝 Ⅰ 247，249；Ⅱ 349，361，365；Ⅴ 261 – 263
Dynamics	动力学 Ⅲ 344 – 345
Dynamos	动力 Ⅳ 679；参见 Electricity

E

Earth, alchemical element	土，炼金元素 Ⅳ 214
Earth technology	地球技术
calendar	历法；参见 Calendars
Mohole project	莫霍计划（1958 年）Ⅶ 1456 – 1457
ocean depths	海洋深度 Ⅶ 1446 – 1466
shape and size	形状和尺寸 Ⅲ 504 – 506，518 – 522，544，553 – 554，613；Ⅳ 596，600，607
space exploration	太空探索 Ⅶ 857 – 859，861，866
Earthquake effects	地震效应 Ⅱ 423 – 424，470，522
East India Company	东印度公司 Ⅳ 309，328，336，576，578 – 579，590；Ⅴ 449，454
Easter, dating	复活节 Ⅲ 578 – 579
Ecclesiasticus, quoted	埃克赛厄斯蒂库斯，引用 Ⅳ 666
Echo sounders	回声测深器 Ⅵ 344，350；Ⅶ 844，1449 – 1453，1458
École Polytechnique, Paris	高等工科学校，巴黎 Ⅳ 409，444，482，526
Echinochloa	稗属 Ⅰ 369
Economic depression	经济萧条 Ⅵ 15，102 – 103，178；Ⅶ 694，750 – 751，777，872，967，976
Economic influences	经济影响（20 世纪）Ⅵ 48 – 76

Education 教育 Ⅴ 776 –798；参见 Universities

  business 商业 Ⅵ 83 – 86，89

  ceramic industry 陶瓷工业 Ⅴ 659

  industrialized societies 工业化社会 Ⅵ 138 –171

  instruction methods 教学方法 Ⅳ 664 –665

  schools 学校 Ⅴ 776，778，784 –785，790 –796，821，835；Ⅵ 155 –157

  sciences 科学（19 世纪）Ⅴ 779 –797

  secondary（age 14 –18） 中学（14—18 岁）Ⅵ 142 –146，167 –169

  technical 技术教育 Ⅴ 778 –797；Ⅵ 140 –142，158 –161

  trade unions 贸易联盟 Ⅵ 105

  universities 大学 Ⅴ 780 –782，785 –792，796 –797，821；Ⅵ 146 –153，160 –162，170

Egypt 埃及 Ⅰ 表 E，F

  alphabet 字母表 Ⅰ 762

  alum production 明矾生产 Ⅰ 262

  animals，domestication 动物，驯养 Ⅰ 329 –330，340 –341，350，352

  aqueducts 渡槽 Ⅱ 670 –671

  basketry and matting 篮筐和席子 Ⅰ 418 –420，422 –424，图版 9 –10

  boats/ships 舟和船 Ⅰ 731 –736；Ⅱ 564

  bridges 桥梁 Ⅲ 417

  building construction 建筑结构 Ⅰ 304 –306，371 –372，473 –484，图版 19

  calendar systems 历法系统 Ⅰ 121 –124，793 –798；Ⅲ 560

  canals/waterways 运河/河道 Ⅲ 438 –439；Ⅳ 555

  capacity，standards 容量，标准 Ⅰ 781 –782

  carpenter's tools 木匠工具 Ⅱ 229 –231

  ceramics 陶瓷 Ⅰ 377，387 –389；Ⅳ 332，334 –335

E

chariots	战车 Ⅰ 725 – 728；Ⅱ 541
chronology	年表 Ⅲ 564 – 565
coffee	咖啡 Ⅲ 5
coinage	铸币 Ⅱ 488
copper production	铜生产 Ⅰ 564 – 556
cosmetic arts	化妆技术 Ⅰ 285 – 295
dams	大坝 Ⅰ 529
dials	日晷 Ⅲ 595 – 597
draught animals	耕畜 Ⅰ 722 – 723
drills, drilling	钻孔机，钻孔 Ⅰ 190，192 – 193
dyes	染料 Ⅰ 246 – 250，441
early civilization	早期文明 49 – 55，139，161，168，496，509
fabrics, figured	织物，花纹 Ⅲ 194，196 – 197
fire-making	取火 Ⅰ 224 – 225
fish preservation	鱼的保藏 Ⅳ 45
flax cultivation	亚麻种植 Ⅱ 195 – 196
food (culinary arts)	食物（烹饪术） Ⅰ 271 – 285
food plants	食用作物 Ⅰ 355 – 356，359 – 362，365 – 368，371，501 – 502，514，539 – 542；Ⅴ 2
food preservation	食物保藏 Ⅰ 263 – 265
furniture	家具 Ⅱ 221 – 222，235
gardens	花园 Ⅰ 523，543 – 544
geodetic measurements	大地测量 Ⅴ 442
glass-making	玻璃制造 Ⅱ 312 – 318，329，335 – 336，340
glassware	玻璃器皿 Ⅱ 318 – 320，322，324 – 325，327
gold-mining	金矿开采 Ⅰ 579 – 581；Ⅱ 41 – 42
graphic art	版画 Ⅰ 209，238，240 – 245
hieroglyphics	象形文字 Ⅰ 80，192，222 – 223，237，

	263，281，439－440，747，752－757，776
hydraulic engineering	水利工程 V 542－544
iron production	铁生产 I 594，596－597
irrigation	灌溉 I 46，526，528－529，535－542，795，图版 20B
ivory work	象牙制品 I 663－664，666－670，674，679
kilns（pottery）	窑（陶器）I 394－395
knitting	编织 III 181－183
language	语言 I 102－103，287，图版 32
lead production	铅生产 I 583－584
leather-work	皮革制品 II 147－151，156，162－164，172
lighting methods	照明法 I 234，237
mathematics	数学 I 791－793
measurement	测量 I 111，775－777，781－782
metal-work	金属制品 I 627－628，641－642，649，655－660
metallurgy	冶金术 I 578－579
milling sieves	磨筛 II 104
mummification	制作木乃伊 I 266－270，277，756
pharos construction, Alexandria	灯塔建设，亚历山大 II 521－522
pigments	颜料 I 238－240；II 359
ploughs	犁 II 85
potter's wheel	陶轮 I 199－200
pottery	陶器；参见 ceramics
printing	印刷 III 380
religion	宗教 I 123－124
roads	道路 II 494
rope-making	制绳 I 452－454
Roman quarries	罗马采石场 II 29

E

salt production   盐生产 I 257 – 260

shadow-clocks   影钟 Ⅲ 595 – 596

ships   船；参见 boats

silver production   白银生产 I 583 – 584

stone quarrying   采石 I 477 – 479, 526, 568 – 570

sugar production   糖生产 Ⅱ 372；Ⅲ 6 – 7

surveying   测量 Ⅲ 502, 510

syllabic signs   音节符号 I 747 – 750

tapestries   壁毯 Ⅲ 195

textiles   织物 I 414, 427, 431 – 432, 434 – 441, 449, 图版 2, 12A, 13 – 16

tools/weapons, metal   金属工具、武器 I 504, 604, 606

town-planning   城镇规划 Ⅲ 269 – 270

transport   交通运输 I 706, 710, 714, 722 – 723, 725 – 728

viticulture   葡萄栽培 I 282 – 284

water-clocks   水钟 Ⅲ 601

water-lifting devices   汲水装置 I 523 – 524, 542；Ⅱ 671, 677

water-supply   供水 I 526, 528

weaving   编织 Ⅱ 212；Ⅲ 193

weights, measurement   重量, 测量 I 779 – 781, 783, 图版 31B

wheeled vehicles   轮式车辆 I 209, 211 – 212

wood-work   木制品 I 685 – 702

writing   文字 I 102 – 103

Elasticity   弹力

'Hooke's Law'   "胡克定律" Ⅲ 257

mathematical   数学的 Ⅲ 58 – 59

measurement   测量 Ⅳ 163

rubber   橡胶 Ⅴ 753

Electrical communications   电信 Ⅳ 644 – 662；Ⅶ 1220 – 1267

Electrical Engineers, Institution of   英国电气工程师学会 Ⅴ 206

Electricity	电 Ⅵ 284 – 297
A. C. and D. C.	交流电和直流电 Ⅳ 83；Ⅴ 200 – 202, 228 – 232
appliances	装置 Ⅵ 285 – 295；Ⅶ 1128
armatures	电枢 Ⅴ 188 – 193
batteries	电池 Ⅳ 145, 226 – 228, 653, 678；Ⅴ 177 – 178, 181, 183, 187, 203 – 206, 210
cables and transmission lines	电缆和传输线路 Ⅵ 447；Ⅶ 1073 – 1078
commutators	整流子 Ⅴ 182 – 183, 185, 189, 191, 193
consumption	消耗 Ⅵ 291 – 297, 314 – 315, 360, 371, 373, 386
distribution	配电 Ⅴ 208 – 234
dynamos	发电机 Ⅴ 90, 131, 134, 138 – 139, 183 – 196, 198, 200 – 203, 210 – 211, 679
electric motors	电动机 Ⅳ 409；Ⅴ 230 – 233, 301, 641；Ⅶ 1086 – 1090
' electrical machines '	"电机" Ⅲ 638, 644
frictional machine	摩擦起电机 Ⅳ 648 – 649
galvanometers	电流计 Ⅳ 655 – 656
generation	发电 Ⅴ 177 – 207；Ⅶ 1068 – 1090
hydro-electric power	水电站 Ⅵ 196 – 212；Ⅶ 1071 – 1073
insulators	绝缘体 Ⅴ 220 – 223, 663
lighting	照明 Ⅳ 274；Ⅴ 178, 181 – 183, 195 – 197, 208 – 222；Ⅵ 286, 292；Ⅶ 1082 – 1086
luminous sphere, evacuated	发光球体，挖掘 Ⅲ 638；Ⅳ 648
measurement	度量 Ⅶ 1208
motive-power	动力 Ⅳ 79, 81, 83, 409, 548, 571, 679
National Grid, Britain	国家电网，英国 Ⅵ 287, 447；Ⅶ 771
power stations	发电站 Ⅴ 133 – 134, 139, 197 – 203；Ⅶ

                                                               1068 – 1071

public ownership, Britain   公有制，英国 Ⅵ 289

standardization of systems, Britain   标准化供电系统，英国 Ⅵ 288 – 289

steam turbines   蒸汽涡轮机 Ⅶ 1069 – 1071

storage schemes   存储方案 Ⅵ 212 – 213

supply industry   供电行业 Ⅵ 284 – 288

switchgear   开关装备 Ⅵ 448；Ⅶ 1078 – 1080

transformers   变压器 Ⅴ 179，198 – 200，230；Ⅶ 1081 – 1082

utilization   使用 Ⅴ 208 – 234

Electrochemical industry   电化学工业 Ⅳ 227，678 – 679；Ⅴ 608，633；Ⅵ 297，444

Electrochemical telegraphy   电化学电报 Ⅳ 652 – 654

Electrolytic corrosion effect, lead   电解腐蚀效应，铅 Ⅲ 45

Electrolytic effect, copper   电解效应，铜 Ⅳ 580，592

Electromagnetism   电磁学 Ⅳ 679

Electronic engineering   电子工程学 Ⅶ 1091 – 1125；参见 Calculating, Computers, Radio

cathode ray tubes   阴极射线管 Ⅶ 1106 – 1107

circuit and system theory   电路系统理论 Ⅶ 1091，1103 – 1105，1111 – 1115

electronic components   电子元件 Ⅶ 991

microwave devices   微波器件 Ⅶ 1107 – 1108

modulation   调制器 Ⅶ 1109 – 1111，1238 – 1240

passive components   无源元件 Ⅶ 1120 – 1123

photoelectric devices   光电器件 Ⅶ 1105 – 1108

solid state devices   固态器件 Ⅶ 1116 – 1120

thermionic valves   热极阴电子管 Ⅶ 1092 – 1105，1237 – 1238

transistors   晶体管 Ⅶ 1156

X-rays   X 射线 Ⅶ 1092

Electroplating   电镀 Ⅴ 608，633

Electrum   金银合金 Ⅰ 623；Ⅱ 485，486；Ⅳ 146

Elevators	起重机；参见 Lifts
Elixir of life	仙丹 Ⅱ 732
Embalming	防腐处理；参见 Mummification
Embroidery	刺绣 Ⅲ 182
Emery	金刚砂 Ⅱ 29
Empire Cotton Growing Corporation	帝国棉花种植公司 Ⅶ 838
Employers/employees in engineering	工程雇主和雇员 Ⅳ 418
Emulsion paints	乳胶漆；参见 Paints
Enamels, enamelling	珐琅，上漆；参见 Lacquers, Paints, Varnishes
bassetaille	浅浮雕 Ⅱ 461 – 463，465，468，图版 33
champlevé	镂刻珐琅 Ⅱ 450 及注释，458，460 – 468
cloisonné	嵌丝的珐琅制品 Ⅱ 450 及注释，458 – 462，464 – 467，765，767
encrusted	镶饰 Ⅱ 462
glass	玻璃 Ⅱ 328，341 – 342；Ⅲ 215 – 216，699
jeweller's	珠宝的 Ⅲ 698
metallurgy	冶金术 Ⅲ 55，692，695
painted	着色 Ⅱ 462
preparation	制备 Ⅲ 697 – 698
Enclosures, open fields	圈地，露地；参见 Agriculture
Encyclopaedias	《百科全书》Ⅳ 674
Encyclopédie (Diderot's)	《百科全书》（1751—1776 年)(狄德罗) Ⅲ 226，360，367；Ⅳ 674 – 675
Encyclopédie Méthodique	《工艺百科全书》Ⅳ 304
Energy	能量；参见 Fuels, Natural/Nuclear power
industrial revolution	工业革命 Ⅳ 148 – 167
output comparisons	产量比较 Ⅳ 154 – 159
research	研究 Ⅳ 677
thermodynamics, laws of	热力学定律 Ⅳ 163 – 164，679 – 681
Engineering	工程；参见 Civil/Electronic/Production

Engineering

analysis of problems, scientific 问题分析，科学 Ⅶ 984

atomic power 原子能 Ⅶ 991

creep, metals 蠕变，金属 Ⅶ 984 – 985

fatigue, metals 疲劳，金属 Ⅶ 984 – 985

fluid mechanics 流体力学 Ⅶ 987, 991

fortification 壁垒 Ⅲ 370 – 373

hydraulic power transmission 液压传动 Ⅶ 988

jet propulsion 喷气推进 Ⅶ 990

land transport revolution 陆上运输革命 Ⅶ 986 – 987

light 照明 Ⅲ 325, 334, 340, 345

machines 机械 Ⅱ 629 – 662；Ⅲ 324 – 346；Ⅶ 986

military 军事工程 Ⅳ 442 – 444

plastic materials 塑料材料 Ⅶ 991

power sources 能源 Ⅱ 589 – 628

precision 精度 Ⅲ 629, 641 – 642, 647

scientific basis 科学基础 Ⅲ 344 – 345；Ⅶ 983 – 996

space flight 航空飞行 Ⅶ 990

stress analysis 应力分析 Ⅶ 984 – 985, 992

temperature control 气温控制 Ⅶ 988 – 991

timekeepers, mechanical 计时器，机械 Ⅲ 648 – 675

training 培训 Ⅳ 442 – 446；Ⅶ 983 – 984

vibration 振动 Ⅶ 987

welding 焊接 Ⅶ 986

Engineers, Society of ('The 工程师协会（斯米顿歇会）Ⅳ 443
Smeatonian')

Engines 蒸汽机、发动机；参见 Internal combustion engines, Steam-engines, Turbines

Boulton and Watt 博尔顿和瓦特蒸汽机 Ⅳ 77 – 79

Corliss compound 科利斯复合蒸汽机 Ⅳ 164

'Cornish' 康沃尔蒸汽机 Ⅳ 79, 164, 192, 197,
499

Diesel	柴油机 V 163 – 164
gas-engines	汽油发动机 V 157 – 161，164，301
gas turbines	燃气轮机 Ⅶ 760
Kinneil	金尼尔蒸汽机 Ⅳ 162
Maudslay's table-engine	莫兹利台式蒸汽机 Ⅳ 196 – 197
Newcomen	纽科门蒸汽机 Ⅳ 78 – 79，153，173 – 178，180 – 181，406，421，672 – 673
oil-engines	石油发动机 V 160 – 163
petrol	汽油 V 164 – 176
rotary	旋转式发动机 Ⅲ 84
Savery's	萨弗里蒸汽机 Ⅳ 79，171 – 175，672 – 673
Smeaton's	斯米顿蒸汽机 Ⅳ 179 – 181
Trevithick's	特里维西克蒸汽机 Ⅳ 188 – 190，192 – 194，197，图版 10
Watt	瓦特蒸汽机 Ⅳ 153，161，163，181 – 188，192，194 – 195，197，380，421 – 422，452，673
England	英格兰；参见 Britain
agriculture	农业 Ⅲ 14 – 15，134 – 149；Ⅳ 2 – 42
alcoholic spirits	烈酒 Ⅲ 11
aqueducts	渡槽 Ⅱ 671，691
archery	射箭 Ⅲ 348，351 – 352
architecture and building	建筑 Ⅳ 443 – 451，470 – 477，480 – 486
astrolabes	星盘 Ⅲ 609
brass	黄铜 Ⅲ 37；Ⅳ 133
bridges	桥梁 Ⅲ 418 – 420，425 – 427，430；Ⅳ 452 – 462，484
building, general	建筑，概述 Ⅲ 245，247，252 – 253，256 – 267
building, Norman	建筑，诺曼 Ⅱ 426 – 430
building, Roman	建筑，罗马 Ⅱ 408 – 409，414 – 415，419 – 420

building, Saxon   建筑，撒克逊 Ⅱ 425 – 426

canals and waterways   运河河道 Ⅲ 438，441，451 – 452，456 – 458；Ⅳ 462，563 – 572

cartography   制图学 Ⅲ 522；Ⅳ 611 – 612，614 – 615，620 – 624，626

ceramics   陶器 Ⅱ 289，293，295 – 297，300，305 – 306；Ⅳ 328 – 329，331，336 – 356；Ⅵ 622 – 628

chemical industry   化学工业 Ⅳ 242 – 245，250

chronometers   天文钟 Ⅳ 410 – 415

clocks   时钟 Ⅲ 553，663 – 664，674

coal   煤 Ⅱ 68；Ⅲ 73 – 74，685 – 686，688 – 689；Ⅳ 79 – 87，91

cobalt   钴 Ⅳ 146

coinage   铸币 Ⅲ 46

copper   铜 Ⅳ 126，129

corn-mills   谷物磨坊 Ⅳ 199 – 202，209 – 212

cotton industry   棉花产业 Ⅱ 199；Ⅲ 159 – 160

cropping-machines   剪毛机械 Ⅲ 174

Crystal Palace   水晶宫；参见 Exhibitions

date, New Year's Day   日期，元旦 Ⅲ 580

diet   饮食 Ⅱ 123 – 128；Ⅲ 1，3，5 – 6，8，24

drainage systems   排水系统 Ⅱ 679 – 680；Ⅲ 300，308 – 309，315 – 322；Ⅳ 506 – 518

dredging   疏浚 Ⅳ 631，640 – 641

dyeing industry   漂染业 Ⅲ 694 – 695；Ⅳ 247 – 248，320

engineering   工程 Ⅳ 443 – 445

fish industry   渔业 Ⅳ 48 – 54

flax   亚麻 Ⅲ 158

fulling cloth   缩绒织物 Ⅲ 171

gas industry   煤气工业 Ⅳ 263 – 274

gig-mills   拉绒机 Ⅲ 172

glass manufacture 玻璃制造业 II 323，326，443－444；III 86，
                   206－209，216－223，225－234，237－
                   242，700，702－703；IV 360－362，
                   367－369，371－376；VI 588

Great Exhibition   世界博览会（1851 年）；参见 Exhibitions

industrial revolution 工业革命 IV 148，328

instrument-making 仪器制造 III 585－586，621；IV 382，
                   387－388，390，393－399，402，
                   404－406

iron industry   钢铁工业 II 61，70，76－77；III 31；IV
                   100－106，113－114

japanning and lacquering 日本漆和瓷漆 III 696－697

kilns, pottery   窑，陶器 II 295－297，300

knitting   编织 III 184－186

land reclamation   土地改造 III 300，308－309，315－322

lead production   铅生产 IV 123

leather-work   皮革制品 II 155，157，169，182－184

lighthouses   灯塔 II 523；参见 Lighthouses

machine-tools   机床 IV 418－437，440－441

marine works   海洋工程 IV 466－469

metal-work   金属制品 II 450，451－452，454－455

millstones   磨石 IV 212

mining   采矿 II 9－10，12－13

navigation   航海 III 550－557

nickel   镍 IV 146

paper-making   造纸 III 416

ploughs and ploughing 犁和耕作 II 86－87，89－90，92－93

pottery   陶器；参见 ceramics

printing   印刷 III 392，399，409－410

quarrying   采石 II 31－38

railways   铁路 III 85

roads and streets 道路和街道 II 503，505－506，525，

	532 – 533；Ⅳ 524 – 525, 527 – 528, 530 – 532, 535 – 536, 538 – 546
science, impact on industry	科学，对工业的影响 Ⅲ 679 – 683
sewerage	下水道系统 Ⅳ 506 – 518
ships	船 Ⅱ 576 – 579；Ⅲ 475, 477 – 488, 490 – 492, 494, 496 – 499；Ⅳ 574 – 594
silk industry	丝织工业 Ⅲ 196；Ⅳ 310 – 311, 315, 320
soap	肥皂 Ⅲ 703
spinning-wheels	纺轮 Ⅲ 161 – 162
steam	蒸汽 Ⅲ 687
steam-engines	蒸汽发动机 Ⅳ 172 – 197
sun-dials	日晷 Ⅲ 596 – 597
surveys	测量 Ⅲ 516, 541 – 543；Ⅳ 402, 443, 600 – 604, 607 – 608, 610
telegraphy	电报 Ⅳ 645 – 649, 651 – 652, 654 – 660
textile industry	纺织工业 Ⅲ 163, 173；Ⅳ 279, 282, 284, 286 – 287, 291 – 299, 304 – 305, 310 – 311, 315
tin-mines	锡矿 Ⅳ 174
tinplate	马口铁 Ⅲ 689；Ⅳ 104
tobacco	烟草 Ⅲ 8 – 10
town-planning	城镇规划 Ⅲ 277 – 279, 284, 295 – 298
tunnels	隧道 Ⅳ 462 – 464
velvet	天鹅绒 Ⅲ 205
viticulture	葡萄栽培 Ⅱ 138
wall-linings and panels	墙衬里和嵌板 Ⅱ 244
wars	战争 Ⅲ 349, 369
water-supply	供水 Ⅳ 491 – 493, 499 – 503
watermills	水车 Ⅱ 610 – 611；Ⅳ 151 – 153, 156, 199 – 212
weapons and armour	武器和盔甲 Ⅱ 721 – 722

weaving looms	纺织机 Ⅲ 164－165，167－170
whaling	捕鲸 Ⅳ 58
wind-power	风能 Ⅳ 156－159
windmills	风车 Ⅲ 89，91，93－107
wood uses	木材用途 Ⅲ 685－689
wool	羊毛 Ⅱ 192－193；Ⅲ 151－153
zinc	锌 Ⅳ 130－132
Engraving	雕刻
copper-plate	铜板 Ⅲ 586；Ⅳ 355，625－626
craft	工艺 Ⅲ 586，623，625
dry-point method	蒸馏法 Ⅲ 406－408
glass	玻璃 Ⅳ 377
instrument-making	仪器制造业 Ⅲ 623－625
intaglio	凹雕 Ⅳ 625
printing process	印刷工艺 Ⅲ 405－410
steel-plate	钢板 Ⅳ 626
tools	工具 Ⅲ 407－408，624
Ephemerides	《历书》Ⅲ 503，535，547，552
Epinetron	纱轴 Ⅱ 201
Equatorial telescopes	赤道仪 Ⅳ 361，399
Equatorium（planetary device）	行星定位仪（行星仪器）Ⅲ 616－618
Ertebølle people，Denmark	新石器时代渔民，丹麦 Ⅰ 303，495－496，499，表 E
Erysimum cheiranthoides	糖芥 Ⅰ 370
Escalators	自动扶梯 Ⅶ 941
Eskimo people	爱斯基摩人
engravings	雕刻 Ⅰ 41，180，336
fire-making	取火 Ⅰ 219，222－226，229
food-gatherers	食物采集者 Ⅰ 41－42，180－185，336
lighting/heating	点火/加热 Ⅰ 229，235－236
pelts，treatment	生皮，处理 Ⅱ 148－149

reindeer, domestication	驯鹿，驯养 Ⅰ 336 – 337
skin-boats	皮筏 Ⅰ 736；Ⅱ 582
tools/weapons	工具/武器 Ⅰ 62 – 63, 69, 156 – 163, 166, 180, 182, 190
Esparto-grass（halfa）	细叶针草 Ⅰ 450；Ⅲ 415；Ⅴ 713；Ⅵ 607, 609
Etamine（cloth）	纱罗（织物）Ⅲ 179
Etching	蚀刻；参见 Engraving, Printing
Ethanol	乙醇 Ⅵ 541 – 542
Ethylene	乙烯 Ⅵ 56, 546
Etruscans	伊特鲁里亚人 Ⅱ 表 1 lv
alphabet, evidence	字母表，证据 Ⅰ 769 – 770
architecture	建筑 Ⅱ 404, 408, 410, 413
chariots	战车 Ⅱ 542 – 543
furniture	家具 Ⅱ 223 – 224, 235, 237
gold bowl	金碗 Ⅰ 657, 658
lathe	转盘（约公元前 700 年）Ⅰ 518
leather craft	皮革工艺 Ⅱ 167
metal-work	金属制品 Ⅱ 470
pottery	陶瓷 Ⅰ 518；Ⅱ 269 – 271
sewers design	下水道设计 Ⅱ 530 – 531
statuary	雕像 Ⅱ 275 – 276
Euphorbia	大戟属植物 Ⅰ 172
Europe	欧洲；参见 individual countries
aeronautics	航空 Ⅴ 392 – 393, 400, 406, 411 – 412
building	建筑 Ⅴ 466, 477, 485, 491, 493
cartography and surveying	制图学和测量学 Ⅴ 440, 442
ceramics	陶瓷 Ⅴ 659
chemicals	化学 Ⅴ 290, 292, 299
cinematography	电影摄影术 Ⅴ 734, 743 – 744
Coal and Steel Community	煤钢共同体 Ⅵ 25
Common Market	共同市场 Ⅵ 25

farming and food	农业和粮食 V 2 –4，8，10，19 –21，24，51
metals	金属 V 60，606，608，625
photography	摄影术 V 721 –722
population	人口 V 1，26
printing	印刷 V 688，694
railways	铁路 V 328，330，335，342，344
rubber	橡胶 V 754 –755，765
textiles	纺织物 V 569，572，588，592
wars, their influence	战争，影响 Ⅵ 8 –26
water-supply	供水 V 554 –555，559，564 –566
Exhibitions	展览
Aeronautical, Crystal Palace	航空博览会，水晶宫（1868 年）V 408
Berlin	柏林展览会（1879 年）V 346
Caxton Celebration	卡克尔顿庆典（1877 年）V 686
Centennial, Philadelphia	费城百年展（1876 年）V 131
Columbian, Chicago	哥伦比亚展（1893 年），芝加哥 V 64；Ⅶ 1133
Earls Court, London	伯爵宫展，伦敦 Ⅶ 1129
Frankfurt	法兰克福展（1891 年）V 232
Ghent, Flower	根特花展（1859 年）V 116
Glasgow	格拉斯哥展（1888 年）V 623
Great Exhibition, Hyde Park	世界博览会（1851 年），海德公园 V 817 –818；参见以下条目
Amalgamated Soc. of Engineers	工程师联合协会 V 800
autoclaves	高压消毒锅 V 39
brickwork, iron reinforced	砌砖结构，铁加固 Ⅳ 451
ceramic machines	制陶机械 V 669
ceramic-ware	陶瓷制品 V 662
combing-machine	精梳机 Ⅳ 297
Crystal Palace	水晶宫 Ⅳ 476 –477；V 474
education	教育 V 778，780 –787，789

food management 食品管理 V 27, 39

gold extraction method 黄金提炼法 Ⅳ 141 - 142

housing 住宅（19 世纪 50 年代）V 829

hydraulic engineering 水力工程 V 545

machine-tools 机床 Ⅳ 431, 440; Ⅵ 637

matches 火柴 V 253

photography 摄影术 V 727

Portland cement 波特兰水泥 V 483

printing 印刷 V 683, 690, 698, 709

reaping machines 收割机 Ⅳ 7 - 8; Ⅴ11

Great Exhibition 万国博览会（1862 年）Ⅵ 552; Ⅳ 432; V 637, 643 - 645, 650 - 652, 710

Milan 米兰博览会（1959 年）Ⅵ 663

Paris series 巴黎博览会系列（1854 年）V 669;（1855 年）V 472, 488;（1867 年）Ⅳ 631; V 108, 131, 789, 791;（1881 年）V 192;（1889 年）V 476, 609;（1900 年）V 640, 663

Vienna 维也纳博览会（1873 年）V 610, 641

Explosives 炸药 Ⅱ 378; Ⅲ 374; Ⅳ 246; V 284 - 298; 参见 Pyrotechnics

blasting 爆炸 V 292 - 294

cartridges 炸药包 V 293

commercial 商业的 Ⅵ 549

detonators 雷管 V 296 - 297; Ⅵ 549

dynamite 达那炸药 V 292

gun-cotton and nitro-cotton 火棉和硝化棉 V 284, 290 - 292, 294 - 296

gunpowder 火药 Ⅱ 377 - 382, 771; V 284 - 285, 292; 参见 Gunpowder

incendiaries 燃烧弹 Ⅶ 816

mercury fulminate 雷汞 V 296 - 297

military	军事的 Ⅵ 547－550
nitroglycerine	硝化甘油 Ⅴ 285－290，292－315，图版 11C
Oxyliquit	液氧炸药 Ⅴ 294 注释 1
picric acid	苦味酸 Ⅴ 296；Ⅵ 548
priming	点火（17 世纪）Ⅲ 355 及注释 1
propellants	发射药 Ⅴ 294－296；Ⅶ 859－866
saltpetre	硝石 Ⅱ 377，379－382；Ⅳ 235
Exposure-meters	曝光表 Ⅶ 1284－1285
Eyes, artificial	人工眼球 Ⅲ 699

F

Fabrics, figured	织物，显花 Ⅲ 187－205
Fabric finishes	织物整理 Ⅵ 671－674
Factory Inspectorate	工厂督察署 Ⅵ 592
Factory-ships	加工船 Ⅵ 357
Factory system	工厂系统 Ⅲ 151－152
Fagopyrum esculentum (buckwheat)	荞麦 Ⅱ 125；Ⅲ 5
Faience, meaning	彩釉陶器 Ⅱ 311 注释
Falcon clan, rulers of Egypt	猎鹰部落，埃及法则 Ⅰ 49－50
Fan, winnowing	簸箕 Ⅱ 97－98
Farm-tools	农具 Ⅱ 81－102；Ⅲ 134－150；参见 Agriculture
Fatigue, metal	金属疲劳 Ⅶ 985
Fats, ancient cosmetics	油脂，古代化妆品 Ⅰ 289－290
'Feed-back' furnace mechanism	熔炉反馈机制 Ⅲ 680
Felt fabric	毡化针织物 Ⅲ 186
Fermentation	发酵 Ⅰ 275－277，284；Ⅴ 302－308；参见 Brewing，Chemical subjects，Distilling

Ferrous sulphate in sewage 下水道的硫酸亚铁 Ⅳ 519

Fertilizers, agricultural 肥料，农业 Ⅳ 37；Ⅵ 323, 325 – 327,
528 – 530

    ammonium compounds 氨化合物 Ⅵ 500, 511, 528 – 529

    basic slag 碱性炉渣 Ⅴ 16, 60

    bones 骨粉 Ⅳ 254；Ⅴ 10, 14；Ⅵ 529

    chalk 白垩 Ⅱ 34 – 35, 37

    Chilean nitrate 智利的硝酸钠 Ⅳ 20；Ⅴ 10, 14, 16,
254；Ⅵ 521 – 522

    farming practices 耕作方法 Ⅴ 17

    guano 鸟粪 Ⅳ 20, 254；Ⅴ 4, 10, 14, 16；
Ⅵ 529

    industrial waste 工业废弃物 Ⅳ 20；Ⅴ 15

    legislation 立法 Ⅴ 16

    lime 石灰 Ⅴ 4, 9

    manures (animal) 肥料（动物）Ⅳ 13 – 16, 18, 31, 36 – 37

    manures (plant) 肥料（植物）Ⅳ 15 – 16, 20；Ⅴ 17

    marling 泥灰 Ⅲ 15；Ⅳ 19 – 20, 37

    mixed 混合肥 Ⅴ 254；Ⅵ 530

    Netherlands 荷兰（16 世纪）Ⅲ 13

    nitrogen compounds 氮化合物 Ⅴ 255；Ⅵ 325 – 327, 521 –
522, 528 – 529

    phosphatic 磷酸盐 Ⅳ 20, 246；Ⅴ 16, 254 – 255；
Ⅵ 500, 529 – 530；参见 superphosphate

    plant-nutrition 植物营养素 Ⅳ 37 – 39；Ⅵ 330 – 333

    potassium salts 钾盐 Ⅴ 255；Ⅵ 530

    production 生产（20 世纪）Ⅵ 528 – 530

    refuse/sewage 垃圾/污水 Ⅳ 506, 517 – 519

    sodium nitrate 硝酸钠 Ⅴ 255

    superphosphate 过磷酸盐 Ⅳ 20, 253 – 254；Ⅴ 8, 14,
16 – 17, 19, 254 – 255；Ⅵ 529 – 530

Feuerwekbuch 《火药书》Ⅱ 381, 727；Ⅲ 34

Fezzan sheep	费赞绵羊 Ⅰ 345
Fibre plants	纤维植物 Ⅰ 355 – 356；参见 Cotton，Flax，Hemp
cultivation	栽培 Ⅰ 372 – 374，522
rope-making	制绳 Ⅰ 453 – 454
spinning，preparation	纺织，制备 Ⅰ 424
textiles	织物 Ⅰ 447 – 451
Fibre Research Institute	纤维研究所 Ⅵ 657
Fibreglass	玻璃纤维 Ⅵ 589；Ⅶ 937
Fibres，animal	动物纤维 Ⅵ 299
Fibres，man-made	人造纤维 Ⅵ 299，501 – 502，560 – 563，648 – 651，659；参见 Textile industries
Ficus sycoraorus	埃及榕 Ⅰ 371
Figure-harness	提花综线 Ⅲ 187 – 195，197 – 198，201 – 203
Files	锉刀 Ⅰ 613，620；Ⅱ 60，230，395；Ⅲ 110，343，352，365
Filters	过滤器 Ⅱ 674；Ⅴ 301，561 – 567，668 – 669
Fine ivory-/metal-/wood-work	精致的象牙/金属/木制品；参见 Ivory-work，Metal-work，Wood-work
Finland，water-supply	芬兰，供水 Ⅳ 497
Fire	火 Ⅰ 216 – 237
alchemical element	炼金元素 Ⅳ 214
bow-drill，fire-maker	弓钻，取火者 Ⅰ 224 – 225
discovery	发现 Ⅰ 25，28，58，216 – 218
fire-drill，fire-maker	火钻，取火者 Ⅰ 198，220，222 – 224，226
fire-fighting equipment	防火设备 Ⅱ 184 – 185；Ⅳ 638
fire-piston，fire-maker	点火火塞，取火者 Ⅰ 226 – 228
fire-plough，fire-maker	火犁，取火者 Ⅰ 221 – 222
fire-saw，fire-maker	火锯，取火者 Ⅰ 220 – 222

firing clays　　　　　　　　　黏土加热；参见 Ceramics

glass-making　　　　　　　　　玻璃制造 Ⅱ 312

metallurgic uses　　　　　　　冶金用途 Ⅰ 65，576－579，594，624－
　　　　　　　　　　　　　　　　625，627，633－634

military pyrotechnics　　　　　军用烟火 Ⅱ 374－382

mining uses　　　　　　　　　　采矿用途 Ⅰ 565－566，567；Ⅱ 8

percussion fire-making　　　　　取火 Ⅰ 218－220

pottery-making　　　　　　　　陶瓷制造 Ⅰ 376，382－383，391－397

prevention　　　　　　　　　　预防 Ⅵ 673；Ⅶ 746，941，943

protection　　　　　　　　　　防护；参见 Building construction

pump-drill　　　　　　　　　　泵钻 Ⅰ 225－226

thong-drill　　　　　　　　　　皮钻 Ⅰ 220－221，224－225

transfer and transport　　　　　转移和运输 Ⅰ 229－230

weapon of war　　　　　　　　战争武器 Ⅱ 374－382

wood-friction, fire-making　　　擦木，取火 Ⅰ 229－230

Fire-engines　　　　　　　　　　灭火机 Ⅳ 638

Fire-grates　　　　　　　　　　　炉箅 Ⅲ 20

Firearms, guns　　　　　　　　　火炮，枪支；参见 Artillery

air-guns　　　　　　　　　　　气枪 Ⅲ 359

caliver　　　　　　　　　　　　旧式手枪 Ⅲ 354

cannon　　　　　　　　　　　　大炮 Ⅲ 360－369

casting　　　　　　　　　　　　铸造 Ⅲ 38－39

field　　　　　　　　　　　　　战场 Ⅲ 347－350

firelock　　　　　　　　　　　燧发机 Ⅲ 354

flint-lock　　　　　　　　　　　燧石枪机 Ⅲ 347，354，356

gun-barrels　　　　　　　　　　枪管 Ⅲ 356－359；Ⅳ 271

gun-locks　　　　　　　　　　　枪机 Ⅲ 355－356，360

hand-guns　　　　　　　　　　手枪 Ⅲ 347－348，351－360 注释

harquebus　　　　　　　　　　火绳枪 Ⅲ 352，354，367

invention　　　　　　　　　　　发明 Ⅱ 378，772

matchlock　　　　　　　　　　火绳枪机Ⅲ 354－355，图版 17

retting process	沤麻的过程	III 156 – 157
spinning machinery	纺织机械	III 160，163 – 164
textiles	织物	I 448 – 489；II 195 – 197；III 156 – 158；IV 291 – 294，315；V 580
Flint	燧石；参见 Stone，tools/weapons	
book-binder's	装订工人	II 180
building stone	建筑石	II 35
ceramics	陶瓷（自 17 世纪以来）	IV 347 – 349
fire-making tools	取火工具	I 218 – 220
mines	矿石	I 558 – 560
tools and weapons	工具和武器	I 561 – 562
Flour and bread	面粉和面包；参见 Food，Milling	
Fluid power	流体动力	VII 1060 – 1067；参见 Hydraulics
Fluxes	助溶剂	
glass-making	玻璃制造业	III 206 – 207，209 – 210，217，226 – 228
metallurgy	冶金术	III 39，41，48，62 – 63
welding	焊接	V 631
Flyers，spinning-wheel，origin	锭翼，纺轮，起源	II 203 – 205
Flying clubs	飞行俱乐部	VII 804，806
Fodder（animal feed）	饲料（动物喂养）	III 5，12 – 13；VI 307 – 312
Food，food technology	食品，食品工艺	II 103 – 146；III 1 – 26；VII 1399 – 1445；参见 Agriculture，Fish，Food-gatherers/production
additives	添加剂	VII 1409，1415
adulteration	掺假	II 128；III 20 – 22；VII 1401 – 1403
agriculture，beginnings	农业起源	I 42 – 44，46 – 47，79，340 – 341，349 – 350，353 – 354，362 – 363，374
analysis	分析	III 20 – 22，24 – 25
ancient man	古人	I 154 – 186

beverages	饮料 Ⅲ 5 – 7；Ⅴ 3，21 – 22
biscuits	饼干 Ⅴ 36 – 37；Ⅶ 1433，1438 – 1439； 参见 flour
bread	面包 Ⅱ 103，105，118，120，126 – 127， 140；Ⅲ 23；Ⅴ 28 – 29，31；Ⅶ 1433 – 1436；参见 flour
buckwheat	荞麦 Ⅲ 5
butter	黄油 Ⅱ 127；Ⅲ 14，23 – 24
canning	罐头 Ⅴ 28 – 29，38 – 45，图版 4B，C；Ⅶ 1403，1405，1418 – 1421
cheese	奶酪 Ⅲ 23 – 24
cooking	烹饪 Ⅰ 31，41，231，270 – 275，401；Ⅲ 19 – 20
dairy products	乳制品 Ⅴ 13，33 – 36，49
dehydration processes	脱水法 Ⅴ 29，51；Ⅶ 1406，1413 – 1417
diets，Greek	希腊人的饮食 Ⅱ 128 – 121
diets，medieval	中世纪的饮食结构 Ⅱ 123 – 128
diets，Renaissance changes	文艺复兴的饮食变化 Ⅲ 1，7，19，22 – 25
diets，Roman	罗马人的饮食 Ⅱ 128 – 121
digestion discoveries	消化的发现 Ⅲ 24 – 25
eating habits	饮食习惯 Ⅲ 19 – 20
eggs	鸡蛋 Ⅲ 23；Ⅴ 49，51
energy values	能量值 Ⅵ 309 – 310
fish	鱼类 Ⅱ 119 – 120，123 – 124；Ⅲ 22 – 24； Ⅴ 43，49，51
fish preservation	鱼的保藏 Ⅳ 44 – 54；Ⅵ 350 – 357
flour	面粉 Ⅱ 103 – 104，118，120 – 121，594， 599 – 601，605；Ⅲ 15 – 19；Ⅶ 1406， 1429 – 1436；参见 Milling
fruit	水果 Ⅲ 23 – 24；Ⅴ 49 – 51
groats	去壳谷粒 Ⅱ 118 – 119
honey	蜂蜜 Ⅱ 127，138 – 139；Ⅲ 6

jams	果酱 V 32, 37 – 38
maize	玉米 Ⅲ 1, 3 – 4, 13
meat	肉 Ⅱ 119 – 120, 123 – 124；Ⅲ 12, 23 – 24；V 31 – 32, 47 – 51
milk	奶；参见 Milk industry
milling	碾磨 Ⅱ 104, 107 – 112；Ⅲ 15 – 19；Ⅳ 200 – 201；V 29 – 31；Ⅶ 1406, 1429 – 1433
nutrition	营养物 (20 世纪) Ⅶ 1401 – 1409
pasteurizing processes	巴氏杀菌法 V 33；Ⅶ 1417 – 1422
potatoes	马铃薯 Ⅲ 1 – 3, 12 – 13, 23
pounding	舂 Ⅱ 106 – 107
preservation	保藏 Ⅰ 173, 175, 184 – 185, 263 – 264；Ⅲ 22, 679；V 26 – 52；Ⅶ 1411 – 1428
pressing processes	压榨工艺 Ⅱ 112 – 118
primitive societies	原始社会 Ⅰ 40 – 44, 64
refrigeration	冷冻法 V 8, 28 – 29, 32 – 33, 45 – 51；Ⅶ 1400 – 1401, 1422 – 1425
rice	水稻 Ⅲ 1, 4 – 5
salting and smoking	腌制和烟熏 Ⅰ 258 – 259, 263 – 266；V 31 – 32
sterilization	杀菌 Ⅶ 1417 – 1422, 1428
storage, early civilizations	贮藏，早期文明 Ⅰ 42 – 43, 47, 50, 52, 263, 537
sugar	糖 Ⅲ 1, 6 – 8, 23
sweetening agents	甜味剂 Ⅱ 127, 139, 372
turkeys	火鸡 Ⅲ 1
vegetables	蔬菜 Ⅱ 120, 124；Ⅲ 19, 23 – 24；V 49 – 51
vitamins	维生素 Ⅵ 300 – 301, 310
Food and Agriculture Organization of United Nations	联合国粮农组织 (FAO) Ⅵ 318, 342

Food-gatherers 食物采集者 Ⅰ 154 – 186；参见 Agriculture，
            Food headings

 Arctic regions 北极地带 Ⅰ 179 – 183

 cultivation beginnings 栽培，来源 Ⅰ 353 – 354，表 E

 economies/social organization 经济/社会组织 Ⅰ 184 – 186

 foraging 搜寻 Ⅰ 154 – 155

 forest lands，northern 森林，北部 Ⅰ 175 – 179

 grasslands，high latitude 草原，高纬度 Ⅰ 174 – 175

 honey-collectors 蜂蜜采集者 Ⅰ 275

 hunting and fishing 狩猎和捕鱼 Ⅰ 155 – 168，336 – 338，350，
          498 – 499，510 – 512，515 – 516，518

 Mediterranean regions 地中海地区 Ⅰ 173 – 174

 primitive economies 原始经济 Ⅰ 40 – 42，154，495 – 496

 scrub and desert，continental 大陆性灌木和沙漠区 Ⅰ 172 – 173

 techniques，diversity 技术，多样性 Ⅰ 183 – 184

 tropical regions 热带地区 Ⅰ 168 – 172

Food-production 食品生产 Ⅴ 1 – 25；参见 Agriculture，
            Food-gatherers

 animals 畜（20 世纪）Ⅵ 298 – 318

 cereals，cultivation 谷物，栽培 Ⅰ 362 – 370，522，550

 crops 作物（20 世纪）Ⅵ 318 – 322，327 – 334

 dairy products 乳制品 Ⅴ 2，7 – 9，13 – 14，18 – 21，
          32 – 36

 fish 鱼类（20 世纪）Ⅵ 342 – 343，354 – 356

 fruit，cultivation 水果，栽培 Ⅰ 357 – 358，551 – 554

 industry 工业（20 世纪）Ⅶ 1473 – 1475

 market influences 市场影响 Ⅵ 338 – 340

 manufacture 制造业 Ⅶ 1401，1406，1411，1429 – 1445

 margarine 人造黄油 Ⅴ 13 及注释 1

 meat 肉类 Ⅴ 2，4，6 – 9，14，18，27

 milk 奶；参见 Milk industry

 mustard，cultivation 芥菜，栽培 Ⅰ 370 – 371

nuts and oil-seeds	坚果和油籽 Ⅰ 358－360
oils, vegetable	蔬菜油 Ⅰ 358－360；Ⅴ 20, 23－24
pulses, cultivation	豆类，栽培 Ⅰ 360－362
sugar	糖Ⅰ 370－371；Ⅲ 7－8；Ⅳ 230, 232；Ⅴ 3, 9, 17, 20－21, 23
sugar-beet	甜菜 Ⅳ 28－29, 40
vegetables, cultivation	蔬菜，栽培 Ⅰ 353－356
Footwear	鞋类 Ⅰ 706
boots	靴子 Ⅱ 167, 175－177
buskins	半高筒靴 Ⅱ 167, 175
coloured	染色的 Ⅱ 168, 177
monodermon	单张皮制 Ⅱ 167
sandals	凉鞋 Ⅰ 422；Ⅱ 150－151, 160, 162－163, 166－168
shoes	鞋 Ⅱ 166－168, 170, 175－177
Forces, structural-theory	力，结构理论 Ⅲ 432－433
Forel (parchment)	书壳（羊皮纸）Ⅱ 180
Forges	锻造；参见 Furnaces
armourer's workshop	制造盔甲的工场 Ⅲ 353
assaying	检验 Ⅲ 52－53
cannon-balls, casting	炮弹，铸造 Ⅲ 34
charcoal fuel	炭燃料 Ⅲ 684
coal fuel	煤燃料 Ⅲ 78－79
hammer-	锤锻机 Ⅲ 32
smith's	铁匠 Ⅱ 56；Ⅲ 51－52, 62－63, 350
Forks	叉
agricultural	农业的 Ⅱ 98－99；Ⅲ 134, 137
glass-making	玻璃制造业 Ⅱ 331
table-ware	餐具 Ⅱ 126, 127；Ⅲ 20
Fortifications	筑城；参见 Military technology
Amsterdam	阿姆斯特丹（始于 1204 年）Ⅲ 293－295
castles	城堡 Ⅲ 369－370

F

cities 城镇（始于公元前 4 世纪）II 701 – 703，图版 40A

French towns 法国城镇（约 15 世纪）III 290 – 291

Hadrian's Wall 哈德良城墙 II 图版 40B

literature, medieval 文学，中世纪 III 256，370

medieval towns 中世纪的城镇 III 282 – 284，369 – 373

Roman period 罗马时期 II 717 – 719，图版 41；III 276 – 279，286 – 287

Fosse Dyke 福赛大堤 II 680

Fossil fuels 矿物燃料 VI 172 – 194；参见 Coal, Petroleum

balance of utilization 平衡利用 VI 172 – 174

energy provision 能量供应 VI 172 – 177；VII 1481 – 1482

requirements 需求量（20 世纪 50 年代）VI 176 – 177

Fossilia 矿物 III 28 注释 1

France 法国；参见 Europe

Academicians 院士 III 544

aeronautics 航空 V 392 – 393，395 – 402，404，407 – 410

agriculture 农业 III 12 – 13；IV 13，16，27 – 34，36，40 – 41；V 14，16 – 17

aircraft 飞机 VII 791 – 796，800 – 803，807，816，821 – 824，841，1011 – 1012

architecture 建筑 IV 442 – 444，446，449 – 451，470，472，474 – 475，479 – 480，482；VII 935 – 936

asphalt, discovery 沥青，发现 IV 539

bridges 桥梁 III 418，420，423，425，430 – 431；IV 452 – 453；V 502，511 – 512

building 建筑 III 247，252 – 257，262；V 468 – 469，471 – 472，474 – 476，483 – 484，487 – 496

canals and waterways 运河和河道 III 86，439，441，448，450，

	459 – 468；Ⅳ 452，462，548，550，555 – 557
cartography	制图学 Ⅲ 544，554；Ⅳ 596 – 600，611 – 614，621，625 – 626；Ⅴ 440 – 442，448
ceramics	陶瓷 Ⅲ 678 – 679；Ⅳ 329，331，337 – 340，342 – 343；Ⅴ 659 – 666，669 – 670
chemical industry	化学工业 Ⅳ 238 – 239；Ⅴ 241 – 243，245，248 – 249，252 – 253，302，312，315
chemistry, discoveries	化学，发现 Ⅳ 218 – 223
chronometers	天文钟 Ⅳ 410，414 – 415
cinematography	电影摄影术 Ⅴ 734，736 – 743，745 – 746，748 – 750
civil engineering	土木工程 Ⅶ 879
clocks	时钟 Ⅲ 651，674
coal	煤 Ⅱ 68；Ⅲ 72，86
coinage	铸币 Ⅱ 489 – 490；Ⅲ 341
colour photography	彩色摄影 Ⅶ 1296
computers	计算机 Ⅶ 1151，1159，1162 – 1163
copper	铜 Ⅳ 129
diet changes	饮食的变化 Ⅲ 2，5 – 6
drainage systems	排水系统 Ⅱ 681；Ⅳ 505，512 – 513
dredging	疏浚 Ⅳ 631，633 – 635，638，641
dye industry	染料业 Ⅲ 695；Ⅳ 248 – 249，251，321
dyestuffs	染料 Ⅴ 260，272，282
electrical communications	电力通信 Ⅶ 1238 – 1239
electricity	电 Ⅴ 179 – 183，188 – 193，196，204，206，210 – 213，232
engines, steam-	蒸汽发动机 Ⅴ 125，137，140，142 – 143，149，152，155，157 – 158，162，169，171 – 172，174
explosives	炸药 Ⅴ 284，289，296
fish industry	渔业 Ⅳ 48 – 50

flax | 亚麻 III 156

food technology | 食品技术 V 31, 38 – 39, 45, 48, 304; VII 1399 – 1400, 1426

fortifications | 防御工事 III 372 – 373

fustian industry | 粗纹斜布工业 III 159

gas-lighting | 煤气灯 IV 258 – 264

glass industry | 玻璃制造业 III 86, 206 – 208, 214 – 215, 237 – 241, 677; IV 360, 364 注释, 367 – 369, 371, 375; V 674, 678

Gregorian calendar, adoption | 格里历，采用 III 579

hydraulic engineering | 水力工程 V 522, 526, 528 – 529, 531 – 532, 538 – 539, 546

hydrography and oceanography | 水文和海洋学 IV 615, 618 – 619

instruments, scientific | 科学仪器 III 585, 621; IV 384, 388, 391 – 394, 396 – 397, 399, 404 – 409

iron industry | 钢铁工业 II 70, 76; III 31 注释 1; IV 101 – 102, 105, 111 – 112, 115

knitting | 编织 III 183, 185 – 186

lacquering and japanning | 喷漆和涂漆 III 696 – 697

land reclamation | 土地改造 III 300, 309, 318 – 319, 322; 参见 drainage systems

lead production | 铅的生产 IV 123

machine-tools | 机床 IV 437 – 438; V 638, 641

marine works | 海上工程 IV 465

metal-work | 金属制品 II 474 – 475

metals | 金属 II 62 – 63; V 57, 59 – 60, 62 – 63, 65 – 66, 70, 82, 91 – 93, 608 – 609, 622, 627

millstones | 磨石 IV 212

natural gas | 天然气 VI 407

navigation and aids | 航海设备 III 553, 557; V 458 注释 1

oil and petroleum | 石油 V 106 – 108, 113 – 114, 116 – 119

paper-making	造纸 Ⅲ 415 –416
photography	摄影术 Ⅴ 718 –720，722，724 –725；Ⅶ 1296
platinum metals	铂系金属 Ⅳ 144
population	人口（1800—1950 年）Ⅴ 1，26 注释 1，823 –824
pottery	陶器；参见 ceramics
printing	印刷 Ⅲ 384，392，397 –398；Ⅴ 685 –686，689，691，697 –699，701，706 –708
railways	铁路 Ⅴ 61，322，325 –326，330 –332，336，340，341，344 –345；Ⅶ 763，765，771 –773，776
road-transport	道路运输 Ⅶ 716 –720，722，733
roads and streets	道路和街道 Ⅱ 524 –526，532；Ⅳ 521 –528，535 –536，538 –540，542，544
rubber	橡胶 Ⅴ 754 –756，765，773
sewerage	下水道系统 Ⅳ 505，512 –513
ships and ship-building	船和造船 Ⅲ 478，483，485，496；Ⅳ 576 –579，586，588，593；Ⅴ 142，189，353，386 –387
silk, medieval fragments	丝缎，中世纪残片 Ⅲ 196，202
silk industry	丝织工业 Ⅲ 165；Ⅳ 309 –311，319 –321，324
soap	肥皂 Ⅲ 703
spinning-wheels	纺轮 Ⅲ 161
steam-navigation	蒸汽动力船 Ⅳ 548
surveying	测量 Ⅲ 540，543，554；Ⅳ 402，442，600 –607，609 –610，613，625；Ⅴ 440 –442，448
telegraphy	电报 Ⅳ 644 –647，650 –652，655，660；Ⅴ 225
textile industry	纺织工业 Ⅲ 170 –175，178；Ⅳ 247 –248，279，282，292，295，297 –300，304 –

	305，311，324
textiles	纺织物 V 571，574，576 – 577，585，587 – 588，591，602，604
tinplate	马口铁 Ⅲ 689；Ⅳ 104
tobacco	烟草 Ⅲ 8，10
town-planning	城镇规划 Ⅲ 283，290 – 293
tunnels	隧道 Ⅳ 462；V 502，511 – 512
vehicles	车辆 V 414，418 – 419，423 – 425，429 – 430，433 – 436；Ⅶ 715，718 – 719
water-power	水能 Ⅳ 154 – 155
water-supply	供水 Ⅱ 691；Ⅳ 495，500
water-wheels	水轮 Ⅲ 328 – 329
watermills	水车 Ⅱ 598 – 599，608 – 610，639
weapons and armour	武器和盔甲 Ⅱ 720
weaving-looms	纺纱机 Ⅲ 164 – 169
windmills	风车 Ⅲ 89 – 93，95 – 97，99，101 – 105
wine production	酒生产 Ⅱ 137 – 138
wool	羊毛 Ⅲ 152，177
Friction	摩擦；参见 Lubricants
-band，spinning-wheel	摩擦带，纺车 Ⅲ 161
early machines	早期机械 Ⅰ 198；Ⅱ 652 – 653
electrical machine	摩擦起电机 Ⅲ 638
hydrodynamic effects	水力效应 V 386 – 390
laws of	摩擦定律 Ⅳ 163；V 118
Frit	熔块 Ⅱ 317 – 318
Froe（rending-axe）	劈板斧（碎斧）Ⅲ 119
Fruit	水果；参见 Agriculture
Fuegians，South America	火地岛，南美洲 Ⅰ 184
canoes	独木舟 Ⅰ 731
glass	玻璃 Ⅰ 563
dwellings	住宅 Ⅰ 300
fire-making	取火 Ⅰ 219

fire transport method	运送火种的方法 Ⅰ 230
weapons	武器 Ⅰ 158－159, 178
Fuels	燃料；参见 Coal, Energy, Petroleum
atomic energy	原子能 Ⅵ 248－256
early man	早期时代的人 Ⅰ 228－230, 277, 382, 391－392, 576
economy	经济 Ⅲ 686
Fuller's earth	漂土 Ⅲ 169－171
Fulling	缩绒 Ⅱ 193, 214－217, 355
Fumifugium, John Evelyn	《驱逐烟气》（1661 年），伊夫林 Ⅲ 296
Fundamental Research Centres	基础研究中心；参见 Research
Furnaces	熔炉 Ⅲ 图版 3；参见 Bellows, Forges, Kilns
alchemical	炼金炉 Ⅱ 739－740, 741－745, 750
automatic (athanors)	自动的（浸煮炉）Ⅱ 739－740, 743；Ⅲ 53, 680
automatic design	自动设计 Ⅲ 680
'beehive'	"蜂窝式炼焦炉" Ⅲ 685－686
Bessemer converter	贝塞麦转炉 Ⅴ 53－57, 606；Ⅵ 480－484
blast-furnaces	高炉 Ⅱ 62, 66, 70, 655；Ⅲ 30, 31－34, 50, 52, 79－81, 363；Ⅳ 109－114
bloomery-fire type	熟铁吹炼炉 Ⅱ 45, 50－51, 56, 71
blowing-apparatus	鼓风装置 Ⅳ 103－104, 111
catalan type	加泰罗尼亚炉 Ⅱ 71－73
ceramics	陶瓷 Ⅳ 337－339, 344
chemical	化学的 Ⅱ 347－348；Ⅲ 66－67；Ⅳ 230－231, 236－237, 240－241；Ⅴ 242, 246, 249, 253－254
coal-burning	燃煤 Ⅲ 78－79, 86, 221
Corsican type	科西嘉炉 Ⅱ 71－72
crucible types	熔炉 Ⅱ 45－46, 64；Ⅲ 37－38, 55；Ⅳ 609 Ⅴ 609
electric	电炉 Ⅵ 489－492, 577

furnace-gas, utilization	炉气, 使用 IV 113
gas-making	煤气制造 IV 262 – 267
glass-making	玻璃制造 II 329 – 330, 332, 358; III 78, 86, 207 – 214, 217, 220 – 221, 226, 238 – 239, 699 – 700; IV 364, 370; V 672, 680 – 681
hot-blast invention	热鼓风发明 IV 109 – 110, 253
iron and steel	钢铁 II 56 – 57, 72 – 75; IV 99 – 106, 111 – 115, 117, 183, 253; V 53 – 60, 66 – 70
linings, refactory	衬炉, 耐火材料 III 50 – 51; V 664 – 665; VI 476 – 477, 484, 630 – 637
metallurgy, medieval	冶金, 中世纪 II 66 – 69
metals, non-ferrous	有色金属 IV 121 – 129, 131 – 136, 139, 141; V 78 – 83, 89, 93 – 94, 609, 615
muffle type	蒙烰炉 III 600, 698
open-hearth	平炉 V 57 – 60, 606; VI 462, 485 – 488
open-shaft type	开架式炉 III 49
osmund type	奥斯蒙炉 II 70, 72
reducing	还原 III 49 – 51; VI 489
reduction	还原 IV 131; VI 489
refractory materials	耐火材料; 参见 Refractory
'resistance' type	"电阻" 炉 VI 489
Reverberatory	反射炉 III 27, 39, 49, 54 – 55, 57, 80, 210; IV 106, 122, 126
Roman times	罗马时期 IV 50 – 56, 49 – 51, 72
Saigerhütten (smelting-works)	熔炼工厂（熔炼工场）II 78
'Scottish' type	苏格兰熔铁炉 IV 111
self-stoking	自动填料式熔炉 III 53, 55
shaft-furnace	竖炉 II 50, 56, 73
Siemens-Martin type	西门子 – 马丁平炉 IV 678
Snyder 'coffee pot lid'	斯奈德 "咖啡壶盖" 式炉子 VI 491

solar	日光炉	Ⅲ 55
Stückofen	土法吹炼炉	Ⅱ 72 – 75
Swedish Lancashire hearth	瑞典式兰开夏炼铁反射炉	Ⅳ 115
Swindell-Drysler	斯温德尔 – 德雷斯勒炉	Ⅵ 491
tank type	池炉	Ⅵ 575
thermostatic controls	恒温调节	Ⅲ 679 – 680
Tysland-Hole type	蒂斯兰德 – 霍尔炉	Ⅵ 490
wind-furnaces	风炉	Ⅲ 51 – 52
Furniture	家具	Ⅰ 图版 23 – 25；Ⅱ 221 – 258, 图版 13 – 15；参见 Carpentry, Joinery
ambries	橱柜	Ⅱ 241, 248
arks	箱廪	Ⅱ 254
armchairs	扶手椅	Ⅱ 223
beds	床	Ⅰ 689, 698 – 700；Ⅱ 221, 235, 248
bookcases	书橱	Ⅱ 243
caskets	小盒子	Ⅰ 686 – 687, 690 – 694, 697
chairs	椅	Ⅰ 689, 698 – 700；Ⅱ 178 – 179, 221 – 222, 248 – 249, 252 – 254, 256 – 257
chests	柜	Ⅰ 696 – 697；Ⅱ 170 – 171, 180, 222, 237, 241, 247, 253
coffers	钱柜	Ⅱ 170, 255 – 256
coffins	棺材	Ⅰ 686
couches	躺椅	Ⅱ 221, 223
cupboards	衣橱	Ⅱ 225, 241, 246
drawers	抽屉	Ⅱ 240 – 241
fine wood-work	精致的木制品	Ⅰ 684 – 703
Gothic	哥特式的	Ⅱ 240 – 241, 245
Greek and Roman	希腊和罗马	Ⅱ 221 – 226
ivory-work	象牙制品	Ⅰ 670, 673, 676 – 679
leather	皮革	Ⅱ 171, 178 – 179
medieval	中世纪的	Ⅱ 241 – 243, 图版 11
metal	金属	Ⅱ 235 – 236, 图版 10

painted 涂漆的 Ⅱ 247 – 249, 363

panelling 嵌板 Ⅱ 179 – 180, 243 – 245, 247 – 248, 363

post-Roman 后罗马时期 Ⅱ 240 – 258

Roman period 罗马时期 Ⅱ 221 – 239

side-boards 餐具柜 Ⅱ 224 – 225, 249

stick-furniture 简单家具 Ⅱ 251 – 253

stools 凳子 Ⅱ 221, 249, 251 – 252

tables 桌子 Ⅱ 224, 249 – 251

theatre-seats 剧场座椅 Ⅱ 234

toilet caskets 梳妆盒 Ⅰ 686 – 687

thrones 宝座 Ⅱ 222 – 223, 226, 235

veneers 贴面板 Ⅱ 227

wicker-work 柳条制品 Ⅱ 237, 253 – 254

woods, kinds used 木材, 各种用途 Ⅱ 226 – 228

Fusee, cutting machine 切割钟表均力圆锥轮的机器 Ⅳ 384, 420, 425, 图版 27B

Fustian (cloth) 粗斜纹棉布 (织物) Ⅱ 199; Ⅲ 159, 171, 179

G

Galena (lead sulphide) 方铅矿 (硫化铅)

alchemical classification 炼金术分类 Ⅱ 737

eye paint, ancient Egypt 眼部化妆品, 古埃及 Ⅰ 293, 583

glaze ingredient 釉料成分 Ⅳ 332 – 333, 344, 346

Greek mining 希腊矿 Ⅱ 1 – 2

lead source 铅的来源 Ⅰ 583 – 584; Ⅱ 1

smelting 熔融 Ⅰ 584; Ⅱ 43 – 44, 50; Ⅲ 122 – 123

Galeopsis 大麻 Ⅰ 370

Gardens 花园

Greek machines 希腊的机械（公元前 4 世纪）Ⅱ 632，635

lens grinding tool 镜片研磨工具（1671 年）Ⅲ 235

machines 机器（16 世纪）Ⅲ 325，327 – 328，331，
359

mill-mechanisms 磨坊的机械装置 Ⅱ 648，653 – 655；Ⅳ
207 – 208

motor-vehicles 机动车辆 Ⅵ 431 – 432

rack-and-pinion 齿轮和齿条 Ⅳ 207

ratchet devices 棘齿设备 Ⅱ 646 – 647

screw reduction-gearing 减速齿轮 Ⅱ 647

sun-and-planet 行星齿轮 Ⅳ 185，187

worm-gears 蜗轮 Ⅲ 331；Ⅳ 429

Gems 宝石；参见 Jewelry

Genetic studies 遗传研究 Ⅵ 304 – 307，328

Geodesy，instruments 大地测量学，仪器 Ⅳ 400 – 403；Ⅴ 441 –
444

Geographike syntaxis，Ptolemy 《地理学指南》，托勒密 Ⅲ 502，509，530

Geography 《地理学》Ⅲ 502 – 503，505，507 – 509，
517

Geology 地质学；参见 Coal／metal mining，Petroleum

Geological Society 地质学会（1807 年）Ⅳ 491

maps 地图 Ⅳ 621 – 622

sea-floor 海床 Ⅶ 1453 – 1466

Survey of Great Britain 大不列颠地质勘测局（1835 年）Ⅳ 491，
622

Survey of India 印度地质勘测 Ⅴ 112

Survey of U. S. A. 美国地质调查局 Ⅴ 44

Geometry 几何学；参见 Mathematics

cartography／surveying 制图学／测量学 Ⅲ 507 – 513，520 – 522，
537

dividing engines，design 刻线机，设计 Ⅳ 388 – 390

Egyptian 埃及 Ⅱ 791 – 792

Greek	希腊 Ⅰ 126；Ⅱ 632 – 633，675；Ⅲ 502，520
navigation	航海学 Ⅲ 526 – 529
optics	光学 Ⅲ 633
Geoponica	《农艺学》 Ⅰ 405 – 406，412 (59)
Geothermal power	地热能 Ⅵ 219 – 221
Gerard's Herball	杰勒德的《植物志》(1597 年) Ⅲ 1 – 3
German Chemical Society	德国化学会 Ⅴ 270
Germany	德国；参见 Europe
aeronautics	航空 Ⅴ 397，399，402 – 406，412
agriculture	农业 Ⅲ 12；Ⅳ 13，16，19，22 – 29，31，33 – 34，36 – 37，40 – 41；Ⅴ 14，16，304
aircraft	飞机 Ⅵ 17；Ⅶ 17，793 – 803，806 – 807，811 – 821，828 – 829，840 – 849，853，1019 – 1020
architecture	建筑学 Ⅶ 934，954 – 955
asphalt	沥青 Ⅳ 539 – 540
astronomical instruments	天文学仪器 Ⅳ 399，401
atomic energy research	原子能研究 Ⅵ 226，268 – 269
beer production	啤酒生产 Ⅱ 140 – 141
brass-making	黄铜制造 Ⅲ 37
bridges	桥梁 Ⅴ 502，514
building	建筑 Ⅴ 472，482，484，489，491，493，495 – 496；Ⅶ 934，954 – 955
canals/waterways	运河/河道 Ⅲ 441，443，449 – 450，454 – 455；Ⅳ 548，550 – 551，554 – 556，560 – 562
cartography	制图学 Ⅲ 534 – 539；Ⅳ 614，620，622，624，626；Ⅴ 449
ceramics	陶瓷 Ⅱ 295，300；Ⅳ 329，331，335，338 – 339，342；Ⅴ 662 – 667，669；

Ⅵ 631 – 636

chemical industry	化学工业	Ⅲ 682；Ⅴ 242 – 243, 247 – 248, 251 – 252, 255, 302, 310；Ⅵ 499 – 510, 514, 517, 522 – 528, 530, 540 – 541
civil engineering	土木工程	Ⅶ 872, 913
coal	煤	Ⅲ 82；Ⅵ 362, 367
cobalt	钴	Ⅳ 145
coke, blast-furnaces	焦炭, 高炉	Ⅳ 235
coinage	铸币	Ⅱ 491 – 492
copper	铜	Ⅳ 126, 129
diet changes	饮食的变化	Ⅲ 2 – 3, 5 – 6
distilleries, alcohol	酿酒厂, 酒精	Ⅴ 305 – 306
dredging	疏浚	Ⅳ 633, 637, 640
drilling technology	钻探技术	Ⅴ 107 – 108
dyes, dyestuffs	染料, 颜料	Ⅲ 694；Ⅳ 249, 320 – 321；Ⅴ 261, 269 – 271, 273, 275 – 279, 281 – 282；Ⅵ 644 – 645
electricity	电	Ⅴ 184 – 185, 187 – 189, 205, 210, 217 – 218, 221, 232 – 233；Ⅵ 290；Ⅶ 1069
engineering	工程	Ⅵ 439；Ⅶ 983, 1037
engines	发动机	Ⅴ 140, 143, 158 – 159, 164 – 169
explosives	炸药	Ⅴ 284
fire-arms	轻武器	Ⅲ 358
flax	亚麻	Ⅲ 156
food	食物	Ⅴ 14, 16, 304
fulling-stocks	缩绒机	Ⅲ 170
furnaces	熔炉	Ⅳ 122, 124 – 125, 129, 235
glass industry	玻璃产业	Ⅳ 360 – 361, 367, 374；Ⅴ 673 – 674
glass-making	玻璃制作	Ⅱ 325；Ⅲ 206, 220 – 222, 224 – 225, 229, 237 – 238, 240 – 241,

Gregorian calendar, adoption　格里历，采用 Ⅲ 579

hemp　大麻 Ⅲ 158

houses, half-timbered　房屋，半木 Ⅲ 257

ink　油墨 Ⅲ 381

iron and steel　钢铁 Ⅲ 31 注释 1，689；Ⅳ 113，115 – 116；Ⅵ 468，482，490，497

japanning　涂漆 Ⅲ 696

knitting　针织 Ⅲ 186

lead production　铅的生产 Ⅳ 123

machine-tools　机床 Ⅴ 656

maps　地图 Ⅲ 533 – 535

medical technology　医学技术 Ⅶ 1326 – 1327

mercury　汞 Ⅳ 135 – 136

metallurgy　冶金术 Ⅱ 65 – 68，76 – 77；Ⅴ 57，60 – 61，63 – 64，67 – 69，87，96，615，625，629，634

metals, non-ferrous　有色金属 Ⅳ 119 – 120

millstones　磨石 Ⅳ 212

mining　采矿 Ⅱ 11，13 – 24，65；Ⅲ 678

navigational aids　助航设备 Ⅴ 456

nickel　镍 Ⅳ 145

oil and petroleum　石油 Ⅴ 102 – 103，107 – 108，110，113，115

paints　油漆 Ⅵ 602 – 603

photography　摄影术 Ⅴ 717 – 718；Ⅶ 1281 – 1301

plastics　塑料 Ⅵ 553，556 – 560

platinum metals　铂族金属 Ⅳ 144

playing-cards　纸牌 Ⅲ 380

population　人口（1871—1914 年）Ⅴ 1

pottery　陶瓷；参见 Ceramics

printing　印刷 Ⅲ 377，382 – 385，388 – 390，404，

	406 – 407；V 683, 694, 704, 706 – 708, 713 – 714
railways	铁路 Ⅲ 84 – 85；V 61, 326, 328 – 330, 332 – 333, 335 – 336, 338, 340, 345 – 346
river boat services	内河船服务 Ⅳ 548
roads and streets	道路与街道 Ⅱ 524 – 526, 531 – 532；Ⅳ 520, 527, 539, 542；Ⅶ 707 – 708, 718 – 719, 726, 730, 732, 767 – 768
rubber	橡胶 V 764
scientific books	科学书籍 Ⅲ 677
scientific instruments	科学仪器 Ⅲ 585, 609, 613, 621 – 622
sewage disposal	污水处理 Ⅳ 518 – 519
shipping	航运 Ⅳ 558, 594
silk industry	丝绸工业 Ⅲ 196；Ⅳ 319
steel industry	钢铁工业 Ⅳ 107 – 108
sulphuric acid	硫酸 Ⅳ 244
telegraphy	电报 Ⅳ 654 – 656；V 227 – 228
telephones	电话 V 226
textiles	织物 Ⅱ 199 – 200；Ⅳ 248, 299；V 574, 577, 587, 589 – 590, 598 – 599, 602, 604
Thirty Years War	三十年战争 (1618—1648 年) Ⅲ 349, 622
tin industry	锡工业 Ⅳ 104, 124 – 125
town-planning	城镇规划 Ⅲ 284 – 285
vehicles	车辆 V 427 – 428, 434, 436；Ⅶ 718, 726, 730, 732, 734
water-supply	供水 Ⅳ 498；V 554 – 555, 564, 566
watermills	水磨 Ⅱ 611 – 612
windmills	风车 Ⅲ 97, 99, 106
wine production	葡萄酒生产 Ⅱ 137 – 138

zinc	锌 Ⅲ 691 – 692
Gerzeans	格尔津 Ⅰ 509，512，516，表 E
Gesso	石膏粉 Ⅱ 249，363
Gesture systems, supplementing speech	手势系统，补充性的语言 Ⅰ 94 – 95
Gig-mills for raising cloth	拉绒机 Ⅲ 172 – 173
Gimlets	手钻 Ⅱ 394
Girders	桁支架/大梁 Ⅳ 460 – 462，477 – 478，486
Glaskonst ('Art of Glass'), Peder Månsson	《玻璃的艺术》，蒙松 Ⅲ 209 – 210，212
Glass, glass-making	玻璃，玻璃制造 Ⅱ 64，300 – 301，311 – 346，图版 24 – 28；Ⅲ 206 – 244，698 – 702，图版 16，30；Ⅳ 358 – 378；Ⅴ 671 – 682；Ⅵ 570 – 589
ancient ware	古代器皿 Ⅱ 314 – 315，318 – 322
annealing chambers	退火拱穹 Ⅳ 373
batches	配合料 Ⅵ 570 – 571，573 – 574
blowing	吹制 Ⅱ 322，337
Bohemian	波希米亚玻璃 Ⅲ 206，220 – 223
books	玻璃著作 Ⅲ 206 – 207，209 – 215，217 – 219，222，226，230 – 231，698
bottle-glass for windows	玻璃瓶，窗玻璃 Ⅵ 570
bottle-making	制瓶 Ⅰ 286；Ⅳ 376；Ⅴ 674 – 677，图版 4A；Ⅵ 580 – 585
cane-form	条状玻璃 Ⅱ 322，335；Ⅲ 216
casting-tables	浇铸平台 Ⅳ 362，369，371 – 372
chemical apparatus	化学仪器 Ⅱ 733 – 735，739 – 750；Ⅵ 570
cold-cutting methods	冷雕法 Ⅱ 322，336
colours	颜色 Ⅲ 209 – 210，214 – 215，218 – 219，224，229，240 – 242
containers	容器 Ⅵ 580 – 585
core-winding	卷芯 Ⅱ 336 – 337

craftsmen, Roman period 玻璃工匠，罗马时期 Ⅱ 323 – 325

craftsmen, post-Roman 玻璃工匠，后罗马 Ⅱ 327

crown 冕法玻璃 Ⅲ 240；Ⅳ 358，360 – 361，
365 – 367

crystal 水晶 Ⅲ 209，215，221 – 222，702；
Ⅴ 672

cut-glass 玻璃刻花 Ⅳ 376 – 377

cutting techniques 磨刻技术 Ⅲ 225 – 226，233

decoration 装饰 Ⅱ 323 – 324，328，338 – 343；Ⅲ
214 – 216，222 – 225，229

electrical uses 电的使用 Ⅵ 586 – 588

engraving-wheels 镂刻用的飞轮 Ⅳ 377

flat glass 平板玻璃 Ⅴ 677 – 680；Ⅵ 578 – 580

flint 燧石 Ⅲ 86，678，702；Ⅳ 362 – 363，
368 – 373

float glass 浮法玻璃 Ⅵ 570，579 – 580

Florentine glass-blowers 佛罗伦萨的玻璃吹制匠 Ⅲ 636

fluxes 助熔剂 Ⅲ 206 – 207，209 – 210，217，
226 – 228

food containers 食品容器 Ⅴ 42 – 43

frits 熔块 Ⅱ 317 – 318

furnaces 熔炉 Ⅲ 78 – 79，86，207 – 214，217，
220 – 221，226，238 – 239，699 –
700；Ⅳ 359，361，364，367，370 –
371，373；Ⅴ 680 – 681；Ⅵ 575，577

glass-houses 玻璃作坊 Ⅲ 206 – 207，214 – 215，224 –
225，226 – 228

glass-maker's 'chair' 玻璃制造者的"椅子" Ⅲ 219 – 220

glassworks 玻璃制品 Ⅳ 237，343，361，368，372 –
375，图版 21B

gold-sandwich type 夹金玻璃 Ⅲ 229

household ware 家用器具 Ⅴ 677

industrial relations	劳资关系 Ⅵ 585 – 586
inlay work	镶嵌工艺 Ⅱ 320
lead-glass	铅玻璃 Ⅲ 219, 225；Ⅴ 672
marvering operation	滚料操作 Ⅳ 364 及注释, 365 – 366
masks, protective	面罩, 保护性的 Ⅳ 366
materials	材料 Ⅱ 328 – 330, 332, 354, 358 – 359
mechanization	机械化 Ⅴ 671；Ⅵ 588
medieval	中世纪的 Ⅱ 325 – 328
mirrors	镜子 Ⅳ 362 – 364
mould-pressing	模压 Ⅱ 322, 335 – 336
nature/appearance	性质/外观 Ⅱ 311 – 314, 333 – 335
opaque	不透明玻璃 Ⅱ 333；Ⅲ 215 – 216, 219, 224, 229
optical	光学玻璃 Ⅲ 229 – 237；Ⅳ 358 – 362；Ⅴ 673
origin	起源 Ⅱ 311 – 318
obsidian	黑曜石 Ⅰ 563, 642
plate	平板 Ⅲ 237 – 240；Ⅳ 362 – 363, 368 – 373, 图版 21A
recipes	配方 Ⅰ 260 – 262
Roman period	罗马时期 Ⅱ 322 – 325
ruby	红宝石 Ⅲ 224 – 225, 229；Ⅳ 375
sand-core technique	砂芯技术 Ⅱ 321 – 322, 336 – 337
sheet	薄板 Ⅲ 237 – 240；Ⅳ 365 – 368
still-bodies	蒸馏器身 Ⅱ 348 – 349
stirrers	搅拌器 Ⅳ 359 – 360
tableware	餐具 Ⅲ 20；Ⅵ 570
techniques	工艺 Ⅲ 206 – 229
textile fibres	纺织纤维 Ⅵ 589
tools	工具 Ⅱ 331 – 333；Ⅲ 208 – 212, 217, 219 – 220, 222 – 229, 231 – 232, 234 – 236；Ⅳ 363 – 364, 366, 368, 371 –

		372，377
tubing and rods	管和棒 Ⅳ 363－365，601，607	
Venetian	威尼斯的 Ⅲ 209，216，222，230－231，678	
vessels	容器 Ⅲ 20，208，214，222－223，228，698	
weathering effects	风化效应 Ⅱ 333－335	
window-	窗玻璃 Ⅲ 209，237－242，699	
windows	玻璃窗 Ⅱ 358－359，416，425，429，443－444	
Glauber's salt(*sal mirabile*)	格劳贝尔盐 Ⅱ 745－746	
Glazes，glazing	釉，上釉/镶嵌 Ⅰ 471，485；Ⅱ 311－346；Ⅲ 261，295；参见 Glass，Ceramics	
Gleep，low-energy atomic reactors	低功率石墨实验性反应堆，低能原子反应堆 Ⅵ 243	
Globes，celestial	天球仪 Ⅲ 612－614	
Glockendon Bible	《格罗肯东圣经》（1524 年）Ⅲ 160	
Glover tower，denitrating	格洛弗塔，脱硝（1859 年）Ⅴ 245	
Gloves，early use	手套，早期使用 Ⅱ 163，177－178	
Glues	黏合剂 Ⅰ 695－696；Ⅶ 937	
Glycerol（glycerine）	甘油 Ⅱ 356 注释；Ⅳ 253	
Glycine max（soya bean）	大豆 Ⅰ 361	
Gnomon stick	日晷标杆 Ⅲ 560，594－596	
Gold	黄金	
alchemical outlook	炼金术观念 Ⅱ 731－732，747	
alloys	合金 Ⅱ 63－64；Ⅲ 45－49	
aqua regia solvent	王水溶剂 Ⅱ 356－357	
assaying	试金 Ⅲ 59，63－68	
book-cover，Monza	书封，蒙扎 Ⅱ 451	
coinage	铸币 Ⅲ 46－48，342；Ⅵ 411	
cross of St Cuthbert	圣库思伯特十字架 Ⅱ 451－452，457	
cross of St Peter's，Rome	圣彼得大教堂十字架，罗马 Ⅱ 464－	

465，467

crown of Charlemagne　　　　　　　　查理大帝王冠 Ⅱ 455，459

cups　　　　　　　　　　　　　　　金杯 Ⅱ 461－462，465，469

discovery　　　　　　　　　　　　　发现 Ⅰ 64，66

Dutch gold　　　　　　　　　　　　荷兰金 Ⅳ 375

extraction　　　　　　　　　　　　　提炼 Ⅰ 575，579－582；Ⅱ 41－43，63；Ⅲ
　　　　　　　　　　　　　　　　　　29，33，327－328；Ⅳ 119，140－142；
　　　　　　　　　　　　　　　　　　Ⅴ 72，74，76，79，94－97，249－250；
　　　　　　　　　　　　　　　　　　Ⅵ 424

filigree　　　　　　　　　　　　　　金银丝细加工 Ⅰ 654－658

fulminates　　　　　　　　　　　　　雷酸盐 Ⅴ 285

furnaces　　　　　　　　　　　　　　熔炉 Ⅲ 53

gliding　　　　　　　　　　　　　　镀金 Ⅱ 342－343；Ⅲ 48－49；Ⅳ 355－356

glass pigment　　　　　　　　　　　玻璃颜料 Ⅲ 224－225

granulation effect　　　　　　　　　粒化效应 Ⅰ 654－658

inlay work　　　　　　　　　　　　　镶嵌工艺 Ⅱ 481

jewelry　　　　　　　　　　　　　　珠宝 Ⅰ 656，659

leaf　　　　　　　　　　　　　　　金叶 Ⅰ 677－678，698－701；Ⅲ 48－49；
　　　　　　　　　　　　　　　　　　Ⅳ 355

leather，-tooling　　　　　　　　　皮革，烫金 Ⅱ 173－174，180

machines　　　　　　　　　　　　　机器 Ⅲ 327－328，342

medieval period　　　　　　　　　　中世纪时期 Ⅱ 63－65

mining　　　　　　　　　　　　　　采金 Ⅰ 526，563，572，574，579－582，
　　　　　　　　　　　　　　　　　　589，594；Ⅱ 10，12，65－66，77，
　　　　　　　　　　　　　　　　　　图版 1；Ⅵ 413－417，421－422

objects，fine art　　　　　　　　　物体，精细工艺 Ⅰ 641－648，654，657，
　　　　　　　　　　　　　　　　　　658，660，图版 22

patination　　　　　　　　　　　　生锈 Ⅱ 483－484

pigment source　　　　　　　　　　颜料来源 Ⅱ 362

plating　　　　　　　　　　　　　　镀层 Ⅱ 227；Ⅴ 632－634

powder，paint/ink use　　　　　　粉末，油漆/油墨的使用 Ⅲ 49

purse-mount，Sutton Hoo　　　　钱袋衬纸板，萨顿胡 Ⅱ 451，456

refining techniques	精炼技术 II 12, 42 – 43, 63 – 65；III 47 – 49；IV 142 – 144；V 96 – 97
Renaissance writers	文艺复兴作家 III 27, 29
repoussé work	压花制品 II 468, 470 – 474
solders	焊料 I 650 – 653；III 48
staining effect	染色效果 I 243
Standard	金本位制 VI 2, 13, 411
Sword of Childeric	希尔德里克剑 II 451, 453
Tara brooch	塔拉胸针 II 473 – 474
thread	线 III 48, 192, 205
value-ratio with silver	银金比价 I 585
wire	金属丝 I 654 – 656；II 481 – 483
weights and balances	砝码和天平 I 779
Goods vehicles	货车 VII 722 – 728
Gossypium	棉属 I 373, 432, 449；III 159；参见 Cotton
Gouges, carpenter's	圆凿，木匠的 I 612, 618；IV 404
Government	政府（20 世纪）VI 113 – 137
Granite	花岗岩 I 477 – 478, 569 – 570, 574；II 30, 406；IV 543 – 545
Graphic art	绘画艺术 I 144 – 153；参见 Painting, Printing
Graphometers	量角器 III 627, 636；IV 403, 602 – 603
Gravettians	格雷维特人 I 190
Greece, Greeks	希腊，希腊人 I 表 F；参见 Europe
agriculture	农业 I 355 – 356；II 103, 121 – 123
alchemy	炼金术 II 733 – 735, 758 注释
architecture	建筑 III 246
arts, liberal v. mechanical	文学艺术与机械技术 II 603 – 604, 638
astronomy	天文学 I 802 – 803；III 520, 566, 612, 615, 620
bauxite	铝矾土 V 93
beer, Greeks' aversion	啤酒，希腊人的厌恶 II 140
building techniques	建造技术 I 485, 487 – 488；II 397 – 404,

		445 – 446
calculations, numerical	计算，数字的	Ⅲ 501 – 502
calendar	历法	Ⅰ 126；Ⅲ 568 – 572, 579
carpenters	工匠	Ⅱ 232 – 233
cartography	制图学	Ⅲ 504 – 507
ceramics	陶瓷	Ⅰ 386, 390, 393, 395, 401, 403； Ⅱ 259 – 269
chemical techniques	化学工艺	Ⅱ 350 – 351, 355, 359, 361 – 362
coinage	制币	Ⅱ 485 – 487
copper production	铜的生产	Ⅱ 51 – 52
dyestuffs	染料	Ⅴ 266
electricity, meaning	电，含义	Ⅳ 648
food and diet	食物和饮食	Ⅰ 355 – 356；Ⅱ 103, 105, 118 – 123
furniture	家具	Ⅱ 221 – 223
geographers	地理学家	Ⅲ 613
geometry	几何学	Ⅰ 126；Ⅱ 632 – 633, 675；Ⅲ 502, 520
Gregorian calendar, adoption	格里历，采用	Ⅲ 579
harbour installations	港口设施	Ⅱ 517 – 518
horse-riding	骑马	Ⅱ 555 – 558
iron production	铁的生产	Ⅰ 598；Ⅱ 58 – 59
irrigation and drainage	灌溉和排水	Ⅱ 678
ivory work	象牙制品	Ⅰ 674 – 675
language	语言	Ⅰ 104 – 105；参见 writing
lead production	铅的生产	Ⅳ 123
leather, use	皮革使用	Ⅱ 150, 166 – 168
lighting torches, medieval	照明火把，中世纪	Ⅰ 234
machinery	机械	Ⅱ 630 – 636
mathematics	数学	Ⅰ 802 – 803；Ⅲ 501 – 502, 505, 520, 620

measurement	测量	Ⅰ 777
metal-work	金属制品	Ⅰ 645 – 656，658，660 – 662，681；Ⅱ 449 – 450，469 – 470
metallurgy	冶金术	Ⅱ 41，44 – 45，476 – 478
military pyrotechnics ('Greek-fire')	军用烟火技术（"希腊烟火"）	Ⅱ 375 – 377，700，726，771
milling techniques	碾磨技术	Ⅱ 108 – 110，112
mining techniques	采矿技术	Ⅱ 1 – 6
navigation	航海	Ⅲ 517
olive-oil production	橄榄油生产	Ⅱ 112 – 113，121 – 123
ploughs	犁	Ⅱ 82 – 85
pottery	陶瓷；参见 ceramics	
presses, olives and grapes	压力机，橄榄和葡萄	Ⅱ 112 – 113
quarries	采石场	Ⅱ 24 – 27
reckoning-apparatus	计算工具	Ⅲ 501 – 502
roads and streets	道路与街道	Ⅱ 498 – 499，528 – 529
science	科学	Ⅲ 584，615，618
scientific instruments	科学仪器	Ⅲ 618
sewerage, classical period	排水系统，古典时期	Ⅳ 504，518
ships	船	Ⅱ 563 – 569
slave-labour	奴隶劳动	Ⅱ 591
statuary, terracotta	雕像，红陶	Ⅱ 275 – 276
surveys and surveying	测量	Ⅲ 502，510 – 511
textiles	织物	Ⅰ 443 – 445；Ⅱ 191 – 197，200 – 201，211 – 212
time-reckoning	计时	Ⅰ 121，126 – 127
town-planning	城镇规划	Ⅲ 271 – 275
viticulture	葡萄栽培	Ⅱ 128 – 133
water-engineering	水利工程	Ⅰ 531；Ⅱ 663 – 664，667 – 669
watermills	水磨	Ⅱ 593 – 595，599 – 600
weapons and armour	武器和铠甲	Ⅱ 695 – 703
wheeled-vehicles	轮式车辆	Ⅱ 539 – 540，541 – 545，549 –

550, 554

writing	文字 Ⅰ 767 – 771
Greek Anthology	《希腊诗选》 Ⅱ 228
Gresham College, London	伦敦格雷舍姆大学 Ⅲ 257, 681
Grimani Breviary	《格里马尼祈祷书》 Ⅱ 192
Grindstones	砥石 Ⅲ 110, 115; 参见 Machine-tools
Grit-stone	粗砂岩 Ⅱ 31 – 33
Groats (crushed grain)	去壳谷粒 (谷碎) Ⅱ 118 – 119
Grogram (cloth)	格罗格兰姆呢 (布料) Ⅲ 179
Groma (surveying instrument)	格罗马 (测量工具) Ⅲ 511 – 512
Gross National Product	国民生产总值 (G. N. P.) Ⅵ 25, 116 – 117
Growth, business corporations	增长, 贸易公司 Ⅵ 86 – 87, 88 – 89
Gruit in medieval beer	中世纪的啤酒混合物 *gruit* Ⅱ 141
Guaiacum (lignum vitae)	愈创树 Ⅲ 672
Guano	海鸟粪 Ⅳ 254 及注释
Gulf Stream	墨西哥湾流 Ⅶ 1447
Gunnery techniques	兵器技术 Ⅲ 627 – 628
Gunpowder	火药; 参见 Explosives
alcoholic spirits, assay	烈酒鉴定 Ⅲ 21
blasting explosive	爆破药 Ⅱ 1; Ⅳ 71, 75, 80; Ⅴ 284, 292
Chinese invention	中国发明 Ⅱ 771
fireworks	烟火 Ⅱ 377 – 379
manufacture	制造业 Ⅱ 379 – 382; Ⅲ 684; Ⅳ 232; Ⅴ 285
military use	军事运用 Ⅱ 64, 377 – 382, 726 – 728; Ⅲ 347 – 348, 350, 355, 359 – 362, 366, 368; Ⅵ 548
power source	能源 Ⅳ 170 – 171, 672
rocket fuel	火箭燃料 Ⅶ 859
Guns	枪; 参见 Artillery, Firearms
Gunter's chain, land-measurement	冈特测链, 土地测量 Ⅳ 600

Gutta-percha   杜仲胶（古塔波胶）V 221－223，764，771；

                            Ⅶ 1073

Gypsophila struthium   丝石竹属植物 Ⅱ 215

Gypsum   石膏 Ⅰ 469，482 注释；Ⅱ 737；参见 Plaster

                    of Paris

Gyroscopes   陀螺仪 Ⅳ 408－409

H

Hacks，clod-breaking   镐，打碎土块 Ⅲ 134－135

Hadendoa people   哈登达人 Ⅰ 427

Hadow Committee   哈多委员会（1926 年）Ⅵ 167

Hadrian's Wall   哈德良城墙 Ⅱ 31，719，图版 40B

Hague Court   海牙法庭 Ⅵ 2，8

Halberds   戟 Ⅰ 614

Hallstatt culture   哈尔施塔特文化；参见 Cultures

Hammers   锤

    Bronze Age   青铜器时代 Ⅰ 608－610

    carpenter's   木匠的 Ⅱ 231，243

    claw   羊角锤 Ⅱ 394－395

    Egyptian   埃及的 Ⅰ 481，688－689

    firearms   枪炮 Ⅲ 358

    forge-   锻锤 Ⅲ 352；Ⅳ 104

    glazing，paper-making   研光锤，造纸 Ⅲ 414

    gold-beating   金箔制造 Ⅲ 49

    hammerstones   锤石 Ⅰ 129－135，608－609

    helve-   柄式锻锤 Ⅳ 104－105

    hydraulic   水力的 Ⅱ 69，73，75，396，645－646

    Iron Age   铁器时代 Ⅰ 618

    machines   机器 Ⅲ 342－343

    mason's   泥工锤 Ⅰ 481；Ⅱ 36，385

metallurgical	冶金锤 Ⅱ 66，643；Ⅲ 49，54，82 – 83
miner's	矿工锤 Ⅰ 567；Ⅱ 8 – 9，12，15
pile-drivers	打桩机 Ⅲ 422 – 423
power-driven	动力驱动 Ⅲ 341，350，690
printing operation	印刷工序（约 1450 年）Ⅲ 387
steam-	蒸汽锤 Ⅳ 116，430 – 431，441，461，图版 24A，24B；Ⅴ 610 – 611
stone-working	石材加工 Ⅰ 129 – 135
tradesmen's	工匠的锤（约 1500—1850 年）Ⅲ 110，115，119
tilt-	轮锤 Ⅲ 32，54，115，689；Ⅳ 418，431
Hammurabi, Code of	《汉穆拉比法典》Ⅰ 256，280，548 – 549
'Handmaid to the Arts, The', R. Dossie	《艺术的陪衬》（1758 年），朵思 Ⅲ 226，228
Hands	手
apes	猿 Ⅰ 9 – 10
communications by gesture	手势交流 Ⅰ 18
finger-tip painting	指尖绘画 Ⅰ 146，148
left hand/right hand	左手/右手 Ⅰ 19，24 – 25，31
man	人类 Ⅰ 10 – 12
Hanseatic League, fish industry	汉萨同盟，渔业 Ⅳ 45，48 – 49
Hapsburg monarchy	哈布斯堡王国 Ⅵ 1，4，9
Harbours	海港；参见 Docks, Civil engineering, Ports
Harness	马具 Ⅱ 537 – 562
ancient	古代的 Ⅰ 719 – 724；Ⅱ 552 – 553
bridle-bits	马嚼子 Ⅰ 722 – 724；Ⅱ 558 – 561
cart-horses	运输马匹（19 世纪）Ⅲ 148 – 149
chariots	双轮战车 Ⅱ 163 – 164
harness-leather	用于马具的皮革 Ⅱ 157，165，172 – 173，183
horse-collars	马轭 Ⅱ 90 – 91，527，538，554，592，639，770

rein and stirrup	缰绳和马镫 Ⅱ 516，538，556－557，559
Roman	罗马的 Ⅱ 515，592
saddles	马鞍 Ⅱ 182，538，554－557
shafts	辕杆 Ⅱ 547，553－554
traces	缰绳 Ⅱ 554
Harp，Egyptian	埃及竖琴 Ⅱ 149
Harpoons	鱼叉 Ⅰ 158－161，176－178，181－182，498，516
Harrows	耙 Ⅱ 91，94；Ⅲ 134；Ⅳ 4－5
Hatchets	短柄小斧 Ⅱ 243，253；参见 Adzes，Axes
Healds，figured-fabrics	综片，显花织物 Ⅲ 187 注释，188，191－193，195，197－199，201－203；参见 Heddles
Health and safety，coal-mines	健康和安全，煤矿 Ⅵ 374
Heat，heating	热，加热；参见 Central heating，Lighting
development，indoor fires	发展，屋内生火 Ⅰ 231－233
hearth accessories	炉床附件 Ⅰ 232－233，图版 5B
primitive man	原始人 Ⅰ 230－231
Roman period	罗马时期 Ⅰ 231；Ⅱ 4，404，419－420，446
tapers and candles	细蜡烛和普通蜡烛 Ⅰ 234－235
thermodynamics	热力学 Ⅳ 163－164
Heat engines	热机 Ⅶ 988－990；参见 Internal combustion engines
Heavy Clothing Working Party Delegation from Britain to U.S.A.	从英国到美国进行考察的"厚重服装工作组代表团" Ⅵ 677
Heddles	综片 Ⅲ 164，166，187 及注释
Helena，Empress，sarcophagus	海伦娜，皇后，祭祀神石 Ⅱ 29
'Helenca' textile yarns	"海兰卡"纺织纱线 Ⅵ 660
Helianthus tuberosus	洋姜 Ⅲ 2
Helical springs	螺旋弹簧 Ⅳ 381，383，385，391－393，

415

Heliometers	测日仪 Ⅳ 361
Heliotropaeum europaeum	向日葵 Ⅰ 288
Helwanians of Egypt	埃及的赫勒万人 Ⅰ 496
Hemp	大麻 Ⅰ 373；Ⅱ 197, 363；Ⅲ 158 – 159, 174, 176；Ⅵ 613
Henna dye	散沫花染料 Ⅰ 246, 289, 294, 441
Herball	植物志 Ⅲ 1 – 4, 8
Herminiera elaphroxylon	田皂角 Ⅰ 732
Hevea brasiliensis（Para rubber）	三叶胶（帕拉橡胶）Ⅴ 752 – 753, 773 – 775
Hibiscus cannabinus （Deccan hemp）	大麻槿（洋麻）Ⅰ 373
Highways	高速路；参见 Civil engineering, Roads
Hinges	铰链 Ⅱ 235 – 236, 242 注释, 429, 443
Hippocratic Collection	《希波克拉底文集》Ⅱ 119 – 120
Hispano-Moresque ware	西班牙 – 摩尔式器皿 Ⅱ 304
Hittites	赫梯人 Ⅱ 151, 163, 167, 494
Hodometers	车程计 Ⅲ 512, 628；Ⅳ 600, 616, 图版 23B
Hoes	锄头 Ⅰ 502, 507, 539 – 540, 620；Ⅱ 5, 16, 98
Hoists	提升设备，起重机 Ⅱ 388, 602 – 603, 637, 641 – 642；Ⅲ 30, 32, 105
Holland（Netherlands）	荷兰；参见 Europe, Low Countries
agriculture	农业 Ⅲ 13 – 14；Ⅳ 14 – 16, 26；Ⅴ 2, 13, 18 – 19, 31
alcoholic spirits	烈酒 Ⅲ 11
brick-work	砖砌 Ⅲ 262
building	建筑 Ⅳ 446 – 447
canals/waterways	运河/河道 Ⅲ 439, 441, 443, 450, 452；Ⅳ 452, 556, 558 – 560
cannon	火炮 Ⅲ 367
cartography	制图术 Ⅳ 612

ceramics	陶瓷工艺 IV 329, 334, 336 – 337; V 666, 668
diet changes	饮食的变化 III 5, 23
drainage systems	排水系统 II 680 – 689; III 300 – 310, 315, 318 – 322
dredging	疏浚 IV 629 – 632, 635 – 640, 642
dye industry	染料工业 III 693, 695; V 260
electricity	电 V 177
electronic engineering	电子工程 VII 1102
fish industry	渔业 IV 45, 47 – 48, 53
foods	食品 V 2, 13, 18 – 19, 31
geodesy	大地测量学 V 441
glass	玻璃 III 216, 220, 229, 700
Gregorian calendar, adoption	格里历, 采用 III 579
hydraulic engineering	水利工程 V 545
ink	油墨 III 381
japanning and lacquering	日本漆和瓷漆 III 696
knitting	针织 III 186
land reclamation	土地改造 III 300 – 310, 315, 318 – 322; VII 907 – 912
lens-making	透镜制作 III 231 – 232, 234, 236
longitude, determination	经度, 测定 III 662
military technology	军事技术 III 349
navigational aids	航海辅助设备 V 459
paper-making	造纸 III 412, 414 – 415
population	人口 (1800—1950 年) V 823
printing	印刷术 III 383 – 385, 592 – 593, 400 – 401, 406 – 407, 409 – 410; V 699
roads and streets	道路和街道 IV 529, 543, 545
ships	船 III 482 – 483, 485, 496 – 498; IV 576, 578, 586
silk, medieval fragment	丝织物, 中世纪残片 III 196, 202

spinning-wheels	纺车 Ⅲ 161
States-General	议会 Ⅲ 662；Ⅳ 630，632，640
sulphuric acid	硫酸 Ⅳ 243 – 244
surveys	测量 Ⅳ 606，610
textile industry	纺织工业 Ⅲ 151，156 – 159，170，174 – 175
town-planning	城镇规划 Ⅲ 293 – 295
wars with English and French	与英国人和法国人的战争 Ⅲ 349
water-supply	供水 Ⅳ 498；Ⅴ 554
weaving-loom	织布机 Ⅲ 164，167 – 168
windmills	风车 Ⅱ 619 – 620，625 – 626；Ⅲ 89，93，95 – 102，106 – 108；Ⅳ 156 – 160
zinc	锌 Ⅳ 130
Hominidae	人科 Ⅰ 12 – 13，18，20，22，34，36
Homo neanderthalensis	尼安德特人种 Ⅰ 22；参见 Man，Neanderthal
H. sapiens	智人 Ⅰ 22 – 25，27 – 30，32，表 C
Hooke's law	胡克定律 Ⅳ 482 – 483
Hooks，agricultural	钩刀，农用 Ⅲ 136 – 137
Hoppers	送料斗 Ⅲ 53
Hops，cultivation	啤酒花，栽培 Ⅱ 140 – 141；Ⅲ 14
Hordeum（barley）	大麦 Ⅰ 367 – 368，图版 7
Hornblende-granite，quarrying	角闪石花岗岩，采石场 Ⅱ 29
Horologium，Huygens	《钟摆》（1658 年），惠更斯 Ⅲ 344，663
Horologium oscillatorium，Huygens	《摆式时钟》（1673 年），惠更斯 Ⅲ 663 及注释
Horse-power	马力 Ⅲ 340；Ⅳ 164
Horses	马 Ⅵ 421；参见 Harness
agricultural use	农业用途 Ⅲ 142 – 150；Ⅵ 298 – 299
ancient empires	远古帝国 Ⅱ 495，555 – 556
bridle-bits	马嚼子 Ⅱ 558 – 561
cavalry	骑兵 Ⅱ 697 – 698，705 – 706，720
draught-horses	拉车的马 Ⅱ 592 – 593；Ⅵ 298 – 299，421

horse-cloth	马背垫	Ⅱ 556
horse-whim	马拉绞盘	Ⅱ 18
horse-shoes	马蹄铁	Ⅱ 76 – 77，515 – 516
messenger-service	信使服务	Ⅱ 495 – 496，508，524，527
Nesaean horse of Media	米底地区的涅赛伊阿马	Ⅱ 706
pack	驮运	Ⅲ 139，141 – 142，417
power-source	动力源	Ⅲ 45，82 – 84，162，170，172，178，317，322，342；Ⅵ 310
rein and stirrup	缰绳和马镫	Ⅱ 516，538，556 – 557，559
saddles	马鞍	Ⅱ 182，538，554 – 557
spurs	马刺	Ⅱ 557 – 559
Horticulture	园艺业	Ⅲ 13
Hose-pipes	软管	Ⅱ 184 – 185
Hosiery	针织品；参见 Textile industries	
Hosiery and Allied Trades Research Association	针织品联合贸易研究协会	Ⅵ 667
Hospitals named	医院名称；参见 Medical technology	
Guys，London	盖伊斯医院，伦敦	Ⅶ 1347
Jefferson，Philadelphia	杰斐逊医院，费城	Ⅶ 1331
Peter Brent Brigham，Boston，Mass.	彼得·布伦特·布里格姆医院，波士顿，马萨诸塞州	Ⅶ 1358
Philadelphia General	费城总医院	Ⅶ 1330
Presbyterian，New York City	长老会医院，纽约市	Ⅶ 1330，1339
St Bartholomew's，London	圣巴塞洛缪医院，伦敦	Ⅶ 1335
University of California	加利福尼亚大学医院	Ⅶ 1332
Houses	房屋；参见 Building，Lake Villages，Town-Planning	
bitumen use	沥青的使用	Ⅰ 250，253，255 – 256，460，466
Bronze Age	青铜器时代	Ⅰ 315 – 317
coastal villages，British Columbia	沿海岸村庄，不列颠哥伦比亚	Ⅰ 177 – 178

Cretan 克里特岛人 Ⅰ 484 –485

door-sockets 门的凹窝 Ⅰ 193 –194, 306, 472

drainage systems 排水系统 Ⅰ 466

Egyptian 埃及人 Ⅰ 304 –306, 473 –475

environment effect 环境影响 Ⅰ 299, 307, 456 –457, 459

Iron Age 铁器时代 Ⅰ 317 –324

Mesopotamian 美索不达米亚人 Ⅰ 306, 459 –460, 469,
472

Neolithic 新石器时代的 Ⅰ 306 –312

Palaeolithic and Mesolithic 旧石器时代的和中石器时代的 Ⅰ 299 –
304

Hovercraft 气垫船 Ⅶ 744 –745

Huguenots, and English glass 胡格诺教徒和英格兰的玻璃 Ⅳ 368

Human skill 人类技能 Ⅰ 1 –37

Hundred Years War 百年战争（1338—1453 年）Ⅱ 76, 651

Hungary 匈牙利；参见 Austria-Hungary, Europe

asphalt 沥青 Ⅳ 539

canals and waterways 运河和河道 Ⅳ 550, 553

ceramics 陶瓷工业 Ⅴ 662, 668

chemical industry 化学工业 Ⅴ 243

electricity 电 Ⅴ 187

explosives 炸药 Ⅴ 284

flour-milling 面粉加工 Ⅴ 30

gold 黄金 Ⅳ 141

horse-riding 骑马 Ⅱ 557, 559

mining 采矿 Ⅳ 70

oil 石油 Ⅴ 115

platinum 铂 Ⅳ 144

silver 银 Ⅳ 139

tools/weapons 工具/武器 Ⅰ 602, 614, 616, 625

vehicles 车辆 Ⅱ 547 –548

Hunting, ancient man 狩猎，古代人 Ⅰ 154 –186

Hydraulic engineering	水利工程 II 663 – 694；V 522 – 551；参见 Pumps，Water-power
dams and reservoirs	大坝和水库 V 522 – 524
drainage	排水 V 541 – 545
fluid power	流体动力 VII 1060 – 1067
Greek machinery	希腊机械 II 633 – 635
harbours	海港 V 539 – 541
Hydraulic Research Station, Britain	水力学研究站，英国 V 550
irrigation	灌溉 V 541 – 545
land reclamation	土地开垦 III 300 – 323；V 541 – 545
lift，agricultural tractors	升降机，农用拖拉机 VII 337
power	动力 V 513 – 514，527 – 535
presses	压力机 V 610，627 – 628
pumps	泵 III 325 – 326，330 – 334；V 524 – 527，545；VII 1060 – 1063
rams	液压千斤顶 V 504 – 505，507，520，628
science	科学 V 386 – 390，545 – 550
spades	铁铲 V 501，535
turbines	涡轮机 V 528 – 534，536
valves and meters	阀门和流量计 V 536 – 539
Hydro-electric power	水电站
dams	大坝 VI 197 – 200
development	发展 V 231；VI 196；VII 1071 – 1073
generators	发电机 VI 211 – 212
Niagara Falls	尼亚加拉大瀑布 V 201 – 202
pressure penstocks	压力水管 VI 201 – 202
tunnelling	隧道工程 VI 200 – 201
valves	阀门 VI 202 – 203
water turbines	水轮机 VI 203 – 210
Hydrochloric acid	盐酸 II 357；III 12；IV 124，133，142，233，

	241 – 242；V 115
Hydrodynamics	流体动力学 Ⅲ 303, 319
Hydrogen	氢气；参见 Gases
Hydrographical Office	水道测量处（1795 年）Ⅳ 618
Hydrography	水道测量术 Ⅳ 615 – 620；V 449 – 454
Hydrometers	液体比重计 Ⅲ 12, 22, 68
Hydrostatics	流体静力学 Ⅲ 303, 305
Hygrometers	湿度计 Ⅳ 403
Hyphaene thebaica	浆果棕榈 Ⅰ 271, 423, 450
Hypocausts	火炕供暖系统 Ⅱ 419 – 420
Hypsometer and hypsometry	高度测量仪器和测高术 Ⅳ 605, 614

I

Iatrochemistry	化学医学 Ⅱ 745
Ice, fish preservation	冰，鱼的保藏 Ⅳ 51 – 54
Iceland	冰岛 Ⅵ 220, 256 – 257
Ignition, I. C. engines	点火，内燃机 V 157, 167 – 170, 175, 428 – 429, 435 – 436
Implements, metal	工具，金属 Ⅰ 600 – 622
Incense	熏香 Ⅰ 55, 260, 289, 294 – 295
Incubators	孵化器 Ⅲ 679 – 680；Ⅵ 314
India	印度；参见 Indus valley
architecture	建筑 Ⅲ 249
borax	硼砂 V 321
bridges	桥梁 V 514；Ⅶ 879 – 880, 882 – 886, 892, 897
canals, waterways	运河，河道 Ⅳ 555
cartography	地图绘制术 V 440, 442
city-streets	城市街道 Ⅱ 527 – 528
cotton	棉花 Ⅲ 159 – 160

dyestuffs	染料	V 258, 261, 266 – 267
fire-making	生火	I 220, 224, 229
food production	食品生产	V 2, 21, 23
geodesy	大地测量学	V 443 – 444
Geological Survey	地质勘测	V 112
hydraulic engineering	水利工程	V 523, 541 – 542
iron industry	钢铁工业	I 597；V 70
lacquering	瓷漆	III 696
metal working	金属加工	V 608, 617
oil	石油	V 112
population growth	人口增长（19 世纪）	V 1
potter's wheel	陶轮	I 198, 202
railways	铁路	V 61
rubber	橡胶	V 752, 773 – 774
saltpetre	硝石	IV 232；V 32
scripts	文字	I 771 – 772
silk production	丝的生产	III 193；IV 309, 326
steel（wootz）	钢（乌兹钢）	II 57；III 35；V 64
sugar cultivation	甘蔗栽培	I 370 – 371
surveys	测量	IV 599, 610 – 611
textiles	织物	I 432, 449
town-planning	城镇规划	III 270
voyages to	航行到印度	III 476 – 477, 506 – 507
water-engineering	水利工程	II 666
water-supply	供水	V 563
western technology, effect	西方技术，影响	II 772
zinc	锌	III 30
Indians, North American	印第安人，北美洲	I 174, 176；II 148
Indigo	靛蓝	I 247, 249, 441；II 350, 361, 364 – 365
Indigofera tinctoria	木蓝	I 247, 249；II 364 – 365；V 261 –

Indonesia, oil　　　　　　　　　印度尼西亚，石油 Ⅵ 185

Indus valley civilization　　　　　印度河谷文明；参见 Index of Place Names：
　　　　　　　　　　　　　　　　Harappa，Mohenjo-Daro

　　agriculture　　　　　　　　　农业 Ⅰ 46，50，522

　　door stone-sockets　　　　　　门的凹窝石 Ⅰ 194

　　Harappa citadel　　　　　　　哈拉帕城堡 Ⅰ 52

　　irrigation　　　　　　　　　灌溉 Ⅰ 521－522

　　kermes dyestuff　　　　　　　胭脂虫染料（公元前 5 世纪）Ⅰ 246

　　maps　　　　　　　　　　　地图 Ⅰ 251

　　script　　　　　　　　　　文字 Ⅰ 80，760

　　wheeled vehicles　　　　　　有轮交通工具 Ⅰ 717，719

Industrial factors　　　　　　　　产业因素；参见 Education areas

　　concentration　　　　　　　集体 Ⅵ 50，53－54，57－60

　　Eastern superiority, ancient　　　古代东方的优势 Ⅱ 753－776

　　economics　　　　　　　　　经济学 Ⅵ 48－76

　　government role　　　　　　　政府的作用 Ⅵ 113－137

　　growth　　　　　　　　　　增长 Ⅵ 61，64，119－120

　　innovation　　　　　　　　　创新 Ⅵ 27－47

　　management　　　　　　　　管理 Ⅵ 77－92

　　organization　　　　　　　　组织 Ⅴ 799－813；Ⅵ 53－55，60－61，86

　　psychology　　　　　　　　心理学 Ⅵ 35，84－86

　　social effects　　　　　　　　社会效应 Ⅴ 814－841；Ⅶ 1057－1058

　　trade unions　　　　　　　　工会 Ⅵ 93－112

　　unrest　　　　　　　　　　动乱 Ⅵ 6，99，101

　　Western advances　　　　　　西方先进技术 Ⅲ 709－721

Industrial Rayon Corporation　　　工业人造丝公司，美国 Ⅵ 649
U. S. A.

'Industrial Revolution'　　　　　　"工业革命" Ⅳ 148－151；Ⅶ 958，962－963，
　　　　　　　　　　　　　　　　983

Information　　　　　　　　　　信息；参见 Computers，Pigments，Printing in-
　　　　　　　　　　　　　　　　vention

Inks	油墨 Ⅰ 245，247；Ⅱ 359 – 360；参见 Pig-ments，Printing
Innovation	创新 Ⅵ 27 – 47
business management	工商管理 Ⅵ 86 – 87
financing	融资 Ⅵ 50 – 51，57，65 – 66
government influence	政府影响 Ⅵ 42 – 45，66，125 – 132
industrial structure	产业结构 Ⅵ 36 – 42
invention，time factor	发明，时间因素 Ⅵ 51 – 53，65 – 67
social distrust	社会失信 Ⅵ 94 – 95
sources	来源 Ⅵ 34 – 36，50，62 – 64
Inscriptions	铭文 Ⅰ 图版 28 – 34
Arabic	阿拉伯文字（公元 512 年）Ⅰ 767
Assyrian	亚述文字（约公元前 650 年）Ⅰ 713
boustrophedon，lines arrangement	牛耕式转行书写法，排版安排 Ⅰ 758，761，767 – 768，770，772
Byblos	布鲁斯文字 Ⅰ 761 – 763，图版 31A
Chinese oracle bones	中国甲骨文 Ⅰ 772
Egyptian	埃及文字 Ⅰ 453，537 – 538，775 – 776
Etruscan	伊特鲁里亚文字 Ⅰ 769 – 770
Greek	希腊文字 Ⅰ 104，109 注释
Hebrew	希伯来文字 Ⅰ 764 – 766
Latin	拉丁文字 Ⅰ 770
Mesopotamian	美索不达米亚文字 Ⅰ 459，780
metal-work	金属加工 Ⅰ 630 – 631，637 注释，649
Moabite Stone	摩押石碑 Ⅰ 764 – 765
Nabataean，Arabia	纳巴泰文字，阿拉伯（公元 26 年）Ⅰ 766 – 767
Phoenician canal	腓尼基运河（公元前 691 年）Ⅰ 531
pictographic tablets	刻象形符号的泥板 Ⅰ 745 – 746
Sargon	萨尔贡文字（约公元前 2250 年）Ⅰ 57
Sennacherib	辛那赫里布 Ⅰ 533 – 534
Sinaitic script	西奈文字 Ⅰ 762

stone door-socket 门的凹窝石 Ⅰ 194

wood 木材 Ⅰ 684

writing, invention 文字，发明 Ⅰ 102

Insects 昆虫

  instinct and skill 本能和技能 Ⅰ 1 – 2

  scavengers 食腐者 Ⅰ 333 – 335

  slave-holders 拥有奴隶的蚂蚁 Ⅰ 338 – 339

  symbiosis among 共生 Ⅰ 328 – 329

Instinct and use of tools 本能和工具使用 Ⅰ 1 – 6

Institute of Chemistry 化学学院 Ⅵ 153

Institute of Naval Architecture 船舶工程学会 Ⅵ 159

Institute of Physics 物理学院 Ⅵ 161

Institution of Electrical Engineers 电气工程师学会 Ⅵ 159

Instruments 仪器 Ⅳ 398 – 415；Ⅶ 1204 – 1219

  astronomical 天文学仪器 Ⅲ 535 – 536，545，582 – 594，614 – 618，625；Ⅳ 380，398 – 400

  books 仪器书籍 Ⅲ 645

  calculating 计算；参见 Calculating/computing

  cartography 制图学 Ⅲ 553 – 555；Ⅴ 443

  chromatography 色层分离技术 Ⅶ 1210 – 1211

  chronometers 天文钟 Ⅳ 409 – 415，598，615，619

  computation 计算 Ⅲ 612 – 618，644

  electricity measurement 电测量 Ⅶ 1208

  gas measurement 煤气测量 Ⅶ 1208 – 1210

  geodesy 测地学 Ⅳ 400 – 403

  laboratory 实验室 Ⅳ 403 – 409

  manufacture 生产 Ⅳ 398 – 415；Ⅶ 1206

  materials 材料 Ⅲ 623，625

  measuring 测量 Ⅰ 110 – 113，775，779，图版 31B；Ⅲ 336，375，386，594 – 598，601 – 603，627

medical	医学仪器 Ⅶ 1321 – 1323
navigation	航海；参见 Navigation
observatories	天文台 Ⅲ 586 – 594，625，642；Ⅳ 380，398
optical	光学仪器 Ⅲ 229 – 234，237，627，630 – 635，699；Ⅳ 358 – 362，382，399，403
pH measurement	pH 值测定 Ⅶ 1210
precision	精度（至 1500 年）Ⅲ 325，337，345，400，582 – 619
production specialization	生产专业化 Ⅲ 629
scientific	科学仪器（约 1500—约 1700 年）Ⅲ 620 – 647
sighting-tubes	窥管 Ⅲ 593 – 594
spectrophotometers	分光光度计 Ⅶ 1206 – 1207
surveying	测量 Ⅲ 510 – 513，528，537 – 543，555，609 – 612，627 – 628；Ⅳ 600 – 608；Ⅴ 444 – 454
timekeepers	计时器 Ⅲ 648 – 675；Ⅶ 1212 – 1214
vacuum-tube	真空管 Ⅶ 1214 – 1215
weighing	测重 Ⅰ 783 – 784
Intelligence	智力
apes, monkeys	类人猿，猴子 Ⅰ 7 – 18，12 – 13
brain of man	人脑 Ⅰ 13，15 – 17，19，35
invention capacity	发明能力 Ⅰ 60 – 62
primitive racial groups	原始种族 Ⅰ 34 – 36
Inter-Continental Ballistic Missiles	洲际弹道导弹 Ⅵ 24
Interchangeable manufacture	可互换的制造 Ⅳ 438，440 – 441
Internal combustion engines	内燃机 Ⅳ 148；Ⅴ 157 – 176；Ⅶ 997 – 1024
aircraft	飞机 Ⅶ 819 – 821，823 – 824，828 – 830，1009 – 1013
diesel	柴油机 Ⅴ 120，163 – 164，301；Ⅵ 345；Ⅶ

	345, 767 – 770, 988 – 989, 991, 997 – 998, 1003 – 1009
gas-	燃气发动机 V 157 – 160; VII 988
gas-turbines	气涡轮机 VII 760, 990 – 991, 998, 1016 – 1023
gunpowder engine	火药蒸汽机（1680 年）IV 171; V 119, 157
historical background	历史背景 V 119 – 120, 157
industrial use	工业运用（19 世纪）V 301
motor-vehicles, introduction	机动车辆，引入 V 426
oil-	燃油发动机 V 160 – 163; VII 759 – 760
petrol（Otto）	汽油发动机 V 164 – 176; VI 430 – 431; VII 714 – 717, 997 – 1003, 1009 – 1013
waterways	航道 IV 548
International Air Transport Association	国际航空运输协会 VII 700 – 701
International Civil Aviation Organization	国际民航组织 VII 699, 851
International collaboration	国际合作 VI 3, 14, 25
International Council, Exploration of the Sea	国际海洋勘查委员会 VI 355
International Council, Study of the Sea	国际海洋研究委员会 VII 1447
International Geographical Congress, Berlin	国际地理大会, 柏林（1899 年）VII 1448
International Hydrographical Organization	国际水文组织 VII 1448
Inventions	发明; 参见 Discovery, Diffusion, Innovations, Patents
chemical industries	化学工业 III 676 – 708
definition	定义 I 59 – 60
early cultures	早期文化 I 58 – 84

economic factors	经济因素 Ⅵ 49，65 - 67，115
ideas, sources	观点，来源 Ⅵ 34 - 36
independent	独立发明 Ⅰ 133，166，226 - 228
instruments, Royal Society	仪器，皇家学会 Ⅳ 669 - 670
limitations	限制 Ⅰ 62 - 66
mental states, man	心理状态，人类 Ⅰ 75
mutation factors	突变因素 Ⅰ 66 - 74，83 - 84
research	研究 Ⅰ 75 - 77；Ⅵ 65 - 67
scope, technology cycles	机会，技术周期 Ⅵ 29
slowness, man's progress	缓慢，人类进步 Ⅰ 60 - 62，128 - 129
time-lag, adoption	落后，采用 Ⅵ 535
U. S. A.	美国（20 世纪）Ⅵ 4
Iodine	碘 Ⅳ 236，255；Ⅴ 319 - 320
Ipomoea batatas (sweet potato)	甘薯 Ⅲ 2 - 3
Iran (Persia), oil	伊朗（波斯），石油 Ⅵ 186
Ireland	爱尔兰；参见 Europe
agriculture	农业 Ⅲ 3
alcoholic spirits	烈酒 Ⅲ 11
Atlantic cable	大西洋电缆 Ⅳ 661
canals, waterways	运河，航道 Ⅲ 455；Ⅳ 563，572
cartography	制图术 Ⅳ 623 - 624；Ⅴ 438 - 439
coins	硬币 Ⅲ 46
copper	铜 Ⅳ 126
diet changes	饮食变革 Ⅲ 1 - 3
electric railway	电气铁路 Ⅴ 233
farm-vehicles	农用交通工具 Ⅲ 140
fine metal-work	精细金属加工 Ⅱ 464，471 - 475
flax	亚麻 Ⅲ 156 - 158
linen bleaching	亚麻漂白 Ⅲ 175 - 176
map, Ptolemy's	地图，托勒密的 Ⅲ 508
population	人口 Ⅴ 1 注释 1

railway engineering　　　　　　铁道工程 V 233, 324, 333, 336, 338, 344, 347

sericulture　　　　　　　　　养蚕业 Ⅳ 308

ships, shipping　　　　　　　　船舶，航道 Ⅱ 581 – 582；Ⅳ 558

spinning-wheels　　　　　　　纺车 Ⅲ 160 – 162

surveys　　　　　　　　　　　测量 Ⅳ 601, 608 – 610, 616

telegraphy　　　　　　　　　电报 V 218, 225

telescope, Rosse's　　　　　　望远镜，罗斯的 Ⅳ 399

textiles　　　　　　　　　　纺织品 V 574, 580

water-supply　　　　　　　　供水 V 563

whiskey distilling　　　　　　威士忌蒸馏 V 305

wool　　　　　　　　　　　羊毛 Ⅲ 152

Iridium　　　　　　　　　　铱 Ⅳ 119, 144

Iron, iron industry　　　　　铁，钢铁工业 Ⅰ 592 – 598；Ⅲ 图版 3；Ⅳ 99 – 117；V 53 – 71；Ⅵ 462 – 498；参见 Ironworks Metals, Steel industry

agricultural implements　　　农用器具 Ⅱ 85 – 86, 95

alloys　　　　　　　　　　合金 V 97

assaying of ores　　　　　　对矿石的检验 Ⅲ 62 – 63

bar　　　　　　　　　　　铁条 Ⅲ 31 – 32, 350

blowing-apparatus　　　　　鼓风装置 Ⅳ 103 – 105, 111

books, Renaissance period　　书籍，文艺复兴时期 Ⅲ 27 – 29

bronze substitute　　　　　青铜替代品 Ⅰ 73, 573 – 574

building　　　　　　　　　建筑 Ⅱ 403, 417 – 418, 437 – 438, 442；Ⅲ 258 – 259, 267；V 470 – 477

cannon　　　　　　　　　大炮 Ⅲ 34, 361, 363, 365 – 367；Ⅳ 451

carbon-content　　　　　　含碳量 Ⅲ 33；Ⅳ 108 – 109

cast-　　　　　　　　　　铸铁 Ⅱ 6 – 7, 56, 72 – 75, 770；Ⅲ 31 – 34, 63, 340, 343；V 470 – 477, 499；Ⅵ 428, 430, 432 – 434, 436, 455 – 457

chronological charts　　　　年表 Ⅰ 574 – 575

coal 煤 Ⅲ 78 – 81

coke fuel 焦炭燃料 Ⅳ 99 – 103，104 – 105

consumption，Middle Ages 消耗量，中世纪 Ⅲ 30 – 33

copper extraction process 铜提取工艺 Ⅱ 11

Cowper stove 考巴氏热风炉 Ⅴ 58

domestic implements 家用器具 Ⅲ 31，38

Egyptian gold stain 埃及的黄金着色 Ⅰ 243

electrolytic corrosion 电解腐蚀 Ⅲ 45

expansion 发展（16—17 世纪）Ⅲ 326

fine metal-work 精细金属加工 Ⅰ 623

fire-making 生火 Ⅰ 219 – 220

furnaces 熔炉 Ⅲ 50；Ⅳ 99 – 106，111 – 115，235，253；Ⅵ 489 – 491

galvanizing 电镀 Ⅴ 624 – 625

glass，colouring 玻璃，染色 Ⅲ 218 – 219

glazes，ceramics 釉，陶 Ⅱ 301

Greek production 希腊的生产 Ⅱ 55 – 61

'hard' and 'soft' iron "硬"铁和"软"铁 Ⅱ 56

horse-shoes 马蹄铁 Ⅱ 515，561

hot-blast process 热鼓风工艺 Ⅳ 109 – 111，113；Ⅴ 58

metal-working 金属加工 Ⅳ 106 – 107；Ⅴ 605 – 607，610 – 611，614 – 615，620 – 622，625

meteroric 陨铁 Ⅰ 593 – 594，616

mining 采矿 Ⅰ 568，574，593；Ⅱ 2，4，8 – 10；Ⅳ 65；Ⅵ 410，424

ornamental use 装饰作用 Ⅱ 429 – 430，443

pig-iron 生铁 Ⅱ 70，73 – 74；Ⅲ 31 – 32，78；Ⅳ 100，106 – 107，113，115；Ⅴ 53 – 54，58 – 61，66 – 67；Ⅵ 462，465，469，479，482

prices 价格 Ⅲ 30

production 生产 Ⅰ 592 – 598；Ⅱ 55 – 61，69 – 78；Ⅲ

	342 – 343；Ⅳ 105，107；Ⅴ 53 – 54
puddled	搅拌 Ⅲ 81；Ⅳ 99，106 – 107，113 – 115， Ⅴ 61 – 62，66，499
Roman production	罗马的生产 Ⅱ 55 – 61
rudder fixtures	舵具 Ⅲ 45
sheet iron	铁板 Ⅱ 75；Ⅲ 32，355，689
ships	船Ⅳ 476，579 – 580，583，587 – 589，594
smelting	熔炼 Ⅰ 573，576 – 579，593 – 598，617； Ⅳ 99 – 106，109 – 110，113，图版 7B； Ⅵ 469 – 480
spiegel	镜铁 Ⅴ 55
sponge iron	海绵铁 Ⅲ 33
steam-power	蒸汽动力 Ⅳ 104，116，161 – 162
tinplate	马口铁/镀锡薄板 Ⅲ 42；Ⅴ 616 – 617
tires	轮胎 Ⅱ 551
tools and weapons	工具和武器 Ⅰ 82，321 – 322，504，616 – 621；Ⅱ 8 – 10，228 – 232，455 – 457， 696，705，721，726 – 727
trade，medieval	贸易，中世纪 Ⅱ 76
tunnels	隧道 Ⅴ 499
water-wheels	水轮 Ⅳ 208
welding	焊接 Ⅰ 654
wire	铁丝 Ⅱ 74 – 75
wrought iron	熟铁 Ⅱ 70，73 – 74；Ⅲ 32 – 33，79；Ⅴ 472 – 476，499，606，614，620 – 621
Iron and Steel Institute，U. K.	钢铁学会，英国 Ⅵ 489
Ironworks	钢铁工厂；参见 Iron
Bengal	孟加拉 Ⅴ 70
Coalbrookdale，Shropshire	科尔布鲁克代尔，什罗普郡 Ⅳ 99 – 101， 106
Ebbw Vale	埃布·维尔 Ⅴ 613
Horsley，Staffordshire	霍斯利，斯塔福德郡 Ⅴ 351

Millwall, London	米尔沃尔，伦敦 V 352，362
Park Gate, Sheffield	公园门，设菲尔德 V 614
Shoreditch, London	肖尔迪奇，伦敦 V 212
Stanton, Derbyshire	斯坦顿，德比郡 V 211
Iroquois Indians	易洛魁的印第安人 I 36，225
Irrigation	灌溉
agriculture	农业 II 678；IV 19，34；VI 319，322
ancient civilizations	古代文明 I 520 – 557
Egyptian mechanisms	埃及的机械装置 II 676 – 677
Greek period	希腊时期 II 678
land reclamation	土地改造 VII 907
mathematics	数学 I 790
medieval period	中世纪 II 680 – 681
Nile valley	尼罗河流域 I 535 – 539，图版20B；V 542 – 544
perennial	常年生植物 I 542 – 554，图版20A，21B
projects	工程（19世纪）V 541 – 545
Roman machinery	罗马机械 II 637，670，678
town-planning, Italy	城镇规划，意大利 III 286
warfare use	战争所用 I 554 – 555
water conservation	水的保存 I 522 – 525，528 – 535，542；VII 1364，1366
wells, water-holes	水井，水洞 I 525 – 528
windmill pumps	风车泵 II 617
Isatis tinctoria (woad)	菘蓝 I 247；II 364；III 693；V 261 – 263
Islam	伊斯兰教；参见 Arabia, Muslims
calendar	历法 III 580 – 581
designs, fabrics	设计，织物 III 200
paper-making	造纸 III 378
silk	丝织物 III 191，197，199
Israel	以色列；参见 Palestine

I

Italy   意大利；参见 Etruscans，Europe，Romans

　　aeronautics   航空 V 400

　　agriculture   农业 IV 19，29，34 – 35

　　ancient dwellings   古代居住地 I 317，324

　　architecture   建筑 IV 446，470，478 – 480

　　bauxite   铝矾土矿石 V 93

　　books，scientific   科学书籍 III 677

　　boric acid   硼酸 V 320

　　bridges   桥梁 III 418，424，428 – 430

　　building   建筑 III 245 – 252；IV 446，470，478 – 480；
　　 V 493，495

　　canals，waterways   运河，河道 III 441 – 442，444 – 451；IV
　　 452，555

　　ceramics   陶瓷 III 678；IV 329，334，336 – 337；
　　 V 662

　　chemical industry   化学工业 V 243

　　cinematography   摄影术 V 736

　　coinage   铸币 II 490 – 491；III 46

　　dam building   修建大坝 VI 200

　　damask，medieval fragments   花缎，中世纪残片 III 202

　　diet changes   饮食的变革 III 2，5 – 6

　　dredging   疏浚 IV 630，635 – 638，640 – 641

　　dye industry   染料工业 III 679，694；V 259

　　electricity   电 V 177，187 – 188，193

　　fulling-stocks   槌式缩绒机 III 170

　　geothermal power   地热能 VI 219 – 220

　　glass   玻璃 II 321 – 322，326 – 327；III 206，
　　 209 – 220，230 – 232，234，238，678，
　　 700；IV 362

　　Gregorian calendar，adoption   格里历，采用 III 579

　　hemp fibre   亚麻纤维 III 158 – 159

　　hydraulic engineering   水利工程 V 527，537，546

jewellery	珠宝	Ⅲ 677
land drainage	土地排水	Ⅲ 300, 308 – 315
mercury	水银	Ⅳ 134 – 135
navigation	航海	Ⅲ 526
oil discoveries	石油的发现	Ⅴ 102 – 103
paddle-wheels	浆轮	Ⅴ 141 – 142
paper-making	造纸	Ⅲ 415
pottery	陶器	Ⅱ 285, 287 – 288, 293 – 294
printing	印刷	Ⅲ 390, 406 – 407, 409
railway engineering	铁路工程	Ⅴ 341；Ⅶ 770
Renaissance	文艺复兴	Ⅲ 245
roads and streets	道路和街道	Ⅳ 520 – 521, 529, 544；Ⅶ 873
satin	绸缎；参见 silk industry	
scientific instruments	科学仪器	Ⅲ 585 – 586, 621
silk industry	丝绸工业	Ⅲ 165, 196, 199 – 200, 203；Ⅳ 308 – 311
soap	肥皂	Ⅲ 703, 705
surveying instruments	测量仪器	Ⅴ 446
surveys	测量	Ⅳ 610
telegraphy	电报	Ⅳ 652 – 653；Ⅴ 227
vehicles, road	陆路交通	Ⅶ 716 – 718, 735
velvet	丝绒	Ⅲ 205
water-supply	供水	Ⅴ 556, 564, 567
weapons	武器	Ⅱ 723
weaving	编织	Ⅲ 159
wheeled vehicles	有轮车辆（约公元前 3500 年）	Ⅰ 211, 213 – 214
Ivory, ivory-work	象牙，象牙制品	Ⅰ 663 – 683，图版 23 – 25
chryselephantine work	镶金象牙制品	Ⅰ 661 – 662, 681
colouring	染色	Ⅰ 243, 669 – 670, 677 – 678
Crete and Syria	克里特和叙利亚	Ⅰ 672 – 673

Egypt 埃及 I 666 - 670, 685, 691 - 692

furniture 家具 I 675 - 676; II 225 - 227, 243

Mesopotamia 美索不达米亚 I 670 - 672

panels 镶板 I 671, 673, 676 - 678

pyxides 化妆盒 I 674 - 675, 680

sculpturing 雕刻 I 153, 666, 668 - 669, 673, 681

supply sources 供应来源 I 663 - 664

toilet objects 梳妆用品 I 665, 670, 674

tools and weapons 工具和武器 I 32 - 33, 62, 435, 514 - 517, 665

Western-Asiatic techniques 西亚的技艺 I 677 - 681; II 227

J

Jacks 杰克式机械

    Clock- 杰克钟 III 652 及注释

    door- 重型大门 III 337 - 338

    lifting- 起重机 III 107 - 108; VII 938 - 939

    screw-, for raising cannon 提升火炮的螺旋千斤顶 III 368

Jacquard loom 提花织机 III 167, 187, 201

Japan 日本

    agriculture, mechanization 农业, 机械化 VI 337

    aircraft 飞机 VII 813

    ceramics 陶瓷 I 197, 384; IV 346

    coal 煤 VI 180

    copper production 铜产量 V 76 注释 1, 80

    fishing 捕鱼 VI 345

    incendiary warfare 燃烧弹武器 II 378

    iron industry 钢铁工业 V 70

    language and writing 语言和文字 I 96, 772 - 773

mining techniques	采矿技术 II 3 – 4
photography	摄影术 VII 1281 – 1301
pivoted pestle	操纵杵 II 107
potter's wheel	陶轮 I 197
textile industry	纺织工业 V 828；VI 15，640 – 644
transport	交通运输 VII 694
water-mills	水车 II 614
whaling	捕鲸 IV 61
Javelins	标枪 I 156 – 158，163 – 166，605；II 698，704
Jersey fabrics	针织面料 VI 668
Jet engine propulsion	喷气式发动机 VI 29；VII 817，819 – 821，990，1017 – 1019，1021 – 1022
Jewelry	珠宝 III 图版 29
alloys, precious metals	合金，贵金属 III 45，47 – 49
assaying	检验 III 60
bearings, watches	枢轴，钟表 III 670 – 671
cloisonné work	掐丝珐琅工艺品 II 450 – 455，459 – 461
enamelling	上釉 III 698
fine gold-work	精细黄金制品 I 655 – 659
gems, artificial	人造宝石 II 11 – 12
Greek and Roman	希腊人和罗马人 II 449 – 452
foils under gems	宝石下的金箔 III 49
glass beads	玻璃珠 II 320，322，336
inlays/enamels	镶嵌/珐琅 I 659 – 660；II 452 – 455，458 – 468
repoussé work	压花制品 II 468 – 475
screw-fixing devices	起固定作用的螺纹钉 III 629
weapons	武器 II 455 – 458
Jews	犹太人
calendar	历法 III 572 – 575
chronology	年表 III 575

seven-day week 一周 7 天 Ⅲ 565，572 – 573

Joinery 细木工 Ⅱ 237；Ⅲ 266 – 267

  carving 雕刻 Ⅱ 245 – 247

  craft emergence 手艺的出现 Ⅱ 242 – 243

  roofs，construction 屋顶，建筑 Ⅴ 466 – 470

  tools and techniques 工具和技艺 Ⅱ 242 – 243

Journals 期刊；参见 Books and Journals

Juglans regia 胡桃 Ⅰ 358

Juncus acutus 芦苇 Ⅰ 420，450

J. maritimus 灯芯草 Ⅰ 245

Jupiter and *Luna 16 probe* 木星和月球 16 号探测器 Ⅶ 868 – 869

Jupiter Temple，Baalbek 朱庇特神庙，巴勒贝克 Ⅱ 30

Jute 黄麻 Ⅰ 450 – 451；Ⅴ 569 – 570，574，576 – 580；Ⅵ 339，613

K

Kalahari Bushmen 卡拉哈里沙漠的布须曼人 Ⅰ 162，171 – 172，184

Kaolin 高岭土 Ⅳ 339 – 341，350，352 – 353，447

Kelp 海藻 Ⅳ 236 及注释，238，255；Ⅴ 319

Kerosene（paraffin oil） 煤油（石蜡油）Ⅴ 104 – 106，110，120，160；Ⅵ 187

Kersey（cloth） 克尔赛密绒厚呢（织物）Ⅲ 179

Keyboard machines 打字机；参见 Calculating instruments，Typewriters

Keys 钥匙；参见 Locking devices

Kilns 窑炉；参见 Ceramics

  bottle kilns for cement 制造水泥的瓶窑 Ⅳ 449

  brick-kilns 砖窑 Ⅱ 388

  corn-drying 谷物烘干窑 Ⅱ 99 – 100

lime-kilns	石灰窑 Ⅱ 347－348，355，407
muffle-kilns	隔焰窑 Ⅱ 300，304
potters'	陶工的窑 Ⅰ 392－397；Ⅱ 266，276，294－299，307－308
Kitāb al-Idāh ('Book of Explanation')	贾比尔·伊本·哈（《释书》） Ⅱ 736
Kitāb Sirr al-Asrār ('Book of the Secret of Secrets')	拉齐（《秘密中的秘密》） Ⅱ 737
Kites	风筝 Ⅴ 398－399
Klismos	克里斯莫斯椅 Ⅱ 222，234
Knitting/knitted fabrics	针织/针织品 Ⅲ 181－186；Ⅵ 661－669
Arabic colour-knitting	阿拉伯彩色针织物 Ⅲ 182
coloured fabric	彩色织物 Ⅲ 185，图版 9A
embossed	凸花（针织物）Ⅲ 186，图版 9C
Florentine	佛罗伦萨式的 Ⅲ 185，图版 9B
frame-knitting	框架针织 Ⅲ 182－185
knitting-sheaths	织鞘 Ⅲ 184
lace fabrics	花边织物 Ⅲ 185－186
machine	机械 Ⅲ 185－186
needle-weaving	针织 Ⅲ 181
needles	针 Ⅲ 183－185
Peruvian needle-knitting	秘鲁针织物 Ⅲ 182
sprang	网眼针织物 Ⅲ 181－183，图版 8B
Knives	刀；参见 Daggers，Swords，Weapons
blades	刀片 Ⅰ 508－509；Ⅲ 343
carved handles	雕刻刀柄 Ⅰ 516－517，667，669
culinary	烹饪学 Ⅱ 124－125
draw-knives	刮刀 Ⅱ 231，252－253，392；Ⅲ 121
half-moon	半月形刀 Ⅱ 166－168，172，178，188－189
long-handled	长柄刀 Ⅲ 136
reaping	收割刀（约公元前 5500 年）Ⅰ 513

K

table	桌 Ⅱ 125 – 127；Ⅲ 20
tradesmen's	工匠的 Ⅲ 110
Kupfernickel（metal ore）	红砷镍矿石（金属矿石）Ⅴ 79，87
Kuwait，oil	科威特，石油 Ⅵ 186

L

Laboratories	实验室
alchemical	炼金实验室 Ⅱ 748 – 750，图版 43B
American Dental	美国牙科实验室 Ⅶ 1323 – 1326
Austenal，New York and Chicago	奥斯坦纳尔实验室，纽约和芝加哥 Ⅶ 1324
Ballistics Research，Aberdeen， 　Maryland	弹道研究实验室，阿伯丁，马里兰州 Ⅶ 　1187，1189，1191
G. E. C. Research	通用电气公司研究实验室 Ⅶ 1331
Geophysical，Washington D. C.	地球物理实验室，华盛顿 Ⅵ 575
Harvard Computation	哈佛大学计算研究室 Ⅶ 1195
Interchemical Corporation， 　New York	公共化学公司，纽约 Ⅶ 1351
Los Alamos	洛斯阿拉莫斯实验室 Ⅶ 1332
Max Planck，Mülheim，W. 　Germany	马克斯·普朗克研究所，米尔海姆， 　联邦德国 Ⅵ 559
Naval Research，U. S. A.	海军研究实验室，美国 Ⅵ 230
Lace	花边；参见 under Textile industries
Lacquer industry	油漆制造业 Ⅱ 362；Ⅲ 688，695 – 697； 　Ⅳ 133，356
Lactuca sativa（lettuce）	莴苣 Ⅰ 288，355
L. serriola	野莴苣 Ⅰ 355
Ladders	梯子 Ⅱ 100，716，724
Ladles	铸勺 Ⅲ 52
Lagenaria siceraria	葫芦 Ⅰ 372

Lake-villages	湖上村庄；参见 Houses，Town-Planning
Alpine region	阿尔卑斯山 Ⅰ 310
basketry,matting	编篮 Ⅰ 420 - 421，图版 9D
bronze artifacts	青铜器 Ⅰ 588
Iron Age	铁器时代 Ⅰ 318 - 323
Neolithic,Europe	新石器时期，欧洲 Ⅰ 311 - 312，517，588
plant cultivation	植物栽培 Ⅰ 355，357 - 358，360 - 362，369 - 370，372 - 373
roads	道路 Ⅰ 713
textiles	织物 Ⅰ 414，435 - 436，445，448，图版 12B
weapons and tools	武器和工具 Ⅰ 508，510，517
Lamps	灯；参见 Lighting
Land management	土地管理 Ⅲ 300 - 323
drainage	排水；参见 Dikes，Drainage
reclamation	开垦 Ⅱ 680 - 685；Ⅶ 907 - 912
Language	语言 Ⅰ 85 - 109；参见 Languages，Speech，Writing
grammatical systems	语法体系 Ⅰ 96 - 98，102，746 - 747
Indo-European group	印欧语系 Ⅰ 103 - 105，757
linguae francae	通用语 Ⅰ 97 - 98
primitive structure	原始结构 Ⅰ 98 - 100
social groups,development	社会组织，发展 Ⅰ 89 - 92，101 - 106
sound values	音值 Ⅰ 85 - 90，93，95 - 96，104，106，755
speech,relationship	言语，关系 Ⅰ 89
spread,Stone Age	传播，石器时代 Ⅰ 100 - 101
syllables,picture-signs	音节，图形记号 Ⅰ 747 - 750
tool-making,development	工具制造，发展 Ⅰ 17 - 19，27
Languages,specific	特定语言；参见 Language
Arabic	阿拉伯语 Ⅰ 86，97 - 98

Arunta   阿兰达语 Ⅰ 94，98－100

Bantu   班图语 Ⅰ 95

Chinese   汉语 Ⅰ 88，94，97，772

Egyptian   埃及语 Ⅰ 102－103，287，755－756

English   英语 Ⅰ 85－86，97－99，104

Finno-Ugric   芬兰－乌戈尔语 Ⅰ 98

French   法语 Ⅰ 93

German   德语 Ⅰ 86，93

Greek   希腊语 Ⅰ 97，102，104－105，761，
                                767－768

Hebrew   希伯来语 Ⅰ 97，761，764－766

Hittite   赫梯语 Ⅰ 752，757－758

Hottentot   霍屯督语 Ⅰ 90，95－96

Japanese   日语 Ⅰ 96，772－773

Korean   韩语 Ⅰ 96

Latin   拉丁语 Ⅰ 97，104－105

Polish   波兰语 Ⅰ 93

Russian   俄语 Ⅰ 99

Sanskrit   梵语 Ⅰ 104

Sumerian   苏美尔语 Ⅰ 101－102，748－752

Syriac   叙利亚语 Ⅰ 767

Lapland   拉普兰 Ⅱ 209

Lansium   榔色木 Ⅰ 169

Lasso   套索 Ⅰ 166

Latex   橡胶 Ⅵ 602；参见 Rubber

Lathes   车床 Ⅶ 1035－1038；参见 Machine-tools,
                                Turnery

    ancient Greece   古希腊（约公元前 2000 年）Ⅰ 518

    automatic   自动车床 Ⅴ 646－649，图版 40B

    capstan-   转塔式六角车床 Ⅴ 646

    coins, minting process   硬币，铸造过程（1737 年）Ⅲ 343

    construction   建造 Ⅳ 424－425，439－441

earliest forms　　　　　早期形式　Ⅰ 192 – 193

Egypt　　　　　　　　埃及（约公元前 1300 年）Ⅰ 688 – 689

glass lenses　　　　　　玻璃片　Ⅲ 235 – 237

Greece　　　　　　　　希腊（7 世纪）Ⅱ 222 – 223

India　　　　　　　　　印度（约公元前 2000 年）Ⅱ 232 – 233

light engineering　　　　轻型工程（7 世纪）Ⅲ 345，365

milling-cutters　　　　　铣削头　Ⅳ 423 – 425

Roman times　　　　　　罗马时期　Ⅰ 680

screw-cutting　　　　　　螺纹切削　Ⅲ 334 – 337；Ⅳ 386 – 387，
　　　　　　　　　　　　　392 – 394，图版 25A

tools　　　　　　　　　工具（约 1700—1850 年）Ⅳ 382 – 388，
　　　　　　　　　　　　　417 – 421，428 – 429，431 – 433，436，
　　　　　　　　　　　　　439 – 441，图版 23A，24C，25A，28

turnery, post-Roman　　　车削工艺，后罗马时期　Ⅱ 249 – 251，
　　　　　　　　　　　　　643 – 645

turret-　　　　　　　　　转塔式车床　Ⅴ 644 – 646

wood-turning　　　　　　车木机床　Ⅱ 232 – 233，249 – 251，392，
　　　　　　　　　　　　　631

Lathyrus　　　　　　　香豌豆属　Ⅰ 362

Laurus cinnamomum　　肉桂　Ⅰ 288

Laws　　　　　　　　　法律；参见 Acts of Parliament

Lawsonia inermis　　　散沫花　Ⅰ 246，294

Lead　　　　　　　　　铅

　-acetate manufacture　醋酸铅制造业（1790 年）Ⅳ 251 – 252

　ancient times　　　　古代　Ⅰ 582 – 585

　assaying　　　　　　检验　Ⅲ 29 – 30，62

　batteries, electric　　电池　Ⅴ 204，205 – 206；Ⅵ 410

　bells　　　　　　　　钟　Ⅲ 340

　building uses　　　　用于建筑　Ⅱ 46，429，445；Ⅲ 44 – 45，
　　　　　　　　　　　　254；Ⅳ 123

　cast　　　　　　　　浇铸　Ⅲ 34 – 45

　chronological chart　年表　Ⅰ 574

coinage	货币	Ⅰ 585
density discoveries	密度发现	Ⅲ 58
electric-cable sheathing	电缆护套	Ⅴ 626 – 627
extraction	提炼	Ⅰ 583 – 585, 590；Ⅱ 43 – 45, 50, 67；Ⅲ 27, 51；Ⅳ 101, 119, 122 – 123, 137 – 138；Ⅴ 72, 74, 96
-foil	铅箔	Ⅳ 125
glass-ware	玻璃器皿	Ⅲ 221
glazes	铅釉	Ⅱ 300 – 301, 316 – 317；Ⅳ 332 – 333
gold-refining	精炼黄金	Ⅰ 581；Ⅳ 136, 142
Goslar lead ores	戈斯拉尔的铅矿	Ⅲ 51
liquation, precious metals	熔融，贵金属	Ⅰ 584 – 585
Greek and Roman use	希腊和罗马的铅使用	Ⅱ 46
gutters and pipes	水槽和水管	Ⅱ 46, 404, 444 – 445, 665；Ⅳ 123
metal-working	金属加工	Ⅲ 342；Ⅴ 626 – 627
mining	采矿	Ⅱ 2, 9, 11；Ⅳ 65 – 66；Ⅵ 423
nickel alloys	铅镍合金	Ⅴ 146
niello	乌银	Ⅲ 48
oxide	氧化铅	Ⅳ 359, 376
petrol additive	汽油添加剂	Ⅵ 410
poisoning	毒性	Ⅵ 592
production	产量（1850—1900 年）	Ⅴ 73；Ⅵ 428
pumps	泵	Ⅲ 332
red-lead	红铅	Ⅱ 361
seals	铅玺	Ⅲ 338
sheet	薄板	Ⅲ 32, 45；Ⅳ 119, 123
ship-hulls, sheathing	包覆船体	Ⅱ 569, 572；Ⅲ 45；Ⅳ 123；Ⅴ 605
shot	铅球	Ⅲ 45
solders	焊料	Ⅱ 46 – 47；Ⅲ 42；Ⅵ 410
speculum-metal	镜用合金	Ⅲ 40

sulphide	硫化铅 Ⅲ 221
sulphuric acid	硫酸 Ⅳ 231，243，245 – 246，248
tin alloys	铅锡合金 Ⅲ 42 – 44；Ⅵ 410
'white' and 'black'	"白铅"和"黑铅" Ⅱ 47，747
window strips	窗户铅条 Ⅲ 41 – 42，44，256，261
Leather	皮革 Ⅱ 147 – 190；参见 Harness
book-binding use	书封 Ⅱ 169，173 – 174，180 – 181，图版 7
boxes and caskets	箱子和盒子 Ⅱ 170 – 171，172，183，255 – 256
buckets	桶 Ⅱ 14，16，171，184
buff leather	磨光绒革 Ⅱ 175，182
ceramics, decoration	陶瓷，装饰 Ⅰ 398 – 399
chamois（wash-leather）	麂皮革（软革）Ⅱ 154
chamoising process	麂皮加工 Ⅱ 154
clothes	衣服 Ⅱ 148，150，156，158，160 – 161，165，175 – 178，图版 5
colouring	染色 Ⅱ 173 – 174
cordwain（Cordovan）	科尔多瓦皮（马臀皮）Ⅱ 150 – 151，155，177
craft-techniques	工艺技艺 Ⅱ 170 – 174
dressing	处理 Ⅱ 173
Egyptian grave finds	埃及陵墓发现 Ⅱ 158
finishing	整饰 Ⅱ 156 – 157
footwear	鞋类 Ⅱ 150 – 151，156，160，162 – 163，166 – 168，175 – 177
furniture	家具 Ⅱ 171，178 – 179，256
gloves	手套 Ⅱ 163，177 – 178
hangings/screens	窗帘/屏风 Ⅱ 179 – 180，图版 6A
harness	马具 Ⅰ 720，722，728；Ⅱ 157，163 – 164，183
lanterns	提灯 Ⅱ 184

L

miners' kit-bags	矿工工具包	Ⅱ 166
moulding	模制	Ⅱ 171，173，180
musical instruments	乐器	Ⅱ 180，182
raw-hide, uses	生皮的使用	Ⅱ 160，162
rope-making	编绳（约公元前 1500 年）	Ⅰ 453 – 454
saddles	马鞍	Ⅱ 182，538，554 – 557
sedan chairs/carriages	轿子/马车	Ⅱ 182 – 183
sheaths, daggers	刀鞘，匕首	Ⅱ 159
shields	盾牌	Ⅱ 164 – 165，167
stamping and tooling	冲压和模具	Ⅱ 173 – 174
tanning	鞣革	Ⅱ 147 – 156；Ⅳ 231
tawing	鞣皮	Ⅱ 149 – 150，154 – 155
tools	工具	Ⅱ 160，162，165 – 166，169，350
vessels	容器	Ⅱ 150，158 – 159，165，169 – 171，174
writing material	书写材料	Ⅰ 757；Ⅱ 164，图版 5C
Lecanora	茶渍属	Ⅰ 246；Ⅲ 694
Lens	小扁豆	Ⅰ 362
Lenses	透镜	
'anallatic'	移动距点透镜	Ⅳ 602
achromatic	消色差透镜	Ⅲ 233，555；Ⅳ 358，380，389，398，603
cameras	照相机	Ⅳ 360；Ⅶ 1286 – 1292
cinematography	电影摄影术	Ⅴ 737，745；Ⅶ 1308
cutting lathes	切削车床	Ⅳ 382
glass recipes	玻璃配方	Ⅲ 698 – 699
invention	发明（1286 年）	Ⅲ 230
microscope, invention	显微镜，发明	Ⅲ 232 – 233
mounting springy	安装弹性垫圈	Ⅲ 627
optical glass	光学玻璃	Ⅳ 358 – 362；Ⅴ 673；Ⅵ 570，572 – 573，588
optical instruments	光学仪器	Ⅰ Ⅱ 631 – 635；Ⅳ 398 – 403；

	V 444 –448
preparation	制备 Ⅲ 232，233 –237
spectacles	眼镜 Ⅲ 229 –231，627，630
subtense principle	视距原理 V 445 –447
telescope invention	望远镜发明（约 1580 年）Ⅲ 231 –233
Lepidium sativum	独行菜 Ⅰ 356
Levalloisian culture	列瓦洛斯文化；参见 Cultures
Levelling instruments	水准仪
altitude	高度 Ⅲ 593；Ⅳ 604 –605
Greek and Roman	希腊人和罗马人 Ⅱ 672
Hero's dioptra	希罗的角度仪 Ⅲ 609 –612
Middle Ages	中世纪时期 Ⅲ 513，527 –529，538，541，591
plumb-bob	铅锤仪 Ⅲ 375
spirit-levels	水平仪 Ⅱ 386；Ⅲ 375
surveying	勘测 Ⅳ 600 –604；V 444 –448
Levers	杠杆 Ⅱ 629 –630，632 –633，646；Ⅲ 18，173，177，236，330，359
Leyden jars	莱顿瓶 Ⅲ 644；Ⅳ 651，678
Liber Archimedis de ponderibus	《阿基米德密度法沉思》Ⅲ 66
Liber ignium，Marcus Graccus	《启蒙智书》，马库斯·格拉库斯 Ⅱ 351，379 –380
Liber sacerdotum	《教士智书》Ⅱ 352
Liber servitoris，Khalaf ibn 'Abbās al-Zahrāwī	哈拉夫·伊本·阿巴斯·扎赫拉维的《草药》Ⅱ 371 –372
Libraries	图书馆
Bayerische Staatsbibliothek，Munich	巴伐利亚（拜恩）国立图书馆，慕尼黑 Ⅳ 642 及注释
Cairo	开罗的公共图书馆 Ⅲ 613
monastic	教士藏书室 Ⅲ 381
St Andrews University Library	圣安德鲁斯大学图书馆 Ⅲ 667
St Bride Technical Library，	圣布赖德技术图书馆，伦敦 Ⅲ 410

London

Libros del Saber Astronomia
of Alfonso of Castile 　　古卡斯提尔语写就的《阿方索知识丛书》
　　　　　　　　　　　　　　　（1252—1284 年）Ⅲ 616，648

Lifesaving at sea 　　海上救生 Ⅶ 745 – 746，859

Lifts 　　升降机 Ⅳ 76 – 78，82，89，548 – 550，569，
　　　　　　571；V 478，498；Ⅶ 930，938；参见 Hoists

Light-signals, triangulation 　　信号灯，三角测量（1787 年）Ⅳ 608

Lighthouses 　　灯塔

　　' Admiralty List of Lights ' 　　《海军部信号灯一览表》（自 1895 年起）
　　　　　　　　　　V 454，463

　　buoys 　　浮标 V 463

　　Eddystone 　　埃迪斯通灯塔 Ⅳ 179，205，447 – 448，
　　　　　　　　468 – 469；V 463

　　electricity generators 　　发电机 V 191 – 192，194，图版 10B

　　fog-signals 　　雾警设备 V 464

　　gas-lighted 　　煤气灯 Ⅳ 261

　　illumination 　　照明 V 181 – 183，191，210，463

　　lightships 　　灯船 V 463 – 464

　　Pharos of Alexandria 　　亚历山大港法洛斯岛 Ⅱ 521 – 522；Ⅲ
　　　　　　　　275；V 463

　　Roman 　　罗马人 Ⅱ 518，521 – 524，573

　　wireless telegraphy 　　无线电报 V 228

Lighting systems and lamps 　　照明系统与灯；参见 Electricity, Gas industry

　　ancient man 　　古人 Ⅰ 233 – 237

　　arc lamps 　　弧光灯 V 182，208 – 213；Ⅶ 1085

　　bulb manufacture 　　玻璃泡制造 Ⅵ 586 – 587

　　carbon-filament lamps 　　碳丝电灯 V 98

　　cressets 　　标灯 Ⅱ 299

　　Drummond light (lime-light) 　　德拉蒙德灯（石灰光灯）V 181

　　electric filament lamps 　　白炽电丝灯 Ⅳ 274

　　engineering work 　　工程建筑 V 500，517，519

　　film studio 　　电影制片厂 Ⅶ 1304 – 1305

fluorescent 荧光灯 Ⅶ 1085 – 1086

glasses for 灯用玻璃 Ⅵ 571 – 573

hydrogen lamps 氢气灯 Ⅳ 260

illuminants, Middle Ages 照明物，中世纪 Ⅱ 370

leather lamps 羊皮灯 Ⅱ 184

metal filament lamps 金属丝白炽灯 Ⅴ 99, 218; Ⅶ 1082 – 1084

mining lamps 矿灯 Ⅱ 2 – 3, 9, 24; Ⅵ 373

Nernst lamps 能斯特灯 Ⅶ 1083, 1085

oil-lamps 油灯 Ⅰ 33, 147, 235 – 237; Ⅱ 278; Ⅳ
262, 265, 269

osmium-filament lamps 锇丝电灯 Ⅴ 99, 218

Roman oil-lamps 罗马油灯 Ⅱ 278

salt, lamps Egypt 盐，埃及灯 Ⅰ 259

street 街道 Ⅱ 531; Ⅵ 291, 583

Swan filament lamps 斯旺的灯丝灯泡 Ⅴ 196, 213 – 217

thermolamps 热灯 Ⅳ 258, 263 – 264

torches 火把 Ⅰ 233 – 234, 566 – 567

Lightning conductor 避雷装置 Ⅳ 678

Lignite production 褐煤产量（20 世纪）Ⅵ 177

Lime 石灰 Ⅱ 152 – 153, 189, 355, 363; Ⅳ 447,
449, 466, 519, 539

Limestone 石灰石 Ⅱ 26, 30 – 32, 35, 398, 400

Limonite (iron-ore) 褐铁矿（铁矿石）Ⅱ 71

Linen 亚麻 Ⅰ 448 – 449; 参见 Spinning, Textile
industries, Weaving

bleaching 漂白 Ⅱ 217 – 218; Ⅲ 174 – 176

canvas, oil-painting 帆布，油画 Ⅱ 363

fibre, preparation 纤维，制备 Ⅱ 195 – 197; Ⅲ 156 – 158

flax, cultivation 亚麻，种植 Ⅰ 372 – 373; Ⅱ 195; Ⅲ
156; 参见 Flax

fulling and beating 缩绒和打紧 Ⅱ 215 – 216; Ⅲ 169

looms, new design 织机，新设计 Ⅲ 168 – 169

mechanization	机械化 IV 282, 295, 304；V 569, 574, 579 – 580
origin	起源（约公元前 3500 年）I 373；II 195
paper-making	造纸 III 411
pressing	压平 III 177 – 178
Scottish shrouds	苏格兰寿衣（1666 年）III 151
smoothing by rubbing	磨光 II 219；III 176 – 177
tabby tissue	平纹织物 III 197
twill, warp threads	斜纹，经线 III 196
warping/dressing	整经 III 164
Linguistics	语言学；参见 Language
Linseed oil	亚麻籽油 VI 595, 597 – 598；参见 Flax
Linsey-woolsey (fabric cloth)	麻经毛纬交织物 III 179
Linum usitatissimum (flax)	亚麻 I 288, 358, 372 – 373, 431, 448；II 195
Liquation process	熔析工艺 I 584 – 585；III 27, 33, 42, 51
Liqueurs	甜酒 II 142
Litharge	氧化铅 III 63 – 64, 697
Lithography	平版印刷术 IV 626；V 706；VII 1268 – 1270
Livestock	牲畜 VI 298 – 318；参见 Animals
alternate husbandry	轮作 IV 18
breeding	饲养 IV 21, 25 – 26, 28；VI 303 – 304, 305 – 307, 328
cattle	牛 IV 14 – 16, 21 – 22, 31 – 32；V 3 – 9, 13, 15, 19 – 20
dairy industry	乳制品业 IV 16, 25 – 26；V 32 – 36
diseases	疾病 V 12 – 13, 15, 24
feeding	喂养 IV 37, 40 – 41；VI 307 – 312
fodder crops	饲料作物 IV 13 – 15, 23, 31；V 4 – 9, 12, 15 – 17, 19 – 20
herd-books	良种登记册 V 5, 13
horses	马 IV 26, 34；V 4 – 5, 15 – 16, 18, 20

Middle Ages 中世纪 Ⅲ 12，15

nutrition 营养 Ⅴ 17，24；Ⅵ 300 – 302，309 – 311，
316

pigs 猪 Ⅳ 31；Ⅴ 5，15，18，20

sheep 羊 Ⅰ 344 – 345，451；Ⅳ 14 – 16，21，26 –
28，34；Ⅴ 5，7，9，13，15 – 16，20 –
21；Ⅵ 312 – 313

underground haulage 井下牵引 Ⅵ 421

Lloyd's register of shipping 劳氏船级社 Ⅳ 594

Lock-gates 闸首；参见 Canals

Locking devices 镶嵌技艺 Ⅰ 692，695；Ⅱ 415 – 416，429 –
430；Ⅳ 423

Locomotives 铁路机车；参见 Railway locomotives

Logarithms 对数 Ⅲ 542，553

London 伦敦；参见 Index of Place Names

Clockmakers livery company 同业公会钟表制造商 Ⅲ 630

Great Fire, rebuilding plans 大火，重建规划 Ⅲ 297 – 298，320

Metropolitan Board of Works 大都会工务局 Ⅳ 510，518；Ⅴ 486

Metropolitan Water Board 大都会供水委员会 Ⅴ 554，567；Ⅵ 213

Pewterers' livery company 锡镴匠行会Ⅲ 42，68

Roman 罗马人 Ⅲ 278 – 279

sanitation by-laws, L. C. C. 卫生工程法规，伦敦郡政务会 Ⅳ 507，
516

seventeenth century 17 世纪 Ⅲ 295 – 296

Spectaclemakers livery company 同业公会眼镜制造商 Ⅲ 630

Squares 广场 Ⅲ 296，298

Long-bows 长弓 Ⅱ 721 – 722

Looms 织机；参见 Machine tools, Textile industries

Low Countries 低地国家；参见 Belgium and Holland

agriculture 农业 Ⅳ 14 – 15，17，22，28，31 – 34，
36 – 37；Ⅴ 12，19

canals and waterways 运河和河道 Ⅳ 555 – 556

L

cattle   牛 V 15

coal   煤 Ⅲ 72 – 74

dredging   疏浚 Ⅳ 636

farm wagons   农用四轮车 Ⅲ 146

glazing   上釉 Ⅳ 345

iron industry   钢铁工业 Ⅲ 79

printing   印刷术 Ⅲ 401

roads   道路 Ⅳ 529

scientific instruments   科学仪器 Ⅲ 586, 621

windmills   风车 Ⅲ 89, 93 – 95, 100 – 101, 106

Lubricants   润滑剂 Ⅰ 198；Ⅲ 41 – 42；Ⅳ 56；V 103 –
                                   104, 118 – 119；Ⅵ 377, 544

Luddite riots   拉迪特骚乱 Ⅳ 304

Luftwaffe   纳粹德国空军 Ⅵ 17, 19；Ⅶ 812

Lunar Society   月光社 Ⅳ 673；参见 Moon

Lustre-painting   虹彩绘 Ⅱ 303 – 304, 342

Luttrell Psalter   《勒特雷尔圣诗集》（约 1338 年）；参见 Bible
                                   references

gloves and mittens   皮革手套和连指手套 Ⅱ 177

kitchen, medieval   厨房，中世纪 Ⅱ 124

sower's container (seedlip)   播种者的容器（种子篮） Ⅱ 100

spindle-wheel   纺轮 Ⅱ 203

swing-plough   带板翼的犁 Ⅱ 89

water-budgets   皮水袋 Ⅱ 184, 187

watermill   水车 Ⅱ 596

wheeled-carts   轮式马车 Ⅱ 548 – 549；Ⅲ 142 – 143

Lyddite (explosive)   苦味酸（炸药） Ⅵ 548

Lye, for soap   碱，用于肥皂 Ⅲ 704；参见 Alkalis

Lygeum spartum   细茎针草 Ⅰ 423, 450

'Lymbrique stuff'   "莱—布材料" Ⅱ 76

'Lyngby' culture   "灵比文化" Ⅰ 497，表 E

M

Mace-heads as weapons 　　　　　狼牙棒武器 Ⅰ 510, 512, 517

Machine-tools and machinery 　　机床和机械 Ⅱ 629 – 662；Ⅲ 324 – 346；Ⅳ 417 –
　　　　　　　　　　　　　　　　441；Ⅴ 636 – 657；Ⅶ 1035 – 1045

　　armour polishing 　　　　　　抛光盔甲 Ⅲ 350

　　basic components 　　　　　　基本元素 Ⅱ 629 – 630, 660

　　bearings 　　　　　　　　　　轴承 Ⅲ 41 – 42, 327, 658, 660

　　block-making, Portsmouth 　　滑轮组制造，朴次茅斯 Ⅳ 426 – 427, 437

　　boring machines 　　　　　　镗床 Ⅴ 640, 649 – 650

　　cannon/gun-making 　　　　　大炮/枪支制造 Ⅲ 359, 365, 367

　　chain-and-bucket pump 　　　链斗泵 Ⅲ 325 – 327

　　clockmakers' catalogue 　　　钟表匠的目录（18 世纪）Ⅳ 421

　　cutting 　　　　　　　　　　　切削 Ⅴ 640；Ⅵ 453；Ⅶ 1035, 1037 –
　　　　　　　　　　　　　　　　1039, 1048

　　development 　　　　　　　　发展（20 世纪）Ⅶ 986

　　definition 　　　　　　　　　定义 Ⅳ 150

　　drainage 　　　　　　　　　　排水 Ⅲ 82 – 83

　　drilling 　　　　　　　　　　钻孔 Ⅴ 641 – 644

　　electrification 　　　　　　　电气化 Ⅴ 641

　　gear-box 　　　　　　　　　　齿轮箱 Ⅴ 640 – 641

　　gear-cutting 　　　　　　　　齿轮切削 Ⅴ 655 – 656

　　Great Exhibition 　　　　　　万国博览会（1851 年）Ⅳ 431 – 432

　　Greek 　　　　　　　　　　　希腊 Ⅱ 630 – 636, 675

　　grinding 　　　　　　　　　　磨削 Ⅴ 654；Ⅶ 1041 – 1045, 1048 – 1049

　　gudgeons 　　　　　　　　　　轴柱 Ⅲ 41 – 42

　　interchangeable 　　　　　　可互换的 Ⅳ 438, 441；Ⅴ 638 – 639

　　Johansson blocks 　　　　　　约翰逊块规 Ⅶ 1041

　　lathes 　　　　　　　　　　　车床；参见 Lathes

　　lens-making 　　　　　　　　透镜制造 Ⅲ 232, 234 – 236

　　mass-production 　　　　　　大批量生产 Ⅳ 427

materials of construction　建筑材料 IV 420，424 – 426，429

metals，used　金属使用 III 326

Middle Ages，transition　中世纪，转变 II 638 – 640

milling　铣床 V 652 – 654；VII 1038 – 1039

monastery development　修道院的发展 II 649 – 651

motion，mechanization　运动，机械化 II 640 – 645，652 – 657

mushet steel　马希特钢 VII 1037

oil lubrication　润滑油；参见 Lubricants

ore-crushing　矿石粉碎 III 327 – 328

paper-making　造纸 III 411 – 416

pile-driving　打桩 III 422

planers　刨工 V 650 – 652

power，mechanization　动力，机械化 II 645 – 649；III 19

rolling　旋转 III 338

Roman　罗马人 II 636 – 638

scale-cutting，cartography　刻度机，制图术 III 555

slide-rest，Maudslay's　滑动刀架，莫兹利 IV 162，425

slitting　切开 III 338

steam-driven　蒸汽动力 III 85

textile　织物 III 152 – 155，157 – 159，162 – 178

Mackintosh（waterproof garments）　麦金托什（防水胶布）IV 253；V 761 – 762

Madder（*Rubia tinctorum*）　茜草（茜草属植物）I 246，249，441；V 260 – 261

Magdalenian culture　马格德林文化；参见 Cultures

Magic　魔力；参见 Alchemy，Superstition and magic

Maglemosian culture　马格尔莫斯文化；参见 Cultures

Magnesia（periclase）　氧化镁（方镁石）VI 574

Magnesian limestone　镁质石灰石 II 31，33

Magnesite　菱镁土 V 664

Magnesium　镁 V 72，86，98；VI 430 – 431，441

Magnetism　磁性 II 771；IV 621，679

MAGNOX atomic reactor   镁诺克斯反应堆 Ⅵ 250，252，259

Majolica   花饰陶器 Ⅲ 678

Malachite（copper carbonate）   孔雀石（碳酸铜） Ⅰ 293；Ⅱ 362

Malus（wild crab-apple）   苹果属（野生苹果） Ⅰ 357

Mallets   木槌 Ⅲ 110，119 – 120，126；参见 Hammers

Man，primitive   原始人

    art forms   艺术形式 Ⅰ 144 – 153

    carnivorous habits   肉食习性 Ⅰ 19 – 21

    brain，development   智力，开发 Ⅰ 13，15 – 17，19，35

    discovery，invention   发现，发明 Ⅰ 58 – 84

    distribution，industrial activity   工业活动分布 Ⅰ 36 – 37

    evolution   进化 Ⅰ 9 – 10，表 B，C

    hands   手 Ⅰ 10 – 12

    intelligence   智力 Ⅰ 34 – 36

    Neanderthal   尼安德特人 Ⅰ 29 – 31，35，表 C

    Pekin   北京人 Ⅰ 21，23 – 25，31，218

    skill   技能 Ⅰ 22 – 34，60 – 61

    speech and language   言语和语言 Ⅰ 18 – 19，85 – 109

    time-reckoning   计时器 Ⅰ 110 – 127

    visual power   视觉能力 Ⅰ 12，35 – 36

Man-made fibres   人造纤维；参见 plastic-fibres

Management   管理 Ⅵ 77 – 92

    big-business   大企业 Ⅵ 86 – 87

    business education   工商教育 Ⅵ 83 – 84

    diversification policies   多元化政策 Ⅵ 87 – 90

    industrial psychology   产业心理学 Ⅵ 35，84 – 86

    origins   起源 Ⅵ 77 – 81

    Taylorism   泰勒理论 Ⅵ 73 – 75，81 – 83，93，115 – 116，118 – 120；Ⅶ 1046 – 1049，1056

Mandeville：'Sir John Mandeville's Travels'，glass-   《约翰·曼德维尔爵士旅行记》，玻璃熔炉插图 Ⅲ 207，图版 16

furnace illustration

Mandrels and lathes　　　　　心轴和车床 Ⅲ 335 – 337；Ⅴ 64

Manganese　　　　　　　　　锰

　Bessemer converter　　　　　贝塞麦转炉 Ⅴ 55, 60

　ceramic pigment　　　　　　陶瓷颜料 Ⅲ 702 – 370；Ⅳ 335

　extraction　　　　　　　　　提炼 Ⅳ 119, 147；Ⅴ 97 – 98

　glass ingredient　　　　　　玻璃成分 Ⅲ 210, 218, 222, 702 – 703；
　　　　　　　　　　　　　　　Ⅳ 375

　iron ores, Styrian　　　　　铁矿石, 施蒂里亚州 Ⅲ 115

　mining　　　　　　　　　　采矿 Ⅵ 424

　nodules, oceanic　　　　　　瘤状矿床, 海洋的 Ⅶ 1455

　occurrence, United Kingdom　出现, 英国 Ⅳ 65

　paint ingredient　　　　　　油漆成分 Ⅵ 595

　steel alloy　　　　　　　　合金钢 Ⅴ 64 – 65；Ⅵ 410

Manhattan Project　　　　　曼哈顿计划；参见 under Nuclear power

Manilla, paper-making　　　　马尼拉麻, 造纸 Ⅵ 613

Manipuris potters　　　　　　曼尼普尔陶工 Ⅰ 407

Mannheim gold　　　　　　　曼海姆金 Ⅳ 133

Manometers　　　　　　　　压力计 Ⅳ 406

Maoris　　　　　　　　　　毛利人 Ⅰ 318, 图版 27

Mappae clavicula de efficiendo auro　《制金秘方》Ⅱ 63, 351 – 352

Maps　　　　　　　　　　　地图, 参见 Cartography, Charts,
　　　　　　　　　　　　　　　Town-planning

　aqueducts, Roman　　　　　渡槽, 罗马人 Ⅱ 669

　Belgian canals　　　　　　比利时运河 Ⅳ 557

　Briare canal　　　　　　　布里亚尔运河（1602—1642 年）Ⅲ 461

　Britain, Roman roads　　　　不列颠, 罗马道路 Ⅱ 506

　Brussels canal　　　　　　布鲁塞尔运河（1550—1560 年）Ⅲ 451

　Canadian waterways　　　　加拿大运河河道 Ⅳ 553

　'Catalan Atlas'　　　　　　"加泰罗尼亚地图"（1375 年）Ⅲ 525

　'Carte Pisane'　　　　　　Pisane 地图（约 1275 年）Ⅲ 523 – 524

　clay-tablet, Mesopotamia　　泥板, 美索不达米亚, Ⅰ 549 – 550, 图

版 21B

diffusion, metal-technology	扩散，金属提炼法 I 573
'Dufour map'	"杜福地图" IV 612
economic	经济地图 IV 622
England and Wales, waterways	英格兰和威尔士，内河航道系统（1858 年）IV 564
Eratosthenes'	埃拉托色尼地图（约公元前 275—公元前 194 年）III 506 – 508
Etzlaub's road-map	埃茨劳布街道地图（1492 年）III 534 – 535
Exeter canal	埃克赛特运河地图（1564—1567 年）III 456
Fens, Bedford Level	沼泽，贝德福德平地（1724 年）III 316
flint mines, Europe	燧石矿，欧洲 I 562
France	法国地图（1774—1784 年）III 554
France	法国地图（17 世纪）IV 605 – 606
France	法国地图（18 世纪）IV 442
geological	地质学地图 IV 491, 621 – 622, 626
Grand Trunk canal	大干线运河 IV 565
Hereford mappa mundi	赫里福德地图（约 1280 年）III 519 – 520
Holland	荷兰（16 和 17 世纪）III 302
Hong Kong reservoirs	香港淡水库 VII 911 – 912
hypsometric	测高线地图 IV 614
isometric	等高线地图 III 555
Italy, Roman roads	意大利，罗马道路 II 501
Languedoc canal	朗格多克运河（1661—1681 年）III 465
magnetic	磁图 IV 621
medical	医学地图 IV 624
Milan area, canals	米兰地区，运河（约 1500 年）III 445
mineralogical	矿物学地图 IV 621 – 622, 图版 32B
Muslim empire	穆斯林帝国（约公元 75 年）II 757
New River cut, London	新河开挖（地图），伦敦 IV 492

M

ordnance survey maps	军用测绘地图 IV 491
pastures, Boston	牧场,波士顿(约 1300 年)III 515
Persian royal road	波斯皇家大道 II 496
Peutinger table	皮尤廷厄地图 III 514
polders, Zuiderzee area	圩田,须得海地区 VII 910
Pontine Marshes, Italy	本都沼泽,意大利 II 313
population	人口 IV 623 – 624
printing	印刷术 III 404 – 410;IV 625 – 626
Ptolemaic	托勒密的地图 III 507 – 510
regional	地区的 III 537 – 539;IV 600, 602, 610, 614
roads	主要干道,罗马和各行省 IV 523,图版 34
roads, Rome and provinces	罗马省道 II 502
St Lawrence Seaway	圣劳伦斯河 VII 916
Scandinavia, Claudius Clavus's	斯堪的纳维亚,克拉武斯地图 III 532 – 533
Scotland, Telford's roads	苏格兰,特尔福德道路 IV 533
star	星图 III 604 – 605
Stecknitz canal	斯特克尼茨运河(1391—1398 年)III 443
telephones, Britain	电话,英国(1391—1398 年)VII 1228
telephones, Europe	电话,欧洲(1896 年)VII 1229
Thanet, Isle of	萨尼特岛(约 1414 年)III 516
trade routes, Medieval	贸易航线,中世纪 II 759, 769
traffic	交通 IV 623
United Kingdom, minerals	英国,矿产(1851 年)IV 65
Wey canal	韦运河(1651—1653 年)III 457
world	世界地图 III 507 – 508, 519 – 520, 555;IV 596 – 600, 625
Marble	大理石
English	英格兰的 II 36 – 37
furniture	家具 II 224 – 225

Greek	希腊大理石 Ⅱ 24 – 26，398 – 939，403
Purbeck 'marble'	珀贝克"大理石"Ⅱ 36 – 37
quarrying	采石（17 世纪）Ⅱ 24 – 27，28
Roman	罗马大理石 Ⅱ 27，406，411
white Carrara marble	白色卡拉拉大理石 Ⅱ 28，275，406
Marcasite	白铁矿 Ⅲ 30
Margarine	人造黄油 Ⅳ 61；Ⅵ 340
Margarita philosophica, Strasbourg	《马格里塔哲学》（约 1511 年），斯特拉斯堡 Ⅲ 538
Marine works	海上工程 Ⅳ 443，452，464 – 469
Market-gardening	市场园艺 Ⅳ 15
Mars space probes	火星太空探索 Ⅶ 860，869
Marshall Aid	马歇尔援助 Ⅵ 24
Mass production	大批量生产
'American system'	"美国作业法" Ⅴ 818 – 819
bronze castings	黄铜铸造 Ⅲ 39
ceramics	陶瓷 Ⅳ 354；Ⅴ 661
conveyor-belt system	传输带流水作业系统 Ⅶ 714 – 715
flour	面粉 Ⅲ 19
industrialization	工业化 Ⅳ 354；Ⅴ 822
invention consequences	发明的影响 Ⅴ 639 – 640
interchangeable concept	交互式理念（1798 年）Ⅳ 438；Ⅴ 638 – 639
machine-tools, use	机床，使用 Ⅳ 427，440 – 441；Ⅴ 636，638 – 639，818
obstacles, Greek society	希腊社会发展障碍 Ⅱ 604 – 605
obstacles, Roman Empire	罗马帝国障碍 Ⅱ 603，605
quantity v. quality	数量与质量的比较 Ⅲ 709 – 711
railways factor	铁路的出现 Ⅴ 819
scientific instruments	科学仪器 Ⅲ 629
ship-building	造船业 Ⅲ 711
social effects	社会影响 Ⅵ 133

M

standardization effects	标准化影响（1851 年）Ⅴ 818
tools	工具 Ⅲ 113－114
Matches	导火线（火柴）Ⅲ 355 及注释 2；Ⅳ 253－255；Ⅴ 252
Materials, strength	材料，强度 Ⅳ 149，443，471，478－486；参见 Building materials
Mathematics	数学 Ⅰ 785－803，图版 33－36；参见 Calculating，Geometry，Tables
aerodynamics application	空气动力应用 Ⅴ 407
algebra	代数学 Ⅰ 787－791
architectural theory	建筑理论 Ⅲ 257，432－434
astronomy	天文学 Ⅰ 793－803；Ⅱ 675
Babylonian	巴比伦数学 Ⅰ 787－791
decimal arithmetic	十进制运算（1585 年）Ⅲ 61，542
dynamics	动力学 Ⅲ 344；Ⅶ 859
early number-symbols	早期数字符号 Ⅰ 785－787；Ⅲ 501－502
Earth, size estimations	地球，尺寸估算 Ⅲ 505－506
economic problems	经济问题 Ⅰ 790－792
-education	数学教育 Ⅴ 783－784
Egyptian	埃及数学 Ⅰ 791－793
elasticity	弹性 Ⅲ 58－59；Ⅶ 944
equations	方程式 Ⅰ 787－789
fortifications application	防御工事 Ⅲ 371－372
fractions	分数 Ⅰ 792－793
geometrical problems	几何问题 Ⅰ 789－792
hydrodynamics, applied	流体动力学应用 Ⅴ 387－390
instruments	仪器 Ⅲ 521，627，636，644
lever theory	杠杆原理（公元前 3 世纪）Ⅱ 630，632－633
logarithms	对数 Ⅲ 542
map-making	制图 Ⅲ 505－510，536
measures	测量；参见 Measurement，Weights

mechanics	机械学 II 632 – 633，675；III 250，252，433；IV 149，163，666；V 784	
navigation	航海 III 526	
numerals，'Arabic' system	"阿拉伯"数字体系 II 766 – 767，772；III 502	
planetary theory，Ptolemy's	托勒密行星理论 III 615 – 616	
projectiles	抛射体 III 374 – 375	
Pythagorean geometry	毕达哥拉斯派几何学（约公元前 400 年）II 632	
ship-building	造船业 III 482，488；V 385 – 390	
survey applications	测量设备 III 510 – 513，537，539，542	
tables	表 I 787	
thermodynamics	热力学 IV 163 – 164	
trigonometry	三角学（1600 年）III 542；参见 Trigonometry	
Mats	席子 I 413 – 455	
reed and rush-	芦苇秆席子 I 419 – 420，423，468，550	
Matter	物质	
atomic theory	原子理论 IV 223 – 226；VI 223 – 224	
conservation of	保藏 IV 217 – 218，220，223 – 224，228	
Mattocks	鹤嘴锄 II 5，99；III 134	
MAUD committee	MAUD 委员会 VI 226 – 227，229，232，270 – 273	
Maya civilization	玛雅文明 I 82 – 83，121，124 – 126，189	
Measurement	测量 I 774 – 784；参见 Weights	
acres，units	英亩，单位 I 111；III 528	
altitude	纬度 III 555；IV 604，612，614	
angle	角度 IV 602 – 604	
capacity，ancient world	容量，古代世界 I 781 – 783	
chain unit	链单元 III 542	
Chinese system	中国制度 I 111 – 112，783 – 784	
compensation bars	补偿校准测杆 IV 600 – 602	

M

cubits	肘尺 Ⅰ 775，777 – 779
depth	深度 Ⅳ 619
distance	距离 Ⅳ 600
Egyptian	埃及的（长度度量） Ⅰ 775 – 778
energy	能量 Ⅳ 679 – 681
foot measure	英尺测量 Ⅰ 777 – 778
Greek	希腊 Ⅰ 777
hodometer	计距器 Ⅲ 628；Ⅳ 600，616，图版 23B
instruments	仪器 Ⅲ 336，375，627；Ⅳ 395 – 398，432 – 433；Ⅶ 1050 – 1051
knot unit	结单位 Ⅲ 550
meaning	意义 Ⅰ 110 – 113
meridians	子午线 Ⅳ 596，599
metric system	米制系统 Ⅳ 600
mile，German/Italian	英里，德国/意大利 Ⅲ 535 – 536
mile，Roman	英里，罗马 Ⅲ 506，517，522，535
primitive	原始的 Ⅰ 110 – 112
sea-miles	海里 Ⅲ 550
stade unit	斯塔德 Ⅲ 505 – 506，522，531
standardization trend	标准化趋势 Ⅰ 110，774 – 775
survey requirements	勘测要求 Ⅲ 537 – 541；参见 Surveying
temperature	温度 Ⅳ 163
time	时间 Ⅰ 112 – 127；Ⅲ 594 – 598，601 – 603
Mechanica（pseudo-Aristotle）	《机械》（误认是亚里士多德） Ⅱ 630，632，658
Mechanical Engineers，Institution of，London	机械工程师协会，伦敦 Ⅴ 118，638，642
Mechanics	力学
applied science	应用科学 Ⅳ 149，163，666
Archimedes' teaching	阿基米德的教学 Ⅱ 632 – 633
clocks	时钟 Ⅲ 344 – 345

motion, Galileo's laws   伽利略的运动基本定律 Ⅲ 374

precision   精度 Ⅳ 379 – 416

projectiles   抛射体 Ⅲ 374 – 375

screw invention   螺杆的发明 Ⅱ 632

structural   结构力学 Ⅲ 250 – 252, 256 – 258, 432 – 434

water-lifting methods   汲水方法 Ⅱ 675 – 678

Mechanics' Institutes   机械学院 Ⅳ 274, 445; Ⅴ 714, 777 – 779, 783 – 784, 786

Medallion-lathes   制作圆雕饰件的车床 Ⅳ 436

Medallions and medals   圆形装饰和圣牌 Ⅲ 39, 338 – 339, 341; 参见 Coins, Mints

Medical technology   医学技术 Ⅶ 1317 – 1362

anaesthesia   麻醉 Ⅶ 1334 – 1340

artificial limbs and orthopaedics   人工假肢和矫形外科术 Ⅶ 1359 – 1360

blood-pressure measurement   血压测量仪器 Ⅶ 1344 – 1346

dental industry   牙科行业 Ⅶ 1323 – 1326

electrocardiography   心电图 Ⅶ 1340 – 1342

electrokymography of heart   心脏电记波照相术 Ⅶ 1342 – 1343

hearing   听诊 Ⅶ 1348 – 1350

hospitals   医院; 参见 Hospitals named

instruments   仪器 Ⅶ 1317 – 1323

microscopy   显微术 Ⅶ 1350 – 1354

military   军事医学 (自 16 世纪以来) Ⅲ 373 – 374

pharmaceutical industry   医药工业 Ⅶ 1326 – 1327

polygraphs   测谎器 Ⅶ 1343 – 1344

radiology   放射学 Ⅶ 1299 – 1300, 1327 – 1334

stethoscopes   听诊器 Ⅶ 1346 – 1348

surgery   外科学 Ⅶ 1354 – 1359

Medicines   药物; 参见 Pharmaceuticals

Melamine polymer   三聚氰胺聚合物 Ⅵ 554 – 556, 600

Melanesia   美拉尼西亚 Ⅰ 406 – 407

M

Melinite（picric acid）	炸药（苦味酸）Ⅵ 540，548
Mentha piperita	薄荷油 Ⅰ 288
Merchants' metal tokens	商人的金属代币（约1500年）Ⅲ 46
Mercator charts	墨卡托海图 Ⅲ 548，550 – 551
Mercurago spoked wheel	马库拉格辐条轮（约公元前1000年）Ⅰ 213 – 214
Mercury	水银
amalgamation process	汞齐化方法 Ⅰ 582；Ⅱ 42；Ⅲ 33，327 – 328；Ⅳ 139 – 140；Ⅴ 95
assaying	检验 Ⅲ 62
Castner-Kellner cell	卡斯特纳 – 克纳尔电解槽 Ⅴ 250 – 251
chemical discoveries	化学发现（1774年）Ⅳ 218，220
classification	分类 Ⅱ 737；Ⅳ 214
clocks	时钟 Ⅲ 648 – 649
dentistry use	牙科用具 Ⅶ 1326
extraction	提炼 Ⅲ 51；Ⅳ 119，133 – 136；Ⅴ 72
mirrors,' silvering'	镜子，"镀银" Ⅲ 40；Ⅳ 362
speculum metal	镜用合金 Ⅲ 41
Meridian	子午线 Ⅳ 596 – 599，605 – 607，609，618
Merino sheep	美利奴羊 Ⅳ 26 – 28，34
Merton College,Oxford	默顿学院，牛津大学
astronomers	天文学家 Ⅲ 585，593，617
medieval equatorium	中世纪赤道 Ⅲ 617
Megaliths	巨石 Ⅰ 81，490 – 494；参见 Burial mounds/ structures
Mesolithic culture	中石器时代文化；参见 Cultures
Mesopotamia	美索不达米亚 Ⅰ 表 E，F；参见 Sumer
agriculture	农业 Ⅰ 360，362，364 – 365，367，545，547 – 554；Ⅱ 84，106
arrow-heads	箭头 Ⅰ 510
astronomy	天文学 Ⅰ 798 – 801
bitumen industry	沥青工业 Ⅰ 250 – 256

boats and ships	舟和船 Ⅰ 256，731，736－738；Ⅱ 566
calendar systems	历法系统 Ⅰ 793－795，图版 33－35
canals	运河 Ⅰ 469－470，531－532
brewing techniques	酿造技术 Ⅰ 279－280
bridge，river Euphrates	桥，幼发拉底河 Ⅰ 256，715
building	建筑 Ⅰ 306，457，459－473，图版 18，20
ceramics	陶瓷；参见 pottery
chemical arts	化学工艺 Ⅰ 239－245，247
copper production	铜产量 Ⅰ 563－564
cosmetic arts	化妆技术 Ⅰ 286－295
culinary arts	烹饪技术 Ⅰ 272－282
dams	大坝 Ⅰ 529
draught animals	耕畜 Ⅰ 720－721，723
food preservation	食物保藏 Ⅰ 264－265
gardens	园 Ⅰ 550－554
glass-ware	玻璃陶器 Ⅱ 319－320
glazing	上釉 Ⅱ 316－317
iron production	铁产量 Ⅰ 594，597－598
irrigation	灌溉 Ⅰ 532－535，545－555
ivory work	象牙制品 Ⅰ 664，670－672，675，677－678
land reclamation	土地改造 Ⅰ 540
language and writing	语言与文字 Ⅰ 80，101－102，205－206，252，280，747－752
mathematics	数学 Ⅰ 785－791
measures and weights	计量与重量 Ⅰ 778，780－782
metal-casting	铸铁 Ⅱ 478，480
metal-work	金属制品 Ⅰ 623－624，626－627，632－633，638－641，643－646，648－649，654－656，659，661
ploughs	犁 Ⅰ 540；Ⅱ 84

potter's wheel	陶轮 Ⅰ 199 – 200，202 – 203
pottery	陶器 Ⅰ 378，395，405
qanaats	暗渠 Ⅰ 532 – 534
roads and streets	道路和街道 Ⅱ 494 – 495
salt production	盐产量 Ⅰ 258
sanitation	卫生系统 Ⅱ 665
ships	船；参见 boats and ships
silver and lead trade	白银和铅贸易 Ⅰ 583
soap and detergents	肥皂和清洁剂 Ⅰ 261 – 262
social organization, Sumerian	社会结构，苏美尔人 Ⅰ 46，48 – 50，52，54 – 57
textiles	织物 Ⅰ 432
threshing-sled	脱粒撬 Ⅱ 106
transport	交通 Ⅰ 705 – 706，710，713
water-lifting	汲水 Ⅰ 524 – 525
watermills	水车 Ⅱ 614
wells	井 Ⅰ 526 – 527
wheeled vehicles	轮式车辆 Ⅰ 207 – 210，717 – 718，725 – 727
wood-work	木制品 Ⅰ 684
woollen industry	毛皮工业 Ⅰ 248 – 249
writing	文字；参见 language
Messenger-services	信使 Ⅱ 495 – 496，508，514，524，527
Metal-mining	金属开采 Ⅳ 64 – 79；Ⅵ 410 – 426；参见 Metal-work, Metals and metallurgy
aluminium	铝 Ⅵ 410，413
bauxite	铝土矿 Ⅵ 412
boring	钻孔 Ⅳ 67 – 69，72
chromium	铬 Ⅵ 410
copper	铜 Ⅰ 563 – 567；Ⅵ 410，413，418，420，424
drainage	排水 Ⅳ 77 – 79

explosives 炸药 Ⅳ 70 −71，75

extraction 开采 Ⅳ 72 −76

gold 金 Ⅰ 526，563，579 −581，589；Ⅱ 41 −42；Ⅵ 410，413 −417，422，424

growth of demand 需求增长 Ⅵ 410 −411

haulage and hoisting 牵引和起重 Ⅳ 76 −77，图版 5B

iron 铁 Ⅰ 568，574，593；Ⅵ 410，413 −416，424

lead 铅 Ⅵ 410，423

location 位置 Ⅳ 64 −67

machinery 机械设备 Ⅳ 71 −73，76 −79

manganese 锰 Ⅵ 410，424

mica 云母 Ⅵ 424

nickel 镍 Ⅵ 410

shaft-sinking 凿井 Ⅳ 69

silver 银 Ⅵ 410，413，424

surface methods 表层开采法 Ⅵ 411 −417

tin 锡 Ⅰ 563，589 −590；Ⅵ 410，414，416，424

tools（hand） 手工工具 Ⅳ 67 −68，70，图版 5A

underground 地下 Ⅵ 417 −425

ventilation 通风设备 Ⅳ 69

zinc 锌 Ⅵ 410，423

zircon 锆石 Ⅵ 424

Metal-work 金属制品 Ⅰ 623 −662；Ⅱ 449 −492

Metals and metallurgy 金属和冶金 Ⅰ 572 −599；Ⅱ 41 −80；Ⅲ 27 −71；Ⅴ 605 −635；参见 Metal-mining，Metal-work

aeronautical engineering use 航空工程设备 Ⅵ 438 −443

alchemical equipment 炼金术设备 Ⅱ 731 −752

alloys 合金 Ⅴ 605，607 −608，626

aluminothermic reduction 铝热还原 Ⅴ 76，97 −98

annealing 热处理 Ⅰ 624 – 625, 636 – 637; Ⅲ 55 – 56, 207, 215, 225, 227, 238 – 239, 393

chronological chart, metallurgy 金属周期表 Ⅰ 575

assaying, base metals 检验, 贱金属 Ⅲ 59, 62 – 65

automobile engineering use 汽车工程设备 Ⅵ 429 – 438

bearing-metals 轴承合金 Ⅲ 41 – 42

bell-casting 钟的铸造 Ⅱ 64

books 书籍 Ⅱ 63 – 65; Ⅲ 27 – 29, 33, 63, 68, 79

cannon 大炮 Ⅲ 361, 363

casting and moulding 铸造成型 Ⅰ 588, 601, 606 – 608, 625 – 635; Ⅱ 475 – 480; Ⅴ 605 – 609; Ⅵ 428

colouring 上色 Ⅰ 243

copper-casting 铸铜 Ⅰ 588, 601, 606, 627 – 628

copper-steel alloys 铜钢合金 Ⅳ 108

corrosion 腐蚀 Ⅵ 450 – 453

density 密度 Ⅲ 57 – 58

die-cutting and stamping 压模和模印 Ⅱ 485 – 492

drawing, cartridge cases 图纸, 弹壳 Ⅴ 629 – 631

early use 早期使用 Ⅰ 46 – 47, 59 – 60, 64 – 65, 73, 503 – 505, 572 – 579, 600 – 601; Ⅱ 770 – 771

electrical communications 电子通信 Ⅵ 448 – 450

electrical engineering 电子工程 Ⅵ 443 – 448

electroplating 电镀 Ⅴ 633 – 634

electrolytic refining 电解法精炼 Ⅴ 76, 79, 83 – 86, 88, 90 – 94, 96 – 97

enamels 珐琅 Ⅰ 659 – 662; Ⅱ 63, 450 – 455

engineering construction 工程建设 Ⅵ 427

engraving 雕刻 Ⅰ 648 – 649; Ⅲ 405 – 408, 623 – 624

extraction	提炼 Ⅰ 582 – 585；Ⅳ 72 – 101
ferrous	黑色金属 Ⅳ 99 – 117
filigree and granulation	饰品和粒化 Ⅰ 654 – 659
forging	锻造 Ⅴ 610 – 611
fractures	断裂 Ⅲ 57 – 58
German pre-eminence	德国优势（16 世纪）Ⅲ 678
galvanizing	镀锌 Ⅴ 624 – 625
gold refining	金精炼 Ⅰ 580 – 582，594
heavy plate	厚板 Ⅴ 613 – 615，图版 38B
inlays and enamels	镶嵌和珐琅 Ⅰ 659 – 662；Ⅱ 63，450 – 455
interaction, metals	相互作用 Ⅲ 58 – 59
machines	机械设备 Ⅲ 326，328，330，332，336 – 337；Ⅵ 453 – 457
manufacture, metal goods	制造业，金属品 Ⅲ 678；Ⅵ 457 – 461
mechanization	机械化 Ⅱ 78；Ⅲ 30，340 – 341
medieval metallurgy	中世纪冶金法 Ⅱ 61 – 69
Mond carbonyl plant	蒙德羰基设备 Ⅴ 88 – 90
nickel-steel alloys	镍钢合金 Ⅳ 108
niello inlaying	乌银镶嵌 Ⅱ 453 – 454，480 – 481
non-ferrous	有色金属 Ⅲ 50 – 51；Ⅳ 118 – 147
ore, concentration methods	矿石浓缩法 Ⅴ 73 – 76
ornamentation, weapons	武器装饰 Ⅱ 455 – 458
patination	生锈 Ⅱ 483 – 484
plating	电镀 Ⅲ 42；Ⅴ 632 – 634
precious metals	贵金属 Ⅱ 41 – 46；Ⅲ 63 – 68
printing	印刷 Ⅲ 43，385，393，405 – 408
refining	精炼 Ⅱ 42 – 45，47 – 50，56 – 58；Ⅲ 42；Ⅴ 76，79，83 – 86，88 – 97
repoussé work	压花制品 Ⅰ 642 – 648；Ⅱ 468 – 475
Rittinger shaking table	里廷格摇床 Ⅴ 74
riveting	铆接 Ⅰ 649 – 650；Ⅱ 469，483

rolling 旋转 V 611 – 620

sheet metal 金属薄片 I 636 – 639；III 340；V 615 – 620

smelting 熔融 I 564，573，576 – 579，585 – 588，593 – 598，617，633 – 634；IV 70 – 74

soldering 焊接 I 649 – 654

stamping 冲压 I 648

structure 构造 III 57

tensile properties 拉伸性能 III 58 – 59

thermal expansion 热膨胀 IV 395 – 396

transmutation, base metals 转化，贱金属 II 352，731 – 732，736

tubes 导管 V 625 – 629

utilization 使用 VI 6，427 – 461

water-power 水能 II 62，68 – 69，73 – 74

welding 焊接 I 649 – 654；V 631 – 634

Wilfley table 威尔夫利型摇床 V 74

wrought metal（statues） 锻制金属（雕像） I 639 – 642

Meteorological Office Air Ministry 航空部气象局 IV 491

Meteorology 气象学 IV 620 – 621

Methane 甲烷 VI 547；参见 Natural gas

Méthode de Nomenclature Chimique "化学术语命名法"（1787 年）IV 222

Mexico, oil 墨西哥湾油田 VI 185

Mezzotint engraving process 镂刻凹版雕刻法 III 406 – 408

Mica, ore concentration 云母，矿浓度 VI 424

Micrometers 微米 III 640，644；IV 397，424，426

Microphones 麦克风 VII 1264 – 1265

Microscopes 显微镜

balances, use 天平，使用 IV 405

compound-, invention 复合显微镜，发明 III 232 – 233

electron microscope 电子显微镜 VI 623；VII 1350 – 1353

food-testing 食品检验 III 21

lenses 透镜 IV 358；V 673

metallurgical use	冶金设备	Ⅲ 41, 57
petrological	岩相显微镜	Ⅵ 623
position-finding	定位	Ⅳ 394
precision tools	精密仪器	Ⅳ 392 – 394, 397, 399, 403
screws, focussing	螺丝, 聚焦	Ⅲ 336, 635; Ⅳ 386
seventeenth-18th century	17—18 世纪	Ⅲ 630 – 635
survey instruments	测量仪器	Ⅲ 554; Ⅳ 401 – 402, 604
twentieth century	20 世纪	Ⅶ 1350 – 1354
Milestones	里程碑	Ⅱ 507; Ⅲ 504
Military technology	军事技术	Ⅱ 695 – 730; Ⅲ 347 – 376; 参见 Warfare, Wars named
aeronautics	航空	Ⅵ 439; Ⅶ 793
air power	空军力量	Ⅶ 811, 816 – 819
aircraft	飞机; 参见 Aircraft headings	
aircraft design	飞机设计	Ⅶ 793 – 810, 1009 – 1022
aircraft operation	飞机运行	Ⅶ 789 – 796, 800 – 804, 806 – 807, 825
atomic bomb	原子弹; 参见 nuclear weapons	
ballistic missiles	弹道导弹	Ⅵ 24; Ⅶ 816
Battle of Britain	不列颠之战	Ⅵ 622; Ⅶ 812
Berlin airlift	柏林空运	Ⅶ 828
biological warfare	生物战	Ⅵ 322
Blitzkrieg	"闪电战"	Ⅵ 18, 20; Ⅶ 811
bombing	轰炸	Ⅵ 11, 19 – 21; Ⅶ 795 – 796, 811 – 816, 844 – 845, 847
dreadnought class battleships	无畏级战列舰	Ⅵ 5 – 6
explosives	炸药	Ⅵ 547 – 550
fighter aircraft	歼击机	Ⅶ 793 – 795; 参见 Aircraft
government's role	政府作用	Ⅵ 42 – 44, 113 – 115, 121 – 125
helicopters	直升机	Ⅶ 821 – 823, 834
incendiary bombs	燃烧弹	Ⅶ 816
Inter-Continental Ballistic	洲际弹道导弹 （ICBMs）	Ⅵ 24

Missiles

jet aircraft 喷气式飞机 Ⅶ 817 – 821, 1019 – 1024

jet propulsion 喷射推进 Ⅶ 817, 819 – 821, 990, 1017 – 1019, 1021 – 1022

Luftwaffe 纳粹德国空军 Ⅵ 17, 19; Ⅶ 812

navies 海军 Ⅵ 4 – 6, 9 – 10, 12, 21; Ⅶ 751 – 753, 814, 844 – 845, 853

navigational aids 导航设备 Ⅶ 816 – 818

nuclear weapons 核武器 Ⅵ 268 – 283

pyrotechnics 烟火 Ⅱ 374 – 382

radar 雷达 Ⅵ 350, 449 – 450, 559; Ⅶ 812

rocket propulsion 火箭推进 Ⅵ 22; Ⅶ 812

Royal Air Force （英国）皇家空军 Ⅵ 17, 19, 558; Ⅶ 796, 811 – 812

Royal Navy （英国）皇家海军；参见 Admiralty, Royal Navy

surveillance from space 空间监测 Ⅶ 866

tanks 坦克 Ⅵ 11, 22

two world wars 两次世界大战 Ⅵ 8 – 13, 18 – 23

Milk industry 乳业 Ⅵ 302, 312, 584 – 585; Ⅶ 1401, 1414, 1421 – 1422；参见 Dairy products

Milking machines 挤奶机 Ⅵ 312

Mills, miscellaneous 各种各样的作坊；参见 Millstones

boring（metals） 钻孔（金属的）Ⅳ 208, 421 – 22

churn-, butter 搅乳器，黄油（1660 年）Ⅲ 14

donkey-mills 驴车 Ⅲ 110 – 111

drainage（land） 排水系统（陆地）Ⅲ 106, 303 – 307, 321 – 322, 图版 20

early history 早期历史 Ⅰ 273 – 274

floating 浮动磨坊 Ⅱ 607 – 608, 610; Ⅳ 209

flour- 面粉磨坊 Ⅰ 72, 273 – 274, 593, 600 – 601; Ⅱ 103 – 104, 107 – 111; Ⅲ

		15 – 19；Ⅳ 150 – 151；Ⅴ 29 – 30；参见 Corn-mills
frizing-	起绒机（1763 年）Ⅲ 176	
fulling-mills/stocks	缩绒机 Ⅱ 216，355，609 – 611；Ⅲ 170 – 173	
gig-	拉绒作坊（15—17 世纪）Ⅲ 172 – 173	
glass-grinding	玻璃研磨 Ⅲ 239	
grinding-mills	研磨机 Ⅱ 349；参见 flour	
hammer-mills	锤磨机 Ⅱ 609 – 612，770	
hand-mills	手磨机 Ⅰ 274；Ⅱ 109，111，653 – 654	
horse-	畜力磨坊 Ⅲ 688，702	
machine-tools	机床 Ⅳ 428 – 429，434 – 436，439，441；Ⅶ 1038 – 1039	
mud-mills（dredging）	碾泥机（疏浚）Ⅳ 638 – 640，图版 45B，46A	
paper-making	造纸 Ⅲ 412 – 413，415	
post-	单柱风车 Ⅱ 536，623 – 624，649	
roller-mills（crushing）	滚压机 Ⅱ 112，382；Ⅲ 16 – 17，19；Ⅴ 30	
rolling（metals）	滚压（金属）Ⅲ 32，41，45，47，341 – 343；Ⅳ 161；Ⅴ 611 – 620	
rotary-querns	旋磨 Ⅱ 107 – 111，127	
saw-mills	锯木机 Ⅱ 69；Ⅲ 106 – 107，308；Ⅳ 202	
slitting-	滚切机 Ⅲ 32	
spinning-mills	纺纱车 Ⅳ 154	
stamp-mills	捣碎机 Ⅱ 66，69，107，642；Ⅲ 412 – 413，415；Ⅳ 161	
treadmills	踏车 Ⅱ 16，591，602，636 – 637，642，659 – 660；Ⅲ 178，366，422	
tide-mills	潮汐水车 Ⅱ 610，614，648；Ⅳ 209	
twisting-mills（silk yarn）	捻线车（丝线）Ⅱ 206 – 207	
watermills	水车 Ⅱ 69，349，381，395，593 – 614，	

	647 – 648；参见 Water-power，Watermills
windmills	风车 II 349，395 – 396，536，610，614 – 620，623 – 628，649；参见 Windpower
Winnowing-	扬谷机 III 14
Millstones（querns）	磨石（手磨）I 72，273 – 274；II 108 – 112；III 15 – 16；IV 200，212
Millwrights	风车制造师 III 100 – 101，107 – 108，111，114，345
Mineral-water industry	矿泉水工业 IV 228
Mineralogy，treatise	矿物学的论文 III 28
Mines，named or places	煤矿，名称或地点；参见 Mining
Bloomfield colliery，Staffordshire	布卢姆菲尔德煤矿，斯塔福德郡 IV 183
Comstock，Nevada	康斯托克煤矿，内华达州 IV 66
Consolidated，Cornwall	矿井联合体，康沃尔 IV 79
Cook's Kitchen，Cornwall	库克基钦矿井，康沃尔 IV 78
Cornwall，England	康沃尔煤矿，英格兰 V 127，129
Dolcoath，Cornwall	多尔科斯矿山，康沃尔 IV 190，图版 6B
Ferndale colliery，Rhondda Valley	弗恩代尔煤矿，朗达山谷 IV 91
Fowey Consols，Cornwall	福伊·康索尔斯矿，康沃尔 IV 194
Griff colliery，near Coventry	格里夫煤矿，考文垂附近 IV 176
Hebburn colliery，Durham	赫伯恩煤矿，达勒姆 IV 93，97
Killingworth colliery，Gateshead	基林沃斯煤矿，盖茨黑德 IV 189
Long Benton，Northumberland	朗本顿煤矿，诺森伯兰 IV 179 – 180
Murray，Sudbury，Cananda	默里矿，萨德伯里，加拿大 V 87
Parys mountain，Anglesea	帕里斯矿山，安格尔西 IV 64
Peacock，Hyde，Cheshire	孔雀矿，海德，柴郡 IV 84
Rio Tinto，Spain	力拓矿区，西班牙 V 77
Risca，Newport	纽波特的里斯卡矿 IV 91
Walker colliery，Newcastle-upon-Tyne	沃克煤矿，泰恩河畔纽卡斯尔 IV 178
Wallsend colliery	沃尔森德煤矿 IV 图版 6A

Mining	采矿	I 558 –571；II 1 – 40；IV 64 – 98；参见 Coal, Metal-mining
coal	煤炭	III 72 – 88
chronology of techniques（chart）	技术年表	I 574
flint	燧石	I 514 – 515, 558 – 563
German pre-eminence	德国优势（16 世纪）	III 678
Greek	希腊的	II 1 – 6
legal aspects	法律方面	II 53, 66；III 30
medieval	中世纪的	II 10 – 24
metals	金属	VI 410 – 426
pumping devices	泵装置	II 7 – 8, 16 – 22, 654 – 655
regulations, miners	关于矿工的法规	III 30
Renaissance writers	文艺复兴作家	III 27 – 28
Roman	罗马的	II 6 – 10, 41
salt	盐	I 566 – 567
shafts	轴	III 30
tools	工具	II 3, 5, 8 – 10, 12, 14 – 19, 24, 110
ventilation	通风	II 19 – 20, 23
Minium（red lead）	铅丹（红铅）	II 361
Minoan civilization	米诺斯文化；参见 Crete	
Mints	铸币厂；参见 Coins, Medallions, Presses	
Cassel, Sweden	卡塞尔, 瑞典	III 343
England	英格兰	III 46；IV 143, 270；V 269
France	法国	III 47, 60, 384；IV 405, 436
Rome	罗马	III 341
Scotland	苏格兰	III 341
Mirrors	镜子	IV 362 – 364
arsenicum metallicum	砷金属	III 29
bronze	青铜	II 449, 460, 463
Celtic	凯尔特人的	II 460, 463
glass materials	玻璃材料	III 228

M

Greek and Roman   希腊的和罗马的 Ⅱ 449

light velocity test   光速测试 Ⅳ 409

mercurial process   汞的加工 Ⅳ 362 – 363

optic curvatures   镜片曲率 Ⅲ 232, 237; Ⅳ 361

plate-glass   平板玻璃 Ⅲ 238; Ⅳ 362 – 363, 图版 21A

reflective properties   反射特性 (1269 年) Ⅲ 230

silver salt process   银盐加工法 Ⅳ 363

solar furnaces   日光炉 Ⅲ 55

speculum metal   镜用合金 Ⅲ 38, 40 – 41, 237

surveying   测量 Ⅲ 537, 555

telescopes   望远镜 Ⅲ 237; Ⅳ 398, 400

Mispickel (arsenical pyrites)   毒砂 (砷黄铁矿) Ⅳ 121

Missile-engines   投掷机械 Ⅱ 698 – 701, 707 – 714

Mittelalterliche Hausbuch, Das   瓦尔德堡的《中世纪的家庭读物》 (约 1480 年) Ⅱ 66 – 68; Ⅳ 425

Mixers, gold-amalgamation   汞合金搅拌机 Ⅲ 327

Moabite Stone   摩押石碑 Ⅰ 764 – 765

Mockadoes (goat-hair fabric)   山羊毛织物 Ⅲ 179

Mohole Project   莫霍计划 Ⅶ 1456 – 1457

Mohs's scale   莫氏硬度 Ⅳ 339, 346

Molecules, Dalton's discovery   分子, 道尔顿的发现 Ⅳ 224 – 226

Molybdenum   钼 Ⅳ 119; Ⅵ 448

Money   钱币 Ⅱ 773 注释; Ⅲ 379 – 380; 参见 Coins, Economics

Mongol Empire   蒙古帝国

    European travel   欧洲人的旅行 Ⅲ 523

    printing   印刷 Ⅲ 378, 380

Monodermon   单张皮 Ⅱ 167

Moon   月亮

    Babylonian astronomy   巴比伦的天文学 Ⅰ 798 – 799

    calendars   历法 Ⅰ 119 – 120, 293 – 296, 797; Ⅲ 558 – 575, 577 – 581

geology, comparisons	地质比较 Ⅶ 1449
Lunar Society	月光社 Ⅳ 673
moon-count notion	月亮计数概念 Ⅰ 117－118
navigation tables	航海表 Ⅲ 552－553
primitive time-reckoning	原始的时间计算 Ⅰ 112－113，115，117－120
space technology	航空技术 Ⅵ 26，118，132；Ⅶ 857－859，866－869
tidal power	潮汐能 Ⅵ 216－218
tide-tables	潮汐表 Ⅲ 553
Mordants	媒染剂 Ⅱ 350，359，364，366－369；Ⅳ 230－231，233－234，244，249－251
Moringa oleifera	辣木 Ⅰ 288
Mortar	灰泥；参见 Cement
Mortising	榫接 Ⅳ 462－468，437，图版 26A
Morus alba	桑树 Ⅱ 197
Mosaic decoration	镶嵌装饰 Ⅰ 462，464－465
mosaic 'standard', Ur	"典范"瓷砖，乌尔 Ⅰ 705，718
'town mosaic', Knossos	"马赛克城"，克诺索斯 Ⅰ 485
Moseley Education Commission, U.S.A.	莫斯利教育委员会（1903 年），美国 Ⅵ 140，148
Mossynoeci（people）	莫叙诺依科伊人 Ⅱ 54
Mother-of-pearl	贝壳 Ⅰ 465，665，670
Motion	运动；参见 Mechanics, Rotary motio
Motor cars（road-vehicles）	汽车 Ⅴ 414－437；Ⅶ 711－735；参见 Bicycles, Goods vehicles, Motorcycles
Benz	奔驰 Ⅴ 167－168，170，427－428，图版 16B，17A
Cannstatt-Daimler（Mercédès）	坎施塔特－戴姆勒（梅赛德斯）Ⅴ 428，图版 17B
Daimler	戴姆勒 Ⅴ 428
de Dion-Bouton	德迪翁－布顿 Ⅴ 169－170，434

design   设计 Ⅵ 172 – 175；Ⅶ 711 – 722

electric   电动汽车 Ⅴ 419 – 420；Ⅶ 731 – 733

engineering   工程 Ⅵ 429 – 438

engines   发动机 Ⅴ 164 – 176

Ford Models   福特车型 Ⅴ 433；Ⅵ 4；Ⅶ 714, 716,
                                      718

gear boxes   齿轮箱 Ⅴ 640 – 641；Ⅵ 431 – 432

Isotta-Fraschini Tipo 8   伊索塔 – 弗拉希尼 8 型 Ⅶ 716

Lancia Lambda   蓝旗亚伦巴达 Ⅶ 716 – 717

Lanchester   兰彻斯特 Ⅴ 430 – 432, 图版 19A

Mercédès   梅赛德斯；参见 Canstatt-Daimler

Oldsmobile Curved Dash Runabout   奥兹莫比尔弯挡板小型汽车 Ⅶ 713

petroleum motor-carriages   汽油机驱动车辆 Ⅴ 426 – 434

Peugeot   标致车 Ⅴ 171 – 172, 429

production   生产 Ⅶ 704 – 706, 709 – 710, 714 – 715,
                                      726

radiators   散热器 Ⅵ 429 – 430

Renault   雷诺 Ⅴ 433 – 434

road carriages   道路车辆 Ⅴ 418 – 433

road surfaces requirement   路面 Ⅳ 536 – 537

Rolls-Royce Silver Ghost   劳斯莱斯银魅 Ⅶ 716

Rolls-Royce Silver Shadow   劳斯莱斯银影 Ⅶ 718

shows   展览 Ⅶ 872

Siegfried-Markus   西格弗里德 – 马库斯 Ⅴ 425 – 426, 图版
                                      18A

steam   蒸汽 Ⅴ 420 – 426；Ⅶ 720 – 722

transmission   传动 Ⅵ 431 – 432, 437 – 438；Ⅶ 715,
                                      719 – 720

tyres   轮胎 Ⅵ 339, 563

Motor-launches   摩托艇 Ⅴ 165

Motor-tricycles   机动三轮车 Ⅴ 169, 424, 429, 434

Motorcycles   摩托车 Ⅴ 434 – 436；Ⅶ 733 – 735

Motorways   高速公路 Ⅶ 875 – 876

Moulds and processes   模具和工艺

  assaying   试金 Ⅲ 60 – 61

  casting metal   铸造金属 Ⅲ 39, 43 – 45, 47, 53; 参见
                                Metals

  paper-making   造纸 Ⅲ 412 – 413, 415

  glass bottle-making   玻璃瓶制造 Ⅴ 674 – 677; Ⅵ 580 – 585

  glass television-tubes   电视显像管用玻璃 Ⅵ 588

  injection-moulding, plastics   注塑, 塑料 Ⅵ 552

  plastics, thermosetting   塑料的热固 Ⅵ 555

  printing   印刷 Ⅲ 385, 387, 391 – 393, 402

  rubber extrusion   橡胶挤压 Ⅴ 764 – 765, 772

Mousterian culture   莫斯特文化; 参见 Cultures

Movement   运动; 参见 Rotary motion

Mummification   木乃伊化 Ⅰ 260, 266 – 270, 277, 756

Munich Academy of Sciences   慕尼黑科学院 Ⅳ 654

Muntz-metal   芒茨铜锌合金 Ⅳ 130, 133; Ⅴ 607 – 608

Murex purple   骨螺紫 Ⅰ 247 – 248

Museums   博物馆

  Athens, National Museum   雅典, 国家博物馆 Ⅲ 618

  Blaise Castle House, Folk   布莱斯城堡, 民间博物馆, 布里斯托尔
    Museum, Bristol   Ⅳ 209 – 210

  Bristol City   布里斯托城 Ⅴ 423

  Chadwick Museum, Bolton   查德威克博物馆, 博尔顿 Ⅳ 279

  Conservatoire des arts et métiers,   艺术学院, 巴黎 Ⅴ 742
    Paris

  Curtis Museum, Alton, Hampshire 柯蒂斯博物馆, 奥尔顿, 汉普夏 Ⅲ 116

  Danish Technical Museum   丹麦技术博物馆 Ⅴ 429

  Greenwich National Maritime   格林尼治国家海事博物馆 Ⅲ 497
    Museum

  Hôtel des Monnaies, Paris   巴黎造币厂博物馆 Ⅲ 340

Leiden Museum for the
History of Science   莱顿科学史博物馆 Ⅲ 663

Modern Art, New York   现代艺术博物馆, 纽约 Ⅶ 953

Munich National Museum   慕尼黑国家博物馆 Ⅲ 598

Oceanographical, Monaco   海洋学博物馆, 摩纳哥 Ⅶ 1447

Plantin-Moretus, Antwerp   普朗坦 – 莫雷图斯博物馆 Ⅲ 401 注释

Museum of English Rural
Life, Reading   英国乡村生活博物馆, 雷丁 Ⅲ 149 注释

Science Museum, London   科学博物馆, 伦敦 Ⅳ 318, 423, 456,
639, 652; Ⅴ 139 注释 1, 143, 181,
432, 742; Ⅶ 1069, 1174 – 1176

Sheffield Art Gallery and Museum   设尔菲德艺术画廊和博物馆 Ⅴ 281

Smithsonian, Washington   史密森学会, 华盛顿 Ⅶ 862

Stockholm City Museum   斯德哥尔摩市立博物馆 Ⅲ 224

Swedish Commission on Mines   瑞典矿业委员会 Ⅲ 342

Technical, Vienna   技术博物馆, 维也纳 Ⅴ 426

Teylers Museum, Haarlem   泰勒斯博物馆, 哈勒姆 Ⅳ 408

Victoria and Albert Museum,
London   维多利亚和阿尔伯特博物馆, 伦敦
Ⅲ 186

Wolseley Company's private
museum   沃尔斯利公司私人博物馆 Ⅴ 433

Music   音乐

instruments   乐器 Ⅱ 149, 180, 182, 256, 614, 634

origin claim   起源说 Ⅲ 58 注释 1

printing   印刷 Ⅲ 405 – 410

wire instruments   管弦乐器 Ⅴ 623

Muslim people   穆斯林人

ceramics   陶器 Ⅳ 334

dials   日晷 Ⅲ 596, 600

globes   地球仪 Ⅲ 612 – 613

N

Nagas, pottery 纳加人，陶器 Ⅰ 406 – 407

Nails 钉子

  brass 黄铜 Ⅱ 255 – 256

  building construction 建筑构造 Ⅱ 403，443

  cranes, avoidance 起重机，避免 Ⅱ 661

  furniture, Roman periods 家具，罗马时代 Ⅰ 234，242 及注释，
    255

  -making 钉子制作 Ⅱ 76；Ⅲ 119，343；Ⅴ 623

  Middle Ages 中世纪 Ⅱ 76，394，图版 30A

  nail-lifters 起钉器 Ⅱ 231

  wrought iron 熟铁 Ⅱ 443

Naphtha 石脑油 Ⅰ 251；Ⅱ 374 – 376；Ⅴ 105；Ⅵ 467

'Napier's bones' or 'rods' "内皮尔杆"或"内皮尔骨尺" Ⅲ 627，636

National Academy of Sciences, 国家科学院，美国 Ⅵ 271
U. S. A.

National Aeronautics and 美国国家航空航天局 Ⅶ 857 – 858，869
Space Administration

National Association of Master 全国面包师和甜食师协会 Ⅴ 28
Bakers and Confectioners

National Bureau of Standards 美国国家标准局 Ⅵ 231

National Coal Board, U. K. 国家煤炭委员会，英国 Ⅶ 1083

Natron (sodium carbonate) 天然碳酸钠（碳酸钠）Ⅰ 259 – 260，268 –
270；Ⅱ 354 – 355，737

Natural gas 天然气 Ⅳ 258；Ⅵ 376 – 409

  ancient times, importance 古代，重要性 Ⅰ 251

  Baku, Marco Polo's visit 巴库，马可·波罗的访问（1272 年）Ⅴ 102，
104

  consumption 消耗量 Ⅵ 176

  handling 处理 Ⅵ 405 – 408；Ⅶ 1481

supply 供应 VI 191 – 192, 407 – 408

Natural power 自然动力 VI 195 – 222

    dams/reservoirs 大坝/水库 VI 200, 212；VII 1367 – 1370

    geothermal 地热能 VI 219 – 221

    hydro-electric 水力发电的 VI 172, 195 – 197, 200 – 201, 212

    pipelines, valves and turbines 管道、阀门和涡轮机 VI 201 – 208

    solar 太阳能 VI 221 – 222

    tidal 潮汐能 VI 216 – 218

    water 水能 VI 172, 183, 195, 213

    wind 风能 VI 172, 214 – 216

Nautical Almanac, the 《航海历》 IV 597 – 598

Naval Architects, Institution of, Britain 造船学会，英国 V 372 – 373, 386

Navigation and equipment 航海和航海辅助设备 III 501 – 557；V 438 – 465；VII 837 – 856

    air safety 飞行安全 VII 854, 856

    airborne aids 飞行设备 VII 849, 851 – 853

    artificial horizons 人工地平仪 V 457 – 458

    astro-navigation 天文导航 VII 849, 852

    automatic instruments 自动化仪器 VII 841 – 844

    buoys 浮标 V 463

    charts 图 III 510, 517, 526, 536, 544, 548, 550 – 551, 555 – 557

    chronology 年表（20 世纪） VII 855

    chronometers 精密计时器 III 662, 672；V 458

    collision avoidance 避撞 VII 849 – 851

    compasses 罗盘 V 454 – 456, 图版 31C

    direction finding 无线电测向 VII 838 – 841

    electronic 电子的 VII 845 – 848, 850 – 851

    fog-signals 雾中信号 V 464

    gyroscopes 陀螺仪 VII 838, 842 – 843, 853 – 854

inertial navigation	惯性导航	Ⅶ 853
instruments	仪器	Ⅲ 523 – 529，546，549，555 – 557，627；Ⅳ 400；Ⅴ 454 – 464；Ⅶ 841 – 845，849，852 – 853
lead-lines	测深索	Ⅴ 460 – 462
lighthouses	灯塔；参见 Lighthouses	
logs, marine	日志，航海	Ⅲ 549 – 550；Ⅴ 458 – 460
Marteloio, Italian method	马特里奥，意大利方法	Ⅲ 526
methods	方法（1400—1750 年）	Ⅲ 544 – 553
missiles	导弹	Ⅶ 848 – 849
pilots, shipping	领航员，航行	Ⅲ 547 – 549
quadrants	象限仪	Ⅴ 457
radar	雷达	Ⅶ 844，847，850
radio and radio beacons	无线电和无线电信标	Ⅵ 350，838 – 839
sextants	六分仪	Ⅴ 456 – 457；Ⅶ 853
sonar	声呐	Ⅵ 350；Ⅶ 844
sounding machines	测深装置	Ⅴ 460 – 462
station-pointers	三杆分度仪	Ⅴ 462 – 463
tables	表	Ⅲ 526 – 527；Ⅳ 597
Navigations	航海；参见 Canals，Waterways	
Nazarites	拿撒勒人	Ⅰ 285
Needles	针；参见 Compasses，magnetic	
etching	蚀刻	Ⅲ 407
knitting	编织	Ⅲ 183 – 185
magnetic	磁针	Ⅲ 518，540 – 541，548 – 549
manufacture	制造业	Ⅱ 75；Ⅴ 624
sewing-machine	缝纫机	Ⅴ 589；Ⅵ 679 – 682，683
Needle-shuttles	针梭子	Ⅰ 432 – 434
'Neglect of Science Committee'	反对忽视科学委员会（1916 年）	Ⅵ 154，157
Neolithic	新石器时代；参见 Agriculture，Cultures	
Netherlands	荷兰；参见 Holland	
Nets, netting	网，编网	Ⅰ 166 – 167，170，176 – 178；Ⅲ

	181 – 182；Ⅵ 345 – 349
Nettles, fibre use	荨麻，纤维使用 Ⅰ 355 – 356, 449
New Atlantis, Francis Bacon	《新大西岛》（1627 年），弗朗西斯·培根 Ⅲ 718
New Zealand	新西兰
agriculture	农业 Ⅴ 2 – 3, 7, 9；Ⅵ 307, 311 – 312
Cook's chart and voyages	库克的海图和航行 Ⅳ 575, 598, 617
food production	食品生产 Ⅴ 2 – 3, 7, 9
geothermal power	地热能 Ⅵ 220
railway engineering	铁路工程 Ⅴ 347
refrigeration	冷藏 Ⅴ 49
telegraphy	电报 Ⅴ 227
Newcastle upon Tyne Chemical Society, England	泰恩河畔纽卡尤斯尔化学学会，英格兰 Ⅴ 214
Newcomen Society	纽科门学会 Ⅳ 206 – 207
Newspapers	报纸；参见 Books, Paper, Printing
hand-presses	手动印刷机 Ⅴ 693
illustrations	插图 Ⅴ 701 – 706；Ⅶ 1269
Linotype machine	莱诺铸排机 Ⅴ 686 – 688
paper-making machine	造纸机 Ⅵ 615
phototypesetting	照相排版 Ⅵ 29；Ⅶ 1279
rotary-presses	轮转印刷机 Ⅴ 697 – 701；Ⅶ 1278 – 1279
steam-presses	蒸汽印刷机 Ⅴ 696
type-casting machines	铸字印刷机（约 1851 年）Ⅴ 683
typesetting	排字 Ⅶ 1272 – 1275
Nickel	镍 Ⅲ 30
alloys	合金 Ⅳ 146；Ⅴ 608；Ⅵ 430, 443, 630
discovery, Canada	发现，加拿大 Ⅳ 66
extraction	提炼 Ⅳ 119, 145 – 146；Ⅴ 76, 79, 86 – 90, 96 – 97
glass colouring pigment	玻璃染料 Ⅳ 374
mining	采矿 Ⅵ 410

Morfa Works, Swansea	莫法工厂，斯旺西地区 V 86	
nodules, oceanic	海洋结核 Ⅶ 1465	
plating, electrolytic	电镀，电解 Ⅳ 146；V 86	
production of	生产 V 72 – 73	
steel alloys	合金钢 V 64, 66, 88, 608	
Nicobar Islanders	尼科巴群岛的居民 Ⅰ 170	
Nicotiana	烟草 Ⅲ 8 – 9	
Niello	乌银 Ⅰ 623 – 624；Ⅱ 453 – 454, 480 – 481；Ⅲ 48, 406	
Niobium（columbium）	铌 Ⅳ 119	
Nitre（potassium nitrate）	硝酸钾 Ⅰ 261 – 262；参见 Saltpetre	
Nitric acid	硝酸	
aquafortis	硝酸 Ⅱ 695	
aqua regia	王水 Ⅱ 356 – 357；Ⅳ 144	
brass-casting process	黄铜浇造过程 Ⅱ 39	
brass surface effect	黄铜表面效果 Ⅳ 133	
caput mortuum residue	余渣残留 Ⅲ 63 注释	
cochineal dye	胭脂虫红 Ⅱ 366	
early descriptions	早期描述 Ⅱ 356	
explosives	炸药 V 286 – 287, 290；Ⅵ 522, 528, 547	
manufacture	制造 Ⅱ 12；Ⅳ 233, 242；V 255；Ⅵ 522 – 523, 527 – 528	
nitrobenzene synthesis	硝基苯合成 V 270, 274	
'parting' acid, gold	分离酸，黄金 Ⅱ 65；Ⅳ 141 – 143	
Nitro-celluloses	硝化纤维 V 290 – 296, 729；Ⅵ 547 – 548, 552 – 553, 600 – 601	
Nitrogen fixation	固氮 V 255；Ⅵ 501, 504 – 505, 522 – 528；参见 Ammonia, Fertilizers, Nitric acid	
Nobel Prizes	诺贝尔奖 Ⅵ 3, 557, 559；Ⅶ 1340	
Nocturlabes（nocturnals）	夜间定时仪 Ⅲ 546, 614 – 615, 625	
Nogg *or* Moot（tool）	圆木刨 Ⅲ 119	

N

Noose weapon   套索武器 Ⅰ 166

Nootka peoples   努特卡人 Ⅰ 168，176 – 177

Norfolk four-course rotation   诺福克四圃式轮作法；参见 Agriculture

North America   北美洲

    copper production   铜产量 Ⅴ 77，79

    farming and food   耕作和食品 Ⅴ 2 – 3，24，30，51

    oil   石油 Ⅴ 112

    population growth   人口增长 Ⅴ 1

North Atlantic Treaty Organization   北大西洋公约组织（NATO）Ⅵ 24

North of Scotland Hydro-Electric Board   苏格兰北方水电委员会 Ⅶ 1072

Norway   挪威；参见 Europe

    agriculture   农业 Ⅴ 20

    coal imports   煤炭进口 Ⅵ 181

    fish industry   渔业 Ⅳ 48 – 49，54

    hydro-electric power   水电站 Ⅵ 196

    nickel   镍 Ⅳ 145

    nitrogen fixation   固氮 Ⅵ 522 – 523

    ships，ship-building   船，造船 Ⅳ 593；Ⅴ 380 – 381

    surveys   测量 Ⅳ 610

    whaling   捕鲸 Ⅳ 60 – 61；Ⅵ 346 – 347

Nuclear power   核能 Ⅵ 223 – 267；参见 Nuclear weapons，Reactors named

    Argonne   阿贡 Ⅵ 255

    atomic fission   原子裂变 Ⅵ 224 – 225，269 – 270

    atomic structure   原子结构 Ⅵ 223 – 224

    Calder Hall   科尔德霍尔 Ⅵ 66，249，251

    chemical processes   化学工艺 Ⅵ 256 – 267

    costs，development   成本，开发 Ⅵ 66

    Dounreay power-station   敦雷发电站 Ⅵ 248

energy resources	能源资源 Ⅶ 1481 – 1482
Hanford power station, Columbia	汉福德发电站，哥伦比亚 Ⅵ 239 – 240，243，245，252，257 – 258，261 – 262
Harwell	哈韦尔 Ⅵ 67，243 – 246，248 – 250，265，281
Manhattan Project	曼哈顿计划 Ⅵ 132，227，230 – 231，233，238，241，245，252，258，259，271；Ⅶ 857 – 858，1468
moderators	减速剂 Ⅵ 226，238，241，243，268
Oak Ridge power station	橡树岭发电站 Ⅵ 230 – 234，239，252，260 – 261；Ⅶ 1333
plutonium	钚 Ⅵ 227，238，260，271 – 273
power stations, construction	发电站，建设 Ⅵ 248 – 256，265
reactors, construction	反应堆，建设 Ⅵ 236，256
Risley power station	里斯利发电站 Ⅵ 245 – 247，249 – 250，263，265
Springfields power station	斯普林菲尔兹发电站 Ⅵ 257 – 258
uranium	铀 Ⅵ 228 – 236
Windscale power station	温德斯凯尔发电站 Ⅵ 247
Nuclear Research Office, Germany	核研究所，德国 Ⅵ 268
Nuclear weapons	核武器 Ⅵ 268 – 283；参见 Nuclear Power
atomic bombs	原子弹 Ⅵ 23 – 24，226 – 228，260 – 271，279 – 280，548；Ⅶ 816
atmospheric pollution	大气污染 Ⅵ 283
British programme	英国计划 Ⅵ 281 – 283
deuterium research	氘的研究 Ⅵ 278
fallout	放射性产物 Ⅵ 283
gun technique	枪炮技术 Ⅵ 273 – 274，276
implosion technique	爆聚技术 Ⅵ 274 – 276，281
international control	国际控制 Ⅵ 277
nuclear explosions	核爆炸 Ⅵ 276，280 – 281
research before World War II	第二次世界大战前的研究 Ⅵ 268 – 270

Soviet programme	苏联计划 Ⅵ 279 – 280
thermo-nuclear tests	热核试验 Ⅵ 282
U. S. A. programme	美国计划 Ⅵ 277
Numerals, Arabic	阿拉伯数字 Ⅱ 766 – 777，772；Ⅲ 502
Nut-milling machines	螺母铣床 Ⅳ 429
Nuts (metal)	螺母（金属）Ⅲ 339
Nuts and oil-seeds	坚果和油籽；参见 Agriculture，Plants
Nylon	尼龙 Ⅵ 349，501 – 502，560 – 561，646，650 – 651，672

O

Observatories	天文台；参见 Astronomy
clocks	时钟 Ⅲ 665，667，671
Greenwich, England	格林尼治天文台，英格兰 Ⅳ 607；Ⅴ 448，458
instruments	仪器 Ⅲ 584 – 594，625，639，642；Ⅳ 380，398 – 400
Montpellier, France	蒙彼利埃观象台，法国 Ⅴ 398
Paris	巴黎天文台 Ⅳ 394，597，607；Ⅴ 739
Obsolescence	废退（废弃）Ⅵ 74，124
Occam's razor	奥卡姆剃刀 Ⅳ 224
Ocean depths	海洋深度 Ⅶ 1446 – 1466
depth sounding	水深测量 Ⅴ 460 – 463；Ⅶ 1446 – 1448，1452，1455，1458
gravity measurements	重力测量法 Ⅶ 1462 – 1463
heat flow	热流 Ⅶ 1464
magnetic measurements	磁性测量法 Ⅶ 1462
minerals	矿物质 Ⅶ 1464 – 1466
oceanographic surveys	海洋考察 Ⅶ 1447 – 1448
sea-floor exploration	海底探索 Ⅶ 1448 – 1455，1458

sediments	沉积物 Ⅶ 1455 – 1458
seismic research methods	地震研究方法 Ⅶ 1458 – 1462
Oceanographic Institute, Paris	海洋学研究所，巴黎 Ⅶ 1447
Octants	八分仪 Ⅲ 555 – 556，636；Ⅳ 400
Odyssey	《奥德赛》 Ⅰ 444
Oil wells and oilfields, named	油井和油田，名称；参见 Petroleum Oil
Caspian oilfield	里海油田 Ⅵ 408
Drake Well, U. S. A.	德雷克油井，美国 Ⅴ 105 – 106，110；Ⅵ 377
Duck Creek, Ohio, U. S. A.	达克里克，俄亥俄州，美国 Ⅴ 108 – 109
Galicia, Spain	加利西亚，西班牙 Ⅴ 110 – 111
Huntingdon Beach oilfield	亨廷顿比奇油田 Ⅵ 392
Sarata-Monteoru, Rumania	瑟拉塔 – 蒙泰奥鲁，罗马尼亚 Ⅴ 111
Spindletop Well, Texas	斯平德利托普自喷油井，得克萨斯州 Ⅵ 381，397
Summerland oilfield	萨默兰德油田 Ⅵ 386，389
Wietze, Hanover	维策，汉诺威 Ⅴ 110 – 111
Oils	石油；参见 Petroleum oil
'coal-'	"煤油" Ⅴ 104，110
cosmetic	化妆品 Ⅰ 286，287 – 289，290 – 292；Ⅴ 301，316 – 317
diesel	柴油机 Ⅴ 120
-engines	燃油发动机 Ⅴ 160 – 163
essential oils	香精油 Ⅲ 12；Ⅴ 301，316 – 317
explosives	炸药 Ⅴ 294 注释 1
fat, conversion	脂肪，转化 Ⅳ 61
inks, oil-varnish	油墨，清油漆 Ⅲ 405，408
lamp-	灯油；参见 Lighting,
linseed-	亚麻籽油 Ⅲ 381，697；参见 Flax
lubricating	润滑油；参见 Lubricants
mineral-	矿物油 Ⅴ 102 – 106，111 – 112；Ⅵ 185 – 191

'Oil of Petre' ('British Oil')   页岩油（"英国油"）Ⅲ 687 – 688

olive-   橄榄油；参见 Olives

ore flotation process   浮选法 Ⅴ 74 – 75

-painting   油画 Ⅲ 242

paraffin-(kerosene)   石蜡油（煤油）Ⅴ 104 – 105, 116, 160

soap manufacture   肥皂制造 Ⅱ 356 及注释；Ⅲ 703 – 705

vegetable-   植物油 Ⅰ 354, 360；Ⅲ 5；Ⅴ 20, 23 – 24

whale-   鲸油 Ⅳ 55 – 58, 61 – 62, 264, 272, 图版 4

Olea europaea   油橄榄 Ⅰ 288, 359

Olives   橄榄

    consumption, medieval   食用，中世纪 Ⅱ 127

    cultivation   栽培 Ⅰ 359 – 360；Ⅱ 121

    oil-mills   榨油机 Ⅱ 112

    oil-presses   压力机 Ⅱ 112 – 118

    oil production   油的生产 Ⅱ 106, 121 – 123

    soap manufacture   肥皂制造 Ⅱ 356

Olympiads   奥林匹克 Ⅲ 570, 572, 578

Olympic games   奥林匹克竞技会 Ⅲ 569, 572

Onagers (ancient catapults)   弩炮（古代石弩）Ⅱ 713 – 714, 723 – 724

Opium poppy   罂粟 Ⅰ 358 – 359

Optical instruments   光学仪器；参见 Lenses

'Optics', of Alhazen and Ptolemy   海赛木和托勒密的《光学》Ⅲ 230

Opuntia coccinellifera   胭脂仙人掌 Ⅰ 245；Ⅱ 366

Ordnance, Board of, England   军械部，英国 Ⅳ 604, 618

Ordnance Survey (Great Britain)   英国地形测量局 Ⅳ 601 – 602, 607 – 608, 622, 626；Ⅴ 439, 444, 452

Ores, assaying   矿石，检验 Ⅲ 62 – 64；参见 Mining

Organization for Economic Co-operation and Development   经济合作与发展组织（OECD）Ⅵ 49, 114

Organs   风琴；参见 Music, instruments

'Orlon' (acrylic fibre)   奥纶（丙烯腈系纤维）Ⅵ 651

Ornamental turning 装饰性车削加工 Ⅳ 419 – 420，425；参见 Machine-tools

Orphreys 精致刺绣 Ⅲ 196，200，图版 12C

Orpiment（arsenic mineral） 雌黄（砷矿物）Ⅱ 362，737，747；Ⅲ 29；Ⅳ 122；参见 Arsenic

Orreries（planetaria） 太阳系仪（天象仪）Ⅲ 616，618，638，图版 27B

Osmium 锇 Ⅳ 119，144

Osmund（Swedish iron） 奥斯蒙（瑞典铁）Ⅱ 70 及注释 76

Otto engines 奥托发动机；参见 Internal combustion engines

Ovens 炉灶（烤炉）Ⅰ 272 – 273，321；Ⅱ 118 – 119，127；Ⅶ 1136 – 1139

Oxalic acid, synthesis 草酸，化合物 Ⅴ 311

Oxen 公牛 Ⅲ 148；参见 Livestock

Oxides, metal 氧化物，金属 Ⅲ 29，218 – 219，234，237，241

Oxygen, Lavoisier's discovery 氧气，拉瓦锡的发现 Ⅳ 220

P

Pack-horses 驮马 Ⅲ 139，141 – 142，417，438

Packaging industry 包装工业 Ⅵ 502

Painting, paints 喷漆，油漆 Ⅵ 590 – 606；参见 Art，Chemical industries，Colours

air-drying 风干 Ⅵ 594 – 598

application methods 使用方法 Ⅵ 604 – 606

Cennino's handbook 琴尼尼的工作手册（约 1370—约 1440 年）Ⅱ 352 – 353

classification 分类（20 世纪）Ⅵ 595 – 604

decorative 用来装饰的 Ⅵ 594

distemper 水浆涂料 Ⅵ 602

early man	早期人 Ⅰ 33 – 34，146 – 149，235，451，744 – 745，图版 2
eye/face paints, ancient	眼部/脸部化妆品，古代 Ⅰ 292 – 294
emulsion	乳状液 Ⅵ 602
enamels	珐琅 Ⅱ 462；参见 Enamels
finishes	漆 Ⅵ 594，599 – 600，603
fossil resins/lacquers	化石树脂/清漆 Ⅵ 600 – 601
frescoes	壁画 Ⅰ 462 – 463，470 – 471，486
gesso	石膏粉 Ⅱ 249，363
glass	玻璃 Ⅱ 323，327 – 328，341 – 342，444
grounds	底子 Ⅰ 240 – 243；Ⅱ 359 – 364
gums and resins	树胶和树脂 Ⅰ 244 – 245；Ⅵ 595 – 600，603
inks	墨水 Ⅰ 245，247
lacquers	清漆 Ⅵ 100 – 101；参见 Lacquers
layering of paints	画的加层 Ⅱ 362
lustre-painting	虹彩绘 Ⅱ 303 – 304，342
manufacture	制造 Ⅳ 256；Ⅵ 590 – 594
media	媒质 Ⅰ 243 – 244
minai technique	米纳衣技术 Ⅱ 306 – 307
mural-	壁画 Ⅰ 241 – 243；Ⅱ 363；Ⅳ 447
pigments	颜料 Ⅰ 238 – 240，244，502，514；Ⅱ 359 – 364；Ⅵ 591 – 594
pottery	陶器 Ⅰ 241，383 – 384，408；Ⅱ 264 – 265，268，301 – 304
reproductions	复制品 Ⅲ 408
resins	树脂 Ⅵ 595 – 600，603；参见 gums
stained-glass	彩色玻璃 Ⅲ 241 – 242
tempera	蛋彩画 Ⅰ 243；Ⅱ 363 – 364
varnishes	清漆 Ⅰ 243 – 245；Ⅱ 359 – 364；Ⅲ 381，405，687，695 – 696
water-borne	含水 Ⅵ 594，601 – 602

wood	木	Ⅱ 242，247 – 249，363，443
Paiute Indians	派尤特印第安人	Ⅰ 172 – 273，183 – 184，300
Palace of Minos，Knosses	米诺斯宫殿，克诺索斯	Ⅰ 486 – 487，672，714 – 715
Palanquins	轿子	Ⅰ 705
Palestine	巴勒斯坦	Ⅰ 表 F；参见 Bible references，Jews
agriculture，primitive	农业，原始	Ⅰ 520
alum	明矾	Ⅰ 263
basketry and matting	编篮和编席	Ⅰ 419 – 420
beer trade	啤酒贸易	Ⅱ 140
ceramics	陶器	Ⅰ 200 – 202，204，387，390
copper production	铜的生产	Ⅰ 564
cosmetic arts	化妆技术	Ⅰ 289，292
culinary arts	烹饪技术	Ⅰ 271 – 272，274，277，281 – 282，285
dyeing	染色	Ⅰ 250
food preservation	食物的保存	Ⅰ 265
fuller's soap	漂白肥皂	Ⅰ 261
glass-ware	玻璃制品	Ⅱ 319
iron production	铁的生产	Ⅰ 597
ivory-work	象牙制品	Ⅰ 672，675
lamps，earthenware	灯，陶土	Ⅰ 236 – 237
metal-work	金属加工	Ⅰ 633 – 634
Natufian	纳吐夫文化；参见 Cultures	
Phoenician alphabet	腓尼基字母	Ⅰ 764 – 766
Phoenicians	腓尼基文化；参见 Cultures	
potter's wheel	陶轮	Ⅰ 200 – 202，204
salt production	盐的生产	Ⅰ 258 – 259
textiles	织物	Ⅰ 432，434
threshing methods	脱粒方法	Ⅱ 106

P

water conservation	水的保存 I 530 – 531
Palladium	钯 IV 119，144
Palm-oil	棕榈油 V 23
Paludina（fresh-water snail）	田螺（淡水蜗牛）II 36
Panicum（millet）	稷属（谷物）I 369 – 370
Papaver somniferum（poppy）	罂粟（罂粟属植物）I 358
Paper	纸 VI 607 – 621；参见 Parchment，Printing
chlorine bleaching process	氯气漂白技术 IV 255
'deckle'	定纸框 III 413，415
esparto-grass	细颈针草（茅草）I 450；V 713
European introduction	传到欧洲 III 378
Foudrinier machine	长网造纸机 III 411，416
'Hollander'	"荷兰式打浆机" III 412，415
invention，China	发明，中国 II 771
machines，paper-making	机械，造纸 III 382；VI 614 – 620
manufacturing	制造 III 411 – 416；IV 255；VI 610 – 612
manuscript printing	稿纸印刷 III 383
money	纸币 III 379 – 380
paper-mills	造纸厂 II 608，611，643
papyrus	纸莎草；参见 Papyrus – reed
pulps	纸浆 III 411，415；V 713；VI 612 – 613
raw materials	原料 III 412；V 712 – 713；VI 607 – 614
sizing	上浆 III 415
stamping-mill	捣碎机 III 412 – 413，415
wallpaper	墙纸 III 415
watermarks	水印 III 413 – 414
Papyrus Carlsberg 9 calendar	卡尔斯堡纸莎草书第 9 号（约公元 114 年）III 563
Papyrus-reed	纸莎草 I 756 – 757；II 188，197
Para rubber	帕拉橡胶；参见 Rubber
Parachutes	降落伞 V 398 – 389

Paraffin 石蜡；参见 Petroleum oil, kerosene

Parchment 羊皮纸；参见 Paper

 bookbinding 装订 Ⅱ 180

 Egypt 埃及 Ⅰ 757；Ⅱ 164，图版 5C

 manufacture 制造 Ⅱ 187 – 190

 rolls and codices 卷轴和抄本 Ⅱ 188 – 190

Paris Convention 《巴黎公约》(1919 年) Ⅶ 699

Parliament 议会

 Acts 《议会法》；参见 Acts of Parliament

 Commission on Secondary Education 中等教育委员会 (1899 年) Ⅵ 144

Parsons and Marine Engineering Turbine Research and Development Association 帕森斯和海洋工程涡轮机研究开发协会 Ⅶ 747

Parthians 帕提亚人 Ⅱ 706

Pasteurization, milk 巴氏灭菌法，牛奶 Ⅶ 1417, 1421 – 1422

Paston letters and ships 帕斯顿信函和船 Ⅲ 477

Patagonian Indians 巴塔哥尼亚的印第安人 Ⅰ 175

Patents 专利 Ⅳ 149 – 150；Ⅵ 44 – 45, 72, 115；参见 Innovation, Inventions

 alkalis 碱 Ⅳ 237 – 239

 bleaching 漂白工艺 Ⅳ 247 – 248

 building construction 建筑建造 Ⅳ 448, 457, 459, 461

 canals 运河 Ⅳ 570

 ceramics 陶瓷 Ⅳ 340 – 342, 347, 352, 356

 dredging 排水 Ⅳ 630, 635 – 636, 640 – 642

 engines 发动机 Ⅳ 171 – 172, 174 – 175, 177 – 178, 183, 185 – 186, 188, 191, 193, 499

 gas industry 煤气工业 Ⅳ 261, 271

 glass-making 玻璃制造 Ⅳ 358, 360, 362, 368, 375

 locks 锁 Ⅳ 423

 machine tools 机床 Ⅳ 426, 432, 434, 437

paper-making 造纸 Ⅳ 255

road-making 筑路 Ⅳ 538

sulphuric acid 硫酸 Ⅳ 244

superphosphates 过磷酸盐 Ⅳ 254

tar 焦油 Ⅳ 252

textile-machinery 纺纱机 Ⅳ 278, 280, 286, 288, 290,

water-works 供水系统 Ⅳ 499, 501, 503

Patterns 图案 Ⅲ 182, 186 – 187；参见 Fabrics,
Textiles

Pavements, paving 石板路，铺设 Ⅱ 28, 528 – 530, 531 – 533；
Ⅳ 505 – 506；参见 Roads

Paviotso seed-gatherers 北派尤特人的种子采集篮 Ⅰ 154 – 155

Paviours 铺路工 Ⅱ 525 – 526, 532 – 533

Peat, salt resource 泥炭，盐资源 Ⅱ 683

Pekin man 北京人；参见 Man

Pendulums 钟摆 Ⅲ 267, 344 – 345, 553；Ⅳ 395, 408 –
409, 411；参见 Clocks

Pennisetum (pearl millet) 狼尾草（珍珠粟）Ⅰ 369

Peperino stone 白榴凝灰岩 Ⅱ 406, 410, 529

Perfumes 香料 Ⅰ 289 – 291；Ⅴ 300, 317

Persea 鳄梨属 Ⅰ 542

Persia 波斯 Ⅰ

architecture 建筑 Ⅲ 245

brass production 黄铜制造业 Ⅱ 54

ceramics 陶器 Ⅱ 285 – 286, 302, 306 – 307

figured-silk weaving 提花丝织 Ⅲ 193, 195

furniture 家具 Ⅱ 224

measurement 测量 Ⅰ 779, 782 – 783

metal-work 金属加工 Ⅰ 660 – 661；Ⅱ 174, 453, 472,
481 – 482

potter's wheel 陶轮 Ⅰ 203

roads 道路 Ⅰ 713；Ⅱ 495 – 497

spinning and weaving	纺纱和织布 Ⅱ 191	
steel production	钢铁生产 Ⅱ 57	
syllabary	音节表（公元 5 世纪） Ⅰ 752	
trade routes	商道 Ⅲ 380	
water-wheels	水轮 Ⅱ 676	
weaving	编织 Ⅲ 191，193，195	
wheeled vehicles	有轮车辆 Ⅰ 204 – 209	
windmills	风车 Ⅱ 615 – 617	
Peru	秘鲁	
basketry	编篮 Ⅰ 414 – 415，421 – 422	
early cultures	早期文明 Ⅰ 82 – 84	
reed rafts	芦苇筏 Ⅰ 731 – 732	
textiles	织物 Ⅰ 424，436，445，449	
Pestles and mortars	杵和臼 Ⅰ 273，502，514；Ⅱ 106 – 107，380，382，747，749	
Pests and pesticides	害虫和杀虫剂 Ⅵ 315 – 316，322 – 325，333 – 334，674	
Petroleum oil	石油 Ⅴ 102 – 123；Ⅵ 376 – 409；参见 Asphalt，Bitumens，Natural gas	
atomizing processes	雾化法 Ⅴ 117	
books	精炼技术手册 Ⅴ 115	
chemical investigations	化学调查报告 Ⅴ 106，109 – 111，115	
consumption and demand	消费与需求 Ⅵ 172 – 177，759	
cracking processes	裂化法 Ⅴ 112，120 – 121；Ⅵ 29，55 – 57	
drilling	钻探 Ⅴ 106 – 112；Ⅵ 376 – 394；Ⅶ 1481	
gasoline	汽油；参见 petrol	
geology, applications	地质学，应用 Ⅴ 111 – 112	
handling	处理 Ⅵ 405 – 408；Ⅶ 1481	
internal combustion engines	内燃机 Ⅴ 160 – 175，426 – 436；Ⅶ 997 – 1034	
kerosene（paraffin）	煤油（石蜡） Ⅴ 104 – 106，110，116 – 117，120，160；Ⅵ 187	

marine and off-shore 海岸和近海 Ⅵ 386 – 390；Ⅶ 1464 – 1465

marketing 销售 Ⅵ 408

oil-fields 油田 Ⅴ 102，110 – 112；Ⅵ 390 – 392，402 – 405；参见 Oil wells

petrol 汽油 Ⅵ 533 – 535；Ⅶ 1002，1014

petrol, first use of term 汽油，作为术语的首次使用 Ⅴ 429

products 产品 Ⅰ 250 – 256；Ⅱ 374 – 376

refining 精炼 Ⅴ 112 – 116；Ⅵ 408，543 – 547

storage 贮存 Ⅴ 122；Ⅵ 406 – 407

transport 运输 Ⅴ 103，121 – 122；Ⅵ 408

uses 使用 Ⅴ 102 – 103，116 – 121

water removal 脱水 Ⅵ 407

Pewter 白镴；参见 Type-metal

antimony ingredient 锑元素 Ⅲ 29，42 – 43

assay methods 试金法 Ⅲ 43，68

casting 铸造 Ⅲ 386，393

cochineal scarlet process 胭脂红法 Ⅲ 695

composition 合金成分 Ⅱ 47；Ⅲ 42 – 43

engraved plates, printing 雕板印版，印刷 Ⅲ 408 – 410

table-ware 餐具（17 世纪）Ⅲ 20

zinc 锌（17 世纪的名称）Ⅲ 30，690 – 691

Phaistos disk 费斯托斯盘 Ⅰ 759

Pharmaceuticals 药物 Ⅰ 258，260，287；Ⅴ 317 – 318；Ⅶ 1326 – 1327

Phaseolus（grams） 菜豆属（绿豆）Ⅰ 361

Philosopher's stone 哲人石 Ⅱ 732

Phlogiston theory 燃素说 Ⅲ 57，720；Ⅳ 218，220

Phoenicians 腓尼基人

alphabetic script 字母表 Ⅰ 104，763 – 768

dyeing 染色 Ⅰ 247

glass-making 玻璃制造 Ⅱ 321

harbour-works	港口工程 II 516 – 517
irrigation	灌溉 I 531
ivory work	象牙制品 I 672, 674 – 676, 678 – 681
measurement	测量 I 782
shipbuilding	造船 II 568
traders	贸易商 I 56, 664; II 568
weapons	武器 I 512
Phoenix dactylifera (date-palm)	枣椰树 I 371, 450
Phosphates	磷酸盐 IV 246, 253 – 254; 参见 Fertilizers
Phosphorus	磷 V 54, 60, 253 – 255
Photography	摄影术 V 716 – 733; VII 1281 – 1301; 参见 Cinematography
ambrotype	玻璃干版照相法 V 725, 图版 42B
apparatus	设备 VII 1287 – 1288
Plinth instrument, observatory	柱基仪器, 观察 III 587 – 588, 599
Ploughs, ploughing	犁, 耕作 II 81 – 94; III 134 – 135, 148; IV 2 – 4, 21
ancient Egypt	古埃及 I 539 – 540
Babylonian	巴比伦的 (约公元前 2000 年) I 550
Chinese	中国的 (约公元前 85 年) II 770
contour-ploughing	等高耕作法 VI 319, 322
drainage	排水 III 135 – 136
evolution	进化 I 73 – 74, 504
France	法国人 (1755 年) IV 30
mechanization (tractors)	机械化 (拖拉机) VI 334, 336 – 337
North America	北美 (约 1880 年) V 6
steam-ploughing	蒸汽犁 IV 24 – 25; V 11 – 12
Plumb-lines	铅垂线
astronomy, instruments	天文, 仪器 I 122 – 123; III 582 – 583, 587 – 590, 593 – 594, 608
carpenter's tool	木匠工具 II 252, 386
gradient level, aqueducts	梯度水平, 渡槽 II 672

mathematical instruments	数学仪器 Ⅲ 512, 614 – 615
medieval	中世纪 Ⅱ 386
navigation instruments	导航仪器 Ⅲ 526; Ⅴ 452, 460 – 461
plinth (observatory) instrument	柱基（观察）仪器 Ⅲ 587 – 589
sun-dials	日晷 Ⅲ 598 – 599
survey equipment	测量仪器 Ⅲ 512, 538, 541, 611
timing device	计时装置（约公元前 525 年）Ⅰ 122 – 123
tradesman's tool	工匠的工具（约 1500—1850 年）Ⅲ 110
Plumbago (graphite)	石墨 Ⅳ 133
Plutonium	钚 Ⅵ 227, 238, 260, 271 – 273
Pneumatic apparatus	风动工具；参见 'Gasometers', Pumps
'Pneumatics', Hero's	希罗的"气体动力学"Ⅳ 672
Pneumoconiosis	矽肺病 Ⅱ 24 注释
Poison used in hunting	狩猎中使用毒药 Ⅰ 158, 163, 166, 169, 172 – 173
Poland	波兰
coal	煤炭 Ⅵ 180
oil	石油 Ⅴ 103, 110 – 111, 113 – 116
shipping	航运 Ⅳ 558
textile-machinery	纺织机 Ⅳ 292
Polarimeters	偏振计 Ⅳ 403
Polders	围圩；参见 Dikes and polders, Drainage
Police, R. Thames	泰晤士警卫队（1798 年）Ⅳ 467
Polimetrum, surveying instrument	多测计，测量仪器 Ⅲ 538, 541
Polishes, polishing	抛光剂，抛光
engraving plates	雕刻板 Ⅲ 408
furniture, Roman period	家具，罗马时期 Ⅱ 234
lenses	透镜 Ⅲ 233 – 237
metal	金属 Ⅱ 449, 459; Ⅲ 343, 350
speculum-metal	镜用合金 Ⅲ 40 – 41, 237
Pollution	污染

air-　　　　　　　　　　　　　　空气污染 IV 241；V 78, 236；VI 133；
　　　　　　　　　　　　　　　　VII 821

coal-gas impurities　　　　　　　煤气杂质 IV 270 – 273
control legislation　　　　　　　控制立法 VI 133 – 134
house-drainage　　　　　　　　住宅排水 IV 507 – 510
nuclear weapons tests　　　　　　核武器试验 VI 283
pesticides　　　　　　　　　　杀虫剂 VI 133, 322, 324 – 325, 327
sewage disposal　　　　　　　　污水处理 IV 518；V 552；VII 1395 – 1397
smoke, London　　　　　　　　伦敦烟雾（17 世纪）III 77
street refuse　　　　　　　　　街道垃圾 II 532 – 533；IV 504 – 506
water　　　　　　　　　　　　水污染 IV 492 – 493, 495, 501 – 503,
　　　　　　　　　　　　　　　　509 – 510, 518；V 552, 561 – 562,
　　　　　　　　　　　　　　　　566 – 567

Polverine (fused wood-ash)　　　融化的木灰 II 354, 356, 358
Polyester fibres　　　　　　　　聚酯纤维 VI 501, 646, 650 – 651
Polygonum lapathifolium　　　酸模叶蓼 I 370
Polymers　　　　　　　　　　聚合物 VI 501 – 502, 506, 551 – 563, 602,
　　　　　　　　　　　　　　　　643, 645 – 646

Polystyrene　　　　　　　　　聚苯乙烯 VI 501 – 502, 555 – 556
Polytechnic Institute, Milan　　　工学院，米兰 VI 560
Polyvinylchloride (PVC)　　　　聚氯乙烯 VI 556
Pontil (punty), glass-making　　　铁杆，玻璃制作 II 331 – 332
Ponts et Chaussées, Corps des　桥梁公路，工程局 IV 521, 525
Ponts et Chaussées, Ecole des　桥梁公路，工程局工程师协会 IV 442 – 444,
　　　　　　　　　　　　　　　　453 – 454, 479 – 480, 526

Poor Law Commissioners　　　　济贫法专员们（1843 年）IV 509
Population changes　　　　　　人口变化
　　Australia/New Zealand, growth　澳大利亚/新西兰，增长 V 7
　　Britain, growth　　　　　　英国，增长 IV 489, 506；VI 10, 823
　　cartography, developments　　制图学，发展 IV 622 – 624
　　Europe, growth　　　　　　欧洲，增长（1800—1950 年）VI 26,
　　　　　　　　　　　　　　　　823

explosion   人口激增 V 822 – 825；Ⅶ 962，968，
                                         1409 – 1410

India，growth   印度，增长 V 1

movements   人口迁移 V 825 – 826；Ⅶ 967，976

town-planning effects   城镇规划效应 Ⅶ 962 – 965，968，976

U. S. A.，growth   美国，增长 V 26，823

wartime losses   战后损失（20 世纪）Ⅵ 11，23 – 24

Porcelain   瓷器；参见 Ceramics

Porphyrogenitus title   "紫色中出生"的称号 Ⅱ 30

Porphyry（'Roman stone'）   斑岩（"罗马岩石"）Ⅱ 24，29，406

Portland cement   波特兰水泥；参见 Cement

Portland stone   波特兰石灰石 Ⅱ 32，34

Portland vase   波特兰花瓶 Ⅱ 323，338，图版 26A

Ports and harbours named   港口和港湾名称；参见 Civil engineering，
                                         Docks

Dover   多佛海峡 Ⅶ 920，922 – 923

Fishguard   菲什加德港 Ⅶ 920，923 – 925

Port Talbot   塔尔博特港 Ⅶ 920，927 – 929

Tema，Ghana   特马港，加纳 Ⅶ 920，925 – 927

Portugal   葡萄牙；参见 Europe

agriculture   农业 Ⅳ 16

cartography and navigation   制图学和航海 Ⅲ 530，544，547 – 548

ceramic trade   瓷器贸易 Ⅳ 328，337

Gregorian calendar，adoption   格里历，采用 Ⅲ 579

mining   采矿 Ⅱ 8，12

ships   船 Ⅲ 476 – 478，480 – 481

snuff   鼻烟 Ⅲ 10

surveys   测量 Ⅳ 610

tobacco   烟草 Ⅲ 8

windmills   风车 Ⅱ 618

Potash（potassium carbonate）   碳酸钾

ancient sources   古代的文献资料 Ⅱ 354 – 355

assaying flux, ingredient	用于检验的助熔剂，成分 Ⅲ 63
glass-making	玻璃制造 Ⅲ 206 – 207，221 – 222，229，685，700；Ⅳ 235，359，376
plant ash	草木灰 Ⅱ 354
potash-lime crystal	钾钙晶质玻璃 Ⅲ 221 – 222
production	生产 Ⅳ 231 – 232
soap-making	肥皂制造 Ⅱ 354，356；Ⅲ 703 – 705
uses	使用 Ⅱ 354；Ⅳ 232，235
Potassium	钾
carbonate	碳酸钾；参见 Potash
cyanide	氰化钾 Ⅴ 95
extraction	提炼 Ⅳ 118；Ⅴ 72
metals, refining process	金属，精炼工艺 Ⅴ 97
nitrate	硝酸钾 Ⅱ 377 – 378，380；Ⅴ 255
nitrite	亚硝酸钾 Ⅲ 63
Potatoes	马铃薯；参见 Food
Potter's wheels	陶轮
Americas, non-discovery	美洲，未发现 Ⅰ 83
early civilizations	早期文明 Ⅰ 80，198 – 202
fifteenth century onwards	15 世纪后 Ⅳ 330 – 331，333
function and operation	功能和操作 Ⅰ 195 – 197，378，388 – 390；Ⅳ 330 – 331
Greek pottery	希腊陶器 Ⅱ 260 – 263
invention	发明 Ⅰ 65，71 – 72，80，202 – 204
medieval period	中世纪时期 Ⅱ 284 – 285，288 – 293
Megarian bowls	迈加拉碗 Ⅱ 269
origin	起源 Ⅰ 65，202 – 204，404 – 405
rotary motion, discussion	旋转运动，讨论 Ⅰ 187，195 – 204
varieties	多样化 Ⅰ 197 – 198
Pottery	陶瓷；参见 Ceramics
Power	能源 Ⅱ 589 – 628；Ⅳ 148 – 167；参见 Natural/Nuclear-power，Power stations

694

animals and slaves	动物与奴隶 Ⅱ 590 – 593, 600 – 601
machinery, power-operation	机械, 动力驱动 Ⅲ 18 – 19, 158, 162, 167 – 169, 239, 324, 330, 340 – 341
prime-movers	原动机 Ⅱ 589 – 590
steam	蒸汽 Ⅱ 1, 590, 608
water	水能; 参见 Water-power, Watermills
wind	风能 Ⅱ 614 – 620, 623 – 628
Power stations, named	电站, 名称; 参见 Electricity, Nuclear power stations
Battersea	巴特西 Ⅶ 1071
Blyth	布莱思 Ⅶ 1071
Carville Station, Newcastle	卡维尔电站, 纽卡斯尔 Ⅶ 1071
Mockfjärd, Sweden	莫克菲耶德, 瑞典 Ⅵ 200
Neptune Bank, Newcastle	海王滩, 纽卡斯尔 Ⅶ 1068, 1070 – 1071
Niagara	尼亚加拉 Ⅵ 200
North Tees	北蒂斯 Ⅶ 1071
Pozzolana (*pulvis puteolanis*)	火山灰 Ⅱ 407, 410, 412
Precipitation records	降水记录; 参见 Rainfall records
Precision instruments	精密仪器 Ⅲ 582 – 619
Precision mechanics	精密机械 Ⅳ 379 – 416
Press, printing-house	印刷厂
Blaeuw, P. and J.	P. 布劳和 J. 布劳 Ⅲ 402
Clarendon Press, Oxford	克拉伦登出版社, 牛津 Ⅲ 402
Imprimerie Royale	皇家印刷局 Ⅲ 402
Plantin and Moretus	普朗坦和摩特斯 Ⅲ 401 – 402
Ripoli	里波利 Ⅲ 393
Stamperia Vaticana	梵蒂冈印刷厂 Ⅲ 402
Presses	压力机
bag-press	箱式压力机 Ⅱ 112
balance-	平衡压力机 Ⅲ 340 – 341
beam-press	板式压力机 Ⅱ 112 – 116
coinage	铸币 Ⅲ 338 – 340

linen-	亚麻压榨机	Ⅲ 177，382，389，397
printing	印刷；参见 Printing	
screw-press	螺旋压力机	Ⅱ 113，116 – 117，218 – 219，638，647；Ⅲ 41，177，334，337 – 339，382，414
tread-mills，operation	踏车，操作	Ⅱ 637
wedge-press	楔式压力机	Ⅱ 117 – 118
Pressure	压力	
atmospheric	大气压	Ⅳ 168 – 171，173，182，605，621
hydraulic engineering	水利工程	Ⅴ 522 – 551；Ⅶ 1060 – 1067
machines	机械（16—17 世纪）	Ⅲ 324 – 344
Prices rise	价格上涨（16 世纪）	Ⅲ 30
Prime movers	原动机	Ⅳ 159；参见 Energy, Power, Steam-power, Water-power, Wind, Windmills
Primitive man	原始人；参见 Man	
'Prince Rupert's metal'	"鲁珀特王子的金属"	Ⅲ 37
Prince's metal	普林士黄铜	Ⅳ 133
Principia，Newton's	《自然哲学的数字原理》，牛顿	Ⅳ 223
Printing	印刷	Ⅲ 377 – 416；Ⅴ 683 – 715，图版 39；Ⅶ 1268 – 1280
block-	木刻版印刷品	Ⅲ 379 – 381，404 – 405，图版 2B
books	书籍	Ⅲ 377，676；Ⅴ 711 – 714
'chase'	"版框"	Ⅲ 396 – 397
colour-	彩色印刷	Ⅲ 408；Ⅴ 704 – 708
compositor's work	排字工人的工作	Ⅲ 388 – 390，394 – 396，403
developments	发展（15—18 世纪）	Ⅲ 386 – 404
die-casting	压模铸件	Ⅲ 385
illustration	插图	Ⅲ 379，380，404 – 410；Ⅴ 701 – 708

ink	油墨 Ⅲ 381 – 382, 390, 398, 403 – 408, 415
intaglio printing	凹版印刷 Ⅲ 379, 406 – 410；Ⅶ 1268
invention	发明 Ⅱ 771；Ⅲ 377 – 378, 379 – 380, 676
jobbing	零件印刷 Ⅴ 708 – 711
letterpress method	凸版印刷法 Ⅶ 1268, 1279
Linotype machine	莱诺铸排机 Ⅴ 686 – 688
music	乐谱 Ⅲ 405 – 406, 409 – 410
offset method	胶印法 Ⅶ 1275 – 1279
photocomposition	照相排字 Ⅶ 1275 – 1279
photogravure	照相凹版 Ⅶ 1271 – 1272
presses	印刷机 Ⅲ 337, 382, 389 – 390, 396 – 401, 408 – 409；Ⅴ 691 – 701
printing-offices	印刷作坊 Ⅲ 386 – 390, 395, 401 – 404
production rates	生产率 Ⅲ 387 – 388, 393, 404
readers	读者 Ⅲ 389, 403
relief method	凸版印刷法 Ⅲ 379 – 380；Ⅶ 1268, 1279
techniques, outside Europe	技艺，欧洲以外 Ⅲ 378 – 380
tools and equipment	工具和设备 Ⅲ 386 – 388, 391 – 392, 394, 398 – 399, 404 – 407
training	训练（19 世纪）Ⅴ 714
type-casting	铸字 Ⅴ 683 – 684
type-composing	排字 Ⅲ 395；Ⅴ 684 – 688
type-metals	活字合金 Ⅲ 43 – 44, 385 – 386, 392 – 393, 406
type-moulds	铸字模具 Ⅲ 385, 387, 391 – 393, 402
typefounding	铸字 Ⅲ 383 – 366, 390 – 394
typesetting	排字 Ⅶ 1272 – 1275
typewriters	打字机 Ⅶ 1270 – 1271
wages	报酬（19 世纪）Ⅴ 714
Prints, earliest block method	印刷品，早期木板印刷方法

Brussels 'Virgin' 布鲁塞尔的《处女》（1418 年）Ⅲ 380

Buxheim 'St Christopher' 布克斯海姆的《圣克里斯托弗》（1423 年）
Ⅲ 380，图版 2B

Probierbüchlein（'Essay on 《论检验》Ⅲ 27，59，63
  Assaying'）

Proconsul（Miocene ape） 原康修尔猿（第三纪中新世猿）Ⅰ 9，表 C

Production engineering 生产工程 Ⅶ 1046 – 1059

  equipment 设备 Ⅶ 1049 – 1051

  machine factors 机械因素 Ⅶ 1049 – 1052

  processes and techniques 工艺和技艺 Ⅶ 1049

  productivity factors 生产率因素 Ⅶ 1053 – 1059

  standardization 标准化 Ⅶ 1051 – 1053

  Taylorism 泰勒理论 Ⅵ 73 – 75，81 – 85，93，115 –
116，118 – 120；Ⅶ 1046 – 1049，1056

  tool materials 工具材料 Ⅶ 1047 – 1049

Projectiles 炮弹

  bombs 炸弹 Ⅲ 38，347，368 – 369，374

  cannon-balls 炮弹 Ⅲ 362，368，374

  grenades 手榴弹 Ⅲ 347，369

  musket-balls 步枪子弹 Ⅲ 34

  scientific principles 科学原理 Ⅲ 374 – 375

  shot 铅弹 Ⅲ 357，359，368，375

  stones 石头 Ⅲ 353

Prosimians 原猴亚目动物 Ⅰ 6 – 10

Protractors 半圆量角器 Ⅲ 593，623

Prunus 樱桃属 Ⅰ 288，357 – 358

Prussia 普鲁士；参见 Germany

  diet 饮食 Ⅲ 2

  geodesy 测地学 Ⅴ 442

  iron industry 冶铁工业 Ⅳ 105

  railways 铁路 Ⅴ 340

  silver 银 Ⅳ 138

surveys	测量 Ⅳ 601，610
windmills	风车 Ⅲ 97
Przewalski horse，Mongolia	普尔热瓦尔斯基氏野马，蒙古 Ⅰ 342，346 – 347，721
Public service vehicles	公共交通 Ⅶ 706，728 – 730
Pudding-stone	布丁岩 Ⅱ 35
Pulley-blocks	滑轮组 Ⅳ 426 – 427，437
Pulleys	滑轮 Ⅰ 523；Ⅱ 630，646 – 647，658 – 662，723；Ⅲ 334，337，432
Pumps and pumping	泵；参见 Hydraulic Engineering
air-pumps	气泵 Ⅳ 93
ancient devices	古代装置 Ⅰ 522 – 525
bridge-building	造桥 Ⅲ 420，422 – 423，425 – 426
centrifugal	离心泵 Ⅶ 1061 – 1062
chain	链条 Ⅱ 17，19，22，617，626，770；Ⅲ 484
chain-and-bucket	链斗 Ⅲ 325 – 327
Cornish beam engine	康沃尔横杆式蒸汽机 Ⅴ 126 – 130
dockyards	造船厂 Ⅳ 581
drainage	排水 Ⅲ 307 – 308
dredging	疏浚 Ⅳ 630 – 631
force-pumps	压力泵 Ⅱ 376；Ⅲ 333
hand-	手泵 Ⅲ 484
Hubbard rotary-gear pump	哈伯德旋转齿轮泵 Ⅳ 438
innovation	创新（15—16 世纪）Ⅱ 654，691
mines	矿 Ⅳ 69，76 – 79，93，671 – 672，图版 7A
pneumatic	气泵 Ⅲ 636 – 638；Ⅳ 403
polders，drainage	圩田，排水 Ⅱ 688 – 689
pumping-stations	泵站 Ⅳ 443，511，517；Ⅴ 128 – 129
Roman devices	罗马时期装置 Ⅱ 7 – 8
sand-pump（Burt and Freeman）	沙泵 Ⅳ 631
sewage-disposal	污水处理 Ⅳ 517

siphon type   虹吸式 II 376

steam injector   蒸汽喷射泵 III 52

steam-power   蒸汽动力 IV 171 – 187，192 – 194，197，499

suction-   抽吸泵 II 16 – 17，633 – 634，654；III 324，329 – 333，344，432；IV 93，169

types   类型 VII 1060 – 1063

vacuum   真空 III 637，图版 27A；IV 170

water-lifting methods   提水法 I 522 – 525；II 675 – 678

water-powered   水能 IV 491

water-supply service   供水服务 IV 497

Woodford, pump   伍德福德，泵 IV 631

Punan people, Borneo   普南人，婆罗洲 I 164

Punched card machines   穿孔卡片机 VII 1153 – 1154，1157

Punches   冲床；参见 Hammers

Assyrian   亚述的（公元前 8 世纪）II 229

block-printing, relief   凸版印刷，活字 III 405

coin-making   铸币 II 486，490 – 491；III 341

fine metal-work   精细金属加工 II 468 – 469，486

machine-tools   机床 IV 429，441

music printing   乐谱印刷 III 410

typefounding   铸字 III 385 – 387，391 – 392，402

Punica granatum（pomegranate）   石榴 I 372；II 151

P. W. R.（Pressurized Water Reactor）   增压水反应堆 VI 244，253 – 255

Pygmies   俾格米人 I 170 – 171

Pyramids   金字塔 I 473，475 – 476，481 – 482，714，792 – 793

Pyrites   黄铁矿 IV 246

Q

Qanats   暗渠 Ⅰ 532 – 534；Ⅱ 666 – 667

Quadrants   象限仪

    altitude, sun-dial use   高度，日晷用途 Ⅲ 598 – 600

    arc of the meridian   子午线的弧（1669 年）Ⅲ 544

    astrolabes   星盘 Ⅲ 614 – 615；参见 Astrolabes

    cannon   火炮 Ⅲ 362，374 – 375

    geodesy use   测地学中的用途 Ⅳ 400 – 401

    horary quadrant   计时象限仪（1399 年）Ⅲ 597

    hydrographic survey   水道测量 Ⅳ 615 – 618

    instrument improvements   设备改良 Ⅲ 555 – 556，586，625，636，640 – 641；Ⅳ 399 – 410

    latitude measurement   纬度测量 Ⅲ 522

    navigation use   航海中的用途 Ⅲ 526，528，536 – 537，545 – 546，625；Ⅳ 598；Ⅴ 456 – 457

    shadow-square scale   影距尺 Ⅲ 608

    survey use   测量中的用途 Ⅲ 536 – 537；Ⅳ 603

    telescope fitment   望远镜设备 Ⅳ 380

Quarrying   采石 Ⅰ 558 – 571；Ⅱ 1 – 40

    alluvial mining   淘金 Ⅵ 414 – 417

    ancient Egypt   古埃及 Ⅰ 477 – 479，526，569 – 570

    Greek   希腊 Ⅱ 24 – 27，398 – 399

    opencast mining   露天开采 Ⅵ 411 – 414，418

    Roman   罗马采石 Ⅱ 27，32，406，图版 2A

    Saxon and Norman, England   撒克逊人和诺尔曼人的采石，英格兰 Ⅱ 32 – 38

    Stone Age   石器时代 Ⅰ 558 – 560

    tools used   使用工具 Ⅱ 36 – 37，384

Quartz   石英 Ⅱ 348

Quebec Agreement   《魁北克协议》（1943 年）Ⅵ 227，272

Quercus aesculus	冬橡木 Ⅱ 413
Q. cerris	土耳其栎 Ⅱ 413
Q. coccifera	胭脂虫栎 Ⅰ 245
Q. infectoria	没食子树 Ⅱ 151
Q. robur	夏栎 Ⅱ 413
Querns	手推石磨；参见 Mills，Millstones
Quicklime	生石灰 Ⅲ 29
'Quincunx'	五点梅花形 Ⅳ 618

R

Radar	雷达 Ⅵ 17，349 – 350，449 – 450，559；Ⅶ 812
Radio	无线电；参见 Radar，Television
aerials/antennas	天线 Ⅶ 1243 – 1244
beginnings	起源（19 世纪）Ⅴ 227 – 228；Ⅶ 1230 – 1236
broadcasting	广播 Ⅶ 1253 – 1256
land systems	陆地系统 Ⅶ 1253
liberal era	自由主义时代（20 世纪 20 年代）Ⅵ 13
marine use	舰船中的用途 Ⅵ 349 – 350；Ⅶ 1252 – 1253
modulation	调制 Ⅶ 1109 – 1111，1238 – 1240
radio-telephony	无线电话 Ⅶ 1250 – 1252
receivers，developments	接收器，发展 Ⅶ 1256 – 1257
solid-state devices	固态器件 Ⅶ 1116 – 1123
telegraph，cable competition	无线电，电缆竞争 Ⅶ 1248 – 1250
theoretical developments	理论发展 Ⅶ 1247 – 1248
thermionic valves	热阴极电子管 Ⅶ 1092 – 1106，1237 – 1238
Radiology	放射学 Ⅶ 1299 – 1300，1325，1327 – 1334；

参见 X-rays

Radiology, Fifth International Congress of　第五届国际放射学大会（1937 年）Ⅶ 1329

Radium, isolation of　镭，分离 Ⅵ 224 – 225

Railway and Canal Commission, U. K.　铁路和运河委员会，英国 Ⅶ 702

Railway locomotives and classes named　铁路机车机型名称

'567' diesel　567 型发动机 Ⅶ 768 – 769

'Ae 4/4'　"Ae 4/4" Ⅶ 773

'Atlantic'　"大西洋号" Ⅶ 763

'Big Boys'　"大男孩号" Ⅶ 766

'Castle'　"城堡" Ⅶ 764

'Deltic'　"三角形" Ⅶ 769

'George the Fifth'　"乔治五世号" Ⅶ 763

'King'　"国王" Ⅶ 764

'Mallet'　"棒槌号" Ⅶ 766

'Pacific'　"太平洋型" Ⅶ 766

Rocket　"火箭号"（1829 年）Ⅶ 762

'Star'　"星" Ⅶ 764

Railways, general　铁路，概述 Ⅴ 322 – 349；Ⅶ 762 – 788；参见 Railways lines and systems

amenities　便利设施 Ⅴ 341 – 344

brakes　刹车 Ⅴ 344

bridges　桥梁 Ⅳ 452 – 453，460 – 461；Ⅴ 503，505，513，643

canal links　运河连接 Ⅳ 549，569

diesel traction　柴油机牵引 Ⅶ 767 – 769

early history　早期历史 Ⅴ 322 – 329，图版 20A；参见 Tramways

electricity generation　发电 Ⅴ 194，197

electric traction　电力牵引 Ⅴ 230，232 注释，233，346 –

	348；Ⅶ 770 – 773
freight rolling stock	货车 Ⅶ 775 – 776
fuel	燃料 Ⅴ 327
guages,rail	轨距，铁路 Ⅴ 324
locomotives	机车 Ⅳ 189；Ⅴ 323 – 329, 333 – 341, 345, 348 – 349, 图版 20 – 21；Ⅶ 762 – 767；参见 Railway locomotives
networks	路网 Ⅴ 804 – 805；Ⅶ 702 – 704, 787 – 788
permanent way	铁路路线 Ⅴ 331
points and crossings	衔接处和交叉口 Ⅴ 65
Pullman cars	普尔曼客车 Ⅴ 342 – 343, 图版 20B, 20C
rails	轨道 Ⅴ 53, 61 – 62, 323, 331, 804 – 805
road competition	道路竞争 Ⅳ 537；Ⅶ 706 – 709
rolling-stock	铁路车辆 Ⅴ 62, 341 – 346；Ⅶ 773 – 776
signalling	信号传输 Ⅴ 329 – 331；Ⅶ 778 – 787
social consequences	社会效果 Ⅴ 819 – 820
stations	站台 Ⅴ 194, 197, 211, 218, 332 – 333, 468 – 470, 473 – 475, 图版 22
track construction	线路施工 Ⅶ 776 – 778
traffic marshalling	交通编组 Ⅶ 778 – 787
tramways,mining	电车轨道，挖掘 Ⅳ 77, 79, 85, 89 – 90
underground（subways）	地铁 Ⅴ 346 – 348, 520；Ⅶ 770 – 771
Railways,lines and systems	铁路，线路和系统 Ⅶ 787 – 788；参见 Railways, general
Australia	澳大利亚 Ⅴ 8
Baghdad	巴格达 Ⅵ 7
Benguela,Angola	本格拉，安哥拉 Ⅶ 788
Bern-Lötschberg-Simplon	伯尔尼 – 勒奇山 – 辛普朗铁路 Ⅶ 773
Blackwall,U. K.	布莱克沃尔，英国 Ⅳ 658

British Railways　英国铁路公司 Ⅶ 771 – 772, 775, 779

Buenos Aires Great Southern　布宜诺斯艾利斯南部 Ⅶ 767

Canadian Northern　加拿大北线 Ⅶ 788

Canadian Pacific　加拿大太平洋 V 87; Ⅶ 769, 775, 784

Chester and Holyhead, U. K.　切斯特和霍利黑德, 英国 Ⅳ 460

French Railways　法国铁路公司 Ⅶ 772

German State Railways　德国国家铁路公司 V 820; Ⅶ 768

Grand Trunk Pacific, Canada　加拿大太平洋大干线 Ⅶ 788

Great Central, U. K.　英国大中央铁路公司 Ⅶ 785

Great Indian Peninsular　大印度半岛铁路公司 Ⅶ 771

Great Western, U. K.　大西部铁路公司, 英国 Ⅳ 461, 657; Ⅶ 763 – 764, 774 – 775, 779 – 780

Indian　印度铁路 V 61, 819 – 820

Inner Circleundir grornd line, London　环城地下铁路, 伦敦 Ⅶ 770

Ireland　爱尔兰 (1838 年) Ⅳ 623

Lancashire and Yorkshire, U. K.　兰开夏郡和约克郡, 英国 Ⅵ 296

Liverpool and Manchester, U. K.　利物浦和曼彻斯特, 英国 Ⅳ 657

London, Brighton and South Coast, U. K.　伦敦, 布赖顿和南岸, 英国 Ⅶ 771

London, Midland and Scottish, U. K.　伦敦中部和苏格兰, 英国 Ⅶ 892

London and Birmingham, U. K.　伦敦和伯明翰, 英国 Ⅳ 657

London and North-Eastern, U. K.　伦敦和东北铁路公司, 英国 Ⅵ 465; Ⅶ 768, 771

London and North-Western, U. K.　伦敦和西北铁路公司, 英国 Ⅶ 762 – 763, 778

London and South-Western, U. K.　伦敦和西南铁路公司, 英国 Ⅶ 771

London Transport　伦敦运输公司 Ⅶ 771

Metropolitan District Under-　伦敦大都会区铁路公司 Ⅶ 779

ground , London

National Trans-Continental ,　　　　国营横贯大陆铁干线，加拿大 Ⅶ 788

　Canada

Netherlands State Railways　　　　荷兰国家铁路局 Ⅶ 771

New South Wales　　　　　　　　新南威尔士铁路公司 Ⅶ 775

Norfolk and Western , U. S. A.　　诺福克及西部铁路公司，美国 Ⅶ 772

North America　　　　　　　　　北美洲 Ⅴ 3 - 4

Paris-Orleans　　　　　　　　　　巴黎 - 奥尔良 Ⅶ 764，766，771

Pennsylvania Railroad , U. S. A.　宾西法尼亚铁路，美国 Ⅶ 780，785

Rockefeller Railroad and　　　　　洛克菲勒铁路和轮船运输线，美国 Ⅵ

　Steamship Lines , U. S. A.　　　464

Russian　　　　　　　　　　　　俄罗斯铁路 Ⅴ 61；Ⅵ 8

Siberian　　　　　　　　　　　　西伯利亚铁路 Ⅵ 6

South African　　　　　　　　　　南非铁路 Ⅶ 782

Stockton and Darlington , U. K.　斯托克顿和达林顿，英国 Ⅳ 460

Sudan Government　　　　　　　　苏丹政府 Ⅶ 770

Swiss Federal　　　　　　　　　　瑞士联邦 Ⅶ 772

Teheran-Djolfa , Persia　　　　　　德黑兰 - 乔尔德线，波斯 Ⅶ 788

Trans-Iranian　　　　　　　　　　横贯伊朗铁路线 Ⅶ 788

Union Pacific　　　　　　　　　　联合太平洋铁路公司 Ⅴ 3

Western Railway , France　　　　　西部铁路公司，法国 Ⅶ 776

Rainfall records　　　　　　　　　雨量记录 Ⅳ 490 - 491；Ⅴ 558；Ⅶ 1364 -

　　　　　　　　　　　　　　　　1366

Rainwater disposal　　　　　　　　雨水处理 Ⅳ 505，514，517

Rakes　　　　　　　　　　　　　耙子 Ⅱ 94，331；Ⅲ 134，137 - 138

Ramie (China grass)　　　　　　苎麻 Ⅰ 449

Raphanus sativus (radish)　　　　萝卜 Ⅰ 288，356

Raphia vinifera　　　　　　　　　酒椰 Ⅰ 277

Rasps　　　　　　　　　　　　　粗锉 Ⅱ 228 - 231

Ratine (woollen cloth)　　　　　珠皮大衣呢（呢绒）Ⅲ 179

Rayon (cellulose acetate)　　　　人造丝（醋酸纤维素）Ⅴ 579；Ⅵ 554，643 -

644，649 – 650

Reactors named　　　　　　　　反应堆名称；参见 Nuclear power

  A. G. R.（Advanced Gas-　　高级气冷反应堆 Ⅵ 251，259
  Cooled）

  BEPO　　　　　　　　　　英国实验反应堆 Ⅵ 245 – 246

  B. W. R.（Boiling Water　　沸水反应堆 Ⅵ 244，254
  Reactor）

  CANDU　　　　　　　　　加拿大水铀反应堆 Ⅵ 241 – 242

  Gleep　　　　　　　　　　低功率石墨实验性反应堆 Ⅵ 243

  MAGNOX　　　　　　　　镁诺克斯反应堆 Ⅵ 250 – 252，259

  PIPPA　　　　　　　　　　PIPPA 型反应堆 Ⅵ 249 – 250

  P. W. R.（Pressurized Water　增压水反应堆 Ⅵ 244，253 – 255
  Reactor）

Realgar（arsenic disulphide）　二硫化二砷 Ⅲ 29；Ⅳ 122

Reamers　　　　　　　　　　钻孔器 Ⅲ 111

Reapers，mechanical　　　　　收割机，机械的 Ⅲ 136

Reaping machines　　　　　　收割机 Ⅱ 96 – 97

Rectangulus　　　　　　　　矩仪 Ⅲ 593 – 594

Reduction-house，zinc　　　　还原室，锌 Ⅳ 131 – 132

Reeds，rushes，sedges，grasses　芦苇，灯芯草，莎草，草 Ⅰ 371 – 372，
　　　　　　　　　　　　　　415 – 418，423，449 – 450，468，473，
　　　　　　　　　　　　　　550

Reeling yarn，reels　　　　　卷纱，卷轴 Ⅱ 206，208 – 210，213；Ⅲ
　　　　　　　　　　　　　　162 – 164，167

Reflection-circle　　　　　　反射环仪 Ⅳ 618 – 619

Refractory materials　　　　　耐火材料 Ⅲ 39；Ⅴ 664 – 665；Ⅵ 630 – 636

Refrigeration，food　　　　　冷藏，食物

  bacon-curing　　　　　　腌制培根肉（始于 19 世纪 50 年代）Ⅴ 32

  chilled meat　　　　　　冷冻肉 Ⅶ 1400，1425

  dairy products　　　　　奶制品 Ⅴ 8，33

  'deep freeze' storage　　　"深度冷冻" Ⅶ 1423 – 1425

  domestic appliances　　　家用电器 Ⅶ 989，1144 – 1146

early history 早期历史 Ⅴ 45 – 51；Ⅶ 1422

fish 鱼类 Ⅳ 51，53 – 54；Ⅵ 350 – 354；Ⅶ 1400 – 1401，1424

freeze-drying process 冻干工艺 Ⅶ 1415 – 1416

ice storage, Roman Empire 冰库，罗马帝国 Ⅱ 121

liquid air 液态空气 Ⅵ 991

methods, improvement 方法，改良 Ⅶ 989 – 890，1422 – 1425

'modern' v. 'traditional' "现代的" 与 "传统的" 比较 Ⅴ 29

Refuse disposal 垃圾处理 Ⅱ 532 – 533；Ⅳ 505 – 506；参见 Sewage

Reliefs, terracotta 浮雕，陶瓦 Ⅱ 278 – 279

Religion, religious practices 宗教，宗教活动

animal sacrifice 动物祭祀 Ⅰ 327

astrology 占星术 Ⅰ 121，125，802

cosmetics 化妆品 Ⅰ 286 – 287，289

early Egyptians 早期埃及人 Ⅰ 123 – 124，266 – 267

geometry, Greek 几何学，希腊 Ⅰ 121，126

lunar calendar 农历 Ⅰ 794

Mayan number system 玛雅数字系统 Ⅰ 125 – 126

taboos 禁忌 Ⅰ 241，331

temples, early societies 寺庙，早期社会 Ⅰ 47 – 49

time, early beliefs 时间，早期信仰 Ⅰ 114，120 – 121，123 – 126

Religious houses, drainage 修道院，排水 Ⅲ 309，316，318

prints 印刷品 （15 世纪）Ⅲ 380

Renaissance, effects 文艺复兴，影响 Ⅲ 151，378，609

Repeating-circle instrument 复测度盘 Ⅳ 401，604

Research and development 研究和开发 Ⅵ 27，33 – 36，38 – 40，44 – 45，62 – 64，114，123 – 124，127 – 132

Research institutions 研究机构

Agricultural Research Council 农业研究委员会 Ⅵ 128

Commonwealth Scientific and 澳大利亚联邦科学与工业研究组织 Ⅵ 128

Industrial Organization of
Australia

Medical Research Council　医学研究委员会 Ⅵ 128

National Institute of Oceanography　国立海洋学研究所（英国）Ⅶ 1451
(U. K.)

National Research Council of　加拿大国家研究委员会 Ⅵ 128，241
Canada

National Science Foundation　国家科学基金会（美国）Ⅶ 1456 – 1457
(U. S. A.)

Science Research Council, U. K.　科学研究委员会，英国 Ⅵ 127

Scientific Research and　科学研究和发展局，美国 Ⅵ 271
Development Office, U. S. A.

Reseda luteola (weld) , yellow　黄木犀草，黄染料 Ⅱ 365；Ⅲ 692
dyes

Resin　树脂 Ⅲ 685

Rhamnus catharticus (green dye)　鼠李果（绿染料）Ⅲ 692

R. saxatilis (yellow dye)　波斯浆果（黄染料）Ⅱ 362

Rhodium　铑 Ⅳ 119，144

Rhus (sumac sources)　盐肤木属（漆树）Ⅰ 247；Ⅱ 151

R. cotinus (yellow dye)　佛提树（黄染料）Ⅱ 366

R. vernicifera (varnish shrub)　漆树（清漆灌木）Ⅲ 696

Rhymes for apprentices　学徒学习所用韵诗 Ⅲ 112 – 113

Ricinus communis (castor)　蓖麻 Ⅰ 288

Rig-Veda　《梨俱吠陀》Ⅰ 449，728

River navigations　河道航运 Ⅲ 438 – 470

Rivets, riveting　铆钉，铆接 Ⅱ 469，483；Ⅲ 354；Ⅴ 368 –
369，502

Road-vehicles　道路车辆；参见 Motor-cars，Wheeled vehicles

Roads and streets, general　街道，概述 Ⅱ 493 – 536；Ⅳ 520 – 547；参见
Roads … named

ancient　古代的 Ⅰ 712 – 714；Ⅱ 493 – 498；Ⅲ
269 – 271

asphalt	沥青 Ⅳ 539 – 541
city streets	城市街道 Ⅱ 527 – 533，690，图版 38A；Ⅳ 542 – 546
concrete	混凝土 Ⅳ 538 – 539
construction methods	施工方法 Ⅳ 520 – 542，图版 32A
drainage	排水 Ⅳ 536
equipment and tools	工具和设备 Ⅳ 537 – 538
foundations	地基 Ⅳ 527 – 528，531，536
Greek	希腊 Ⅱ 498 – 499
Hellenic	古希腊的 Ⅲ 272 – 275
labour statutes, road-building	劳动力法规，道路建造 Ⅳ 524，526 – 527，536
London	伦敦 Ⅲ 283，296 – 298
macadam system	碎石路 Ⅳ 532 – 536
maps	地图 Ⅱ 496，501 – 502，506
medieval	中世纪 Ⅱ 525 – 527，537；Ⅲ 282 – 284
metalled	碎石铺面的 Ⅳ 535 – 536
milestones	里程碑 Ⅱ 507
motorways, U. K.	高速公路，英国 Ⅶ 875 – 876
pavements（side-walks）	人行道；参见 Pavements
Renaissance	文艺复兴 Ⅲ 285 – 293
road-books	道路图册 Ⅳ 524 – 525
road trusts	道路信托公司 Ⅳ 532
Roman	罗马人 Ⅱ 500 – 515，524；Ⅲ 276 – 282，504
rut-roads	道路车辙 Ⅱ 499，511 – 512，539，548
street-cleaning	街道清洁 Ⅳ 505 – 506
street-lighting	街道照明 Ⅱ 531；Ⅲ 282
surfaces	地面 Ⅳ 531 – 532，536
tolls and imposts	通行税和关税 Ⅱ 524 – 525，533
trenched roads	挖有沟渠的道路 Ⅳ 525
turnpikes	收费公路 Ⅳ 530 – 531，536 – 537

vehicles 交通工具（20 世纪）Ⅶ 711 – 735

wood-paving 木制铺面 Ⅳ 545，图版 33C

Roads and streets named 道路和街道名称；参见 Roads..., General

Autobahn, Germany 高速公路，德国 Ⅶ 872

Autostrada, Italy 高速公路，意大利 Ⅶ 873

Banihal Cart, Kashmir 巴里赫大车道，克什米尔 Ⅶ 874

California Freeway 加利福尼亚高速公路 Ⅶ 972

Charles Street, London 查尔斯街，伦敦 Ⅳ 545

Commercial Road, London 商业路，伦敦 Ⅳ 544

Edgware Road, London 埃奇韦尔路，伦敦 Ⅳ 图版 33B

Germany to Rome 德国到罗马（15 世纪）Ⅲ 534

Grand Trunk, India 大干线，印度 Ⅶ 882 – 883

Great North Road 大北路 Ⅳ 530

London-Birmingham Motorway, England 伦敦 – 伯明翰高速公路，英格兰 Ⅶ 876

London to Holyhead 伦敦 – 霍利黑德 Ⅳ 531

Montgenèvre-Mont Cenis 蒙热内夫尔 – 塞尼什峰 Ⅳ 529

Ontario Provincial Highway, Canada 安大略省级高速路，加拿大 Ⅶ 919

Oxford Street, London 牛津街，伦敦 Ⅳ 545

Persian Royal Road 波斯皇家大道 Ⅱ 496

Rowanduz, Kurdistan 柔万杜孜公路，库尔德斯坦 Ⅶ 894

Simplon road 辛普朗路 Ⅳ 530

Stane Street (London to Chichester) 斯坦恩大道（伦敦 – 奇切斯特）Ⅱ 505 – 507

'Street called Straight', Damascus "直街"，大马士革 Ⅲ 275

Tottenham Court Road, London 托特纳姆法院路，伦敦 Ⅳ 545

Via Aemilia 艾米利亚大道 Ⅱ 501, 505, 679

Via Altinata 埃米里亚渡槽 Ⅱ 679

Viu Appia 亚壁古道 Ⅱ 28, 500 – 501, 504 – 505,

507, 510

Via Cassia	卡西亚大道 II 501，510
Via dell' Abundanza	庞贝城阿邦丹扎大街 II 531
Via Domitiana	图密善大道 II 500，507
Via Flaminia	弗拉米尼乌斯大道 II 500－501，504，508， 511，513
Via Praenestina	普莱奈斯第纳大道 II 28，504，513
Via Sacra	萨克拉大道 II 28
Via Traiana	特拉里阿那大道 II 508，510
Wigan road, England	威根路，英格兰 IV 530
Winchester by-pass, England	温切斯特支路，英格兰 VII 875
Roccella (archil dye)	染料衣属（海石蕊染料）I 246；II 366
Rock asphalt	石沥青；参见 Asphalt，Bitumens
Rockefeller Institute for Medical Research	洛克菲勒医学研究所 VII 1341
Rockets	火箭 II 771；VII 859－866；参见 Space Technology
Rollers, rolling-mills	压路机，滚轧机 III 340－343；IV 104，161； V 30，611－612
grooved	槽轧辊（1783 年的专利）IV 106－107
steam-rollers, roads	蒸汽压路机，道路 IV 535，537－538
Roma Instaurata, Flavio Biondo	《罗马的重建》（1444—1446 年），比翁多 III 288
Romania, oil	罗马尼亚，石油 VI 185
Rome, Roman Empire/Republic	罗马，罗马帝国/共和国
aqueducts	沟渠 II 7，10，47，404－405，418－419， 669（地图），670－671
beer, Romans' aversion	啤酒，罗马人的厌恶 II 140
brass production	黄铜生产 II 55
bridges	桥梁 II 508，510－511；III 417－418， 420，432
Britain, and Celtic art	英国及凯尔特艺术 I 82

building construction 房屋建造 Ⅱ 404 – 420, 446

calendar and chronology 历法和年表 Ⅲ 575 – 578

canals/river navigation 运河/内河航运 Ⅲ 439；Ⅳ 550

carpenter's tools 木匠的工具 Ⅱ 230 – 233

cement 水泥 Ⅱ 407；Ⅳ 448

ceramics 陶器 Ⅰ 378, 393 – 394；Ⅱ 272 – 274

chemical techniques 化学工艺 Ⅱ 350 – 352, 355

chronology, Italy 年表, 意大利 Ⅱ 表 i, lx

concrete 混凝土 Ⅱ 405, 407, 410 – 413

copper production 铜生产 Ⅱ 52 – 53

corn-mills 谷物磨坊 Ⅳ 199

crafts 工艺 Ⅳ 664

fire-making, discussion 生火, 讨论 Ⅰ 219

foods and diet 食物和饮食 Ⅱ 103 – 105, 108 – 112, 114 – 116, 118 – 123, 600 – 601

food plants 食物作物 Ⅰ 355 – 356, 362

furniture 家具 Ⅱ 224 – 225, 233 – 238

glass-ware 玻璃器皿 Ⅱ 322 – 325, 340

harbour installations 港口设施 Ⅱ 516 – 517, 518 – 521

harness 马具 Ⅱ 515, 592

harvesting implements 收割器械 Ⅱ 95 – 97

heating braziers/stoves 加热盆/火炉 Ⅰ 231

horse-riding 骑马 Ⅱ 556, 560 – 561

iron and steel production 钢铁生产 Ⅱ 55 – 57, 59 – 61

irrigation and drainage 灌溉和排水 Ⅱ 678 – 680

laws 法律 Ⅱ 53

leather, use 皮革, 使用 Ⅱ 150, 166, 168

lighthouses 灯塔 Ⅱ 518, 521 – 523

lighting 照明 Ⅰ 234 – 235, 237

machinery 机械 Ⅱ 636 – 638

maps 地图 Ⅲ 502 – 504, 507 – 510, 518

mathematics	数学 Ⅲ 501 – 502
measurement, linear	度量，长度 Ⅰ 778
metal-work	金属制品 Ⅱ 449 – 450
metals	金属 Ⅱ 41 – 45，47 – 50
mining techniques	采矿工艺 Ⅱ 6 – 10
mural paintings	壁画 Ⅱ 363
pavements	大道 Ⅲ 194
pigments	染料 Ⅱ 359，361 – 362
ploughs	犁 Ⅱ 86 – 88
pottery	陶器；参见 ceramics
quarries	采石场 Ⅱ 27 – 32，406，图版 2A
roads	道路 Ⅱ 500 – 508，511 – 512，529 – 531；Ⅲ 276 – 282，504；Ⅳ 521，529，539
sanitation	卫生设备 Ⅱ 530 – 531
scripts, Latin	拉丁文字 Ⅰ 770 – 771
sewers	下水道 Ⅳ 504
ships	船 Ⅱ 569 – 576
signalling methods	信号传送方法 Ⅳ 645
statuary, terracotta	雕像，红釉 Ⅱ 276 – 279
sun-dials	日晷 Ⅲ 596 – 598，600
surveys	测量 Ⅲ 502，504，511
textiles	织物 Ⅱ 191 – 197，201 – 202，211 – 212
viticulture	葡萄栽培 Ⅱ 133 – 137
water-engineering	水利工程 Ⅱ 663 – 664，671 – 673
water-supply	供水 Ⅱ 671 – 674
watermills	水车 Ⅱ 595 – 600
weapons and armour	武器和盔甲 Ⅱ 703 – 720
wheeled vehicles	轮式车辆 Ⅱ 515，538，541，545，550，554，592
Roofing	屋顶；参见 Building construction
Roofing-sheets	屋顶薄钢板 Ⅲ 343
Rope-making	制绳 Ⅰ 451 – 454

Rope-tackle	绳索用具 Ⅲ 107 – 108，139
Rosetta Stone	罗塞塔石碑 Ⅰ 754
Rosmarinus officinalis（rosemary）	迷迭香 Ⅰ 288
Rotary fan	风扇 Ⅲ 20 – 21
Rotary motion	转动 Ⅰ 71，187 – 215，274
partial	部分的 Ⅰ 187 – 194
potters' wheels	陶轮 Ⅰ 194 – 204
reciprocating motion, conversion	往复运动，转换 Ⅱ 652 – 655
wheeled vehicles	轮式车辆 Ⅰ 204 – 214
Rotary querns	旋磨 Ⅱ 107 – 110
Routers, coach-makers'	开槽刨，马车工的 Ⅲ 113，115
Royal Academy	皇家科学院 Ⅳ 443；Ⅴ 217
Royal Agricultural Society, Britain	皇家农业学会，英国 Ⅴ 161
Royal Air Force	皇家空军 Ⅵ 17，19，281，282，558；Ⅶ 796，811 – 812
Royal Astronomical Society	皇家天文学会 Ⅶ 1173
Royal College of Chemistry, London	皇家化学学院，伦敦 Ⅴ 269，273，782 及注释 1，785，821
Royal Commissions	皇家委员会
Compensation and Betterment	皇家补偿和增值委员会（1942 年）Ⅶ 968
Conditions of the Towns	城镇环境委员会（1844 年）Ⅶ 962
Distribution of Industry	工业布局委员会（1938 年）Ⅶ 967
Scientific Instruction and Advancement of Science	科学指导和进步委员会 Ⅴ 792 – 793
Sewage Disposal	污水处理委员会（1898 年）Ⅶ 1388，1396
Small-Arms	轻武器委员会 Ⅴ 639，653
Technical Instruction	技术指导（1884 年）Ⅴ 786 – 787，795；Ⅵ 142
Water-supply	供水委员会 Ⅴ 554
Royal Institution, London	皇家科学研究所，伦敦

battery, Humphry Davy	电池，汉弗莱·戴维（1806 年）Ⅳ 227
'coal-oil' and James Young	"煤之油"和詹姆斯·扬 Ⅴ 104
fire-damp, explanation	沼气，解释（1815 年）Ⅳ 95
food adulteration	食物掺假（1820 年）Ⅴ 834
founding	成立（1799 年）Ⅳ 674 – 676；Ⅴ 831
optical glass research	光学玻璃研究（1827 年）Ⅳ 361
photography on paper	纸上摄影（1839 年）Ⅴ 722
Rumford's project	拉姆福德规划 Ⅳ 674 – 676；Ⅴ 831
steel, Faraday's experiments	钢，法拉第实验（1819 年）Ⅴ 65
Royal Laboratory, Woolwich, England	皇家实验室，伍尔维奇，英格兰 Ⅴ 630
Royal Mint, London	皇家铸币局，伦敦 Ⅴ 269
Royal Naval College, Greenwich, England	皇家海军学院，格林尼治，英格兰 Ⅴ 372
Royal Navy, British	皇家海军，英国；参见 Admiralty
compasses	罗盘（始于 1837 年）Ⅴ 455 – 456
composite ships	复合结构船（19 世纪）Ⅳ 592
copper sheathing, hulls	铜包皮，船体 Ⅳ 580
dockyard mechanization	造船厂机械化 Ⅳ 581 – 582
Dreadnought class battleships	无畏级战列舰 Ⅵ 5 – 6
fuel-oil, introduction	燃料油，介绍（约 1903 年）Ⅴ 118
Henry Ⅶ and Ⅷ	亨利七世和亨利八世（1546 年）Ⅲ 477 – 482
hydrographic surveying	海道测量 Ⅴ 449 – 454
Indiamen convoy	来往印度的商船护航队 Ⅳ 576
iron cables and rigging	铁制锚链和索具（1808 年）Ⅳ 585 – 586
ironclads	装甲舰（1859 年）Ⅳ 588 – 590
list	名单（1872 年）Ⅳ 576
marine boilers	船用锅炉（始于 1835 年）Ⅴ 153 – 155
marine steam-engines	船用蒸汽机（19 世纪）Ⅴ 148
Massey's Patent Log	马西专利测程仪（约 1840 年）Ⅴ 459 –

460

Naval Architecture and Marine Engineering, Royal School of	皇家造船学及及轮机工程学校 V 372
Queen Victoria's hurry	维多利亚女王的快艇 IV 590
Quiberon Bay, battle	基伯龙海湾, 战争 (1759 年) III 499
'rates' classification	比率分类 III 490; IV 576
sailing warships	帆船舰艇 IV 582 – 588, 590
seventeenth century	17 世纪 III 484
shipbuilding	造船 VII 751 – 753
steam-turbines	蒸汽轮机 (1897 年) V 151 - 152, 156
steel plates, adoption	钢板, 采用 (1876 年) V 615
survey-equipment	测量设备 (18 世纪) IV 616
surveying ships	测量船只 (1814 年) IV 618; V 449
Thomson's sounding machine	汤姆森测深仪 (约 1878 年) V 462
Victory	胜利号 (1765 年) IV 576 – 577
weapons	武器 (1628 年) III 679
wire rigging	钢缆索具 (1838 年) IV 593
yachts, Charles II	快艇, 查理二世 (约 1660 年) III 497
Royal Observatory	皇家天文台 III 552, 557
Royal Society, London	皇家学会, 伦敦
achromatic lens, patent	消色差透镜, 专利 IV 358
agricultural research	农业调查 (始于 1660 年) III 15
bridge drawing, Pont-y-Ty-Pridd	桥梁绘图, 庞特普利斯桥 III 436
chemical interests	化学兴趣 (17 世纪) IV 234
coal-gas	煤气 (约 1684 年) IV 259
craft-technologies, survey	工艺技术, 调查 (1667 年) IV 669, 677
crystal-glass, colouring-materials	水晶玻璃, 颜料 III 702
dyeing experiments	染色实验 (17 世纪 60 年代) IV 248
dynamo-electric generators	电磁式发电机 (1866 –1867 年) V 184 – 186
early history	早期历史 IV 667 – 671

electromagnetic induction	电磁感应（1831 年）Ⅴ 179
explosives	炸药 Ⅲ 374
founding	成立（1660 年）Ⅲ 631，681；Ⅳ 234，667 – 671
gas-lighting	煤气灯（1808 年）Ⅳ 262
'Histories of Nature, Arts or Works'	"自然、艺术及工程史"（1667 年）Ⅳ 668 – 669，674 – 675
inventions	发明物 Ⅳ 669 – 670
lathes, Ramsden's	拉姆斯登的车床 Ⅳ 388
metals, strength tests	金属，强度试验 Ⅲ 58 – 59
mirrors, telescope-	镜子，望远镜（1672 年）Ⅲ 41
natural gas	天然气（1618 年）Ⅳ 258
octant	八分仪（1731 年）Ⅲ 556
optical-glass	光学玻璃（1824 年）Ⅳ 360 – 361
'Philosophical Transactions'	《哲学学报》Ⅲ 22，682
photo-etching process	光刻法（1827 年）Ⅴ 719
photography on paper	纸版摄影术（1839 年）Ⅴ 722
pistol claim	手枪（约 1631 年）Ⅲ 358
rigging, sailing ships	索具，帆船（17 世纪）Ⅲ 486
science, Boyle's views	科学，玻意耳的观点（约 1659 年）Ⅲ 718
science education	科学教育（20 世纪）Ⅵ 153 – 154，162
steam-engines	蒸汽引擎 Ⅳ 172，189 注释
Swan lamps	斯旺电灯（1882 年）Ⅴ 217
tar/pitch, wood source	焦油和沥青，木材来源 Ⅲ 685
telescope description, Hooke	望远镜描述，胡克（1684 年）Ⅳ 645
Volta's pile	伏打电堆（1800 年）Ⅴ 177
water wheels, Smeaton's	斯米顿水轮 Ⅳ 204，206
wind-pressure experiments	风压实验（1759 年）Ⅴ 502
Royal Society of Arts	皇家艺术协会
building	建筑（1772—1774 年）Ⅳ 473 – 474
cellulose nitrate	硝化纤维（1865 年）Ⅵ 552

coal-gas, purification method	煤气，净化法 Ⅳ 268
Coalbrookdale, Darby's bridge	科尔布鲁克代尔，达比桥梁 Ⅳ 456
copper smelting	铜熔（1879 年）V 80
education	教育（19 世纪）V 28，778－779，782－784，789，794
electromagnetic invention	电磁发明（1825 年）V 178
grassland improvement	草地改良 Ⅳ 20
gutta-percha, uses	古塔波胶，用途（1843 年）V 221
meat preservation	肉食保藏（1884 年）V 42
reaper, prize entry	收割机，奖品（1812 年）Ⅳ 7
roller-milling, wheat	"滚轴式磨面法"，小麦（1891 年）V 30
Royal Technological Institute, Stockholm	皇家理工学院，斯德哥尔摩 Ⅶ 1174
Rubber ('caoutchouc')	橡胶 V 752－775
Calender	压延机 V 763－766，图版 5
cut sheet and thread	切片和切胶丝 V 759－760
extrusion process	挤压工艺 V 764－765，772
'india-'	"橡皮" V 756
latex processing	溶胶加工 V 752－753
manufacture	制造业 V 755，757－770；Ⅵ 339
masticator	塑炼机 V 758－759
plantation	种植 V 773－775
proofing	涂层 V 761－763
raw	生橡胶 V 752－754，770，773－775
synthetic	合成橡胶 Ⅵ 506，510
tapping methods	割胶法 V 752－753；Ⅵ 339
tyres	轮胎；参见 Tyres
uses	用途 V 44，220－221，756－757，764－765，770－772
vulcanization (curing)	硫化（固化）V 221，765－770
waterproof fabric	防水胶布（1822 年）Ⅳ 253；V 761－763
Rubia tinctorum (madder)	染色茜草（茜草）Ⅰ 246；Ⅱ 366；Ⅲ 693

Rubus	悬钩子属 Ⅰ 353
Rumex spp.（docks）	酸模 Ⅰ 370
Russia	俄罗斯；参见 Union of Soviet Socialist Republics
'Russian' leather	俄罗斯皮革 Ⅱ 156, 177
Ruthenium	钌 Ⅳ 144

S

Saccharum officinarum（sugar-cane）	甘蔗 Ⅰ 370 – 371
Saddle-querns	鞍状手推磨 Ⅰ 273 – 274, 502, 514
Saddles	马鞍 Ⅱ 182, 538, 554 – 557
Safety measures	安全措施 Ⅴ 284, 289 – 290, 314, 330 – 331, 378, 480 – 483, 523, 636 – 637, 832
Safflower/saffron（yellow dye）	红花/藏红花（黄染料） Ⅰ 246 – 247, 249, 441
Saggars	匣钵 Ⅱ 297
Sails	帆；参见 Ships
Sakai people, Malaya	萨凯人，马来半岛 Ⅰ 164 – 165, 169 – 170
Sal alkali（glass-salt）	碱金属盐 Ⅲ 210
Sal ammoniac（ammonium chloride）	氯盐（氯化铵） Ⅰ 262；Ⅲ 48, 225, 689, 706；Ⅳ 232
Salicornia（marsh samphire）	海蓬子属植物（圣彼得草） Ⅱ 682
Salicylic acid	水杨酸 Ⅴ 300, 316
Salsola kali（soda plant）	苏打植物 Ⅰ 261
S. soda	洗涤碱 Ⅱ 354
Salt（sodium chloride）	食盐（氯化钠）
chlorine production	氯生产 Ⅳ 248
early civilizations	早期文明 Ⅰ 256 – 259

food additive 食品添加剂 Ⅱ 125，127

food preservation 食物保藏 Ⅰ 264－266；Ⅱ 148－149，155；
Ⅳ 46－47，49－50

glaze 釉 Ⅱ 287，307

Leblanc's process 吕布兰制碱法 Ⅳ 239－242

mining 采矿 Ⅰ 566－567；Ⅱ 166

peat source，Zeeland 泥炭资源，泽兰 Ⅱ 683

purification 提纯 Ⅳ 230，232－233

salt-pans 盐田 Ⅲ 76

salt-works 制盐工业 Ⅲ 82

saltpetre，separation 硝石，分离 Ⅱ 381

soda manufacture 制碱 Ⅳ 236－239

tax duties 税金 Ⅳ 237，239

transport 运输 Ⅱ 527

Saltpetre（nitre，potassium 硝石
nitrate）

Akkadian description 阿卡德语描述 Ⅰ 251－252

alchemical price 炼金费用（1501—1508 年）Ⅱ 747

aqua fortis preparation 硝酸制备 Ⅲ 695，706

assay，metal ores 测定，金属矿 Ⅲ 62－63

Chile-（NaNO3） 智利硝石 Ⅳ 246

Chinese origin 中国起源 Ⅱ 370

dyeing process 染色工艺 Ⅲ 695

explosive 炸药 Ⅱ 370；Ⅳ 235；Ⅴ 285

gun-cotton manufacture 火棉制造 Ⅴ 290－291

gunpowder ingredient 火药成分 Ⅱ 371，379－382；Ⅴ 285

manufacture 制造 Ⅳ 255；Ⅴ 285

matches，hand-guns 导火线，手枪 Ⅲ 355 注释 2

metallurgical fluxes 冶金熔剂 Ⅲ 39，41

military pyrotechnics 军用烟火技术 Ⅱ 374，376－382

preparation 制备 Ⅱ 369－371，380－381；Ⅳ 232

Sand	沙
building	建筑 II 407
glass-making	玻璃制造 II 314, 320, 323, 328
metal-casting	铸金 II 475
Sand-glass	沙漏 III 526, 550
Sandals	凉鞋；参见 Footwear
Sandiver	玻璃沫 III 62 及注释, 63
Sanitary engineering	卫生工程 II 663 – 694；参见 Water supply, Sewage
drainage systems	排水系统 IV 504 – 513；VII 1382 – 1398
sanitation	公共卫生 II 527 – 533, 689 – 691；III 273, 282 – 283；IV 504 – 519；VII 1382 – 1397
water-closets	抽水马桶 IV 423, 507 – 509
water-supply	供水 II 663 – 674, 689 – 692；IV 489 – 519；V 561 – 567；VII 1365 – 1366, 1373 – 1381
Sanson-Flamsteed projection	桑松 – 弗兰姆斯蒂德投影 IV 625
Santalum album (sandalwood)	檀香 I 288
Saponaria officinalis (soapwort)	肥皂草 I 249；II 215
Sarsen rocks	砂岩漂砾 I 491 – 493；II 35
Satellites, Earth	卫星，地球 VII 848, 857
Satin	缎子 III 192, 199 – 200, 203, 205；参见 Textiles
Saturn rockets	土星号火箭 VII 848, 861, 869
Saudi Arabia, oil	沙特阿拉伯，石油 VI 186
Saws	锯子
ancient origin	古代起源 I 142 – 143, 207 – 208, 603
band-saws	带锯 IV 437
bow-saws	弓形锯 III 112
bronze	青铜 I 603, 613
carpenter's	木匠的 II 228 – 230, 390 – 393
circular-	圆锯 II 385；IV 427, 437

copper-	铜锯 Ⅰ 207 – 208，570，603，688
fire-saws（fire-making）	锯木取火（生火）Ⅰ 220 – 222
flint-	燧石锯 Ⅰ 603
frame-saws	框锯 Ⅱ 391 – 392
iron-	铁锯 Ⅰ 619 – 620
joiner's	细木匠的锯（约 1703 年）Ⅱ 253
machine-saws	机械锯 Ⅱ 643 – 644；Ⅲ 365
mechanization	机械化（1808 年）Ⅳ 427 – 428，437，581 – 582
medieval	中世纪 Ⅱ 389 – 393
Neolithic stone-workers	新石器时代石器工匠 Ⅰ 500
quarrying/stone-masonry	采石/石材加工工业 Ⅱ 29 – 31，385
ship-building	造船 Ⅳ 580
tradesmen's tools	商人的工具（约 1500—1850 年）Ⅲ 110，112
two-handled	双柄锯 Ⅱ 230，389，391
water-powered	水力锯（约 1250 年）Ⅱ 644
Saxons	撒克逊人 Ⅱ 32 – 33，93
Say（cloth）	丝绒（布料）Ⅲ 179
Scaffolding	脚手架 Ⅱ 386；Ⅶ 938
Scandinavia, N. W. Europe	斯堪的纳维亚，欧洲西北部
metals	金属 Ⅳ 120
planks, ready sawn	木板，准备好的锯 Ⅳ 580
roads	道路 Ⅳ 529
shipping	船舶 Ⅳ 558，574
whaling	捕鲸 Ⅳ 57 – 58，62
wooden pipes	木制水管 Ⅳ 500
Sceptical Chymist, The, Robert Boyle	《怀疑的化学家》，玻意耳 Ⅳ 215
Schedula diversarum artium, Theophilus Presbyter	《不同技艺论》，特奥菲卢斯 Ⅲ 206
School of Mines, Britain	国立煤矿学校，英国 Ⅴ 782，785

Science and technology   科学技术 Ⅳ 663 – 681；Ⅶ 1467 – 1482

agriculture   农业 Ⅳ 14，621，674；Ⅴ 24

ancient world   古代世界 Ⅱ 603 – 604，606，638

arch theory   成拱论 Ⅲ 433 – 434

assaying   试金 Ⅲ 59 – 68

atomism   原子论 Ⅲ 56 – 57

bridge-building   造桥 Ⅲ 432

British government departments   英国政府部门 Ⅴ 550，782 – 784，790，794

building and engineering   建筑和工程 Ⅲ 258；Ⅳ 442 – 446，471，478 – 486

cables, transatlantic   电缆，横跨大西洋 Ⅳ 674

ceramics   陶瓷 Ⅳ 328，352

chemical industries   化学工业 Ⅲ 676 – 708；Ⅳ 214 – 257

dimensional theory   量纲理论 Ⅲ 432

economics, factors   经济，因素 Ⅵ 48 – 76

education   教育 Ⅴ 776 – 798；Ⅵ 138 – 171

engineering   工程 Ⅲ 344 – 345

Europe after 17th century   17 世纪后的欧洲 Ⅲ 717 – 721

food management   食品处理 Ⅴ 26 – 52

gas   煤气 Ⅳ 678

glass-making   玻璃制造 Ⅳ 358，360 – 361，374 – 375，674

gunpowder   火药 Ⅳ 674

hydraulics   水力学 Ⅲ 313 – 315

industrial revolution   工业革命 Ⅳ 148 – 151，230 – 257

instruments   仪器 Ⅲ 620 – 621；Ⅳ 398 – 415

metallurgy   冶金 Ⅲ 56 – 59，68；Ⅳ 674

navigation instruments   航海设备 Ⅳ 674

optical glass   光学玻璃 Ⅲ 230；Ⅳ 358 – 362

philanthropic schemes   慈善计划 Ⅳ 675 – 677

phlogiston theory   燃素说 Ⅲ 57，720；Ⅳ 218，220

quantitative analysis	定量分析 Ⅲ 59
road construction	道路建设 Ⅳ 532 – 536, 539
ship-building	造船 Ⅲ 482 – 483; Ⅳ 577, 579, 584
social consequences	社会后果 Ⅴ 814 – 841
steam-engines, development	蒸汽机，发展 Ⅳ 162 – 166, 179, 181 – 188
strength of materials	材料强度 Ⅲ 58 – 59, 250 – 251, 432
structural theory	结构理论 Ⅲ 432 – 434
town-planning	城镇规划 Ⅲ 285 – 288
warfare	战争 Ⅲ 373 – 375; Ⅳ 665 – 667
water-supply	供水 Ⅳ 490 – 491, 674
water-wheel experiments	水轮试验 Ⅳ 603 – 609
Scissors	剪刀 Ⅱ 100
Scirpus (mats and basketry)	莎草（席和篮子）Ⅰ 420 – 421, 450
Scotland	苏格兰；参见 Britain, Europe
agriculture	农业 Ⅲ 3, 142; Ⅳ 2 – 3, 7, 10, 17
alcoholic spirits	烈性酒 Ⅲ 11
bleaching industry	漂白业 Ⅳ 243 – 244, 246 – 248
Board of Trustees	理事会（1727 年）Ⅳ 244, 246
canals and waterways	运河和水道 Ⅳ 565, 569, 571 – 572
chemical industry	化学工业 Ⅳ 238 – 239, 241, 244 – 245, 251
coal-mining	煤矿开采 Ⅳ 88
coinage	铸币 Ⅲ 341
dam-building	修建大坝 Ⅵ 199 – 200
diet changes	饮食变化 Ⅲ 3
dredging	疏浚 Ⅳ 641
dyeing	染色 Ⅳ 248 – 249
farm-vehicles	农用交通工具 Ⅲ 142 – 144
fish industry	渔业 Ⅳ 47, 53 – 54
flax	亚麻 Ⅲ 157 – 158
furnaces	熔炉 Ⅳ 122

Highlands mapped	高地地图的 Ⅲ 554
hydro-electric engineering	水力发电工程 Ⅵ 212
iron industry	钢铁工业 Ⅳ 105，109－111
kelp	海藻 Ⅳ 236
linen	亚麻布 Ⅲ 151，176
New Year's Day, date	元旦，日期 Ⅲ 580
patent law	专利法 Ⅳ 244
roads	道路 Ⅳ 530，532－534，539
sensitometry	感光测定术 Ⅶ 1283－1284
shipping	船舶 Ⅲ 478；Ⅳ 558，592－593
soap	肥皂 Ⅲ 703
spinning-wheels	纺车 Ⅲ 151
steam-engines	蒸汽机 Ⅳ 162，172，178
sulphuric acid manufacture	硫酸制造业 Ⅳ 245
surveys	测量 Ⅳ 607，610，613，616
telegraphy	电报 Ⅳ 647，649－650
textile-industry	纺织工业 Ⅲ 163；Ⅳ 283，292，299－300，315
water-supply	供水 Ⅳ 497
windows	窗户 Ⅲ 237
wool	羊毛 Ⅲ 152
Screws	螺旋
accuracy	精度 Ⅳ 424－426
advances	进步（16－17 世纪）Ⅲ 325
Archimedean screws	阿基米德螺旋泵 Ⅱ 633，676－677；Ⅲ 106，304－305，423；Ⅳ 157
armour	盔甲 Ⅲ 629
'Barrow' screw regulator	"巴罗" 螺旋调节器 Ⅲ 669
clocks	时钟 Ⅲ 657，659
Greek	希腊 Ⅱ 631－632
instruments, use	仪器设备，用途 Ⅲ 610，629
lathes, screw-cutting	车床，螺纹切削 Ⅲ 334－337；Ⅳ 425，

429，432－433，439，441

lead-screws　　　　　　　导螺杆 Ⅲ 335－336

linen-press（printing）　　亚麻压榨机（印刷）Ⅲ 382

machine-tool parts　　　　机床零件 Ⅲ 343，345；Ⅳ 384－385，418－
419，432

machinery　　　　　　　机器（约 1556 年）Ⅲ 326－327

medieval　　　　　　　　中世纪 Ⅱ 293－294，394－395

micrometers　　　　　　　千分尺 Ⅲ 554；Ⅳ 395－397，403，423，
426；Ⅶ 1041

origin　　　　　　　　　起源 Ⅱ 242 注释

printing-press　　　　　　印刷机（16 世纪）Ⅲ 398－400

screw-cutting　　　　　　螺纹切割 Ⅱ 631－632，655；Ⅲ 334；Ⅳ
385－388，392，419－420，424－425，
434，图版 25A

screw dies/taps　　　　　螺丝板/丝锥（19 世纪）Ⅲ 113－114

screw-jacks　　　　　　　螺旋千斤顶（起重机）Ⅱ 647；Ⅳ 463，480

screw-presses　　　　　　螺旋压力机 Ⅲ 41，177，334，337－340，
382，414

screw-stoppers　　　　　　螺旋塞 Ⅱ 293－294

standardization　　　　　标准化（1841 年）Ⅳ 433，637

tangent screws　　　　　　切线螺杆 Ⅳ 391－393，395，402－403

Scripts　　　　　　　　　文字；参见 Writing

Sculpture and statuary　　雕塑和雕像

casting statues　　　　　铸造雕像 Ⅲ 38－39

Colossus of Rhodes　　　罗得岛的巨像 Ⅱ 470

Greek temple figures　　希腊神庙人像 Ⅱ 470

ivory　　　　　　　　　象牙 Ⅰ 153，661－662，666，668－669，
673，681

stone　　　　　　　　　石雕 Ⅰ 469－470

terracotta　　　　　　　红陶 Ⅱ 274－279

wood　　　　　　　　　木雕 Ⅰ 689－670，699，702

Scythes　　　　　　　　长柄大镰刀 Ⅰ 514；Ⅱ 75，95－96，396；Ⅲ

	136 – 138，Ⅳ 7
Scythians	塞西亚人 Ⅰ 373
Seals, hydraulic	密封，液压的 Ⅳ 266 – 267
Seasons, cycle	季节，循环 Ⅲ 559 – 560，569，573；参见 Calendars
Seaweed	海藻；参见 Kelp
Secale	黑麦 Ⅰ 368
Sector instrument	函数尺 Ⅲ 627 – 628，636
Seedlip（seedcot）	种子篮（种子套）Ⅱ 100
Selenium	硒 Ⅴ 97
Semang people, Malaya	塞芒人，马来亚 Ⅰ 162，168 – 170，183 – 184
Sericulture	蚕丝业 Ⅳ 308 – 309，319 – 320；参见 Silk Industry
Sesamum	芝麻 Ⅰ 288
Serbia	塞尔维亚 Ⅵ 7 – 8
Serge（cloth）	哔叽（布料）Ⅲ 178 – 179
Serpentine quarries	蛇纹石 Ⅱ 30
Set-squares	三角板 Ⅱ 253，386 – 387
Setaria（a millet）	粟属（一种粟）Ⅰ 369 – 370
Sewage and sewerage	污水排水 Ⅳ 504 – 519；Ⅶ 1383 – 1398；参见 Sanitary engineering
Akkadian closet	阿卡德宫殿的盥洗室 Ⅰ 467
ancient cities	古代城市 Ⅱ 527 – 529
'Bill of Sewers', England	《下水道法案》，英格兰（1531 年）Ⅳ 506
City of London	伦敦城（始于 1349 年）Ⅳ 505 – 506
construction	建设（20 世纪）Ⅶ 1386 – 1387
design progress	设计进步 Ⅶ 1385 – 1386
disposal	处理 Ⅳ 517 – 519
health hazards, sewer-men	健康风险，下水道工人 Ⅳ 516 – 517
house-drainage	住宅排水 Ⅳ 507 – 509
London, drainage-works	伦敦，排水工程（始于 1850 年）Ⅳ 509 –

	512；Ⅶ 1383－1384
medieval	中世纪 Ⅱ 689－691
Mesopotamia	美索不达米亚（公元前 3000 年）Ⅰ 466－467，528
Middle Ages	中世纪 Ⅱ 532－533；Ⅳ 504－505
Minos，Crete	米诺斯，克里特（约公元前 1500 年）Ⅳ 504
Paris，drainage works	巴黎，排水工程（始于 1663 年）Ⅳ 512－513
Roman period	罗马时期 Ⅲ 282；Ⅳ 504
sewers，designs and repairs	下水道，设计和维修 Ⅳ 512－517
treatment	处理 Ⅶ 1387－1395
urban systems	城市系统 Ⅶ 1383－1385
water pollution	水污染 Ⅶ 1395－1397
Sewing-machines	缝纫机 Ⅴ 588－591，639－640，655，819；Ⅵ 679－689
Sextants	六分仪 Ⅲ 556－557，639；Ⅳ 390，399，401，598，615－618，图版 22B
Shag（fabric，goat's hair）	长毛绒（织物，山羊毛）Ⅲ 179
Shagreen（leather）	鲨革（皮革）Ⅱ 157
Shalloon（woven worsted）	沙隆（精纺织物）Ⅲ 179
Shaper-machines／engines	牛头刨床／引擎 Ⅳ 428，430，图版 26B
Sharpening-stones	磨刀石 Ⅱ 97
Shearing-machines	剪切机床 Ⅲ 173－175
Shears	修剪（切削）Ⅱ 100，192－193，215，217－218，331；Ⅲ 340，352
Sheep	羊；参见 Livestock
Sheffield plate	设菲尔德板 Ⅲ 48；Ⅳ 130；Ⅴ 632－634
Shellac	虫胶 Ⅱ 362；Ⅲ 696；Ⅳ 133，163；参见 Lacquer
Shells	贝壳
burnishing tools	磨光工具 Ⅰ 390
currency	货币 Ⅰ 174

ivory-work	象牙制品 I 670 – 671	
lamps	灯 I 236	
metal-work	金属制品 I 661	
Shields	盾	
bronze	青铜 II 460, 462, 468, 696	
leather	皮革 II 164 – 165, 167	
'tortoise'	"龟形装甲" II 716	
wood	木头 II 169	
Shimosite（picric acid explosive）	下关炸药（苦味酸炸药）VI 548	
Shipping lines	航运公司；参见 Ships . . . headings	
Australian Mail Company	澳大利亚邮政公司 V 362	
Blue Funnel	蓝烟囱航运公司 V 378 – 379	
Cunard	丘纳德航运公司 V 145, 352, 374, 378	
East India Company	东印度公司 III 481, 496; IV 576, 578 – 579, 590	
Eastern Steam Navigation Company	东部蒸汽航运公司 V 362	
General Steam Navigation Company	通用轮船公司 IV 591	
Inman	英曼航运公司 V 217	
National	国立的 V 149	
Orient Line	东方航运公司 IV 593	
Pacific Steam Navigation Company	太平洋蒸汽航运公司 V 372	
White Star	白星航运公司 V 378	
Ships and ship-building	船舶和造船 II 563 – 588; III 471 – 500; IV 574 – 595; V 350 – 390; VII 736 – 761; 参见 Shipping lines, Ships named	
ancient man	古代人 I 730 – 743	
Armada campaign	无敌舰队战役 III 480 – 482	
barges	驳船 II 576 – 577, 686 – 687; III 478 – 479	

bells	钟 Ⅲ 484
block-making project	滑轮加工工程 Ⅳ 427 – 428，437，581 – 582
brigantines	双桅帆船 Ⅲ 491，499
bulk carriers	散装船 Ⅶ 737，740
cable-ships	电缆船 Ⅴ 225
cables	锚索 Ⅳ 580
caravels	卡拉维尔帆船 Ⅲ 476 – 478
cargo-ships	货船 Ⅴ 378 – 383；Ⅶ 737，739 – 741
carracks	卡拉克船 Ⅱ 586 – 587；Ⅲ 475 – 479
'cat-built barks'	"坎特式三桅船" Ⅳ 574 – 575
cataphracts, Greek	装甲战船，希腊 Ⅱ 566 – 567
chain anchor-cable	锚链 Ⅳ 585
clippers	飞剪船 Ⅳ 590 – 593
coal consumption	煤炭消耗 Ⅴ 363，365
cogs (types of sailing ships)	柯格船（帆船的类型）Ⅲ 476
colliers	运煤船 Ⅳ 574 – 575；Ⅴ 371，380
decoration	装饰 Ⅲ 493 – 495，498
designs	设计 Ⅳ 577 – 578，584；Ⅶ 736，746 – 747，756
developments	发展（始于 17 世纪）Ⅲ 482 – 486，495 – 499
docks	船坞 Ⅲ 492
dredgers	挖泥船 Ⅱ 656 – 657；Ⅳ 630
fishing-vessels	渔船 Ⅳ 46 – 48，52 – 54
frigates	桨帆快船 Ⅲ 496
full-rigged	全帆装船 Ⅲ 474 – 478，499
galleasses	风帆炮舰 Ⅲ 473，478 – 480，图版 21B
galleons	盖伦船 Ⅲ 479 – 481，483，487
galleys	桨帆船 Ⅲ 353，471 – 474，478 – 480
Greek	希腊 Ⅱ 517 – 518，563 – 567
guns	火炮 Ⅲ 473，478 – 481，499

herring-busses   鲱鱼帆船 Ⅲ 499

H. M. Victualling Office,   维克图阿灵，德特福德 Ⅳ 208
  Deptford

hoys（sailing vessels）   单桅小船（帆船）Ⅲ 498

hydrofoil craft   水翼艇 Ⅶ 744 – 745

industry   行业（20 世纪）Ⅶ 693 – 694

international trade   国际贸易 Ⅶ 692，694，696

Irish   爱尔兰人 Ⅱ 581 – 582

iron ships   铁船 Ⅳ 476，579 – 580，583，587 – 592，
  594；Ⅴ 62，350 – 353，355 – 372

ironclads   铁甲船 Ⅳ 588 – 590

Liberty ships   自由轮 Ⅶ 753 – 754，877

Lloyd's Register   劳氏船级社 Ⅴ 373

medieval   中世纪 Ⅱ 390，582 – 588

merchantmen   商船 Ⅱ 567 – 569，573 – 576，585 – 586

models   模型 Ⅲ 482，490 – 492，497，图版 24

mould-loft   放样间 Ⅲ 489 – 490

naval architecture   造船工程 Ⅳ 584

oars   船桨 Ⅲ 471 – 473

oil-burning   烧油的 Ⅴ 117 – 118；759 – 760

oil-tankers   油轮 Ⅴ 121，380 – 383；Ⅶ 696 – 697，737，
  740 – 743

ownership, world fleet   所有权，世界船队 Ⅶ 694 – 695，757 – 758

paddle-propulsion   桨轮推进 Ⅱ 606，607，651，719；Ⅴ
  141 – 146，372

passenger ships   客轮 Ⅶ 737，743 – 744

performance   性能 Ⅳ 575 – 579，592

pinks   三桅海帆船 Ⅲ 485

pinnaces   三桅小帆船 Ⅲ 478 – 479

propulsion   推进器（20 世纪）Ⅶ 758 – 760

rigging   索具 Ⅲ 476 – 477，483，485 – 487，495 –
  497；Ⅳ 582 – 586，593 – 594

Roman	罗马的 Ⅱ 569 – 576
round-ships	圆船 Ⅲ 473 – 474，479 – 480
rudders	船舵 Ⅲ 475 – 476
rust prevention	防锈 Ⅲ 679
safety	安全 Ⅶ 745 – 746，748
sails	帆船 Ⅱ 567，571，574，583 – 584，771；Ⅲ 472，474 – 477，481，485 – 487；Ⅳ 582 – 586，593 – 594；Ⅴ 353，362 – 363，378，454
Scandinavian	斯堪的纳维亚的 Ⅱ 612
screw-propulsion	螺旋推进 Ⅳ 431，587；Ⅴ 146 – 149
sheathing	覆盖 Ⅳ 123，130，579 – 580，591 – 592
ship-burials	埋藏人的船 Ⅱ 578 – 581
shipyards	船坞 Ⅱ 517 – 518；Ⅲ 486
sloops	辅助炮艇 Ⅲ 491
snows（snaauw）	二桅帆船 Ⅲ 499
steamships	蒸汽船 Ⅳ 548，571 – 572，587 – 588，590，593 – 594；Ⅴ 352 – 353，362 – 365，381，383
steel ships	钢船 Ⅴ 62，372 – 378
steering-gear	操舵装置 Ⅲ 497 – 498；Ⅴ 383 – 386
stores	储备物资 Ⅲ 487
submarines	潜水艇 Ⅴ 117，234；Ⅵ 254
textbooks	教科书 Ⅲ 482，488
theory	理论 Ⅲ 432；Ⅴ 353，386 – 390
timber	木材 Ⅲ 487 – 489，481，492 – 493
tonnage	吨位 Ⅲ 480 – 481，493；Ⅶ 757 – 758
trading-ships	商船 Ⅲ 472 – 478，481 – 482，496，498 – 499
turbines	蒸汽轮机 Ⅴ 149 – 152；Ⅶ 758 – 759
Victory ships	胜利轮 Ⅶ 753，877
warships	军舰 Ⅲ 471 – 474，478 – 482，497，499；

	IV 576 – 579，582 – 588；V 141，147， 152，155；VII 752
whaling-ships	捕鲸船 III 497
Whitby colliers	惠特比运煤船 IV 574
wooden ships	木船 IV 574 – 588，590 – 592；V 350，353， 355 注释 1，365，375
yachts	快艇游船 III 486，497 – 498
Ships named	船舶名称；参见 Shipping lines, Ships and Shipbuilding
Aaron Manby	"艾伦·曼比号" V 146，351
Agamemnon	"亚加米农号" IV 575
Ajax	"埃阿斯号" V 148
Alarm	"班长号" IV 580
Albatross	"信天翁号" VII 1466
America	"阿美利加号" VII 744
Amphion	"安菲翁号" V 148
Annette	"安妮特号" V 361
Antarctic	"南极号" IV 60
Antelope	"羚羊号" III 479
Anthracite	"无烟煤号" V 154
Aquitania	"阿奎塔尼亚号" VII 743，759
Arcadia	"阿卡迪亚号" VII 744
Archimedes	"阿基米德号" V 147
Arctic Prince	"北极王子号" VI 352
Arctic Queen	"北极王后号" VI 352
Ariel	"羚羊号" IV 592，图版 43A
Ark Royal	"皇家方舟号" III 481
Arrow	"箭号" IV 579
Atalanta	"亚特兰大号" IV 图版 41A
Atlas	"阿特拉斯号" IV 图版 42B
Augustus B. Wolvin	"奥古斯塔斯·B. 沃尔文号" VI 464
Bacchante	"酒神女祭司号" V 148

Banshee	"女鬼号" V 62
Bellona	"女战神号" IV 图版 41B
Birkenhead	"伯肯黑德号" V 441
Blenheim	"布莱尼姆号" IV 590
Blue Peter	"蓝彼得号" VI 352
Boadicea	"包迪西亚号" V 148
Brandon	"布兰登号" V 149
Britannic	"不列颠号" VII 743
Bull	"公牛号" III 479
Caliph	"卡利夫号" IV 593
Campania	"坎帕尼亚号" V 374 – 377, 图版 25
Candia	"坎迪亚号" V 148
Captain	"船长号" IV 589, 图版 43B
Challenger	"挑战者号" V 453, 465; VII 1451 – 1453, 1447 – 1448, 1456, 1465
Charles	"查理号" III 491
Charlotte Dundas	"夏洛特·邓达斯号" IV 572; V 143
Circassia	"切尔卡西亚号" V 48
City of New York	"纽约城号" V 378
City of Paris	"巴黎城号" V 378
City of Richmond	"里士满城号" V 217
City of Rome	"罗马城号" V 369 – 371
Clermont	"克莱蒙号" V 143
Clytemnestra	"克吕泰墨斯特拉号" V 62
Comet	"彗星号" V 143, 152
Conte di Savoia	"萨伏伊公爵号" VII 744
Cordelière	"科尔得利号" III 478
Coronia	"科罗尼亚号" VII 759
Cutty Sark	"短衬衫号" IV 592
Dart	"标枪号" IV 579
Defiance	"挑战者号" IV 548

Devastation "毁灭号" Ⅳ 590

Dreadnought "无畏号" Ⅳ 577；Ⅵ 5

Duke of Wellington "威灵顿公爵号" Ⅳ 587 – 588

Dunedin "达尼丁号" Ⅴ 49

Elégante Messagère "优雅信使号" Ⅳ 559

Elizabeth Watts "伊丽莎白·瓦茨号" Ⅴ 121

Endeavour "奋进号" Ⅳ 575，图版 40 A；Ⅴ 146；Ⅶ
1446

Erebus "黑暗号" Ⅴ 41

Etruria "伊特鲁里亚号" Ⅴ 378

Europe "欧罗巴号" Ⅶ 744

Fairfree "费尔弗里号" Ⅵ 353 – 354

Flamboro "弗兰伯勒号" Ⅴ 149，图版 15 B

Franconia "弗兰克尼亚号" Ⅶ 759

Frigorifique "冷藏库号" Ⅴ 48

Fullagar "富拉格号" Ⅶ 736

Garry Owen "加利·欧文号" Ⅴ 351，362

George "乔治号"（1546 年）Ⅲ 478

Gettysberg "葛底斯堡号" Ⅶ 742

Glatton "格拉顿号" Ⅳ 590

Glomar Challenger "格洛玛·挑战者号" Ⅶ 1457

Glückauf "幸运号" Ⅴ 121

Golden Hind "金鹿号" Ⅲ 477，494

Goliah "巨人号" Ⅳ 661

Gorgon "戈尔贡号" Ⅴ 145

Grace Dieu "天佑号"（1418 年）Ⅱ 587 – 588

Grand Souterrain "非凡的隧道号" Ⅳ 556

Great Britain "大不列颠号" Ⅳ 431，476；Ⅴ 147，362，
375，图版 14 A

Great Eastern "大东方号" Ⅳ 661，图版 46 B；Ⅴ 146，
148，361，363 – 365，372，374 – 375，
377，383 – 385，图版 13 A，15 A，24；

Great Michael	"大迈克尔"（1506 年）Ⅲ 478
Great Western	"大西方号"Ⅳ 图版 44A；Ⅴ 362，372
Greyhound	"灵号"Ⅴ 389 – 390
Hamburg	"汉堡号"Ⅵ 354
Harry/Harry Grace à Dieu	"哈利号"；参见 Henry …
Hart	"公鹿号"Ⅲ 479
Henry Grace à Dieu	"亨利号"Ⅲ 478，487，图版 21A
Holland	"荷兰号"Ⅴ 149
Inflexible	"不屈号"Ⅴ 217
Investigator	"调查者号"Ⅴ 452
Iris	"彩虹女神号"Ⅴ 373
Isle of Arran	"阿伦岛号"Ⅴ 146
James Watt	"詹姆斯·瓦特号"Ⅳ 594
Janot	"雅诺号"Ⅵ 352
Janus	"杰纳斯号"Ⅴ 153
John Sergeant	"约翰·萨金特号"Ⅶ 760
Lady of the Lake	"莱克夫人号"Ⅳ 548
La Gloire	"光荣号"Ⅳ 588 – 589
Lancing	"兰辛号"Ⅳ 593
Lenin	"列宁号"Ⅵ 244
Leviathan	"海中怪兽号"Ⅴ 540
Lindesnaes	"林德斯内号"Ⅴ 380 – 381
London Engineer	"伦敦工程师号"Ⅴ 144
Lucania	"卢卡尼亚号"Ⅴ 374 – 377
Lusitania	"卢西塔尼亚号"Ⅶ 743，759，1071
Madre de Dios	"圣母号"Ⅲ 481
Majestic	"雄伟号"Ⅴ 378
Manhattan	"曼哈顿号"Ⅶ 744
Marlborough	"莫尔伯勒号"Ⅳ 587，图版 40B
Mauretania	"毛里塔尼亚号"Ⅶ 693，743，759，924，

1033，1071

Mercury	"墨丘利号" V 373
Merrimac	"梅里麦克号" V 822
Minotaur	"弥诺陶洛斯号" V 148
Minx	"明克斯号" V 147
Monitor	"班长号" Ⅳ 589；V 819
Nautilus	"舡鱼号" Ⅵ 254
Neverita	"内维利塔号" Ⅶ 737
New Zealand	"新西兰号" V 155
Newcombia	"新科比亚号" Ⅶ 737
Nina	"尼娜号" Ⅲ 477
Normandie	"诺曼底号" Ⅶ 744
Northumberland	"诺森伯兰郡号" V 148，图版 14B
Oceanic	"大洋号" Ⅶ 743
Olympic	"奥林匹克号" Ⅶ 743
Oswestry Grange	"奥斯韦斯特里·格兰奇号" V 48
Paraguay	"巴拉圭号" V 48
Pereire	"佩雷艾号" Ⅳ 593
Powerful	"强力号" V 154
Preussen	"普雷森号" Ⅳ 594
Princess Henriette	"亨丽埃特公主号" V 146，图版 13B
Princeton	"普林斯顿号" V 147
Propontis	"普罗庞蒂斯号" V 149
Pyroscaphe	"火舟号" V 142
Queen	"皇后号" Ⅳ 587 – 588
Queen Elizabeth	"伊丽莎白女王号" Ⅶ 743
Queen Mary	"玛丽皇后号" V 539；Ⅶ 743
Rattler	"响蛇尾号" V 147
Regent	"摄政者号" Ⅲ 478
Reliance	"信任号" V 449
Resolution	"坚定号" Ⅳ 575

Rising Star	"升星号" V 144
Royal George	"皇家乔治号" III 499；IV 580，590
Royal Prince	"皇家王子号" III 485－486，494，图版 22
San Juan	"圣胡安号" III 480
San Martin	"圣马丁号" III 480－481
São João	盖伦船 III 480
Savannah	"萨凡纳号" V 144
Scotia	"斯科舍号" V 145
Selandia	"斯兰迪亚号" VII 759
Shark sloop	"鲨鱼号" 辅助炮艇 III 491
Sharpshooter	"神枪手号" V 154
Sheldrake	"麻鸭号" V 155
Sir Lancelot	"朗瑟洛爵士号" IV 592
Sirius	"天狼星号" V 153
Sovereign of the Seas	"海上君主号" III 482，485－486，494，图版 23
Speedy	"快捷号" V 155
Strathleven	"斯特拉思利文号" V 49
Subtile	"萨布泰尔号" III 479
Taeping	"太平号" IV 592，图版 43A
Terrible	"猛烈号" V 154
Terror	"恐怖号" V 41
Teutonic	"条顿号" V 378
Thermopylae	"德摩比利号" IV 592
Thetis	"西蒂斯号" V 154
Thorland	"索兰德号" VI 353
Thunderer	"雷神号" V 153
Tiger	"虎号" III 479
Titanic	"泰坦尼克号" VII 743，745
Transit	"中天号" IV 579
Trial	"试验号" V 350

Trident	"三叉戟号" IV 590
Trieste (*bathyscope*)	"的里雅斯特号" VII 1453
Turbinia	"透平尼亚号" V 150 – 151, 156; VII 758, 1025
Umbria	"翁步里亚号" V 378
Vaderland	"瓦德兰德号" V 381 – 382
Vespasian	"维斯帕西安号" VII 759
Victoria	"维多利亚号" (1518 年) III 477
Victoria	"维多利亚号" (1859 年) IV 587
Victory	"胜利号" III 499; IV 576 – 577, 582, 585, 图版 42A
Virginia	"弗吉尼亚号" VII 759
Vityaz	"维塔兹号" VII 1453
Volkswohl	"福尔克斯沃尔号" VI 352
Vulcan	"伏尔甘号" V 350, 355 – 356, 358, 366, 368 – 371
Warrior	"勇士号" IV 588 – 589; V 148
Zoroaster	"琐罗亚斯德号" V 121
Shipworm (Teredo navalis)	船蛆 II 569
Shoe-last celts, Danubian period	鞋楦式石斧, 多瑙河文化时期 I 507
Shoemakers	制鞋工人 II 166 – 168, 170
Shoes	鞋; 参见 Footwear, under Horses
Shuttles	梭子 III 161, 165 – 170, 187
Siamese spoke-reel	暹逻的辐条络车 II 206
Sickles	镰刀 I 502, 503, 513 – 514, 520, 541 – 542, 698; II 94 – 95; III 134, 136 – 137
Siege-engines	攻城器械; 参见 Military technology
battering-rams	攻城槌 II 702, 715 – 716
cannon	大炮 (14 世纪) II 726 – 727
fighting car ('tank')	战车 ("坦克") II 726
scaling-ladders	云梯 II 716, 724
seventeenth century	17 世纪 III 370

towers	塔楼 Ⅱ 716 – 717，725 – 726
wall defences	城墙防御 Ⅱ 717 – 719
Sieves	筛 Ⅰ 275，422，566；Ⅱ 5，104；Ⅲ 16 – 18
Sighting-tubes	窥管 Ⅲ 375，593 – 595
Silex	硅石 Ⅱ 28，529
Silica	二氧化硅 Ⅲ 206，218；Ⅳ 332 – 333，347，359；Ⅵ 430
Silk industry	丝织工业 Ⅳ 308 – 327；参见 Sericulture，Textile industries
ancient textiles	古代织物（约公元前 1000 年）Ⅰ 445
bleaching and dyeing	漂白和染丝 Ⅱ 365
British，Irish and Colonial Silk Company	不列颠和爱尔兰及其殖民地丝绸公司 Ⅳ 308
Byzantine influence	拜占庭的影响 Ⅱ 756，761
Chinese	中国的 Ⅲ 195，201 – 202
combing processes	精梳法 Ⅳ 321 – 322
damasks	花缎 Ⅲ 201 – 203
dyeing and weighting	染色和增重 Ⅳ 320 – 321
early sericulture	早期养蚕业 Ⅱ 197 – 199
fabrics and cloths，types	织物和布料，类型 Ⅲ 178 – 179
figured silks	提花丝织物 Ⅲ 190 – 191，193
figured twill	显花斜纹织物 Ⅲ 195 – 198
French loom	法国织布机（约 1605—1620 年）Ⅱ 165
Islamic	伊斯兰的 Ⅱ 762 – 763；Ⅲ 191，197，199
Italian	意大利的 Ⅲ 165，196，199，203
machinery	机器 Ⅳ 309 – 319
medieval	中世纪的 Ⅲ 190 – 191，196 – 198，200，202
'old silk-route'	"古丝绸之路" Ⅱ 759，763
raw-silk trade	生丝贸易 Ⅲ 195
reeling process	缫丝工艺 Ⅳ 309 – 310
Renaissance period	文艺复兴时期 Ⅲ 151

satin weave 缎纹组织 Ⅲ 200

sericulture 养蚕 Ⅲ 195

spinning techniques 纺织技术 Ⅱ 205 – 207, 644 – 645, 图版 8; Ⅳ 313 – 316, 321

tabby fabrics 平纹织物 Ⅲ 195, 201 – 202

throwing 捻 Ⅳ 311 – 313, 图版 15

varnished for gas-pipes 涂漆的丝绸管 Ⅳ 262

warping 整经 Ⅱ 210

watered effects 水洗效果 Ⅲ 178

weaving 织物 Ⅳ 316 – 319

Siloam tunnel 西罗亚隧道 Ⅰ 764 – 765

Silver 白银

aqua regia, reaction "王水", 反应 Ⅱ 356 – 357

assaying 试金 Ⅱ 45 – 46; Ⅲ 59, 63 – 68

blanching 漂白 Ⅲ 46, 56

chloride 氯化银 Ⅲ 241

chronological chart 年历表 Ⅰ 575

coinage 铸币 Ⅰ 585; Ⅱ 13 注释, 46, 485; Ⅲ 46 – 47; Ⅴ 94; Ⅵ 411

cupellation 灰吹法 Ⅰ 581, 584; Ⅲ 64 – 65

cups 杯子 Ⅱ 449 – 450, 463

early civilizations 早期文明 Ⅰ 582 – 585

electrum 金银合金 Ⅰ 623, 644 – 645, 661; Ⅳ 146

extraction 提炼 Ⅰ 572, 574, 584; Ⅱ 356 – 357; Ⅲ 33, 42; Ⅳ 135 – 140; Ⅴ 72, 76, 79, 95 – 97; Ⅵ 424

fine metal-work 精细金属加工 Ⅰ 623 – 624, 626

furnaces, melting 熔炉, 熔炼 Ⅲ 53

galena source 硫化铅来源 Ⅱ 43 – 44

German silver 德国银 Ⅳ 146

gold, separation 黄金, 分离 Ⅰ 356 – 357; Ⅱ 65

ground 助熔剂 Ⅲ 49

liquation process   熔析法 Ⅰ 584 – 585

metallurgy   冶金 Ⅲ 27 – 28

mines   矿石 Ⅱ 1 – 5, 65, 110；Ⅲ 80 – 82；Ⅳ 66；
       Ⅵ 411, 413

mirrors   银镜（始于约 1840 年）Ⅳ 363

niello ingredient   乌银成分 48

paint/ink   油漆/油墨 Ⅲ 49

plating   镀银 Ⅱ 227；Ⅳ 119；Ⅴ 95

price   价格（公元 1501 年）Ⅱ 747

refining techniques   精炼工艺 Ⅱ 42 注释，43 – 45, 65 – 67；Ⅳ
       142 – 144

repoussé work   压花制品 Ⅱ 468, 470 – 472

rolling-mills   滚轧机 Ⅲ 342

Roman period   罗马时期 Ⅱ 63

Sheffield plate   设菲尔德板 Ⅲ 48；Ⅳ 130

soldering   焊接 Ⅰ 650 – 652；Ⅲ 48

speculum-metal   镜用合金 Ⅲ 38, 40 – 41

sulphide   硫化银 Ⅳ 66

tape   带子 Ⅲ 48

touchstone assay method   试金石测定法 Ⅱ 45 – 46；Ⅲ 65 – 66

Vase of Entemena   昂泰姆纳花瓶 Ⅰ 652 – 653

wire   银丝 Ⅱ 452 – 453

yellow glaze   黄釉 Ⅰ 359

Sinapis（mustards）   芥菜 Ⅰ 370

Sinopia（red pigment）   赭石颜料（红颜料）Ⅱ 361

Siphons   虹吸管 Ⅱ 668 – 669, 671

Skill   技能 Ⅰ 1 – 37

animals, use of tools   动物，使用工具 Ⅰ 1 – 6

cultural factors   文化因素 Ⅰ 34 – 36

hereditary influences   遗传影响 Ⅰ 34 – 36

human-, evolution   人类的技能，进化 Ⅰ 22 – 34

primates   灵长目动物 Ⅰ 6 – 19

tool-making, origins	工具制作，起源 Ⅰ 19 – 22
Skis, Stone Age	雪橇，石器时代 Ⅰ 708 – 709
Slates, roofing	板岩，屋顶 Ⅱ 34, 415；Ⅲ 260 – 261
Slave-labour	奴隶劳动 Ⅱ 590 – 592, 600 – 601, 605 – 606, 638 – 639, 671 – 672
Sledges	雪橇
cave pictograph	洞穴，象形文字（约公元前 3500 年）Ⅰ 205
farm vehicles	农用车 Ⅲ 140 – 141
Egyptian building methods	埃及建造方法 Ⅰ 479, 481
origin	起源 Ⅰ 206, 210, 704
runners, types	滑板，类型 Ⅰ 516, 708
wheel-less vehicles	无轮交通工具 Ⅰ 707 – 711；Ⅱ 19；Ⅲ 537
Sleeve and socket principle	套筒管座原理 Ⅰ 71
Slide-car	滑车 Ⅲ 141
Slide-rules	计算尺（17 世纪）Ⅲ 542, 628
Slings	投石器 Ⅰ 156 – 157, 502, 512
Sluices	水闸 Ⅲ 441 – 442, 444, 454, 462
Smalt	大青玻璃粉 Ⅱ 361；Ⅲ 678, 698；Ⅳ 145
Smelting	熔炼 Ⅲ 27 – 33, 51, 74, 79；参见 Metals
Smiths	金属工匠；参见 Machine-tools
anchor-	锚铁匠 Ⅲ 116
ancient crafts	古代工艺 Ⅰ 579, 596
blacksmiths	铁匠 58 – 61, 69 – 70, 236, 242, 256, 396；Ⅲ 111 – 114, 116, 126 – 127, 487
blade-	刀匠 Ⅲ 343
bronzesmiths	青铜匠 Ⅰ 591；Ⅱ 472；Ⅲ 116
chain-	链铁匠 Ⅲ 116
coppersmiths	铜匠 Ⅱ 53
goldsmiths	金匠 Ⅲ 623
locksmiths	锁匠 Ⅱ 60

London Blacksmiths' Company 伦敦铁匠公司 Ⅱ 243

nail- 铁钉匠 Ⅲ 116

needlesmiths 针匠 Ⅱ 75

shear- 剪切匠 Ⅲ 116

silversmiths 银匠 Ⅱ 482

swordsmiths 打造刀剑的铁匠 Ⅱ 479－480；Ⅲ 115，350

tinsmiths 锡匠 Ⅲ 116

Snuff 鼻烟 Ⅲ 10

Soap 肥皂

alkali supply 碱供应 Ⅳ 232，235，238，241，246

animal-oils 动物油脂 Ⅳ 61

cloth,finishing 织物，整理 Ⅲ 169－171，175

detergents 清洁（20 世纪）Ⅵ 547

Egyptian detergents 埃及清洁剂 Ⅰ 249，260－261

essential oils,use 香精油，使用 Ⅴ 317

manufacture 制造业（始于 18 世纪）Ⅳ 253－254；Ⅵ 547

origin 起源 Ⅱ 354－356

palm oil 棕榈油 Ⅰ 828；Ⅴ 23

soap-making 肥皂制作 Ⅱ 356 注释；Ⅲ 703－705；Ⅳ 232

Sumerian recipes 苏美尔配方 Ⅰ 261

-tax,abolished 肥皂税，取消（1853 年）Ⅴ 834

Soapstone（steatite） 皂石 Ⅳ 343

Soay（Hebrides）sheep 索厄羊（赫布里底群岛）Ⅰ 344－345

Société d'Encouragement,Paris 促进协会，巴黎 Ⅴ 528

Société des Ingénieurs Civils de France 法国土木工程师学会 Ⅴ 489－490

Societies,forms 社会，形态；参见 Cultures

domestication,animals 驯养，动物 Ⅰ 327－328

early periods 早期 Ⅰ 38－57

economic classes,emergence 经济阶层，出现 Ⅰ 53

economic imperialism	经济帝国主义 I 56 – 57
food-gatherers	食物采集者 I 40 – 42，184 – 186
industrialization, consequences	工业化，后果 V 814 – 841
ivory workers	象牙工人 I 664 – 666
language	语言 I 89 – 92，102 – 106，745 – 746，755 – 757
Neolithic revolution	新石器革命 I 42 – 47，79，340 – 341，349 – 350
science, effects	科学，影响 IV 663 – 681
tribute state	贡品国 I 50 – 55
urban revolution	城市革命 I 45，49 – 50，52 – 53，80，101 – 102，377
Society of Arts	皇家艺术学会；参见 Royal Society of Arts
Society of Chemical Industry, London	化学工业协会，伦敦 V 802；VI 153
Society of Dyers and Colourists (Bradford)	印染者学会（布拉德福）VI 672
Society of Glass Technology in Britain	英国玻璃技术学会（1916 年）VI 589
Soda（sodium carbonate）	苏打（碳酸钠）；参见 Natron
alchemical description	炼金术描绘 II 737
caustic-（hydroxide）	烧碱（氢氧化物）II 737；IV 227；V 244；VI 519，521
cleansing agent	清洁剂 II 355
glass industry	玻璃制造业 I 261；III 206，234，700；IV 256
glazes	釉 II 354
manufacture	制造业 IV 231 – 232，236 – 242，245，248；V 236 – 244
mummification process	木乃伊制作工艺 I 268，270
nitrun, Nile Delta	碱，尼罗河三角洲 II 354
plant source	植物来源 I 261

soap manufacture 肥皂业 Ⅱ 354；Ⅲ 703；Ⅳ 253；Ⅴ 244，671 – 672

wood source 木材来源 Ⅲ 685；Ⅳ 231 – 232

Sodium 钠

  aeroengine coolant 航空发动机冷却剂（20 世纪 40 年代）Ⅵ 442

  carbonate 碳酸钠；参见 Soda

  Castner process 卡斯特纳法 Ⅴ 91，248 – 249；Ⅵ 518

  cyanide 氰化钠 Ⅴ 95，249；Ⅵ 518 – 519

  extraction 提取 Ⅳ 118，227；Ⅴ 72，91，248；Ⅵ 519

  nuclear reactor coolant 核反应堆冷却剂 Ⅵ 247 – 248

  oxide 氧化钠 Ⅲ 234

Soil erosion 水土流失 Ⅵ 319

Soil fertility studies 土壤肥力研究 Ⅵ 311 – 312

Soil mechanics 土力学 Ⅶ 946

Solanum (potato) 块茎植物（土豆）Ⅲ 1 – 2

Solar power 太阳能 Ⅵ 221 – 222

Soldering, solders 焊接，焊料；参见 Welding

  alloys, equilibrium diagrams 合金，平衡图 Ⅰ 651

  ancient metal-work 古代金属加工 Ⅰ 649 – 653

  blowpipe, use 吹管，使用 Ⅲ 55

  boilers, steam-engines 锅炉，蒸汽机 Ⅳ 172 – 173

  gold and silver 金和银 Ⅲ 48

  inlaid metal-work 镶嵌金属加工 Ⅱ 453

  lead, Greek and Roman 铅，希腊罗马 Ⅱ 46 – 47

  pipework, Middle Ages 管道，中世纪 Ⅱ 665 – 666

  recipes 配方（13—15 世纪）Ⅱ 352

  tin alloys 锡合金 Ⅲ 42；Ⅳ 124

  window-leads 镶玻璃铅条 Ⅲ 42

Solutreans (stone-workers) 梭鲁特人（石匠）Ⅰ 500

Sorghum 黍 Ⅰ 369

Sound recording 录音 Ⅶ 1262 – 1265，1302，1304 – 1305，

1309 – 1315

South Africa　　　　　　　　　　南非

  cartography　　　　　　　　制图术 V 441

  food　　　　　　　　　　　食物 V 2, 51

  geodesy　　　　　　　　　大地测量学 V 442

  gold mining　　　　　　　金矿 V 95, 249

South America　　　　　　　　　南美洲；参见 America

  barbed wire fencing　　　带刺铁丝栅栏 V 625

  copper　　　　　　　　　铜 V 76 注释 1, 79

  dyestuffs　　　　　　　　染料 V 264

  food　　　　　　　　　　食品 V 23 – 24, 51

  precious metals　　　　　贵金属 V 85, 95

  rubber　　　　　　　　　橡胶 V 221, 752, 754, 773 – 774

Space technology　　　　　　　航天技术 Ⅶ 857 – 870；参见 Space Vehicles

  Apollo space flights　　阿波罗太空飞行 Ⅶ 848, 857 – 859, 865, 868 – 869

  astronavigation　　　　太空飞行 Ⅶ 849, 952

  manned space flight　　载人航天飞行 Ⅵ 26；Ⅶ 865 – 866

  Moon　　　　　　　　月球 Ⅶ 857 – 859, 866 – 867

  rocket flights　　　　　火箭飞行 Ⅵ 22；Ⅶ 859 – 865, 869

  satellites　　　　　　　卫星 Ⅶ 848, 857, 866 – 869

  Saturn rockets　　　　土星号火箭 Ⅶ 848, 861, 869

  unmanned space Vehicles　无人航天器 Ⅶ 866 – 869

  V-2 missiles　　　　　V-2 型导弹（20 世纪 40 年代）Ⅶ 848 – 849

Space vehicles manned　　　　载人航空飞行器

  Apollo series　　　　　阿波罗系列 Ⅶ 848, 857, 866, 868 – 869

  Apollo-Soyuz joint flight　"阿波罗 – 联盟号" 联合飞船 Ⅶ 866

  Gemini series　　　　"双子座" 系列 Ⅶ 866

  Mercury series　　　"水星" 系列 Ⅶ 866

  Saturn V, launch vehicle　土星 5 号运载火箭 Ⅶ 861

Shuttle	航天飞机 Ⅶ 869
Skylab	"天空实验室" Ⅶ 866
Soyuz	"联盟号" Ⅶ 857，866
Voskhod	"上升号" Ⅶ 866
Vostok	"东方号" Ⅶ 865 – 866
Space vehicles，unmanned	无人航天器
Early Bird	"晨鸟" Ⅶ 867
Luna series	"月球"系列 Ⅶ 867
Pioneer	"先锋号" Ⅶ 869
Sputnik	卫星 Ⅶ 857，867
Titan-Centaur，launch vehicle	"大力神－半人马座运载火箭" Ⅶ 860
Viking	"海盗号" Ⅶ 860，869
Spades and shovels	铁锹和铲 Ⅱ 9，12，16，98 – 99；Ⅲ 115，134 – 136，138
Spain	西班牙；参见 Europe
aeronautics	航空 Ⅴ 405
agriculture	农业 Ⅳ 13，16，26 – 29，33 – 34
aqueducts	渡槽 Ⅱ 47，670 – 671
canals and waterways	运河和航道 Ⅳ 551，554
cannon	火炮 Ⅲ 367
ceramics	陶器 Ⅳ 329，334 – 336
chemical industry	化学工业 Ⅲ 677；Ⅴ 243
coinage	铸币 Ⅲ 341
copper	铜 Ⅴ 77，95
cotton	棉花 Ⅱ 199
damasks	花缎 Ⅲ 201 – 202
diet changes	饮食变化 Ⅲ 1 – 3
dyeing industry	染色业 Ⅲ 695；Ⅴ 258，264，266
esparto-grass	茅草 Ⅴ 713
figured silks	显花丝绸 Ⅲ 196，198 – 199
flax	亚麻 Ⅱ 195

food　　　　　　　　　　　　食品 V 3，21

furnaces　　　　　　　　　　熔炉 Ⅳ 122，134

geodesy　　　　　　　　　　大地测量学 V 442

glassware　　　　　　　　　玻璃器皿 Ⅱ 323

gold production　　　　　　　黄金生产 Ⅱ 42

Gregorian calendar，adoption　格里历，采用 Ⅲ 579

infantry　　　　　　　　　　步兵 Ⅲ 348

iron production　　　　　　　铁的生产 Ⅱ 61；V 60

knitting　　　　　　　　　　针织 Ⅲ 185

lead　　　　　　　　　　　　铅（2 世纪）Ⅱ 45

leather　　　　　　　　　　皮革 Ⅱ 150 – 151，180

looms，medieval　　　　　　中世纪织布机 Ⅲ 192

mercury　　　　　　　　　　汞 Ⅳ 134

mining　　　　　　　　　　采矿 Ⅱ 5，11 – 13，46 – 48；Ⅳ 65

navigation　　　　　　　　航海学 Ⅲ 526，548

non-ferrous metals　　　　　有色金属 Ⅳ 119，123

paper-making　　　　　　　造纸术 Ⅲ 412

platinum metals　　　　　　铂系金属 Ⅳ 119，144

population increase　　　　　人口增长（1800—1950 年）V 823

precious metals　　　　　　贵金属 V 85，95

roads　　　　　　　　　　道路 Ⅳ 529

satin　　　　　　　　　　　缎子 Ⅲ 200

ships　　　　　　　　　　船舶 Ⅲ 477 – 478，480 – 481，499；Ⅳ 576，
　　　　　　　　　　　　　586

silver　　　　　　　　　　银 Ⅱ 44；Ⅳ 138；V 85，95

soap　　　　　　　　　　肥皂 Ⅲ 703，705

'Spanish leather'　　　　　"西班牙皮革" Ⅱ 150 – 151，179

steam-engines　　　　　　蒸汽机 Ⅳ 178

sulphur　　　　　　　　　硫 Ⅳ 232

telegraphy　　　　　　　　电报 Ⅳ 651，653

textile industry　　　　　　纺织工业 Ⅲ 151

tiles, ornamental	装饰砖 Ⅱ 307
tin mines	锡矿 Ⅰ 589, 591 – 592
tobacco	烟草 Ⅲ 8
viticulture	葡萄栽培 Ⅱ 134
water-supply	供水 Ⅴ 557
windmills	风车 Ⅲ 89, 95 – 96, 106
wool	羊毛 Ⅱ 192；Ⅲ 152, 155
Spanners	扳手 Ⅲ 112, 114, 338
Spears	长矛；参见 Harpoons, Javelins, Weapons
all-wooden	全木制的 Ⅰ 30, 141
bronze heads	青铜头像 Ⅰ 615 – 616
copper heads	铜头 Ⅰ 605
food-gatherers	食物采集者 Ⅰ 157 – 161
hafted	带柄的 Ⅰ 32 – 33, 142
heads, bone/flint	骨头，燧石 Ⅰ 33, 498
iron heads	铁头 Ⅰ 618；Ⅱ 696
multiple-point heads	四周都有尖角的矛 Ⅰ 160 – 161, 173, 498
origin	起源 Ⅰ 73, 157 – 158
Roman pila	罗马时期的短矛 Ⅱ 703 – 705
-throwers	标枪投掷器 Ⅰ 157 – 160
war-weapon	战争武器 Ⅱ 696, 698
Spectacles	眼镜 Ⅲ 229 – 231, 630 – 631, 633, 699, 图版 1
Speculum-metal	镜用合金 Ⅲ 38, 40 – 41, 237
Speech	言语 Ⅰ 85 – 109
animal sounds, difference	动物的声音，区别 Ⅰ 88 – 89
children and aphasiacs	儿童和失语症患者 Ⅰ 92 – 94
click-sounds, African	非洲吸气音 Ⅰ 90, 95 – 96
consonant sounds	辅音 Ⅰ 86 – 88, 93
early communication	早期交流 Ⅰ 18 – 19
gesture language	手势语言 Ⅰ 94 – 95

imitative words/sounds   拟声词/象声词 Ⅰ 89－92

language, relationship   语言，联系 Ⅰ 89

linguistics, terms   语言学术语 Ⅰ 85－88

vowel sounds   元音 Ⅰ 85－86，93

Spelter   粗锌；参见 Pewter

Spergula arvensis   石竹科植物 Ⅰ 370

Sphagnum   水藓 Ⅰ 370

Spherometers   球径计 Ⅳ 361

Sphyrelaton work   斯菲雷拉顿制品 Ⅱ 469－470

Spmacia oleracea（spinach）   菠菜 Ⅰ 355

Spindle-whorls   锭盘－纺轮 Ⅰ 433－435，438；Ⅱ 201－202

Spindles   锭（纺锭）子 Ⅰ 70，187，194，424－425，433，
437－438；Ⅲ 160，162－163，223－224

Spinning   纺织（纺纱）Ⅰ 图版 14－17；Ⅱ 191－220；
Ⅲ 151－186；参见 Textiles，Weaving

   competition   竞争（20 世纪）Ⅵ 639－640

   Egypt   埃及（约公元前 3000 年）Ⅰ 434

   factory system, England   英格兰工业体系（从 1500 年开始）Ⅲ 151－
153，160－162

   machinery   机器（从 18 世纪 60 年代开始）Ⅲ 153；Ⅳ
277－294，299；Ⅴ 577－579

   primitive processes   早期工艺 Ⅰ 424－425

   rope-making   制绳 Ⅰ 453

   silk   蚕丝 Ⅱ 205－207，644－645；Ⅳ 311－316，
321－322

   spinners, Greek vase   织工，希腊瓶（约公元前 560 年）Ⅰ 444

   tomb remains, Egypt   埃及坟墓尸体（约公元前 1900 年）Ⅰ
437－438

   Troy settlements   特洛伊殖民地（约公元前 2500 年）Ⅰ 435

   -wheels   纺车 Ⅰ 72，83；Ⅱ 201－205，644－645，
656；Ⅲ 151，160－162

   wool and vegetable fibres   羊毛和植物纤维 Ⅱ 200－205

Spirit-levels　　　　　　　　　　酒精水准器 Ⅳ 603 - 604

Spits　　　　　　　　　　　　　　烤肉叉 Ⅲ 20 - 21

Spoons　　　　　　　　　　　　　匙 Ⅱ 125，127；Ⅲ 20

Sprang fabrics　　　　　　　　　网眼织物 Ⅲ 181 - 183，图版 8B

Springs　　　　　　　　　　　　弹簧

　　balance-spring　　　　　　游丝 Ⅲ 344

　　mechanisms　　　　　　　机械装置 Ⅱ 629 - 630，643 - 644，712 -
　　　　　　　　　　　　　　　713

　　-winding machine　　　　卷制机 Ⅳ 423

Squares，geometric　　　　　　几何 Ⅲ 608

'Stadiometer'　　　　　　　　　测距仪 Ⅳ 602

Stament（worsted fabric）　　斯堆曼特（精纺织物）Ⅲ 179

Stamping-mills　　　　　　　　冲压机；参见 Mills

Standardization　　　　　　　　标准化

　　interchangeability principle　可交换原则 Ⅳ 437 - 439；Ⅴ 638 - 639，
　　　　　　　　　　　　　　　818

　　International Annealed Copper　《国际韧铜标准》Ⅴ 86
　　　Standard

　　machine-tools　　　　　　机床 Ⅴ 818

　　measurement　　　　　　测量 Ⅰ 110，774 - 775

　　muskets　　　　　　　　滑膛枪 Ⅳ 437 - 438

　　plane surfaces　　　　　平面 Ⅳ 424 - 425；Ⅴ 818

　　Portland cement　　　　波特兰水泥（1904 年）Ⅴ 486 - 487

　　screws　　　　　　　　丝杠 Ⅳ 424，426，433

　　weights　　　　　　　　重量；参见 Weights

Stars and navigation　　　　　恒星和航海 Ⅲ 521，523，545 - 547，552 -
　　　　　　　　　　　　　　　554，556

State intervention　　　　　　　国家干预 Ⅲ 30，347，352，361；参见
　　　　　　　　　　　　　　　Government，20th century

Statics　　　　　　　　　　　　静力学 Ⅲ 433

Statistical records　　　　　　　统计记录

　　agricultural machinery　　农业机械（1862—1892 年）Ⅴ 16

arable farming, Germany 德国耕地 V 14

cereal yields 谷物产量（1855—1899 年）V 8 – 9

cocoa 可可 V 22

copper production 铜产量 V 76，84，605

dyestuffs 染料 V 258，279，281

frozen meat 冷冻肉类 V 49

ground-nuts 花生 V 24

heavy chemicals 重化工产品 V 239，244，247，255

metals, miscellaneous 金属，零散的 V 73，96

oil drilling 石油钻探 V 108

palm oil 棕榈油 V 23

pins 大头针 V 624

population 人口 V 1，7，823

postage 邮资 V 816

rail exports 铁路出口（19 世纪 70 年代）V 612

rubber 橡胶 V 770

sheep 羊 V 9

ship-building 造船 V 352，373，539 – 540

small-arms 轻武器 V 639

steel industry 钢铁工业 V 53，58，61，67

sugar-cane 甘蔗 V 9

tea crop 茶树 V 21

techniques, China to West 技术，中国向西方 Ⅱ 769

textile industry 纺织业 V 816 – 817

tinplate, British 英国镀锡薄板（19 世纪）V 617

water-supply 水供应 V 552

wine production 酒产量 V 9

Statuary 雕像；参见 Sculpture and Statuary

Steam, general 蒸汽机，概述；参见 Steam-engines

    bridge-building machinery 造桥机械 Ⅳ 452 – 453

    distillation technique 蒸馏法 Ⅲ 12

heating scheme	供暖（1720 年）Ⅲ 687
latent heat	潜热 Ⅳ 182
rock-boring machines	机械钻岩机 Ⅳ 71
steam-hammer	蒸汽锤（从 1784 年开始）Ⅳ 116
Steam-boats	蒸汽船 Ⅳ 548，571 – 572；参见 Ships
Steam-engines	蒸汽机 Ⅳ 168 – 198；参见 Aeolipiles，Engines，Railway locomotives
atmospheric	常压（大气的）Ⅲ 344；Ⅳ 175 – 177，180
beam-engine	横杆式蒸汽机 Ⅳ 183，186 – 189，191 – 192，197，499
boilers	锅炉 Ⅴ 137 – 138；参见 Boilers，steam
ceramic industry	陶瓷工业 Ⅳ 348，352
coal consumption	煤炭消耗 Ⅳ 166
chronological chart	年表（1600—1850 年）Ⅳ 165
compound	复合式蒸汽机 Ⅳ 187，191，194
Cornish beam	康沃尔横杆 Ⅴ 126 – 130
cylinders, boring-machines	汽缸，膛床 Ⅲ 368；Ⅳ 103 – 104，409
direct-action	直接作用 Ⅳ 195 – 197
double-acting	双作用式 Ⅳ 185 – 187
factories	工厂 Ⅳ 130，148，150 – 151，161 – 166，196 – 197
glass-working machinery	玻璃制造机械（1789 年）Ⅳ 372，377
grasshopper	蚱蜢式蒸气机 Ⅳ 195 – 197
high pressure	高压 Ⅳ 188 – 194，197，499
horizontal	卧式蒸气机 Ⅴ 130 – 133
injector-pumps（aeolipiles）	喷射泵 Ⅲ 52 – 53
inventions	发明（至 17 世纪）Ⅳ 168 – 171
locomotives	机车 Ⅳ 188 – 189，197
machine-tools	车床 Ⅳ 380，441
marine	蒸汽舰 Ⅳ 587 – 588，590，593 – 594；Ⅴ 141 – 156，301，374，图版 12 – 15
marine boilers	船用锅炉 Ⅴ 152 – 155

Maudslay's table-engine	莫兹利台式蒸汽机 Ⅳ 196 – 197	
mining	采矿 Ⅳ 77 – 80, 81 – 82, 84, 161 – 162, 671 – 673	
paddle-steamers	桨轮蒸汽船 Ⅴ 143 – 146	
paddle-wheel propulsion	桨轮推进 Ⅳ 196 – 197；Ⅴ 141 – 142	
'parallel motion'	"平行四边形运动" Ⅳ 186 – 187, 191, 195 – 196	
plunge-pole	柱塞杆式 Ⅳ 192 – 194	
power measurement	功率计量 Ⅳ 177, 680 – 681	
prime movers	原动机（17—19 世纪）Ⅳ 161 – 166；Ⅶ 997	
rotative	旋转式 Ⅳ 185 – 187, 195, 499	
screw-propulsion	螺旋桨推进器 Ⅴ 146 – 149	
steam-pressure	蒸汽压力 Ⅳ 162 – 163, 165, 188, 190 – 193, 195	
shipyards	造船厂（1799 年）Ⅳ 581 – 582	
stationary	固定式蒸汽机 Ⅴ 124 – 140, 图版 7 – 9, 10A	
suction-pump principle	抽吸泵原理 Ⅲ 330, 344	
textile industry	纺织工业 Ⅳ 283, 288, 319	
thermal efficiency	热效率 Ⅳ 163 – 165, 680 – 681	
triple expansion	三胀式蒸汽机 Ⅳ 164	
turbines	涡轮机 Ⅴ 138 – 140, 149 – 152；Ⅶ 758 – 759, 989 – 990, 997, 1025 – 1034	
vertical high-pressure	立式高压 Ⅴ 133 – 137	
Steatite in porcelain	滑石瓷（1700 年）Ⅳ 343	
Steel industry	钢铁工业 Ⅳ 99 – 117；Ⅴ 53 – 71；Ⅵ 462 – 498；参见 Iron	
alloys	合金 Ⅳ 108；Ⅴ 64 – 66	
ancient forms	古代形态 Ⅰ 573, 576	
basic process, phosphoric ores	碱性炼钢法, 含磷铁矿石 Ⅴ 60	
Bessemer converter	贝塞麦转炉 Ⅳ 678；Ⅴ 53 – 57, 60, 373；	

	Ⅵ 462 – 463，478 – 482，484 – 485，490
Chalybean	克利庇钢 Ⅱ 5，59
crucible-cast steel	坩埚铸钢 Ⅱ 57；Ⅲ 35；Ⅳ 107 – 108
damask-	大马士革 Ⅱ 57
electricity，application	电力应用 Ⅴ 66，73
furnaces	熔炉 Ⅴ 53 – 60，66 – 70；Ⅵ 489 – 491
German production	德国产量（15 世纪）Ⅱ 75
Greek production	希腊产量 Ⅱ 60
hardening process	硬化处理的方法 Ⅲ 34 – 37
heat treatment	热处理 Ⅲ 35
instruments	仪器 Ⅳ 381，404 – 405，601
metal-working	金属加工 Ⅲ 343；Ⅴ 609，611 – 613，617，621 – 623，625
metallurgy	冶金 Ⅲ 57
production	产量（16—18 世纪）Ⅲ 28 – 29，31 – 34，79；Ⅳ 107 – 108
production	产量（1900—1950 年）Ⅵ 462
quenching	淬火 Ⅲ 35 – 36
Roman production	罗马产量 Ⅱ 60
screws	螺旋（约 1570 年）Ⅲ 338
Siemens-Martin process	西门子—马丁平炉炼钢法 Ⅳ 678；Ⅴ 57 – 60，373
structural use	结构用途 Ⅴ 476 – 477
temper-colours	回火色 Ⅲ 36
tool-engraving	雕刻工具 Ⅲ 407
tool-making	工具制造 Ⅱ 453；Ⅲ 115
trade，Middle Ages	中世纪贸易 Ⅱ 76
tube-making	管材生产 Ⅴ 63 – 64
uses	用途 Ⅴ 61 – 63，640
weapons	武器 Ⅱ 63；Ⅲ 350
-works	钢铁制品 Ⅴ 56，59，63，66，68 – 69

Stellaria media	繁缕 Ⅰ 370
Stibnite (antimony trisulphide)	辉锑矿 Ⅰ 293，582，588；Ⅱ 12，47，74，737；Ⅲ 29；Ⅳ 120
Stills	蒸馏；参见 Distillation
Stipa tenacissima (esparto grass)	细茎针草 Ⅰ 421，450；Ⅱ 197
Stock market crash	股市崩盘（1929 年）Ⅵ 15
Stones	石；参见 Building materials, Sarsen rocks
ancient buildings	古代建筑 Ⅰ 456 – 494
beads	石珠 Ⅰ 139 – 140
breaking	碎石 Ⅳ 534
bridges	石桥 Ⅲ 419 – 420，423 – 424，426，428，436
canal-building	运河修建 Ⅲ 446，450，453，455，462，468
cannon-balls	炮弹 Ⅲ 34
crushing	压碎 Ⅳ 538
door-sockets	门的凹窝 Ⅰ 193 – 194，306，472
dressing	装饰 Ⅳ 212
flaking techniques	剥片技术 Ⅰ 129 – 139
hammerstone technique	锤石技术 Ⅰ 129 – 130
lamps	灯 Ⅰ 33，147，235 – 236
microliths	细石器 Ⅰ 496，502
missiles	投石器 Ⅰ 157，512
paving-stones	铺路石 Ⅳ 543 – 544
polishing & grinding	抛光和研磨 Ⅰ 139 – 140，506
precious/semi-precious	宝石/半宝石 Ⅰ 243，572，574，659，661
quarrying, Egypt	埃及采石场 Ⅰ 477 – 479，526，560，569 – 570，714
roads	道路 Ⅰ 714
sculpture	雕塑 Ⅰ 469 – 470
techniques for working	加工石头的技术 Ⅰ 128 – 140，496 – 497，504，506，图版 1，21A

tools and weapons 工具和武器 Ⅰ 19 – 32，67 – 69，73，128 –
129，501 – 515，601

vessels 容器 Ⅰ 398 – 399

Stonehenge 巨石阵 Ⅰ 81，195，315，490 – 494，712，
图版 21A

Stoves，Cowper 柯珀炉 Ⅴ 58，67

Straw，ancient basketry 芦苇，古代篮子 Ⅰ 450

Straw，paper-making 麦秆，造纸 Ⅲ 411，415

Streets 街道，道路；参见 Roads and streets

Strikes，industrial 罢工，工业的 Ⅵ 14，98 – 99，102，104，
106

Stuff（worsted fabrics） 毛料（精纺织物）Ⅲ 179

Sublimation equipment 升华设备 Ⅱ 740 – 742，750

Succinic acid，preparation 琥珀酸，制备 Ⅱ 741

Suffrage 选举权 Ⅵ 4，14

Sugar 糖分；参见 Food production，Sweetening-
Agents

Sulphides 硫化物；参见 Sulphur

arsenical pigments 含砷颜料 Ⅳ 122

definition 清晰度 Ⅳ 222

glass，discoloration 玻璃，着色 Ⅲ 221

hydrogen-，isolation 氢气，分离 Ⅳ 216

metal ores 铁矿石 Ⅱ 42 – 44，47 – 50；Ⅳ 120，126，
129，133 – 134；Ⅴ 74，80，88

metals，parting process 金属分离法 Ⅲ 65

niello ingredient 乌银成分 Ⅲ 48，406

Sulphur 硫

alchemical theory 炼金术 Ⅱ 352，736 – 737

copper alloys 铜合金（16—17 世纪）Ⅲ 42

cupellation process 灰吹法 Ⅱ 42 注释 2，44

dioxide pollution 二氧化硫污染 Ⅳ 78

distillation 蒸馏法（16 世纪）Ⅱ 371

gunpowder ingredient 火药成分；参见 Gunpowder

metals, parting process 金属分离法 III 65

military pyrotechnics 军用烟火技术 II 376, 380 – 382

Mond recovery process 蒙德回收方法 V 238

names, compounds 名称，化合物 IV 222

niello ingredient 乌银成分 III 48, 406

refining 精加工 II 371, 740 – 741；IV 232

sources 来源 IV 232；VI 515 – 516

sublimation 升华 II 740 – 741；IV 232

value 用途（1501—1508 年）II 747

Sulphuric acid 硫酸

balloons, hydrogen synthesis 气球，氢气合成 IV 255

brass 'pickling' process 黄铜挑拣法 IV 133

definition 定义 IV 223

lead, resistance 铅，抵抗作用 IV 231

manufacture 制造业 III 12；IV 231, 237, 239, 242 – 246, 248；V 244 – 248；VI 514 – 518

matches, manufacture 火柴，制造 IV 254 – 255

nitric acid synthesis 硝酸合成物 V 255；VI 517

nitrogen fertilizers 氮肥 VI 522, 529

ore refining process 矿石精炼工艺 IV 124

origin and isolation 起源和分离（约 1535 年）II 357

phosphate fertilizers 磷酸盐肥料 IV 246, 253 – 254；V 254 – 255；VI 529 – 530

platinum laboratory ware 铂实验室器皿 IV 145

production 产量（20 世纪）VI 515

silver, parting process 白银分离法 IV 142 – 143

soda manufacture (Leblanc) 吕布兰制碱法 IV 239 – 242；V 244

textiles, bleaching 织物，漂白 III 176；IV 246

value 价值用途（约 1800—1830 年）IV 245 – 246

Sumac, tanning-agent 盐肤木，鞣剂 II 151, 155 – 156

Sumer 苏美尔 I 48 – 49, 101 – 102, 203, 464 –

	469，545，670，745 – 752，777；参见 Mesopotamia
Sumerians	苏美尔人 Ⅱ 164
Summa perfectionis（Geber）	盖博的《完美的总结》Ⅱ 356，738 – 739
Sun	太阳；参见 Sun-dials，Time
astrolabes and latitude	星盘和纬度 Ⅲ 521
calendars	日历 Ⅰ 121 – 123；Ⅲ 558，560，567，577
daily journey	每日的运行（约公元前 130 年）Ⅲ 517
instrument theory	仪器理论 Ⅲ 582 – 583
navigation	航海 Ⅲ 523，545 – 547，549，551 – 553，556
shadow survey methods	阴影测量法 Ⅲ 513，528
size of earth measurement	测量地球尺寸 Ⅲ 505 – 506
solar furnaces	日光炉 Ⅲ 55
space technology	航空技术 Ⅶ 858，866
Sun-dials	日晷
altitude dials	高度式日晷 Ⅲ 594 – 600
direction dials	方向式日晷 Ⅲ 600
equatorial dials	赤道日晷 Ⅲ 598
Greek time-recorders	希腊计时器 Ⅰ 126
'ham' dials	"火腿"日晷 Ⅲ 596 – 597
instruments	仪器（16 世纪）Ⅲ 586
portable	便捷式日晷 Ⅲ 533，535，594 – 601
Saxon scratch-dial	撒克逊人的刮痕日晷 Ⅲ 594
shadow-clocks	影钟 Ⅰ 113，123
'shepherd's dial'	牧羊人的日晷 Ⅲ 596
ship-dials	船形日晷 Ⅲ 597 – 598
skaphe（hemicycle）	半圆形日晷 Ⅲ 594，596
universal rectilinear dials	通用直线日晷 Ⅲ 597 – 598
Supersonic aircraft named	超音速飞机名称；参见 Aircraft Headings
Bell XS – 1	贝尔 XS – 1 机 Ⅶ 830

Concorde	协和式客机 Ⅶ 834 – 835，1469
Douglas Skyrocket	道格拉斯"太空火箭"Ⅶ 832
F – 86	美国 F – 86 战斗机 Ⅶ 830
F – 100	美国 F – 100 战斗机 Ⅶ 830
Tu – 144	苏联图 – 144 超音速运输机 Ⅶ 834
Superstition and magic	迷信和魔力；参见 Alchemy
alum，magical powers	明矾，巫术 Ⅰ 262
cosmetics	化妆品 Ⅰ 286 – 287，289
magical 'knife'	魔法"刀" Ⅰ 666
Mayan number mysticism	玛雅数字巫术系统 Ⅰ 124 – 126
metal artifact taboos	金属人造物品禁忌 Ⅰ 504，592
mummification	木乃伊化 Ⅰ 266 – 267，270，756
natural-gas myths	天然气预言 Ⅰ 251
pottery shapes	陶器形状 Ⅰ 400 – 401
primitive art	原始艺术 Ⅰ 144，146
salt，magical powers	盐，巫术 Ⅰ 257，259 – 260
temple city society	神庙城市 Ⅰ 47 – 49
time，magico-religious	魔法 – 宗教时间 Ⅰ 114
Surfactants	表面活性剂 Ⅵ 547；Ⅶ 1415
Surgery	外科手术；参见 Medical technology
Surveying and surveys	勘测和测量 Ⅲ 510 – 529，537 – 557；参见 Cartography，Maps，Navigation
aerial photography techniques	航空摄影技术 Ⅴ 449
ancient maps	古代的地图 Ⅲ 503 – 504
base-measuring equipment	基线测量设备 Ⅴ 447 – 448
cadastral	地籍的 Ⅳ 608，614
cartographical	制图的（1400—1750 年）Ⅲ 537 – 544
civil engineers	土木工程师 Ⅳ 443
classical times	古典时代 Ⅲ 510 – 512
coastal	海岸的 Ⅳ 616，618 – 619
Fens，Great Level scheme	沼泽地，大平地排水规划（1588—1630 年）

Ⅲ 317

fortification	防御工事 Ⅳ 603	
French geodetic	法国测地学（18 世纪）Ⅲ 554	
geodetic	测地学的 Ⅳ 604 – 605；Ⅴ 441 – 444	
geological	地质 Ⅳ 622	
hydrography	水文学 Ⅴ 449 – 454；Ⅶ 1448 – 1455	
instruments	仪器 Ⅲ 510 – 513, 528, 537 – 543, 555, 609 – 612, 627 – 628；Ⅴ 444 – 454	
levelling	水平测量 Ⅲ 542 – 543	
marine	海的 Ⅳ 618	
Middle Ages	中世纪 Ⅲ 513 – 517	
military requirements	军事需求 Ⅲ 373	
national	国家的 Ⅳ 605 – 612, 625	
Ordnance Surveys	陆地测量部（从 1791 年开始）Ⅲ 554	
Roman Empire	罗马帝国 Ⅲ 504	
space technology	航天技术 Ⅶ 866	
'stasimetric'	"静态平衡测量" Ⅳ 616 – 617	
theodolites	经纬仪；参见 Theodolites	
topographical	地形学的 Ⅳ 600 – 611, 613	
training, surveyors	测地员培训 Ⅳ 442	
triangulations	三角测量 Ⅲ 503, 511, 517, 539 – 540, 544, 554, 556, 626；Ⅳ 397, 402, 599 – 610；Ⅴ 450 – 452	
trigonometrical	三角的 Ⅳ 599, 603, 607, 610 – 611	
Sweden	瑞典；参见 Europe, Scandinavia	
agriculture	农业 Ⅲ 156；Ⅳ 26, 35, 39；Ⅴ 20	
asphalt	沥青 Ⅳ 539	
blast-furnaces	彭风炉 Ⅳ 129	
canals and waterways	运河河道 Ⅲ 455；Ⅳ 554	
ceramics	陶瓷 Ⅴ 662	
chemistry	化学 Ⅲ 682	
cobalt	钴 Ⅳ 145, 335	

computers	计算机 Ⅶ 1174
copper	铜 Ⅳ 129
domestic appliances	家用电器 Ⅶ 1146
dyestuffs	染料 Ⅴ 268
electricity	电力 Ⅴ 191
flax processing	亚麻加工 Ⅲ 156 – 157
glass	玻璃 Ⅲ 217
Gregorian calendar, adoption	格里历，采用 Ⅲ 579
hydro-electric power	水力发电 Ⅵ 200 – 201
iron industry	钢铁工业 Ⅲ 31，79，342 – 344；Ⅳ 106，108，115 – 116；Ⅴ 60；Ⅵ 490
machine-tools	机床 Ⅴ 648
marine steam-propulsion	船舶蒸汽推进器 Ⅴ 150
matches	火柴 Ⅴ 253
metal-mining	金属开采 Ⅳ 65
oil	石油 Ⅴ 108
paper	纸 Ⅵ 612 – 613
railway engineering	铁道工程 Ⅴ 333，338
roads	道路 Ⅳ 528
steam turbines	汽轮机 Ⅴ 140
steel industry	钢铁工业 Ⅴ 55，63，70；Ⅵ 490
surveying	测量 Ⅳ 610；Ⅴ 447
tinplate	马口铁 Ⅲ 689
town-planning	城镇规划 Ⅶ 976 – 977
weaving, traditional	传统编织 Ⅲ 187
windmills	风车 Ⅲ 97，99
Sweetening-agents	甜味剂 Ⅱ 127，139，372；参见 sugar under Food production
Swiss lake-villages	瑞士的湖上住宅；参见 Lake-villages
Switzerland	瑞士；参见 Europe
aluminium	铝 Ⅴ 93
asphalt	沥青 Ⅳ 539 – 540

bridges	桥梁 Ⅲ 427 –428；Ⅳ 459
bronze	青铜 Ⅰ 614 –615
building, structural theory	建筑结构理论 Ⅴ 493
cartography	地图绘制学 Ⅴ 440
ceramics	陶瓷 Ⅳ 329；Ⅴ 663
chronometers	天文钟 Ⅳ 413 –415
clock-making	钟表制造 Ⅲ 674
dyestuffs	染料 Ⅴ 265
electricity	电力 Ⅴ 190；Ⅶ 1071
glass industry	玻璃工业 Ⅳ 359 –360；Ⅵ 577
hydraulic engineering	水利工程 Ⅴ 533
hydro-electric engineering	水电工程 Ⅵ 213
linen, finishing	亚麻，整理 Ⅱ 219
metal working	金属加工 Ⅴ 608
milk, condensed	炼乳 Ⅴ 35
nickel	镍 Ⅴ 86
oils, lubrication	润滑油 Ⅴ 118 –119
pikemen	长矛兵 Ⅲ 348 –349
plastics	塑料 Ⅵ 551 –552
population growth	人口增长（1800—1950 年）Ⅴ 823
railway engineering	铁道工程 Ⅴ 345 –346
relief-tiles	画像砖 Ⅱ 306
roads	道路 Ⅳ 528 –530, 536, 540
stained-glass windows	彩色玻璃窗 Ⅲ 241
steel industry	钢铁工业 Ⅳ 108；Ⅴ 66
surveying equipment	测量设备 Ⅴ 449
surveys	测量 Ⅳ 610, 612
water-supply	供水 Ⅳ 498
weaving	织布 Ⅲ 159
Swords	剑；参见 Daggers, Knives, Weapons
bronze	青铜 Ⅰ 614 –615

heat treatment, steel　　　　　热处理，钢 Ⅲ 35

iron　　　　　铁 Ⅰ 617 – 618

Lydian steel, medieval　　　　　吕底亚钢，中世纪 Ⅱ 60

Middle Ages　　　　　中世纪时期 Ⅱ 69，75

moulds　　　　　模具 Ⅱ 479 – 480

ornamented　　　　　装饰的 Ⅱ 451，453，455 – 458，474

pattern-welded　　　　　花样焊接 Ⅱ 457，460

Renaissance variants　　　　　文艺复兴类型 Ⅲ 350 – 351

Roman　　　　　罗马 Ⅱ 57，455，704

sharpening wheel　　　　　锋利轮（9 世纪）Ⅱ 651

steel, outer layer　　　　　钢，外层 Ⅱ 57

Syria　　　　　叙利亚

alphabetic script　　　　　字母表 Ⅰ 766 – 767

glass industry　　　　　玻璃工业 Ⅱ 322，324 – 325，327 – 328，337，340

ivory work　　　　　象牙制品 Ⅰ 672 – 673，675 – 676

merchant ship model　　　　　商船模型 Ⅱ 575 – 576

Roman roads　　　　　罗马道路 Ⅱ 504

water-wheels　　　　　水车 Ⅱ 614

T

Tabby weave　　　　　平纹织物 Ⅲ 187 – 188，194 – 195，197 – 205

Table engines　　　　　台式发动机 Ⅳ 426

Table-ware　　　　　餐具 Ⅴ 634，661 – 663；参见 Cutlery

Tables, furniture　　　　　桌子；参见 Furniture

Tables, numerical　　　　　表，数字的；参见 Mathematics

'Alfonsine'　　　　　《阿方索天文表》Ⅲ 535，585，617

amplitude　　　　　方位角表 Ⅲ 549

astronomical　　　　　天文学的 Ⅲ 503，547，557，584 – 585；

IV 597 – 598

Babylonian mathematics 巴比伦数学 I 787

cartographical 制图的 IV 596

conversion, distance 转换，距离 III 536

engine parts, Smeaton's 蒸汽机部件，斯米顿的比例（1772 年）
   proportions IV 179

engine-power 蒸汽机功率 IV 177

gravities 重力 III 22

logarithms 对数 III 553

lunar 月亮的 III 552，557

mathematical 数学的 III 57 – 58，521，537，541 – 542

nautical 航海的 III 552 – 553，557

navigation 航行 III 526 – 527

Peutinger（Roman Empire） 皮尤廷厄地图（罗马帝国）III 503 – 504，
514 – 515

range 射程 III 361，369，374

'Seaman's Kalendar' 《海员历》（1600 年）III 552 – 553

shadow-lengths 阴影长度 III 595

stellar（Flamsteed's） 弗拉姆斯蒂德恒星 III 667

tide- 潮汐表 III 553

trigonometrical 三角学的 III 542，551，553

Tacheometry 视距测量法 IV 602

Taffeta（silk fabric） 塔夫绸 III 179

Talmud 《塔木德经》II 117

Tamis（wool fabric） 精纺毛筛（羊毛织物）III 179

Tammies（worsted） 精梳经纬纱（精纺）III 178 – 179

Tannin compounds 丹宁（鞣酸）化合物 II 151，155；IV 321

Tanning 鞣革，皮革；参见 Leather

Tantalum 钽 IV 119；V 99；VI 448

Tape recording 声音记录仪；参见 Sound recording

Tapestry 织锦 III 193 – 194

Tapers 细蜡烛 I 234

Tappets	推杆 III 328, 412
Tar	焦油 III 685; IV 252 – 253, 541 – 542; VI 467; 参见 Asphalt, Bitumen, Pitch, Wood-tar
Tartar (argol)	粗酒石 II 354 – 355, 358; III 29, 41, 217, 218 注释; V 308
Tasmanians	塔斯马尼亚人 I 183 – 185
Tawing of leather	硝皮 II 149 – 150, 154 – 155
Taylorism	泰勒理论 VI 73 – 75, 81 – 85, 93, 115 – 116, 118 – 120; VII 1046 – 1049, 1056
Taynton stones	泰顿石料 II 35
Tea	茶 III 1, 5, 23; V 2, 21 – 22
Teazels, fuller's	起绒机 II 193, 217; III 172
Technology	技术; 参见 Discovery, Invention
accidental discovery	偶然发现 I 60 – 62
diffusion factor	传播要素 I 77 – 84; 参见 Diffusion
economics	经济学 VI 48 – 76
education, industrialized societies	技术教育, 工业化社会 VI 138 – 171
environmental factors	环境因素 I 62 – 66
government function	政府职能 VI 113 – 137
human needs	人类需求 I 38 – 40
novelty	新颖性 VI 52; 参见 Innovation
quality of life	生活质量 VI 132 – 133, 626; VII 1467 – 1482
Teeth, cutting-machines	齿, 切削装置 IV 381, 383, 385, 391 – 393, 395, 420 – 421
Teeth evolution, man	人类牙齿进化 I 20 – 21; 参见 Dentistry
Telegraphy	电报 IV 644 – 662; V 218 – 228; VII 1220, 1236
cables	电缆 IV 660 – 661; V 218 – 220, 222; VII 1242
electric	电的 IV 647, 649 – 652, 657 – 661, 图版

47；V 330，448

Electric Telegraph Company　电报公司 IV 659；V 218 – 219

electrochemical　电化学的 IV 652 – 654

electromagnetic　电磁的 IV 654 – 656

insulation，cables　绝缘电缆 V 220 – 223

radio-　无线电报 V 227；VII 1236，1248 – 1250，
1266

semaphore，Chappe method　旗语电报，沙普方法 IV 645 – 647，651

submarine　海底电缆电报 V 224 – 226

surveying technique　测量技术 V 448

Western Union　西部联合公司 IV 660

Telephony　电话技术 V 226 – 227

beginnings　开始（约1876—1915 年）VII 1220 – 1229

cables　电缆 VII 1242 – 1243

exchanges　电话交换台 VII 1223 – 1226，1244 – 1247

inter-urban networks　市内电话网（1886 年）VII 1226 – 1227

long-distance　长途 VII 1227 – 1230，1238 – 1241

radio-　无线电话 VII 1236，1239，1250 –
1252，1265 – 1266

Telescopes　望远镜；参见 Lenses

achromatic lens invention　消色差透镜的发明（1758 年）IV 358

astronomical　天文望远镜 IV 398 – 400

Cassegrain　卡斯格伦望远镜 IV 398

dilatometer　膨胀仪（1781 年）IV 396

geodetic instruments　地测仪 IV 400 – 403

Gregorian　格利高里望远镜 IV 398

instruments　仪器设备（17 世纪）III 234

invention　发明（约1580 年）III 231 – 233，631

lens improvements　透镜改良（18—19 世纪）IV 359 – 361

navigation　航行 III 552，641；IV 400 – 403

precision mechanics　精密机械（18 世纪）IV 380，382

reflecting　反射 III 41，233，237，632 – 634；IV 398 –

399

scientific instruments	科学仪器 Ⅲ 630 – 636
sighting-tubes	试管 Ⅲ 594 – 595
speculum metal	镜用合金 Ⅲ 41，237，634
surveying	测量 Ⅲ 543，553 – 555，641；Ⅳ 603 – 604
Television	电视 Ⅵ 25；Ⅶ 1257 – 1262，1264
Tellurium	碲 Ⅳ 119；Ⅴ 97
Temperature	温度；参见 Thermometers
alchemical classification	炼金术分类法 Ⅱ 740
assay methods	试金法 Ⅲ 64
automatic furnace，Drebbel's	德雷贝尔的自动调节炉 Ⅲ 680
bimetallic devices	双金属装置 Ⅳ 395，412 – 414
bread-making	面包制造 Ⅴ 31
canning	金属罐 Ⅴ 40，42 – 43
ceramics	陶瓷 Ⅳ 330 – 331，334，336 – 337，346，350 – 351
clocks and watches	钟表 Ⅲ 672 – 673
furnaces，metallurgical	炼金炉 Ⅲ 33；Ⅳ 109 – 110；Ⅴ 58，65
glass-making	玻璃制造 Ⅲ 210，238
Gulf Stream	墨西哥湾暖流 Ⅳ 619
I. C. engines	内燃机 Ⅴ 162 – 163
milk pasteurizing	巴氏杀菌牛奶 Ⅴ 33
'pyrometric beads'	"测温珠" Ⅳ 350 – 351
refrigeration，food	冷冻食物 Ⅴ 45 – 51
solders，equilibrium diagrams	焊料平衡图 Ⅰ 651
steam-heating methods	蒸汽加热法 Ⅲ 687
survey wires	测量线 Ⅴ 447 – 448
tempering steel	回火钢 Ⅲ 36
thermal expansion，measurement	热膨胀测量 Ⅳ 395 – 396
thermodynamics	热力学 Ⅳ 163
Temples	神庙

architectural features 建筑风格 Ⅰ 457 – 458, 460 – 464, 482 – 484

 Painted Temple, Uqair 乌奎尔彩绘神庙 Ⅰ 462 – 463

 Red Temple, Erech 埃里克红色神庙 Ⅰ 463

 temple city societies 神庙建筑群 Ⅰ 47 – 49

 White Temple, Erech 埃里克白色神庙 Ⅰ 462

Templets (pottery tools) 模板（陶器工具）Ⅱ 289

Tène culture 拉登文化；参见 Cultures, La Tène

Tenoning-machine 开榫机 Ⅳ 437

Teredo navalis (shipworm) 船蛆 Ⅱ 569

Terracotta 赤陶土 Ⅱ 262, 269, 274 – 279

Terrestrial magnetism 地磁 Ⅳ 621

'Terylene' (plastic fibre) "涤纶" Ⅵ 646, 651

Textile industries, processes 纺织工业流程和纺织品 Ⅰ 413 – 455；Ⅱ
 and textiles 191 – 220；Ⅲ 151 – 205；Ⅳ 277 – 327；
  Ⅴ 569 – 604；Ⅵ 638 – 674；参见 Textile
  machinery

 ancient fabrics 古代织物 Ⅰ 图版 11 – 17

 bleaching 漂白 Ⅲ 174 – 176, 图版 31；Ⅴ 587 – 588

 block-printing 雕刻版印刷 Ⅴ 588, 594

 calendering 压平 Ⅲ 177 – 178

 carding 梳理 Ⅲ 153 – 154；Ⅳ 277, 280, 284 – 285, 298

 carpets 地毯 Ⅴ 569, 580 – 585

 chemistry 化学 Ⅳ 228, 233, 244, 248 – 249, 255

 chronological development 时间顺序 Ⅰ 431 – 445

 cloth types 布料类型 Ⅲ 178 – 179

 clothing manufacture 服装业 Ⅵ 675 – 690；Ⅶ 1475 – 1477

 combing 梳理 Ⅲ 154 – 156；Ⅳ 295 – 298, 321 – 322；Ⅴ 574 – 576

 cotton 棉 Ⅱ 199 – 200；Ⅲ 159 – 160；Ⅳ 277 – 291, 315；Ⅴ 569 – 570, 572 – 574,

		576 – 580；Ⅵ 640 – 642
creasing, permanent	永久褶皱	Ⅵ 673
cylindrical printing	滚筒印花技术	Ⅳ 246
dyeing	染色	Ⅴ 588，594；Ⅵ 644 – 645，671 – 674；参见 Dyeing
fibre webs	纤维网	Ⅵ 670 – 671
fibres, heat-setting	热定型纤维	Ⅵ 672
figured fabrics	显花织物	Ⅲ 187 – 205，图版 10 – 15
finishing	精加工	Ⅱ 214 – 219 Ⅲ 169 – 178；Ⅳ 304 – 305；Ⅴ 587 – 588；Ⅵ 671 – 674
flax	亚麻	Ⅱ 195 – 197；Ⅲ 156 – 158；Ⅳ 291 – 294，315；Ⅴ 580；参见 linen
fulling	缩绒	Ⅲ 169 – 172
fustian	粗斜纹布	Ⅲ 159
heckling process	针排法	Ⅳ 293 – 294
hemp	大麻	Ⅱ 195 – 197；Ⅲ 158 – 159
hosiery	针织品	Ⅴ 595 – 600；Ⅵ 666 – 668
jute	黄麻	Ⅴ 569 – 570，574，580
knitting	编织	Ⅵ 661 – 669；参见 Knitting
lace	花边	Ⅲ 185 – 186；Ⅴ 595，600 – 604，图版 37
linen	亚麻布	Ⅴ 569，574，579 – 580
man-made fibres	人造纤维	Ⅵ 643 – 646，649 – 651
mercerizing process	丝光处理	Ⅴ 587
natural fibres	天然纤维	Ⅵ 640 – 642，651 – 658
nylon	尼龙	Ⅵ 345，348 – 349，501，560 – 561，646，650 – 651
origins	起源	Ⅰ 413 – 415
Paisley shawls	佩斯利细毛围巾	Ⅴ 583
patterns	图案	Ⅲ 164 – 166
pile fabrics	起绒织物	Ⅵ 671
pressing	熨烫	Ⅲ 176 – 178；Ⅵ 684 – 685

raising, cropping and frizing 拉绒，剪毛和起绒 Ⅲ 172 - 175

rayon 人造丝 Ⅴ 579

reeling 摇纱 Ⅱ 208 - 210；Ⅲ 162 - 164

scientific study 科学研究（17 世纪）Ⅲ 681

sewing 缝纫 Ⅴ 588 - 591

shearing process 修剪 Ⅲ 173 - 175；Ⅳ 304

shoddy 毛纺 Ⅴ 569 - 570

silk 丝绸 Ⅱ 197 - 199，205 - 207；Ⅳ 308 - 327；Ⅴ 570，578

spinning 纺织；参见 Spinning

textured yarns 变形纱 Ⅵ 659 - 660

tow conversion 丝束转换 Ⅵ 658 - 659

washing and scouring 清洗和冲刷 Ⅲ 153，162 - 163，169，171

waterproof fabrics 防水织物 Ⅳ 253

weaving 编织；参见 Weaving

wool 羊毛 Ⅱ 192 - 195；Ⅲ 152 - 156；Ⅳ 282，295 - 305，315；Ⅴ 569 - 572，574 - 580；Ⅵ 640；参见 Wool

worsteds 精梳羊毛织物 Ⅲ 178；Ⅳ 282，295，298，304；Ⅴ 569，572，574，576 - 577；Ⅵ 641

Textile machinery 纺织工业；参见 Textile industries

  Arkwright's water-frame 阿克赖特水力纺纱机 Ⅳ 278

  backstrap looms 脊框式织机 Ⅰ 445

  Barmen lace machine 巴门织机 Ⅴ 604

  Blackburn loom 布莱克伯恩织机 Ⅳ 302

  Bramwell's automatic machine 布拉姆韦尔的自动称重喂毛机 Ⅴ 571

  Brussell's power-loom 布鲁塞尔动力织机 Ⅴ 582 - 583

  carding machines 梳麻机 Ⅴ 571 - 573

  carpet looms 地毯织机 Ⅴ 580 - 587

  Chinese 中国的 Ⅱ 770

  circular knitting frame 圆形针织机 Ⅴ 598 - 599

condensers 压缩机 V 571 – 572

Cotton's knitting frame 棉织布机 V 598 – 599

Crompton's mule 克朗普顿样机 IV 279，314

cropping 裁剪 III 174

'dobby' 多臂机 IV 303；V 579

draw-looms 牵引机 III 164 – 167，187 – 189，191 – 195，202

factory system 工业生产制度（16 世纪以来）III 151 – 152；VI 677 – 685

flax preparation 亚麻制备 III 157 – 158

Garnett machine 锯齿扯松机 V 570

gig-mills 齿轮系统 III 172 – 173

hand-looms 手动梳毛机 IV 299，304

Hargreave's spinning-jenny 哈格里夫斯纺纱机 IV 278 – 279

Heathcoat lace machine 希思科特纱织机 V 600 – 603

Heilmann-Schlumberger comber 海尔曼 – 施伦贝格尔精梳机 V 574

Holder-Lister machine 霍尔登 – 利斯特精梳机 V 575 – 576

horizontal looms 平纹织机 I 426 – 427，437 – 438；II 212 – 214，图版 9

Jacquard loom 提花织机 IV 299，303，316 – 319；V 579 – 580，603

jenny 珍妮纺纱机 IV 278 – 282，299

Kay's fly-shuttle 凯的飞梭 IV 277

Leavers lace machine 利弗斯机织花边 V 595，602

Lee stocking frame 威廉·李的织袜机 V 596

lighting, textile mills 照明，纺织厂 IV 246，252

Lister-Donisthorpe comber 利斯特 – 多尼索普钳板式机 V 574

Livesey lace-curtain machine 利夫西窗帘织机 V 603

looms 织机 I 425 – 428，432；II 770；VI 29

mules 走锭纺纱机 IV 279 – 280，287 – 291，295，299，429，560，图版 14B；V 577

Nasmith cotton comber 纳史密斯棉精梳机 V 574

Noble comber　　　　　　　　　　　诺布尔精梳机 V 574 – 575

Northrop automatic loom　　　　　　诺思罗普织机 V 584 – 587

power-looms　　　　　　　　　　　动力织机 III 167 – 169；IV 299 – 304；
　　　　　　　　　　　　　　　　　　V 580

　reed looms　　　　　　　　　　　割草机 V 579

　ring spinning-frame　　　　　　　环锭细纱机 V 577 – 578

　rotary milling-machines　　　　　旋转式缩呢器 V 587

　rotary shearing-machines　　　　回转式剪切机 IV 305

　roving-frames　　　　　　　　　粗纱机 IV 286 – 287，295

　Royal Axminster power-loom　　　皇家阿克斯敏斯特动力织机 V 584 – 585

　screw-gill　　　　　　　　　　　螺旋式针梳 IV 293，315

　sewing-machines　　　　　　　　缝纫机 V 588 – 591，655，819

　throstles　　　　　　　　　　　翼锭细纱机 IV 291，295，314

　Vaucanson's loom　　　　　　　沃康松织布机（1750 年）III 166 – 167，
　　　　　　　　　　　　　　　　　　169，图版 8A

　vertical looms　　　　　　　　　狭长织布机 I 426 – 427，438 – 440；II
　　　　　　　　　　　　　　　　　　211 – 212

　warp-weighted looms　　　　　　经纱砝码织机 I 426 – 428，442 – 445；II
　　　　　　　　　　　　　　　　　　209，211

　water-frames　　　　　　　　　水力纺纱机 IV 277 – 279，285，291

Théâtre des Instrumens Mathém-　　《数学工具的剧院》（贝松）II 626
atiques (Besson)

Thenard's blue　　　　　　　　　藤氏蓝 IV 145

Theodolites　　　　　　　　　　经纬仪；参见 Surveying

　alternative instruments　　　　　可替代仪器 IV 598，617；V 451

　Cook's surveys　　　　　　　　库克测量（1763—1773 年）IV 616

　dioptra instrument　　　　　　　角度仪（约公元 62 年）III 609 – 612

　eighteenth century　　　　　　　18 世纪 III 553；IV 602 – 604

　Everest's　　　　　　　　　　埃佛勒斯峰（约 1840 年）V 444

　hydrographic surveys　　　　　海道测量 V 451

　manufacture　　　　　　　　　制造业 III 636；IV 403

　origin　　　　　　　　　　　起源 III 541 – 543，627；IV 402

polimetrum prototype	多测计原型 Ⅲ 538－539
Ramsden's	拉姆斯登（1784 和 1990 年）Ⅳ 402－403，604，608；Ⅴ 444
subtense principle	视距原理 Ⅴ 445－447
Theodosian Code	《狄奥多西法典》（公元 438 年）Ⅱ 63，539－540
Théorie des proportions chimiques Berzelius	柏齐力乌斯的《论比例化学》（1819 年）Ⅳ 226
Thermal expansion,metals	金属热膨胀 Ⅳ 395－396
Thermodynamics	热力学 Ⅳ 163－164，679－681
Thermometers	温度计；参见 Temperatures
bimetallic concept,Lenoir's	双金属理念，勒努瓦 Ⅳ 397
designs,Florentine	设计，佛罗伦萨（约 1660 年）Ⅲ 636－637
eighteenth century	18 世纪 Ⅳ 403
Fahrenheit's	华氏度（1775—1777 年）Ⅳ 619
Lavoisier's 'gasometer' scale	拉瓦锡"气量计"（1781—1782 年）Ⅳ 406
scientific revolution	科学革命（从 1650 年开始）Ⅲ 630
thermostatic device	恒温装置（1663 年）Ⅲ 680
Thermostats,cookers	恒温冷却器（1930 年）Ⅳ 274
Thlaspi arvense	菥蓂属植物 Ⅰ 370
Thracians	色雷斯人 Ⅰ 373
Threshing-sled	飞镖 Ⅱ 106
Threshing-sled（boomerangs）	回旋飞镖 Ⅰ 155－157，499，517－518
Tickhill Psalter	蒂克希尔圣诗集（约 1314 年）Ⅱ 177
Tidal power	潮汐能 Ⅵ 216－218
Tiles	砖瓦；Bricks and tiles
Timber	木材；参见 Carpentry，Wood
bridge-making	造桥 Ⅲ 423，425，427
building	建筑 Ⅲ 248－250，253－257，262－266
canal construction	运河修建 Ⅲ 447，450－451，453，455，463
iron industry	钢铁工业 Ⅲ 31

ship-building	造船业	III 487 – 489，481，492 – 493
Time，measurement	时间测量；参见 Astronomy，Clocks，Sundials，Watches	
calendar systems	历法系统	I 123 – 124，793 – 795；参见 Calendars
chronological structure	编年史结构	II 753 – 754
early civilizations	早期文明	I 120 – 127
primitive peoples	原始人	I 110 – 127
temporal and equinoctial hours	昼夜平分日	I 113，796 – 797
time-dimension	时间维度	I 114 – 115，126 – 127
timekeepers，mechanical	机械计时器	III 648 – 675
zodiacal	黄道	I 112 – 113，797
Time and motion work-study	时间与动作分析	VII 1056
Timekeepers	计时器；参见 Time，Measurement	
Tin	锡；参见 Tinplate	
alloys	合金	III 42 – 43，58
ancient mines	古代矿	I 563，589 – 590
assaying，ores	检测金属矿石	III 62
bell metal	钟铜	III 38
chronology tables	年代表	I 574 – 575
-copper alloys	锡铜合金	I 588 – 592；II 47；III 38，42；参见 Bronzes
density studies，Middle Ages	密度研究（中世纪）	III 58
enamel	珐琅	IV 333 – 334，336，338
extraction	提取	I 590；II 47；III 27，29；IV 119，123 – 125；V 72
foil	锡箔	IV 124 – 125
iron casting process	铸铁法	III 34
-lead alloys	锡铅合金	II 47，63；参见 Pewter
Malaccah-	马六甲锡	IV 119
mineral map，U. K.	英国矿藏地图（1851 年）	IV 65
mines	锡矿	II 10，12 – 13，46 – 47；VI 410，414，

416 –417

ore flotation process	矿石浮选法 Ⅵ 424
oxide	氧化锡 Ⅳ 334
paint/ink	油漆/油墨 Ⅲ 49
solders	焊接 Ⅰ 651 –652；参见 Soldering
speculum-metal	镜用合金 Ⅲ 38，40 –41
tinning process	镀锡工艺 Ⅲ 342；Ⅴ 616；参见 Tinplate
solar furnaces	日光炉 Ⅲ 55
type-metal	活字合金 Ⅲ 43 –44
value	用途（1501—1508 年）Ⅱ 747
-wares	锡器 Ⅲ 343
world production	世界产量（1850—1900 年）Ⅴ 73；Ⅵ 428
Tincal	粗硼砂 Ⅲ 228 及注释
'Tinglass'	铋 Ⅲ 43
Tinplate	马口铁 Ⅲ 343，689 –691；Ⅳ 104，124 –125；Ⅴ 39，43 –44，615 –617；参见 Tin
Tire-bender, wheelwright's	轮箍折弯机 Ⅲ 113，127
Tires, iron	轮胎，铁 Ⅲ 113 –114，127 –128
Tissued fabrics	纬面显花斜纹织物 Ⅲ 196 –200
Titanium	钛 Ⅳ 119，221；Ⅴ 97
TNT	三硝基甲苯 Ⅵ 548，550
Tobacco	烟草 Ⅲ 1，8 –10
Tollund（Iron Age）Man	托兰人（铁器时代）Ⅰ 355，359，370，图版 6B
Tombs	坟墓；参见 Burial mounds
Agamemnon	阿伽门农之墓 Ⅰ 485，488
Baqt	巴科特墓 Ⅰ 437 –438
Hetepet	赫特佩特墓 Ⅰ 540
Khety	赫提墓 Ⅰ 437 –438
Khnemhetep	赫努姆霍特普墓 Ⅰ 437 –438
Mereruka	梅勒卢卡岩洞 Ⅰ 341
Tehutihetep	特胡蒂霍特普墓 Ⅰ 438

Tutankhamen 图坦卡蒙墓；参见 Tutankhamen's tomb

Tongs 钳子；参见 Pincers

　glass-making 玻璃制造业 Ⅲ 210, 219

　hearth accessory 壁炉配件 Ⅰ 233

　hinged-, smith's 斯密斯铰链 Ⅰ 620；Ⅱ 58, 60 – 61

　holders, coin dies 硬币压铸模（1552 年）Ⅲ 341

　metal-founders 金属发现者（约公元前 1500 年）Ⅰ 578 – 579, 635 – 636

　moulds, cannon-balls 炮弹模具 Ⅲ 34

　origin 起源 Ⅱ 630

　tradesmen's 商人（19 世纪）Ⅲ 113

　weeding-tongs 除草钳 Ⅲ 135 – 136

Tool-making/tools 工具制造；参见 Machine-tools, Weapons

　agricultural 农业的 Ⅰ 513 – 514, 620；Ⅱ 81 – 102；Ⅲ 14 – 15, 34, 112, 115, 134 – 150

　ancient man 古代人 Ⅰ 23, 128 – 143

　animals, use 动物器具 Ⅰ 1 – 6, 13 – 15

　bamboo 竹 Ⅰ 164, 169, 233

　bone 骨 Ⅰ 31 – 33, 62, 141, 172, 188 – 189, 432 – 433

　boring 钻孔 Ⅰ 188 – 189

　bridge-building 建桥 Ⅲ 420

　bronze 青铜 Ⅰ 81 – 82, 504 – 505, 608 – 616

　cannon manufacture 火炮制造 Ⅲ 365

　carnivorous habits, influence 肉食性，影响 Ⅰ 19 – 21

　carpentry 木匠 Ⅰ 307, 311 – 312, 517 – 518, 611 – 613, 685, 687 – 690, 696；Ⅱ 228 – 233, 252, 389 – 395, 641 – 644, 652, 图版 12

　catalogues and lists 目录和列表 Ⅲ 116 – 118, 122 – 123

　centres, tool-making 工具制造中心 Ⅲ 115

　coach-making 马车制造 Ⅲ 113, 115

coin-making 铸币业 II 488；III 341

cooking 烹饪 II 127 – 128；III 20

copper 铜 I 46，59 – 60，600 – 607

core-and flake-tools 石核与石片 I 23，28 – 30，132 – 139

cutting-tools 切割工具 III 35 – 36，336

discovery factors 发明因素 I 67 – 74

distilling use 蒸馏器具 III 11 – 12

drilling 钻孔 I 189 – 193，612 – 613，679

early man 早期的祖先 I 10 – 13，15，19 – 34

engineering 工程 IV 386

engraving 雕刻 I 642，648 – 649；III 407 – 408，
624

farm use 农业的使用，农用石具；参见 agricultural

flake- 石片；参见 core-and flake-tools

food disintegrating 食物分解 II 106 – 118；III 16 – 19

food-gatherers 食物采集者 I 154 – 168

glass-making 玻璃制造业 II 331 – 333；III 208，210 – 212，
217，219 – 220，222 – 229，231 – 232，
234 – 236

hafting 装柄 I 31，33，69 – 70

hand-tools 手工工具 III 110，334；IV 381 – 384

home-made 自制的 III 112 – 113

iron 铁 I 82，321 – 322，618 – 621

iron smelting 熔铁 I 596

ivory 象牙 I 140 – 141，188 – 189

ivory-work 象牙工艺 I 679 – 680

joinery 细木工制品 II 242 – 243，250，253

language factors 语言因素 I 17 – 19，27

leather-work 皮革制品 II 160，162，165 – 166，169，
350

machine-tools 机床 III 334 – 337，345，375；IV 385，
417 – 441

masonry use 圬石工工具 Ⅰ 481

mass-produced 大批量生产的 Ⅲ 113 – 114

mechanical principles 机械原理 Ⅰ 33

mechanically guided 机械控制的 Ⅳ 384

metal 金属 Ⅰ 600 – 622；Ⅲ 19, 37

metallurgy and fine metal-work 冶金和精致金属制品 Ⅱ 58 – 61, 66 – 67, 396, 453, 469

mining 采矿 Ⅰ 514 – 515, 560 – 563, 567, 574；Ⅱ 3, 5, 8 – 10, 12, 14 – 19, 24

Neolithic trade 新石器时代贸易 Ⅰ 500 – 501

non-metallic 非金属 Ⅰ 495 – 519

pottery 陶瓷 Ⅰ 390；Ⅱ 274, 289 – 290, 294

precision instruments 精密仪器 Ⅲ 582 – 619

printing 印刷 Ⅲ 386 – 388, 391 – 392, 394, 398 – 399, 402 – 407

quarrying and stone-masonry 采石和石砌 Ⅰ 478, 479；Ⅱ 36 – 37, 384 – 386

rope-making 编绳制造业 Ⅰ 454

scientific 科学的（约 1500—1700 年）Ⅲ 620 – 647

specialization 专业化 Ⅰ 46 – 47, 49, 52, 53；Ⅲ 116 – 117

spirits, testing 检测酒精 Ⅲ 22

standardized implements, origin 标准化的工具, 起源 Ⅰ 25, 27, 29, 68, 79, 188

stone 石 Ⅰ 23 – 25, 128 – 140, 496

sugar refining 精炼糖 Ⅲ 7 – 8

tanning 鞣革 Ⅱ 147 – 149, 152 – 154

tool-using, difference 工具使用差异 Ⅰ 14, 128

tradesmen 商人（约 1500—1850 年）Ⅲ 110 – 133

wooden 木制的 Ⅲ 114 – 115

Torches 火把 Ⅰ 233 – 234, 566 – 567

Torquetum (or 'turketum') 赤基黄道仪 Ⅲ 585, 592 – 593, 627

Torricellian tube 托里拆利管 Ⅲ 543

Tortoise-core technique 龟背状石核技术 Ⅰ 29 – 31，35，132 – 134

'Tortoise-shell' varnish finish 龟壳抛光 Ⅲ 696 – 697

Tortoise-shell veneer 龟壳镶板 Ⅱ 227

Touchstones 试金石 Ⅱ 45 – 46；Ⅲ 65 – 66

Town-planning 城市规划 Ⅲ 269 – 299；Ⅶ 958 – 982；参见
Towns/cities named

advertising control 广告控制 Ⅶ 970，976

analysis of problems 问题分析 Ⅶ 968，979 – 981

ancient 古代的 Ⅲ 269 – 272

compensation and betterment 补偿和增值 Ⅶ 967，970

Development Corporations "开发公司"专门团体 Ⅶ 970

education and planning 教育规划 Ⅶ 978

garden city concept 花园城市理念 Ⅶ 964 – 965

Green Belt concept 绿带理念 Ⅶ 962，968 – 969

Hellenic and Hellenistic 希腊和希腊化的 Ⅲ 272 – 275

housing reform 住房改革 Ⅶ 962

land, acquisition 土地，征用 Ⅶ 970

listed buildings 建筑名录 Ⅶ 976

medieval 中世纪 Ⅲ 282 – 285

New Towns 新城镇 Ⅶ 968，970，975

One-industry towns 单一工业城市 Ⅶ 967，976

population growth 人口增长 Ⅶ 962，965，968

regional planning 区域规划方案 Ⅶ 965，968，976 – 977

Renaissance 文艺复兴 Ⅲ 285 – 293

ribbon development 带状住宅区 Ⅶ 965

Roman 罗马人 Ⅲ 275 – 282

rural land, utilization 农村土地利用 Ⅶ 965

satellite towns 卫星城 Ⅲ 285 – 286

treatises 条款 Ⅲ 285 – 286，288，290

urban problems 城镇问题 Ⅶ 962，965，968

war damage　　　　　　　　　　战争破坏 Ⅶ 974，976

Towns/cities named（planning）　城镇，城市名称；参见 Town planning；Index of Place Names

　　Alexandria　　　　　　　亚历山大 Ⅲ 275

　　Amsterdam　　　　　　　阿姆斯特丹 Ⅲ 293 – 295

　　Antioch　　　　　　　　安条克 Ⅲ 275，282

　　Aosta　　　　　　　　　奥斯塔 Ⅲ 280

　　Athens　　　　　　　　雅典 Ⅲ 272 – 273

　　Babylon　　　　　　　　巴比伦 Ⅲ 270 – 271

　　Bath，England　　　　　英格兰巴斯 Ⅶ 960

　　Bournville，England　　伯恩维尔，英格兰 Ⅶ 963

　　Brasilia，Brazil　　　　巴西利亚，巴西 Ⅶ 980

　　Byzantium　　　　　　　拜占庭 Ⅲ 279

　　Canberra，Australia　　堪培拉，澳大利亚 Ⅶ 959

　　Carcassonne　　　　　　卡尔卡松 Ⅲ 283

　　Charleville　　　　　　沙勒维尔 Ⅲ 290

　　Cologne，West Germany　科隆，联邦德国 Ⅶ 974 – 975

　　Constantinople　　　　君士坦丁堡 Ⅲ 275

　　Corinth　　　　　　　　科林斯 Ⅲ 275

　　Cumbernauld，Scotland　坎伯诺尔德，苏格兰 Ⅶ 971

　　Damascus　　　　　　　大马士革 Ⅲ 275

　　Delos　　　　　　　　　洛斯岛 Ⅲ 274

　　Dura Europus　　　　　杜拉欧罗普斯 Ⅲ 275

　　Ephesus　　　　　　　　以弗所 Ⅲ 275，282

　　Florence　　　　　　　佛罗伦斯 Ⅲ 280

　　Glasgow，Scotland　　　格拉斯哥，苏格兰 Ⅶ 972

　　Harappa，Indus Valley　哈拉帕，印度河流域 Ⅲ 270

　　Henrichemont　　　　　昂里什蒙 Ⅲ 291

　　Hull　　　　　　　　　赫尔 Ⅲ 284

　　Kahun，Egypt　　　　　卡洪，埃及 Ⅲ 269 – 270

　　Leghorn　　　　　　　来航 Ⅲ 287

London 伦敦 Ⅲ 278 – 279，295 – 298；Ⅶ 968 – 969，
979

Los Angeles，U. S. A. 洛杉矶，美国 Ⅶ 972

Lucca 卢卡 Ⅲ 280

Marzabotto 弥扎博托 Ⅲ 276

Miletos 米利都 Ⅲ 272 – 273

Mohenjo-Daro，Indus Valley 摩亨朱达罗，印度河流域 Ⅲ 270

Monpazier 蒙帕济耶 Ⅲ 282 – 283

Neubrandenburg 勃兰登堡 Ⅲ 285

New York，U. S. A. 纽约，美国 Ⅶ 966

Olynthos 奥林索斯 Ⅲ 273 – 274

Ostia 奥斯蒂亚 Ⅲ 280 – 281

Palma Nuova，Venetia 新帕尔马镇，维尼西亚 Ⅲ 286

Palmyra 巴尔米拉 Ⅲ 280

Paris 巴黎 Ⅲ 293；Ⅶ 966

Piraeus 比雷埃夫斯 Ⅲ 271 – 272

Pompeii 庞贝 Ⅲ 274 – 275

Preston，England 普雷斯顿，英格兰 Ⅶ 961

Priene，near Miletos 普瑞纳，米利都附近 Ⅲ 273 – 274

Richelieu 黎塞留 Ⅲ 291 – 293

Rome 罗马 Ⅲ 276，281 – 282，287 – 289

Selinus，Sicily 塞利努斯，西西里岛 Ⅲ 273

Silchester 塞切斯特 Ⅲ 277

Stockholm，Sweden 瑞典斯德哥尔摩 Ⅶ 976 – 977

Timgad，Algeria 提姆加德，阿尔及利亚 Ⅲ 280，282

Turin 都灵 Ⅲ 280，286 – 287

Ur 乌尔 Ⅲ 271

Verulamium 沃鲁拉名姆 Ⅲ 276 – 278

Vitry-le-François 维特里勒弗朗索瓦区 Ⅲ 289 – 290

Winchelsea，England 温彻斯特，英格兰 Ⅲ 282

Toxophilus，Roger Ascham 罗杰·阿斯卡姆射箭爱好者（1545 年）

Ⅲ 351

Toys 玩具（6 世纪）Ⅱ 6 – 7

Trade and commerce 商业贸易

   beginnings 起源 Ⅰ 44，52，54 – 57，500 – 501，704

   copper 铜 Ⅰ 563 – 564

   diffusion of culture 文化传播 Ⅰ 78 – 79；Ⅱ 753 – 776

   factors affecting 影响因素 Ⅱ 493

   glass products 玻璃制品（从公元前 750 年起）Ⅱ 321

   grain 谷物 Ⅱ 103

   Greek trade-routes 希腊贸易航线 Ⅱ 567 – 569

   incense 熏香 Ⅰ 295

   ivory 象牙 Ⅰ 664

   pottery 陶器 Ⅰ 401，406，408 – 409

   radishes 萝卜 Ⅰ 356

   Roman 罗马 Ⅱ 573 – 574

   silver and lead 银和铅 Ⅰ 583

   specialization 专业化 Ⅲ 116

   textiles 织物 Ⅱ 191，197，527，763 – 765

   timber 木材 Ⅰ 685

   tin 锡 Ⅰ 589，591

   tolls and imposts 通行税和关税 Ⅱ 524 – 525，533

   tools 工具 Ⅰ 500 – 501

   tokens 纪念品 Ⅳ 图版 48

   trade cards 商业名片 Ⅲ 225

   trade-routes，general 贸易航线，概述 Ⅱ 772 – 776

   trade-routes，medieval 中世纪贸易航线 Ⅱ 525 – 527，537，759
   （地图），760，769（地图）

   wine 酒 Ⅱ 129 – 131，136 – 137

   writing，invention 文字，发明 Ⅰ 102 – 103

Trade Unions 工会 Ⅵ 93 – 112

   attitudes change 态度改变 Ⅵ 96 – 97，100 – 104

   collective bargaining 集体谈判 Ⅵ 100，102，108 – 110

demarcation disputes 　权限争端 Ⅵ 14，98 – 99，102，104，106，
　　　　　　　　　　　　585 – 586

education 　教育 Ⅵ 105

function，organization，and 　功能，组织和增长 Ⅵ 95 – 98，103，
　growth 　　107 – 108

recruitment 　就业 Ⅵ 106

war-time position 　战争时期立场（20 世纪）Ⅵ 100 – 101，
　　　　　　　　　　　　108

Whitley Councils 　惠特利协议会 Ⅵ 101，109 – 110

Trade Unions named 　工会联盟名称

Amalgamated Engineering Union 　联合工程工会 Ⅵ 102，107

Amalgamated Society of Engineers 　工程师联合学会 Ⅵ 98

American Federation of Labor 　美国劳工联合会 Ⅵ 98，103

American Federation of Musicians 　美国音乐家联合会 Ⅵ 104

Clerical Workers' Union 　文员会 Ⅵ 107

General and Municipal 　市政工人联合会 Ⅵ 107
　Workers' Union

International Association 　国际机械师协会 Ⅵ 98
　of Machinists

International Typographical 　国际印刷工会 Ⅵ 98
　Union

International Photo-engravers' 　北美国际照相感光制版工会 Ⅵ 105
　Union of North America

Miners' Federation of Great 　英国矿工联盟 Ⅵ 104
　Britain

National Union of Boot and 　全国靴鞋技工工会 Ⅵ 104
　Shoe Operatives

National Union of Railwaymen 　全国铁路联工工会 Ⅵ 107 – 108

National Union of Vehicle 　全国车辆制造者工会 Ⅵ 107
　Builders

Order of Railroad Telegraphers， 　美国铁路电报员联合会 Ⅵ 97
　U. S. A.

Transport and General
  Workers' Union   运输与普通工人工会 Ⅵ 107

Typographical Association   印刷协会 Ⅵ 97

United Mineworkers   矿工联合会 Ⅵ 108

United Road Transport Union   联合道路运输工会 Ⅵ 107

Trades Union Congress   产业工会联合会（TUC）Ⅵ 107 – 109

Tradesmen   工匠；参见 Artisans

Tradesmen's tools   工匠的工具（约 1500—1850 年）Ⅲ 110 – 133

Traffic signals   交通信号 Ⅶ 872

Trams   有轨电车 Ⅳ 77, 85, 89 – 90；Ⅶ 732 – 733

Tramways   电车轨道 Ⅴ 230, 232 注释 1, 233, 348

Transmutation, base metals   转化，贱金属 Ⅱ 352, 731 – 732, 736

Transistors   晶体管 Ⅶ 1117 – 1120, 1156

Transport   交通运输 Ⅶ 691 – 710

 air   航运 Ⅶ 697 – 702, 824 – 829, 990, 1017 – 1019, 1022 – 1023

 ancient world   古代 Ⅱ 492 – 536

 beginnings   开始 Ⅰ 704 – 705

 bridges   桥梁 Ⅰ 256, 714 – 715

 camel and dromedary   骆驼 Ⅱ 497

 canals   运河 Ⅶ 912 – 920

 coal   煤炭 Ⅲ 84 – 86；Ⅶ 694 – 695

 cost   费用 Ⅲ 438

 driving test   驾照考试 Ⅶ 872

 electric vehicles   电动车 Ⅶ 731 – 735

 flag discrimination   船旗歧视 Ⅶ 696

 goods vehicles   货车 Ⅶ 722 – 728

 grain   谷物 Ⅱ 103, 498；Ⅲ 19

 growth   增长 Ⅶ 1478 – 1479

 horse-drawn railways   马车轨道 Ⅲ 85

 inland   内陆 Ⅰ 704 – 729；Ⅲ 84 – 85；Ⅶ 702,

                         708 – 710, 986 – 987

leisure market   休闲市场 Ⅶ 701 – 702

litters and sedan chairs   担架和轿车椅子 Ⅱ 182 – 183

loads, comparison   货物重量比较 Ⅲ 438

metals and ores   金属和矿 Ⅱ 568 注释

Ministry of, U. K.   英国运输部 Ⅶ 871

oil tanker fleets   油轮船队 Ⅶ 695 – 696

pack transport   载货运输 Ⅰ 705 – 707, 728

public service vehicles   公共交通工具 Ⅶ 706, 728 – 730

railways   铁路 Ⅲ 84; Ⅶ 703 – 704, 706 – 709, 762 –
                         788

road speed limit   行驶速度限制 Ⅶ 872

roads   道路 Ⅰ 712 – 714; Ⅱ 512 – 516, 524 – 527

salt   盐 Ⅱ 527

sea   海 Ⅲ 19

shipping   船运 Ⅶ 692 – 696

sledges   雪橇 Ⅰ 205 – 206, 210, 479, 481, 516,
                         707 – 711

stone blocks   石料 Ⅱ 401, 545, 660, 662

supersonic aircraft   超音速飞机 Ⅶ 834 – 835, 1469

tilting-rails   倾斜轨道 Ⅲ 85

traffic census, England   交通普查，英格兰（1922 年）Ⅶ 872

traffic signals   交通信号（1929 年）Ⅶ 872

vehicles in use, U. K.   交通工具，英国（1904—1960 年）Ⅶ 705

water   水 Ⅲ 84

wine   酒 Ⅱ 129 – 131, 136 – 137, 527, 545

wool   羊毛 Ⅱ 527, 537

Travel, ancient world   旅程，古代世界 Ⅱ 492 – 536

Travertine   凝灰石 Ⅱ 27, 406

Trawling methods and equipment   拖网捕鱼方法和设备 Ⅵ 343 – 348

Tread-traps   踏板圈套 Ⅰ 518

Treadles   踩踏板 Ⅲ 160 – 161, 223 – 224, 237

Treadmills	踏车 Ⅱ 16, 591, 602, 636 – 637, 642, 659 – 660；Ⅳ 151, 634 – 635, 671
Treaties and pacts	条约与协定
Kellogg Pact	《凯洛格公约》Ⅵ 14
Locarno Pact	《洛迦诺公约》（1925 年）Ⅵ 13 – 17
Nuclear Weapons Tests	《核武器试验条约》（1963 年）Ⅵ 283
Peace of Brest-Litovsk	《布列斯特 – 利托夫斯克和约》（1918 年）Ⅵ 10
Versailles Treaty	《凡尔赛和约》（1919 年）Ⅵ 11, 17
Washington Naval Treaty	《华盛顿海军条约》（1922 年）Ⅵ 12
Trebuchets	抛石机 Ⅱ 643 – 644, 724
Trees, cultivation	树，栽培 Ⅰ 371 – 372, 450, 551 – 554
Triangulation	三角测量；参见 Surveying
Tribulum (threshing-board)	打谷板 Ⅱ 97, 106
'Tricel' (textile fibre)	"特例赛尔"（纺织纤维）Ⅵ 650
Tricycles	三轮车；参见 Motor-tricycles
Trigonella	胡芦巴 Ⅰ 248
Trigonometria instrument	三角仪器（1617 年）Ⅲ 626 – 627
Trigonometry	三角学；参见 Mathematics
adoption	采用（3 世纪）Ⅲ 503
calculators	计算器 Ⅲ 614 – 615
navigation	航行 Ⅲ 526
tables	表 Ⅲ 542, 551
'Topographical Instrument'	"地形学仪器"Ⅲ 541
Trinity House	领港协会 Ⅳ 674
Triple Entente	三国协约 Ⅵ 6
Tripoli powder	矽藻土 Ⅲ 237
Triquetrum (Ptolemy's rulers)	三棱仪（托勒密的可调尺）Ⅲ 589 – 590
Triticum (wheat)	小麦 Ⅰ 363 – 366, 520, 图版 7；Ⅱ 103 注释
Trobriand Islanders	特罗布里恩群岛 Ⅰ 119 – 120, 739, 742
Trolleybuses	无轨电车 Ⅶ 732

Trompe (water-aspirator) 水风筒 Ⅲ 52 – 53

Trowels 泥铲 Ⅲ 117

Truman Doctrine 杜鲁门主义 Ⅵ 24

Tube Alloys Directorate 管合金管理局 Ⅵ 271, 281

Tubes 管；参见 Pipes

   metal 金属管 Ⅴ 625 –629

   optical instruments 光学仪器 Ⅲ 634 –635

   rubber 橡胶管 Ⅴ 755

   seamless steel 无缝钢管 Ⅴ 64, 629

Tufa building stone 石灰华建筑材料 Ⅱ 406, 410

Tungsten 钨

   alloy steels 合金钢 Ⅴ 64 –65, 98, 640；Ⅵ 453 –455；Ⅶ 1037

   carbide steel 硬质合金 Ⅵ 453 –455；Ⅶ 1037

   carbide-tipped rock-drills 硬质合金石钻 Ⅵ 421

   extraction 提取 Ⅳ 119, 124；Ⅴ 98 –99

   isolation 分离（18 世纪）Ⅴ 98

   lamp filaments 灯丝（从 1904 年开始）Ⅴ 99；Ⅶ 1082 – 1083

   magneto points 磁电机断按点 Ⅵ 430

Tunnels 隧道 Ⅴ 499 –521；参见 Coal-mining, Metal-mining, Mining, Tunnels named

   engineering techniques 施工技术 Ⅳ 462 –464；Ⅴ 516 –521, 527；Ⅵ 200；Ⅶ 902 –905

   hydro-electric schemes 水电方案 Ⅵ 200 –201

   railways 铁路 Ⅵ 200；Ⅶ 899 –901

   roads 道路 Ⅶ 905

   Roman roads 罗马道路 Ⅱ 510

   water-supply 供水 Ⅰ 533；Ⅱ 667

Tunnels named 隧道名称

   Benelux, Rotterdam 鹿特丹比荷卢隧道 Ⅶ 905

   Bons, Grenoble to Vienne road 庞斯的格勒诺布尔到维也纳路段 Ⅱ 511

Boston, sewer-outlet, U. S. A.   美国波士顿污水排水隧道 V 521

Clyde Traffic   克莱德交通隧道 Ⅶ 905

Coen, Amsterdam   阿姆斯特丹的科恩隧道 Ⅶ 905

Dartford, England   英格兰的达特福德隧道 Ⅶ 905

Detroit River Railway Tunnel   底特律河铁路隧道 Ⅶ 905

Furlo pass, *Via Flaminia*   弗拉米尼乌斯大道的弗罗山口（公元78年）Ⅱ 511

Hudson River, U. S. A.   美国哈得孙河隧道 V 519, 图版 31A, B

I J, Amsterdam   阿姆斯特丹艾河底隧道 Ⅶ 905

Kingsway   国王大道隧道（1971年）Ⅶ 905

Languedoc canal   朗格多克运河隧道 Ⅲ 467 – 468

Lochaber, Scotland   苏格兰洛哈伯隧道 Ⅶ 900

Merseyside canal, England   英格兰默西运河隧道 Ⅳ 563, 565

Monmouth Motorway   蒙茅斯高速公路隧道 Ⅶ 901

Mont-Cenis, Alps   塞尼山隧道 V 516 – 517, 527

Nieuwe Maas, Rotterdam   鹿特丹新马斯河底隧道 Ⅶ 905

Potters Bar Railway   波特斯巴铁路隧道 Ⅶ 902, 904

Queensway   皇后大道隧道（1934年）Ⅶ 905

Rotherhithe   罗瑟希德隧道 Ⅶ 901 – 903

St Gothard, Switzerland   瑞士圣哥达隧道 V 517

St Quentin canal, France   法国圣康坦运河隧道 Ⅳ 556

Scheldt, Antwerp   安特卫普的斯凯尔特河底隧道 Ⅶ 905

Severn, England   英格兰塞文河隧道 V 516, 518; Ⅵ 217

Simplon   辛普朗隧道 Ⅶ 899

Stockholm, Sweden   瑞典斯德哥尔摩隧道 V 520

Thames, England   英格兰泰晤士河隧道 Ⅳ 427, 449, 463 – 464, 图版 32A; V 516; Ⅶ 901 – 902

Tronquoy, France   法国圣旺廷运河隧道 Ⅳ 462

Vienna area, Roman canals   维也纳地区罗马运河隧道 Ⅳ 553

Woodhead, Pennines   奔宁山脉伍德黑德隧道 Ⅶ 899 – 900

Turbines   涡轮机

   compressed air   压缩气体 Ⅳ 83

gas   汽轮机 Ⅳ 148；Ⅵ 438，444；Ⅶ 760，998，1016 - 1024

hot-air   热气叶轮机 Ⅳ 160 - 161

pit water-wheel   水轮（1579 年）Ⅲ 328 - 329

power recovery   功率回收 Ⅵ 213 - 214

steam-   蒸汽轮机 Ⅳ 148，168，193；Ⅴ 138 - 140，149 - 152，301；Ⅵ 444；Ⅶ 758 - 760，1025 - 1034，1069 - 1071

turbo-generators   汽轮发电机 Ⅴ 137，139 - 140；Ⅶ 1069 - 1071

water-   水轮机 Ⅳ 148，203；Ⅴ 347，528 - 533，536；Ⅵ 208 - 210

wind   风轮机 Ⅳ 160

Turkey   土耳其

parliament   议会 Ⅵ 4

ships   船 Ⅳ 588

water-supply   供水 Ⅳ 498

Turmeric   姜黄 Ⅰ 247，259

Turners/turnery   镟床工人/镟制工艺

Greek craft   希腊工艺 Ⅱ 222 - 223，232 - 233

Indian method   印第安方法 Ⅱ 232

lathes, use   车床器具 Ⅳ 383，418 - 419

Middle Ages   中世纪 Ⅱ 249 - 251，643 - 644

northern regions   北方地区（6 世纪）Ⅱ 237

plate   板 Ⅳ 28

wood-work   木制工厂 Ⅱ 232 - 234，249 - 251，643 - 644

workshop   工厂（18 世纪）Ⅳ 417 - 418

Turnips, cultivation   芜菁种植 Ⅲ 15

Turnpikes   收税路 Ⅳ 536 - 537；参见 Roads

Turpentine   松节油 Ⅲ 687；Ⅵ 595 - 596

Tutankhamen's tomb   图坦哈蒙墓（约公元前 1350 年）Ⅰ 表 F

baskets   篮子 Ⅰ 422，450，图版 10B

bow-drill   弓钻 Ⅰ 224

camp-bed   行军床 Ⅱ 235 – 236

chariot   马拉战车 Ⅰ 722，728

coffin，gold   金质棺材 Ⅰ 660，图版 22

cosmetic jar   化妆品罐 Ⅰ 图版 3

dagger of iron   铁匕首 Ⅰ 618 – 619

fine metal-work   精细金属加工 Ⅰ 658；Ⅱ 460

furnishing glass   装饰玻璃 Ⅱ 320

furniture   家具 Ⅰ 686，691 – 696，699，701，图版 23 – 25；Ⅱ 222

gold，rose coloured   金玫瑰色 Ⅱ 484

harness，chariots   马具 Ⅱ 163

headrests   靠枕 Ⅰ 654；Ⅱ 319 及注释，336

natron   泡碱 Ⅰ 269

pigment discovery   染料发明 Ⅰ 239

pottery wine-jar   陶瓷酒罐 Ⅰ 283

textiles   织物 Ⅰ 440，448，图版 16

writing materials   书写工具 Ⅰ 图版 32

Tutty（zinc oxide）   氧化锌 Ⅱ 54，352

Tweezers   镊子 Ⅲ 394；参见 Pincers，Pliers

Twill（cloth）   斜纹布 Ⅲ 188，195 – 196，198 – 199

Type-metal   铅字合金 Ⅲ 29，43 – 44，385 – 386，393；Ⅳ 120

Typewriters   打字机 Ⅴ 639，687 – 690；Ⅶ 1269 – 1271

Typha angustata（basket reed）   香蒲 Ⅰ 420

Tyres   轮胎；参见 Tire-bender

iron   铁 Ⅳ 522；Ⅴ 422 – 423，430

pneumatic   充气的 Ⅳ 523；Ⅴ 418，424 – 425，431，436，771 – 773；Ⅵ 339，563

solid rubber   固体橡胶 Ⅳ 523，541；Ⅴ 422 – 423，430，433，771 – 773

U

Umbrella frames	伞状架 V 624
Unemployment	失业 Ⅵ 16，102－103
Union of Soviet Socialist Republics	苏维埃社会主义共和国联盟（USSR）
agriculture	农业 V 16，304；Ⅵ 328－329
aircraft industry	飞机制造业 Ⅶ 823，830－834
atomic energy research	原子能研究 Ⅵ 242－244，279－280
blast-furnaces operated by coke	用焦炭来炼铁的高炉 V 70
canals and waterways	运河水道 Ⅳ 553－554
Central Aerodynamic Institute	中央航空流律动力学院 Ⅶ 822
chemical industry	化学工业 V 243；Ⅵ 507－508
coal	煤炭 Ⅵ 178－180
copper production	铜产量 V 76 注释1
education	教育 Ⅵ 164－166
food	食品 V 16，304
fossil fuels	矿物燃料 Ⅵ 172，174，185－187，191
flax	亚麻 Ⅲ 156
geodesy	大地测量 V 442－443
gold	金 Ⅳ 141；V 95
Gregorian calendar, adoption	格里历，采用 Ⅲ 579
hemp	大麻 Ⅲ 158
industrial growth	工业增长 Ⅵ 4，14，411
industrialization	工业化 V 828
Iron Age burial structures	铁石器时代埋藏结构 Ⅰ 324－325
iron and steel	钢铁 V 67；Ⅵ 498
medical technology	医学技术 Ⅶ 1322－1323
metal-work	金属制品 Ⅰ 646－647；Ⅱ 470；V 632

navy	海军	V 189
oil industry	石油工业	V 111, 113 – 115, 117, 121 – 122
paddle-steamers	桨轮蒸汽船	V 143
Palaeolithic settlements	旧石器时代土著人	Ⅰ 301 – 302, 307, 309
platinum metals	铂族元素	Ⅳ 144
potash（pearl-ash）	钾碱	Ⅲ 229
railways	铁路	V 61, 324, 329 – 330, 342
Revolution	革命	Ⅵ 10, 101, 180；Ⅶ 1322
roads	道路	Ⅳ 529, 545, 图版 33C
shipping	船运	Ⅳ 558, 588
space technology	航空技术	Ⅶ 865 – 870, 990
surveying equipment	测量设备	V 449
surveys	测量	Ⅳ 602, 610
telegraphy	电报	Ⅳ 656
tobacco	烟草	Ⅲ 8
trade-routes	贸易航线	Ⅲ 380
water-supply	供水	V 554
wheeled vehicles	轮式机车	Ⅰ 716 – 717, 719
windmills	风车	Ⅱ 624；Ⅲ 89, 92 – 93, 98 – 99, 103, 106
Yukaghir peoples	尤卡吉尔人	Ⅰ 179
United Kingdom	英国；参见 Britain	
United Nations Educational Scientific and Cultural Organization	联合国教科文组织（UNESCO）	Ⅵ 26
United Nations Organization	联合国组织	Ⅵ 25, 49 – 50
United States of America	美利坚合众国；参见 America, North America	
aeronautics	航空学	V 391 – 392, 404 – 407, 409 – 412
agriculture	农业	Ⅳ 7 – 8, 12, 23；V 3 – 4, 24, 27,

	30，33 – 36，42 – 44，46，48 – 49；Ⅵ 319 – 327，329 – 336
aircraft	飞行器 Ⅶ 789 – 792，797 – 807，810 – 816, 822 – 832，840 – 852
aircraft engines	航空发动机 Ⅶ 1009 – 1010，1012，1014 – 1015，1018 – 1022
aluminium	铝 Ⅴ 91 – 93，249
atomic energy research	原子能研究 Ⅵ 225 – 240，252 – 254，257 – 258，260 – 262，271 – 279
blast furnaces	熔铁炉 Ⅳ 122 – 123
bridges and tunnels	桥梁隧道 Ⅳ 458 – 459，486；Ⅴ 62，500 – 502，508 – 511，513，515
building	建筑 Ⅴ 466 – 467，470 – 471，477 – 479, 481 – 482，484 – 486，491；Ⅶ 931 – 949, 954
canals and waterways	运河水道 Ⅳ 548 – 549，551，555，562
cartography	地图绘制 Ⅳ 621 – 622；Ⅴ 440 – 442，444, 449，453
ceramics	陶瓷 Ⅴ 659 – 664，666，668，670；Ⅵ 622，625，629 – 635
chemical industry	化学工业 Ⅴ 243，248 – 252，255，299，301, 312；Ⅵ 500 – 502，506，508 – 511，515 – 523，528 – 530，541 – 543，548 – 550
cinematography	电影摄影术 Ⅴ 734，737，739，742 – 744, 746 – 748
civil engineering	土木工程 Ⅶ 873，880 – 881，884 – 887, 890 – 891，896 – 897，913 – 917
computers	计算机 Ⅶ 1154 – 1158，1164 – 1166, 1168 – 1171，1179 – 1203
copper	铜 Ⅴ 77，79，85
cotton	棉 Ⅲ 159
discovery	发现 Ⅲ 548
domestic appliances	家用电器 Ⅶ 1126，1128，1131 – 1135,

	1140 – 1141，1146 – 1149
dredging	疏浚 Ⅳ 641
dyestuffs	染料 Ⅴ 258，261，265 – 266
electrical communications	电信 Ⅶ 1220 – 1230，1233 – 1241，1244 – 1257，1259 – 1262
electricity	电 Ⅴ 133 – 134，187，191，199 – 201，203，213 – 214，216 – 218，232；Ⅵ 284，289
electronic engineering	电子工程 Ⅶ 1092 – 1125
engineering，the scientific basis	工程的科学基础 Ⅶ 984 – 986
engines	发动机 Ⅴ 126，131，133 – 134，137 – 138，140，142 – 145，147，149，152，155，160 – 161；参见 railways
explosives	炸药 Ⅴ 292
fish industry	渔业 Ⅳ 51；Ⅵ 343 – 345，349，362 – 366
flax	亚麻 Ⅲ 156
fossil fuels	矿物燃料 Ⅵ 173 – 184，187，189 – 192，362 – 366，376 – 408
glass	玻璃 Ⅴ 675，678 – 679；Ⅵ 574 – 576，578 – 589
gold refining	金精炼 Ⅳ 142 – 143；Ⅴ 96
houses，weather-boarded	挡风板 Ⅲ 108
hydraulic engineering	水力工程 Ⅴ 529，532 – 533，537，540
hydro-electric engineering	水电工程 Ⅵ 204，206，213 – 216，221
hydrography and oceanography	水文和海洋学 Ⅳ 619 – 620
iron and steel	钢铁 Ⅴ 53 – 54，57，60 – 70，606，612，629；Ⅵ 458，463 – 465，468 – 473，475 – 481，488，490 – 498
iron industry	钢铁工业 Ⅲ 32；Ⅳ 105，110 – 111
machine-tools	机床 Ⅳ 417，435 – 441；Ⅴ 638 – 640，645 – 648，652 – 656
McMahon Act	《麦克马洪法案》（1964 年）Ⅵ 281

management, scientific　科学管理 Ⅶ 1046 – 1058

mercury　水银 Ⅳ 135

metals　金属 Ⅳ 66, 69

military technology　军事技术 Ⅵ 123; Ⅶ 848 – 849

name　命名 Ⅲ 535 注释

National Labor Relations Act　《全国劳工关系法案》（1933 年）Ⅵ 108

oil and petroleum　石油 Ⅴ 105 – 106, 108 – 110, 112 – 113, 115 – 117, 119 – 122

paints　颜料 Ⅵ 590, 597, 599 – 606

photography　摄影术 Ⅴ 721 – 722, 725, 729 – 730; Ⅶ 1284 – 1288, 1294 – 1295

plastics　塑料 Ⅵ 552 – 557, 560 – 562

population changes　人口变化（1800—1950 年）Ⅴ 26, 823

printing　印刷 Ⅴ 683 – 685, 687 – 690, 692 – 694, 697 – 701, 704, 707, 709 – 710, 712 – 714; Ⅶ 1271 – 1279

railways　铁路 Ⅴ 62, 323 – 324, 326 – 327, 329 – 332, 336 – 337, 339, 348, 351 – 356; Ⅶ 702 – 703, 766 – 772, 774 – 776, 778 – 787

road transport　道路运输 Ⅶ 704 – 705, 707 – 708

road vehicles　道路车辆 Ⅶ 711 – 726, 728 – 735

roads and streets　街道 Ⅳ 536 – 541, 543 – 545

rubber　橡胶 Ⅴ 763 – 768, 773

sewage disposal　污水处理 Ⅳ 518

ships and ship-building　船舶和造船 Ⅳ 586, 589 – 592; Ⅴ 117, 383; Ⅶ 694 – 697, 699 – 700, 740 – 743, 750 – 754

silver refining　银精炼 Ⅳ 142 – 143

sodium cyanide　氰化钠 Ⅴ 249

spinning-wheels　纺车 Ⅲ 161

steam-engines　蒸汽机 Ⅳ 188 – 190, 195

steam navigation	航运 Ⅳ 548
steam-power	蒸汽动力 Ⅳ 166
steel	钢铁；参见 iron and steel
surveying	测量 V 440 – 442，444，449，453
telegraphy	电报 Ⅳ 647，655，659 – 661；V 220，225 – 226
telephones	电话 V 226
textile-machinery	纺织机 Ⅳ 282，286 – 287，291，295，298，305
textiles	纺织品 V 571 – 573，575，577，579 – 582，584，586 – 592，599 – 600，602；Ⅵ 639，641 – 646，650 – 651，658 – 660，663，676 – 677，688 – 689
tinplate	镀锡薄板（1890 年）V 617
tunnels	桥梁隧道；参见 bridges and tunnels
vehicles	车辆 V 414，425，433
water-supply	供水 Ⅳ 501；V 554，557 – 560，564 – 566
whaling	捕鲸 Ⅳ 58，62
windmills	风车 Ⅲ 89，95，106
wire manufacture	钢丝制造 V 621，623，625
Universities and colleges	大学和学院；参见 Education
Basle	巴塞尔大学 Ⅵ 552
Birmingham	伯明翰大学 Ⅵ 147，150，161，235
California	加利福尼亚大学 Ⅵ 83，241；Ⅶ 1407
Cambridge	剑桥大学 V 780，785，792 – 793；Ⅵ 141，150，154，161 – 162，301，306，327；Ⅶ 1018，1069，1151，1154，1188，1198 – 1199，1202，1403
Chicago	芝加哥大学 Ⅵ 83，236，252，271
City and Guilds Institute, London	伦敦城市振兴技术教育同业学会 V 794 – 795

Clark, U. S. A.	美国克拉克大学 Ⅶ 861 – 862
Columbia, U. S. A.	美国哥伦比亚大学 Ⅵ 141, 233
Copenhagen, Denmark	丹麦哥本哈根大学 Ⅳ 654
Cornell, U. S. A.	美国康奈尔大学 Ⅵ 221；Ⅶ 1021
Dartmouth College, U. S. A.	美国达特默斯学院 Ⅵ 83
Durham, England	英国达勒姆大学 Ⅴ 789
École Central, Paris	巴黎综合工科学校 Ⅴ 787
Edinburgh, Scotland	苏格兰爱丁堡大学 Ⅳ 444
Giessen, W. Germany	德国吉森大学 Ⅴ 788
Glasgow, Scotland	苏格兰格拉斯哥大学 Ⅳ 445；Ⅴ 780 – 781；Ⅶ 1407
Gottingen, W. Germany	德国格丁根大学 Ⅴ 788；Ⅵ 44
Johns Hopkins, U. S. A.	美国约翰斯·霍普金斯大学 Ⅶ 1346
Harvard School of Business, U. S. A.	美国哈佛商学院 Ⅵ 83, 236, 560；
Heidelberg, W. Germany	德国海德堡大学 Ⅴ 788
Leeds, England	英国利兹大学 Ⅵ 141, 147, 150, 161
Liège, E. Belgium	比利时列日大学 Ⅵ 139
Liverpool, England	英国利物浦大学 Ⅴ 778；Ⅵ 147, 150
London, England	英国伦敦大学 Ⅳ 445, 657；Ⅴ 781, 793；Ⅶ 762, 984
Manchester, England	英国曼彻斯特大学 Ⅴ 777 – 778, 798；Ⅵ 147, 150, 161, 580；Ⅶ 1196, 1199, 1202
Massachusetts Institute of Technology	麻省理工学院（1865 年）Ⅴ 789；Ⅵ 139, 236；Ⅶ 1187, 1195, 1197 – 1198
mechanics institutes, U. K.	英国技工学校 Ⅴ 777 – 780, 783 – 784
Mines, Government School, England	英国国立煤矿学校（1851 年）Ⅴ 782
Munich, W. Germany	德国慕尼黑大学 Ⅴ 788
New York, U. S. A.	美国纽约大学 Ⅵ 83
Newcastle, England	英国纽卡斯尔大学 Ⅵ 150

Oxford, England   英国牛津大学 V 780, 785, 792; VI 154, 157, 162

Pennsylvania, U. S. A.   美国宾夕法尼亚大学 VI 83; VII 1189

polytechnics   综合性工艺大学 V 787 - 788, 790, 795

Princeton, U. S. A.   美国普林斯顿大学 VII 1197 - 1198

Queen Elizabeth College, London   伦敦伊丽莎白王后学院 VII 1407

Queen's Colleges, Ireland   爱尔兰王后学院 V 783, 792

Royal College of Science, London   伦敦皇家理学院 VII 1402

Sheffield, England   英国设菲尔德大学 VI 147, 161

Strathclyde, Scotland   英国思克莱德大学 VII 1407

technical colleges   技术学院 V 795 - 796

Toronto, Canada   加拿大多伦多大学 VII 919

Université Libre, Belgium   比利时利布勒大学 VII 1351

Virginia, U. S. A.   美国弗吉尼亚大学 VI 230

Westminster, U. S. A.   美国威斯敏斯特大学 VI 221

Würzburg, W. Germany   德国维尔茨堡大学 VII 1299

Yale, U. S. A.   美国耶鲁大学 VII 1358

Zürich, Switzerland   瑞士苏黎世大学 VII 984

Upper Palaeolithic culture   旧石器时代上古文化；参见 Cultures

Urali Kurumbars of Wynad, India   印度南部的原始部落 I 410 (14)

Uranium   铀 IV 119, 221, 375; VI 225 - 237, 256 - 267

Urtica   荨麻 I 355 - 356, 449

Utrecht Psalter   《乌特勒支诗篇》 II 95 - 96, 651

V

Vaccination   疫苗接种 VI 315

Vaccinium (bilberry)   越橘属 I 353

Vacuum   真空；参见 Aeolipiles

atmospheric pressure discovery	低压发现 Ⅳ 168－169
distillation method	蒸馏法（1855 年）Ⅴ 115
early discoveries	早期发明 Ⅲ 324，344，432
pumps	泵 Ⅲ 324，332，637，图版 27A；Ⅳ 169
steam-engine inventions	蒸汽机发明 Ⅳ 168－171，176
Vacuum-cleaners	真空吸尘器 Ⅶ 1129－1131
Valves	阀门
aircraft engines	航空发动机 Ⅵ 441－443
hydraulic engineering	水利工程 Ⅴ 536
I. C. engines	内燃机 Ⅴ 165－166，169
steam engines	蒸汽机（18 世纪）Ⅳ 175，185－186，188
suction pumps	抽水机（16 世纪）Ⅲ 330－332
thermionic	热离子（电子）的 Ⅶ 1091－1098，1100－1103，1237－1238
turbines	涡轮机 Ⅵ 202－203
Vanadium	钒 Ⅴ 640
Varnishes	清漆 Ⅰ 243－245；Ⅱ 248－249，362；Ⅲ 687，695－696；参见 Lacquer industry
Vasari Society, mud-mill	瓦萨里协会，挖泥船（1589 年）Ⅳ 639
Vats, paper pulp	纸浆桶 Ⅲ 412－413
Vegetable Staticks Stephen Hales	黑尔斯的《植物的大气干扰》（1727 年）Ⅳ 216，258
Vegetables	蔬菜；参见 Agriculture，Food
Vehicles	交通工具；参见 Chariots，Motor-entries，Transport，Wheeled vehicles
agricultural	农业的 Ⅲ 134，139－148
barges	驳船 Ⅲ 438－439
caretta	四轮车（13 世纪）Ⅱ 541
classical times	古典时期 Ⅱ 541－545
coach-tools	马具 Ⅲ 113，115
coaches	马车（从 1450 年开始）Ⅱ 547－548；Ⅳ 522－523，530－531，图版 33B

early civilizations　　　　　　　早期文明 Ⅱ 537 – 562

electric　　　　　　　　　　　　电的 Ⅴ 418 – 420

Greek　　　　　　　　　　　　　希腊 Ⅱ 498，544 – 545，549 – 550

hamaxa carts　　　　　　　　　两轮马车 Ⅱ 498，539

land transport　　　　　　　　　陆面交通运输 Ⅰ 704 – 729

load capacity　　　　　　　　　承载重量（18 世纪）Ⅲ 438

medieval times　　　　　　　　中世纪时期 Ⅱ 546 – 548，552，图版 37A

motor-cars　　　　　　　　　　摩托车（19 世纪）Ⅳ 539

road-　　　　　　　　　　　　道路车辆 Ⅴ 414 – 437；Ⅶ 711 – 735

Roman　　　　　　　　　　　　罗马 Ⅱ 545，550

steam　　　　　　　　　　　　蒸汽 Ⅴ 420 – 426，图版 18B

traffic，London Bridge　　　　　伦敦桥交通（1850 年）Ⅳ 546

tumbrils　　　　　　　　　　　可翻卸的双轮车 Ⅲ 143 – 144

wains　　　　　　　　　　　　运货马车 Ⅲ 144

water transport，early man　　　早期人类的水路运输 Ⅰ 730 – 743

Vellum　　　　　　　　　　　　羊皮纸 Ⅱ 180，188

Velocity，water-wheels　　　　　水轮速度 Ⅳ 205，210 – 211

Velvet　　　　　　　　　　　　丝绒 Ⅲ 164，179，199，203 – 205，图版
　　　　　　　　　　　　　　　　15C

Veneering　　　　　　　　　　镶木 Ⅱ 227，240

Venezuela　　　　　　　　　　委内瑞拉

　　natural gas　　　　　　　　天然气 Ⅵ 191

　　oil　　　　　　　　　　　石油 Ⅵ 186

Ventilation　　　　　　　　　　通风设备

　　bearings，air lubrication　　　轴承润滑 Ⅶ 991

　　coal-mines　　　　　　　　煤矿 Ⅲ 75；Ⅳ 86，91 – 94；Ⅵ 373

　　machinery　　　　　　　　机械 Ⅶ 989

　　metal mines　　　　　　　金属矿井 Ⅱ 3，15 – 17，19，23；Ⅲ 30；
　　　　　　　　　　　　　　　　Ⅳ 69，671；Ⅵ 421 – 422

　　rotary fan，Chinese　　　　中国风扇 Ⅱ 770

　　sewers　　　　　　　　　下水道 Ⅳ 515 – 516

　　tunnels　　　　　　　　　隧道 Ⅴ 517 – 519

Verjuice	酸果汁 Ⅱ 138 及注释，357
Vermilion pigment	朱红色颜料 Ⅱ 5 - 6，361，747
Vernier	游标 Ⅳ 380，385，397，400，402 - 403，603
'Verulamium plan'	"维鲁伦计划"（约1600年）Ⅲ 680 - 681
Veterinary science	兽医学 Ⅳ 14，32，35
animal nutrition	动物营养 Ⅳ 14，41 - 42
Viaducts named	高架桥名称；参见 Bridge entries
Adam, Wigan	威根亚当桥 Ⅶ 892
Fades Railway, France	法国法迪斯的铁路高架桥 Ⅶ 881 - 882
Goktek, Burma	缅甸的谷特高架桥 Ⅶ 880
Vibration research	振动研究 Ⅶ 987
Vices	老虎钳 Ⅲ 110，114，120，337 - 338
Vicia	蚕豆 Ⅰ 361 - 362
Vikings	维京人 Ⅱ 237，474，479，557，562，579 - 581，720；Ⅳ 560
Villanovan culture	微兰诺威文化 Ⅱ 269，表1
Vinegar	白醋；参见 Acetic acid
adulterants, Middle Ages	掺假，中世纪 Ⅱ 128
ancient use	远古用途 Ⅰ 284 - 285
fermentation product	发酵产品 Ⅰ 276
fire-setting myth	火力采掘法谜底 Ⅱ 8 注释
glazing process, ceramics	陶釉加工法 Ⅱ 357
green pigment process	绿颜料加工法 Ⅱ 362
manufacture	制造 Ⅴ 308，310
value	价值（约1501—1508年）Ⅱ 747
white lead process	白铅加工法 Ⅱ 360 及注释
wine-making process	白铅工艺 Ⅱ 133
Viola arvensis	田野三色紫罗兰 Ⅰ 370
Virgula divina	探矿棒；参见 Divining-rods
Vision (visual faculty)	视觉能力
higher primates	高等灵长目动物 Ⅰ 8

racial groups 种群 Ⅰ 35 – 36

skilled behaviour 熟练的技艺 Ⅰ 6 – 8, 33

sustained attention, man 人类持续注意力 Ⅰ 12

Vitamins 维生素 Ⅵ 300 – 301, 310

Viticulture 葡萄栽培

ancient civilizations 古代文明 Ⅰ 282 – 284

Australian 澳大利亚的 (约 1900 年) Ⅴ 9

copper-based fungicide 铜基杀菌剂 Ⅴ 78

Greek 希腊人 Ⅱ 128 – 133

medieval 中世纪的 Ⅱ 137 – 139

Italian 意大利人 (19 世纪 60 年代) Ⅴ 20

Roman 罗马人 Ⅱ 133 – 137

Spanish 西班牙人 Ⅱ 134

Vitis (grape-vine) 葡萄 Ⅰ 281

Voile (worsted fabric) 巴里纱 Ⅲ 179

W

Wainscot oak panelling 护墙橡木嵌木 Ⅱ 244

Wales 威尔士；参见 Britain, Europe

anthracite 无烟煤 Ⅳ 110 – 111

bridges 桥梁 Ⅲ 434 – 436

canals and waterways 运河河道 Ⅳ 564 – 565, 572

coal-mining 采煤 Ⅳ 87, 93

copper 铜 Ⅳ 126

farm vehicles 农业用具 Ⅲ 140, 144

iron industry 钢铁工业 Ⅲ 31；Ⅳ 114 – 115

lacquer manufacture 油漆制造业 Ⅲ 688

lead industry 制铅工业 Ⅳ 101, 123

surveys 测量 Ⅳ 607

water-supply	供水 Ⅳ 490，497
wool	羊毛 Ⅲ 152
Walls	城墙，筑墙；参见 Fortifications
buildings	建筑 Ⅲ 247，261，266－267
papering	造纸 Ⅲ 415
towns	城镇 Ⅲ 270－271，278，280－287，291
Warfare	战争 Ⅲ 347－376；参见 Military technology，Wars named
atomic	原子战争 Ⅵ 23－24
biological and pesticides	生物战与杀虫剂 Ⅵ 322
Blitzkrieg technique	闪电技术 Ⅵ 18－19
bombing attacks	轰炸袭击 Ⅶ 795－796，844－845，847
cavalry	骑兵 Ⅰ 728－729；Ⅱ 703－706；Ⅲ 348－349，353
chariots	战车 Ⅰ 209－210，713，718，724－728
coal-industry	煤炭工业 Ⅵ 178－184，359－366；Ⅶ 759
galley，development	桨帆船，发展 Ⅰ 741－743
Greek and Macedonian period	希腊和马其顿时期 Ⅱ 695－703
illuminants，shortage	照明，短缺（约1800年）Ⅳ 265
iron industry	钢铁工业 Ⅲ 31
mathematics and science	数学与科学 Ⅲ 371－375，622
medicine	医学 Ⅲ 373－374
medieval period	中世纪时期（约400—1400年）Ⅱ 720－728
naval	海战 Ⅲ 350－368；Ⅵ 9－10
Roman period	罗马时期（公元前200年—公元400年）Ⅱ 703－720
strategy and tactics	战略和战术 Ⅲ 347－350
trench-	战壕 Ⅵ 8－9
water-supply	供水 Ⅰ 526－527，530－531，554－555；Ⅲ 318
Warping	整经 Ⅱ 209－210；参见 Textiles

Wars named   战争名称；参见 Battles, Warfare

Abyssinian campaign   阿比西尼亚战争（1868 年）V 555

American Civil   美国内战（1861—1865 年）IV 589；V 3 - 4, 10, 35, 51, 226, 373, 397, 569 注释, 646, 808, 819, 827

Balkan   巴尔干战争（1912—1913 年）VII 793

Boer   布尔战争（1890—1902 年）V 51, 397, 631

Crimean   克里米亚战争（1854—1857 年）IV 587 - 588；V 10

English Civil War   英国内战（1642—1649 年）III 369

Franco-Prussian   普法战争（1870—1871 年）V 10

Hundred Years War   百年战争（1338—1453 年）III 349

Italian   意大利战争（16 世纪）III 349

Italo-Turkish   意大利 - 土耳其战争（1911—1912 年）VII 793

Napoleonic   拿破仑战争（1803—1815 年）IV 582, 586；V 713

Peninsular   半岛战争（1808—1814 年）V 570

Religious   宗教战争（约 1540—1648 年）III 349

Spanish Civil   西班牙内战（1936—1939 年）VII 811

Sudan Campaigns   苏丹战争（1883 年, 1889 年）V 630, 750

Thirty Years War, Germany   德国三十年战争（1618—1648 年）III 349, 622

twentieth century   20 世纪战争 VI 1 - 26

Wars of the Roses   玫瑰战争（1455—1485 年）III 349

World War I   第一次世界大战（1914—1918 年）V 399, 403, 803, 833；VI 8 - 11；VII 811

World War II   第二次世界大战（1939—1945 年）V 51, 412；VI 18 - 23；VII 811 - 812

Washington Treaty	《华盛顿条约》（1922 年） Ⅶ 752
Waste disposal	污水处理 Ⅳ 504 – 519
Watches	表；参见 Clocks
drum-shaped	鼓形表 Ⅲ 656
jewelled bearings	宝石轴承 Ⅲ 670 – 671
'pendulum'	"摆表" Ⅲ 669
pocket	怀表 Ⅲ 636
repeating	重复 Ⅲ 669
Water, alchemical element	水，炼金术元素 Ⅳ 214
Water-carriers	送水员 Ⅱ 689
Water-carts, dust laying	防尘水车轮 Ⅳ 541
Water-clocks	水钟；参见 Clocks
Water engineering	水利工程 Ⅱ 663 – 694；Ⅲ 300 – 323；参见 Hydraulic engineering, Water headings
aqueducts	导水渠拱 Ⅲ 289，446，466 – 467
dikes and polders	堤坝和圩田 Ⅱ 681 – 689
drainage	排水 Ⅱ 617，637，670，678 – 685；Ⅲ 270，276，281，291
installations, Rome	供水装置，罗马 Ⅱ 671 – 674
irrigation	灌溉 Ⅱ 617，637，670，678 – 685；Ⅲ 286
pipes and sewers	水管和下水道 Ⅱ 418 – 419，527 – 531，664 – 666
pumping	用泵抽 Ⅳ 168 – 179，491，493
Roman period	罗马时期 Ⅱ 405，418 – 419
roof drainage	屋顶排水 Ⅱ 404，444 – 445
sewers	下水道 Ⅲ 281
town-planning	城市规划 Ⅲ 285 – 286，293 – 295
water-lifting	提水机 Ⅱ 675 – 678
water-wheels	水车；参见 Water-wheels
wells and cisterns	水和蓄水池 Ⅱ 663 – 664，666，689
Water-level（surveying）	水准仪 Ⅲ 511 – 512，542 – 543，609 – 611

Water Pollution Research 水污染研究实验室 Ⅶ 1389, 1396
   Laboratory

Water-power 水力；参见 Hydro-electric power, Natural power
  blast-furnaces 高炉 Ⅲ 30, 32, 图版 3
  canal-lifts 运河提升装置 Ⅳ 549 – 550, 568 – 571
  ceramic industry 陶瓷工业 Ⅳ 348
  chemical works 化学工艺品 Ⅴ 301
  corn grinding 玉米研磨 Ⅱ 349
  corn-mill 筛面粉机（1588 年）Ⅲ 19
  engines 发动机 Ⅴ 527 – 535
  flour bolting, mechanization 面粉筛选，机械化 Ⅲ 18 – 19
  forge-hammers 锻锤 Ⅳ 104
  fulling-mills 漂洗机 Ⅱ 216, 349, 609
  glass-engraving machinery 玻璃雕刻机 Ⅲ 223 – 224；Ⅳ 377
  hydraulic hammers 水压锤 Ⅱ 69, 73, 75
  industrial revolution 工业革命 Ⅳ 150 – 151
  iron and steel industry 钢铁工业 Ⅲ 32
  machine-tools 机床 Ⅳ 441
  metal-working mills 金属制造厂 Ⅱ 74；Ⅲ 45, 342 – 343, 351, 367；Ⅳ 130
  metallurgy 冶金 Ⅱ 62, 68 – 69, 73 – 75, 78, 348
  military weapons 军用武器 Ⅲ 351, 359, 367
  mine machinery 采矿机器 Ⅲ 82 – 83, 327 – 328；Ⅳ 76, 78
  ore crusher 矿石粉碎机 Ⅲ 327 – 328
  paper-making machinery 造纸机 Ⅲ 412, 415
  pumps 泵 Ⅳ 330 – 333；Ⅴ 526 – 527
  steam competition 蒸汽机竞争 Ⅳ 151 – 156, 161 – 162
  textiles machinery 纺织机 Ⅲ 162, 168 – 169；Ⅳ 278 – 279, 283, 287
  twisting-mills 卷轴机 Ⅱ 207
  -wheels 水车；参见 Water-wheels

Water-supply	供水 IV 489 – 503；V 552 – 568；VII 1363 – 1398；参见 Irrigation
ancient civilizations	古代文明 I 520 – 557；II 663 – 694
coal-mines, Low Countries	煤矿，低地国家 III 74
compensation-water	补偿水 IV 495 – 496
Constantinople system	君士坦丁堡体系 III 279 – 280
consumption	消耗 (1849—1900 年) V 552
Corinthian system	科林斯城设计 III 275
dams and reservoirs	堤坝和水库 IV 490，495 – 498，501 – 502
distribution	配水 V 559 – 560；VII 1371 – 1373
Greek houses	希腊住宅 II 404
House of Commons Select Committee	下议院特别委员会 (1840 年) IV 490
hydraulic engineering	水利工程 IV 440；VII 1363 – 1365
London	伦敦 III 464
mains and pipes	水管道 IV 497，499 – 500，502
management	管理 V 552 – 554；VII 1363 – 1365
medieval	中世纪的 II 689 – 692
meters	计量器 IV 501 – 502
organization	组织 V 552 – 554
Paris	巴黎 III 462
pollution	污染 V 561 – 562，567
purification	净化 II 674；IV 493 – 495，498，501 – 503
Roman	罗马 II 671 – 674；III 276，282
smelting works, Siegen area	锡根熔炼厂 II 74
softening	软化 (19 世纪) IV 503
sources	来源 V 555 – 558；VII 1366 – 1371
treatment	处理 V 561 – 567，图版 32；VII 1373 – 1380
valves	阀 IV 501
water-budgets/skins	水桶/皮水袋 II 184，187

waterworks	自来水厂 Ⅳ 451，489 – 496，500 – 503；Ⅴ 127 – 129
wells	井 Ⅳ 492 – 493，495，497 – 499
Water-wheels	水轮；参见 urbines, Water-power, Watermills
bellows, furnace	风箱炉 Ⅱ 68
London Bridge installation	伦敦桥装置 Ⅲ 420 – 421；Ⅳ 491 – 492
Marly-la-Machine, Versailles	凡尔赛马尔利机 Ⅳ 154 – 155
medieval	中世纪的 Ⅱ 681
metal construction	金属结构 Ⅳ 209，图版 11A
mines	矿石 Ⅱ 7，10，20 – 21，23，66，78
overshot types	上射式 Ⅱ 20，69；Ⅳ 204 – 205
prime-movers	原动机 Ⅱ 605 – 606；Ⅲ 170，327，328，342
scoop-wheels	戽斗式水车 Ⅳ 156
Smeaton's experiments	斯米顿试验 Ⅳ 152 – 153，203 – 209
steam-assisted	辅助蒸汽 Ⅳ 178，181
tub/pit-wheel design	鼓轮/凹轮设计 Ⅲ 328 – 329
types	类型 Ⅳ 201 – 209
undershot type	下射式 Ⅱ 20 – 21，23，609，612 – 613；Ⅳ 202 – 203
water-lifting	提水机 Ⅱ 675
wire drawing machinery	拔丝机械 Ⅱ 74
Watermills	水车 Ⅱ 775；Ⅳ 199 – 213；参见 Water-power, Water-wheels
breast-wheels	中射水轮 Ⅳ 201 – 202，204，206 – 209
Brook Mill, Deptford	布鲁克磨坊，德特福德 Ⅳ 209
Chinese use	中国人的运用 Ⅱ 770
Coldron Mill, Spelsbury, Oxon	科尔德隆磨坊，斯贝尔思贝里，牛津郡 Ⅳ 212，图版 11B
floating mills	浮动磨坊 Ⅱ 607 – 608，647
flour-milling	面粉磨坊（17 世纪）Ⅲ 15，19
gunpowder-mill	火药厂（约 1676 年）Ⅱ 381

industrial uses	工业用途 Ⅳ 199 – 202，348，419，582
iron and steel industry	钢铁工业 Ⅱ 69
medieval period	中世纪时期 Ⅱ 609 – 611
Middle Ages	中世纪 Ⅱ 608 – 614
Norse mills	挪威水磨 Ⅱ 590，593 – 595；Ⅳ 200 – 201
overshot-wheels	上射水轮 Ⅳ 200 – 201，203 – 205，207
Roman	罗马人 Ⅱ 600 – 606
Stratford Mill，Somerset，England	斯特拉特福谷物磨坊，萨默塞特，英格兰 Ⅳ 209 – 210
tide-mills	潮汐动力机 Ⅱ 610，614，648
undershot-wheels	下射水轮 Ⅳ 200 – 204，210
vertical-，angled blades	垂直式水磨（1579 年）Ⅲ 328
Vitruvian	维特鲁威 Ⅱ 595 – 600；Ⅳ 200
wooden construction	木制结构 Ⅱ 395
Waterways	水道 Ⅲ 438 – 470；参见 Canals
Wax，metal density standard	蜡，金属密度标准 Ⅲ 57
Weapons	武器 Ⅰ 600 – 622；Ⅲ 347 – 376；参见 Artillery，Firearms，Tool-making
bayonets	步兵 Ⅲ 348
foraging/hunting	掠夺/捕猎 Ⅰ 154 – 168
halberds	戟 Ⅲ 351
harpoons	鱼叉 Ⅰ 181 – 182
lances	长矛 Ⅲ 348，351
ornamented	装饰 Ⅱ 451，453，455 – 458
pikes	长矛 Ⅲ 348，350 – 351，353
pyrotechnic	烟火制造 Ⅱ 374 – 382，771
spears	长矛；参见 Spears
steel	钢 Ⅱ 63，456
swords	剑 Ⅲ 35，350 – 351
Weaving	编织 Ⅱ 210 – 214；Ⅲ 164 – 169；Ⅴ 579 – 587；参见 Spinning，Textile industries
automatic looms	自动化织机 Ⅲ 168 – 169；Ⅵ 661 – 666

basketry 篮子 I 416－418，422－423

Bronze Age 青铜时代 I 442－443

carpet weaves 地毯织纹 V 581

cloth types 织物种类 III 178－179

draw-looms 提花织机 III 164－167

Dutch loom-engine（bar loom） 荷兰动力织机 III 167

figured fabrics 纬面显花织物 III 187－205

flying shuttle，invention 飞梭发明 III 169

Greek and Roman 希腊和罗马 II 211－212

Greek vase 希腊花瓶（约公元前 560 年）I 444

hand-loom 手动织机（从 1760 年开始）IV 299

knitting/knitted fabrics 针织物 III 181－186；VI 666－671

linen loom，Egypt 亚麻织机，埃及（约公元前 1500 年）I 437

looms 织布机（约公元前 3000 年）I 425－428

medieval period 中世纪时期 II 212－214

origins 起源 I 413－415

plain looms 平纹织机 III 164

power-looms 动力织机 III 167－169；IV 299－304

primitive techniques 原始技艺（约公元前 2500 年）I 420－421

Rameses III，gridle 拉美西斯三世的腰带 I 441，图版 14－15

silk fabrics 丝织物 II 198；IV 316－319

swivel loom 加梭织机 III 168

twill weaves 斜纹织法 I 430，443，445

types 类型 I 428－431，图版 9－17

Wedges 楔

furniture，Middle Ages 中世纪家具 II 242 注释，252

mines 矿石（至 17 世纪）II 3，8，12，15

quarrying tool 采石工具 II 30，36

Roman period 罗马时期 II 630，712

tradesmen's tools 商人工具 III 110

wedge-presses, fruit pulp   楔式压力机，果浆 Ⅱ 117 – 118

Weights   砝码 Ⅰ 774 – 784；参见 Balances，Measure-ment

     ancient balances   古代天平 Ⅰ 779，781，图版 31B

     assaying   试金 Ⅲ 61，66 – 68

     balances, precision   天平，精度 Ⅳ 403 – 408

     capacity   容量 Ⅰ 781 – 783

     metallurgical   冶金（11—12 世纪）Ⅲ 57

     Middle Ages   中世纪 Ⅱ 128

     standards   标准（公元前 5000—前 1500 年）Ⅰ 779 – 781

     standardization   标准化 Ⅰ 110，774 – 775，783 – 784

Weirs   堰 Ⅲ 440 – 441，448 – 449，456，458，462，464，467

Welding   焊接 Ⅱ 57；Ⅶ 986；参见 Metals，Soldering

Welfare work   福利事业 Ⅵ 84

Wells and cisterns   水井和蓄水池 Ⅱ 663 – 664，666，689

Whales and whaling   鲸和捕鲸 Ⅳ 55 – 63，图版 4；Ⅵ 356 – 358

     gear   工具 Ⅳ 59

     harpoons   渔叉 Ⅳ 58 – 62

     hunting   捕猎 Ⅳ 57 – 62

     oil   鲸油 Ⅳ 56，58，61 – 62，264，272

     whale-meat   鲸肉 Ⅳ 62

     'whalebone'（baleen）   "鲸骨"（鲸须）Ⅳ 55 – 56，58

     whalebone spoke-set gauge   鲸须轮辐规 Ⅲ 124 – 125

     whaling-fleet   捕鲸船队 Ⅳ 468

Wheat   小麦 Ⅰ 363 – 367，522，图版 7；Ⅱ 103 – 104

Wheelbarrows   手推车 Ⅱ 17，546 – 547，641 – 642，770

Wheeled vehicles   轮式车辆 Ⅰ 716 – 729；参见 Vehicles

     carts and wagons   两轮和四轮马车 Ⅰ 716 – 719

     chariots   战车 Ⅰ 200 – 210，700 – 701，713，718，

	720，724 – 728
draught animals	牵引牲畜 Ⅰ 719 – 724
origins	起源 Ⅰ 209 – 211，704
roads	道路（17—18 世纪）Ⅳ 522 – 524
solid wheels	实心轮 Ⅰ 204 – 209，716
spoked wheels	轮辐 Ⅰ 211 – 214
Wheelwright's trade, notes	关于车轮制造的注释 Ⅲ 123 – 128
Wheels	轮；参见 Tyres，Water-wheels
carts	马车 Ⅱ 545，548 – 550；Ⅲ 142 – 144，146 – 147
chariots	战车 Ⅱ 539，542，549，图版 5D
cog-wheels	齿轮 Ⅱ 635，648，654，675 – 676；Ⅲ 654 – 655
crown	螺帽 Ⅲ 345
diffusion	传播 Ⅰ 203 – 204，207，209 – 211，716
'dished'	"盘式的" Ⅱ 552；Ⅲ 112，124，146
dividing-engine	分度机 Ⅳ 392 – 393
early wheels, dimensions	早期轮子，尺寸 Ⅰ 209
engraving	雕刻 Ⅲ 222 – 224
evolution	进化 Ⅰ 71 – 72，80，187，194 – 195，206 – 207，716
fly-	飞轮 Ⅲ 223 – 224，326，423
gear-, clocks	钟表齿轮 Ⅲ 641
glass-making	玻璃制造业 Ⅲ 210，226，239
knurled, for mezzotints	滚轮凹版 Ⅲ 407
lantern-	齿轮 Ⅲ 18
-making（craft）	车轮制造（工艺）Ⅲ 123 – 128，图版 6
origin	起源 Ⅰ 194 – 195；Ⅱ 630
paddle-wheels	桨轮 Ⅱ 606 – 607，647 – 648，651，图版 37B；Ⅴ 141 – 146
ploughs	耕地 Ⅱ 88 – 89
polishing, armour	抛光盔甲 Ⅲ 351

potters'	陶轮；参见 Potters' wheels	
pulleys	滑轮 Ⅱ 630	
rotary motion	旋转运动 Ⅰ 187 – 215	
scoop-wheels	铲轮 Ⅱ 685，688；Ⅲ 303 – 306，321 – 322	
solid	实心轮 Ⅱ 545，548，550	
spinning-wheels	纺纱轮；参见 Spinning	
spoked development	轮辐发展 Ⅰ 211 – 214，721；Ⅱ 548 – 552	
tires	轮胎 Ⅱ 163，549，551 – 552；参见 Tyres	
wheel-dredgers	轮式挖泥船 Ⅳ 637 – 638，图版 45A	
Whitley Committee	惠特利委员会（1917—1918 年）Ⅵ 101	
Wicker-work	编织工艺 Ⅱ 237，253 – 254	
Winches	绞盘 Ⅱ 630，642，646，685；Ⅲ 97 – 99，177，441	
Wind	风；参见 Windmills	
charts	风图 Ⅲ 555	
-organ	风琴 Ⅱ 614 – 615	
-power	风能 Ⅲ 83，412，415；Ⅵ 214 – 216	
-rhumbs（points）	风向罗经方位（点）Ⅲ 518，524 – 527	
-rose	风图 Ⅲ 517，523 – 527	
turbines	涡轮机；参见 Turbines	
velocity	风速 Ⅳ 157 – 159	
Windlasses	绞盘	
ancient cranes	古代起重机 Ⅱ 658 – 659	
cannon-boring operation	火炮操作 Ⅲ 367	
draw-plate device	起模板装置 Ⅲ 47	
horse-whims	马拉绞盘 Ⅱ 18	
invention	发明 Ⅰ 214	
lock-gates，canals	运河闸首 Ⅱ 686；Ⅳ 439，442	
mines	矿石 Ⅰ 566；Ⅱ 14，16	
pile-driver	打桩机（16 世纪）Ⅲ 423	
ships	船（17 世纪）Ⅲ 483	

'Spanish windlasses', ships　　　　　　"西班牙"绞盘，船 Ⅰ 735

Windmills　　　　　　　　　　　　　　风车 Ⅱ 623－628；Ⅲ 89－109

　　acid cleansing tower, conversion　　收集塔，转换 Ⅳ 241

　　auxiliary machines　　　　　　　　辅助机器 Ⅲ 18，106

　　books　　　　　　　　　　　　　　书籍 Ⅲ 89，96，99，108

　　brakes　　　　　　　　　　　　　　闸 Ⅲ 103－104

　　development　　　　　　　　　　　发展（14 世纪）Ⅱ 349，395－396，775

　　development, Europe　　　　　　　欧洲发展 Ⅱ 617－620，625－628

　　drainage-mills, polders　　　　　　开垦地抽水机 Ⅱ 688－689

　　Dutch types　　　　　　　　　　　荷兰式 Ⅳ 157－160

　　energy output　　　　　　　　　　能量输出（18 世纪）Ⅳ 157－159

　　fantails　　　　　　　　　　　　　扇形尾舵 Ⅲ 94－96，98－99，102，107

　　flour production　　　　　　　　　面粉生产 Ⅲ 15，18，90－92

　　hoists　　　　　　　　　　　　　　起重机 Ⅲ 18，105

　　industrial revolution period　　　　工业革命时期 Ⅳ 151，203

　　land drainage　　　　　　　　　　土地排水 Ⅲ 303，307－308，317，321－
　　　　　　　　　　　　　　　　　　322，图版 20

　　marsh-mills　　　　　　　　　　　沼泽地风车 Ⅱ 689；Ⅳ 156－157，159

　　mechanical aids　　　　　　　　　机械设备 Ⅲ 97－98，106

　　millstones　　　　　　　　　　　　磨石 Ⅲ 104－105

　　origin　　　　　　　　　　　　　　起源 Ⅱ 614－617

　　ownership　　　　　　　　　　　　所有权（16 世纪）Ⅳ 201

　　post-mills　　　　　　　　　　　　单柱式风车 Ⅱ 536，623－624，649，689；
　　　　　　　　　　　　　　　　　　Ⅲ 89－95，97－99，103，105，图版
　　　　　　　　　　　　　　　　　　4－5

　　prime-movers　　　　　　　　　　原动机 Ⅳ 156－157，199

　　rollers　　　　　　　　　　　　　　滚轴 Ⅲ 96－97

　　roofs　　　　　　　　　　　　　　屋顶 Ⅲ 93，97

　　rotating caps　　　　　　　　　　旋转式塔顶 Ⅲ 303

　　round-houses　　　　　　　　　　圆形房子 Ⅲ 94

　　sail-cloths　　　　　　　　　　　　帆布 Ⅲ 99－100

　　sails　　　　　　　　　　　　　　帆 Ⅲ 93－94，96－103，106－107

smock-mills	罩式风车	Ⅲ 95，106－107
survivals	残存的古代风车	Ⅲ 89－90，96
textile industry	纺织工业	Ⅲ 170
tools	工具	Ⅲ 107－108
tower-mills	塔式风车	Ⅲ 89－90，95－97，99，102，107
turret	塔楼	Ⅲ 330
-turbines	风力机	Ⅳ 160
weatherboarding	水平挡风板	Ⅲ 93－95
winches	绞车	Ⅲ 97－99
wind engines	风能发动机（20 世纪）	Ⅵ 214－216
wind shafts	风轮转轴	Ⅲ 102－103
Windows	窗；参见 Building construction，Glass	
glass	玻璃	Ⅱ 416，443；Ⅲ 237－240；Ⅳ 365－367
Gothic period	哥特式时期	Ⅱ 437－438，443
Greek period	希腊时期	Ⅱ 403
lead strips	铅条	Ⅲ 41－42，44
Roman period	罗马时期（公元前 1 世纪以来）	Ⅱ 416
sashes	吊窗	Ⅲ 267
stained-glass	有色玻璃	Ⅱ 429；Ⅲ 32，240－242；Ⅳ 373
Wine	酒；参见 Viticulture	
adulteration	掺假	Ⅱ 128
ancient civilizations	古代文明	Ⅰ 281－285
date-wine，early Egyptian	枣酒，埃及早期	Ⅰ 276－277
dregs	残渣	Ⅱ 354－355
grape-presses	葡萄捣碎机	Ⅱ 106，112－118
Greeks and Romans	古希腊和罗马	Ⅱ 119
kotyle，Syrian measure	kotyle，叙利亚测量（约公元前 1540 年）	Ⅰ 782
-making	制酒	Ⅰ 282，284

manufacture	制造业 Ⅱ 131 – 133，135 – 136
origins	起源 Ⅰ 275 – 276，281 – 282
palm-wine	棕榈酒 Ⅰ 277
trade practices	贸易惯例 Ⅱ 129 – 131，134，137
vessels（amphorae）	容器（双耳酒罐）Ⅱ 129
Wine-skins	酒囊 Ⅰ 398
'Winged Victory'（statue）	"带翼的胜利者"（塑像）Ⅱ 566 – 567，图版 35
Wire	金属丝
barbed-	带刺铁丝 Ⅴ 625
coiled drawn	成盘绕状的拉制金属线 Ⅲ 55
copper	铜线 Ⅲ 59
-drawing	抽丝 Ⅰ 655；Ⅱ 74 – 75；Ⅲ 32，342，414
filigree-work	金银丝细加工 Ⅰ 655 – 657
galvanized	镀锌铁丝 Ⅴ 624 – 625
glass core-winding process	玻璃卷芯工艺 Ⅱ 336
gold	金丝 Ⅱ 481 – 483
hydraulic drawing machine	水力拉线设备 Ⅱ 655
iron	铁丝 Ⅱ 74 – 75
manufacture	制造业（19 世纪以来）Ⅴ 620 – 624
origins	起源 Ⅰ 655
paper watermarks process	纸张水印工艺 Ⅲ 413 – 414
silver	银丝 Ⅱ 452 – 453；Ⅲ 48，59
swaging method	型锻法（公元前 2500 年以前）Ⅰ 655
Woad（dye）	靛蓝（染料）Ⅰ 247，249；Ⅱ 349，361，365；Ⅴ 261 – 263；参见 Isatis tinctoria
Women	女人
basket-makers	制篮工人 Ⅰ 173，413 – 414
beasts of burden	动物驯养 Ⅰ 705
food-gatherers	食物采集者 Ⅰ 154 – 155，177
potters	陶工 Ⅰ 49，407 – 408
spinners and weavers	纺纱工和织布工 Ⅰ 437 – 438，443 – 444

Wood	木材；参见 Carpentry，Charcoal，Timber
ancient use	远古使用 Ⅰ 141 – 143
ashes	灰烬 Ⅱ 354，358；Ⅲ 206 – 207，210
barrels and casks	粗腰桶和木桶 Ⅱ 133，136 – 137，255，354
bending	弯曲 Ⅱ 234
building construction	建筑构造 Ⅰ 300 – 325，371 – 372；Ⅱ 397 – 398，413 – 415，440 – 443；Ⅴ 466 – 470
carvings	木雕 Ⅱ 245 – 247
chemicals source	化学品来源 Ⅴ 308 – 311
clocks	时钟 Ⅲ 672；Ⅳ 412
coal，replacement	煤，替代 Ⅲ 78 – 81，220 – 221，685 – 686
coopering	制桶 Ⅲ 128 – 133
distillation	蒸馏法 Ⅲ 686；Ⅴ 308 – 309
doors and locks	门和锁 Ⅱ 415 – 416，425，429 – 430，443
fine wood-work	精致的木制工艺品 Ⅰ 684 – 703
fire-making	钻木取火 Ⅰ 220 – 226
flooring-boards	地板 Ⅳ 437
fuel	燃料 Ⅰ 229 – 230，576；Ⅱ 347 – 348，369；Ⅳ 234 – 235
furniture	家具；参见 Furniture
machines，wood-working	机器，木制品 Ⅲ 326，329，332；Ⅳ 382 – 383，426 – 427，437
paving，roads	木材铺路，道路 Ⅳ 545
ploughs	犁 Ⅱ 85，89
potters' wheels	陶轮 Ⅰ 196
-pulp，paper	木浆，纸 Ⅲ 411，415
sculpturing	雕刻 Ⅰ 689 – 690，699，702
seasoning	木料风干 Ⅱ 233
shields	盾牌 Ⅱ 169
ship-building	造船业 Ⅴ 350，353，355 注释1，357，365
structural methods	结构分析法 Ⅰ 143，300 – 325，371 – 372，469，472，图版 4

substitutes　　　　　　　　　替代品 Ⅲ 685 – 688；Ⅳ 234 – 235，371

supplies　　　　　　　　　　供应品 Ⅰ 684 – 687；Ⅲ 77

tar　　　　　　　　　　　　焦油 Ⅲ 12；Ⅳ 234

tools and weapons　　　　　　工具和武器 Ⅰ 30，32 – 33，70，141 –
　　　　　　　　　　　　　　143，517 – 518；Ⅲ 115

torches　　　　　　　　　　火把 Ⅰ 233 – 234

vessels　　　　　　　　　　容器 Ⅰ 517 – 518，685；Ⅳ 100，127 –
　　　　　　　　　　　　　　128

wall-linings and panels　　　　墙板 Ⅱ 243 – 245，247 – 248，363，443

water-pipes　　　　　　　　水管 Ⅱ 664；Ⅳ 499 – 500

wheels　　　　　　　　　　轮子 Ⅰ 204，206 – 208；Ⅱ 549 – 552；Ⅲ
　　　　　　　　　　　　　　123，126

Woodcuts　　　　　　　　　木刻印版 Ⅲ 404 – 406

Woodhenge structure, England　圆形木结构，英格兰 Ⅰ 314 – 315，493

Wool　　　　　　　　　　　羊毛；参见 Livestock，Textile industries

bleaching, Roman period　　　漂白，罗马时期 Ⅱ 218

bowing　　　　　　　　　　拉弓 Ⅱ 195；Ⅲ 151 – 152，154

carding　　　　　　　　　　梳理 Ⅱ 193 – 194；Ⅲ 153 – 154；Ⅳ 298 –
　　　　　　　　　　　　　　299；Ⅴ 571 – 573

cloth, finishing　　　　　　　织物，后处理 Ⅲ 169 – 170，172 – 177

cloths, list of types　　　　　织物清单 Ⅲ 178 – 179

combing　　　　　　　　　精梳 Ⅱ 194 – 195；Ⅲ 154 – 156；Ⅳ 295 –
　　　　　　　　　　　　　　299；Ⅴ 574 – 576

composition　　　　　　　　复合的 Ⅰ 451；Ⅳ 295

dye industry　　　　　　　　染料工业 Ⅰ 248 – 249

figured fabrics　　　　　　　显花织物 Ⅲ 196 – 197

production, England　　　　　产量，英格兰 Ⅲ 152；Ⅵ 640 – 641

reclamation, used wool　　　　加工利用，废旧毛料 Ⅴ 569 – 570

Roman Middle Ages　　　　　古罗马中世纪 Ⅱ 192 – 195

Scandinavian textiles　　　　斯堪的纳维亚织物 Ⅰ 442

seventeenth century　　　　　17 世纪 Ⅲ 15，151

spinning machinery　　　　　纺织机械 Ⅳ 282，299；Ⅴ 577 – 578

transport	交通运输 Ⅱ 527
weaving	编织 Ⅳ 299 – 305；Ⅴ 579 – 587
yarn, dressing	经纱，上浆整理 Ⅲ 163 – 164
Wool Industry Research Association	羊毛工业研究协会 Ⅵ 652
Workshop recipes	作坊配方 Ⅲ 27
World setting	世界背景（1900—1960 年）Ⅵ 1 – 26
Worsted	精纺毛料；参见 Textile industries
Wrenches	扳手 Ⅲ 113 – 114
Writing and scripts	文字 Ⅰ 744 – 773；参见 Writing-Materials
alphabet, origin	字母起源 Ⅰ 762 – 764
Arabic alphabet	阿拉伯字母 Ⅰ 767
Brahmi, Sanskrit and Prakrit scripts	婆罗米文字、梵文和普拉克里特文字 Ⅰ 771 – 772
Chinese scripts	中国文字 Ⅰ 772
cuneiform script	楔形文字 Ⅰ 83, 103, 750 – 752, 757, 763, 图版 29B, 30B
Cypriote	塞浦路斯文字 Ⅰ 761
Egyptian hieroglyphs	埃及象形文字 Ⅰ 80, 192, 222 – 223, 237, 263, 281, 439 – 440, 747, 752 – 757, 785
Elamite	早期埃兰文字 Ⅰ 760 – 761
Etruscan	伊特鲁里亚文字 Ⅰ 769 – 770
Greek	希腊文字 Ⅰ 767 – 771
hieratic script	僧侣体文字 Ⅰ 754, 759
Hittite hieroglyphs	赫梯象形文字 Ⅰ 757 – 758, 761
Indus script	印度文字 Ⅰ 760, 771
invention	发明 Ⅰ 49, 53 – 54, 80, 101 – 103, 744 – 747, 785
Italic scripts	意大利文字 Ⅰ 769 – 770
Latin scripts	拉丁文字 Ⅰ 770 – 771
Maya hieroglyphs	玛雅象形文字 Ⅰ 83

Minoan scripts	米诺斯文字 Ⅰ 758 – 759
Nabataean	纳巴泰 Ⅰ 766 – 767
number-signs	数字符号 Ⅰ 785 – 786
Phoenician alphabet	腓尼基字母表 Ⅰ 763 – 768
pictographic forms	象形文字表 Ⅰ 744 – 747
Sumarian hieroglyphs	苏美尔象形文字 Ⅰ 80, 101 – 102, 205 – 206, 252, 280, 745 – 747, 761
syllabic signs	音节符号 Ⅰ 747 – 750
Ugaritic	乌加里特文字 Ⅰ 762 – 763
Writing-materials	书写材料
Egypt	埃及 Ⅰ 245, 753 – 754, 757, 图版 32
ink	墨 Ⅱ 359 – 360；参见 Inks, Pigments
leather	皮革 Ⅱ 164
Mesopotamia	美索不达米亚 Ⅰ 750 – 751
paper	纸 Ⅱ 189, 771
papyrus	纸莎草 Ⅱ 188, 197
parchment	羊皮纸 Ⅱ 164, 180, 187 – 190
vellum	仿羊皮纸 Ⅱ 180, 188

X

X-rays	X 射线
dental industry	牙科行业 Ⅶ 1324 – 1325
discovery	发现（1897 年）Ⅵ 223；Ⅶ 1092
electronic emission	电子发射 Ⅶ 1092
metal structural tests	金属结构测试 Ⅵ 461；Ⅶ 986
radiology	放射学 Ⅶ 1299 – 1300, 1324 – 1325, 1327 – 1334, 1360

Y

Yami, Botel-Tobago Island　雅美人，兰屿岛的 Ⅰ 118 – 119

Yokuts, central California　约克特人，加利福尼亚中部 Ⅰ 173 – 174

Yukaghir peoples, Siberia　西伯利亚尤卡吉尔人 Ⅰ 179

Z

Zaffre（cobalt blue）　氧化钴（钴蓝）Ⅲ 678，698，702 – 703

Ziggurats　亚述古庙塔 Ⅰ 467 – 469

Zinc　锌

　alloys（silver/nickel）　镍银合金 Ⅳ 146；Ⅴ 608

　brass alloys　锌铜合金 Ⅱ 53 – 55，67；Ⅲ 37 – 38；Ⅴ 607 – 608

　by-product, lead-smelting　副产品，熔炼铝 Ⅲ 30 及注释

　coinage　铸币 Ⅲ 46

　die-casting, alloys　压铸合金 Ⅵ 435

　extraction　提炼 Ⅱ 54；Ⅳ 119，130 – 133；Ⅴ 72，76；Ⅵ 434

　galvanized iron　镀锌铁（从1836年开始）Ⅴ 624 – 625

　map, sources U. K.　矿产分布图，英国（1851年）Ⅳ 65

　metallurgy, medieval times　冶金，中世纪 Ⅱ 67

　mining　采矿 Ⅱ 2，67；Ⅳ 66；Ⅵ 410，423

　Munz-metal　芒茨铜锌合金 Ⅴ 607 – 608

　oxide　氧化锌 Ⅲ 51

　pewter ingredient　白镴元素 Ⅲ 30，43

　production　生产 Ⅲ 690 – 692；Ⅴ 73；Ⅵ 428

　ship hull sheathing　船体护套 Ⅳ 591

　silver purification process　银提炼工艺 Ⅳ 138

　smelting　熔炼 Ⅲ 51；Ⅴ 78

speculum-metal ingredient 镜用合金元素 Ⅲ 41

Volta's pile 伏打电堆（电池，1800 年）Ⅴ 178

world production 世界产量 Ⅴ 73

Zincography 锌版印刷术 Ⅳ 626

Zingiber officinale 生姜 Ⅰ 288

Zircon extraction 锆石提取 Ⅵ 424

Zirconium 锆 Ⅳ 221

Zizyphus lotus（lotus tree） 北非野枣 Ⅰ 271

Z. spina（sidder） 西德尔枣 Ⅰ 685

图书在版编目（CIP）数据

技术史. 第VIII卷，综合索引 /（英）查尔斯·辛格等主编；（英）理查德·雷珀编纂；技术史编辑团队译. —北京：中国工人出版社，2020.9
（牛津《技术史》）
书名原文：A History of Technology
Volume VIII: Consolidated Indexes
ISBN 978-7-5008-7163-7

Ⅰ.①技… Ⅱ.①查…②理…③技… Ⅲ.①科学技术—技术史—书目索引—世界 Ⅳ.①N091

中国版本图书馆CIP数据核字（2020）第128710号

技术史 第VIII卷：综合索引

出 版 人	王娇萍
责任编辑	金 伟 董 虹
责任印制	栾征宇
出版发行	中国工人出版社
地　　址	北京市东城区鼓楼外大街45号　邮编：100120
网　　址	http://www.wp-china.com
电　　话	（010）62005043（总编室）　（010）62005039（印制管理中心）
	（010）62004005（万川文化项目组）
发行热线	（010）62005996　82029051
经　　销	各地书店
印　　刷	北京盛通印刷股份有限公司
开　　本	880毫米×1230毫米　1/32
印　　张	26.375
字　　数	780千字
版　　次	2021年5月第1版　2022年2月第2次印刷
定　　价	246.00元